Die Reichsgerichtspraxis im deutschen Rechtsleben

Festgabe der juristischen Fakultäten zum 50jährigen Bestehen des Reichsgerichts

(1. Oktober 1929)

in 6 Bänden

unter Mitwirkung der Professoren

Gerhard Anschütz, Heidelberg / Ernst Heymann, Berlin
Theodor Kipp, Berlin / Wilhelm Kisch, München / Alfred Schultze, Leipzig / Heinrich Siber, Leipzig

herausgegeben von

Otto Schreiber

weiland Professor in Königsberg i. Pr.

Fünfter Band

Strafrecht und Strafprozeß

Berlin und Leipzig 1929

Walter de Gruyter & Co.

vormals G. J. Göschen'sche Verlagshandlung — J. Guttentag, Verlagsbuchhandlung — Georg Reimer — Karl J. Trübner — Veit & Comp.

Nachdruck 1983

Roßberg'sche Buchdruckerei
in Leipzig

Vorwort

Viele Jahrhunderte hat den Deutschen ein wirksames oberstes Gericht gefehlt. Das Königsgericht verfiel im Mittelalter mehr und mehr; dann haben Reichskammergericht und Reichshofrat trotz ihrer Bedeutung keine ausreichende Stoßkraft üben können, und mit dem Zusammenbruch des Römischen Reichs Deutscher Nation sanken sie dahin. Ungleich glücklicher entwickelte sich in Frankreich durch Jahrhunderte die Judikatur seiner Parlamente, an die sich im 19. Jahrhundert die große Praxis des Kassationshofes anschließen konnte, und ebenso in England die Entscheidungskette des Königsgerichts, fortlaufend seit der normannischen Eroberung bis auf den heutigen Tag. In Deutschland dagegen wurde erst durch die Gründung des Reichsoberhandelsgerichts 1870, und mit vollem Akkorde erst durch die Entstehung des Reichsgerichts vor nunmehr einem halben Jahrhundert die alte nationale Sehnsucht nach Vereinheitlichung der höchsten Gerichtsbarkeit erfüllt. Seither aber hat sich eine großartige Rechtsprechung überraschend schnell immer voller und weiter entfaltet, und sie gibt der Judikatur der anderen Völker gewiß nichts nach.

Die deutsche Rechtswissenschaft blickt mit hoher Freude und mit tiefer Dankbarkeit auf die leuchtende Wirksamkeit des Reichsgerichts und seines handelsrechtlichen Vorgängers. Ist doch diese Judikatur, auch wo sie den Widerspruch herausfordert, ein sprudelnder Lebensquell geworden, aus dem die Rechtslehre immer aufs neue zu schöpfen vermochte. Der uralte Reichtum deutschen Rechtslebens gedeiht hier in ungetrübter Jugendfrische, und aus der inneren Kraft der Tatbestände wie aus ihrer sachkundigen Beurteilung wuchern in üppiger Fülle die Rechtsgedanken hervor.

Aber die deutsche Rechtswissenschaft hat an der Reichsgerichtspraxis auch ihren eigenen Anteil. Jahrhundertelang war die Lehre des römischen und deutschen Rechts das einzige feste Band, welches die Rechtseinheit Deutschlands einigermaßen sicherte. Seit den Anfängen der deutschen Universitäten haben ihre Rechtslehrer in ununterbrochener Arbeit die juristischen Grundlagen für die Tätigkeit der Territorialgerichte und für die allmählich anwachsende Landesgesetzgebung geboten. Auf ihrer eindringenden wissenschaftlichen Gedankenwelt konnte auch das neugegründete Reichsgericht vor fünfzig Jahren sein Werk aufbauen. Die deutsche Rechtswissenschaft hat seither emsig fortgearbeitet, in inniger Wechselwirkung mit den deutschen Gerichten: Rechtsprechung und Wissenschaft müssen eine Einheit bleiben, einen inneren Gegensatz zwischen brauchbarer Theorie und brauchbarer Praxis kann es nicht geben. An den wissenschaftlichen Bestrebungen haben in steigendem Maße die weitesten Kreise der Juristenschaft, wie Richter, Staatsanwälte, Rechtsanwälte, Verwaltungsbeamte, und vor allem die Mitglieder des Reichsgerichts selbst teilgenommen. Aber wie keine Wissenschaft ohne tiefgehenden Unterricht und ohne streng methodische Erziehung der jungen Juristen möglich ist, so haben die deutschen Rechtsfakultäten dauernd im Mittelpunkte der Forschung gestanden, und sie dürfen deshalb dem Reichsgericht ihre herzlichen und bewundernden Glückwünsche als Wortführer der gesamten deutschen Rechtswissenschaft darbringen.

Der Gedanke dieser Festschrift, zuerst gefaßt von dem am 24. Januar 1929 allzufrüh heimgegangenen Professor Dr. Otto Schreiber, Königsberg i. Pr., und von ihm mit opferfreudiger Unterstützung der Verlagsbuchhandlung durch mehrere Jahre kraftvoll gefördert, hat in den Kreisen der deutschen Rechtslehrer bereitwillige Aufnahme gefunden. Nach dem Tode Otto Schreibers hat Herr Dr. Alexander Elster die schwierige Schriftleitung zu Ende geführt. Wir bringen die Gabe in der festen Hoffnung dar, daß das deutsche Reichsgericht noch in langer Folgezeit seine Rechtsprechung schöpferisch fortsetzen möge: als unabhängiger Hüter der Heiligkeit des Rechts, als verständnisvoller Förderer deutscher Geisteskultur und deutscher Wirtschaft, als untrennbarer Freund der deutschen Rechtswissenschaft, als Fels in gärender Zeit, zu Ehre und Ruhm des deutschen Vaterlandes.

Gerhard Anschütz, Ernst Heymann, Theodor Kipp,
Wilhelm Kisch, Alfred Schultze, Heinrich Siber.

Fünfter Band

Strafrecht und Strafprozeß

Inhaltsverzeichnis

Inhaltsverzeichnis der übrigen Bände

Ein Namen- und Sachregister
für alle sechs Bände befindet sich am Schlusse
jedes Bandes.

Die Bedeutung der Geschäftsführung ohne Auftrag im Strafrecht

von Professor Dr. R. v. Hippel, Göttingen

I. Das römisch-italienische wie das ältere und das gemeine deutsche Strafrecht kennen einzelne Fälle (wie Tötungsrecht, Notwehr, einzelne Notstandsfälle, Amtsbefugnisse usw.), in denen eine sonst strafbare Handlung straffrei bleibt. Aber zu einer grundsätzlichen Erfassung dieser Erscheinung ist man noch nicht gelangt. Im 18. Jahrhundert[1]) wird die Rechtswidrigkeit als allgemeines Begriffsmerkmal des Verbrechens erkannt, tieferes dogmatisches Eindringen und klare Zusammenfassung aber fehlen in der Wissenschaft bis um 1870. Kein Wunder daher, wenn noch unser geltendes Strafgesetzbuch von 1870 unter dem Titel „Gründe, welche die Strafbarkeit ausschließen", Notwehr, Notstandsfälle, Schuld, Strafantrag und Verjährung neben und zum Teil durcheinander behandelt.

Den sachlichen Inhalt der Rechtswidrigkeit findet man seit der Aufklärungszeit in der Schadenszufügung bzw. der Verletzung subjektiver Rechte, neuerdings richtig in dem Angriff [2]) auf alle rechtlich geschützten Interessen (Rechtsgüter)[3]). Das strafbare Unrecht (Verbrechen) kennzeichnet sich innerhalb dieses Rahmens durch seine Rechtsfolge, nicht durch seinen Tatbestand[4]); denn für die Anwendung der Strafe sind nicht dogmatische Erwägungen, sondern die Bedürfnisse des Rechtsgüterschutzes maßgebend.

II. Wird eine Handlung rechtlich mit Strafe bedroht, so wird sie damit zugleich grundsätzlich als objektiv rechtswidrig (Unrecht, Verbrechen) erklärt. Denn die Strafe ist ausschließlich Unrechtsfolge[5]), und zwar die schwerste Unrechtsfolge, die es gibt. Aber es gibt Ausnahmen[6]), Fälle, in denen die strafbare Tat aus besonderen Gründen rechtlich erlaubt bzw. geboten und deshalb kein Verbrechen ist. In der grundsätzlichen Erfassung dieser Erscheinung sind wir heute über den Stand des Erkennens von 1870 bedeutend hinausgelangt. So konnten unsere Strafgesetzentwürfe seit 1913 (§ 26) schreiben: „Nicht strafbar ist eine Handlung, deren Rechtswidrigkeit durch das öffentliche oder

---

[1]) Vgl. Böhmer, Elementa iurisprudentiae criminalis (1732); näher v. Hippel, Strafrecht 1, 252/53 (1925).

[2]) Verletzung bzw. Gefährdung.

[3]) Vgl. näher v. Hippel 1, 10ff.

[4]) v. Liszt, Lehrb. S. 13 (1. Aufl., 1881), bezeichnete diese Einsicht damals als „eine der schönsten Errungenschaften der modernen Strafrechtswissenschaft". Heute erscheint sie uns selbstverständlich.

[5]) Während Schadenersatz auch bei rechtmäßigem Handeln vorkommt.

[6]) Dies Verhältnis von Regel und Ausnahme ist nichts Gekünsteltes, sondern das notwendige Ergebnis logischen Denkens und klarer legislativer Technik. Eine Strafdrohung, z. B. gegen Tötung, Körperverletzung usw. kann nur als allgemeine auftreten; denn sie soll und muß das Gesamtgebiet, vorbehaltlich besonderer Ausnahmen, decken. Technisch und sachlich unmöglich aber ist es, diese Ausnahmen im einzelnen Deliktstatbestand aufzuzählen. Ihre Behandlung gehört in die allgemeinen Lehren vom Verbrechen.

bürgerliche Recht ausgeschlossen ist[7])." Und das Reichsgericht konnte neuerdings in dem sehr bedeutsamen Urteil I, 11. März 1927, RGSt. 61, 243 (247)[8]) ausführen: „Unter welchen Voraussetzungen Handlungen, die den äußeren Tatbestand einer Straftat erfüllen, als nicht rechtswidrig zu erachten sind, ist nicht nur aus dem Strafrecht, sondern aus dem Ganzen der Rechtsordnung zu entnehmen." Die Vorschrift des Entwurfs „ist bereits geltendes Recht. Die Rechtssätze, aus denen sich die Gründe für die Rechtmäßigkeit oder — negativ ausgedrückt — für den Ausschluß der Widerrechtlichkeit[9]) (Rechtfertigungsgründe, Unrechtausschließungsgründe) ergeben, können dem gesetzten oder ungesetzten Recht angehören. Sie können insbesondere im Wege der Auslegung unter Berücksichtigung des Zweckes und des gegenseitigen Verhältnisses der geschriebenen Normen ermittelt werden."

III. Der vorliegende Aufsatz will die Geschäftsführung ohne Auftrag als Rechtfertigungsgrund behandeln. Mir scheint dies deshalb erwünscht, weil die neueste strafrechtliche Literatur hier kein vollbefriedigendes Bild bietet, während die Praxis des Reichsgerichts und der Oberlandesgerichte erfreulich vorgeht.

Der Täter greift ohne Einwilligung, aber im Interesse und gemäß dem mutmaßlichen Willen des Betroffenen in dessen Rechtsgüter in einer sonst strafbaren Weise ein. Notstand liegt nicht vor, da es sich nicht um kollidierende Interessen verschiedener Personen handelt. Nachträgliche Genehmigung, wenn sie erfolgt, könnte eine rechtswidrige Tat nicht zur erlaubten machen[10]). Dennoch widerstreitet Bestrafung sehr unzweideutig dem Rechtsbewußtsein. Denn es ist ungerecht und unzweckmäßig, den zu strafen, dessen Tat — objektiv wie subjektiv — nicht Angriff, sondern Hilfe war. Wohl jeder tüchtige Mensch hat solche Hilfe gelegentlich in seinem Leben geübt und damit den Dank des andern geerntet. Erfolgt statt dessen Strafanzeige, z. B. aus Eigensinn oder wegen unvorhersehbarer ungünstiger Folgen, so bleibt die Tat darum nicht weniger billigenswert.

Praktisch besonders wichtig, weil alltäglich und möglicherweise mit schweren Folgen verknüpft, ist hier der Fall notwendigen ärztlichen Eingriffs, wenn Einwilligung (z. B. wegen Bewußtlosigkeit) nicht eingeholt werden kann. Aber

---

[7]) Vgl. Strafrechtskommission; Anträge v. Tischendorff (Nr. 248) und v. Hippel (257 V; 294). Beide erklärten (der letztere in dieser kurzen Fassung) für nicht rechtswidrig die nach öffentlichem oder bürgerlichem Recht erlaubte oder gebotene Handlung. Vgl. dazu Prot. 47, S. 1—8. In 2. Lesung (Prot. 217, 13/17) wurde auf Antrag Frank-Pfersdorff die obige negative Fassung angenommen. Sachlich stimmen beide überein. Wer eine Handlung allgemein verbietet, sie aber im Einzelfall von diesem Verbot ausnimmt, der erlaubt sie damit für diesen Fall. Ich halte die positive Fassung für klarer und eindrucksvoller. Die Entwürfe 1925 (§ 20), 1927 (§ 23) haben nur redaktionell etwas geändert.

[8]) Betr. ärztliche Unterbrechung der Schwangerschaft bei Lebensgefahr.

[9]) Auch das Reichsgericht erklärt also beide Fassungen für gleichbedeutend; vgl. oben Anm. 7.

[10]) Vgl. dazu sehr scharf auch RG. III, 31. Mai 1894, RGSt. 25, 375 (383), betr. Annahme des Arztes, trotz verweigerter Einwilligung zur Operation auf künftige Zustimmung des besser informierten Vaters rechnen zu dürfen. Demgegenüber führt das Reichsgericht aus: Entscheidend für die Rechtmäßigkeit ist der Augenblick der Tat. War hier die Handlung widerrechtlich, „so war mit dem ersten Messerschnitt auch das Delikt vollendet und der Strafanspruch des Staates begründet". Die dem Instanzrichter vorschwebende Zustimmung bedeutet rechtlich nur eine „nachträgliche Verzeihung einer einmal verübten Rechtsverletzung". Nachträgliche Billigung oder Mißbilligung „kann Geschehenes weder in seiner objektiven noch in seiner subjektiven Gestalt ungeschehen machen". Wie lange sollte der Schwebezustand „einer durch eine solche, dem Strafrechte völlig unbekannte nachträgliche Ratihabition bedingten Rechtmäßigkeit" auch dauern?

In gleichem Sinne neuerdings RG. III, 3. Nov. 1927, RGSt. 61, 393 (394). Betr. Schläge zur Durchführung einer Operation: „Rechtlich unhaltbar" die Auffassung, daß nachträgliche Genehmigung der Mutter Rechtmäßigkeit begründen könne. „Es genügt insoweit, auf RGSt. 25, 375 (383) zu verweisen."

damit ist das Gebiet in keiner Weise erschöpft; Fälle solcher Art kommen mannigfach vor[11]) und bedürfen daher einheitlicher Behandlung.

Schon 1894 sprach sich das Reichsgericht (vgl. das zit. Urteil III RGSt. 25, 375ff.) bei ärztlichem Eingriff in bemerkenswerter Weise aus: Nach Lage des Falles, insbesondere bei Bewußtlosigkeit, Geisteskrankheit, Unzurechnungsfähigkeit, Gefahr im Verzuge oder gegenüber unklaren Äußerungen seien Folgerungen „im Sinne eines ihm (dem Arzte) aktuell zur Seite stehenden Konsenses" möglich. Der Arzt aber, „welcher vorsätzlich für Heilzwecke Körperverletzungen verübt, ohne sein Recht[12]) hierzu aus einem bestehenden Vertragsverhältnisse oder der präsumtiven Zustimmung, dem vermuteten Auftrage[13]) hierfür legitimierter Personen herleiten zu können", handelt „überhaupt unberechtigt, d. h. rechtswidrig". Kritik: Also bei „präsumtiver Zustimmung" rechtsmäßig. Warum? Eine befriedigende rechtliche Begründung fehlte damals noch.

W. Rosenberg gebührt das Verdienst, sie zuerst gegeben zu haben. In seinem Aufsatz im GerS. 62, 73ff. (1903) stützt er die Straflosigkeit des Arztes scharf und klar auf die negotiorum gestio der §§ 677ff. BGB. Grundsätzliche wissenschaftliche Klärung brachte 1906 Zitelmann[14]) mit der Darlegung, daß das bürgerliche Recht die Geschäftsführung ohne Auftrag nicht nur duldet, sondern billigt und damit für objektiv rechtmäßig erklärt. Die Straflosigkeit aller derartiger Fälle, bisher unsicheres Gewohnheitsrecht, wurde damit zugleich auf festen gesetzlichen Boden gestellt und klar und befriedigend abgegrenzt. Strafrechtlich wurde die Arbeit Zitelmanns kritisch weitergeführt in der Göttinger Dissertation von M. Ahrens, Geschäftsführung ohne Auftrag (1909)[15]).

Man hätte annehmen sollen, daß insbesondere die Arbeit Zitelmanns allseitig als das gewürdigt werden würde, was sie ist: Das erlösende Wort auf einem bisher unklaren Gebiet. Leider ist das im Strafrecht gerade neuerdings nicht derart geschehen.

IV. Zivilrechtlich wurde die negotiorum gestio schon von den Römern mit ihrer utilitas begründet[16]). Ebenso bei uns noch in den letzten Zeiten des gemeinen Rechts: 1886 schrieb Dernburg[17]): „Die Ansprüche aus der negotiorum gestio gründen sich im Interesse der bürgerlichen Gesellschaft an der Erhaltung und am Wohlsein ihrer Glieder und an der Erhaltung und möglichsten Mehrung ihrer Güter." 1887 bezeichnete Kohler die negotiorum gestio

[11]) Beispiele: Euthanasie zur Ersparung schweren Todeskampfes (es handelt sich hier nicht um mutmaßliche Einwilligung in den Tod, die rechtlich unerheblich wäre — vgl. § 216 StGB. —, sondern in dessen Erleichterung); Rettung aus Lebens- bzw. Leibesgefahr unter Körperverletzung, Sachbeschädigung, Hausfriedensbruch; zwangsweise Verbringung eines plötzlich Geistesgestörten in Heilanstalt; angemessene Züchtigung fremder Kinder (vgl. dazu unten S. 9); Erschießen eines tödlich verunglückten fremden Tieres; Besitzergreifung kranken oder toten Wildes und Ablieferung an den Jagdberechtigten (solche Fälle habe ich als Dozent an der Forsthochschule Münden begutachtet); Rettung fremder Sachen unter Beschädigung bzw. Hausfriedensbruch; Verkauf oder Verbrauch fremder (z. B. sonst verderbender) Sachen; Vernichtung fremder Sachen, um Übergreifen der Infektion oder des Brandes auf andere Sachen des Eigentümers zu verhindern; Öffnung fremder Briefe im Interesse des (z. B. verreisten) Empfängers; Mitteilung von Privatgeheimnissen (§ 300 StGB.) im Interesse des Anvertrauenden; Gebrauch verpfändeter Gegenstände zwecks Bewahrung vor Schaden (§ 290 StGB.); Unterzeichnung von Urkunden (z. B. durch Ehefrau, Freund) mit fremdem Namen, z. B. um keine Verzögerung im Empfang des Geldes eintreten zu lassen (vgl. Lobe bei Ebermayer, Komm. S. 18/19, 3. Aufl., 1925).

[12]) Im Original gesperrt.

[13]) Von mir gesperrt.

[14]) „Ausschluß der Widerrechtlichkeit", vgl. insbes. S. 22/23, 102ff.

[15]) Erschienen in Strafrechtl. Abhandlungen, Breslau, Schletter.

[16]) Siehe dazu die Nachweise z. B. bei Windscheid, Pandekten und bei H. A. Fischer, Die Rechtswidrigkeit, München 1911.

[17]) Pandekten II 317 Anm.

in ihrem Wesen als Menschenhilfe[18]), ein heute vielgebrauchtes Wort[19]). Aufgabe des Rechts auf diesem Gebiet ist es daher, die nützliche Geschäftsführung als sachliches Bedürfnis anzuerkennen und entsprechend zu regeln, damit zugleich aber verwerfliche Einmischung in fremde Angelegenheiten abzulehnen. Vor dieser Aufgabe, die in der zivilrechtlichen Literatur klar erkannt und regelmäßig betont wird, die daher dem Zivilisten geläufig ist, steht notwendig jeder Gesetzgeber, deshalb auch die Verfasser des BGB. Soweit man dabei die Geschäftsführung ohne Auftrag (gleichgültig ob bewußt oder selbstverständlich = unbewußt) als nützlich betrachtet und sie dementsprechend rechtlich zuläßt und regelt, ist damit zugleich die objektive Rechtmäßigkeit innerhalb dieser Schranken bejaht, mag sich der Gesetzgeber selbst dies klargemacht haben oder nicht. Im letzteren Falle ist, wie man zu sagen pflegt, das Gesetz klüger als der Gesetzgeber. Denn es ist logisch wie rechtspolitisch unmöglich, dasselbe Verhalten als sozial nützlich zu regeln und zugleich für widerrechtlich zu erklären.

Es war daher zu bedauern, daß André in Plancks Kommentar[20]) gegen Zitelmann die Rechtswidrigkeit der Geschäftsführung ohne Auftrag unter Berufung auf die Entstehungsgeschichte vertrat[21]). Der Auffassung Andrés ist Staudinger gefolgt[22]). Für Zitelmann haben sich insbesondere Titze[23]), Oertmann[24]), H. A. Fischer (a. a. O.), Enneccerus[25]), O. v. Gierke[26]), v. Thur[27]) erklärt. Die Rechtmäßigkeit wurde ferner von Dernburg[28]), Cosack[29]), Warneyer[30]) vertreten. Sie darf danach heute als die im Privat-

[18]) „Und eine sehr begehrenswerte, eine sehr unterstützungs- und fördernswerte Menschenhilfe." Deshalb voller Ersatz der Auslagen des negotiorum gestor (nicht nur gemäß der Bereicherung). Vgl. Kohler, Die Menschenhilfe im Privatrecht, JheringsJ. 25, 43.

[19]) So bei Zitelmann, Fischer a. a. O.; neuestens Titze, Recht der Schuldverhältnisse S. 116 (1926).

[20]) 3. Aufl., Bd. 2 (1907) vor § 677 V. Ebenso noch die neueste Auflage 1928.

[21]) Insbesondere weil die Verfasser nur die obligatorischen Beziehungen der Beteiligten hätten regeln wollen. Gegen André vgl. näher Ahrens, H. A. Fischer a. a. O., Enneccerus, Lehrb. (18.—22. Aufl., 1923) I 654/55 zu § 823; ferner 23.—27. Aufl., 1927 S. 670.

[22]) Vgl. näher Komm. 7./8. Aufl., 1912, vor § 677 Nr. 9; § 677 Nr. 2a; § 823 II B 7.

[23]) Besprechung über Zitelmann, JLitBl. 19, 57 (1907).

[24]) Bürgerl. Recht, Schuldverhältnisse (3./4. Aufl., 1910) zu § 823. (Hinweis auf „das große Verdienst" Zitelmanns.)

[25]) Vgl. oben Anm. 21.

[26]) Deutsches Privatrecht 3, 883 Anm. 11 (1917). „Nicht widerrechtlich ist auch, wie Zitelmann überzeugend dargelegt hat, ein Eingriff innerhalb der Grenzen gesetzlich legitimierter Geschäftsführung ohne Auftrag."

[27]) Bürgerliches Recht. Allg. Teil II[2], 1918 S. 470. Ausdrückliche Betonung des Ausschlusses der Rechtswidrigkeit auf Grund § 677/78 BGB..

[28]) Vgl. oben bei Anm. 17; dazu Bürgerliches Recht, Schuldverhältnisse S. 380—82 (1901). Hier Scheidung zwischen begünstigter, gerechtfertigter und ungerechtfertigter, verbotener Geschäftsführung.

[29]) Lehrb. des Bürgerl. Rechts 1, 558 (2. Aufl., 1899). Cosack bemerkt, daß die Geschäftsführung vom Gesetzgeber sehr begünstigt werde, obgleich sie „ein rechtloser Eingriff" sei und deshalb „einer unerlaubten Handlung nahe kommt". Der Grund sei ein doppelter: einmal verdiene die gute Absicht des Geschäftsführers schonende Behandlung. „Zweitens ist in Notfällen die auftraglose Geschäftsführung gar nicht zu entbehren; deshalb verdient sie auch objektiv die Gunst des Gesetzgebers." Daß damit Cosack schon 1899 die Geschäftsführung nicht etwa als unerlaubte, sondern als notwendige, begünstigte (also rechtmäßige) Handlung kennzeichnet, ist klar. Noch deutlicher jetzt: In der neuesten Auflage (8.; 1927 S. 717) sind die Worte „Nahekommen einer unerlaubten Handlung" gestrichen; und bei der Unentbehrlichkeit wird weiter betont: „Und zwar kann der Gesetzgeber seine Gunst auch solchen Geschäftsführungen nicht versagen, die dem Geschäftsherrn, wie sich später herausstellt, sehr unlieb sind", da andernfalls viele erwünschte Geschäftsführungen einfach unterbleiben würden. Dazu S. 767/68 (zu § 823): „Erlaubt ist eine solche Handlung, wenn der Täter zu ihr ein Recht gehabt hat oder als Geschäftsführer ohne Auftrag von dem Verletzten die nachträgliche Genehmigung der Handlung fordern kann (§ 683)."

[30]) Komm. z. BGB. (1923) zu § 823, II S. 1305.

recht durchaus herrschende Ansicht bezeichnet werden[31]). Allgemein anerkannt ist dabei ferner, daß die Geschäftsführung sich nicht nur auf Rechtsgeschäfte beschränkt, sondern jede Besorgung fremder Angelegenheiten, jede tatsächliche Hilfeleistung umfaßt.

V. Im Strafrecht stieß zunächst die Arbeit Rosenbergs auf einen gewissen Widerspruch[32]). Der Standpunkt Zitelmanns fand Anerkennung bei Frank[33]), Heimberger[34]), Ahrens (a. a. O.), Kriegsmann[35]), Nagler[36]) und wurde auch von mir alsbald aufgenommen[37]), wie neuerdings von Gerland[38]) und Honig[39]). Die Kommentare von Olshausen und Schwartz beschränken sich auf die Erwähnung beim Delikt des § 299 StGB. Allfeld[40]) erkennt den Vorzug der Lehre an, bezeichnet es aber als sehr fraglich, ob in §§ 677ff. BGB. ein „Unrechtausschließungsgrund aufgestellt werden wollte"[41]). Bedenken äußerte Hamm[42]). Ablehnend sprach sich Köhler aus[43]). Ein Teil der Literatur schweigt[44]), so im allgemeinen auch v. Liszt. Eine wenig glückliche Bemerkung aber enthält Liszts Lehrbuch[45]) bei der ärztlichen Heilbehandlung[46]):

---

[31]) Merkwürdig neuestens Kreß, Lehrbuch des allgem. Schuldrechts S. 471 (1929). Hier zunächst ausdrückliche Anerkennung der Rechtmäßigkeit der übernommenen Geschäftsführung (bis zu gegenteiliger Anweisung des Geschäftsherrn), da der Geschäftsführer gemäß § 677 BGB. zur Durchführung verpflichtet sei. Dann aber: „Fraglich mag sein, ob wenigstens der erste Eingriff — die Übernahme der Geschäftsführung — als rechtswidrig anzusehen ist; die Frage ist grundsätzlich wohl (anders Zitelmann) zu bejahen; denn zur Übernahme der Geschäftsführung besteht keine gesetzliche Verpflichtung." Kritik: Besteht etwa zur Notwehr, zur Notstandshandlung, zur Selbsthilfe eine gesetzliche Verpflichtung? Und wie könnte eine rechtswidrige Handlung dadurch rechtsmäßig werden, daß man sie durchführt?

Nichts finde ich im Reichsgerichtskommentar (Hoffmann usw.) 1 (2, 1913).

[32]) Vgl. Behr, GerS. 62, 401ff. (1903). Gegen ihn und Rosenberg dann Brückmann, Z. 24, 657ff. (1904); gewisse Bedenken bei Kohlrausch, Z. 23, 612 (1903). Diese Dinge dürften heute überholt sein; vgl. dazu die eingehende Besprechung von Ahrens a. a. O. S. 51ff.

[33]) Kommentar (5.—7. Aufl., 1907; 8.—10. Aufl., 1911), vor § 51. Ablehnung des Rechtfertigungsgrundes „richtiges Mittel zu richtigem Zweck". „Zutreffend dürfte nur so viel sein, daß die Rechtswidrigkeit in ähnlicher Weise wie durch Einwilligung auch durch Geschäftsführung (negotiorum gestio) beseitigt werden kann."

[34]) V. D. Allgem. Teil 4, 25 (1908).

[35]) Vgl. Z. 30, 446 (1910) (Referat über Ahrens); dazu aber unten Anm. 52.

[36]) Der heutige Stand der Lehre von der Rechtswidrigkeit S. 91f. (1911). (Ausschluß der Rechtswidrigkeit, neuerdings erst gebührend gewertet.)

[37]) In meinen Vorlesungen, wie durch Anregung der Arbeit Ahrens. In der Strafrechtskommission erstrebte ich gesetzliche Regelung. Da diese aber — leider — für die Einwilligung abgelehnt wurde, zog ich den damit aussichtslosen Antrag betr. Geschäftsführung ohne Auftrag unter Betonung der sachlichen Richtigkeit zurück. Vgl. StrafrKomm. Prot. 54 (3. Okt. 1911) S. 3ff. (Antrag Nr. 294).

[38]) Lehrb. S. 122 (1922).

[39]) Einwilligung des Verletzten S. 165f. (1919).

[40]) Lehrb. 8. Aufl. (1922), betr. ärztliche Behandlung.

[41]) Kritik: Maßgebend ist, ob er aufgestellt ist. Vgl. oben S. 4.

[42]) DJZ. 12, 449 (1907) betr. ärztlichen Eingriff. Einmal, weil die Übernahme eines Geschäftes an Stelle eines anderen erfordert, daß dieser es sonst selbst vornehmen würde. Das ist heute als unrichtig allgemein anerkannt. Weiter, weil sonst auch der Laie bzw. Kurpfuscher eingreifen könne. Kritik: Nur, wenn er medizinisch sachgemäß handelt und dann mit Recht.

[43]) Lehrb. S. 388 (1917) (betr. Züchtigung von Kindern), weil die §§ 677ff. im Rechte der Schuldverhältnisse stehen; ein unerheblicher Gesichtspunkt. Vgl. als analogen Fall § 904 BGB und grundsätzlich oben S. 1/2; betr. ärztliche Behandlung überwiegend ablehnend Köhler S. 396.

[44]) So, soviel ich sehe, Wachenfeld, Lehrbuch, wie die Grundrisse von Beling, R. Schmidt, van Calker.

[45]) Jetzt auch (25. Aufl.) v. Liszt-Schmidt S. 201.

[46]) Weder Einwilligung noch Auftrag, noch Geschäftsführung ohne Auftrag vermögen die Rechtmäßigkeit des Eingriffs zu begründen (?), aber die Angemessenheit des Mittels wird ausgeschlossen durch den widerstrebenden Willen des Kranken. Kritik: Es handelt sich doch um die Frage, wann und warum das medizinisch angemessene Mittel angewandt werden darf und wann nicht. Ist dies — nach v. Liszt — gegen den Willen des Kranken rechtswidrig,

Im übrigen meint jetzt Eb. Schmidt[47]): „Klare Ergebnisse fehlen noch durchaus."

Meines Erachtens sind sie seit Rosenberg, Zitelmann, Ahrens durchaus vorhanden und nur neuerdings im Strafrecht etwas verdunkelt.

Hegler[48]) hat die strafrechtliche Verwertung der Geschäftsführung abgelehnt, weil hier nur das Innenverhältnis (zwischen Geschäftsführer und Geschäftsherrn) geregelt werde. Gerade deshalb aber ist jener Gesichtspunkt anwendbar bei Eingriffen in die Interessen des Geschäftsherrn, um die es sich hier handelt[49]). Leider ist jetzt aber Frank[50]) — unter Aufgabe seines früheren Standpunkts — Hegler gefolgt.

Sauer[51]) erblickt in allen Rechtfertigungsgründen nur Typen des objektiven Prinzips, daß rechtmäßig diejenigen Verhaltungsweisen sind, die generell, ihrer allgemeinen Tendenz nach, der staatlichen Gemeinschaft und ihren Gliedern mehr nützen als schaden. Das hat gewiß viel für sich; es fragt sich aber dann doch, wann dieser Tatbestand vorliegt. Darüber entscheidet nicht der einzelne, sondern das Recht. Gerade deshalb ist ja wie die Notwehr usw. so auch die nützliche Geschäftsführung rechtlich geregelt. Und wenn dann an Stelle unsicheren Gewohnheitsrechts brauchbares Gesetzesrecht tritt, so ist das ein großer Fortschritt[52]). Es ist daher irrtümlich, wenn Mezger[53]) auf der Grundlage von Sauer die §§ 677ff. BGB. als Rechtfertigungsgrund ablehnt, weil sie nicht die Gewährung, sondern die Anwendung eines Rechtfertigungsgrundes darstellen. Mit genau demselben Grunde ließe sich dies für alle Rechtfertigungsgründe (Notwehr usw.) behaupten. Es wird hier ein allgemeines Prinzip und dessen rechtliche Anerkennung verwechselt. In der letzteren erst liegt die Gewährung eines Rechtfertigungsgrundes[54]).

Nicht ganz klar ist mir der Standpunkt Lobes[55]), der zunächst bemerkt, die bürgerlich-rechtliche Einrichtung der Geschäftsführung könne nicht ohne weiteres auf strafbare Handlungen übertragen werden[56]), dann aber selbst damit strafrechtlich bei Handlungen arbeitet, die „auf bürgerlichrechtlichem Gebiet liegen"[57]), wie auch bei solchen, „die gerade den Interessen desjenigen dienen sollen, die durch irgendein Strafgesetz geschützt werden"[58]).

Neuerdings meint P. Merkel[59]), der Gesichtspunkt der Geschäftsführung passe nicht auf den ärztlichen Eingriff; denn es handle sich „ja nicht um den Ersatz eines Vertrages auf ärztliche Behandlung, sondern um einen Eingriff in ein strafrechtlich geschütztes Rechtsgut". Es handelt sich aber doch um die

---

so begründet seine Einwilligung die Rechtmäßigkeit; entsprechend die Geschäftsführung ohne Auftrag.

47) Vgl. v. Liszt-Schmidt a. a. O. S. 205 Anm.

48) Z. 36, 42 (1915).

49) Über Eingriffe in Interessen Dritter vgl. unten S. 11. Auch bei der Einwilligung des Verletzten handelt es sich lediglich um das Innenverhältnis.

50) Komm. S. 139 (17. Aufl., 1926) vor § 51.

51) Grundlagen S. 339 (1921).

52) Den Sauer S. 334f. unterschätzt. Ebenso Kriegsmann, Z. 30, 447 (vgl. oben Anm. 35).

53) GerS. 89, 293f. (1924).

54) Mezger selbst schränkt übrigens seinen Standpunkt insoweit ein, als er in § 679 BGB. eine selbständige Erweiterung des allgemeinen Prinzips erblickt. Es handelt sich aber doch hier lediglich um eine Erweiterung der grundsätzlichen Regelung zu §§ 677 u. 678.

55) Vgl. Ebermayer, Komm. S. 18f. (3. Aufl., 1925).

56) Siehe dagegen oben S. 1/2.

57) Verfügung über Sachen im Interesse des dazu Berechtigten; Zeichnung von Urkunden mit fremdem Namen.

58) Handeln im Interesse des Jagdberechtigten. Vgl. dazu unten Anm. 63.

59) Grundriß I 90 (1927).

Frage, ob ein in irgendeinem Teile der Rechtsordnung als berechtigt anerkanntes Verhalten damit zugleich (wegen fehlender Widerrechtlichkeit) den Begriff des Verbrechens ausschließt. Und dies ist zu bejahen[60].

Es ist daher ein Stehenbleiben auf halbem Wege, wenn man unter Hinweis auf die negotorium gestio den Vorsatz des Täters wegen mangelnden Bewußtseins der Rechtswidrigkeit verneint[61]. Die Rechtswidrigkeit selbst fehlt, die Schuldfrage entsteht daher gar nicht. Und das ist gut so. Denn damit haben wir die Möglichkeit einheitlicher klarer Entscheidung, während sonst hier die bekannte große Streitfrage über das Bewußtsein der Rechtswidrigkeit als Vorsatzerfordernis einschlagen würde.

VI. Wer die Geschäftsführung im Strafrecht ablehnt, muß sich notwendig nach sonstigen Entscheidungsgründen für diese Fälle umsehen. Allgemeine Rechtsideen[62] genügen dafür nicht; denn es fragt sich, ob und wie solche im geltenden Recht Anerkennung gefunden haben. Hier erklärt jetzt Frank das Handeln im Interesse des Verletzten allgemein als Rechtfertigungsgrund[63]; Mezger die mutmaßliche Einwilligung[64], die die wirkliche Einwilligung in allen Teilen ersetze; Hegler die Wahrung des wohlverstandenen Interesses des Betroffenen, die aber nur in Notfällen erfolgen dürfe, wo die Willensentscheidung des Betroffenen selbst ausscheidet. Damit greift Frank einseitig das eine, Mezger das andere Merkmal der Geschäftsführung ohne Auftrag heraus und erklärt dies für allein und allgemein maßgebend. Hegler arbeitet mit beiden Merkmalen und kommt damit m. E. sachlich auf die Geschäftsführung ohne Auftrag hinaus, indem er diese zugleich als subsidiär gegenüber der Einwilligung kennzeichnet[65].

Weder der Standpunkt Franks noch derjenige Mezgers ist haltbar[66], sondern allein die Vereinigung beider Merkmale in der Geschäftsführung ohne Auftrag. Im Interesse des Verletzten liegen zahlreiche Eingriffe, insbesondere notwendiger ärztlicher Eingriff. Im Widerspruch zum wirklichen oder mutmaßlichen Willen aber sind sie rechtswidrig[67]. Das Erfordernis mutmaßlicher Einwilligung allein aber ist teils zu eng, teils zu weit. Zu eng, weil es die Fälle des § 679 BGB. nicht deckt[68]. Zu weit, weil Handeln im Widerspruch zu den Interessen des Verletzten zwar möglicherweise bei wirklicher, nicht aber

---

60) Vgl. oben S. 1/2.

61) Vgl. Binding, Lehrb. 1, 274 (1902) (betr. Aneignung fremder Sachen); Nagler, V. D. Bes. Teil 8, 467 (1906) (betr. Jagddelikt). Für jene Zeit aber, in der diese Äußerungen erfolgten, war bereits der Hinweis auf die negotiorum gestio ein Verdienst. Siehe dann später für objektive Rechtmäßigkeit Nagler oben Anm. 36. Vgl. dazu auch Ahrens a. a. O. S. 23.

62) Vgl. oben Sauer; ferner Hegler a. a. O. „Prinzip des wahren Wohls"; Mezger a. a. O. S. 290: „Streben nach dem kompossiblen Maximum, dem erreichbaren Höchstmaß der Interessenbefriedigung". Hierher gehört auch die Formel „richtiges Mittel zu richtigem Zweck"; vgl. insbesondere Graf Dohna, Rechtswidrigkeit (1905), v. Liszt, Lehrbuch. Siehe dagegen neuerdings RG. 61, 253.

63) Weil dann nur formell, nicht sachlich gegen das Verbot verstoßen werde, das das betr. Interesse schützen will; vgl. dazu auch Graf Dohna, Recht und Irrtum S. 13 (1925).

64) A. a. O. S. 287ff.

65) Vgl. dazu unten S. 10.

66) Vgl. dazu auch Zitelmann a. a. O. S. 103; Ahrens a. a. O. S. 69ff.

67) Vgl. RGSt. 25, 375ff., oben S. 3. Ausnahme § 679 BGB.; vgl. unten S. 9/10. Frank selbst zieht bei der ärztlichen Tätigkeit (vgl. Kommentar S. 59 [17. Aufl., 1926] vor § 223), den Gesichtspunkt der Geschäftsführung ohne Auftrag heran, wenn Einwilligung wegen Gefahr im Verzuge nicht möglich war. Warum hier und sonst nicht?

68) Deshalb fügt Mezger (oben Anm. 54) diese Fälle als positives Recht hinzu und erkennt damit die Geschäftsführung des Bürgerlichen Gesetzbuches insoweit als maßgebend an; § 679 (alleinige Berücksichtigung der Interessenlage) aber ist doch nur als Ausnahme von § 677 (grundsätzliche Berücksichtigung von Interessen- und Willenslage) verständlich.

bei nur mutmaßlicher Einwilligung[69]) in den Eingriff rechtmäßig ist[70]). So führt insgesamt die Betrachtung der gegnerischen Ansichten lediglich zur Befestigung des hier vertretenen Standpunkts.

VII. Das Reichsgericht hat im Jahre 1881[71]) ein Züchtigungsrecht Erwachsener gegenüber unartigen Kindern ohne nähere Prüfung[72]) verneint. Das war damals höchst begreiflich[73]). Heute kann die öfters erfolgende Berufung darauf nur als nicht mehr zeitgemäß bezeichnet werden.

Bereits im Jahre 1894 hat dann das Reichsgericht (III, RGSt. 25, 375ff.)[74]) ein Recht des Arztes zur Operation bei „präsumtiver Zustimmung" angenommen. Da es sich hier um einen Eingriff im Interesse des Kranken handelte, sind die beiden Merkmale der Geschäftsführung ohne Auftrag — Handeln im Interesse und gemäß dem mutmaßlichen Willen — gegeben. Daß das Reichsgericht dabei nicht ausdrücklich auf die negotiorum gestio Bezug nahm, kann beim damaligen Stande unseres Erkennens nicht wundernehmen.

Aus neuerer Zeit sind mir folgende Urteile des Reichsgerichtes bekannt:

Zweimal hat das Reichsgericht bei schlechter Geschäftsführung ohne Auftrag Unterlassungsdelikt angenommen: 1. RG. I, 28. März 1924, RGSt. 58, 130 (132/33), betr. verbotene Ausfuhr durch Unterlassung. Hier wird aus der übernommenen „auftraglosen Geschäftsführung" die Rechtspflicht zu sorgfältiger Auswahl und Beaufsichtigung der Angestellten gefolgert. 2. RG. I, 12. Nov. 1926, DJZ. 32, 750, betr. fahrlässige Tötung. Der Angeklagte hat „als Geschäftsführer ohne Auftrag" die Vorbereitung eines Scheibenschießens übernommen, damit ist ihm „die Rechtspflicht zur Abwendung drohenden Schadens erwachsen". Das Wesentliche an diesen Urteilen für die vorliegende Arbeit ist, daß das Reichsgericht die Rechtswidrigkeit und damit Strafbarkeit der Unterlassung mit dem Verstoß gegen die Grundsätze der Geschäftsführung ohne Auftrag begründet. Hätte der Angeklagte gegen diese Grundsätze (vgl. § 677 BGB.) nicht verstoßen, so wäre er also[75]) mangels Rechtswidrigkeit seines Verhaltens freizusprechen gewesen. Das gleiche muß dann natürlich auch für aktives Handeln im Rahmen ordnungsgemäßer Geschäftsführung ohne Auftrag gelten.

Neuerdings endlich hat das Reichsgericht in dem schon oben (S. 2) erwähnten, grundlegend wichtigen Urteil I, 11. März 1927, Entsch. 61, 243 (256)[76]) unter Bezugnahme auf RGSt. 25, 375 (oben S. 2/3) ausdrücklich erklärt: „Die Gleichstellung des mutmaßlichen mit dem wirklichen Willen der Schwangeren entspricht dem in § 677 BGB. zum Ausdruck kommenden Rechtsgedanken."

---

[69]) Besteht solche zur Zeit der Tat, worauf es ankommt, so wird sie regelmäßig auf ungenügender Übersicht des Verletzten über die Sachlage oder auf Unverstand beruhen. Die Wirksamkeit solcher mutmaßlicher Einwilligung läßt sich daher auch nicht „unmittelbar" aus Mezgers „formaler Maxime" ableiten (vgl. oben Anm. 62), widerspricht dieser vielmehr. Die Hoffnung auf nachträgliche Einwilligung des besser Informierten oder Verzeihenden aber kommt nicht in Frage (vgl. RG. oben Anm. 10). Das erkennt auch Mezger an. Irrig war es insoweit, wenn Zitelmann a. a. O. S. 120ff. der nachträglichen Genehmigung die Wirkung beilegte, die rechtswidrige Handlung ex post zur rechtmäßigen zu machen; siehe dagegen Ahrens 64ff.

[70]) Beispiel: Ärztliches Experiment ist nur mit wirklicher Einwilligung des Betroffenen rechtmäßig, nicht bei nur mutmaßlicher. Vgl. dazu Ahrens S. 59. (Geschäftsführung ohne Auftrag liegt nicht vor, weil kein Handeln im Interesse des Geschäftsherrn.)

[71]) RG. 9. April 1881, RGSt. 4, 98.

[72]) Also auch ohne Berücksichtigung der Geschäftsführung ohne Auftrag. Das Urteil beschäftigt sich eingehend nur mit der Vorsatzfrage.

[73]) Vgl. die vorausgehende Darstellung über den damaligen wissenschaftlichen Stand der Frage.

[74]) Vgl. oben S. 2/3.

[75]) Soweit nicht etwa noch sonstige Rechtspflicht zum Handeln vorlag.

[76]) Ärztliche Schwangerschaftsunterbrechung bei schwerer Nervenstörung mit Selbstmordgefahr.

Damit ist die Anwendbarkeit des Grundsatzes der Geschäftsführung ohne Auftrag zur Begründung der objektiven Rechtmäßigkeit für das Strafrecht unzweideutig ausgesprochen. Die Fassung soll wohl offenlassen, ob es sich um direkte oder analoge Anwendung handelt. Dazu ist zu sagen: Ist die nützliche Geschäftsführung gemäß BGB. objektiv rechtmäßig, so liegt mangels Rechtswidrigkeit kein Verbrechen vor (vgl. auch RG. oben S. 2). Soweit also in die Interessen des Geschäftsherrn eingegriffen wird, handelt es sich um direkte Anwendung (über analoge vgl. unten S. 11/12).

Lehrreich ist auch die Rechtsprechung der Oberlandesgerichte:

Schon 1903[77]) nahm OLG. Braunschweig ein Züchtigungsrecht gegenüber Ungezogenheiten von Kindern an, wenn der Vater seine durch das BGB. begründete Pflicht des Einschreitens vernachlässigt oder abwesend ist. Es bezeichnet dies als im öffentlichen Interesse liegende „Stellvertretung des Vaters". Ein entgegenstehender Wille des Vaters käme dann „in analoger Weise" wie bei § 679 BGB. (Geschäftsführung ohne Auftrag) nicht in Betracht. In Wirklichkeit liegt nicht Stellvertretung[78]), sondern Geschäftsführung ohne Auftrag vor. Im Jahre 1903 aber war schon die Verwertung der Analogie sehr anerkennenswert.

Das OLG. Jena ließ 1912[79]) im gleichen Falle die Anwendung des § 679 BGB. dahingestellt, da sich dies Züchtigungsrecht bereits aus dem öffentlichen (?) Recht und der Volksüberzeugung[80]) ergebe. 1913 entschied das OLG. Frankfurt[81]) entsprechend „unter Anwendung des Rechtsgedankens des § 679 BGB."

Direkte Anwendung erfolgte 1913 durch das OLG. Hamburg[82]), wiederum bei Unart von Kindern, wenn sofortige Züchtigung erforderlich und die Eltern nicht anwesend bzw. unmittelbar erreichbar sind. „Der zutreffende Gesichtspunkt, aus dem dieses Recht anzuerkennen ist, ist der der Geschäftsführung ohne Auftrag, wobei jedoch der § 679 BGB. insbesondere heranzuziehen ist[83])" . . . Der Angeklagte hat daher nicht rechtswidrig gehandelt und war demnach freizusprechen."

Ebenso sprach sich 1916 das OLG. Kolmar dahin aus[84]), „daß auch ein Dritter in nützlicher Geschäftsführung ohne Auftrag das Züchtigungsrecht des Inhabers der elterlichen Gewalt ausüben darf". Maßgebend sei dabei § 679 BGB.[85]).

Neuerdings (1927) nimmt das OLG. Königsberg[86]) „mit der Mehrzahl der Oberlandesgerichte"[87]) in gleicher Weise Stellung, da solches Züchtigungsrecht,

---

77) 24. Nov.; vgl. DJZ. 10, 752.

78) Vollmacht fehlt; gesetzliche Vertretungsmacht — abgesehen von § 679 BGB. — ebenfalls.

79) 21. Dez.; vgl. DJZ. 18, 296.

80) Kritik: Wo Gesetzesrecht vorliegt, bedarf es keines Rückgriffs auf Gewohnheitsrecht.

81) 20. Nov.; LZ. 8, 1143.

82) 8. Dez.; vgl. GoltdArch. 63, 134f., auch GerS. 84, 236. Hier Berufung auf Braunschweig und Jena.

83) Dazu nähere Ausführung: Ordnungsmäßige Erziehung liegt im öffentlichen Interesse, deshalb entgegenstehender Wille des Vaters (z. B. Einverständnis mit der Unart) gemäß § 679 BGB. gleichgültig. Das Maß des Eingriffes darf nicht stärker sein, als das öffentliche Interesse fordert (insoweit sei nicht ganz zutreffend die Fragestellung, was ein verständiger Vater getan hätte).

84) 25. Jan., DJZ. 21, 1180; StrafrZ. 4 S. 97.

85) Wegen des öffentlichen Interesses an richtiger Kindererziehung. Wesentlich daher nicht, „ob der Vater im Einzelfalle wirklich zugestimmt hätte, sondern ob er pflichtmäßig hätte zustimmen müssen".

86) 6. Okt.; vgl. LZ. 21, 1362.

87) Vgl. dazu die Nachweise bei Ebermayer, Komm. (3. Aufl., 1925) § 223 Nr. 11a. Danach auch OLG. Kiel 6. Juni 1914, SchlHolstAnz. 1914 S. 247; Rostock 9. Juli 1915, MecklZ. 34, 121; 35.

das sachlich „geradezu als praktisches Bedürfnis" erscheine, „aus den Bestimmungen des BGB. über Geschäftsführung ohne Auftrag zu rechtfertigen" sei.

Wenn im Gegensatz dazu das OLG. Stuttgart[88]) erklärt: „eine entsprechende Anwendung der Bestimmungen des BGB. über die Geschäftsführung ohne Auftrag § 677—79 kann so wenig für gerechtfertigt erachtet werden" (wie die Annahme eines abgeleiteten Züchtigungsrechts), so war eine solche beweislose Behauptung im Jahre 1922 reichlich verspätet.

VIII. Die Geschäftsführung ohne Auftrag umfaßt, wie bereits betont, nicht nur Rechtsgeschäfte, sondern jede tatsächliche Hilfeleistung. Ihre beiden entscheidenden Merkmale sind, wie wir sahen: Handeln im Interesse und zugleich gemäß dem wirklichen oder mutmaßlichen Willen[89]) des Geschäftsherrn, in dessen Rechtsgüter eingegriffen wird. Dieser Wille darf, wie bei der Einwilligung, nicht wider das Gesetz oder die guten Sitten[90]) verstoßen. Eingreifen auch gegen den Willen des Geschäftsherrn gestattet § 679 BGB. zwecks rechtzeitiger Erfüllung von Pflichten des Geschäftsherrn, deren Erfüllung im öffentlichen Interesse liegt, bzw. der gesetzlichen Unterhaltspflicht. Wir sahen bereits am Beispiel des Züchtigungsrechts, wie auch diese Vorschrift sachgemäße strafrechtliche Entscheidungen in wichtigen Fällen ermöglicht[91]).

Gegenüber der Einwilligung ist die Geschäftsführung als Eingriff in rechtlich geschützte Interessen des Geschäftsherrn subsidiär, kommt also regelmäßig als Rechtfertigungsgrund nur in Betracht, wenn Einwilligung nicht eingeholt werden kann[92]); so insbesondere bei der ärztlichen Tätigkeit[93]). Aber dieser

---

[88]) 8. Nov. 1922; vgl. Z. 44, 490.

[89]) Gewöhnlich kommt es auf den mutmaßlichen Willen an, da der wirkliche meist zur Einwilligung vor der Tat führt. Dann liegt Einwilligung, nicht Geschäftsführung ohne Auftrag vor. Als mutmaßlicher Wille erscheint regelmäßig der verständigerweise anzunehmende, falls nicht im Einzelfall Grund zur Vermutung einer anderweiten Willensrichtung besteht.

[90]) Vgl. bereits Zitelmann a. a. O. S. 108: „Kann ein derartig verwerflicher Wille, sogar wenn er rechtsgeschäftlich erklärt ist (Auftrag, Dienstvertrag, Werkvertrag), keine rechtsgeschäftlichen Wirkungen zwischen den Parteien erzeugen, so muß er hier erst recht ohne Bedeutung sein." Vgl. auch Ahrens S. 28/29.

Beispiele: Wider das Gesetz: früher Wehrpflichtsverstümmelung (§ 142 StGB.); ferner Brandstiftung zwecks Versicherungsbetruges (§ 265); Einsperrung zum Schutz gegen Strafverfolgung (§ 257). — Mindestens wider die guten Sitten: Körperverletzung, um dienstliche Krankmeldung zu ermöglichen; ferner zwecks Erleichterung von Bettel.

[91]) Auch darauf wies bereits Zitelmann a. a. O. besonders hin. Weitere Beispiele: Eingriff, z. B. vermögensrechtlicher oder ärztlicher, gegen den Willen des gesetzlichen Vertreters bei Nichterfüllung der gesetzlichen Unterhaltspflicht, zu der auch die Fürsorge bei Krankheit gehört; vgl. dazu näher RG. 36, 78. — Verbrechensverhütung, z. B. durch Nötigung, Einsperrung, um den Täter vor Schande bzw. Strafe zu bewahren (die Unterlassung des Verbrechens ist öffentlichrechtliche Pflicht); weitergehend Zitelmann S. 114. Ahrens S. 34—36; über Verhütung im staatlichen Interesse unten S. 12. — Rechtzeitige Steuerzahlung aus dem Vermögen eines säumigen Zahlers. — Zitelmann a. a. O. 115ff. verwertet ferner § 679 analog zur Rechtfertigung der Rettung wider Willen bei Selbstmord (z. B. unter Körperverletzung bzw. Sachbeschädigung). Das ist gewiß vertretbar. Ich möchte aber hier auch gegenüber anderen Erklärungsversuchen (vgl. darüber z. B. Ahrens S. 36ff.) betonen, daß jedenfalls ein anderer Gesichtspunkt durchgreift. Unsere gänzlich zweifellose Kulturauffassung betrachtet jede Lebensrettung als edle Tat, die oft auch der Staat noch besonders ehrend anerkennt. Heute besitzen wir sogar eine „Deutsche Lebensrettungs-Gesellschaft". Solche Handlung für rechtswidrig erklären, das wäre eine sehr unbeholfene und lebensfremde Dogmatik, gleichgültig, wie man sittlich und rechtlich über Selbstmord denkt. Treffend bemerkt auch Zitelmann, kein Polizeibeamter werde zweifeln, daß es seine Amtspflicht sei, einen Selbstmord zu hindern.

[92]) Dieser Gedanke tritt auch in der Literatur an den verschiedensten Stellen hervor. Zunächst hat jeder das Recht, seine Angelegenheiten nach seinem eigenen Willen zu regeln. Vgl. dazu auch die alsbaldige Anzeige- und Wartepflicht bei Geschäftsführung gemäß § 681 BGB. (entsprechend § 665 Satz 2 beim Auftrag). Dazu Hegler, oben S. 7.

[93]) Vgl. RGSt. 25, 375 (380/82); Frank, oben Anm. 67.

Satz gilt nicht ausnahmslos, so nicht im Falle des § 679. Auch sonst bedarf es mangels gesetzlicher Regelung verständiger Berücksichtigung der Interessenlage im Einzelfall[94]).

IX. Die Geschäftsführung ohne Auftrag des BGB. deckt unmittelbar nur das Handeln im Interesse des Geschäftsherrn durch Eingriff in dessen Rechtsgüter. Es fragt sich, ob und wie darüber hinaus analoge Anwendung möglich ist.

1. Ich bejahe diese Frage für solche Fälle, in denen der Geschäftsherr selbst das Recht hat, in fremde Interessen einzugreifen und zugleich eine gesetzliche Regelung der Nothilfe Dritter fehlt. Wollte man hier die Nothilfe einfach versagen, so wäre das ebenso ungerecht wie unzweckmäßig, stände auch im Widerspruch mit den gesetzlich geregelten Fällen[95]). Schrankenlose Zulassung wäre denkbar unter Berufung auf die Analogie dieser Fälle. Vorsichtiger und sachlich besser begründet aber scheint mir die Analogie aus der Geschäftsführung ohne Auftrag als rechtlich gebilligter Menschenhilfe. Dann ist Nothilfe gestattet, aber nur gemäß dem Interesse und dem mutmaßlichen Willen des selbst zu dem Eingriff Berechtigten. Das liefert durchaus befriedigende Ergebnisse.

Hierher gehört vor allem das Gebiet des gesetzlich nicht geregelten Notstands[96]). Ob ein solches heute anzuerkennen ist, darüber besteht bekanntlich Streit. Ich selbst habe stets die allgemeine Rechtmäßigkeit der Notstandshandlung innerhalb der Grenzen des Verhältnismäßigen de lege lata vertreten[97]), und das Reichsgericht hat neuerdings bei ärztlicher Tätigkeit mit eingehender Begründung objektiv rechtmäßigen, nicht kodifizierten Notstandseingriff ausdrücklich anerkannt[98]). Es hat hier weiter betont, daß zu der Güter- und Pflichtenabwägung (auf Grund der medizinischen Indikation) beim ärztlichen Eingriff die Einwilligung oder die mutmaßliche Einwilligung (gemäß § 667 BGB.; vgl. oben S. 10) hinzutreten müsse, da die Schwangerschaftsunterbrechung einen Eingriff in den Körper der Schwangeren enthalte, diese auch als Mutter das Recht behalten müsse, aus Gewissensbedenken die Tötung der Leibesfrucht zu verbieten. Diese Entscheidung bewegt sich durchaus in der Richtung meines obigen Standpunkts[99]).

Fruchtbar wird dieser ferner z. B. auf dem breiten Gebiet der Wahrnehmung berechtigter Interessen eines Dritten bei der Beleidigung

[94]) Wo sich mit voller Sicherheit voraussagen läßt, daß die Tat dem Willen des Geschäftsherrn entspricht, wird in breitem Umfang kein rechtliches Interesse bestehen, eine mögliche vorherige Einwilligung einzuholen oder zu fordern. Man denke z. B. an Öffnung von Briefen unter Hausgenossen, an Hilfe bei Brandausbruch usw.

[95]) Völlig freie Nothilfe Dritter haben wir bei der Notwehr, beim Notstand gemäß §§ 228, 904 BGB. und bei der Selbsthilfe des BGB.; Nothilfe wenigstens der Angehörigen in §§ 52—54 StGB. Diese ängstliche Begrenzung findet ihre Erklärung in der im Jahre 1870 noch sehr unentwickelten Notstandslehre, ihre analoge Verwertung in der Gegenwart wäre rückschrittlich.

[96]) Wesentlich in diesem Sinne beim Notstand die Strafgesetzentwürfe von 1913 (§ 28) und 1919 (§ 22), während die Entwürfe von 1925 (§ 22) und 1927 (§ 25) freie Nothilfe gestatten.

[97]) Auch in der Strafrechtskommission zur Annahme dieses Standpunkts im Entwurf v. 1913 entscheidend mitgewirkt. (Vgl. dazu Prot. der Kommission Nr. 48, 49, 50; 71/72; 218/19; 264 S. 11/12. Meine Anträge Nr. 294 und C. 17.) Siehe auch v. Hippel, Z. 42, 418ff.; 47, 32ff. Eingehende Begründung meines Standpunktes hoffe ich in absehbarer Zukunft zu geben.

[98]) Vgl. RGSt. 61, 243 (254ff.), oben S. 2, 8: Schutz des Lebens der Mutter auf Kosten des Lebens der Leibesfrucht; damit Anerkennung gesetzlich nicht geregelten „Gutsnotstandes" (wie schon früher des „Pflichtennotstandes"). Im Anschluß daran RGSt. 62, 137 („übergesetzlicher Notstand").

[99]) Mag man dabei den nasciturus insoweit als Rechtsträger (iam natum) betrachten oder das öffentliche Interesse an der Erhaltung der Frucht betonen — stets handelt es sich um Eingriff zugunsten der Mutter in dritte Interessen (auch wenn diese gleichzeitig ihre eigenen sind). Nur deshalb liegt überhaupt Notstand und nicht einfach rechtmäßige, weil lebensrettende Körperverletzung der Mutter vor.

(§ 193 StGB.). Die Ansicht des Reichsgerichts, daß dies Interesse den Täter „nahe angehen" müsse, beruht offenbar auf dem Gedanken, daß kein Dritter sich unbegründet in fremde Angelegenheiten einmischen solle. Aber sie begrenzt zugleich das Gebiet in nicht glücklicher Weise, einmal durch den Ausschluß der Wahrnehmung öffentlicher Interessen[100]), sodann weil die Menschenhilfe damit vom eigenen Interesse bzw. nahen eigenen persönlichen Beziehungen abhängig gemacht wird. Das entspricht der Auffassung des Gesetzgebers von 1870 beim Notstand (§§ 52—54 StGB.), aber nicht mehr den heutigen Anschauungen über Nothilfe. Die Analogie der Geschäftsführung ohne Auftrag — Handeln im Interesse und gemäß dem mutmaßlichen Willen — bietet auch hier eine voll befriedigende Lösung und Begrenzung.

2. Eine neue, der weiteren Klärung bedürftige Frage ist es, ob und wieweit der einzelne in sonst strafbarer Weise[101]) zum Schutze des Staates gegen rechtswidrige Angriffe eingreifen darf. Auf die etwaige Zulässigkeit von Staatsnotwehr kann ich hier nicht eingehen. In der Analogie der Geschäftsführung ohne Auftrag aber lassen sich befriedigende Lösungen, z. B. in Fällen der Verbrechensverhütung[102]) oder der Waffenhilfe bei Staatsnot finden[103]). —

Auf Grund der vorausgehenden Darstellung darf ich wohl dem Wunsche Ausdruck geben, daß die Praxis in Anerkennung der Geschäftsführung ohne Auftrag als Rechtfertigungsgrund weiter auf der insbesondere auch vom Reichsgerichte betretenen Bahn fortschreite und daß die in der Theorie noch vorhandenen Unstimmigkeiten befriedigenden Ausgleich finden möchten. Dem hohen Gerichtshof sollen diese Zeilen zugleich die wärmsten Glückwünsche zum 50jährigen Bestehen darbringen.

Abgeschlossen: Dezember 1928.

---

[100]) Diese Auffassung entspricht dem Standpunkt des absoluten Polizeistaats (Ruhe ist die erste Bürgerpflicht), nicht des konstitutionellen Staates, noch weniger der heutigen Demokratie. Deshalb bejahe ich die Anwendbarkeit des § 193 StGB. bei Schutz öffentlicher Interessen. Vgl. näher dazu meine Ausführungen auf der Tagung der IKV. in Bonn (1926) und ihre Annahme in den dortigen Beschlüssen (Mitt. d. IKV. 1927 S. 204ff.)

[101]) Z. B. durch Nötigung, Freiheitsberaubung, äußerstenfalls Eingriffe in Leib und Leben.

[102]) Z. B. Verrat von Staatsgeheimnissen; vgl. dazu oben Anm. 91.

[103]) Über Geschäftsführung ohne Auftrag im Verwaltungsrecht vgl. neuerdings E. Josef, LZ. 22, 1050ff. (betr. die Ersatzpflicht öffentlicher Verbände).

Subjektivismus und Objektivismus in der strafgerichtlichen Rechtsprechung des Reichsgerichtes

von Professor Dr. Edmund Mezger, Marburg

Der Streit subjektiver und objektiver Theorie durchzieht das Strafrecht der Gegenwart in allen seinen Teilen, vorab in seinen wichtigsten und grundlegenden Abschnitten. Auch der höchste Gerichtshof des Deutschen Reiches hat zu diesen Fragen vielfach und eingehend Stellung genommen. Und so mag es zu dessen festlichem Tage angemessen sein, den tieferen geistigen Zusammenhängen dieser Stellungnahme in ihren verschiedenen Äußerungsformen nachzugehen, verstehend und forschend, wie es der überragenden autoritativen Bedeutung des obersten deutschen Gerichtes, kritisch würdigend, wie es seiner Stellung als eines einflußreichen Faktors im freien Geistesleben der Nation entspricht.

I.

Die übliche Auffassung ist geneigt, in der strafgerichtlichen Rechtsprechung des Reichsgerichtes einen starken „Subjektivismus" verkörpert zu finden: der Hinweis auf die vom Reichsgerichte vertretene „subjektive" Versuchstheorie und „subjektive" Teilnahmetheorie soll hierfür den Beweis liefern. Sehen wir zu, wie es sich damit verhält.

Mit durchsichtiger Klarheit zeigt die reichsgerichtliche Versuchslehre seit der grundlegenden Entscheidung der Vereinigten Strafsenate vom 24. Mai 1880 (RGSt. 1, 439) ein doppeltes Motiv der Begründung. Nicht aus dem Wortlaute des § 43 StGB., sondern „lediglich aus den inneren Gründen" für die Strafbarkeit des Versuches soll die Entscheidung gewonnen werden. Dabei wird erwogen, einmal, daß „im Versuche der verbrecherische Wille diejenige Erscheinung ist, gegen welche das Strafgesetz sich richtet" (erstes Motiv), und sodann, daß der „einzelne Kausalitätsfaktor nur eine größere oder geringere Möglichkeit oder Wahrscheinlichkeit" des Erfolges, „niemals die Gewißheit seines Eintrittes oder Nichteintrittes" gibt, so daß also „jede Handlung, die nicht zum Erfolge geführt hat, als eine zu dessen Hervorbringung absolut ungeeignete sich erwiesen hat" (zweites Motiv).

Von diesen beiden Motiven — der Bezugnahme auf den verbrecherischen Täterwillen einerseits und auf die behauptete Unmöglichkeit einer objektiven Bestimmung des gefährlichen Versuches andererseits[1]) — werden wir zunächst und ohne weiteres nur das erste Motiv als „Subjektivismus" ansprechen dürfen; auf das zweite Motiv soll erst später zurückgekommen werden. Und zwar verstehen wir, wenn wir jene Bezugnahme auf den Täterwillen als subjektiv bezeichnen, dieses vieldeutige Wort „subjektiv" hier in dem doppelten Sinne der Subjektivität des Täters im Gegensatze zu den objektiven Tat-

[1]) v. Liszt-Schmidt, Lehrbuch, 25. Aufl., S. 293 Anm. 10 gegen Ende unter Ziff. 2.

merkmalen und der Subjektivität des inneren, psychischen im Gegensatze zum äußerlich-objektiven, körperlichen Geschehen[2]).

Die hier erwähnte Seite der „subjektiven" Versuchstheorie des Reichsgerichtes hat ihre folgerichtige Weiterbildung gefunden in dem vielbesprochenen „Umkehrschluß aus § 59 StGB."[3]), wie ihn RGSt. 11, 72 (77); 39, 316; 42, 92; 47, 65; 56, 316 zugrunde legen. „Wie der tatsächliche Irrtum nach § 59 StGB. die Schuld ausschließt", sagt in dieser Beziehung das Urt. des 3. Strafsenates v. 3. Dez. 1908 (42, 92), „so findet er auch umgekehrt zuungunsten des Täters Beachtung, wenn er zur Annahme eines in Wirklichkeit nicht vorhandenen Tatbestandserfordernisses führt". Es handelt sich bei diesem Aufbau der Versuchsstrafe allein auf dem inneren Entschluß, auf der subjektiven, verbrecherischen Willensrichtung des Täters in letzter Linie um eine Erwägung kriminalpolitischer Art; klar tritt dies in RGSt. 34, 217 zutage, wenn davon die Rede ist, in solchen Fällen verlange „das Interesse der öffentlichen Ordnung" die Bestrafung des Täters.

Gehen wir über zur „subjektiven" Teilnahmetheorie des Reichsgerichtes. Hier sind die letzten Motive der reichsgerichtlichen Rechtsprechung nicht so klar wie in der Versuchslehre. Denn die hier grundlegende Entsch. des 3. Senates v. 12. Mai 1880 (RGSt. 2, 160) begnügt sich mit einem rein positivrechtlichen Hinweis auf die Motive (Stenogr. Ber. II 54, 457; I 226), also auf die Entstehungsgeschichte des Gesetzes. Hier heißt es, daß „nicht sowohl lediglich das rein äußerliche Moment der gemeinschaftlichen Tätigkeit bei der Ausführung der Tat, sondern auch und vorzugsweise der Charakter der Mitwirkung des einzelnen bei der Ausführung" zwischen Mittäterschaft und Beihilfe den Ausschlag geben soll; „nicht sowohl das Maß und die Bedeutung der Mitwirkung zu der Tat, als vielmehr die Absicht, aus welcher sie entsprungen, werde das wesentlich entscheidende Moment bilden". Im Anschlusse hieran formuliert der Senat: „Der Mittäter beteiligt sich also an der Tat als an seiner eigenen, animo auctoris, der Gehilfe als an der eines anderen."

Auch die weitere Judikatur verzichtet auf tiefergreifende Begründung. RGSt. I 3, 181 und RGSt. II 9, 75 schließen sich im wesentlichen dem 3. Senat an. Dieser selbst hat in einem späteren Urt. v. 10. Jan. 1887 (RGSt. 15, 295) seinem reinen „Subjektivismus" in der Abgrenzung der Mittäterschaft eine bemerkenswerte „objektive" Einschränkung gegeben: er kann es sich nicht vorstellen, wie ein Angeklagter, „der zur tatsächlichen Ausführung des Diebstahles unmittelbar gar nicht beitrug, nicht einmal etwas, was als Vorbereitung betrachtet werden könnte, dennoch diesen von einem anderen ausgeführten Diebstahl als seine eigene Tat gewollt habe"; „irgendeine Mitwirkung zur Begehung" müsse auf seiten des Mittäters stets stattgefunden haben, wenn auch unter Umständen „eine bloß intellektuelle Mitwirkung genügen" könne. RG. III 26, 345 faßt den Kreis dieses „objektiven" Erfordernisses sehr weit, indem sie bloß vorbereitende, fördernde, unterstützende Tätigkeit, insbesondere Unterstützung der Kräfte der unmittelbaren Täter „durch den psychischen Einfluß ihrer Anwesenheit", zu § 47 StGB. ausdrücklich genügen läßt. Aber deutlich hält wiederum RGSt. III 28, 304 daran fest, „daß neben dem auf gemeinschaft-

[2]) Vgl. meine Schrift „Vom Sinn der strafrechtlichen Tatbestände" (Sonderabdruck bei G. Stilke, Berlin 1926) S. 13. An den Gegensatz von Tat und Täter denkt bei seiner Gegenüberstellung von „Subjektivismus und Objektivismus in der modernen Strafrechtswissenschaft" Rappaport, Schweiz. Ztschr. f. Strafrecht 24, 399ff. (1911), während Erik Wolf, Strafrechtliche Schuldlehre S. 29, 72 (1. Teil 1928), innerhalb sowohl der Tat- wie der Täterberücksichtigung subjektivistische und objektivistische Richtungen unterscheidet.

[3]) v. Liszt-Schmidt S. 290 Anm. 4.

liche Ausführung gerichteten Vorsatze auch in objektiver Beziehung von seiten jedes Teilnehmers in irgendeiner Weise zur Begehung der Straftat vor ihrer Vollendung mitgewirkt werde". Ebenso spricht sich neuerdings RGSt. IV 54, 152 aus.

Die erwähnte Bezugnahme der reichsgerichtlichen Rechtsprechung auf die Entstehungsgeschichte des Gesetzes enthebt uns nicht der tieferschürfenden Forschung nach dem inneren Grunde der reichsgerichtlichen Stellungnahme. Wir glauben nicht fehlzugehen, wenn wir diesen Grund in einem ganz ähnlichen Gedanken sehen, wie er uns bereits im zweiten Motive der Versuchslehre entgegengetreten ist: dem Gedanken nämlich an die Unmöglichkeit einer „objektiven" Abgrenzung der Fälle der Mittäterschaft von denen der Beihilfe. Zwar: eine äußerste Grenze für nicht zu entbehrende „Objektivität" der Beteiligung wollen RGSt. 15, 295, RGSt. 28, 304 und RGSt. 54, 152 festhalten; innerhalb dieses weitgesteckten Rahmens aber soll weitere „objektive" Grenzziehung versagen. Das aber sind Gesichtspunkte, wie sie in voller Klarheit in dem dritten der großen Probleme, die uns hier berühren, dem der strafrechtlichen Kausalität zutage treten; dort erst werden wir sie wie auch das zweite Motiv der Versuchslehre eingehender zu würdigen haben.

Fassen wir das Gesagte zusammen: ein ausgesprochener, kriminalpolitisch bewußter „Subjektivismus" tritt uns zunächst nur in dem ersten Motive der reichsgerichtlichen Versuchslehre klar entgegen. Der subjektive Täterwille erscheint hier als der eigentlich tragende Gedanke der strafrechtlichen Anknüpfung.

II.

Im übrigen zeigt die strafgerichtliche Rechtsprechung des Reichsgerichtes einen unverkennbaren Zug zum „Objektivismus", dessen Wesen sich freilich erst tieferschürfender Betrachtung enthüllt.

Wir gehen, um hierüber Klarheit zu gewinnen, aus von der Kausalitätslehre, wie sie der Rechtsprechung der Strafsenate des Reichsgerichtes zugrunde liegt. Sie führt zurück auf die Erkenntnistheorie von John Stuart Mill und prägt sich in der Gestalt, wie sie durch v. Buri dem Reichsgerichte vermittelt wurde, in einer durchgehenden Gleichstellung, in dem Gedanken der Äquivalenz aller Erfolgsbedingungen aus. In diesem Sinne erklärt der 1. Strafsenat in seinem Erkenntnis v. 12. April 1880 (RGSt. 1, 373) „volle Ursachlichkeit" für gegeben, wenn „das Eintreten des ganzen Erfolges durch die Tätigkeit bedingt war"; „ob dann auch noch die Tätigkeit anderer zur Herbeiführung des Erfolges behilflich gewesen ist, erscheint bedeutungslos", „auch ein außergewöhnlicher Verlauf der eigenen Kausalität und der Hinzutritt von Zufälligkeiten zu derselben beseitigt keineswegs die Ursachlichkeit". Dieser Standpunkt ist ohne jedes Schwanken bis in die neueste Zeit von den Strafsenaten des Reichsgerichtes beibehalten worden, so in dem bekannten Bluter-Fall RGSt. 54, 349, in RGSt. 56, 343 (348), in RGSt. 59, 107 (110). Das Verhalten kann, so heißt es in RGSt. I v. 14. Juni 1927 (61, 318) „nicht hinweggedacht werden, ohne daß dadurch der rechtswidrige Erfolg entfiele. Dieses Verhalten ist also als Ursache dieses Erfolges im Sinne der Rechtsprechung der Strafsenate des Reichsgerichtes anzusehen".

Außergewöhnliche, „inadäquate" Umstände und Zufälligkeiten berühren die Kausalität nicht, wie RGSt. 5, 29 ausführt. Folgerichtig wird auch auf das Dazwischentreten anderer Menschen, wo es schuldlos oder fahrlässig geschieht, kein gegen den Ursachenzusammenhang entscheidender Wert gelegt. So etwa beim Dazwischentreten eines Geisteskranken RGSt. 7, 332. Aber das gilt nicht nur für derart „gleichsam elementare Tatsachen": auch „eine konkurrierende Fahrlässigkeit des Getöteten" oder, wie es in der Überschrift heißt, ein „aktives Verhalten des Verletzten" schließt nach RGSt. 6, 249 den „Kausalnexus" nicht aus. Daß „fahrlässige Handlungen des Verletzten selbst zur Unterbrechung des Ursachenzusammenhanges niemals geeignet sind, mag es sich um bewußte oder unbewußte Fahrlässigkeit handeln, steht in der reichsgerichtlichen Rechtsprechung fest": RGSt. 61, 318.

Dieser festumrissene Standpunkt der reichsgerichtlichen Strafsenate in der Kausalitätsfrage ist nicht ohne Einfluß auf die beiden früher berührten Problemkreise gewesen: auf die Versuchs- und Teilnahmelehre. Denn in dem zweiten Motive der Versuchslehre tritt uns nichts anderes entgegen als der Grundgedanke der Äquivalenz, wie ihn die Kausalitätslehre ausgebildet hat. Die „Leugnung des objektiven Gefahrbegriffs", auf die, freilich nur eine Seite damit betonend, v. Liszt-Schmidt S. 293 Anm. 10 die reichsgerichtliche Versuchslehre in ihrem letzten Grunde zurückführt, ist in Wahrheit nichts anderes als die Leugnung „objektiver" Verschiedenheiten unter den einzelnen festgestellten Erfolgsbedingungen. Und dieselbe Ablehnung „objektiver" Unterschiede in den einzelnen zum Erfolge führenden Gliedern der Kausalkette kehrt in der Teilnahmelehre bei der nur „subjektiven" Abgrenzung von Mittäterschaft und Beihilfe wieder — wenigstens innerhalb des weiten Rahmens, den RGSt. 15, 295, RGSt. 28, 304 und RGSt. 54, 152 „objektiv" zur Diskussion freigeben.

Das Reichsgericht glaubt, sich für diese Ablehnung weiterer „objektiver" Grenzziehung in der Kausalitäts-, Versuchs- und Teilnahmefrage auf rein logische Gründe berufen zu können. Die neuzeitliche Entwickelung einer emotional-normativen Logik und Erkenntnistheorie muß demgegenüber die Unhaltbarkeit eines solchen Standpunktes behaupten. Gleichwertigkeit der Bedingungen unter kausalen Gesichtspunkten bedeutet nicht Gleichwertigkeit oder Ungleichwertigkeit in juristisch-normativer Beziehung. „Aus der logischen Gleichwertigkeit aller Glieder einer psychophysischen Kausalreihe folgt nicht ihre juristische Wertgleichheit"[4]). Es war daher ein verhängnisvoller und nicht nur terminologischer Irrtum einer ausgedehnten Literatur um die Jahrhundertwende, von strafrechtlicher Kausalität zu sprechen, wo sie in Wahrheit juristische Haftungsprobleme meinte. Und genau sowenig wie aus dem richtig erfaßten Gedanken der Kausalität die schrankenlose Kausalhaftung folgt, genau sowenig ist aus logischen Gründen die subjektive Versuchs- und Teilnahmelehre gefordert: denn logische Gründe stehen einem „objektiven Gefahrbegriff" nirgends entgegen[5]). Das zweite Motiv der reichsgerichtlichen Versuchslehre ist daher nach dem Ergebnisse logischer Forschung, wie es uns die Gegenwart gebracht hat, nicht durchschlagend.

Der wahre Grund für die vom Reichsgerichte festgehaltene uneingeschränkte Bedingungshaftung, für seine subjektive Versuchshaftung, soweit sie nicht schon in dem ersten Motive dieser Lehre ihre Stütze findet, und für seine Ablehnung objektiver Kriterien zur Abgrenzung von Mittäterschaft und Beihilfe muß also an anderer Stelle gesucht werden. Dieser Grund liegt, wie wir bereits betont haben, in Wahrheit in einer stark „objektivistischen" Haltung. Die Unterscheidung unter den einzelnen Erfolgsbedingungen, die Gegenüberstellung von gefährlichen und ungefährlichen Versuchstaten und die Trennung verschiedener Beteiligungsformen am Delikt nach dem äußeren Befunde, die

---

[4]) Deutsche Strafrechtszeitung 8, 205 (1921) und jetzt namentlich auch v. Liszt-Schmidt S. 157, 159—160, 289—293, 309 Anm. 1, 323 Anm. 13.

[5]) Vom Sinn S. 37.

logischerweise durchaus möglich wären, beruhen nämlich durchweg auf bestimmten Bewertungen dieses äußeren Befundes. Wenn also das Reichsgericht sich gegen eine solche Unterscheidung in den drei genannten Beziehungen sträubt, so liegt dem offenbar das Bestreben zugrunde, solche Wertungen „subjektiver" Art nach Möglichkeit zugunsten einer rein logischen Betrachtungsweise auszuschalten, vor allem das Streben, Wertungen dieser Art nicht dem Richter in den Untergerichten anheim zu geben. Der Logizismus der Äquivalenztheorie und der subjektiven Versuchs- und Teilnahmetheorie ist also in Wahrheit ein Streben nach tunlichst weitgehender „Objektivierung der Richtertätigkeit".

Wir treffen hier auf einen ganz neuen, sehr viel tiefergreifenden Gegensatz von Subjektivismus und Objektivismus, als wir ihn bisher kennengelernt haben[6]). Er ist letzthin erkenntnistheoretischer Natur[7]) und geht zurück auf den fundamentalen Gegensatz von „erkennendem Subjekt" und „erkanntem Objekt". Als „subjektiv" erscheint in diesem Sinne alles, was jenem Subjekt und seiner „Einstellung", als „objektiv" alles, was dem als gegeben gedachten Erkenntnisgegenstand angehört. „Subjektiv" ist vor allem jedwede Wertung dieser objektiven Gegebenheiten. Die Scheu vor solch „subjektivistischer" Wertung ist es im Grunde, die das Reichsgericht an der Anerkennung eines objektiven Gefahrbegriffes (v. Liszt-Schmidt S. 155/56), eines sachlichen Unterschiedes unter den einzelnen Erfolgsbedingungen (daselbst S. 159), einer Abgrenzung des strafbaren gefährlichen vom straflosen ungefährlichen Versuch (daselbst S. 292) und einer objektiven Unterscheidung der einzelnen Beteiligungsformen am Delikt (daselbst S. 309) hindert. Denn alle derartigen Unterscheidungen beruhen stets auf einer bestimmten subjektiven Bewertung des objektiven Sachverhaltes. „Objektive" Versuchs- und Teilnahmelehre würden mithin zwar eine Abgrenzung in Beziehung auf objektives Geschehen, in Wahrheit aber nach Maßgabe „subjektiver" Bewertung bedeuten. Und diesen Weg zu gehen scheut sich das Reichsgericht.

Die Abneigung der höchstrichterlichen Rechtsprechung gegenüber derartigen Wertungen betrifft freilich nicht schlankweg das Werten überhaupt. Der „Subjektivismus der Wertung" im Gegensatze zur Objektivität der logisch-kognitiven Einstellung läßt mannigfache Grade und Abstufungen zu. Auch die Wertung als solche läßt sich in gewissem Sinne „objektivieren", dann nämlich, wenn sie nicht selbstherrlich vom wertenden Individuum, sondern von diesem im Anschluß an gegebene Wertungen, insbesondere im Anschluß an geschichtlich-kulturelles, an „seiendes Sollen" vollzogen wird. Als „subjektiv" in einem engeren Sinne innerhalb des Gebietes der Wertungen erscheint also demnach die individuelle Eigenwertung des wertenden Subjektes, im Gebiete der Rechtspflege also die subjektive Wertung seitens des Richters im einzelnen Falle, die in ihren extremen Formen die Form der „richterlichen Willkür" annimmt. Nicht so sehr das Werturteil überhaupt, sondern solch wertausfüllende Tätigkeit des Richters soll ausgeschlossen sein, wo die

[6]) Vgl. zum folgenden: Vom Sinn der strafrechtlichen Tatbestände S. 31—33, sowie meine Besprechungen der Schriften von Grünhut im ArchÖffR. N. F. 12, 275; von Th. Haering im ArchRPhilos. 21, 281; von Laun im GerS. 95, 348 und den Artikel „Recht und Erfahrung" in der Revue internationale de la théorie du droit S. 11 (2. Jahrg. 1927/28).

[7]) Unter dem vieldeutigen Wort „Erkenntnistheorie" verstehe ich die allgemeine Theorie darüber, wie die einzelnen Wissenschaften — also Erfahrungswissenschaften und normative Wissenschaften — in einwandfreier Weise zu ihren „Erkenntnissen", d. h. zu ihren abschließenden Sätzen, gelangen können. Das Wort „erkenntnistheoretisch" soll also nicht, wie es vielfach auch verwendet wird, in dem engeren Sinn einer Theorie nur zur Erlangung empirisch-kognitiver Erkenntnis verstanden sein.

Haftung strafrechtlicher Art ohne Unterschied an den bloß logischen Bedingungszusammenhang geknüpft wird und sachliche Unterschiede innerhalb der einzelnen Versuchs- oder Teilnahmehandlungen geleugnet werden. Aus diesem Grunde rechtfertigt sich die These, daß in der genannten Rechtsprechung des Reichsgerichtes gerade die Tendenz nach „Objektivierung der Richtertätigkeit" zum deutlichen Ausdruck kommt.

Es sind also im letzten Grunde ideelle Beziehungen zum Gedanken des Rechtsstaates, die hier obwalten und die in der Tiefe die Stellungnahme des Reichsgerichtes maßgebend beeinflussen. Diese Gedanken erfreuen sich heute, nachdem sie zeitweilig durch die polizeistaatlichen Tendenzen der sog. modernen Strafrechtsschulen stark zurückgedrängt waren, mit Recht erneuter Wertschätzung[8]). Es fragt sich nur, ob ihre Verwirklichung in der Rechtsprechung des Reichsgerichtes nicht zu teuer erkauft ist: so teuer, daß die beabsichtigte Bindung des Richters durch Ablehnung jeder Wertabwägung und Anerkennung einer uneingeschränkten Bedingungshaftung zu wirklichen Unbilligkeiten auf dem Gebiete der erfolgsqualifizierten Delikte, der Rückgriff auf den oft schwer erkennbaren inneren Willen des Täters, dessen Feststellung mindestens sehr häufig von bloßen Zufälligkeiten abhängig ist, im Gebiete der Versuchs- und Teilnahmelehre zu einer unliebsamen Verwischung der Grenzen von Recht und Moral geführt hat. Damit wäre aber schließlich die Entwickelung erst recht zu einem psychologischen und ethischen „Subjektivismus" und im Endergebnisse zu einer Abkehr vom Rechtsstaatsgedanken geführt. Oder anders ausgedrückt: es wird zu erwägen sein, ob die gewiß erfreuliche Tendenz nach Verwirklichung des rechtsstaatlichen Gedankens da und dort auf anderen Wegen besser und erfolgreicher zu erreichen ist — vielleicht allerdings gerade nur durch Anerkennung von „Werturteilen", wo solche im Wesen der Sache liegen.

III.

Es ist das Vorrecht der Wissenschaft, in die Zukunft zu blicken, und so wird sie, zumal im Hinblick auf die eben berührten Bedenken, auch in der Frage des „Subjektivismus und Objektivismus in der strafgerichtlichen Rechtsprechung des Reichsgerichtes" versuchen und versuchen müssen, sich über mögliche Entwickelungslinien einer künftigen Rechtsgestaltung im Rahmen des geltenden Rechtes Rechenschaft abzulegen. Sie wird dies um so mehr tun, als wir glauben, in der neuesten Rechtsprechung des Reichsgerichtes selbst Keime erblicken zu dürfen, die die begonnenen Bahnen zu Ende führen und damit zugleich den Weg zu einer zeitgemäßen Neuorientierung frei machen.

Wir meinen die bedeutsame Entscheidung, die der 1. Strafsenat des Reichsgerichtes am 14. Juni 1927 (JW. 1927 S. 2804; RGSt. 61, 318) in der Frage der sog. Unterbrechung des Kausalzusammenhanges gefällt hat. Daß „fahrlässige Handlungen des Verletzten selbst zur Unterbrechung des Ursachenzusammenhanges niemals geeignet sind, mag es sich um bewußte oder unbewußte Fahrlässigkeit handeln", stand schon bisher in der reichsgerichtlichen Rechtsprechung fest. Aber das genannte Urteil geht weiter und betritt damit neue Bahnen, indem es auch dem vorsätzlichen Dazwischentreten eines Andern kausalitätsunterbrechende Wirkung versagt. „Eine Ursache hört nicht deshalb auf eine solche zu sein, weil außer ihr noch andere Ursachen mehr oder weniger zur Herbeiführung des Erfolges beigetragen haben. Die Revision behauptet eine sog. Unterbrechung des Ursachenzusammenhanges, weil durch

---

[8]) Vgl. dazu die bemerkenswerten Ausführungen von Radbruch nach der DJZ. 1928 S. 861.

Handlungen zurechnungsfähiger Dritter Zwischenursachen gesetzt worden seien, ohne die der rechtswidrige Erfolg nicht eingetreten wäre. Jedoch zu Unrecht. Selbst wenn der Brand vorsätzlich gelegt worden wäre und selbst wenn der Täter dabei zugleich mit dem Vorsatze der Tötung von Menschen gehandelt haben sollte, würde der von den Angeklagten in Gang gesetzte Ursachenverlauf durch diese vorsätzliche Handlung eines Dritten nicht unterbrochen worden sein. Denn auch in diesem Falle wirkt die von den Angeklagten gesetzte Ursache zu dem Eintritte des rechtswidrigen Erfolges mit" (S. 319/320). Der Senat scheut sich nicht, hiermit einen bedeutungsvollen Schritt nach vorwärts zu tun, vor dem Viele bisher zurückgeschreckt sind. Er vollzieht damit eine wichtige judizielle Neuschöpfung.

Machen wir uns die geistesgeschichtlichen Zusammenhänge noch etwas näher klar. Es war kein Zufall, daß einst in den achtziger Jahren des vergangenen Jahrhunderts die Kausaltheorie des Reichsgerichtes zurückgegriffen hat auf die empiristische Philosophie und Logik von John Stuart Mill[9]). Es entsprach dies durchaus der kognitiv-naturalistischen Denkrichtung, die für das Ende des 19. Jahrhunderts charakteristisch ist; ihre Logik ist kognitiv-erkennende Logik und nur solche, ihr Streben die Erkenntnis des Gesamtkosmos unter dem allesbeherrschenden Gesichtspunkte des Kausalprinzips[10]). Ein solches Denken aber kann, will es wirklich folgerichtig sein, nur deterministisch denken. Äußeres und inneres Geschehen, körperlich wahrnehmbare und seelische Vorgänge liegen ihm gleichmäßig und ungeschieden auf einer und derselben Kausalebene. Die letzte Konsequenz dieser ganzen Denkrichtung, aus der die reichsgerichtliche Bedingungstheorie entsprungen ist, hat bisher in dieser Theorie gefehlt: sie wird erfreulicherweise in RGSt. 61, 318 in dem Gedanken der Nichtunterbrechung des Ursachenzusammenhanges auch durch vorsätzliches Dazwischentreten eines Menschen folgerichtig gezogen. Damit erscheint die Kausallehre im Sinne der Bedingungstheorie in ihrer vollendetsten und folgerichtigsten Gestalt; denn für eine naturalistisch-kausale Betrachtungsweise der Welt kann es ein „freies" menschliches Handeln, dem eine gesonderte Bedeutung innerhalb des Ursachenzusammenhanges zukäme, nicht geben.

Diese bahnbrechende Durchführung einer logisch einwandfreien Kausalbetrachtung im Strafrechte durch RGSt. 61, 318 ist methodisch von größtem Werte. Denn wir stehen heute vor der bedeutsamen Aufgabe, die Ergebnisse der hinter uns liegenden naturalistischen Epoche des Denkens zu einem bleibenden Bestandteil organisch in das Strafrechtssystem einzufügen. Namentlich auf dem Gebiete der Teilnahmelehre, auf dem sich der indeterministische Dogmatismus der Mitte des 19. Jahrhunderts wenig vorteilhaft ausgewirkt hat[11]), ist solche strenge Kausalbetrachtung unentbehrlich.

So bedeutet das Urt. des 1. Strafsenats v. 14. Juni 1927 RGSt. 61, 318 die Vollendung einer für das gesamte Gebiet des Rechtes bedeutsamen Denkrichtung — eine Vollendung und zugleich einen Ausblick. Denn noch immer ist die folgerichtige Durchführung eines Gedankens in der geistesgeschichtlichen Entwickelung zugleich eine befreiende Tat für ganz abseits liegende, anders gerichtete Gedanken gewesen. Die logisch folgerichtige Durchführung der kausalen Denkweise auf der einen Seite dürfte die Erwartung rechtfertigen, daß damit auf ihrem Gebiete auch den Einsichten und Bedürfnissen der

---

9) Siehe zu ihr: Überweg-Österreich, Grundriß der Geschichte der Philosophie S. 556ff., 560ff., 4. Teil, 11. (vorletzte) Aufl. (1916).

10) Sein und Sollen im Recht (1920) S. 73.

11) v. Liszt-Schmidt S. 312/13.

emotionalen Logik ihr Recht zuteil werde. Das gilt für alle drei großen Probleme, in denen uns die Frage nach dem Subjektivismus und Objektivismus in der strafgerichtlichen Rechtsprechung des Reichsgerichtes in besonders bedeutsamer Weise entgegengetreten ist. In der Durchführung der reinen Bedingungstheorie im Gebiete der Kausalitätsfrage hat die strafrechtliche Betrachtungsweise eine feste und sichere kausal-kognitive Grundlage erhalten. Daß aber die unmittelbare Übertragung der Kausalfrage auf die Haftungsfrage mit all ihren Unbilligkeiten logisch unhaltbar ist, kann, sobald man neben der kognitiven Logik die Berechtigung emotional-normativer Logik anerkennt, keinem Zweifel mehr unterliegen: denn in der Haftungsfrage als einer Wertungsfrage besitzen Wertgesichtspunkte neben der Kausalfrage eine durchaus selbständige Bedeutung. In der Versuchslehre ist dieser Gesichtspunkt auch vom Reichsgericht im Prinzip erkannt worden: seine „subjektive" Versuchstheorie stützt sich zunächst auf das kriminalpolitische Motiv des verbrecherischen Täterwillens. Es fragt sich nur, ob damit die Wertung in richtige, der historischen Entwickelung entsprechende[12]) Richtung gegangen ist. Denn daß mit dieser Betonung allein des Täterwillens die feststehenden Grenzen von Recht und Moral in einer gefahrvollen Weise verwischt werden, daß damit die anerkannten Grundlagen der Rechtswidrigkeitslehre umgestoßen (GerS. 89, 266) und daß durch den „Trugschluß aus § 59 StGB."[13]) verfassungsmäßig festgelegte Rechte des Nullum crimen sine lege und damit gerade unverzichtbare Gedanken der rechtsstaatlichen Idee verletzt werden: das sind Bedenken, die heute immer mehr an Gewicht gewinnen.

So stehen wir vor dem Problem, diesen Bedenken abzuhelfen, ohne doch allzu sehr in den „Subjektivismus der Wertung" zu verfallen. Wenn sich das Reichsgericht bisher nicht dazu entschlossen hat, den Untergerichten die Scheidung von „gefährlichem" und „ungefährlichem" Versuche, von „objektiven" Mittäter- und „objektiven" Beihilfehandlungen anheimzugeben, so war hierfür in letzter Linie der Gedanke maßgebend, daß es für solche Scheidungen genügend feste „objektive" Unterscheidungsmerkmale nicht gebe und daß damit alles in das Gebiet „richterlicher Willkür" abzugleiten drohe. Aber: Wertung bedeutet nicht notwendig „subjektive" Willkür des Richters. Auch diese Wertung läßt sich in gewissem Sinne noch „objektivieren", und das Mittel zu solcher Objektivierung liegt in dem Anschluß an das „seiende Sollen" des positiven Rechtes, in dem Anschluß an die historisch-kulturellen Wertungsgesichtspunkte. Diese positivrechtlichen, „objektiven" Wertungen aber liegen im Strafrecht in den gesetzlichen „Tatbeständen"[14]). Und so weist die in der Literatur mehr und mehr anerkannte Lehre vom „Mangel am Tatbestand"[15]), die zwar bislang noch vom Reichsgericht (RGSt. 47, 189) abgelehnt, aber auch vom Strafgesetzentwurf 1927 trotz seines grundsätzlichen Subjektivismus in der Versuchslehre nicht zurückgewiesen wird (Begründung S. 25), in die Richtung einer Lösung, die gleichermaßen einen extremen psychologischen Subjektivismus und durch ihre Bezugnahme auf das historisch gegebene, positive Recht einen willkürlichen Wert-Subjektivismus vermeidet[16]). Ganz Ähnliches wie für die Versuchslehre gilt für die Teilnahme-

[12]) Kohlrausch, Reform des Strafrechtes 1926 S. 27 ff.

[13]) v. Liszt-Schmidt S. 290 Anm. 4.

[14]) Vom Sinn S. 5 u. 11, dagegen v. Liszt-Schmidt S. 176 Anm. 7.

[15]) Vgl. v. Liszt-Schmidt S. 290 Anm. 5.

[16]) Die wachsende Einsicht in die Existenz „subjektiver" Tatbestands- (Unrechts-) Elemente (Vom Sinn S. 21 ff.) eröffnet zugleich die Möglichkeit, subjektiv-psychologischen Einstellungen dort Rechnung zu tragen, wo sie wirklich für die Abgrenzung von Recht und Unrecht Bedeutung besitzen.

lehre: Auch hier nötigt der grundsätzliche Ausgangspunkt der kausalen Bedingungstheorie nicht dazu, nun alle Entscheidung auf das rein psychologisch-subjektive Gebiet des Animus auctoris sive socii zu verschieben; eine ergänzende normativ-logische Betrachtung der einzelnen erfolgbedingenden Tatbeiträge läßt auch hier Wertunterschiede erkennen und eröffnet zugleich die Möglichkeit einer „objektiven" Orientierung am „Tatbestande" der einzelnen Delikte und an dem von ihnen zur Ausführung der Handlung (§ 47 StGB.) Erforderten. So ergibt sich auch hier die Möglichkeit einer sachgemäßen Verbindung subjektiver und objektiver Betrachtungsweise.

Die „Befreiung des Werturteils" betrifft freilich, darüber müssen wir uns klar sein, nicht nur das im Gesetz „objektivierte" Werturteil. Sie enthüllt zugleich auch die Unumgänglichkeit „subjektiv" richterlicher Wertungen in der Beurteilung des einzelnen Straffalles. Indem unser Gesetz menschlichen Persönlichkeiten die hohe Aufgabe des Richteramtes zuweist, kann es auf diese Art der Wertung nicht verzichten. Ja es anerkennt damit ohne weiteres den Wert solch persönlich-wertender Tätigkeit. Ohne ein gewisses Maß von individuellem „Subjektivismus" der Wertung gibt es keine höhere kulturelle Entwickelung, auch nicht im Gebiete des Rechtes und des Strafrechtes im besonderen. Daß solche im vollen Bewußtsein der Verantwortung vollzogene richterliche Wertung des Einzelfalles besser und heilsamer ist als eine unverantwortliche „krypto-normative, ungeregelte Wertung" — auch das ist heute ein mehr und mehr anerkannter Bestandteil neuzeitlicher emotional-logischer Einstellung (Vom Sinn der strafrechtlichen Tatbestände S. 45/46).

Die Befürchtung, daß durch solch erweitertes richterliches Werturteil die Rechtseinheit in deutschen Landen gefährdet werde, ist unbegründet. Denn die neuzeitliche Entwickelung normativen Denkens weist zugleich in eine Richtung, die solchen Gefahren wirksam begegnet und der Rechtsprechung des höchsten Gerichtshofes neue lockende Aufgaben erschließt. Denn es ist keine Frage mehr, daß solche Einsicht in die wertende Tätigkeit des Richters dem Rechtsinstitute der Revision eine wesentliche Verbreiterung gewährt: das „freie Ermessen" bleibt kein unangreifbares Palladium des Tatrichters mehr, sondern unterliegt in weitestem Umfange der normativen Würdigung und Nachprüfung in der Revisionsinstanz[17]).

IV.

Psychologischer Subjektivismus und Subjektivismus der Wertung sind die beiden Seiten des mannigfach schillernden Wortes, die uns im bisherigen entgegengetreten sind. Ihre Anwendung auf die strafrechtliche Schuldlehre in der zugehörigen Rechtsprechung des Reichsgerichtes soll uns noch weiter in Kürze beschäftigen.

Daß die Merkmale der Schuld im psychologischen Sinne „subjektiver" Art sind, ja daß darin die eigentliche Abgrenzung der Schuld von anderen Verbrechensbestandteilen liege, galt bis vor nicht allzu langer Zeit als unerschütterliches und unerschüttertes Dogma. Neuerdings ist darin ein Wandel eingetreten: wir erkennen, daß auch das Unrecht, nicht nur die Schuld von „subjektiven Unrechts- (Tatbestands-) Elementen" abhängig ist (GerS. 89, 207 ff.; Vom Sinn S. 22), und daß umgekehrt „äußere", also nichtpsychische Gründe den Schuldbegriff beeinflussen können (ZStrW. 47, 486 f.).

---

[17]) Der psychiatrische Sachverständige im Prozeß S. 197 ff. (1918) und die Besprechung in ZStW. 47, 160—63 und JW. 1928 S. 417, 820.

Sehr viel wichtiger in unserem Zusammenhange ist die Frage nach dem „Subjektivismus der Wertung“ im Gebiete der strafrechtlichen Schuld oder, anders ausgedrückt, die Frage, inwieweit der Begriff der strafrechtlichen Schuld von Merkmalen abhängig ist, die nicht ohne weiteres deskriptiv, tatsächlich bestimmt sind, sondern im einzelnen Anwendungsfall einer Wertabwägung bedürfen. Die Stellungnahme des Reichsgerichtes soll im folgenden in dieser Richtung einer näheren Prüfung unterzogen werden.

Schuld ist Vorsatz oder Fahrlässigkeit (§ 59 StGB.): sei es, daß man diesen Satz im Sinne der Identität, Vorsatz und Fahrlässigkeit also als die beiden möglichen Schuldarten, sei es, daß man jenen Satz richtiger im Sinne bloßer Schulderscheinungsform auffaßt, wonach Vorsatz und Fahrlässigkeit nur eine bestimmte Blickrichtung der Schuldbetrachtung bedeuten — jedenfalls liegt in diesem Satze heute der gegebene Ausgangspunkt der Schuldlehre.

Für die Fahrlässigkeit verlangt das Reichsgericht in ständiger Rechtsprechung, z. B. in RGSt. I. 56, 343 (349), daß der Angeklagte „die Sorgfalt, zu der er nach den Umständen und nach seinen persönlichen Kenntnissen und Fähigkeiten verpflichtet und imstande war, außer acht gelassen hat und daß er infolgedessen entweder den Erfolg, den er bei Anwendung der pflichtmäßigen Sorgfalt hätte voraussehen können, nicht vorhergesehen hat oder den Eintritt des Erfolges zwar für möglich gehalten, aber darauf vertraut hat, er werde nicht eintreten“. Es bedarf dabei stets des Nachweises, „daß der Täter irgendwelche ihm durch die Rechtsordnung auferlegten Pflichten verletzt habe“ (RGSt. 57, 172 ff.). Daß es bei dem Urteil hierüber auf die individuellen, persönlichen Verhältnisse gerade des Täters ankommt, hat das Reichsgericht in Strafsachen schon frühzeitig anerkannt und hervorgehoben: so weist RGSt. II 12, 317 v. 30. Juni 1885 ausdrücklich den Anschluß an den zivilrechtlichen Fahrlässigkeitsbegriff zurück und unterstellt „das Maß der vom Täter zu beanspruchenden Aufmerksamkeit der Beurteilung des Tatrichters, welcher dabei auch den Grad der Urteilsfähigkeit und Einsicht des Täters in Betracht zu ziehen hat, aber auch nach den Umständen des Falles bald eine größere, bald eine geringere Anspannung der Geisteskraft für geboten erachten darf“; ganz in gleicher Weise verweist RGSt. II 22, 357 v. 12. Febr. 1892 auf „das Maß der persönlichen Einsicht und Erfahrung des einzelnen“ und auf die Prüfung des „einzelnen Falles“. Daß hier der normative Wertungscharakter der Fahrlässigkeit, und zwar im Sinne einer Bewertung des „einzelnen Falles“ anerkannt ist, unterliegt keinem Zweifel. Und es hätte kaum noch der berühmten Entscheidungen des 4. Strafsenates RGSt. 30, 25 v. 23. März 1897 im „Leinenfänger-Fall“ und RGSt. 36, 78 v. 20. Jan. 1903 über die Vaterpflichten bedurft, um die von Freudenthal (Schuld und Vorwurf, 1922) geforderte konkrete Vorwerfbarkeit als Bestandteil dieser Schuldform darzutun: hier ist die Rede davon, ob ein bestimmtes Verhalten dem Angeklagten „zugemutet werden konnte“ (RGSt. 30, 28), daß „zu billigende ethische Rücksichten“ für die Entscheidung der Schuldfrage von Bedeutung sind (RGSt. 36, 82). Die Notwendigkeit eines aus der Gesamtlage des konkreten Falles zu gewinnenden Werturteils tritt damit klar zutage. In ähnliche Richtung weist der 3. Senat in RGSt. 50, 417 v. 21. Mai 1917 und der 1. Senat in RGSt. 58, 27 (30) v. 30. Nov. 1923.

Ganz anders ist die Sachlage beim Vorsatze. Die wichtige Entscheidung zur Irrtumsverordnung v. 18. Jan. 1917 (RGBl. 58) des 1. Strafsenates RGSt. 53, 81 ff. v. 24. März 1919 sagt „zum Begriffe der strafrechtlichen Schuld, wie er sich auf Grund der bestehenden Gesetzgebung durch die Rechtsprechung des

Reichsgerichtes herausgebildet hat": die Schuld des Täters besteht darin, „daß er — im Besitz freien Willens — vorsätzlich oder fahrlässig eine Handlung oder Unterlassung begangen hat, deren tatsächliches Ergebnis von dem im Strafgesetze verkörperten allgemeinen Rechtsbewußtsein als eine Rechtsverletzung angesehen wird, die durch Bestrafung zu sühnen ist. Vorsätzliches Verschulden des Täters ist mit dem Bewußtsein der Verwirklichung aller äußeren Tatumstände gegeben, durch die der strafrechtliche Tatbestand begründet wird". Abgelehnt wird des weiteren, sofern nicht die Widerrechtlichkeit des Handelns in die Begriffsbestimmung der Straftat aufgenommen ist, das Bewußtsein der Rechtswidrigkeit und allgemein das Bewußtsein der Strafbarkeit als Vorsatzerfordernis; auch der in Strafrechtsirrtum Befangene handelt schuldhaft durch vorsätzliche oder fahrlässige Verursachung der Rechtsverletzung.

Von einem „subjektiv" wertenden, normativen Vorsatzelement ist hier nirgends die Rede; es soll rein „objektiv" nach dem psychologischen Sachverhalte das Vorhandensein des tatbestandlich umschriebenen „Bewußtseins" geprüft und auf dieser deskriptiven Grundlage ohne weiteres die Frage der vorsätzlichen Schuld bejaht oder verneint werden. Das Reichsgericht huldigt insoweit „einer wertfreien, rein psychologischen Vorsatz- und Schuldkonstruktion"[18]).

Somit ergibt sich — betrachtet unter dem Gesichtspunkte „subjektiver" Wertungselemente — eine bemerkenswerte innere Strukturverschiedenheit der beiden sog. Schuldformen, wie sie in der Rechtsprechung des Reichsgerichtes heraustreten: die „Fahrlässigkeit" ist als durch und durch normativer Wertbegriff aufgebaut, während der „Vorsatz" ebenso klar als „wertfreier" kognitiv-psychologischer Tatsachenbegriff gefaßt wird. Dieser methodische Gegensatz trägt naturgemäß den Keim innerer Dialektik in sich, die auf eine Überwindung dieses strukturellen Gegensatzes der verschiedenen Schuldformen (oder gar Schuldarten!) hindrängt. Dabei lassen sich rein logisch betrachtet zwei Lösungsmöglichkeiten denken: entweder paßt sich die Fahrlässigkeit als weniger entwickelte Schuldform der entwickelteren Form des Vorsatzes an und wird wie dieser „psychologisiert", oder aber gelangt man zu der Erkenntnis, daß das, „was der Fahrlässigkeit recht ist, dem Vorsatze nicht unbillig sein" kann[19]).

In der Rechtsprechung des Reichsgerichtes hat, soviel ich sehe, diese innere Dialektik der beiden Schuldformen bisher keinen Ausdruck gefunden. An einer Stelle scheint sie unumgänglich zu sein und die „wertfreie" Vorsatzgestaltung zur Aufnahme von Wertungselementen wie im Fahrlässigkeitsbegriff zu zwingen: in dem Teile des Vorsatzes nämlich, der sich auf sog. normative Tatbestandselemente bezieht (Vom Sinn S. 41 Anm. 2 und S. 41ff.). Hier drängt die Vorsatzgestaltung über das bloße Verlangen eines psychologischen Abbildes der Tat in der Seele des Täters zu einer „Parallelwertung im Gedankenkreise des Täters"[20]) und damit die Würdigung dieses Vorsatzes ebenfalls zu Wertungen

---

[18]) E. Wolf S. 148.

[19]) Freudenthal S. 15. Seine Beweisführung (insbesondere S. 16) scheint mir nur dann und wann zu sehr zu übersehen, daß die Frage im einzelnen für Fahrlässigkeit und Vorsatz nicht immer gleich liegt: die „Zumutbarkeit" anderen Handelns kann vielleicht entfallen, wenn der Täter den schädigenden Erfolg zwar für möglich hält, ihn aber im Ergebnis ablehnt (Fahrlässigkeit), während sie bestehen bleibt, wo der Erfolg als notwendig vorausgesehen oder gebilligt wird (Vorsatz).

[20]) Wie ich in der Anmerkung zu dem Urt. des 2. Strafsenates v. 7. April 1927 (JW. 1927 S. 2006) in Beziehung auf den Begriff der Geisteskrankheit in § 176 Ziff. 2 StGB., den Eigentumsbegriff in §§ 242, 292 StGB. usw. näher zu zeigen versucht habe.

im Einzelfalle. Damit wäre der „wertfreie" Vorsatzbegriff preisgegeben. Das Reichsgericht entgeht dieser Schwierigkeit durch eine Wendung, die vielfach viel zu wenig beachtet wird. „Vorsätzliches Verschulden des Täters ist" — wie es in der zitierten Entsch. RGSt. 53, 81 (85) und ihrer „wertfreien" Vorsatzbestimmung heißt — „mit dem Bewußtsein der Verwirklichung aller äußeren Tatumstände gegeben, durch die der strafrechtliche Tatbestand begründet wird". Diese „äußeren Tatumstände" aber sind nach dem ganzen Zusammenhang offenbar lediglich zu denken als die Tatsachen, die den strafgesetzlichen Tatbestand begründen (vgl. RGSt. 58, 247 [249] mit Zitaten). Die Frage nach dem Vorsatz in Beziehung auf die wertenden Bestandteile des Tatbestandes — eine Frage, die das Reichsgericht keineswegs übersieht — wird nach einer dem § 59 StGB. angepaßten Methodik in die Irrtumslehre verwiesen. Durch diese Verschiebung des Blickpunktes[21]) entgeht das Reichsgericht der Notwendigkeit, Bewertungselemente zum positiven Bestandteile des Vorsatzbegriffes zu erheben, diesen also „normativ" zu wenden. Am nächsten ist dieses Problem vielleicht in der Entsch. des 1. Senates v. 6. Febr. 1923 (RGSt. 57, 235) bei Erörterung des zur Urkundenfälschung erforderlichen Vorsatzes berührt worden: lediglich der etwa vorhandene „Irrtum" der Täterin wird gewürdigt (S. 236) und, sofern er „außerstrafrechtlicher Art" ist, als nach § 59 StGB. vorsatzausschließend, sofern er dagegen nur den „strafrechtlichen Begriff" umschließt, als irrelevant angesehen. Mit anderen Worten: alle Wertungsfragen, die auch das Reichsgericht für die Kehrseite des Vorsatzes nicht ausschließen möchte, werden ausschließlich auf kognitive Verkennung „außerstrafrechtlichen" oder „strafrechtlichen" Rechtes bezogen und damit eine im engeren Sinne „normative" Bestimmung des Vorsatzes, die auch auf seiten des den Vorsatz Würdigenden eine Wertabwägung erfordern würde, abgelehnt.

Noch an anderer Stelle wird das berührte Problem normativer Vorsatzgestaltung unmittelbar dringlich: in dem Grenzgebiete des Vorsatzes gegenüber der Fahrlässigkeit, also in der Lehre vom sog. Dolus eventualis. Hier muß sich die innere Gegensätzlichkeit der beiden Schuldformen mit besonderer Schärfe geltend machen. Die sog. hypothetische Einwilligungstheorie[22]), die den Dolus eventualis bejaht, wenn „der Täter auch dann gehandelt hätte, wenn er des rechtswidrigen Erfolges gewiß gewesen wäre", trägt deutlich normative Züge: denn sie setzt ein Gesamturteil über die Persönlichkeit des Täters, eine Bewertung seiner sozialen Gesamteinstellung und aus ihr heraus ein hypothetisches Urteil im Einzelfalle voraus, wie der Täter in einer angenommenen Situation gehandelt haben würde. Mit aller Deutlichkeit hat jedoch die Rechtsprechung des Reichsgerichtes diese hypothetische zugunsten der sog. positiven Einwilligungstheorie[23]) abgelehnt und damit auch im Gebiete des Eventualdolus eine normative Wendung des Vorsatzbegriffes zurückgewiesen. So fordern schon die Vereinigten Strafsenate (RGSt. 22, 65 v. 6. Juni 1891), daß der Täter den Eventualfall „vorausgesehen, gebilligt und mit in seinen Willen aufgenommen" habe (S. 85). Ganz besonders deutlich äußert sich RGSt. III 33, 4 (6) v. 7. Dez. 1899, die sich ausdrücklich mit der „Begriffsbestimmung des Eventualdolus" beschäftigt: „Gerade in der Billigung des Erfolges als einer zu der Voraussicht von dem möglichen Eintritte desselben hinzutretenden, selbständigen inneren Tatsache (!) liegt das wesentlichste Merkmal des eventuellen Vorsatzes,

---

[21]) Die „Irrtumslehre" ist eben nicht restlos nur „die Doluslehre vom negativen Standpunkt aus betrachtet", wie vielfach gelehrt wird (Frank, StGB., 17. Aufl., § 59 III; v. Liszt-Schmidt S. 248 Anm. 1) — jedenfalls nicht in den im Text berührten Fragen.

[22]) Großmann, Die Grenze von Vorsatz und Fahrlässigkeit S. 58/59 (1924).

[23]) Großmann S. 58, 61.

das Mittelglied, das das Gebiet des Dolus eventualis von dem der Fahrlässigkeit scheidet." Ausdrücklich nehmen hierauf bezug die RGSt. II 46, 227 (231) v. 25. Okt. 1912 und RGSt. IV 55, 204 (205) v 22. Dez. 1920: „notwendig ist danach das Bewußtsein von der Möglichkeit des Erfolges; aber ebenso wesentlich ist das Einverständnis mit dem Erfolge".

So darf zusammenfassend gesagt werden, daß das Reichsgericht in klarer Konsequenz auch an den beiden kritischsten Stellen der Vorsatzlehre, nämlich in der Beziehung des Vorsatzes auf die normativen Tatbestandselemente und in der Gestaltung des Eventualvorsatzes, an einer streng deskriptiv-psychologischen Vorsatzfassung festhält — in der Lehre vom Eventualvorsatz erfreulicherweise im Sinne einer rechtsstaatlichen „Objektivierung der Rechtspflege" unter Ausschluß willkürlich wertender Verurteilungen, in dem zuerst genannten Punkt in einer Wendung, die berechtigte Einwände nicht ausschließt.

Die innere Gegensätzlichkeit von Vorsatz und Fahrlässigkeit bleibt somit nach der reichsgerichtlichen Judikatur in Strafsachen in vollem Umfange bestehen. Aber: weder Vorsatz noch Fahrlässigkeit sind „die" Schuld. „Interpretationsprobleme des § 59 StGB." waren es, welche „das Schuldproblem" großzüchteten: aus ihm aber ergibt sich die systematische Notwendigkeit eines umfassenderen Schuldbegriffes[24]). Auch das Reichsgericht anerkennt, daß die Schuld noch mehr enthält als Vorsatz und Fahrlässigkeit, wenn es RGSt. 53, 81 (84) sagt: „Die strafrechtliche Schuld des Täters besteht darin, daß er — im Besitz freien Willens — vorsätzlich oder fahrlässig eine Handlung oder Unterlassung begangen hat." Mit anderen Worten: auch nach der Auffassung des Reichsgerichtes begründen Vorsatz oder Fahrlässigkeit nur dann „die Schuld" des Täters, wenn zu ihnen als weiteres Merkmal der „Besitz des freien Willens" hinzutritt[25]).

„Besitz des freien Willens" als Schuldmerkmal setzt aber in erster Linie Zurechnungsfähigkeit des Täters im Sinne des § 51 StGB. voraus[26]). Über das Merkmal der Zurechnungsfähigkeit im einzelnen hat sich das Reichsgericht noch wenig ausgesprochen. Das hängt wohl letzthin damit zusammen, daß vom Reichsgerichte der revisible Wertungscharakter des Krankheitsbegriffes zu sehr verkannt wird[27]). Die Entscheidung des 2. Senates v. 14. Dez. 1886 (RGSt. 15, 97 [99]) über die Moral insanity beruft sich lediglich darauf, daß dieser „Mangel jeglichen moralischen Haltes" nicht „aus krankhafter Störung zu erklären sei" und deshalb dem § 51 StGB. nicht unterfalle. Daß es sich in Wahrheit bei dem Krankheitsbegriffe des § 51 StGB. um einen Begriff mit ganz eminentem Wertungscharakter handelt, unterliegt jedoch keinem Zweifel

---

[24]) E. Wolf S. 44.

[25]) S. 85/86 und S. 88 des erwähnten Urteils sind in dieser Hinsicht nicht ganz klar; aber eine Gleichstellung des Vorsatzes bzw. der Fahrlässigkeit mit „der Schuld" kann aus ihnen bei der völlig unmißverständlichen Fassung S. 84 keinesfalls entnommen werden.

[26]) Darüber, daß der Streit um die Zurechnungsfähigkeit als bloßer „Voraussetzung" oder als eigentlichem „Merkmal" der Schuld ein bloßer Streit um Worte ist, oder richtiger: daß, was unentbehrliche Voraussetzung eines Begriffes damit notwendig auch Merkmal dieses Begriffes (scil. der strafrechtlichen Schuld) ist, s. näher KrVJSchr. 3 XX 192/193. Diese Einsicht, daß die Zurechnungsfähigkeit Schuldmerkmal ist, kann durch die Bezugnahme auf den Fahrlässigkeitsbegriff nicht umgestoßen werden: denn der Hinweis, die Fahrlässigkeit schließe ihrerseits schon eine Gesamtschuldbewertung in sich und verbiete daher von vornherein die Annahme fahrlässigen Handelns beim Unzurechnungsfähigen (Gleispach), beweist nur, daß es bislang noch nicht gelungen ist, das spezifische Schuldelement der Fahrlässigkeit wie beim Vorsatze klar herauszustellen.

[27]) Der psychiatrische Sachverständige im Prozeß S. 201—203 (1918).

mehr[28]). In noch höherem Grade gilt dies von dem weiteren, deskriptiv überhaupt nicht faßbaren Begriffe der „freien Willensbestimmung" in § 51 StGB.[29]) RGSt. 57, 76 v. 29. Sept. 1922 geht hierauf näher nicht ein.

Mit dem Nachweise vorsätzlichen oder fahrlässigen Handelns eines Zurechnungsfähigen scheint das Schuldurteil festzustehen. Was etwa an Zweifeln noch übrigbleibt, verweist das Reichsgericht in das Gebiet der sog. „Entschuldigungsgründe", z. B. des Notstandes nach § 54 StGB. in RGSt. I 61, 242 ff. (249), oder der sog. „persönlichen Strafausschließungsgründe", z. B. des Irrtums im Sinne der Verordnung v. 18. Jan. 1917 in RGSt. I 53, 81 ff. (86). Aber hier sowenig wie beim Vorsatz in Beziehung auf normative Tatbestandsmerkmale kann die negative Fassung, die Regel-Ausnahme-Darstellung etwas am Wesen der Sache ändern. Steht dem Täter ein „Entschuldigungsgrund" zur Seite, so fehlt eben in Wahrheit seine „Schuld". Das anerkennt im Grunde genommen auch das Reichsgericht, wenn es in RGSt. I 23, 116 die „Verschuldung des Täters" ermangeln läßt, in RGSt. IV 57, 268 im Entschuldigungsgrund einen „schuldbefreienden Umstand" sieht und in RGSt. I 60 S. 88 ff., 89 vom „schuldlosen" Täter spricht. Die vielversuchte Unterscheidung von „Schuldausschließungsgrund" und „Entschuldigungsgrund" hat also vielleicht didaktischen und darstellungssystematischen, aber keinen sachlichen Wert. Das Fehlen eines Entschuldigungsgrundes ist echtes Merkmal strafrechtlicher Schuld; die gegenteilige Behauptung ist nichts mehr als eine dialektische Verschleierung des Sachverhalts. Von hier aus wird die „wertfreie" Betrachtung auch des vorsätzlichen Handelns, selbst wenn es gelänge, den Vorsatz völlig zu psychologisieren, gesprengt: denn an dem vielfach „normativen" Charakter der sog. Entschuldigungsgründe besteht kein Zweifel. Das ist in Beziehung auf den Notstand des § 54 StGB. und sein Merkmal des „Unverschuldet"-seins vielleicht nirgends deutlicher zum Ausdrucke gekommen als in der bekannten Entsch. des 4. Senates v. 3. Juli 1903 (RGSt. 36, 334). „Es ist völlig dahinzustellen," heißt es hier (S. 340 ff.), „ob der Begriff des Verschuldens im Sinne des § 54 StGB., wie von mancher Seite gefordert wird, zum mindesten ein fahrlässiges Verschulden, eine Fahrlässigkeit im eigentlichen strafrechtlichen Sinne, erheischt. So viel kann einem begründeten Zweifel nicht unterliegen, daß ein Verhalten, das nicht die Merkmale der Pflichtwidrigkeit an sich trägt, als ein die Unanwendbarkeit des § 54 StGB. herbeiführendes Verschulden nicht in Frage kommen kann. Die Prüfung, ob das der Fall sei, erfordert grundsätzlich ein Eingehen auf die konkreten Umstände; es kann auch nicht genügen, daß eine oder die andere Tatsache, die bei dem Handeln eine Rolle gespielt hat, zur Begründung der Pflichtwidrigkeit herausgegriffen wird, ohne daß erkennbar wird, es seien die Umstände, unter denen sich im Einzelfalle das Tun und jene Tatsache abspielte, in ihrer Gesamtheit der kritischen Würdigung das Gerichtes unterzogen worden."

Während an der Zurechnung der sog. Entschuldigungsgründe zum Schuldurteil auch nach der Rechtsprechung des Reichsgerichtes kein Zweifel sein kann, verhält sich dies anders bei den sog. persönlichen Strafausschließungsgründen. Nach RGSt. 53, 81 ff. „muß angenommen werden, daß (scil. durch die Irrtumsverordnung v. 18. Jan. 1917) an dem Begriffe der strafrechtlichen Schuld, wie er sich auf Grund der bestehenden Gesetzgebung durch die Rechtsprechung des Reichsgerichtes herausgebildet hat, und somit auch an den strafgesetzlichen Schuldformen des Vorsatzes und der Fahrlässigkeit nichts geändert worden ist,

[28]) Psychiatr. Sachv. 88 ff., Persönlichkeit und strafrechtliche Zurechnung, S. 11 ff. (1926).
[29]) Psychiatr. Sachv. 16 ff.

wenn sich die in der Verordnung vorgesehene Berücksichtigung des Strafrechtsirrtums ohne Eingriff in den bestehenden Rechtszustand rechtlich beurteilen läßt". Eine solche Möglichkeit aber sei in der Annahme „eines rein persönlichen Strafausschließungsgrundes" gegeben (S. 84). Der „strafrechtliche Wille als solcher" bleibt hier unverändert; „der Wegfall einer Strafe schließt die Annahme einer strafrechtlichen Schuld nicht aus", „an sich liegt eine schuldhaft begangene, strafbare Handlung vor" (S. 85). Darum ist mit Bejahung der Verordnung auch „kein Schuldausschließungsgrund hinsichtlich der in Betracht kommenden Straftat" gegeben (S. 86). Diese für sich betrachtet sehr wenig einleuchtende Unterscheidung zwischen der „an sich" bestehenden Schuld und dem „persönlichen" Strafausschließungsgrund erhält ihren praktisch tragenden Hintergrund in den Worten (S. 86/87): „Die bei Beurteilung des Irrtums als eines Schuldausschließungsgrundes eintretende Folge, daß auch bösgläubige Teilnehmer des gutgläubigen Täters straflos ausgehen müßten, wäre mit den Zwecken der Verordnung durchaus unvereinbar." Der im heutigen Recht über alle Gebühr überspannte Grundsatz der Akzessorietät der Teilnahme verdunkelt hier die richtige Einsicht. Lediglich zu dem praktischen Zwecke, um die Strafbarkeit der Teilnehmer zu retten, wird der unklare und verwirrende Begriff der „an sich" strafbaren Handlung und in seinem Gefolge der Begriff des rein persönlichen Strafausschließungsgrundes geschaffen. So ist der ganze Begriff des persönlichen Strafausschließungsgrundes ein Hilfsbegriff, der zwar seine praktische Wirkung im Gebiete der Teilnahmelehre entfalten mag, für die theoretische Erfassung des Schuldbegriffes aber durchaus in dem Rahmen der Schuld steht. Das tritt in der Begründung des Reichsgerichtes zu sehr in den Hintergrund, ergibt sich aber in zwingender Logik aus allgemeinen systematischen Erwägungen. Denn auf zwei Pfeilern allein ruht alle Strafbarkeit: dem Unrechte der Tat und der Schuld des Täters, d. h. dem Widerstreite der Tat gegen die „objektiven" Bewertungsnormen des Rechtes und der persönlichen, „subjektiven" Zurechenbarkeit (Vorwerfbarkeit) der Tat an den Täter. Ein Drittes gibt es nicht. Gerade, wo es „rein persönliche Gründe" sind, welche die Strafbarkeit der Tat beseitigen, kann an deren systematischer Zurechnung zum Schuldbegriffe kein Zweifel sein; denn sie eben schließen die „persönliche Zurechnung (Vorwerfbarkeit)" der Tat aus. Die Antithese von „Schuldausschließungsgrund" und „rein persönlichem Strafausschließungsgrund", den das Reichsgericht in RGSt. 53, 81 in Übereinstimmung mit RGSt. 50, 199 macht, ist deshalb zwar für die Teilnahmelehre des geltenden Rechtes von praktischer Bedeutung, für die Schuldfrage aber ist diese Gegenüberstellung völlig inhaltsleer. Auch das Gebiet der sog. persönlichen Strafausschließungsgründe ist begriffswesentlich für die Bestimmung der Schuld und gehört ganz zu ihr. „Normative" Merkmale, die für die Abgrenzung der persönlichen Strafausschließungsgründe eine Rolle spielen, geben also unmittelbar damit auch der Schuld selbst Wertungscharakter: ein solches Merkmal tritt beispielsweise bei der „zur Erkenntnis der Strafbarkeit erforderlichen Einsicht" zutage, die RGSt. IV 50, 199 zu den persönlichen Strafausschließungsgründen rechnete.

Überblicken wir somit den Schuldbegriff des geltenden Rechtes, so kann es auch nach der Rechtsprechung des Reichsgerichtes keinem Zweifel unterliegen, daß dieser überall, und zwar auch im Gebiete des vorsätzlichen Handelns auf dem Umwege mindestens der sog. Entschuldigungsgründe von „normativen" Merkmalen durchzogen ist. Eine bloß deskriptive Psychologie erschöpft ihn nicht. Der normative Charakter des Schuldbegriffes im heutigen Strafrechte steht fest: diese Erkenntnis bahnt sich mehr und mehr den

Weg[30]). Mit dieser Erkenntnis eröffnen sich aber weitere Aufgaben der strafrechtlichen Dogmatik, die zurückführen auf die früher berührte innere Dialektik der Begriffe Vorsatz und Fahrlässigkeit. Wo man den „normativen" Charakter der strafrechtlichen Schuld bisher richtig erkannt hat, da hat man versucht, diesem Wertungscharakter der Schuld im Rahmen der beiden Schuldformen selbst Ausdruck zu verleihen: das würde im letzten Grunde eine Lösung und Überwindung jener inneren Dialektik in dem Sinne bedeuten, daß der bislang „wertfreie" Vorsatzbegriff dem wertbeinhalteten Fahrlässigkeitsbegriff, damit aber die entwickeltere Schuldform der unentwickelteren angepaßt würde. Ein solches Verfahren hätte von vornherein gewichtige Bedenken gegen sich; es widerstreitet aber auch in anderer Richtung tieferer Einsicht. Denn in Wahrheit steht die „psychologisch-wertfreie" Fassung des Vorsatzbegriffes, die in ihrer strengen „Objektivität" den Vorzug der Rechtssicherheit und der folgerichtigen Durchführung des § 2 Abs. 1 StGB. für sich hat, nicht im geringsten in Widerspruch mit der gewonnenen Einsicht in den normativen Charakter der Schuld: Vorsatz und Fahrlässigkeit sind nur Elemente der Schuld, sind niemals aber „die" Schuld schlechthin; sie können sehr wohl „psychologisiert" werden, denn neben ihnen kann das „normative" Schuldelement voll zu seinem Rechte kommen[31]). So scheint uns die Entwickelungslinie der Zukunft in die umgekehrte Richtung einer dialektischen Überwindung des Gegensatzes zwischen Vorsatz und Fahrlässigkeit zu weisen: in die Richtung nämlich einer „Psychologisierung" auch des Fahrlässigkeitsbegriffes und seiner Loslösung vom Werturteil[32]). Einen Anfang in dieser Richtung gibt GerS. Bd. 89 S. 254—257[33]).

Fassen wir zusammen: das „subjektive Wertungselement" als normativer Bestandteil der strafrechtlichen Schuld wird auch vom Reichsgerichte im Gebiete der Fahrlässigkeit und der sog. Entschuldigungsgründe anerkannt; auch die persönlichen Strafausschließungsgründe zählen des weiteren hierher. In Wahrheit beherrscht jenes Element den ganzen Schuldbegriff, freilich nicht so sehr im Vorsatz- und Fahrlässigkeitsbegriff, sondern als selbständiges Element neben diesen „psychologischen" Schuldformen.

V.

Die „normative" Betrachtungsweise beherrscht die deutsche Strafrechtswissenschaft unserer Tage in hervorragendem Maße. Überall — im Gebiete der Unrechtslehre, der Schuldlehre, der Lehre von den Tatbeständen des Besonderen Teiles — deckt tieferdringende Forschung das Vorhandensein normativer Elemente als wirksame und lebendige Bestandteile des Rechtssystems auf und sprengt das starre Dogma des positivistischen Historismus, das die Strafrechtswissenschaft und Rechtswissenschaft überhaupt um die Wende des 19. zum 20. Jahrhundert selbstherrlich durchdrang. Mit den Mitteln emotionaler Logik und kritischer Philosophie gilt es diese Erkenntnisse auch in Zukunft zielsicher weiter auszubauen.

Auch die Betrachtung des „Subjektivismus und Objektivismus in der strafgerichtlichen Rechtsprechung des Reichsgerichtes" auf den Gebieten der strafrechtlichen Haftungs-, Versuchs-, Teilnahme- und Schuldlehre — wobei wir

---

30) GerS. 89, 251/52, KrVJSchr. 3, XX, 192 und v. Liszt-Schmidt, Lehrb. VI, 208—215.

31) So GerS. 89, 253 ff., KrVJSchr. 3, XX, 194, ZStW. 47 S. 485 bis 487 und neuerdings namentlich Paul Merkel, Grundriß S. 92, 114, 126 [1927] mit Berg, Strafrechtl. Abh. Heft 220, insbes. S. 64ff. Vgl. Grünhut, ZStW. 49, 138.

32) So namentlich Berg S. 66.

33) Dessen Kritik bei v. Liszt-Schmidt S. 262 Anm. 13, wenn auch teilweise berechtigt, doch den Kern der Sache nicht trifft.

psychologischen und Wertsubjektivismus zu trennen hatten — hat an diesen Problemenkreis herangeführt. Nur zögernd in begreiflicher Scheu vor dem „Subjektivismus der Wertung" hat die Rechtsprechung des Reichsgerichtes jenes normative Element in seiner Daseinsberechtigung anerkannt; wir zweifeln nicht, daß auch der höchste Gerichtshof des Deutschen Reiches sich ihm noch weiter erschließen wird. Und wir können ihm nur Dank wissen, wenn er auf diesem Wege mit starker Hand wie bisher die unverlierbaren Gedanken des Rechtsstaates wahrt. Aber wir glauben auch hinzusetzen zu müssen, daß diese Gedanken besser gewahrt sind in der freien und verantwortungsbewußten Wertung, wo solche im Wesen der Sache liegt, als in unkontrollierten und verantwortungslosen „kryptonormativen" Bildungen.

Abgeschlossen: Oktober 1928.

Die Stellung des Reichsgerichtes zum neuen Strafgesetzbuch

von Professor Dr. Graf zu Dohna, Bonn

Wenn der in diesem Frühjahre gewählte Reichstag sich als arbeitsfähig erweist und keine neuen Hemmnisse sich einstellen, könnte es sein, daß übers Jahr, wenn diese Blätter zur Halbjahrhundertfeier unseres höchsten Gerichtshofes ans Tageslicht treten, das große Reformwerk des materiellen Strafrechtes seinen Abschluß gefunden hat. Mit dem Inkrafttreten des neuen Strafgesetzbuches wird dann auch für die strafrechtliche Judikatur eine neue Epoche anheben. Was in den acht Jahrzehnten der Geltung des ersten Reichsstrafgesetzbuches an geistiger Arbeit aufgewandt worden ist, um es von dem Papiere, auf dem es geschrieben stand, in die Praxis überzuführen, wird seine unmittelbare Bedeutung einbüßen, und neue Probleme in großer Fülle werden der literarischen Behandlung und der gerichtlichen Beurteilung zu unterziehen sein. Nicht so aber steht es, als ob jene Arbeit für die Zukunft deshalb verloren wäre. In weitem Maße sind ihre Ergebnisse vom Gesetzgeber verwertet worden zur Amendierung des Gesetzestextes und werden sie mit diesem aus der Stufe der Gesetzesinterpretation zum Range sanktionierten Gesetzeswillens emporgehoben werden. Daß dadurch Kontroversen ihre autorative Erledigung erfahren, bedeutet einen Gewinn für die Stetigkeit und Sicherheit der Rechtsanwendung.

Es fragt sich, ob und, wenn ja, in welchem Umfange darüber hinaus die Interpretation, die das alte Gesetz erfahren hat, auch unter der Herrschaft des neuen ihre Geltung bewahren wird. Unzählige Begriffe finden hier und dort gleichmäßig Verwendung, ohne daß irgendwelche äußeren Anzeichen vorlägen, welche auf einen Wechsel der Bedeutung schließen ließen. Ich greife ganz willkürlich die ersten besten Beispiele heraus: fremde bewegliche Sache (§§ 328, 333); Kind und Frucht (§§ 252, 253); Wohnung (§ 277); Gottesdienst (§ 181); beschimpfender Unfug (ebenda). Sie stehen in deutlichem Gegensatze zu jenen Begriffen, die der Gesetzgeber, um aller Unsicherheit ein Ende zu machen, in §§ 9, 10 authentisch selber interpretiert. Wenn also das Reichsgericht noch in Bd. 56 Nr. 43 dahin entschieden hat, daß es für das gegenwärtige Recht eine ausdehnende und deshalb unzulässige Auslegung des Gewaltbegriffes bedeuten würde, wenn darunter auch die Anwendung von Betäubungsmitteln begriffen würde, so wird die dort verneinte Frage unter der Herrschaft des neuen Gesetzes zu bejahen sein; wenn heute noch nach der wohl überwiegenden und auch vom Reichsgerichte in ständiger Judikatur vertretenen Ansicht die Schriftlichkeit kein unerläßliches Kriterium der Urkunde bildet, so wird in Zukunft nur eine Schrift als Urkunde gelten dürfen; und was der Beispiele mehr sind.

Insoweit liegt dann also ein neuer Tatbestand vor, an den der zur Anwendung des Gesetzes Berufene gebunden ist. Im übrigen dürften die Kontroversen, die auf dem Boden des alten Rechtes erwachsen sind, auf dem Boden des neuen ihre Auferstehung feiern. Um bei den gewählten Beispielen zu verweilen, so wird auch in Zukunft darüber gestritten werden können, ob die gestohlene

Sache Vermögenswert haben müsse, in welchem Augenblicke das Schutzobjekt der Leibesfrucht sich in das eines Kindes umwandelt, ob Schlafvorrichtungen notwendig sind, um Räumlichkeiten die Eigenschaft einer Wohnung zu gewähren, ob unflätige Äußerungen über einen Verstorbenen als beschimpfender Unfug gelten dürfen u. a. m. Nach allen diesen Richtungen ist also der Gesetzesinterpret dem neuen wie dem alten Rechte gegenüber frei. Jeder Amtsrichter ist an keine andere Instanz gebunden als an sein Gewissen. Gilt das auch für den höchsten Gerichtshof? Oder besteht für diesen die Bindung an früher getroffene Entscheidungen in dem Sinne, daß der Vorschrift des § 136 GVG. entsprochen werden muß, sobald ein Senat von der Entscheidung eines anderen Senates abzuweichen sich veranlaßt sieht?

Die praktische Bedeutung der Frage wird niemand verkennen; die theoretische Schwierigkeit liegt in der Feststellung, ob und wann Identität der Rechtsfrage gegeben sei. Ist diese Identität immer dann und schon deshalb zu verneinen, wenn und weil diese Rechtsfrage auf dem Boden einer anderen formalen Rechtsquelle erwachsen ist? Literarisch ist die Frage, soviel ich sehe, bisher im Hinblick auf § 136 GVG. noch nie aufgeworfen worden; wohl aber haben sich an die Bestimmung des § 549 (früher 511) ZPO., welche die Revisibilität einer landesrechtlichen Norm davon abhängig macht, daß ihr Geltungsbereich sich über den Bezirk des Berufungsgerichtes hinaus erstreckt, Kontroversen angeknüpft, die ein mindestens nahe verwandtes Problem betreffen. „Woran aber erkennen wir — fragt Weismann in einem Ausfatz in ZZP. 9 S. 182f. —, daß eine Rechtsnorm Geltung hat über den Bezirk des Berufungsgerichtes hinaus? daß es dasselbe Recht ist, welches innerhalb und außerhalb dieses Bezirkes, in den Bezirken verschiedener Gerichte in Geltung steht? Mit anderen Worten: Welches sind die Identitätsmerkmale des Rechtes? Ist entscheidend die Einheit des Gesetzgebungsaktes oder die Gleichheit des Gesetzesinhaltes? die Einheit des Gesetzesbefehles oder des Gesetzesgedankens? Wird durch die selbständige Formulierung des Gedankens die Einheit des Rechtes ausgeschlossen?" Und er erklärt die Frage, allgemein gestellt, für eine schwer lösbare, vielleicht nicht zu lösende, beantwortet sie aber in spezieller Anwendung auf § 511 ZPO. kurz und bündig dahin: entscheidend sei einzig und allein, ob die Rechtseinheit von dem Gesetze gewollt sei. „Die Einheit der Rechtsnorm ist es, welche zu überwachen das oberste Gericht berufen ist, nicht die Einheit der Rechtsbegriffe, der Rechtsanwendung in diesem Sinne."

Weismann bekennt sich damit grundsätzlich zu derjenigen Auffassung, die, bereits im Jahre 1880 in einem Aufsatze von Eccius in GruchotsBeitr. 24, 20ff. ausführlich begründet, von der Judikatur (RG. 5 Nr. 97: 55 Nr. 77; vgl. auch SeuffA. 38 Nr. 282) und mit vereinzelten Ausnahmen von der Doktrin übereinstimmend vertreten wird. Im führenden Kommentar zur ZPO. (Stein-Jonas IV B 2 zu §549) findet sie folgenden Ausdruck: „Es ist erforderlich, daß die Norm als solche, d. h. infolge eines Gesetzgebungsaktes in den verschiedenen Bezirken gilt. Dies ist auch dann der Fall, wenn die schon geltende Norm durch einen späteren Gesetzgebungsakt ein erweitertes oder neues Geltungsgebiet erhalten hat, wenn dies auch der Akt eines anderen Landes ist, sofern nur dabei eine Einführung der identischen Norm beabsichtigt ist, wogegen die bloß tatsächliche Übereinstimmung der in mehreren Gebieten geltenden Gesetze nicht genügt, um die nach § 549 erforderliche Identität der Rechtsnormen herzustellen."

Es ist schon hiernach deutlich, daß die Ergebnisse der auf die Auslegung des § 549 gerichteten Untersuchungen für die Auslegung des § 136 GVG. nicht ohne weiteres verwertbar sind. Handelte es sich dort um die Abgrenzung des

Geltungsgebietes einer Norm und infolgedessen bei Vergleich zweier formal selbständiger Normen um die Feststellung der Voraussetzungen der Identität eben dieser Rechtsnormen, so steht hier doch gerade erst zur Diskussion, ob die Identität der „Rechtsfrage" wirklich bedingt ist durch die Identität der Rechtsnorm. Wäre diese Frage mit Sicherheit zu bejahen, so gäbe es das von uns angeschnittene Problem überhaupt nicht; denn der Übergang von der Herrschaft des alten zu der des neuen Strafgesetzbuches beruht auf einem Akte der Gesetzgebung, dessen Sinn und Bedeutung eben darin liegt, daß eine überlebte Ordnung durch eine auf geläuterter Rechtsanschauung beruhende ersetzt werden soll. Wie könnte da von einer Identität der Rechtsnormen überhaupt die Rede sein?

Steht es nun aber wirklich so, daß einer jeden auf dem Boden des neuen Rechtes erwachsenden Rechtsfrage die Identität mit einer zur Geltungszeit des alten Rechtes vom Reichsgerichte bereits entschiedenen trotz offenbarer inhaltlicher Kongruenz schon deshalb und ausschließlich um deswillen abgestritten werden müßte, weil es sich in beiden Fällen um die Auslegung zweier formal selbständiger Rechtssätze handelt? Die einzige in Strafsachen ergangene Entscheidung, in der das Reichsgericht zu § 136 GVG. in einer uns interessierenden Weise Stellung genommen hat, vertritt in der Tat diesen rein formalen Standpunkt, und noch dazu in einer Zuspitzung, die selbst dann Bedenken erwecken müßte, wenn seine grundsätzliche Richtigkeit außer Zweifel stünde. In § 3 des Geldstrafengesetzes vom 21. Dez. 1921 war erstmalig angeordnet worden, daß, wenn für ein Vergehen, für das ... Geldstrafe überhaupt nicht oder nur neben Freiheitsstrafe zulässig ist, Freiheitsstrafe von weniger als drei Monaten verwirkt ist, an Stelle der Freiheitsstrafe auf Geldstrafe ... zu erkennen ist, wenn der Strafzweck durch eine Geldstrafe erreicht werden kann. Diese Bestimmung ist später durch die Verordnung über Vermögensstrafen und Bußen vom 6. Dez. 1924 mit ganz unwesentlichen Änderungen als § 27b in das Strafgesetzbuch eingefügt worden. In zwei Entscheidungen aus dem Jahre 1922 hatte nun erst der 3. und dann der 4. Senat dahin entschieden, daß diese Bestimmung keine Anwendung finde auf solche Vergehen, bei denen im Falle der Zubilligung mildernder Umstände von vornherein die Möglichkeit der Verurteilung zu einer Geldstrafe geboten war. Zu diesen beiden Erkenntnissen setzt sich der 1. Strafsenat durch Urt. vom 12. Dez. 1924 (RGSt. 58 Nr. 53) in deutlichen und offen bekannten Widerspruch, erklärt aber am Schlusse seiner auch sonst bemerkenswerten Ausführungen die Voraussetzungen des § 136 GVG. deshalb nicht für gegeben, weil sich die früheren Entscheidungen auf ein anderes Gesetz beziehen als die gegenwärtige. Der bloße Platzwechsel dieser Vorschrift hat also dem Reichsgerichte genügt, um der Plenarentscheidung auszuweichen.

Öfter haben die Zivilsenate Gelegenheit gehabt, sich zu unserem Problem zu äußern. Im folgenden geben wir die einschlägigen Erörterungen zunächst einmal ohne alle eigene Stellungnahme nach der Zeitfolge der ergangenen Erkenntnisse wieder.

1) 4. ZS. Urt. v. 26. Nov. 1896 (RG. 38 Nr. 52). Welches örtliche Recht ist für die besonderen vermögensrechtlichen Folgen der Ehescheidung oder die sog. Ehescheidungsstrafen maßgebend?

Auf dem Boden des preußischen Landrechtes hat sich der 4. Zivilsenat des Reichsgerichtes (RG. 5 Nr. 54; 19 Nr. 58) für die Ansicht ausgesprochen, daß jene vermögensrechtlichen Folgen nach dem Rechte desjenigen Ortes zu bestimmen seien, dessen Recht überhaupt in dem erheblichen Zeitpunkte für die persönlichen Rechtsverhältnisse der Ehegatten maßgebend war ... Dennoch ist ... der Ansicht der Vorzug zu geben, nach welcher die letzteren nach dem Rechte desjenigen Ortes zu bestimmen sind, dessen Recht die Grundlage für die auf Grund der Schuld des zu bestrafenden Ehegatten ausgesprochene Ehescheidung gebildet hat. In der Praxis ist diese Ansicht auf dem Boden des gemeinen Rechtes zur Anwendung gebracht worden ...

Einer vorgängigen Verweisung der Rechtsfrage an die Vereinigten Zivilsenate nach Maßgabe von § 137 GVG. bedurfte es nicht, da durch die angeführte Entscheidung des 4. Zivilsenates das gemeine Recht formell eben nicht berührt wird.

2) 1. ZS. Urt. v. 24. April 1897 (RG. 39 Nr. 40). Können nach gemeinem Rechte Zahlungen, die zur Tilgung von Spielschulden, insbesondere von Schulden aus Differenzgeschäften, geleistet sind, zurückgefordert werden?

Das Revisionsgericht hat auf die Entscheidungen anderer Zivilsenate des Reichsgerichtes hingewiesen, mit denen die vorstehend gebilligte Auffassung in Widerspruch stehen soll, und anheim gegeben, ob hiernach nicht gemäß § 137 GVG. eine Entscheidung der Vereinigten Zivilsenate einzuholen sei. Dieses Bedenken ist nicht zutreffend ... Das (in JW. 1896 S. 106 Nr. 24 abgedruckte) Urteil des 3. Zivilsenates betrifft einen Fall, in dem das Berufungsgericht die Rückforderung der auf ein Differenzgeschäft geleisteten Zahlung nach dem in Schleswig geltenden Rechte für statthaft erklärt hatte. Das Reichsgericht nahm an, daß die hierauf gegründete Entscheidung des Instanzgerichtes nicht zu beanstanden sei, jedenfalls in der Revisionsinstanz nicht gerügt werden könne. Das angezogene Urteil des Reichsgerichtes bezieht sich demnach nicht auf das gemeine Recht ...

3) 4. ZS. Urt. v. 3. Juli 1899 (RG. 44 Nr. 63). Sind die aus betriebsgemäßen Zuständen oder Handlungen hervorgehenden Unfälle, von denen die im Betriebe Beschäftigten betroffen werden, als Betriebsunfälle im Sinne des § 1 Abs. 1 des preuß. G. v. 18. Juni 1887 (GS. S. 282) grundsätzlich nicht anzusehen?

Entscheidend kommt hier in Betracht, daß die Ausschließung der aus betriebsgemäßen Zuständen und Handlungen sich ergebenden Unfälle von der Versicherung mit dem Grunde und eigentlichen Zwecke des Unfallversicherungsgesetzes, die in den versicherungspflichtigen Betrieben beschäftigten Arbeiter gegen die mit ihrer Beschäftigung verbundene Unfallgefahr zu versichern, im Widerspruche stehen würde, und daß zu einer solchen Einschränkung das Gesetz selber keinen Anlaß bietet.

Eine andere Auffassung tritt in den Gründen des Urt. des 6. ZS. v. 24. März 1892 zutage. Diese Verschiedenheit bot jedoch keine Veranlassung, darüber gemäß § 137 GVG. die Entscheidung der Vereinigten Zivilsenate einzuholen, da die Entscheidung des 6. Zivilsenates auf Grund des ReichshaftpflichtG. v. 7. Juni 1871 zu treffen war und getroffen ist ...

[Das angezogene Urteil (RG. 29 Nr. 13) lautet: Wie schon der 3. ZS. in dem Urt. v. 6. Juli 1888 (RG. 21 Nr. 16) überzeugend nachgewiesen hat, ist unter einer Körperverletzung oder einem Unfalle (§ 2 ReichshaftpflichtG.) nur eine solche Beschädigung des Körpers zu verstehen, welche durch ein mit dem Betriebe in Verbindung stehendes, den regelmäßigen Betrieb in außergewöhnlicher Weise unterbrechendes Ereignis verursacht wird. Das UVG. v. 6. Juli 1884 befindet sich in dieser Beziehung mit dem Haftpflichtgesetze im Einklang.]

4) 7. ZS. Urt. v. 11. März 1902 (RG. 51 Nr. 16). Zunächst ist dem Berufungskläger darin beizutreten, daß die zum Zwecke der Tilgung einer Zahlungsverbindlichkeit von dem Schuldner geleistete und zu solchem Zwecke von

dem Gläubiger angenommene Zahlung einen entgeltlichen Vertrag im Sinne des § 3 Ziff. 2 AnfG. darstellt ... Die gelegentliche gegenteilige Äußerung, die sich in einer Entscheidung des 2. Zivilsenates (RG. 16, 62) findet, gibt dem erkennenden Senat keinen Anlaß, die Bestimmung des § 137 GVG. zur Anwendung zu bringen, da jene Äußerung sich auf den § 24 Ziff. 2 KO. a. E. bezieht ... [Das angezogene Urteil (RG. 16 Nr. 13) lautet: Wenn auch dem Oberlandesgerichte darin nicht beizupflichten ist, daß es den Fall des § 24 Ziff. 2 KO. als gegeben erachtet, da eine Zahlung nicht als entgeltlicher Vertrag anzusehen ist ...]

5) 5. ZS. Urt. vom 20. Febr. 1904 (RG. 57 Nr. 23). Inwieweit kann gegen den eingeklagten, vom Kläger als „jedenfalls übrigbleibenden Rest" bezeichneten Teil einer Forderung aufgerechnet werden? ...

Prüft man dieses Verfahren auf seine Richtigkeit, so ist von den Bestimmungen des Bürgerlichen Gesetzbuches auszugehen. Denn wenn auch die beiderseitigen Forderungen schon vor 1900 entstanden sind, so ist doch die hier bestrittene Aufrechnungserklärung erst nach dem 1. Jan. 1900 erfolgt, und es ist anerkannten Rechtens, daß sie deswegen nach neuem Rechte beurteilt werden muß.

Es können daher die übrigens weit auseinandergehenden Rechtsausführungen und oberstrichterlichen Entscheidungen zum alten Rechte wenigstens unmittelbare Anwendung nicht mehr finden, und es ist zur Zeit ein Abweichungsfall im Sinne des § 137 GVG. nicht gegeben.

6) 6. ZS. Urt. v. 12. Okt. 1905 (RG. 61 Nr. 84). Das Reichsgericht hat allerdings die Frage nach dem auf Vertragsobligationen anzuwendenden Recht auf Grund der bis 1900 im Deutschen Reiche geltenden Rechte vorwiegend, wenn auch nicht ganz ohne Schwankungen ... dahin beantwortet, daß in der Regel das Recht des Erfüllungsortes maßgebend sei. Für jene früheren Rechte war die Entscheidung dadurch soweit festgelegt, daß nach § 137 GVG. wohl kaum ein einzelner Senat des Reichsgerichtes davon abzuweichen berechtigt wäre, ohne die Frage an die Vereinigten Zivilsenate zu verweisen. Aber formell ist das, wenn es sich, wie im gegenwärtigen Falle, um eine nach neuem Rechte zu beurteilende Sache handelt, jetzt anders, wie formell auch diejenigen Rechtsnormen, die sich etwa für diese Frage auf dem Boden der früher in Deutschland geltenden Rechte als gewohnheitsrechtliche gebildet haben möchten, nach Art. 55 EGBGB. keine Geltung mehr beanspruchen könnten, obwohl auch die neue Gesetzgebung die Frage nirgends ausdrücklich entschieden hat. In materieller Hinsicht aber ist zu berücksichtigen, daß sich schon seit längerer Zeit die meisten wissenschaftlichen Autoritäten mit sehr beachtenswerten Gründen gegen jene Ansicht ausgesprochen haben ... Bei dieser Sachlage bedarf es mindestens noch erst einer eingehenden Erwägung aller Gründe und Gegengründe, ehe man mit Fug dazu gelangen kann, auch nach dem Rechte des Bürgerlichen Gesetzbuches wieder das Recht des Erfüllungsortes für das auf Vertragsobligationen regelmäßig anzuwendende zu erklären. Der erkennende Senat hat jedoch im vorliegenden Falle keinen Anlaß gefunden, solche Erwägungen in erschöpfender Weise anzustellen.

7) 2. ZS. Urt. v. 19. April 1910 (RG. 73 Nr. 95). Zwar ist die Frage, nach welchem örtlichen Rechte die streitige Schadenersatzpflicht des Verkäufers in vorliegendem Falle zu beurteilen ist, von den deutschen Gerichten nach den seit dem 1. Jan. 1900 geltenden Grundsätzen des deutschen Rechtes zu entscheiden, so daß die bis dahin in der deutschen Rechtsprechung für die Beurteilung derartiger Fälle anerkannten Grundsätze nur unter der Voraussetzung als auf den gegebenen Fall anwendbar zu erachten sind, daß deren

Anwendung als dem jetzt geltenden Rechte entsprechend anzusehen ist (vgl. RG. 61 Nr. 84). Dies trifft aber hier zu. [Trotzdem wird das Verfahren aus § 137 GVG. aus anderem Grunde für überflüssig erklärt. Das angezogene Urteil vgl. oben unter Nr. 6.]

8) 7. ZS. Urt. v. 8. Juli 1913 (RG. 83 Nr. 15). Diese die Entscheidung tragende Feststellung beruht danach wesentlich auf tatsächlicher Grundlage. Daß sie von einer rechtsirrigen Auffassung beeinflußt sei, ist nach dem Ausgeführten nicht zuzugeben. Der 5. Zivilsenat des Reichsgerichtes hat allerdings in dem Urt. RG. 48 Nr. 57 ... (anders entschieden) ... In dem genannten Urteil ist gesagt, jene Annahme treffe, wie nach Allgemeinem Landrechte, so auch nach dem Bürgerlichen Gesetzbuche zu. Das letztere ist aber nur beiläufig herangezogen. Für die Entscheidung war das Allgemeine Landrecht maßgebend. Aus diesem Grunde würde jene Entscheidung, auch wenn ihrer Begründung eine über den Einzelfall hinausreichende rechtsgrundsätzliche Bedeutung an sich beizumessen wäre, zu einer Anrufung der Vereinigten Zivilsenate (§ 137 GVG.) nicht nötigen.

9) 2. ZS. Urt. v. 5. Nov. 1915 (RG. 87 Nr. 61). Die Revision bestreitet, daß die an sich mangelhafte Zustellung, die erst nach Ablauf der Verjährungsfrist durch Versäumnis der Prozeßrüge prozessual wirksam geworden ist, die in § 693 ZPO. angeordnete Rückwirkung ausüben könne, die Verjährung also als mit der Einreichung des Gesuches um Zahlungsbefehl unterbrochen gelte. Sie beruft sich für diese ihre Meinung mit Grund auf den Inhalt der beiden Urteile RG. 14 Nr. 95 und 45 Nr. 116. Diese Urteile beruhen auf dem Ausspruche, daß an das Unterlassen der Rüge einer fehlerhaften Klagerhebung nicht der Verlust einer bereits erworbenen Einrede der Verjährung geknüpft sein könne. Der erkennende Senat vermag aber diesem Ausspruche nicht zuzustimmen und ist auch nicht durch § 137 GVG. gehindert, von ihm abzuweichen. Jene Urteile beruhen auf altem Rechte, insbesondere dem durch das EGHGB. aufgehobenen Art. 80 WO., während jetzt auf Grund des BGB., insbesondere des § 209 und des durch die Novelle von 1900 in die ZPO. eingefügten Abs. 3 des § 693 zu entscheiden ist. Wenn auch ähnliche rechtliche Gedankengänge zur Erwägung stehen, so ist die Entscheidung doch auf Grund völlig geänderter Gesetze zu treffen; deshalb ist die jetzt vorliegende Rechtsfrage nicht dieselbe wie die in den angeführten älteren Urteilen entschiedene.

10) 6. ZS. Urt. v. 26. Jan. 1914 (RG. 84 Nr. 15). Ist in Elsaß-Lothringen für eine gegen den Landesfiskus wegen mangelhafter Unterhaltung öffentlichen Gutes auf Grund der §§ 823, 31, 89 BGB. erhobene Schadensersatzklage der Rechtsweg zulässig?

Zur Einholung einer Entscheidung der Vereinigten Zivilsenate (§ 137 GVG.) gibt jenes vor Inkrafttreten des Bürgerlichen Gesetzbuches unter der Herrschaft des damals in Elsaß-Lothringen geltenden Privatrechtes, des Code civil, ergangene Erkenntnis keinen Anlaß. Allerdings beruht es, lediglich seiner Begründung nach betrachtet, nur auf der Auslegung der beiden Gesetze von 1790 und 1795, aber seinem Kerne nach doch entscheidend darauf, daß die Unterhaltung ... Verwaltungsakt sei. Indem hiervon nunmehr abgewichen und ausgesprochen wird, daß jene Unterhaltungsmaßnahmen Verwaltungshandlungen privatrechtlichen Inhaltes sind, wird nicht eine andere Auslegung jener Gesetze vertreten, sondern das neue bürgerliche Recht Deutschlands angewandt, auf das sich die Erkenntnis der privatrechtlichen Natur jener Unterhaltungsmaßnahmen stützt. Damit ist eine gegenüber der älteren Entscheidung neue Rechtsgrundlage gegeben, demzufolge eine Angehung der Vereinigten Zivilsenate entfällt.

11) 1. ZS. Urt. v. 28. Febr. 1917 (RG. 90 Nr. 2). Welcher Zeitpunkt ist im

Falle der Doppelversicherung durch eine laufende und durch eine besondere Police für die Priorität der Versicherungen entscheidend?

Der Revision des Beklagten mußte stattgegeben werden. Allerdings steht die angefochtene Entscheidung im Einklange mit dem Urt. des 7. ZS. v. 23. Juni 1899 (RG. 44 Nr. 10) ... Der jetzt erkennende Senat konnte aber dieser Entscheidung und ihrer Begründung nicht beitreten. Da indessen der 7. Senat auf Anfrage erklärt hat, an der in jenem Urteile dargelegten Auffassung in dem hier in Betracht kommenden Punkte nicht festzuhalten, so bedurfte es nicht einer Anrufung der Vereinigten Zivilsenate gemäß § 137 GVG., und es konnte auch unentschieden bleiben, ob die Voraussetzungen dieser Bestimmung angesichts der inzwischen auf dem Gebiete des Versicherungsrechtes erlassenen neuen Gesetze gegeben wären.

12) 4. ZS. Urt. v. 30. Nov. 1922 (RG. 105 Nr. 126). Unter welchen Voraussetzungen ist die Bestellung eines besonderen Vertreters aus § 57 ZPO. als wirksam anzusehen?

Die Revision meint, daß die Bestellung eines solchen Vertreters nur zulässig sei für eine erst anzustellende Klage, nicht aber für einen bereits anhängigen Rechtsstreit. Diese Beschränkung, die im Wortlaute des § 57 eine gewisse Stütze findet, läßt sich jedoch nach Sinn und Zweck dieser Vorschrift nicht rechtfertigen. Das Regelmäßige ist allerdings, daß die Bestellung des besonderen Vertreters für die beklagte Partei schon vor oder bei der Klagerhebung stattfindet, um die Anstellung des Prozesses zu ermöglichen. Ist aber ausnahmsweise die Prozeßunfähigkeit ... erst später erkannt worden, so ist der Vorsitzende nicht gehindert, diesem Mangel durch nachträgliche Bestellung eines Vertreters abzuhelfen. Abweichend hiervon hat zwar das Reichsgericht in einer früheren Entsch. v. 1. Febr. 1894 (JW. S. 113 Nr. 5) für den damals zu entscheidenden, gegenwärtig nicht vorliegenden Fall, daß eine prozeßfähige Partei im Laufe des Rechtsstreites die Prozeßfähigkeit verloren hatte, die Bestellung eines Vertreters aus § 55 (jetzt 57) für unzulässig erklärt. Das Vorliegen dieser Entscheidung macht jedoch ein Verfahren nach § 137 GVG. nicht erforderlich, weil sie auf die vor dem Inkrafttreten des Bürgerlichen Gesetzbuches in Geltung gewesene, inzwischen wesentlich abgeänderte Zivilprozeßordnung gegründet ist.

Von den angeführten Entscheidungen betreffen die unter den Ziffern 5—12 wiedergegebenen das uns gerade hier besonders interessierende Verhältnis des alten zum neuen Rechte, während es die Ziffern 1 u. 2 mit dem Gegensatze von gemeinem und partikularem Rechte, die Ziffern 3 u. 4 mit dem Verhältnisse mehrerer Spezialgesetze gleichartigen Inhaltes zueinander zu tun haben. Das Problem ist auch hier das gleiche, wenn es auch nicht ohne weiteres gewiß ist, ob es in allen diesen Beziehungen die gleiche Lösung verträgt. Was nun aber diese Lösung betrifft, beobachten wir ganz deutlich ein Schwanken des Reichsgerichtes zwischen zwei entgegengesetzten Auffassungen, deren eine wir die formale, die andere die materiale nennen dürfen. Während auf Grund der ersten das Verfahren nach § 136 (früher 137) GVG. ohne weitere Prüfung in allen den Fällen abgelehnt wird, wo die Rechtsquellen, auf deren Boden die Rechtsfragen erwachsen sind, verschiedene sind, kommt es nach der anderen Lesart maßgeblich darauf an, ob die bisher angewandten Prinzipien als dem jetzt in Rede stehenden Rechte entsprechend zu erachten sind. Ganz deutlich findet sich der zuletzt gekennzeichnete Grundsatz nur in der Entscheidung Nr. 7 ausgesprochen; aber auch die vorhergehende gibt dem materialen Gesichtspunkte wenigstens ergänzend neben dem formalen Raum. Aus den Urteilen Nr. 5 und Nr. 11 ist eine deutliche Stellungnahme nicht zu erkennen. Jene verneint die Möglichkeit unmittelbarer Anwendung der früher vertretenen Anschauung und diese läßt die Frage der Anwendbarkeit unentschieden. Alle übrigen Erkenntnisse, also volle zwei Drittel, stellen sich mehr oder weniger deutlich auf den Boden der rein formalen Theorie. Weil die frühere Entscheidung das Preußische Landrecht (Nr. 1) bzw. das Partikularrecht Schleswigs (Nr. 2) betraf, deshalb ist sie für eine nunmehr nach gemeinem Rechte zu treffende Beurteilung nicht bindend. War für die vorgehende Entscheidung das Preußische Landrecht maßgebend, während nunmehr nach dem Rechte des Bürgerlichen Gesetzbuches zu erkennen ist, so nötigt jene erste zu einer Anrufung der Vereinigten Zivilsenate auch dann nicht, wenn ihrer Begründung eine über den Einzelfall hinausreichende Bedeutung beizumessen sein sollte (Nr. 8). Nicht mit gleicher Sicherheit läßt sich Nr. 10 für die formale Auffassung in Anspruch nehmen. Die dort für die Ablehnung der Anrufung des Plenums gegebene Begründung kann dahin zu verstehen sein, daß hinsichtlich der Subsumtion einer Unterhaltungsmaßnahme unter die Kategorie eines öffentlich-rechtlichen Verwaltungsaktes bzw. einer privatrechtlichen Verwaltungshandlung die französische zu der deutschen Rechtsanschauung in einem Gegensatze stehe, der dazu zwinge, die Identität der Rechtsfrage zu verneinen. Denn nicht auf die Frage, sondern auf ihre Beantwortung kommt es an. Zu prüfen ist allemal, ob die beiden voneinander abweichenden Entscheidungen miteinander verträglich erscheinen. Daß das darum zu bejahen sein kann, weil sie jeweils verschiedenes Recht anzuwenden berufen sind, ist nicht wohl zu bestreiten; daß es nicht gelegentlich auch verneint werden dürfe, womit alsdann die Identität der Rechtsfrage erwiesen wäre, ist in dem angezogenen Urteile nicht gesagt.

Und auch Nr. 3 der oben abgedruckten Entscheidungen kann nicht ohne weiteres mit den vorher aufgeführten in eine Linie gestellt werden. Zwar liegt auf der Hand, daß die an die Spitze gestellte Rechtsfrage keinesfalls eine entgegengesetzte Beantwortung verträgt, je nachdem sie auf Grund des einen oder anderen der angeführten Spezialgesetze erfolgt. Und so erklärt denn auch das Urt. v. 3. Juli 1899 (RG. 44 Nr. 63) ausdrücklich, daß unter „Betriebsunfall" im Sinne des BeamtenfürsorgeG. v. 18. Juni 1887 dasselbe zu verstehen sei wie unter „Unfall bei einem Betriebe" im Sinne des UVG. v. 6. Juli 1884; und dieses wiederum wird in RG. 29 Nr. 13 in Hinsicht auf die Ausdehnung des Begriffes „Unfall" als mit dem Reichshaftpflichtgesetz im Einklange befindlich erklärt. Wenn nun aber trotzdem das zeitlich nachfolgende Erkenntnis die Notwendigkeit der Einholung eines Plenarbeschlusses verneint, so geschieht es aus der Erwägung heraus, daß, „ganz abgesehen davon, daß die Entscheidung des 6. Zivilsenates auf Grund des Reichshaftpflichtgesetzes zu treffen war und getroffen ist, das aufgestellte Erfordernis der Verursachung des Unfalles durch ein den regelmäßigen Betrieb in außergewöhnlicher Weise unterbrechendes Ereignis gar nicht den entscheidenden Grund des Urteils (vom 24. März 1892) bildet. Die Entscheidung beruht vielmehr darauf, daß als ein Unfall, auf welchen die Bestimmungen des Reichshaftpflichtgesetzes Anwendung zu finden haben, nicht eine Erkrankung wie diejenige des damaligen Klägers, welche nach seiner Behauptung auf die eine Reihe von Jahren hindurch fortgesetzte Einwirkung der Erschütterung seiner Betriebsstätte auf sein Nervensystem zurückzuführen sei, angesehen werden kann. Diese Begrenzung des Betriebsunfalles entspricht auch der Auffassung des jetzt erkennenden Senates, nach welcher die sog. ‚gewerblichen Krankheiten' nicht als Betriebsunfälle anzusehen sind". Die Umgehung des § 136 GVG. wird danach nicht eigentlich auf die Leugnung der Identität der Rechtsfrage gestützt, sondern vielmehr auf die Leugnung der

Maßgeblichkeit ihrer Beantwortung für die zu treffende Entscheidung. Damit aber weicht die Begründung auf ein nicht so ganz selten befahrenes Nebengeleise ab, auf dem es von uns nicht weiter zu verfolgen ist.

In besonderem Maße sind dafür die Entscheidungen Nr. 4, 9 u. 12 geeignet, unser Interesse zu erwecken. Dort handelte es sich um die Frage, ob die Zahlung einer Schuld einen entgeltlichen Vertrag im Sinne der Vorschriften über die Anfechtung von Rechtshandlungen darstellt. Ein Urteil des 2. Zivilsenates aus dem Jahre 1886 hatte die Frage verneint. Der 6. Zivilsenat will sie im Jahre 1902 bejahen. Die Einholung einer Entscheidung der Vereinigten Zivilsenate wird abgelehnt mit der Begründung, daß es sich im früheren Falle um die Anwendung des § 24 KO. a. F. (nunmehr § 31) gehandelt habe, während diesmal die Auslegung des § 3 Ziff. 2 AnfG. in Frage stehe. Bekanntlich deckt sich der Wortlaut der beiden Gesetzesstellen vollkommen bis auf das eine Wort, das im Anfechtungsgesetze „Schuldner", in der Konkursordnung „Gemeinschuldner" heißt. Es soll die theoretische Möglichkeit, daß gleichlautende Bestimmungen um des Zusammenhanges willen, in den sie jeweils gestellt sind, einer verschiedenartigen Interpretation bedürfen, gewiß nicht geleugnet werden. Daß ein solcher Fall im Verhältnisse der hier in Frage stehenden Subsumtionen gegeben sei, ist bisher nicht behauptet worden, und auch das Reichsgericht behauptet es nicht. Ihm genügt die formale Disparität der Rechtsquelle zur Bestreitung der Identität der zur Beurteilung stehenden Rechtsfrage. — An zweiter Stelle war zu prüfen, ob an das Unterlassen der Rüge einer fehlerhaften Klagerhebung der Verlust einer schon erworbenen Einrede der Verjährung geknüpft sein könne. Zweimal hatte das Reichsgericht die Frage verneint. Jetzt soll dieselbe Frage bejaht werden: „Eine Scheidung in der Weise, daß eine Zustellung prozessual wirksam sei, der materiell-rechtlichen Wirksamkeit aber entbehre, ist ausgeschlossen" — heißt es RG. 87 Nr. 61. Wieder ist es klar, daß die Entscheidung dieser Frage vollkommen unabhängig ist von den formalen Voraussetzungen, unter denen ordnungsgemäß die Verjährung durch prozessuale Akte unterbrochen wird. Nur in dieser Hinsicht aber hatten die gesetzlichen Bestimmungen Veränderungen erlitten. Das Reichsgericht gibt auch zu, daß „ähnliche rechtliche Gedankengänge zur Erwägung stehen", lehnt aber die Anrufung des Plenums mit der Begründung ab, daß „die Entscheidung auf Grund völlig veränderter Gesetze zu treffen" sei. — Am meisten aber befremdet der Formalismus der letztangeführten Entscheidung. Es fragt sich, ob die Vorschrift des heutigen § 57 ZPO. auch Anwendung finden dürfe, wenn das Bedürfnis nach Bestellung eines besonderen Vertreters erst im Laufe des Prozesses sich einstellt. Der Wortlaut der Bestimmung hat sich gegenüber dem früheren § 55 nicht geändert, und daß die durch die Einführung des Bürgerlichen Gesetzbuches bedingte Neuredigierung der Zivilprozeßordnung auf die Beantwortung der Frage irgendwelchen Einfluß geübt haben könnte, läßt sich gewiß nicht begründen. Aber das Gesetz hat seither in anderen Partieen wesentliche Abänderungen erfahren, und damit sind — so muß man doch wohl die Argumentation verstehen — sämtliche auf seinem Boden erwachsende Rechtsfragen nunmehr als neue und von den bisherigen verschiedene anzusprechen. Ist diese Auffassung begründet?

Es liegt der Verdacht nahe, daß bei den Senaten des Reichsgerichtes, zu deren hervorstechendsten Eigenschaften ein besonderer favor pleni nicht gehören dürfte, der Wunsch der Vater der Gedanken gewesen sein könnte. Aber es gilt andererseits zu bedenken, daß der Versuch, die Identität der Rechtsfrage nach materiellen Gesichtspunkten zu bestimmen, ganz außerordentlichen Schwierigkeiten begegnet. Wir wurden gelegentlich schon darauf aufmerksam: Nicht darauf, ob die Frage die gleiche ist, sondern ob ihre Beantwortung eine verschiedene sein darf, kommt es recht eigentlich an. Und unter Umständen darf sie es deshalb sein, weil derselbe Rechtsbegriff seinen Inhalt wechselt, wenn er auf verschiedenen Rechtsgebieten Verwendung findet. Daß § 246 StGB. einen anderen Besitzbegriff voraussetzt als § 857 BGB. bedarf keiner weiteren Ausführung. Es bedeutet also gewißlich keine Abweichung in der Beantwortung einer Rechtsfrage, die zur Anrufung des Plenums nötigte, wenn ein Zivilsenat und ein Strafsenat auf die Frage, was unter „Besitz" zu verstehen sei, eine verschiedene Antwort erteilen. Ebenso ist gewiß, daß der Strafrichter bei Beurteilung der Ehelichkeit eines Kindes behufs Entscheidung über die Anwendbarkeit des § 217 StGB. die Norm des § 1591 BGB. ganz außer acht zu lassen, daher die Rechtsfrage der Ehelichkeit unter Umständen entgegengesetzt zu beurteilen hat wie der Zivilrichter. Desgleichen hat der 2. Strafsenat in RG. 36 Nr. 112 zutreffend dahin entschieden, daß für die Feststellung der Eigenschaft eines Pfandgläubigers im Sinne des § 289 StGB. die Vermutung des § 1362 BGB. keinen Platz finde. Und was der Beispiele mehr sind.

Daß also zwischen einer Rechtsfrage und der Rechtsquelle, auf Grund deren sie zu beantworten ist, ein sehr enger Konnex besteht, ist gar nicht zu bestreiten. Taucht also dieselbe Rechtsfrage im Umkreise verschiedener Rechtsquellen auf, so bedarf es sehr sorgfältiger Vorprüfung, ob es sich denn wirklich um dieselbe Rechtsfrage handelt. Die Notwendigkeit, abweichende Beurteilungen verschiedener Senate vor das Plenum zu verweisen, besteht erst dann, wenn es sicher ist, daß darin ein Widerspruch liegt, der Beseitigung erheischt, weil sonst die Einheitlichkeit der Rechtsanwendung gefährdet wäre. Die Interpretation des § 136 GVG. muß also aus der Zweckbestimmung der Institution, aus der Funktion der Plenarerkenntnisse heraus erfolgen. Dabei gilt es zu berücksichtigen, daß der Sinn eines von einem Gesetze verwerteten Merkmals nur aus Sinn und Geist des ganzen Gesetzes erschlossen werden kann und deshalb in anderem Zusammenhange sehr wohl eine abweichende Deutung verträgt. An sich wäre es also durchaus denkbar, daß das Gesetz über die Anfechtung von Rechtshandlungen außerhalb des Konkursverfahrens dieselben Termini in anderer Bedeutung verwendete als die entsprechenden Bestimmungen der Konkursordnung. Zu solcher Annahme aber bedürfte es des Nachweises, daß die abweichende Auslegung eben dadurch bedingt ist, daß es sich das eine Mal um die Sicherung der Interessen eines einzelnen Gläubigers, das andere Mal um die Sicherung der Interessen der Gesamtgläubigerschaft gegenüber einem zahlungsunfähigen Schuldner handelt. Solcher Prüfung aber verschließt sich gerade das Reichsgericht (RG. 51 Nr. 16). Sie hätte, wenn angestellt, in Hinsicht auf die streitige Frage nach der Bedeutung entgeltlicher Verträge unweigerlich zu negativem Ergebnisse geführt. An der materiellen Identität der Rechtsfrage war also hier nicht zu zweifeln.

Tritt ein Wechsel der Gesetzgebung ein, so bedeutet das eine Veränderung aller derjenigen Rechtsfragen, welche nunmehr auf Grund der veränderten Normierung zu entscheiden sind, soweit davon ihr Inhalt berührt wird. Aber die Novelle kann natürlich weiter tragen. Sie kann auch denjenigen Teilen des Gesetzes, deren Wortlaut unberührt geblieben ist, einen neuen Inhalt geben. Und die Vermutung, daß dem so sei, ist um so begründeter, je umfassender die Veränderungen sind. Ich möchte in der Tat glauben, daß mit dem Inkrafttreten des Bürgerlichen Gesetzbuches die Streitfragen, die sich auf dem Boden des gemeinen Rechtes und der mannigfachen Partikularrechte erhoben hatten, die Basis verloren haben, auf der ihre Beantwortung allein ruhen konnte, so daß

Urteile des Reichsgerichtes aus jener Vorzeit ihrer bindenden Kraft verlustig gegangen sind. Wie weit der Radius dieses neu geschaffenen Rechtskreises zu reichen vermag, dafür liefert das oben unter Nr. 10 angeführte Urteil ein anschauliches Beispiel. Es ist nicht einmal nötig, daß die Materie, in welche die Rechtsfrage eingebettet ist, von dem neuen Gesetz ausdrücklich geregelt wird. Die veränderte Grenzregulierung zwischen öffentlicher und privater Rechtssphäre wird, obwohl sie im Bürgerlichen Gesetzbuche expressis verbis nirgends vorgenommen worden ist, doch aus der Gesamtstruktur des neuen bürgerlichen Rechtes erschlossen. Sogar gewohnheitsrechtliche Normen können — meint das RG. in Nr. 6 — ihre überkommene Geltung selbst dann verlieren, wenn die neue Gesetzgebung die Frage ihrerseits nirgends ausdrücklich geregelt hat. Zuviel behauptet wäre es nur wieder, wenn gemeint wäre, jene Normen könnten formell keine Geltung mehr in Anspruch nehmen. Ob sie weiter gelten oder nicht, ist vielmehr erst eine Frage, die sehr eindringlicher Untersuchung bedarf. Und weit über das Ziel hinaus schießt natürlich die Meinung, daß jede Partialänderung eines Gesetzes bis herab zur Zivilprozeßordnungsnovelle von 1909 (oben Nr. 9) die gleiche Wirkung üben müßte wie eine umfassende Kodifikation.

Mit einer solchen haben wir es nun aber auf strafrechtlichem Gebiete zu tun. An die Stelle eines veralteten, dogmatisch wie kriminalpolitisch überlebten Strafgesetzbuches soll ein Reformwerk treten als Ausdruck eines neuen Geistes und vertieften Rechtsempfindens. Daß es gleichwohl aus dem reichen Arsenal der Vergangenheit eine stattliche Zahl begrifflicher Merkmale herübernehmen wird, versteht sich von selbst. Aber die Praxis sollte sich dem neuen Gesetz gegenüber frei fühlen dürfen bei der Auslegung und nicht gebunden durch Präjudizien, deren Vereinbarkeit mit dem neuen Recht auf Schritt und Tritt den stärksten Zweifeln begegnen müßte. Würde doch die Ausräumung dieser Zweifel allein eine geistige Arbeit erfordern, die nutzbringender auf die gedankliche Verarbeitung des neuen Gesetzes verwendet werden sollte.

Es wurde vorhin der Kontroverse Erwähnung getan, die sich bei Auslegung des Merkmals „Sache" im Tatbestande des Diebstahles darüber erhoben hat, ob es sich um ein Objekt von Vermögenswert handeln müsse. Wenn nun auch dieses Merkmal ganz unverändert in den § 328 des Entwurfes von 1927 (den wir hier wie auch schon oben so behandeln, als stelle er bereits die endgültige Fassung dar) übergegangen ist, so ergibt doch allein schon eine Analyse der neuen Gesetzesstelle, daß die bisher mit Recht verneinte Frage in Zukunft zu bejahen sein wird. Denn an die Stelle der Absicht rechtswidriger Zueignung ist nunmehr die Absicht getreten, sich oder einen Dritten durch Zueignung der Sache unrechtmäßig zu bereichern, die sich in Anwendung auf wertlose Gegenstände nicht vorstellen läßt. Die Rechtsfrage nach dem Wesen einer Sache als Diebstahlsobjekt ist also trotz ihrer äußeren Gleichheit nicht mehr dieselbe wie einst. — Der bisherige § 167 schützte neben dem Gottesdienste selber noch einzelne gottesdienstliche Verrichtungen gegen Störung; § 181 des Entwurfes von 1927 schränkt diesen Schutz auf den Gottesdienst ein. Dazu erklärt die Begründung, darüber hinaus genüge die allgemeine Strafdrohung gegen Nötigung. Bedeutete es nun einen Verstoß gegen § 136 GVG., wenn künftig ein Strafsenat des Reichsgerichtes eigenmächtig dem Begriffe „Gottesdienst" eine Auslegung geben würde, die es gestattete, eine Zeremonie darunter zu begreifen, die bisher als eine bloße gottesdienstliche Verrichtung erachtet worden ist? Oder ließe sich die weitherzigere Subsumtion auch aus der formellen Verengerung des Tatbestandes begründen, womit dann die Identität der Rechtsfrage verneint werden würde? Möglich wäre es doch wohl gewiß.

Auf solche Weise wäre es also nicht allzu schwierig, in jedem Einzelfalle der Plenarentscheidung auszuweichen. Wollte man aber statt dessen das Prinzip verkünden, daß für alle auf Grund des neuen Strafgesetzbuches zu erlassenden Entscheidungen die Bindung des § 136 GVG. entfällt, so wäre derselbe Erfolg mit sehr viel geringerem Kraftaufwande und sehr viel größerer Folgerichtigkeit erreicht. Der höchste Gerichtshof aber gewönne damit die innere Freiheit, sich von Doktrinen loszusagen, an die er sich bisher durch seine früheren Entscheidungen gebunden gefühlt hat. Er ist dadurch in einer Reihe grundsätzlicher Fragen im Laufe der Jahre in eine Isolierung geraten, die den harmonischen Zusammenklang von Theorie und Praxis stark beeinträchtigt. Es braucht nur an die Behandlung des sog. Rechtsirrtums und des untauglichen Versuches erinnert zu werden. Wenn es nun auch eine der bedeutsamsten Aufgaben des neuen Gesetzgebers sein wird, der Unsicherheit der Gesetzesauslegung in so ausnehmend wichtigen Rechtsfragen durch autoritative Entscheidung zu steuern, so besteht doch keine Gewähr dafür, daß es ihm gelingen wird, die zutage getretenen Differenzen in der Allgemeinheit und mit der Präzision zu schlichten, die allein geeignet wären, alle Zweifel zu lösen. Es mag genügen, auf die Rechtsfigur des fortgesetzten Deliktes zu verweisen. Hier hat das Reichsgericht mit unbeugsamer Konsequenz an der Forderung festgehalten, es müsse der Vorsatz des Täters von vornherein den Gesamterfolg umfaßt haben, obwohl damit die psychologische Situation ebensosehr verkannt wird, wie das kriminalpolitische Motiv der privilegierenden Behandlung. Mit der von § 65 des Entwurfes von 1927 vorgesehenen Gleichbehandlung von Ideal- und Realkonkurrenz aber wird dem Problem des fortgesetzten Deliktes kein Jota seiner Bedeutung genommen. Und hier dürfte es überdies schwer sein, darzulegen, daß die Abgrenzung der Verbrechenseinheit von der Verbrechensmehrheit aufgehört habe, dieselbe Rechtsfrage zu bilden wie früher. Nur mit Hilfe einer Plenarentscheidung also (oder mit Hilfe von Argumentationen, welche nur dazu ersonnen sind, dieser Notwendigkeit auszuweichen) würde es dem Einzelsenat möglich sein, sich von der bisherigen Judikatur loszumachen. Und da fragt sich doch: cui bono?

Die Einheitlichkeit der Rechtsprechung, die Stetigkeit und Sicherheit der Rechtspflege machen Plenarentscheidungen des höchsten Gerichtshofes behufs Ausgleiches von Meinungsverschiedenheiten innerhalb seiner Abteilungen zu einem unabweisbaren Bedürfnis. Und es wäre sehr zu wünschen, daß die begreifliche Scheu vor dem gewaltigen Apparat, der mit der Einholung solchen Votums verbunden ist, nicht länger dazu verführte, mit allen möglichen künstlichen Mitteln diesem Zwang auch dort auszuweichen, wo die Voraussetzungen dafür nun einmal gegeben sind. Aber dieses Bedürfnis fällt fort, wenn zwischen der älteren und der abweichenden jüngeren Entscheidung eine gesetzliche Zäsur liegt, die zwei Epochen voneinander scheidet. Das neue Gesetz will aus sich heraus begriffen und aus seinem eigenen Geiste ausgelegt werden. Mit dieser Aufgabe aber wäre es nicht verträglich, wenn diejenige Instanz, der sie in erster Linie zufällt, mit Fesseln beschwert würde, die sie sich selber zu einer Zeit angelegt hat, deren geistige Einstellung zu überwinden gerade das Ziel der Reform war. Man denke bloß an die Charakterisierung, die der 1. Strafsenat in dem bereits zitierten Urt. v. 12. April 1924 (RG. 58 Nr. 53) von dem Strafzwecke gegeben hat, dessen Berücksichtigung § 73 des Entwurfes genau in derselben Weise dem Richter zur Pflicht macht wie § 27b des geltenden StGB.: „Die Grundlage für die Bemessung des ordentlichen und außerordentlichen Strafrahmens durch den Gesetzgeber und für die Versagung oder Zubilligung mildernder Umstände durch den Richter bildet die Höhe des Verschuldens und die Bedeutung der Tat für die durch sie verletzte Rechtsordnung; maßgebend ist also in erster Linie das Sühnebedürfnis, der Vergeltungszweck der Strafe, daneben wohl auch noch der Abschreckungszweck. Die sonstigen Strafzwecke, der Besserungs- und Sicherungszweck, treten demgegenüber in den Hintergrund." Soll wirklich die Zulässigkeit der Abkehr von dieser Auffassung durch einen anderen Senat abhängen von dem vorhergehenden, freilich nicht allzu schwer zu erbringenden Nachweis, daß das neue Strafgesetzbuch zum Problem des Strafzweckes eine andere Haltung einnimmt als das alte? Und kann man wirklich sagen, daß damit die ‚Rechtsfrage' des Strafzweckes eine andere geworden sei?

Sehr deutlich ist die Ausdrucksweise des § 136 GVG. gewiß nicht, wenn er von dem Falle spricht, daß ein Senat in einer Rechtsfrage von der Entscheidung eines anderen Senates abweichen will. Die abstrakte Frage kann nicht gemeint sein; denn sie kann unter Umständen eine verschiedenartige Beantwortung nicht nur vertragen, sondern fordern. Ob das der Fall ist, ist dann wieder eine Rechtsfrage und mitunter eine solche, die viel schwerer zu entscheiden ist als jene erste. Zu ihrer Prüfung ist nun aber nicht das Plenum berufen, sondern der einzelne Senat. Und dadurch wird diesem ermöglicht, durch Verneinung der Identität der Frage der Plenarentscheidung auszuweichen. Eine Umgehung der Gesetzesvorschrift liegt darin nur dann, wenn richtigerweise die Identität zu bejahen gewesen wäre. Und das ist sie, wenn die Frage nur eine der beiden Antworten zu gleicher Zeit verträgt. Ob dies auch dann der Fall ist, wenn die Frage auf Grund verschiedener formaler Gesetzgebungen zu entscheiden ist, hängt wieder in weitem, wiewohl abstrakt kaum mit Sicherheit zu umschreibendem Maße ab von dem Grade der Homogeneität bzw. Disparität der beiderseitigen Rechtsquellen. Sind etwa mehrere Landespartikulargesetze auf demselben nationalen Rechtsboden erwachsen und bringen sie einen gemeinsamen Rechtsgedanken mit denselben Worten zum Ausdrucke, so wird man die Identität der sich daraus ergebenden Rechtsfragen schwerlich bestreiten können. Umgekehrt wird zu entscheiden sein, wenn zwei voneinander ganz unabhängige Rechtskreise zum Vergleiche stehen und hier sich eine Rechtsfrage erhebt, die entweder von keiner Seite ausdrücklich entschieden worden ist oder bei äußerlicher Betrachtung gar eine übereinstimmende Behandlung erfahren hat. Dann kann trotzdem eine so große innere Verschiedenheit der ganzen Rechtsanschauung zu konstatieren sein, daß jede auftauchende Rechtsfrage hier eine andere Bedeutung erhält als dort.

Und ganz ähnlich steht es im Verhältnisse zweier zeitlich aufeinanderfolgender Gesetzgebungen. Handelt es sich um eine bloße Neuredigierung eines sachlich nur unwesentlich veränderten Gesetzestextes, so wird eine weitgehende Identität auftauchender Rechtsfragen zu behaupten sein, während ein die Fundamente erfassender Wechsel der Rechtssatzung alle in seinem Bereiche auftauchenden Rechtsfragen in neue Beleuchtung rückt, so daß die Unvereinbarkeit divergierender Sentenzen sich nirgends mit überzeugender Beweisführung dartun läßt. Dann gibt es identische Rechtsfragen überhaupt nicht mehr, und jede Bindung an Entscheidungen aus der Vorzeit der neuen Gesetzgebung fällt dahin. Beim Wechsel der Zivilgesetzgebung hat das Reichsgericht diesen Standpunkt zu wiederholten Malen eingenommen, gelegentlich dann aber auch wieder verleugnet. Es wäre zu wünschen, daß es beim Wechsel der Strafgesetzgebung mit voller Konsequenz dabei verharrte, oder daß, wenn solche Haltung nicht gewährleistet sein sollte, der Gesetzgeber dafür den Boden bereitete. Das wäre durch eine in das Einführungsgesetz aufzunehmende Bestimmung mit großer Leichtigkeit zu erreichen.

Natürlich besteht ein solches Verhältnis nur zu dem alten Strafgesetzbuche und denjenigen Nebengesetzen, deren Inhalt das neue Strafgesetzbuch etwa zu einem integrierenden Bestandteil seiner selbst machen sollte, während im Umkreise der auf dem Boden der formell unberührt bleibenden Nebengesetze erwachsenen Rechtsfragen die natürlich widerlegliche Präsumtion für deren fortdauernde Identität streiten würde. Es wird danach zu prüfen sein, ob die strittige Rechtsfrage einer „Materie" zugehört, welche Gegenstand des neuen Strafgesetzbuches geworden ist. Insoweit das der Fall ist, wäre alle Bindung des Reichsgerichtes an seine früheren Entscheidungen schon aus diesem Grunde zu verneinen. Denn aller Fesseln ledig wollen wir dem neuen Recht Aufnahme gewähren!

Abgeschlossen: Dezember 1928.

Der Sachbegriff im Strafrecht

Beiträge zur Allgemeinen Lehre vom Besonderen Teil des Strafrechts

von Professor Dr. Erik Wolf, Rostock

Diejenige Errungenschaft der modernen Strafrechtsdogmatik, in der man keine bloß ergänzende, sondern eine grundlegende Rechtswahrheit wird erblicken dürfen, ist die Tatbestandslehre. Von ihr ist der rechtliche Lebensraum strafrechtlicher Begriffsbildung überhaupt erst erschlossen worden. Zugleich aber zeigte sie seine Grenzen: Gesetz und System. Die Strafrechtsdogmatik erfuhr in diesem Augenblick ihren Wirklichkeitshorizont und faßte den Fußbreit festen Grundes, auf dem sie heute steht. Von ihm aus wird Vorschreiten in der Erkenntnis dieser erschlossenen Strafrechtswirklichkeit zur wissenschaftlichen Aufgabe.

Das Verdienst, die Tatbestandslehre in diesem Sinne begründet zu haben, kommt Ernst Beling[1]) zu. Er befreite den Begriff der Tatbestandsmäßigkeit aus der trüben Atmosphäre der auf naturalistisch-utilitaristischen Ideen des 19. Jahrhunderts fußenden „Allgemeinen Rechtslehre" und gab ihm seine dogmatische Bedeutung als wichtigstes Aufbauelement des strafrechtlichen Werturteils. In dieser Eigenschaft als erste der drei unverzichtbaren Strafvoraussetzungen (Tatbestandsmäßigkeit, Rechtswidrigkeit und Schuld) wurde dem Begriff der Erfolg nahezu einhelliger Anerkennung zuteil[2]). Aber nur in seiner Bedeutung für den Verbrechensbegriff des Allgemeinen Teiles hat bis vor kurzem der Belingsche Gedanke sich durchzusetzen und seine Fruchtbarkeit zu erweisen vermocht.

Erst in jüngster Zeit hat man begonnen, die Leistung dieser Erkenntnis für den Aufbau der Lehren vom Besonderen Teil des Strafgesetzes zu würdigen. Zwar hatte der erfolgreichste Systematiker unter den Neueren: Max Ernst Mayer, sich noch damit begnügt, den Begriff der Tatbestandsmäßigkeit als Teilstück des Handlungsbegriffes im Rahmen der allgemeinen Verbrechenslehre zu analysieren. Dabei gewann er jedoch schon die Aufbauelemente jeder besonderen Tatbestandsmäßigkeit: Willensbetätigung und Erfolg. Auf dem Wege der Ergründung des Verhältnisses dieser Glieder zum Ganzen der Tatbestandsmäßigkeit arbeitete Mayer einige durch bestimmte Varianten der typischen Grundbeziehung gekennzeichnete Gruppen tatbestandlicher Deliktshandlungen heraus[3]). Er legte damit den Grund zur Allgemeinen Lehre von den besonderen Deliktsformen. Die von ihm entdeckten Spezies: die Delikte mit kumulativen, präsumtiv zu deutenden, perpetuierten, kasuistisch und alternativ verbundenen Erfolgen sind Marksteine auf dem Wege zur Wesenserfassung tatbestandlichen Geschehens; wenn sie auch mit der Primitivität der ersten For-

---

[1]) Die Lehre vom Verbrechen (1906).

[2]) So zuerst in den Lehrbüchern von M. E. Mayer S. 4 und v. Liszt-Schmidt S. 167 Nr. 1; der Sache nach bei Wachenfeld S. 78f.; heute auch bei Gerland S. 88f.; P. Merkel S. 40f.; dagegen allerdings Allfeld S. 105f. im Anschluß an Bindings abwegige Polemik (Grundriß 86 Nr. 1).

[3]) Lehrbuch S. 89ff., 114ff.

mulierung behaftet sind. Einen weiteren erfolgreichen Vorstoß in das noch unerschlossene Gebiet unternahm Mayer, indem er den Begriff der Tatbestandsmäßigkeit zu den beiden anderen Aufbauelementen des strafrechtlichen Werturteiles (Rechtswidrigkeit und Schuld) in Beziehung setzte. Dies führte ihn zur Entdeckung vorher unbekannter normativer Eigenschaften einzelner Tatbestandsteile, die er „normative Tatbestandselemente" nannte[4]). Diese in den Einzeltatbeständen auftretenden Wertelemente schienen eine neue normative Methode zur Auslegung zu verlangen. Um die rechtliche Bedeutung der in Frage stehenden Deliktstypen erfassen zu können, schien die formallogische Subsumtionsmethode untauglich. Von hier aus war ein neuer Weg in das Gebiet der Allgemeinen Lehre vom Besonderen Teil eröffnet. Max Ernst Mayer hat diesen von ihm gebahnten Weg, vom Tode gehemmt, nicht mehr beschreiten können.

Mit augenscheinlichem Gewinn wird er heute verfolgt. Max Grünhut[5]) und Edmund Mezger[6]) haben in dieser Richtung gleichzeitig die Erkenntnis vom Wesen der besonderen Tatbestandsmäßigkeit um ein gutes Stück der Wahrheit entgegengetragen: Grünhut, indem er die Abhängigkeit der Begriffsbildung und Rechtsanwendung im Strafrecht von der Methode der Tatbestandsinterpretation und die Abhängigkeit dieser von der Existenz faktischer und normativer Elemente in den Tatbeständen nachwies; Mezger, indem er zeigte, daß der Sinn der strafrechtlichen Tatbestände nicht von der allgemeinen Verbrechenslehre, sondern nur von der wertgefüllten Gegebenheit oder wertausfüllungsbedürftigen Formelhaftigkeit der Einzeltatbestände her erschlossen werden kann. Damit war grundlegende Arbeit für die Allgemeine Lehre vom Besonderen Teil des Strafrechtes getan. Es steht nun zur Bewährung, was diese methodische Erkenntnis für die dogmatische Durchforschung einzelner Tatbestände leistet, dazu sind Spezialuntersuchungen einzelner Tatbestandsmerkmale erforderlich.

Einen solchen speziellen Beitrag zu der noch auszubauenden Allgemeinen Lehre des Besonderen Teiles wollen die folgenden Ausführungen liefern. Es handelt sich dabei um die Erschließung des Tatbestandselementes „Sache" im geltenden Reichsstrafrecht. Von diesem Begriff ist beim Aufbau der Tatbestände vielfach Gebrauch gemacht worden und soll auch im künftigen Recht Gebrauch gemacht werden. Das Unternehmen, sein strafrechtliches Wesen sub specie der skizzierten Grundeinstellung zu klären, darf demzufolge wissenschaftlich verantwortet werden.

Es wird unsere Aufgabe sein, das Tatbestandselement „Sache" in seiner bisherigen Auslegung durch Wissenschaft und Praxis an Hand der Kriterien zu prüfen, welche durch seine Wesensart als „normatives" Element des Tatbestandes vorgezeichnet sind und anschließend seinen rechtlichen Daseinsraum in den Einzeldeliktstypen abzugrenzen.

I.

Das Tatbestandselement „Sache" erscheint im Strafgesetzbuch in 19, in der Reichstagsvorlage gar in 35 Paragraphen: fast immer in der Eigenschaft eines Tatobjektes, selten als bloße Modalität[7]), nie als Erfolgsbestandteil. Eine

---

[4]) Lehrbuch S. 182f.

[5]) Begriffsbildung und Rechtsanwendung im Strafrecht (Recht u. Staat 41), insbes. S. 5ff.

[6]) Vom Sinn der strafrechtlichen Tatbestände (Festgabe f. Traeger 1926).

[7]) Modalitäten der Handlung (ein von M. E. Mayer schöpferisch geprägter Terminus) sind „Elemente des gesetzlichen Tatbestandes, die einer Beziehung der Handlung zu Zeit oder Raum oder zu einem abgesonderten Subjekt oder Objekt Wesentlichkeit beilegen" (Mayer, Lehrb. S. 90).

Definition, welche einheitliches Verständnis dieses in den verschiedensten Beziehungen erscheinenden Tatbestandselementes fordern und zugleich gewährleisten würde, fehlt. Nicht nur das geltende Strafgesetzbuch, auch der in seinem § 9 auffallend definierungsfreudige Entwurf von 1927 läßt sie vermissen — wahrscheinlich, weil der Gesetzgeber sie für überflüssig hielt. Aber kein strafrechtlicher oder verfassungsrechtlicher Satz außerhalb des Strafgesetzbuches existiert, der in der Sprache des öffentlichen Rechtes den Dienst einer „Sach"-begriffsbestimmung leistet. Die Sachdefinition des § 90 BGB. ist historisch jünger als das Strafgesetz und kann keine über den Rahmen des bürgerlichen Rechtes hinausgehende Allgemeinbedeutung beanspruchen. — Selbst die romanistische Herkunft[8]) ihres Wortlautes vermöchte einen solchen Anspruch nicht zu legitimieren. Die weitgehende Sinngemeinschaft und wörtliche Übereinstimmung mit feststehenden zivilrechtlichen oder publizistischen Begriffen kann die Frage nach der besonderen „Nuance", welche der Sachbegriff durch seine Aufnahme ins Strafgesetz bekommt, nicht gleichgültig machen. Warum? Weil jedes, auch das bereits juristisch begrifflich vorgeformte Tatbestandselement durch diesen Vorgang eine Beziehung auf spezifische Strafrechts werte erleidet. (Wem das Wort zu „südwestdeutsch" klingt, mag „Strafrechtszwecke" sagen, wie es uns seit Jhering geläufig ist!) Ein deutliches Beispiel solcher Begriffsnuancierung bietet z. B. die für den Sachbegriff wichtige Parallele „Besitz-Gewahrsam". Die Verschiedenheit der — analoges Kultursubstrat rechtlich umformenden — Begriffe beruht nicht auf dem unterschiedlichen personalen Verhalten zum Gegenstand, sondern in der Differenz der rechtlichen Lebensräume, wo im einen wie im anderen Falle die „Person" zur „Sache" steht. Der Lebensraum des „Besitz"begriffes ist die rechtliche Welt, die sich um die Achse zwischen den Polen Rechtssubjekt A und Rechtssubjekt B dreht; der Lebensraum des Gewahrsamsbegriffes aber ist die rechtliche Welt, die sich um die Beziehungsachse zwischen den Polen Rechtsperson und Rechtsstaat dreht. Das Vernunftlicht, welches die erstgenannte Welt sichtbar macht und belebt, entquillt der Idee der Rechtsperson; das andere aber, welches die letztgenannte Welt beleuchtet und ihr Leben gibt, entströmt der Idee des Rechtsstaates. Jeder ab initio zivilrechtliche Begriff, der ins Strafrecht hineingenommen wird, erscheint in diesem neuen Licht und Lebensraum. Der Sachbegriff des Strafrechtes muß also zunächst selbständig gefunden werden[9]), unbeschadet der stets im Auge zu behaltenden Möglichkeit eines Sachbegriffes der allgemeinen Rechtslehre, welcher die Merkmale aller speziellen, dem Wesen der jeweils zu befriedigenden zivilistischen, kriminalistischen oder publizistischen Bedürfnisse teleologisch adäquaten Sachbegriffe in sich enthalten müßte. Der spezifisch strafrechtliche Sachbegriff kann aber

---

[8]) Im gemeinen deutschen Strafrechte war dieser naturalistische Sachbegriff schon früh vertreten. Vgl. dazu Marezoll, Criminalrecht S. 384. Anders im gemeinen deutschen Zivilrecht. Das klassische römische Recht kannte einen viel ausgedehnteren Sachbegriff. Zur Sachbeschädigung z. B. genügt nach Celsus (D. 9, 2, 27, 14) die bloße Wertminderung ohne Substanzverletzung, nach Sabinus (D. 9, 2, 27, 21) sogar die Entziehung. Vgl. ferner D. 4, 3, 7, 7 u. 41, 1, 55.

Die Lex Aquilia allerdings, die grundlegend für die Entwicklung des strafrechtlichen Sachbegriffes wurde, kennt nur den naturalistischen Sachbegriff: damnum corpori (i. e. rei) datum.

In seltsamer Verkennung der wahren „natürlichen", nämlich rechtswesenhaften Momente im Sachbegriff polemisiert Jhering gegen die Klassiker: „Von den natürlichen Unterschieden der Sachen abstrahierend, bemächtigt sie (sc. die römische Abstraktion) sich des abstrakten Begriffes der Sache und operiert mit ihm, indem sie den Einfluß des natürlichen Momentes völlig zurückweist." (Geist des Römischen Rechtes [5. Aufl.] 2, 108.)

[9]) So schon Binding, Lehrbuch 1, 25. Auch RG. 19, 111; 32, 178. Weitere Lit. bei Olshausen, ad § 242 Ziff. 3. Weitere Judikatur bei Harburger, VD. Bes. Teil VI S. 189. Also eine Rechtsnorm wie im Bürgerlichen Gesetzbuch gibt es für den strafrechtlichen Sachbegriff gar nicht.

nur im Zusammenhange des Strafrechtssystems gebildet werden. Zur Erreichung dieses Zieles bieten sich verschiedene Wege an. Zunächst die Erforschung des Sprachgebrauches. Hier müßte eine Abgrenzung des „Sach"begriffes von verwandten Begriffen, wie dem des „Gegenstandes"[10]) oder „Gutes"[11]) vorgenommen werden. Diese Untersuchung kann nur zum kleinsten Teil Sache des Juristen sein. Wohl gibt der Sprachgebrauch Einblick in das kulturelle Substrat eines Rechtsbegriffes. Aber selbst im Falle einer weitgehenden Übereinstimmung im Gebrauch des Wortes[12]) (die nicht besteht), würde die spezifisch strafrechtliche Eigenart des Sachbegriffes aus der grammatischen und sprachgechichtlichen Interpretation noch nicht aufleuchten. Die bei solcher Interpretation sich zeigende Verschiedenheit des juristischen vom Sprachgebrauche des „täglichen Lebens" weist aber auf einen zweiten Weg möglicher Bestimmung des kriminalistischen Sachbegriffes hin: die Erforschung der ratio legis. Welche Zwecke haben den Gesetzgeber bei der Aufnahme des Sachbegriffes in einen Straftatbestand geleitet? Welchen sozialen Lebensraum wollte er damit der rechtlichen Normierung unterwerfen? Die Beantwortung dieser Fragen leitet zur Einsicht in das Wesen des strafrechtlichen Sachbegriffes. Er ist ein Begriff der Rechtsanwendung, der praktischen Rechtswelt: denn der Wirklichkeitshorizont eines Rechtsbegriffes erhellt aus dem ihn erfüllenden Telos. Mit dieser Erkenntnis haben wir aber den systematischen, rechtswissenschaftlichen Wesensgehalt des Begriffes noch nicht erschlossen. Wir stehen noch im Bezirke der Auslegung, der Sachdienlichkeit. Zur reinen Sachlichkeit führt erst ein dritter Weg. Für diesen ist die Kenntnis des Strafrechtsbegriffes der „Sache" schon Voraussetzung. Sein Ziel ist die Bestimmung des strafrechtswissenschaftlichen Begriffes der Sache[13]). Dabei handelt es sich dann nicht mehr um Rechtswirklichkeit (den tatsächlich-gesetzlichen Lebensraum), sondern um Rechtswahrheit (den ideell-systematisch möglichen Lebensraum). Mit der Formulierung dieses wissenschaftlichen Begriffes würde aber noch nicht der Sachbegriff der allgemeinen Rechtslehre gewonnen sein, denn die systematischen Voraussetzungen seiner Formulierung sind die spezifischen des Strafrechtssystems. Einen solchen Sachbegriff der allgemeinen Rechtslehre zu formulieren ist nicht unsere Aufgabe. Sie greift aus der Rechtsdogmatik in die Rechtsphilosophie über.

Die drei skizzierten Wege erschließen die drei Dimensionen des Sachbegriffes im Strafrecht: a) das Kultursubstrat, b) die Rechtswertbeziehung, die es zu einem gesetzlichen und richterlich interpretierten Strafrechtsbegriff umformt, c) die zweite Umformung dieses Begriffes durch die Beziehung auf den Wahrheitswert der Wissenschaft. Diese drei Etappen muß unsere Untersuchung durchlaufen. Wir treten in die erste ein.

1. Wir sahen: um das Kultursubstrat des strafrechtlichen Sachbegriffes zu erkennen, bietet sich die Erforschung des Sprachgebrauches als nächster Weg an.

Der weiteste Umfang, den der Begriff „Sache" im Sprachgebrauch des Deutschen hat, ist begrenzt, durch den Begriff des „Gegenstandes". Dieser umfaßt schlechthin alles der Person „Entgegenstehende", alles Objektive überhaupt. Die Tendenz, den Sachbegriff in diesem weitesten Umfang zu gebrauchen,

[10]) Frank lehnt die Identität der Begriffe im Strafgesetzbuch grundsätzlich ab, muß sie aber bei §§ 248a u. 264a ausnahmsweise zugeben. Andere Fälle unbestrittener Identität: §§ 290, 297, 304, 308, 324 u. a. StGB.

[11]) Mehrfach mit „Sache" identisch, z. B. in § 252 StGB.

[12]) Das Wort findet sich in den deutschen Partikularstrafgesetzbüchern nur im badischen, preußischen und bayerischen StGB. v. 1861.

[13]) Zu der grundlegenden Trennung strafrechtlicher und strafrechtswissenschaftlicher Begriffsbildung vgl. Erik Wolf, Strafrechtliche Schuldlehre 1, 112ff.

macht sich heute allenthalben in der täglichen Rede bemerkbar. Vielfach ist das Wort „Sache" Synonym des Wortes „Gegenstand" geworden. „Zur Sache!" „In Sachen", „meine Sache", „gute Sache" — alle diese uns gegenwärtig sehr geläufigen Redewendungen dehnen den Begriff der Sache weit über die spezifische Vorstellung hinaus, welche dann und wann als ebenso selbstverständlich bekannt vorausgesetzt wird wie der generelle Sach-Gegenstandsbegriff. Dieser spezifische Sachbegriff gehört nun recht eigentlich der sog. Rechtssprache an. Die Autorität auf dem Gebiete der Rechtssprachgeographie, Frh. v. Künßberg[14]), belehrt uns darüber, daß die Rechtssprache originär die „Sprache des täglichen Lebens" ist. Unter dieser Voraussetzung darf es kaum wundernehmen, daß der romanistische Sachbegriff unseres bürgerlichen und früheren gemeinen Rechtes allenthalben als der Sachbegriff des „täglichen Lebens" angesprochen wird. Man zieht instinktiv den Rückschluß aus der Rechtssprachlichkeit des Wortes auf seine Kultursprachlichkeit. Von sämtlichen strafrechtlichen Lehrbüchern und Monographien der neueren Zeit wird ohne weiteres unterstellt: als „Sache" verstehe der Sprachgebrauch des Lebens den körperlichen, räumlich umgrenzten Gegenstand. Wäre diese Behauptung zutreffend, dann müßte zugegeben werden, daß die Definition des § 90 BGB. den Kulturbegriff Sache in der ihm allgemein gegebenen Sprachbedeutung juristisch umgeformt habe. Das ist aber nicht der Fall. Diese Feststellung wollen wir erhärten. Zunächst kann es ganz dahingestellt bleiben, ob wirklich der zitierte Lehrsatz v. Künßbergs in vollem Umfange Geltung hat und ebenso, ob die naturalistische Vorstellung den Ursprung und die Kernbedeutung des Wortes „Sache" im gemeinen deutschen Sprachgebrauch vermittelt[15]). Es genügt ein flüchtiger Blick ins Leben, um zu zeigen, daß die zivilistische Sachdefinition keineswegs die allgemeine Vorstellung vom Begriff einer „Sache" deckt. Im Gegenteil! Mit „Sache" verbindet der gemeine Sprachgebrauch keine physikalische Substanzvorstellung, sondern eine soziologische Sinnvorstellung. Viele Menschen begreifen durchaus nicht ohne weiteres, daß auch ein lebendes Tier im Sinn des Gesetzes eine „Sache" ist, weil ein vielverbreiteter Sprachgebrauch, die „toten" „Sachen" (Artefakte) als den Gegensatz zum Lebendigen versteht[16]). Vielfach scheint die vom Gesetz nicht erwähnte Dauerhaftigkeit eines Gegenstandes Wesenselement für seine „Sach"qualität zu sein. Es ist kaum anzunehmen, daß der Sprachgebrauch des täglichen Lebens den in die Luft geblasenen Rauchring als „Sache" zu bezeichnen geneigt ist oder auch das abgebrannte Feuerwerk. Andererseits soll nicht geleugnet werden, daß in der Tat die Sachdefinition des Bürgerlichen Gesetzbuches in der Mehrzahl aller Fälle auf Gegenstände zutrifft, die nach allgemeiner Kulturauffassung „Sachen"

---

[14]) Rechtssprachgeographie 1926 S. 3.

[15]) Schreuer führte auf dem 6. Histor. Kongreß in Oslo 1928 aus, daß im frühgermanischen Sprachgebrauch die körperlichen Dinge „eigengesetzliche, eigenwillige, lebende" Wesen waren — also jedenfalls nicht bloß „Objekte" der menschlichen Willkür. Demnach wäre gerade die ursprüngliche Vorstellung von „Sache" nicht die naturalistische. (Résumés des Communications, présentées au Congrès, Oslo 1928, S. 234.) Auch Gierke (Deutsch. PrivR. 2 S. 3 N. 1) treibt seinen Gedankengang ganz nahe an die kritische Frage heran, wenn er lehrt, daß „nicht jeder körperliche Gegenstand auch körperliche Sache" ist. Heusler (Inst. d. dtsch. PrivR. 1, 331) allerdings hält res corp. für den „natürlichen Sprachgebrauch", weist aber selbst auf den veränderten Rechtssprachgebrauch hin.

[16]) Auch das Reichsgericht schränkt einmal (RG. 12, 313) den Sachbegriff auf „Stücke der leblosen Natur" ein. Wenn diese Einschränkung, wie Harburger a. a. O. S. 189 Nr. 2 meint — nur durch die „Umstände des konkreten Falles" veranlaßt worden sei, so ist damit zum mindesten ein Argument gegen die „Grundsätzlichkeit" der herrschenden Definition gewonnen. Ausländische Rechte fügen oft die Angriffe auf lebende Sachen als besonderen Tatbestand ihren Kodifikationen ein. Vgl. Niederländ. StGB. § 350; Bern Art. 201; Waadt Art. 325 u. a.

sind. Die Dehnbarkeit des Sprachgebrauches zeigt aber deutlich, daß die vom Wort „Sache" sprachlich bezeichneten Kultursachverhalte sehr verschiedener Art sein müssen. Die fehlende Einheitlichkeit der sprachlichen Bedeutung des Wortes beruht auf der fehlenden Einheitlichkeit des zugrunde liegenden Kultursubstrates, und deshalb kann auch die Definition des § 90 BGB. nur den Ruhm einer künstlichen Begriffschöpfung, nicht aber den einer organischen Begriffsformung für sich beanspruchen. Auf strafrechtlichem Gebiet wurde dies schon früh erkannt[17]). Mit Recht hat das Reichsgericht in ständiger Rechtsprechung betont, daß zwar regelmäßig, aber durchaus nicht in allen Fällen seiner Verwendung das Wort „Sache" im Strafgesetzbuch dasselbe: nämlich einen räumlich begrenzten, körperlichen Gegenstand bezeichnet[18]). Ein zwingender Grund, die zivilrechtliche Definition aus Gründen einheitlichen Sprachgebrauches auch nur innerhalb der neueren Strafrechtssprache anzuerkennen, besteht daher nicht.

Demzufolge ist es nicht nur erlaubt, sondern geboten, zunächst einmal unabhängig von der Rechtssprache auf die allgemeinsten Bedeutungselemente, die dem Wort „Sache" seinen Kultursinn geben, zurückzugreifen. Da zeigt sich, daß „Sache" jedenfalls immer ein Gegenständliches oder Zuständliches, d. h. der menschlichen Person gegenüber „Fürsichseiendes", selbständig Existentes meint. Als Ganzes und abgeschlossenes Etwas muß es dem Menschen „gegeben" sein, gleichgültig, ob als Gegenstand seiner physischen oder psychischen Person. Problematisch dabei ist (was auch für die herrschende naturalistische Lehre gilt, aber kaum je beachtet worden ist!), daß auch Gegenstände zeitlich eng begrenzten Daseins solche „Grundsubstrate" für „Sachen" sein können. Man wird die Frage gegen den Sprachgebrauch bejahen müssen. Eine in ihrer Schußparabel exakt berechnete und beherrschte Rakete kann „Sache" trotz ihrer kurzen Lebensdauer sein. Wer sie durch Einschießen einer Rauchwolke zerstört, etwa um den versammelten Festteilnehmern den Genuß zu stören, könnte als Sachzerstörer nach § 303 StGB. in Frage kommen, ja selbst denjenigen, der einen bloßen Zustand, z. B. die vorübergehende bengalische Erleuchtung der Heidelberger Schloßruine, wie sie alljährlich stattfindet, boshaft stört (Verdunkelung des Bildes durch Rauchschwaden), würde eine „Sache" angreifen[19]). „Gegenständlich" kann also weder „zeitlich dauernd" noch „körperlich für sich seiend" meinen; in dieser Behauptung läge eine unzulässige Einschränkung des ersten Wesenselementes des Sachbegriffes.

Als zweites Element kommt hinzu, daß dem Wort „Sache" im Kulturleben stets der Bedeutungssinn eines künstlichen, von Menschenhand geschaffenen oder umgewandelten Gegenstandes zukommt[20]). Einen fliegenden Vogel, die

---

[17]) Bei den Kommissionsberatungen über den Entw. z. G. v. 9. April 1900 über die widerrechtliche Entziehung von elektrischer Arbeit hat man die endgültige kriminalistische Sachdefinition auf die Zeit der Reform des Strafrechtes verschoben — ohne daß diese uns Klarheit gebracht hätte!

[18]) RG. (Plenarbeschl. v. 8. März 1893) 24 Nr. 17.

[19]) Dagegen schon Lueder, Die Vermögensbeschädigung S. 53 (Leipzig 1867): Auslöschen einer Flamme, Verhängen des Lichtes sei nicht Sachbeschädigung. Es ist aber eine Konsequenz der auch vom Reichsgericht (43 Nr. 43) vertretenen Lehre.

[20]) Damit ist nicht gesagt, daß nur „tote" Gegenstände „Sache" seien. Manche Lebewesen (Haustiere, „res mancipi") sind durch enge Beziehung auf den Menschen durchaus als durch ihn „umgewandelt" zu verstehen. Ein Stück Vieh kann auch heute noch Sache sein, aber es wird sich kaum jemand finden, der ein Stück frei lebenden Wildes als „Sache" bezeichnet. Es wäre verfehlt, hier gegenteiligen Sprachsinn aus der germanischen Rechtssprache oder dem römischen Pecunia-Begriff beweisen zu wollen. Denn in primitiven Rechtsstufen sind die „Sachen" in viel intensiverer Weise personalrechtlich aufzufassen als heute. „Fahrende Habe" ist die auf personaler Eigenbeziehung beruhende Pertinenz der Person an rechtlich zugeordneter „Welt". Vgl. dazu sehr gut v. Schwerin, Deutsches Privatrecht S. 62 und Grimm, Deutsche RA. 11, 97f.

Sonne, ein Gespenst, einen Engel, den blühenden Rosenstrauch, aber auch die gepflückte Blume, ja selbst die gefallene Frucht als eine „Sache" zu bezeichnen, wird im täglichen Leben niemand einfallen. Ein geschliffener Stein, eine gepreßte Blume, ein ausgestopfter Vogel aber sind ebenso „Sachen" wie alle anderen der Kulturmenschenwelt angehörenden Gegenstände. Kann als „Gegenstand" alles bezeichnet werden, was vom menschlichen Leib und Geist gelöstes Dasein hat (selbst Gott ist ein „Gegenstand" der Verehrung), so bezeichnet „Sache" unter den „Gegenständen" nur diejenigen, die eine spezifisch kulturelle Existenz[21]) haben; jedenfalls nie mehr oder weniger als einen Kulturgegenstand. Aber noch ein drittes Bedeutungselement ist dem gemeinen Sprachgebrauch des Wortes Sache wesentlich: Kulturgegenstand kann nur ein vom Menschen beherrschtes[22]) Etwas sein. Der Gebrauch des Wortes Sache deutet als zugrunde liegenden Kultursachverhalt ein Verhältnis der Herrschaft des Menschen über ein ihm Entgegenstehendes an. Objektives Fürsichbestehen, kulturelles Dasein, Beherrschtheit vom Menschen sind die drei Grundvorstellungen des Sachbegriffes. Ihnen muß auch der Sprachgebrauch des Gesetzes entsprechen. Er kann nicht einen naturalen Begriff der Sache (den es vielleicht in der Physik, aber jedenfalls nicht im Kulturleben gibt) bilden, denn alles Rechtsleben ist Kulturleben. Alle Rechtsbegriffsbildung ist Kulturbegriffsbildung. Was bedeutet nun aber „kulturelles Dasein" als Begriffsmerkmal der „Sache"?

In der objektiven Kultur ist das Gegenständliche immer durch Beziehungen auf Werte ausgezeichnet[23]). Diese Wertbeziehung eines vom Menschen existentiell gelösten, in sich geschlossenen, aber menschlicher Herrschaft unterworfenen Objektes gibt ihm erst das eigentliche kulturelle Dasein. Völlig wertfremde (beziehungslose, zweckunbezogene) Gegenstände können nicht als „Sachen" im kulturellen Sinn gelten und deshalb auch von keinem Gesetzgeber bei der Verwendung des Sachbegriffes gemeint sein. Daraus ergibt sich für die Betrachtung der kulturellen Substrate des juristischen Sachbegriffes der Satz: Naturgegenstände ohne Umformung durch den Menschen in Gestalt von Wert-(Zweck-) Beziehungen ohne „Zuordnung" auf den Menschen sind keine Sachen im Rechtssinn. Der treibende Eisberg im Meere, das wilde Tier auf staatenlosem Gebiet, der niederfahrende Blitz, der Mond sind keine „Sachen": denn ihre Existenz ist eine ausschließlich zweckfremde, sie haben trotz ihres „Fürsichbestehens", trotz eines gewissen „kulturellen Daseins" keine Sachqualität. Der Mangel der individuellen Beherrschbarkeit wirkt dabei nur indizierend: denn es gibt viele, der Beherrschbarkeit durchaus zugängliche Naturgegenstände, die der Sachqualität nichtsdestoweniger ermangeln, und außerdem sind alle Gegenstände in dieser Allgemeinheit vom „Menschen" beherrschbar[24]). Diesem schwachen negativen Indiz steht nun aber ein starkes positives gegenüber. Es lautet: Sache im Kultursprachsinn ist ein Gegenstand stets dann,

---

[21]) Die Unterscheidung kultureller und naturaler Gegenstände war der gemeinrechtlichen Jurisprudenz geläufig. Ihre feinen Differenzierungen sind erst im 19. Jahrhundert verlorengegangen. Vgl. z. B. Struve, Syntagma Jurisprudentiae Ex. IV, LXXX: ... dividuntur res in corporales, ipsa sc. corpora naturalis, atque ex his efformata, artificialia...

[22]) „Beherrschte" heißt hier soviel als „personal zugeordnet, als Pertinenz der Rechtsperson gedacht" — nicht aber „tatsächlich physische Herrschaft".

[23]) Vgl. dazu grundlegend Rickert, System der Philosophie 1 S. 50ff., 112ff.

[24]) Das Reichsgericht begeht den Fehler, statt der individuellen Beherrschtheit die objektive Beherrschbarkeit zur Sachqualität des Gegenstandes fordern („Fähigkeit, Objekt selbständig unmittelbarer Herrschaft zu sein" E. XXXII Nr. 56).

Auch die zivilistische Doktrin verlangt die Beherrschbarkeit. Weil der menschliche Körper z. B. „fremder Beherrschung nicht zugänglich ist", deshalb sei er keine „Sache" im Rechtssinn (Fischer-Henle, Komm. z. BGB. zu § 90 Anm. 3).

wenn man seine Zuordnung zum Menschen nicht hinwegdenken kann, ohne den Sinn des fraglichen Gegenstandes zu zerstören. Der Gegenstand „Buch“ verliert ohne seine Zweckbeziehung zum Menschen schlechthin jeden kulturellen Sinn, der Gegenstand „Eisberg“ oder „Mond“ nicht: Ohne Zweckbeziehung auf den Menschen keine Sache.

Wenn das richtig ist, so muß umgekehrt gelten, daß durch Vernichtung der Zweckbeziehung auf den Menschen die Sachqualität untergeht. Wer einem Gegenstand das „kulturelle Dasein“ nimmt, entrückt ihn der Rechtswelt, zerstört seine Eigenschaft als „Sache“. Der ins Meer geschleuderte goldene Becher, der fliegengelassene Kanarienvogel sind, aus dem Kulturdasein gerissen, keine Sachen mehr. Diese Fälle der sog. „dauernden Besitzentziehung“ (mindestens sehr viele von ihnen) erfüllen demgemäß exakt die Tatbestandsmerkmale des § 303 StGB. und sind als Sachbeschädigung strafbar. Eine Sonderregelung, wie sie § 337 des Entwurfes von 1927 vorschlägt, ist nicht vonnöten. Diese richtige Einsicht hatte schon das römische Recht[25]). Sie hat sich in der Zeit des gemeinen Rechtes in Deutschland zum Teil erhalten[26]), drang in Partikulargesetze ein[26a]), wurde von einzelnen Schriftstellern um die Jahrhundertwende noch verfochten[27]) und kann heute nur noch zwei Kronzeugen für sich anführen: Binding[28]) und Kohler[29]). Das Reichsgericht hat diese Ansicht stets abgelehnt; ein in GoltdArch. 39, 75 abgedrucktes Urt. des OLG. Darmstadt v. 6. Aug. 1890 aber gibt zu, daß durch bloße Wegnahme einer Sache und Verbringen an verborgenen Ort Sachbeschädigung begangen werden kann.

Soviel können wir aus der Beobachtung des Sprachgebrauches und der aus ihm erhellenden Kulturgrundlage des Rechtsbegriffes „Sache“ lernen.

2. Rechtsbegriffe entstehen durch Beziehung von Rechtswerten (-zwecken) auf Kulturtatsachen. Diese Rechtszwecke bilden den Inhalt der sogenannten ratio legis. Die ratio legis des strafgesetzlichen Sachbegriffes hat für das Sinnverständnis dieses Tatbestandelementes hinsichtlich seiner richterlichen Auslegung grundlegende Bedeutung. Quelle dieser ratio ist der konstituierende Grundwert (-zweck) des Rechtes, dessen Beziehung auf einen vorrechtlichen Kultursachverhalt überhaupt erst Rechtsbedeutungen zustande kommen läßt. Dieser Grundwert ist der Staat. Schutz einer konkreten staatlichen Gemeinschaft und ihrer Verfassung[29]) ist der spezielle Zweckgedanke des Strafrechtes. Ihm ordnen sich alle partikularen Zwecke ein und unter. Für den Sachbegriff unseres geltenden wie künftigen Strafrechtes muß demnach der Satz gelten, daß ein abgeschlossen für sich seiender, beherrschter, durch Wertbeziehung auf den Menschen hin geordneter Gegenstand zum Inhalt dieser Wertbeziehung den Zweck des Rechtsgemeinschaftsschutzes im Dienst einer konkreten Staatsidee hat. Ein „individualistischer“ Sachbegriff wäre demnach ebenso unmöglich wie ein „naturalistischer“. Ein lediglich durch die Beziehung zu einem Menschen bedeutungsvoller Gegenstand ist deshalb

---

[25]) S. l. 27, § 21; l. 49 pr. D. ad leg. Aquil. 9, 2.

[26]) Nachweisungen bei Lueder, a. a. O.

[26a]) So ins Bad. StGB. §§ 570, 575 (vgl. Thilo, Komm. S. 446); aber auch ins Sächs. CrimG. (vgl. Krug, Kommentar 11, 269); zum Bayr. StGB. vgl. Stenglein, Komm. 11, 518 N. 4.

[27]) So von Bauer, Lehrb. (2. Aufl.) S. 408; Salchow, Lehrb. (3. Aufl.) S. 381; Henke, Lehrb. S. 201; Temme, Lehrb. d. schweiz. Strafrechts S. 642 N. 2; Schütze, S. 449 u. 7; Berner, Lehrb. S. 631; Oppenhoff zu § 303 u. 8; v. Schwarze zu § 303 N. 6; H. Meyer, Lehrb. S. 497; Meves, S. 266.

[28]) Lehrb. B. T. (2. Aufl.) S. 249.

[29]) GoltdA. 54, 11.

[29]) „Verfassung“ ist hier nicht im modernen staatsrechtlichen Sinne als Staatsgrundgesetz, sondern als „gesetzliche Normierung der Lebenstotalität des Staates“ verstanden. So Smend, Verfassung und Verfassungsrecht 1928 S. 78.

nie „Sache". Ebensowenig das dem freien Fang unterliegende wilde Tier, sofern es sich nicht auf einem Grundstück, dem rechtliche Jagdbefugnis entsprießt, befindet. Auch den derelinquierten Gegenstand möchte ich hierherzählen: in dem Zeitraum zwischen dem Dereliktions- und dem Okkupationsakt hat er seine Sachqualität verloren. Sowenig aber die Beziehung zu einem Menschen genügt, um einem Gegenstand Sachqualität zu verschaffen; sowenig ist andererseits zu leugnen, daß die Beziehung zu einem Menschen, die schon vom Sprachgebrauch als wesentlicher Bestandteil des Sachbegriffes angesehen wird, unerläßliches Interpretationselement der Sache auch für die ratio legis ist. Denn der Staat ist nach richtiger Lehre weder ein Kollektivorganismus im Gierkeschen noch ein bloßer Normbegriff im Kelsenschen Sinne; er ist die Integration aller staatlichen Einzelwillen in stets erneuter dynamischer Selbstverwirklichung[30]). Diese Willen können aber rechtskonstitutiv, also rechtsverfassungsbildend nur von Voll-Rechtspersonen aus wirken[31]). Wenn die Zweckbezogenheit auf den Schutz der Rechtsgemeinschaft Wesenselement aller strafrechtlichen Begriffsbildung ist, muß der zu schützende Gegenstand der Rechtsgemeinschaft der „Rechtswelt" angehören. Um das zu können, muß er auf eine Rechtsperson willentlich bezogen, von ihr als Rechtsgegenstand willentlich intendiert worden sein. Demnach kann ein nach unseren bisherigen Ausführungen qualifizierter Gegenstand ratione legis nur dann „Sache" sein, wenn er auf einen Menschen als Rechtsperson bezogen, ihm zugeordnet ist. Unter Rechtsperson verstehen wir dabei den individuellen Einzelträger eines staatlichen Gemein-Rechtswillens, weil eben, um es noch einmal zu sagen, der Staat, wie jede korporative Rechtsperson, die auf dem Willen der Rechtsgenossen beruhende und von dauernder Selbstverwirklichung dieses Willens getragene Rechtsverfassung ist. Die Beziehung auf einen individuell bestimmten menschlichen Willensträger ist zur Entstehung einer „Sache" im juristischen Sinne unerläßlich. Dabei kommt es nicht auf physische Beherrschtheit, sondern auf den Willen zur rechtlichen Kommunion mit dem Gegenstand an. Etwa im Sinn der englischen Fahrnisauffassung als „personal property" (vgl. Schreuer a. a. O. S. 236). Wenn eine neue Insel durch vulkanische Kräfte im offenen Meer entsteht, kann eine Okkupationserklärung seitens irgendeines Staates ohne tatsächliche Besitzergreifung durch einen individuell bestimmten Willensträger jener staatlichen Macht keine Rechtsverhältnisse schaffen, d. h. keine „Sache" aus dem naturalen Gegenstand umformen[32]).

Der Rückgriff auf die ratio legis hat also unsere Vorstellung von „Sache" im Rechtssinn bereits wesentlich erweitert. Es genügen zur Entstehung einer „Sache" noch nicht die Objektivität (das Fürsichsein), die Beherrschtheit und das kulturelle Dasein eines Gegenstandes; vielmehr muß 1. der Gegenstand auf staatliche (soziale) Werte bezogen sein und 2. muß diese Wertbeziehung durch eine Rechtsperson hergestellt werden. Diese Rechtsperson wiederum muß individuell bestimmt sein, d. h. es muß originär zur Sachqualität die Zuordnung

---

[30]) Am evidentesten ist das Dasein des Staates in diesem Sinne von Smend a. a. O. S. 18f. expliziert worden, wenn auch exakte phänomenologische Interpretation und kritisch-ethische Reflexion über seine Resultate hinausweisen.

[31]) Vgl. zum folgenden die grundlegenden Untersuchungen über das Wesen der Rechtsperson bei Gerhart Husserl, Rechtssubjekt und Rechtsperson (ArchZivPrax., N. F. 7 S. 129ff.).

[32]) Ob dieser Willensträger selbst den „animus dominantis" hat oder nicht, bleibt für unsere strafrechtliche Untersuchung belanglos. Es genügt ein vorrechtlicher Kulturwille, um die Sachqualität zu schaffen. Ob dann zur possessorischen Sachherrschaft ein spezifisch gearteter rechtlicher Wille erforderlich ist, steht hier nicht zur Diskussion. Die „Sache" braucht nicht „Rechtssache" zu sein, um den Schutz des Strafrechts zu genießen, wohl aber muß sie auf Rechtswerte bezogen werden.

auf einen bestimmten Menschen treten, wenn gleich bloße Zuordnung auf einen Menschen nicht genügt[33]). Dieser Mensch als Rechtsperson gibt der „Sache" zugleich rechtliche Valenz. Ohne daß uns hier verstattet sein könnte zu untersuchen, wie das Problem sich kompliziert, wenn gefragt wird, inwieweit die Rechtssubjektivität des sachkonstituierenden Menschen nun die „Sache" zu „seiner Sache" macht (also ohne Erörterung des Besitzproblems, vgl. N. 32), müssen wir auf eines hinweisen. Sowenig mit der bloßen Beziehung eines Kulturträgers auf naturale Gegenstände schon Entstehung von „Sachen" im Rechtssinn gewährleistet ist, sowenig ist mit der Beziehung des Gegenstandes auf eine Rechtsperson mehr an „rechtlicher Welt" konstituiert als eben „Sache im Rechtssinn". Besitz, Gewahrsam und Eigentum sind damit noch nicht konstituiert. Es brauchen keine subjektiven Rechte am Gegenstand entstanden zu sein, um „Sache" aus ihm werden zu lassen. Wohl aber muß durch die Wertbeziehung auf den Staat, die durch Beziehung auf eine Rechtsperson gestaltet wird, der Gegenstand in die objektive rechtliche Güterwelt gelangt sein. Ist dieses letzte Bedingnis erfüllt, dann ist ein empirischer Kulturgegenstand zur „Sache" im Rechtssinn geworden. Unter diesen Voraussetzungen kann der Begriff von der Gesetzgebung gebildet werden, und nur im steten Hinblick auf diese Voraussetzungen darf ihn die Rechtsprechung interpretieren.

3. Über die hier getroffenen Feststellungen hinaus geht der Anspruch der Rechtswissenschaft. Sie muß, dem logischen Zwang ihrer methodologischen Struktur unterworfen, eine höhere Wertbeziehung durchführen: sie muß den Begriff „Sache" nicht in seiner Rechtswirklichkeit, sondern in seiner Rechtswahrheit erfassen. Das geschieht durch einen zweiten Umformungsprozeß: es gilt, den oben unter 1. und 2. gewonnenen Rechtsbegriff der „Sache" in das einheitlich begründete System des Strafrechtes einzugliedern. Zu diesem Behuf muß die dogmatische Stellung des Sachbegriffes untersucht werden. An diesem Punkte trennen wir uns von der Welt des Zivilrechtes noch einmal ebenso deutlich wie zu Beginn des vorigen Abschnittes, wo wir die oberste Wertbeziehung des Strafrechtes in den Begriff hineinnahmen und ihm dadurch transpersonalistischen Gehalt gaben.

Wir sahen schon, daß der Begriff der Sache im Strafgesetz fast immer in der Qualifikation eines „Tatobjektes" erscheint. Aber auch in den Fällen, wo er als „Modalität" des Tatbestandes im Sinne Max Ernst Mayers auftritt, ist er im weiteren Sinn ein Element des gesetzlichen Tatbestandes. Es fragt sich nun zunächst, ob das Tatobjekt „Sache" durch die jeweiligen Handlungsbeziehungen, in denen es erscheint, eine Sinnveränderung erleidet. Das ist nicht der Fall. Die Willensbetätigung richtet sich zwar auf seine Veränderung; da aber Sache weder als Tatobjekt noch als Handlungsmodalität ein Erfolgsbestandteil sein kann und gerade der Deliktserfolg es ist, der durch die Veränderung des konkreten Tatobjektes eintritt, bleibt dieses in seinem begrifflichen Wesen von den tatbestandlich fixierten Begehungsweisen des jeweiligen Deliktes (z. B. „wegnehmen", „gewaltsam angreifen", „zerstören", „beschädigen" als WB.; „Ortsveränderung", „Substanzverletzung", „Vernichtung" als E.) unberührt. Diese von der Handlung nicht gestalteten, sondern als Beziehungspunkt vorausgesetzten Tatobjekte und Modalitäten haben eine gemeinsame Besonderheit. Um ihre systematische Bedeutung zu verstehen, müssen wir an diesem Punkt etwas weiter ausholen und uns über das rechtliche Wesen solcher Tatbestandselemente überhaupt Klarheit verschaffen.

---

[33]) So schon das römische Recht, vgl. D. 41, 7, 2: Sed Proculus non desinere eam rem domini esse, nisi ab alio possessa fuerit. Dazu Joers, Römisches Recht § 66, 1.

Die Trennung der Tatbestandsmäßigkeit von der objektiven Rechtswidrigkeit und subjektiven Pflichtwidrigkeit durch Beling[34]) bedeutete, wie wir schon einleitend feststellten, die Geburtsstunde der Einsicht in seine juristische Eigenart. Sollte die auf dieser Trennung beruhende moderne Strafrechtssystematik stabilisiert werden, dann durfte es jedenfalls zwischen dem Tatbestand und seiner Wertung: der Rechtswidrigkeit, keine Übergänge geben. Dann mußte auf Grund logischer Kriterien sich dartun lassen, daß diese Unterscheidung eine notwendige sei. Dann mußte der Tatbestand in allen seinen Teilen wertfrei sein und durfte lediglich ein in der Außenwelt sich abspielendes Ereignis abstrakt beschreiben. Max Ernst Mayers scharfem Auge war nun aber nicht entgangen, daß vom Gesetz dieser Forderung nicht überall entsprochen wird. Er erkannte, daß es Elemente im gesetzlichen Tatbestand gibt, welche kein in der Außenwelt, sondern ein in der Rechtswelt sich abspielendes Ereignis bezeichnen! Das sind die Fälle der Nennung besonderer Beschaffenheit des Tatobjektes oder der Willensbetätigung, z. B. der Begriff der Fremdheit der Sache in § 242, der Unangemessenheit der körperlichen Behandlung in § 223, der Unbescholtenheit des Mädchens in § 182 StGB. Diese Begriffsgebilde nannte Mayer „normative Tatbestandselemente" und sagt mit Recht von ihnen aus, daß sie mit dem einen Fuß in der Tatbestandsmäßigkeit, mit dem anderen in der Rechtswidrigkeit stehen. Diese Elemente nehmen die richterliche Wertung des objektiven Tatbestandes zum Teil voraus. Die äußerliche „Wegnahme" z. B. muß rechtlich die einer „fremden" Sache sein; die „Fremdheit" aber ist kein Bestandteil der äußeren Tat. Nicht um Tatsachenfeststellung, sondern um Werturteil geht es dabei für den Richter. Charakteristisch für Mayers systematische Grundanschauung ist nun, daß er alle diese Fälle als Kuriositäten, Absurditäten und Entartungen des Systems auffaßte. Dieser Auffassung schloß sich neuerdings auch Graf zu Dohna[35]) an, der an die Auflösbarkeit der normativen Tatbestandselemente auf analytischem Wege glaubt und hofft, dadurch die bisher für unauflöslich gehaltene Verflechtung von Tatirrtum und Rechtsirrtum zu beseitigen. Daraus erwächst die Frage: ist die Auflösung der normativen Tatbestandselemente überhaupt möglich? Ist nicht in jeder Tatbestandsbeschreibung, weil sie eine Typisierung enthält, schon ein Stück Tatbestandswertung vorweggenommen? Untersucht man daraufhin die Tatbestände, so zeigt sich, daß die Beling-Liszt-Mayersche Dreigliederung und insbesondere die Scheidung von Tatbestandsmöglichkeit und Rechtswidrigkeit überhaupt nur heuristischen, aber nicht theoretischen Wert für sich beanspruchen kann. Mit vollem Recht hat Mezger[36]), dem wir die Klärung dieser Fragen verdanken, darauf hingewiesen, daß der Tatbestand nichts anderes als typisiertes Unrecht ist. Die in ihm erscheinende Wertung ist aber unvollständig. Sie nimmt teils auf ein bereits feststehendes (rechtliches oder außerrechtliches) Werturteil Bezug, teils fordert sie vom Richter ein ergänzendes Werturteil. Daraus ergibt sich, daß die „normativen" Tatbestandselemente eine regelmäßige, keine Ausnahmeerscheinung in den Tatbeständen sind. Mezger nimmt ihre Gruppierung nach dem Normenkreis vor, auf den sie verweisen. Demgemäß unterscheidet er rechtliche Wertungsdelikte und kulturelle Wertungsdelikte. Diese Ordnung der normativen Tatbestandselemente entspricht der von Grünhut erarbeiteten Unterscheidung allgemein und speziell normativer Begriffsbildung im Strafrecht. Den eigentlichen Sinn der zwei

---

[34]) Schon Liszt hatte auf Grund seiner Systematik (Handlung, Unrecht, Schuld) diese Dreigliederungslehre vorbereitet. Vgl. S. 1 N. 2 dieses Aufsatzes.

[35]) Recht und Irrtum 1925 S. 31.

[36]) A. a. O. S. 4.

Gruppen solcher Elemente scheint mir aber eine Gliederung nach Wertgebieten nicht zu erschließen. Letztlich ist es für den Richter gleichgültig, ob er ethische oder wissenschaftliche, ästhetische oder wirtschaftliche Wertmaßstäbe anwendet. Entscheidend ist, ob ihm die Werte selbst vom Rechte geformt angeboten werden, oder ob er nur Wertformeln vor sich hat und ihre Ausfüllung dem subjektiven Wertwissen ausgeliefert ist. Darum glaube ich, die Unterscheidung anders, nämlich in wertgefüllte und wertausfüllbare oder wertausfüllungsbedürftige Wertungsdelikte treffen zu müssen. Den ersteren wären dann alle Rechtswertbegriffe, soweit ihre Auslegung feststeht, und diejenigen unter den Kulturwertbegriffen zuzuzählen, welche, wie die wirtschaftlichen und wissenschaftlichen, einen festen Wertmaßstab aufweisen. Den letzteren fielen alle mehr oder minder subjektiven Wertungen zu. Die außerordentlich große Anzahl normativer Tatbestandselemente, wie sie von diesem Standort aus sich der Beobachtung aufdrängt, scheint schon eine verneinende Antwort auf die vorhin gestellte Frage zu geben. Die Auflösung aller dieser Elemente in einen tatsächlichen und in einen normativen Bestandteil, ist ein unmögliches Unternehmen. Gewißheit über diese Unmöglichkeit kann aber nur die Antwort auf die Frage geben: was denn nun an nichtnormativen Tatbestandselementen im Gesetz noch übrigbleibt und in welchem Verhältnisse diese Elemente zu den normativen stehen.

Erinnern wir uns der Forderung Mayers nach wertfreien, eine Veränderung der Außenwelt abstrakt beschreibenden Tatbeständen als dem Ideal nichtnormativer Tatbestände, dann erscheint Mezgers Formulierung einleuchtend, der sie vom Standpunkt des begriffsbildenden Gesetzgebers aus: deskriptive, vom Standpunkt des urteilenden Richters aus: kognitive Tatbestandselemente nennt. Solche nicht durch Bewertung, sondern durch Beurteilung anwendbare Tatbestände scheint es überall dort zu geben, wo es sich um Tatsachenfeststellung oder -beurteilung im Gesetze handelt. „Töten", „verletzen", „Beischlaf" geben Beispiele solcher Elemente. Hier scheint auch der „Sach"-begriff beheimatet. Nicht Werturteile, sondern Erfahrungssätze werden vom Richter bei dieser kognitiven Feststellungsarbeit angewendet. Da aber diese Erfahrung selbst wieder dem Reiche der wertbezogenen Kultur entstammt (der „Sinn", der dem Begriff „Sache" gegeben wird, ist nie eindeutig an Hand dessen, was „man" als Sinn dieses Begriffes tatsächlich anzunehmen pflegt, festzustellen), ist auch hier, um die Mehrdeutigkeit dieses „man" zu vereinfachen, auswählende, also normative Tätigkeit des Richters nötig[37]). Alle diese Erfahrungstatsachen sind ja nichts schlechthin „Gegebenes"; es sind juristische Tatsachen, und daraus ergibt sich, daß auch die deskriptiven (kognitiven) Tatbestandselemente normativ durchsetzt sind. Die „Erfahrung" kann ungewiß oder widerspruchsvoll sein, der „objektive" Sinn einer Äußerung z. B. kann in verschieden sozialen Gruppen verschieden verstanden werden, und dann ist auch hier der Richter auf Abwägung und Bewertung, kurzhin auf normative Tätigkeit verwiesen. Selbst scheinbar unerschütterlich feststehende Begriffe, wie der des „Hundes" oder „Bauwerkes" schwanken. Ob z. B. eine Kreuzung zwischen Hund und Wolf den Vorschriften über die Hundebesteuerung unterliegt, richtet sich nicht nach zoologischer Artbestimmung, sondern nach der Teleologie des Gesetzes und der Rechtsanwendung. Aber auch ganz abgesehen von der im Einzelfall sich ergebenden Nötigung des Richters zu normativem Verhalten ist schon durch die Vertatbestandlichung überhaupt, durch die juristisch-methodologische Umformung eine normative Wendung aller Tat-

---

[37]) Vgl. Mezger a. a. O. S. 40.

bestandselemente ganz allgemein zustande gekommen. Und damit erreichen wir als Ergebnis dieser methodischen Untersuchung den Satz: alle Tatbestandselemente sind normative, alle Tatbestände sind begrifflich normativer Art. Deshalb ist auch der Begriff der „Sache" ein normatives Tatbestandselement, ein normativer, und zwar ein wertausfüllungsbedürftiger Begriff. Welcher Art diese Wertung sein muß, sahen wir schon.

Damit haben wir das kulturelle Substrat, die ratio legis und den systematischen Ort des strafrechtlichen Begriffes „Sache" kennengelernt. Es ergeben sich hieraus zunächst kritische Erwägungen gegenüber der herrschenden Lehre und Rechtsprechung.

II.

Auszugehen ist wieder davon, daß die Sachdefinition des § 90 BGB.[38]) durchgängig als unbestrittene, ja kaum je bezweifelte Rechtserkenntnis erscheint. Diese Lehre von den Sachen „als körperlichen Gegenständen" enthält aber nur einen sehr geringen Wahrheitsgehalt und sagt das Entscheidende über die Rechtsnatur empirischer Kulturgegenstände gar nicht aus. Denn jene „Wirklichkeit", welcher das Recht angehört, ist nicht die bedeutungsfremde Existenz von Materie, sondern die sinnvolle Existenz von Kulturgütern. Ob diese als körperliche oder unkörperliche Gegenstände erscheinen, ist eine Frage von sekundärer Bedeutung. Nicht die Existenz von Materie, sondern die Relation eines rechtlichen Wertgedankens in der Person eines rechtlichen Wertträgers auf die Materie ist das konstitutive Moment für den Sachbegriff. Der römische Begriff „res" hat in der Rechtssprache bis ins gemeine Recht auch stets diese Bedeutung gehabt[39]), und erst innerhalb dieses Gattungsbegriffes wurde zwischen res corporales und incorporales unterschieden. Für die Theorie des Sachbegriffes haben unsere Untersuchungen unter I die gänzliche Unwichtigkeit dieser Unterscheidung dargetan.

1. Daraus folgt als erstes kritisches Bemerken, daß der grobe Naturalismus der herrschenden Lehre keineswegs begriffs- oder gar denknotwendig ist. Diese kritische Einsicht wird gestützt von unserer Erkenntnis, wonach „Sache" im Strafrecht jedenfalls die Eigenschaft eines normativen Tatbestandselementes besitzt und dazu noch als wertausfüllungsbedürftiges Element des gesetzlichen Tatbestandes erscheint. Es darf nun freudig anerkannt werden, daß es eines der großen wissenschaftlichen Verdienste des Reichsgerichtes gewesen ist, hier dem Einfluß der übermächtigen zivilistischen Doktrin nicht erlegen zu sein; vielmehr haben die Strafsenate von Anfang an sich bemüht, den Sachbegriff des Strafrechtes selbständig auszulegen. RGSt. 12 Nr. 60 erklärt wörtlich: es könne „nicht anerkannt werden, daß nach dem Sprachgebrauch des Strafgesetzbuches unter Sachen immer nur körperliche Sachen zu verstehen seien". In zahlreichen Bestimmungen sei dies zwar der Fall, aber nicht wegen des „Wortes Sache", sondern „wegen des sonstigen Inhaltes der betreffenden Vorschriften" — womit die Ausfüllungsbedürftigkeit des Tatbestandselementes ohne weiteres zugegeben ist. Diesen von gesundem Rechtswirklichkeitsgefühl geleiteten Erwägungen hat dann allerdings der Plenarbeschluß vom 8. März 1893 den Boden weitgehend entzogen, indem er erklärte: regelmäßig verstehe das Strafgesetzbuch unter „Sachen" res corporales. Vielleicht hat hier

---

[38]) Daß sie mit der strafrechtlichen Auffassung im „Einklang" stehe, wird vom RG. 32 Nr. 56 (S. 179) erfreulicherweise nur ein einziges Mal ohne Begründung für feststehend erachtet.

[39]) Selbst § 1—3, 6 I 2 ALR. hält, gestützt auf l. 1 § 1 D. 1, 8 daran fest, daß Forderungen auch „Sachen" im Rechtssinn seien, und im französischen Code civil steht heutigentags noch der Satz, daß zu den „biens meubles" auch „obligations" gehören (II 1. art. 527, 529).

schon das kommende Bürgerliche Gesetzbuch seinen Schatten vorausgeworfen. Immerhin bleibt zu beachten, daß die Entscheidungsgründe sich trotz ihrer allgemeinen Fassung nur auf die Frage beziehen, ob § 137 StGB. auch auf Forderungsverfügungen angewendet werden könne. Mit Schärfe hatten sich RGSt. 12 Nr. 60 und 20 Nr. 91 für die Subsumierbarkeit dieses Sachverhaltes unter den Tatbestand des Verstrickungsbruches ausgesprochen, insbesondere nahm der Oberreichsanwalt diesen Standpunkt ein. Anders als in diesem Fall, wo der angeführte Plenarbeschluß die Frage zugunsten der fehlerhaften naturalistischen Auffassung entschieden hat, zeigt sich die Haltung unseres höchsten Gerichtshofes, wenn wir die Entwicklung seiner Rechtsprechung auf dem Gebiet der Sachbeschädigung verfolgen.

Hier wurde die naturalistische Auffassung zunächst mit dem Hinweis auf die Entstehungsgeschichte des Gesetzes begründet. RGSt. 8 Nr. 114 wies darauf hin, daß in bewußter Einengung des in den §§ 281ff. PrStGB. verwendeten Begriffes der „Vermögensbeschädigung" dem 26. Abschnitt des geltenden Strafgesetzbuches die Überschrift „Sachbeschädigung" gegeben wurde, um den Tatbestand auf res corporales zu beschränken. Mag dies auch der Wille des Gesetzgebers gewesen sein: erstens ist damit der Sachbegriff nicht bestimmt (der Begriff „res" bleibt vorausgesetzt) und zweitens wäre damit lediglich für die Anschauung, daß im Gesetz Sachbegriffe verschiedener Bedeutung auftreten, ein Argument gewonnen. Aus dieser naturalistischen Auffassung des Sachbegriffes in den §§ 303ff. StGB. hat nun das Reichsgericht mit solcher Schärfe die Folgerungen gezogen, daß es endlich selbst in Zweifel an die Richtigkeit der von ihr vertretenen Grundanschauung geriet. Die wichtigste Folgerung war, daß zur Sachbeschädigung immer eine Verletzung der Sachsubstanz gehöre. Dieser Satz ist zwar unanfechtbar richtig, insofern er den Wesensgehalt des Begriffes „beschädigen" ausdrückt. Eine ganz andere Frage aber ist es, ob der Begriff „beschädigen" notwendig naturalistisch aufgefaßt werden muß, d. h. ob „Substanz" materialistisch-physikalisch zu verstehen ist. Grundsätzlich nahm das Reichsgericht, wie übrigens auch die herrschende Lehre, diesen Standpunkt ein. Um den Begriff nicht allzusehr einzuengen, wurde aber von allem Anfang an der Naturalismus nicht konsequent durchgeführt, d. h. unter „Substanzverletzung" nicht eine chemische Atomzertrümmerung oder ein physikalischer Molekelverlust des fraglichen Stückes Materie verstanden, sondern in erheblichem Umfang der Wertgedanke der Brauchbarkeitsminderung zum Aufbau des Begriffs verwendet. Z. B. anerkannte das Reichsgericht die Veränderung des Aggregatzustandes als Sachbeschädigung[40]) und kam damit dem wahren Beschädigungsbegriff näher. Ein Kulturgegenstand ist nämlich dann „beschädigt", wenn er in seiner kulturellen Ganzheit Einbuße erlitten hat, d. h. wenn er seinen kulturellen Sinn (Zweck, Wert) infolge des Angriffes nicht mehr voll repräsentiert. Dann ist die „Sache" in ihrer „Substanz": nämlich in ihrem sinnbezogenen Kulturdasein „beschädigt". Daß hierzu eine Verminderung von Vermögenswerten erforderlich sei, ist allerdings ein Irrtum, und diese unzulässige Einschränkung des Begriffes muß mit dem Reichsgericht abgelehnt werden. Daß die „Substanzverletzung" nicht rein physikalisch aufgefaßt werden könne, blieb dabei dem höchsten Gerichtshof nicht verborgen. Den ersten Schritt zur Aufsprengung der Bande natura-

[40]) Die Theoretiker gehen teilweise noch weiter. So wendet Thomsen, Deutsches Strafrecht 2, 372 diesen Grundsatz analog an auf den Fall, wo ein boshafter Mensch einem Kaffeeverkäufer Eisstücke in das kochende Wasser geworfen hatte, um es zur Abkühlung zu bringen und dadurch zweckuntauglich zu machen. Thomsen faßt allerdings den Fall unrichtigerweise als Aggregatzustandsveränderung auf.

listischer Auffassung tat der 3. Strafsenat (Entsch. v. 19. Okt. 1885) mit der Anerkennung des Sachverhaltes, daß durch Auseinandernehmen einzelner Teile von zusammengesetzten Sachen Sachbeschädigung möglich sei. Aber man ist auf halbem Wege stehengeblieben. Wenn in dem angeführten Urteil gesagt wird, daß bei der Herausnahme von Brettern aus einem Stauwerk es nicht darauf ankomme, ob dadurch der „Zweck des Stauwerkes wenigstens vorübergehend vereitelt war", so stelle ich die Gegenfrage: wodurch erscheint das für sich bedeutungslose Gefüge von Brettern und Planken denn als Stauwerk, wenn nicht allein durch seinen Zweck? Ein „Stauwerk", das seinen Zweck nicht erfüllen kann, ist keines mehr, sondern ein Haufe der Zweckdienlichkeit ermangelnden Baumaterials. Hier handelt es sich um eine augenfällige Einbuße an kulturellem Dasein. Wo dies der Fall ist, muß die Sache als beschädigt gelten.

Zur Durchführung dieser Auffassung, insbesondere zu ihrer Übertragung auch auf nicht zusammengesetzte Sachen hat sich das Reichsgericht, wie erwähnt, noch nicht durchzuringen vermocht. Wohl aber nähert es sich ihr mehr und mehr. Der Gedanke des „Eingriffes in die Substanz" verdrängt die rein naturalistische „Verletzungsvorstellung". So lehrt RGSt. 20 Nr. 119, daß „durch Wegnahme eines lose aufgelegten Balkens bewirkte Ungangbarkeit einer Brücke" Sachbeschädigung sei[41]). Besonders lehrreich ist die Entsch. des 2. StS. v. 15. Nov. 1898, wo in dem Umwerfen eines zur Markierung des Wasserstandes gesetzten Zeichens Sachbeschädigung erblickt wird; und dies unter Aufhebung eines Urteils, das sich ausdrücklich auf RGSt. 13 Nr. 11 bezogen hatte. Zwar wird versucht, den umgeworfenen Stein als Teil einer Anlage = zusammengesetzte Sache, aufzufassen; um dann die Ortsveränderung des Steines als Verletzung der Gesamtsache konstruieren zu können. Dabei wird aber der strenge Naturalismus bei der Auslegung des Begriffes „Substanzverletzung" schon weitgehend verlassen. Es enthält das Urteil nämlich einige Sätze, die sich an eine Entscheidung des Preußischen Obertribunals (Oppenhoff, Rechtsprechung 3, 59) anschließen. Das preußische Höchstgericht hatte seinerzeit vollkommen zutreffend erklärt, daß „ein Wegweiser nur durch seine richtige Aufstellung ein Wegweiser sei, derjenige also, der ihn unkenntlich mache und beseitige, den Wegweiser als solchen zerstöre". Darin liegt die Anerkennung des von uns verfochtenen Gedankens: eine Sache, deren kultureller Zweck (wenn auch nur vorübergehend) vereitelt worden war, ist beschädigt (zerstört). Diesem Gedanken folgend führt nun die reichsgerichtliche Begründung in schroffem Gegensatz zu dem Urteil des 3. Strafsenates aus: „Allerdings ist es die dem ganzen Präzisionsnivellement zugrunde liegende ‚Idee', welche jedem einzelnen dazugehörigen Merkmale seine Bedeutung verleiht, allein die ins Werk gesetzte Verwirklichung dieser Idee bedingte eine ganz bestimmte Lage und Stellung der einzelnen hergerichteten Steine in Grund und Boden und nur, insoweit ihnen diese angewiesen war, kam den Steinen die Eigenschaft als zur Bezeichnung des Wasserstandes dienender Merkmale zu. Die Heraushebung eines einzelnen solchen Steines aus dem Grund und Boden nahm ihm diese Eigenschaft gänzlich und ließ nur in dem an sich unbeschädigten Steine ein Material zurück, welches demnächst unverändert wieder zur Herstellung eines solchen Merkmals verwendet werden konnte[42])." Wahrlich ein schönes Bei-

[41]) Analoge Gesichtspunkte führten zu der Entsch. 58, Nr. 157: Das Verstopfen einer Quelle ist Sachbeschädigung.

[42]) Vgl. dazu die Entsch. 55 Nr. 90, wo analoge Gesichtspunkte zur Annahme der „Beschädigung" einer „Eisenbahn" führten, trotzdem nur Schienenlockerung und Schraubenlösung ohne Substanz„verletzung" stattgefunden hatte.

spiel für die Elastizität, mit der unser höchster Gerichtshof, um die gerechte Entscheidung zu finden, falsche — sonst vertretene — Theorien abzuwerfen vermag! Deutlicher konnte die richtige Auffassung gar nicht zum Ausdruck gebracht werden: der bloße Stein (die res corporalis) ist „Material", aus dem ein Wasserstandsmerkmal (der zweckbezogene Kulturgegenstand) = Sache im Rechtssinn erst entsteht.

Aber noch von anderer Seite her sollte die naturalistische Sachauffassung einen schweren Angriff erfahren. Diesmal kam er aus einem entstandenen Zweifel an der scheinbar so selbstverständlichen „Materialität", der „körperlich räumlichen Begrenztheit" von Gegenständen. Die plötzlich aufgetauchte Frage nämlich: ob die Entziehung von Elektrizität aus einer Leitung als Sachbeschädigung oder Diebstahl strafbar sei, zwang zu einer Überprüfung der herkömmlichen physikalischen Sachvorstellung. Es kann nicht unsere Aufgabe sein, hier die Dogmengeschichte jenes um die Jahrhundertwende heiß umstrittenen Problems zu schreiben, das in der Frage gipfelte: ob „Kräfte" auch „Sach"qualität besitzen? Wir begnügen uns mit der Feststellung, daß die höchstrichterliche Rechtsprechung zu einer Ablehnung der Subsumierbarkeit des elektrischen Stromes unter den Sachbegriff gelangt ist[43]. Damit wollte das Reichsgericht zwar nach seinen eigenen Worten keine wissenschaftliche Definition der physikalischen Natur der Elektrizität geben, sondern nur eine „Subsumtionsfrage entscheiden". So richtig diese Absicht war, so wenig ließ sie sich durchführen; aus dem einfachen Grunde, weil die in Praxis und Wissenschaft herrschende Sachdefinition eben nicht eine juristische, sondern eine rein physikalische Aussage macht. „Körperlich" und „raumerfüllend" sind Begriffe der Physik, betreffen Gegenstände der empirischen Natur und können nicht ohne wesenverändernde Umformung zu Begriffen der Jurisprudenz werden, deren Eigenschaft es ist, sich nur auf Gegenstände der empirischen Kultur zu beziehen.

Immerhin bemerkte man bei dieser Gelegenheit, was übrigens schon byzantinisches Recht war, daß zu den res corporales eigentlich nicht nur die raumerfüllenden, sondern schlechthin alle Gegenstände gezählt werden müßten, quae non sola mente cognoscuntur, sed sensibus humani percipi possunt. Damit hätte sich neben der „objektiven" Körperlichkeitsauffassung eine „subjektive" geltend machen können: der Psychologismus an Stelle des Naturalismus[44]. „Sinnlich wahrnehmbare" Gegenstände wären nach der psychologistischen Anschauung als „Sachen" anzusehen. Den dahingehenden Ausführungen des Oberreichsanwaltes zu der Entsch. 32, 173f. hat sich aber der urteilende Senat nicht angeschlossen. Das Reichsgericht hielt an dem streng naturalistischen Sachbegriff (unerklärlicherweise stets unter Hinweis auf den — gar nicht existierenden — „Sprachgebrauch", nach dem Sache immer nur körperlich Begrenztes sein soll) fest. Ja, es nahm sogar ein „Gewohnheitsrecht" für die, auf moderne Kulturverhältnisse so schlecht passende gemeinrechtliche Res-corporalis-Lehre in Anspruch!

Mit gewissem Rechte hatten sich die Gegner der naturalistischen Auffassung aber auch darauf berufen, daß der wirtschaftliche Gutscharakter vielfach

---

[43]) Im Gegensatz zum norwegischen StGB. von 1902 und zum schweizerischen Vorentwurf von 1903. Die Begründung zum Entwurf 1925 (S. 151) hält starr am naturalistischen Dogma fest („Sachen im Sinne des Entwurfes sind nur körperliche Gegenstände"); deshalb glaubt sie keine Möglichkeit finden zu können, das G. v. 9. April 1900 in das künftige Strafrecht aufzunehmen. Die Beratung im Reichsrat hat daran nichts geändert.

[44]) Über die Entwicklung dieses Gedankens im gemeinen Recht vgl. Glück, Pandekten 2, 512. Gegen die Psychologisierung des Sachbegriffes trat Mayer, System des allgem. österr. Privatrechtes 1, 359, gestützt auf D. 1, 8, 1, 1 auf.

im „Sprachgebrauch" entscheidend dafür sei, ob etwas als Sache angesehen werde[45]). Wenn das Reichsgericht dagegen einwendete, „die wirtschaftliche Bedeutung einer Sache im weitesten Sinne als eines Gutes" könne für die Gestaltung des strafrechtlichen Begriffes nicht maßgebend sein, so hat es mit Recht gegen die schon früher abgelehnte Einengung der Sachbeschädigung auf Vermögensbeschädigung polemisiert. Dabei wurde aber übersehen, daß zwischen der „natürlichen" und der „wirtschaftlichen" eben noch die „kulturelle" Bedeutung einer Sache liegt, und diese ist es doch, die allein den Strafschutzgedanken rechtfertigen kann! Unwiderlegt blieb vom Reichsgericht auch die von uns in Gemeinschaft mit dem preußischen Obertribunal verfochtene Lehre, daß der „Sprachgebrauch" unter Sache jeden, aber auch nur jeden zweckbezogenen empirischen Kulturgegenstand begreife[46]).

Demgegenüber hat sich denn auch die Realität als siegreich erwiesen: das Gesetz betreffend die Entziehung elektrischer Arbeit hat der Strafbedürftigkeit eines von der naturalistischen Auffassung nicht erfaßbaren Tatbestandes Rechnung getragen. Allerdings hat gerade durch diese Sonderregelung der Naturalismus im übrigen Gebiete des Strafrechtes Sanktionierung erfahren. Wie sehr er heute eingewurzelt ist, zeigen die komplizierten Bemühungen des Entwurfes 1927, die „widerrechtliche Sachentziehung" (§ 337)[47]) und die „dauernde Unbrauchbarmachung" (§ 326) als gesonderte Begriffe zu formulieren. Letztlich wird damit aber nur bewiesen, daß der herkömmliche naturalistische Begriff nicht ausreicht, um die vorkommenden Zweckvereitelungen von Kulturgegenständen unter einen einheitlichen Sachbeschädigungsbegriff zu vereinigen. Nahezu unbegreiflich wird aber endlich einer unbefangenen Würdigung das Festhalten am naturalistischen Sachbegriff erscheinen, wenn man sich vergegenwärtigt, daß der Begriff „körperlich raumerfüllend" ja nicht einmal physikalisch klar ist und keine Abgrenzung der „Sachen" von den „Kräften, Energien oder Zuständen" der „Materie" gewährleistet. Auf die Primitivität des theoretischen Juristenstreites der Jahrhundertwende um das schwierige naturwissenschaftliche Problem der Materie erübrigt sich, hier einzugehen. Wenn nach dieser Richtung eine kurze grenzsetzende theoretische Bemerkung statthaben darf, so ist es diese: daß der dem Recht zugeordnete Wirklichkeitshorizont ein zeitlich-geschichtlicher und kein räumlich-natürlicher ist. Demzufolge überschreitet die Jurisprudenz ihre wissenschaftliche Kompetenz, wenn sie ihre Begriffsbildung auf naturwissenschaftliche Gegenstände übertragen will oder umgekehrt sich an naturwissenschaftliche Begriffsbildung anlehnen zu dürfen glaubt.

Daß unser höchster Gerichtshof bei der Prüfung konkreter Verhältnisse keineswegs dieser Einsicht sich verschlossen hat, zeigt zunächst ganz allgemein die Lehre, daß nicht jede Einwirkung auf die Sachsubstanz „Beschädigung" sei, sondern nur die die Brauchbarkeit herabmindernde (RGSt. 23 Nr. 54)[48]).

---

[45]) Der Gesetzgeber hat diesen Sprachgebrauch bestimmt nicht im Auge gehabt, denn er spricht im § 302 ausdrücklich von „geldwerten" Sachen, woraus argumentum e contrario auf Unzugehörigkeit des Merkmals „Geld- (Vermögens-) Wert" zum gesetzlichen Begriffe der „Sache" geschlossen werden kann.

[46]) Unbeschadet der modalen Bestimmtheit, welche der Kulturbegriff „Sache" im speziellen Sinnzusammenhang eines Tatbestandes erfahren kann; wie z. B. in dem § 90 Ziff. 2, §§ 103a, 125, 133, 168, 274, 304, 305, 306ff., 315—318a, 321ff., 370 Ziff. 1, 2, 6; SeemO. § 109.

[47]) S. oben S. 51.

[48]) So schon Haelschner, Lehrb. II 1, § 112; heute nahezu einstimmig herrschende Lehre. Vgl. Frank zu § 303 II 1 für viele. Viel weiter in der Richtung auf das wahre Ziel geht Gerland, Grundr. S. 440: „es ist also Sachbeschädigung denkbar auch ohne Substanzverletzung" — allerdings hält auch er an der „Einwirkung" fest und lehnt (inkonsequenterweise!) die „dauernde Sachentziehung" als Sachbeschädigung ab.

Noch eindringlicher lehrt dies folgender Satz aus der Begründung eines Urt. des 2. StS. v. 17. Jan. 1890 (RGSt. 20 Nr. 65): „Der Sprachgebrauch legt ... kein Gewicht auf die Unversehrtheit der Stoffe; entscheidend ist vielmehr der Umstand, daß der Gegenstand infolge der Einwirkung die ihm eigentümliche Zweckbestimmung nicht mehr im früheren Maße erfüllt." Aber auch der Begriff der „Substanzverletzung" ist in immer steigendem Maß „vergeistigt" worden; so, wenn das Reichsgericht die Sachbeschädigung im Fall der Beschmierung eines öffentlichen Denkmals mit Farbe (RGSt. 43 Nr. 43) oder im Fall der Einwirkung auf die Nerven eines Pferdes durch „Kitzligmachen" (RGSt. 37 Nr. 137) bejaht hat. Ja, selbst in Fällen, wo nach streng naturalistischer Auffassung zweifellos eine Substanzverletzung vorlag, eine Beeinträchtigung der Zweckdienlichkeit aber nicht eingetreten war, hat das Reichsgericht die Anwendbarkeit des § 303 verneint. So in jener denkwürdigen Entscheidung (33 Nr. 54), wo die Strafbarkeit der Beschädigung eines Kupferstiches abgelehnt wird, weil auf der Rückseite des Blattes lediglich ein Schmutzfleck angebracht worden war, der den Stich in der Bildwirkung nicht beeinträchtigt hatte. Die Ablehnung sollte gelten, „selbst, wenn eine Beschädigung des Papiers zweifellos vorliegen sollte"! Umgekehrt hat das Reichsgericht in einem Fall, wo von physikalischer oder chemischer Substanzverletzung nicht die Rede sein kann (Beschmieren eines Denkmals mit Farbe), die Sachbeschädigung bejaht, weil dazu schon eine Einwirkung genügen müsse, „die zwar keine stoffliche Verringerung oder Verschlechterung des Gegenstandes, wohl aber eine belangreiche Veränderung der äußeren Erscheinung und Form mit sich bringt" (RGSt. 43 Nr. 43). Es wäre töricht, dem höchsten Gerichtshof diese Wandlung als Inkonsequenz vorwerfen zu wollen. Mit gutem Recht haben die erkennenden Senate die unzulängliche naturalistische Theorie fallenlassen, wenn sie damit nicht zum Ziel der gerechten Entscheidung kamen. Dieses Recht teleologischer Begriffsbildung darf niemand dem Richter verkürzen. Die Kritik wendet sich nur gegen die Fehlerhaftigkeit der naturalistischen Sachtheorie. Denn auch die „Vergeistigungsversuche" bleiben noch im Naturalismus stecken. Wenn z. B. in RGSt. 43 Nr. 43 das bloße „Beschmutzen" für ausreichend zur Beschädigung erachtet wird[49]), so zeigt sich gleich, daß eine empirisch-naturale Wortauslegung damit zu verfehlten Ergebnissen kommt. Schon Binding (Lehrb. d. BT. S. 248 Nr. 5) hat mit vollem Recht darauf hingewiesen, daß „viele Sachen, z. B. Wäsche, einen Gebrauchsturnus haben" und deshalb nicht jede Beschmutzung eines Gegenstandes Sachbeschädigung sein kann. Dagegen scheinbar Gerland a. a. O. S. 440.

So empfiehlt es sich, den Naturalismus als generelle Interpretationsregel aufzugeben; nachdem unsere Ausführungen gezeigt haben, daß die theoretisch richtige Form dem praktischen Bedürfnis des strafrechtlichen Sachbegriffes vollkommen konform gehen kann[50]).

2. Mit sehr viel größeren Schwierigkeiten als der Nachweis der Unzulänglichkeit der naturalistischen Methode ist der Nachweis der Notwendigkeit eines transpersonalistischen oder, um die kriminalpolitische Seite des Gedan-

---

[49]) Auch ein Urteil des OLG. Darmstadt vom 28. Febr. 1895 erklärt innerliche und äußerliche Beschmutzung eines Briefkastens für Sachbeschädigung trotz „Unversehrtheit der Stoffe", weil er „zeitweilig seiner eigentümlichen Zweckbestimmung entzogen war". (GoltdArch. 43, 134f.) Ein ausgezeichnetes Urteil!

[50]) Das beweisen auch rechtsvergleichende Studien. Am weitesten ging wohl Stooß in seinem Art. 76 d. schweiz. Entw. v. 1894, fand aber Widerstand. Weiteren Rahmen als nach deutschem Rechte finden wir der Sachbeschädigung aber in vielen ausländischen Rechten gezogen (s. VD.-Ber. II, VI S. 149) und auch in neueren Entwürfen, z. B. Entw. e. griech. StGB. Art. 354; italien. Vorentw. 1927 Art. 653.

kens stärker zu betonen, sozialen Sachbegriffes verbunden. Zwar zeigt die notwendige Beziehung auf Kulturwerte schon ein überindividuelles Verhältnis des Kulturgegenstandes zum Menschen an, aber es fragt nicht, in welchen Grenzen eine rein individuelle Beziehung von empirischen Naturgegenständen auf Menschen sich als unausreichend für die Entstehung von Sachen im Rechtssinn erweist.

Die Ablehnung des Naturalismus führte uns dazu, die bedeutungsfremden Gegenstände der Natur von der Subsumierbarkeit unter den juristischen Sachbegriff auszuschließen. Diese Ausscheidung ließ sich nach rein objektiven Gesichtspunkten vornehmen. Ebenfalls von objektiven Gesichtspunkten muß nun bei der Grenzziehung gegen den Individualismus ausgegangen werden. Um überhaupt Gegenstand der Kultur werden zu können, muß sich ein Stück des empirischen Daseins als objektiv gewertetes Gut darstellen: es müssen die ursprünglich rein individuellen Wertbeziehungen ihm eine objektive Bedeutung gegeben haben. Was also keinen objektiven Gutscharakter aufweist, lediglich durch subjektive Beziehungen auf einen Menschen in die Kulturwelt eingetreten ist: die im objektiven Rechtschutzsinne bedeutungslosen Dinge können nicht „Sachen" im Rechtssinne sein. Damit ist natürlich nicht gesagt, daß etwa die wirtschaftliche Werthaftigkeit das Kriterium der Bedeutungslosigkeit abgeben soll. Von dieser Seite her ist das Reichsgericht zuerst an das Problem herangegangen und hat dem Gedanken, daß wertlosen Sachen gegenüber keine Sachbeschädigung möglich sei (in einem schwerverständlichen Widerspruche zu den Grundlagen des Sachbegriffes in § 242!) Ausdruck gegeben. „An schlechthin wertlosen Gegenständen kann das Delikt nicht begangen werden." (RGSt. 10 Nr. 73). Wenn aber zum Begriff der Sache „Wert" gehört (denn sonst ist sie ja kein „Gegenstand", an dem das Delikt begangen werden kann!), dann haben wir darin ein weiteres Bekenntnis des Reichsgerichtes zum kulturellen Sachbegriff vor uns. Auch zum sozialen? Das scheint auf den ersten Blick nicht der Fall zu sein. Denn „wertlos" ist nach der Begründung des 3. Strafsenates zu der zitierten Entscheidung eine Sache nur dann, wenn niemand sie als „die seinige haben will", wobei ihr objektiver (Tausch- oder Kultur-)Wert gleichgültig bleiben soll.

Damit ist deutlich zum Ausdruck gebracht, daß von der herrschenden Lehre und Rechtsprechung als Schutzobjekt der §§ 303ff. lediglich die personale Interessenbeziehung eines Rechtssubjektes zu einem empirischen Kulturgegenstand anerkannt wird. Dieser Eindruck verstärkt sich durch die Lehre, daß nur „dingliche Rechte" und nicht das „Vermögen überhaupt" Schutzobjekt der Sachangriffe seien; eine Auffassung, die auch in der Wissenschaft als doctrina infallibilis erscheint. Es ist eine rein personale Beziehung, die das Reichsgericht bei seinem Sachbegriff im Auge hat. Ohne Herrschaftswille keine Sache. Niemand wird das bestreiten können; es ist eine Rechtswahrheit. Aber es hängt völlig vom angewendeten Begriffe der Rechtsperson ab, ob diese Lehre individualistische oder transpersonalistische Resultate zeitigt. Nach unserem oben entwickelten Begriff der Rechtsperson ist ihr die Sachqualität des empirischen Gegenstandes intendierender Wille Ausfluß einer transpersonalen Funktion des Individuums, nämlich seiner Rechtspersonalität.

Individuelle Sinnbeziehungen schaffen demzufolge keine „Sachen". Es muß in dem „Sinn", der einem empirischen Kulturgegenstand als solchen zukommt, ein objektiver, allgemeiner, vom Gesamtstaatswillen aller Rechtsgenossen verstehbarer und bejahter Wert zum Ausdruck kommen, damit von „Sache" im Rechtssinne gesprochen werden darf. Wer böswillig ein aus Binsen geflochtenes

Kinderspielzeug, dessen Sinn von niemandem außer dem Kind und dem boshaften Täter erkannt worden ist, zerreißt, kann nicht wegen Sachbeschädigung bestraft werden, denn der Gegenstand war nur von einem Menschen kulturell gestaltet worden, kein objektiver Wert haftete an ihm, der den staatlichen Rechtsschutzgedanken zu erfüllen vermöchte. Die unendlich zarten Beziehungen, welche das Kind mit diesem Ding verbanden, werden von den groben Maschen des Netzes rechtlicher Willensbeziehungen gar nicht erfaßt. Allerdings werden nur sehr wenige Fälle denkbar sein, in denen ein vom erwachsenen Menschen zum Kulturgegenstand gestaltetes Etwas mangels der objektiven Wertbedeutung keine Sachqualität besitzt. Viele Gegenstände ohne wirtschaftlichen und von reinem Affektionswert sind doch in ihrer objektiven Bedeutung über die individuelle Beziehung hinaus mit Sinn ausgestattet, so z. B. Liebesbriefe, die stets Sachqualität besitzen. Aber auch hier gibt es eine personale Kultursphäre von viel zu feiner Sinnstruktur, als daß sie an den Durchschnittsmaßstäben der Rechtswelt noch gemessen werden könnte; jene Sphäre, die uns Christian Morgenstern in seinem Gedicht „L'art pour l'art" nahebringt:

> Das Schwirren eines aufgeschreckten Sperlings
> begeistert Korf zu einem Kunstgebilde,
> das nur aus Blicken, Mienen und Gebärden
> besteht. Man kommt mit Apparaten,
> es aufzunehmen; doch von Korf „entsinnt sich
> des Werks nicht mehr", entsinnt sich keines Werks mehr
> anläßlich eines aufgeregten Sperlings".

Dies „Kunstgebilde" ist keine Sache im Rechtssinne, und wer es in seiner „Existenz" zerstörte, würde keine Sachbeschädigung zu verantworten haben — nicht etwa, weil das Recht solche zarten Geschehnisse nicht beachtet, sondern weil es sich vor ihrer privaten Einmaligkeit bescheiden zurückzieht.

3. Es ist nun erforderlich, das dritte Element der Sachbegriffsbildung zu einigen kritischen Anmerkungen heranzuziehen: die Beziehung auf den einzelnen menschlichen Willensträger, die Beherrschtheit des Gegenstandes. Der Gegenstand muß „gehabt" sein, um Sachqualität zu besitzen. Dieses „haben" bedeutet eine willentliche Bezogenheit des Menschen auf die Sache. Es braucht dies aber kein rechtlich intendierter Wille (etwa animus possidendi) zu sein. Es genügt das kulturelle Habenwollen von seiten einer Rechtsperson. Durch diesen Willen wird aber personale Rechtsmacht begründet; allerdings nicht im Sinne eines subjektiven Rechts auf den Gegenstand, sondern im Sinne einer personalrechtlichen Zuordnung des Gegenstandes zu der Rechtsgemeinschaft, als deren Repräsentant der zufällig gerade „Habende" erscheint.

Es fragt sich nun, wann dieses Haben nicht vorliegt und deshalb von Konstituierung einer „Sache" nicht gesprochen werden kann. Der bloße kulturelle Wille ohne Möglichkeit, durch diesen Willen den Gegenstand in der Kulturbezogenheit, die die Person ihm geben will, auch zu halten, genügt nicht. Erinnert man sich an die altrömische und im heutigen englischen Recht noch festgehaltene Bedeutung vom Eigentum als „Dominium", so kann man, ohne Mißverständnis befürchten zu müssen, hier im Gegensatz zu den naturalen res extra commercium, die natürlich keine Sachen im heutigen Rechtssinn sind, von den kulturellen res extra dominium sprechen. Sie sind durch das Fehlen einer personalen Rechtsmacht über sie ausgezeichnete Gegenstände. Sie sind keine „gehabten" Dinge mehr.

Solche Gegenstände sind in erster Linie die derelinquierten Sachen[51]).

[51]) So behandelt sie noch das heutige englische Recht. Vgl. dazu Pollock, Jurisprudence S. 138.

Ihre Sachqualität erlischt mit dem Dereliktionsakt und lebt nicht etwa wieder auf, sondern wird ganz neu begründet mit dem Augenblicke des Okkupationsaktes. Sie sind nicht schon um deswillen in der Zwischenzeit als Sachen zu bezeichnen, weil die Rechtsordnung Okkupation an ihnen zuläßt, denn ein bloßes rechtliches „Dürfen" schafft noch keine personale Beziehung, welche die Sachqualität konstituieren könnte. Das rechtliche „Können" wird aber erst im Augenblick der tatsächlichen Besitzergreifung erworben. Daraus erhellt, daß der strafrechtliche Begriff des Gewahrsams kein accidentiale, sondern ein essentiale des Sachbegriffes darstellt: ohne daß jemand Gewahrsam an ihm hat, kann kein Gegenstand der empirischen Kultur Tatobjekt einer strafbaren Handlung sein. Diese Konsequenz hat der Gesetzgeber in den §§ 242 u. 246 StGB. auch gezogen und das Reichsgericht hat sie sinngemäß für die §§ 303ff. entwickelt: an derelinquierten Gegenständen gibt es keine Sachbeschädigung.

Aber nicht nur derelinquierte Gegenstände gehören zu den res extra dominium[52]). Auch alle Dinge, deren kultureller Sinn vom personalen Willen nicht erhalten werden kann, gehören dazu. Der entflogene Vogel oder fortgeschwommene Fisch sind keine Sachen mehr. Ebensowenig sind Sachen der Mondscheineffekt eines nächtlichen Gartens oder der vom Menschen resp. von einem anderen Stück der materiellen Welt geworfene Schatten. Allerdings nur, insoweit ich den einem solchen Schatten etwa beigelegten kulturellen Sinn nicht durchzusetzen vermag. Anders liegt es z. B. beim künstlich erzeugten, durchaus zweckbeherrschten Schattenspiel eines Marionettentheaters. Wer hier böswillig die Schattenfiguren überschatten oder durch Wirkung einer Gegenlichtquelle beeinträchtigen würde, wäre der Sachbeschädigung schuldig.

Die herrschende Lehre zählt hierher auch noch alle jene „unselbständigen Kräfte oder Energien", welche unablösbar von einem anderen Gegenstand sind und deshalb sich der unmittelbaren Herrschaft, dem Gewahrsam entziehen. Für die Elektrizität hat das Reichsgericht diesen Satz früh ausgesprochen. Man hat Gewahrsam am Akkumulator, aber nicht am Strom, den er aufspeichert. Diese Lehre ist unrichtig, denn durch die ausschließliche Gewahrsamschaft am Stromträger ist zugleich eine personale Beziehung zum Strom hergestellt, deren kultureller Sinn objektiv feststeht und die dem Gegenstand seine spezifische Zweckbeziehung gibt. Wohl aber sind sichere res extra dominium: die Musikschallwelle, die Funkwelle, der Spieldrachen resp. Luftballon, wenn er frei fliegt, ohne Möglichkeit der Lenkung. Am Besitzwillen dessen, der den Ballon steigen läßt, wird es oft nicht fehlen, aber der Wille allein kann ohne tatsächliches Haben der Rechtsmacht keine Sachqualität konstituieren. In richtiger Interpretation des Sachbegriffes wird auch vom Reichsgericht das außer Verfolgung schwärmende Bienenvolk nicht als „Sache" im Sinne der §§ 242, 246, 303 usw. angesehen[53]). Hierhin würde auch der Fall gehören, daß die in Rauchbuchstaben mittels eines Flugzeuges in die Luft geschriebene Reklameschrift von einem Konkurrenzflugzeug vorzeitig zerblasen und vorsätzlich zur Auflösung gebracht wird. Da eine personale Beherrschung der Sache gar nicht möglich ist, keine Sachbeschädigung.

---

[52]) Als solche aufzufassen sind auch alle „lebenden, dem Menschenrecht entzogenen" Sachen, wie der ἄπειρος Ὠκέανος der Alten oder der Weltraum für uns oder Inner-Afrika vor 100 Jahren (Schreuer a. a. O. S. 234).

[53]) Die herrschende Lehre lehnt aber die Anwendung der §§ 242, 303 auf Vergiftung eines Wildbestandes mit Recht ab, weil es an der „Fremdheit" der Sache fehlt. Zur Entstehung der Sachqualität genügt das „dominium" (die Eigenrelation, um mit G. Husserl zu reden); das abstrakte „Eigentum" aber macht die „Sache" erst zu einer „fremden" — leider, wie Binding, Lehrb. d. BT. (2. Aufl.) S. 248 sehr richtig bemerkt.

Unter diesem Gesichtswinkel ist auch insbesondere die Spezialregelung des Diebstahls und der Beschädigung von Feldfrüchten oder Forsterzeugnissen wesensverständlich. Keinesfalls ist die Sonderstellung dieser Tatbestände nur „historisch" zu erklären. Die Sachqualität von Feldfrüchten und Forsterzeugnissen im Sinn der herrschenden naturalistischen Auffassung steht fest. Im Sinn der von uns vertretenen kulturell-teleologischen Lehre wird die Zweckbeziehung, welche die Erdoberfläche zum „Feld" oder den Wald zum „Forst" macht, ausreichen, um die nunmehr erwachsenden Früchte bereits als Kulturgegenstände anzuerkennen[54]). Eine Okkupation der Früchte durch den Grund- oder Forsteigentümer resp. -besitzer ist deshalb keineswegs notwendig, um diesen Gegenständen die Sachqualität zu verschaffen. Das gleiche gilt von den im eingehegten Waldrevier abgeworfenen Hirschstangen[55]); erst recht natürlich vom Wild selbst[56]). Wenn also ein Unterschied zwischen diesen und anderen empirischen Kulturgegenständen hinsichtlich ihres rechtlichen Schutzes besteht, so kann der Grund nur darin liegen, daß ihre Schutzbedürftigkeit geringer ist und daß sie ihrer realen Beschaffenheit nach von anderen Sachen im Rechtssinn unterschieden sind. Dieser Unterschied liegt darin, daß die personale Beziehung, in der Feldfrüchte, Forsterzeugnisse und Jagdtiere zum Menschen stehen, lockerer ist als die anderer Kulturgegenstände. Mit anderen Worten: diese Gegenstände sind Kultursachen von geringerer Intensität der Wertbeziehung — ihnen entsprechen andererseits in den res sacrae, religiosae, publicae Kultursachen mit höherer Intensität der Wertbeziehung[57]). Mit Recht hat deshalb RGSt. 9 Nr. 17 die Anwendung von § 242 auf die bloße Entwendung von Baumharz in öffentlichen oder Privatwäldern abgelehnt und auf die Vorschriften des Landesrechtes verwiesen. In diesem Zusammenhange wird auch die ständige Rechtsprechung des Reichsgerichtes, welche die Tötung frei (ungeknüppelt) umherlaufender Hunde seitens des Jagdberechtigten auf seinem Jagdrevier für straflos erklärt, theoretisch gerechtfertigt. Mit gleichem Recht aber bejaht das Reichsgericht die Strafbarkeit, wenn sich die Hunde unter unmittelbarer Aufsicht einer Person befanden. Der ungeknüppelt revierende Hund ist nicht mehr im personalen Machtbereich seines Besitzers; er kann nicht mehr „Sache" im Sinn des Strafrechtes und deshalb nicht mehr Tatobjekt strafbarer Verletzung sein; ein anderes ist es, wenn ein solcher Hund auf der Landstraße oder außerhalb von Jagdbezirken betroffen wird. Die Pommersche ForstO. vom 24. Dez. 1777; die Schlesische CirkularV. von 1779; das Preußische ALR. II 16 § 56 u. a. landesrechtliche Vorschriften geben zwar auch in diesen Fällen ein Tötungsrecht, aber hier ist das Reichsgericht nicht mitgegangen. Mit Recht. Denn unter solchen Umständen, wo nicht Abwehr von Unerlaubtem, sondern Ausübung von Erlaubtem in Frage steht, wirkt die sehr lockere personale Beziehung zwischen dem Eigentümer des vagabundierenden Hundes und dem Tier immer noch stark genug, um es nicht als seiner Sachqualität für verlustig gegangen anzusehen.

Auch hier zeigt sich, daß das Reichsgericht im konkreten Fall immer von

---

[54]) Nicht aber ist schlechthin alles auf dem Feld Befindliche schon dadurch „Sache" geworden. Die herumkriechende Ackerschnecke ist selbst im privatgehegten Garten keine „Sache" — wohl aber im zoologischen Institut, wo sie als Limax agrestis L. einen spezifisch kulturellen Daseinssinn bekommen hat.

[55]) Mit Recht hat das Reichsgericht (RGSt. 60 Nr. 94) die Möglichkeit eines Diebstahls an ihnen bejaht.

[56]) Vgl. dazu RGSt. 24 Nr. 17 u. 77; Rspr. 3, 810.

[57]) Eine uralte, auch germanische Vorstellung. Vgl. zu dem Problem der „besonders befriedeten Sachen" (Pflug, Mühle usw.) germanisch: Ssp. II, 13, 28, 39; SchwSp. Kap. 182, 209; römisch: Gaius Comm. II, § 51.

der falschen naturalistischen Theorie abzuweichen bereit ist, wenn dadurch teleologisch richtige Entscheidungen erzielt werden.

Diese kritischen Erwägungen lehren uns: Als bedeutungslose Gegenstände der empirischen Kultur (also ohne Sachqualität) müssen aufgefaßt werden alle Kulturgegenstände, wenn sie der rechtlichen Zuordnung zu einer Person im Rechtssinn ermangeln oder verlustig gegangen sind; aber auch schon dann, wenn trotz bestehender rechtlicher Zuordnung (Eigentum im modern abstrakten Sinne z. B.) diejenige tatsächliche Herrschaftsbeziehung, welche ein rechtliches Haben bewirkt (Gewahrsam) nicht mehr besteht. Es kann hier nicht untersucht werden, in welchem Umfang der zivilrechtliche Besitzergriff davon betroffen wird[57a]). Fest steht jedenfalls, daß es im Bezirk des Strafrechtes ohne Gewahrsam keine „Sache" gibt. Wo Gewahrsam verlorenging, bedarf es nicht erst des Dereliktions w i l l e n s, um die Sachqualität des Gegenstandes zum Erlöschen zu bringen: der entflohene Vogel, den ein anderer erschießt oder ein fängt, ist, wofern er nicht die consuetudo redeundi hatte, keine Sache mehr, er ist zwar kein bedeutungsfremder, aber für die Objektivität der Kulturwelt bedeutungsloser Gegenstand mit seiner Flucht geworden. Es liegt daher durchaus nicht in erster Linie am Mangel des subjektiven, sondern des objektiven Tatbestandes, wenn der fragliche Schütze freigesprochen werden muß.

Von diesem Standort aus fällt auf einige alte Probleme neues Licht. So z. B. auf die notwendige Trennung der beiden Akte der „Gewahrsamsbegründung" und „Zueignung" bei der Fundunterschlagung. Solange die Gewahrsamsbegründung nicht stattgefunden hat, ist der empirische Kulturgegenstand nicht Tatobjekt strafbarer Angriffe.

Auch die Unmöglichkeit, § 950 BGB. ins Strafrecht zu übernehmen, erhellt aus dem Dargelegten. Verarbeitung bleibt Sachbeschädigung, schon um deswillen, weil die ursprünglich vorhandene und geschützte personale Beziehung zum Kulturgegenstand durch die Verarbeitung verletzt wird. Das tatsächliche, rechtlich wirksame „Haben" geht verloren. Ob die Sache durch die Verarbeitung eine Wertsteigerung oder Wertminderung erfährt, ist für die Sachqualität irrelevant. Diese ganze Lehre nur auf die „herrenlosen" Sachen im zivilrechtlichen Sinn zu beschränken, wie L o b e will, besteht kein zwingender Anlaß. Sache im Sinn des Strafgesetzbuches ist ja nicht i m m e r „fremde" Sache.

III.

Das zuletzt angeschnittene Problem führte uns schon mitten in die spezielle dogmatische Arbeit hinein. Sie wird durch die Frage eingeleitet: Welche Folgerungen sind aus der von uns vertretenen kulturell-sozialen Sachbegriffstheorie für die Interpretation der Einzeltatbestände zu ziehen? Dabei müßte nun das normative Tatbestandselement „Sache" Paragraph für Paragraph geprüft, interpretiert und expliziert werden. Hierbei sich streng an das Vorkommen des W o r t e s „Sache" zu halten, ist unmöglich, da wir ja schon zu Anfang nachwiesen, daß von einem einheitlichen Sprachgebrauch hinsichtlich des Sachbegriffes im Strafgesetz nicht die Rede ist.

[57a]) Daß „Gewahrsam" („strafrechtlicher Besitz") mit den zivilrechtlichen „unmittelbaren Besitz als Tatbestand" übereinstimme, ist eines der Ergebnisse der Arbeit von S i e b e r t, Der strafrechtliche Besitzbegriff, besonders in der Rechtsprechung des Reichsgerichts (akad. Preisschrift), Breslau 1928. S i e b e r t hält übrigens die vom Reichsgericht vertretene Selbständigkeit des strafrechtlichen vom zivilrechtlichen Besitzbegriff mit Recht für unantastbar. M. E. hängen aber S i e b e r t s Ergebnisse in der Luft, weil er in seiner Arbeit auf eine Klarstellung des grundlegenden Begriffs der „Sache" verzichtet hat. Man kann aber einen Begriff, wie z. B. „Wegnehmen", nicht interpretieren ohne das O b j e k t des Wegnehmens explikativ ins Auge zu fassen.

Das normative Tatbestandselement „Sache" kann auch unter der Bezeichnung „Stoff" oder „Gegenstand" oder in anderer sprachlicher Fassung auftreten. Im Rahmen dieses Aufsatzes müssen wir aus Raummangel leider darauf verzichten, eine vollständige Spezialuntersuchung nach dieser Richtung vorzunehmen. Nur einige der wichtigsten Fälle des Vorkommens des Sachbegriffes im Strafrecht wollen wir durchprüfen und erforschen. Dabei legen wir unsere neue Definition zugrunde. Sache ist der empirische Kulturgegenstand, der durch Beziehung auf Staatswerte zum Rechtsgegenstand wurde und Sachqualität durch Herrschaftsbeziehung auf einen rechtspersonalen menschlichen Willensträger gewonnen hat. Dabei ist stets von der allgemeinen juristischen Form des strafrechtlichen Sachbegriffes als eines wertausfüllungsbedürftigen normativen Tatbestandselementes auszugehen.

Wir beginnen mit § 124 StGB.

Die Bestimmung spricht von Gewalttätigkeiten, die gegen Personen oder Sachen gelegentlich eines Hausfriedensbruches mit vereinten Kräften begangen werden. Die Gegenüberstellung von „Personen" und „Sachen" könnte zu der Annahme verleiten, daß hier das gemeinrechtliche Begriffspaar „personae" und „res" zugrunde liege — mithin der Sachbegriff des § 124 über die res corporales hinausgehe. Die Unmöglichkeit solcher Interpretation lehrt aber der Begriff der „Gewalt"tätigkeiten, der mit einem Angriff auf unkörperliche Gegenstände nicht vereinigt werden kann; mindestens aber an materiellem Substrat erscheinende Phänomene (Schattenspiel, bengalische Erleuchtung) verlangt. § 124 hat nur solche „Gegenstände" im Auge. Trotzdem hält sich schon in der herrschenden Auslegung der Naturalismus in Schranken: „Beschädigung" der Sachen im naturalistischen Sinn ist, wie RGSt. 5 Nr. 129 und 30 Nr. 124 ausgeführt wird, nicht erforderlich. Auch im kulturellen Sinne wird eine Verminderung der Zweckbestimmung nicht verlangt werden dürfen, wohl aber muß der Vorsatz nach unserer Lehre sich nicht auf Substanzverletzung, sondern auf Verminderung der kulturellen Zweckdienlichkeit der Gegenstände oder Gegenstandsphänomene erstrecken. Die in Frage stehende Bestimmung liefert wieder einmal einen Beitrag zur Ablehnung des groben Naturalismus: die vom Täter geforderte „Absicht" kann sich nämlich nur auf kulturelle Gegenstände beziehen. Auf bedeutungslose und bedeutungsfremde Gegenstände mag sich wohl auch einmal die entflammte Zerstörungswut einer Menschenmenge sinnlos richten, mit „Absicht" aber ist das ganz undenkbar. Da an allen Gegenständen innerhalb der Wohnung, der Geschäftsräume, des befriedeten Besitztums oder der öffentlichen Diensträume ohnehin Gewahrsam des als Verletzter in Frage kommenden besteht, ist auch die zur Sachqualität der fraglichen Gegenstände erforderliche personale Herrschaftsbeziehung in diesem Fall stets vorhanden. Es ist nun aber zu fragen: Kann die von uns gemachte allgemeine Aussage über den strafrechtlichen Sachbegriff genügen, um die Wertausfüllungsbedürftigkeit des in Frage stehenden normativen Tatbestandselementes zu befriedigen? Ist nicht eine besondere Art von personaler Herrschaftsbeziehung erforderlich (wirtschaftliche, affektionelle)? Die Rechtsprechung des Reichsgerichtes hat stets verneint, daß eine wirtschaftliche Werthaftigkeit der Sache zur Strafbarkeit einer Gewalttätigkeit nach § 124 notwendig sei. Mit Recht. Damit ist auch hier das „Vermögen" als Schutzobjekt fallengelassen worden. Der Kulturwert des Gegenstandes liegt ausschließlich in seiner Beziehung zum Opfer des rechtswidrigen Angriffes: es zeigt sich, daß der Angriff auf Sachen eigentlich einen Angriff auf die Person enthält. Das ist der alte Gedanke, der schon im Sachbeschädigungstatbestand des römischen Rechtes lebt. Im älteren Recht wurde Sachbeschädigung, in erster Linie als Gewalttat berücksichtigt". Bekanntlich hat dieser Gedanke in dem damnum injuria datum der lex Aquilia seinen legislatorischen Niederschlag gefunden. Erst mit der gemeinrechtlich sich anbahnenden Loslösung des „Eigentums" als eines „absoluten Rechtes" von der „Person" verwandelte sich die Auffassung und wurde die Sachbeschädigung zu den Vermögensdelikten gezählt, wodurch ihre Unterscheidung vom Diebstahl Schwierigkeiten bereitete. Dabei zeigt ein Blick auf die typische Motivation dieser beiden Delikte ganz deutlich, wie auch auf subjektiver Seite die Sachbeschädigung sich gegen die Person, der Diebstahl gegen das Vermögen des Verletzten richtet. Ein gewisser „animus iniuriandi" auf der Seite des Sachbeschädigers ist unverkennbar[58]). In der Regel ist es dem Diebe herzlich gleichgültig, wessen Vermögen er angreift: einen wirtschaftlichen Vorteil zu erlangen ist seine Triebfeder. Wer aber eine Sache beschädigt oder gewaltsam angreift, will die Rechtspersonalität des anderen verletzen. Der Schaden, der dem anderen zugefügt werden soll, ist eine Verminderung seiner personalen Herrschaft und braucht durchaus nicht immer als Vermögensschaden gedacht zu sein. Es ist kein Zufall, daß viele Sachbeschädigungen Racheakte Jugendlicher darstellen, die aus Minderwertigkeitskomplexen heraus die Überwertigkeit der Rechtsperson eines anderen durch Zerstörung („sich als Herrn der Sache gerieren") herabmindern wollen. Aus diesem Gedanken heraus wird die Bestimmung des § 124 erst voll verständlich, denn: Gewalt gegen Sachen brauchen, ohne sie ihrer Substanz nach zu verletzen, ist ein spezifischer Angriff auf die Rechtsmacht der Person. So wenig die physikalische Gegenstandsdefinition den Rechtsbegriff „Sache" zu erläutern vermag, so wenig kann hier der naturalistische Begriff der „physischen" Gewalt den Vorgang der Rechtsverletzung verständlich machen. Es bedarf dazu einer Sinnbeziehung dieser Gewalt, und diese liegt in der Richtung des Täterwillens auf Sinnverletzung: nämlich der objektiv garantierten personalen Rechtsmacht.

Nach dem Dargelegten scheint eine Wertausfüllung des Sachbegriffes in § 124 in engerer Weise, als unsere allgemeine Definition sie liefert, nicht vonnöten. Auch nicht im Hinblick auf die transpersonale Kulturbedeutung der angegriffenen Sachen. Die „Rechtsperson" ist ja nur der individuelle Träger des rechtlichen (staatlichen) Gemeinwillens: insoweit in der garantierten Rechtsmacht der Person der „Rechtsgenosse" getroffen wird, ist in der angegriffenen personalbezogenen „Sache" ein objektiv wertbezogenes („soziales") Kulturgut verletzt.

§ 125 StGB.

Die Fassung des ersten Absatzes der Strafdrohung gegen Landfriedensbruch unterscheidet sich hinsichtlich der Verwendung des Tatbestandselementes „Sache" von § 124 nur insofern, als nicht die bloße Absicht der Gewalttätigkeit genügt, sondern die Sachen gewaltsam angegriffen sein müssen, um den Tatbestand zu erfüllen. Jede Handlung, welche objektiv die Richtung auf Verletzung einer personalen Herrschaftsbeziehung zu einem Gegenstande der empirischen Kultur erkennen läßt, genügt. „Substanzverletzung" ist nicht erforderlich; ebensowenig „Sinnverletzung" (Zweckminderung oder -vereitelung).

---

[58]) Es ist interessant, zu vergleichen, wie in primitiven Rechten dieser Gedanke zu einer schwereren Beurteilung des sozialen Unwertes einer Sachzerstörung als eines Diebstahls führt. Wer eine Ziege schlachtet, also eine Sache zerstört, gilt z. B. nach dem Rechte der afrikanischen Wadschagga-Neger als „mfundži" = Zerbrecher, während der Dieb „inini oder mwivi" heißt. Dieser Unterschied wird „so tief empfunden, daß er unmöglich nur dem praktischen Gesichtspunkt entsprungen sein kann, wonach das untergestellte Vieh wiedererlangt werden kann, das geschlachtete aber nicht". (B. Gutmann, Das Recht der Dschagga S. 569 [1926]).

Nach Abs. 2 wird die Strafe geschärft, wenn die Sachen geplündert, vernichtet oder zerstört worden sind. Hierzu ist die gänzliche Zerreißung der personalen Gegenstandsbeziehung erforderlich[59]), aber auch ausreichend: die weggeworfene und dadurch verlorengegangene Sache ist im kulturellen Sinn untergegangen, vernichtet — wenn auch ihr körperliches Substrat erhalten geblieben sein sollte. Fliegen gelassene Vögel, durch Schleusen- oder Reusenöffnung frei gewordene Fische, in fließendes Wasser geworfene Gold- und Silbergegenstände, überhaupt die schon oben erwähnten Fälle „dauernder Gebrauchsentziehung" zählen hierher. Andererseits scheiden naturale Gegenstände ohne personale Herrschaftsbeziehung natürlich aus: Junge Burschen, die sich zusammenrotten und mit vereinten Kräften Jagd auf einen der Menagerie entsprungenen Löwen machen, fallen trotz rechtswidriger Absicht nicht unter § 125: denn der entsprungene Löwe ist, wenn auch nicht herrenlos, so doch in keines Menschen Gewahrsam mehr und deshalb nicht „Sache" im Rechtssinn. Die personale Herrschaftsbeziehung ist gelöst: sie kann nicht mehr Objekt des Angriffes sein. Im Augenblick der wahrscheinlich gewordenen Möglichkeit, den Löwen zu fangen, ist neuer Gewahrsam begründet, der Löwe ist wieder Sache, eine etwaige Erlegung würde sich als ein se ut dominum gerere darstellen: die Erlegung würde Sachbeschädigung sein. Der Angriff auf die Rechtsperson macht hierbei keine konstruktiven Schwierigkeiten. Bloßes Jagen ohne Erlegungsabsicht würde im ersten Falle auch nach unserer Lehre straflos sein, im letzteren nicht. Straflos würden z. B. auch die Fischerjungen sein, welche einen draußen im Meer ziehenden Heringsschwarm durch Steinwürfe daran zu hindern versuchen, seine Richtung der Küste entlang zum Nachbardorf zu nehmen: denn die Heringe sind keine Sachen im Sinne des § 125 StGB.

Im übrigen kann nur mit wenigen Worten die jeweilige Folgerung unserer Lehre für den jeweils in Frage stehenden Tatbestand gezogen werden.

In § 136 handelt es sich lediglich um körperliche Sachen. Hier hat das Tatbestandselement ausschließlich modale Bedeutung. § 136 muß aber im Sinn der frühen reichsgerichtlichen Rechtsprechung ausgelegt werden: auch an gepfändeten Forderungen ist das Delikt möglich. Der Bruch der personalen Herrschaftsbeziehung besteht hier in Verletzung des staatlichen Gewahrsams. Unser zweites Korrektiv (Transpersonalität der Sache) ist hier deshalb unnötig, weil die Sachen eo ipso sozial zweckbegrenzt gewesen sein müssen, damit ein amtlicher Verschluß für sie in Frage kam. § 137 bietet dafür um so schwierigere Probleme. Hier scheint durch die ausdrückliche Aufführung „pfändbarer" Sachen noch schärfer als in § 136 auf den zivilistischen Sachbegriff verwiesen zu sein (vgl. §§ 808ff. ZPO.). Da nun aber auch Forderungen gepfändet werden können und früh die Frage praktisch bedeutsam wurde, ob der Zedent einer gepfändeten Forderung etwa sich des Arrestbruches schuldig mache, wuchs gerade aus der Interpretation des § 137 für das Reichsgericht die Problematik seines naturalistischen Sachbegriffs hervor. Die zuerst bejahte Anwendbarkeit der Stelle auf res incorporales (RGSt. 12 Nr. 60; Rspr. 3 Nr. 330) hat das Reichsgericht von der Entscheidung der Vereinigten Strafsenate (RGSt. 24 Nr. 14) an wieder verneint. Wir mußten auch hier der früheren Ansicht den Vorzug geben. „Sache" in unserem Sinn ist natürlich auch die Leiche des § 168, ebenso das Grab. Aus der Fassung des § 184 geht aufs deutlichste hervor, daß „Gegenstände" hier „Sachen" im Rechtssinn sein müssen. Das objektive Unwerturteil, das den unzüchtigen Gegenständen nach herrschender Lehre anhaftet, kann uns nicht beirren; im Gegenteil! Unsere Sach-

---

[59]) S. Frank zu § 125 III 2.

lehre liefert ein Argument gegen die falsche Auffassung, als könnten „objektiv wertbezogene", d. h. in irgendeinem allgemeinverständlichen Sinn bedeutungsvolle Gegenstände der empirischen Kultur objektiv „gut" oder „böse" sein: es gibt keine objektive Unzüchtigkeit von Sachen, und damit fällt das aus einer falschen Interpretation des Begriffes „wertbezogen" etwa auftauchende Bedenken gegen die Anwendung des Sachbegriffes in § 184 weg. Das gefährliche Werkzeug des § 223a, die „Stoffe" des § 229 setzen als umfassenderen Begriff den der Sache voraus. Wer einen an Lungenentzündung Erkrankten an die frische Luft führt, die krankheitsteigernd auf ihn wirkt, bringt ihm keinen „Stoff" bei, der „die Gesundheit zu zerstören geeignet ist" — denn Luft ist naturale res extra commercium, keine „Sache" in unserem Sinne: deshalb auch kein „Stoff". Für § 242 ergibt sich eine Beschränkung der Interpretation, weil der Wortlaut des Gesetzes „beweglich" deutlich genug die Stelle auf res corporales beschränkt[60]). Der Gewahrsamsbegriff allerdings wird durch unsere Sachtheorie in der Richtung auf eine Vergeistigung verändert (vgl. oben S. 64), und das Erfordernis der Fremdheit beschränkt ohnehin die allgemeine Bedingung kultureller Zuordnung auf eine Rechtsperson auf die rechtliche Form des Eigentümerverhältnisses. Allerdings würde die dauernde Sachentziehung ohne Absicht der wirtschaftlichen Zueignung für unsere Auffassung der Zerstörung der Sache gleichkommen — fiele nicht unter § 242, sondern unter § 303. Vorübergehender furtum usus ist zwar Lockerung der personalen Herrschaftsbeziehung, also Angriff auf die Sachqualität des Gegenstandes, führt aber nicht zu einer Verminderung seiner Zweckbedeutung. Sollte dies allerdings der Fall sein, so liegt Sachbeschädigung vor. Unter § 242 ist auch in diesem Fall nach unserer Lehre nicht zu subsumieren. Die gleichen Erwägungen finden statt hinsichtlich der §§ 243 u. 246; der hier entscheidende Zueignungsbegriff wird durch unsere Ausführungen nicht verändert; vielmehr bestätigt die hier herrschende antinaturalistische Lehre nur unseren antinaturalistischen Sachbegriff. Im Hinblick auf § 246 möchten wir ausdrücklich feststellen, daß nicht durch den Sachbegriff, sondern durch die modale Bestimmung „beweglich" die Anwendbarkeit der Stelle auf res corporales beschränkt wird. Vom theoretisch richtigen Sachbegriff aus wäre die Unterschlagung von Forderungen durchaus konstruierbar. § 248a hat nur Sachen mit wirtschaftlichem Wert im Auge, verwendet also einen eingeengten Sachbegriff unter der Bezeichnung „Gegenstand". Allerdings zwingt uns nichts, hierbei den naturalistischen Sachbegriff der §§ 242, 246 zugrunde zu legen. Demgemäß fiele nur die widerrechtliche Zueignung eines in unserem oben entwickelten Sinn als Sache zu bezeichnenden wirtschaftlich geringwertigen Gegenstandes unter § 248a. In dem Entwendungsbegriff des geltenden Rechtes, der auf Gewahrsamsbruch hinweist, liegt allerdings schon die nötige Einschränkung, so daß in praxi keine Veränderung der Interpretationsergebnisse trotz veränderter Interpretationsmethode stattfinden wird. Bei § 249 ist darauf zu achten, daß die gewaltsame Wegnahme eines lediglich durch Willensintention dieses einzigen Menschen zum Kulturgegenstande gewordenen Stückes Wirklichkeit den Tatbestand nicht erfüllt, da es sonst am sozialen Wesenselement der „Sache" fehlen würde. Das gleiche gilt natürlich auch für die §§ 242 u. 246: sog. „Bagatellsachen", wie der berühmte Streichholzraub, würden nach unserer Lehre aus dem Kreise der strafbaren Gewahrsamsbrüche ausschalten, ohne daß der vom Entwurf beschrittene Weg der Umwandlung des Diebstahles in ein Bereicherungsdelikt gegangen werden muß.

---

[60]) So auch schon I. 75 D 47, 2.

Der Sachbegriff der Hehlerei (§ 259) ist ebenfalls durch die richtige theoretische Sachkonstruktion zu rektifizieren. Hehlerei ist demnach nicht nur an beweglichen res corporales, sondern auch an Forderungen möglich. Unbeweglichkeit, Herrenlosigkeit, Selbsteigentum des Täters sind nach herrschender Lehre keine Hinderungsgründe für die Anwendung der Stelle. Für die herrenlosen Gegenstände müssen wir die Strafbarkeit ablehnen, da sie der Sachqualität ermangeln. Die gleiche Einschränkung gilt für „Bagatellsachen" im obigen Sinne.

Für § 264a gilt das zu 248a Gesagte. § 265 verwendet einen sehr eingeschränkten, auf unserer Grundlage ruhenden Sachbegriff. Das im § 266 auftretende Wort „Sache" bildet die einzige Stelle im Strafgesetz, wo der alte gemeinrechtliche Sachbegriff Aufnahme gefunden hat. Der Begriff ist im vollen Umfang nach unserer Bestimmung zu interpretieren. Daß die Handlung ausschließlich eine das Vermögen benachteiligende sein müsse, kann nicht anerkannt werden. Nicht jede Verminderung der spezifischen Kulturzweckdienlichkeit einer „Sache" (Nachteil) ist ein Vermögensnachteil. Wer als Vormund oder Testamentsvollstrecker von ihm aufbewahrte Briefe persönlichen Inhaltes absichtlich dem Berechtigten so lange vorenthält, bis sie ihren Sinn (Zweck) nicht mehr erfüllen können, fügt seinem Mündel oder dem Erben keinen „Vermögensnachteil" zu, wohl aber handelt er absichtlich zum Nachteil der ihm anvertrauten Sache. In § 289 kann das Tatbestandselement Sache nur im gleichen Sinn wie in § 242 interpretiert werden; ebenso ergibt sich für die Interpretation des § 290 nichts Neues. Am stärksten wird die neue Auslegung auf §§ 303ff. einwirken. Denn hier wird der naturalistische Begriff der Substanzverletzung durch den kulturellen der Zweckvereitelung zu ersetzen sein; ferner muß die dauernde Entziehung einer Sache als Sachvernichtung aufgefaßt werden; die lediglich individuellster Willensintention ihr kulturelles Dasein verdankenden Sachen scheiden aus; endlich kann an Gegenständen, die in niemandes Gewahrsam stehen, keine Sachbeschädigung begangen werden. Beispiele zu allen Einzelfällen haben wir schon früher erörtert.

Die gleichen Grundsätzen gelten für die §§ 311, 322, 324, 350 und für die den Sachbegriff verwendenden Übertretungstatbestände (§ 366 Ziff. 8, 9, § 368 Ziff. 5, 6, 7, § 370 Ziff. 2), die stets im Sinn des „körperlichen Gegenstandes" auszulegen sind.

Damit haben wir die wichtigsten Folgerungen der unter I und II entwickelten Lehren gezogen. Vollständigkeit war weder erstrebenswert noch möglich. Es gilt, von den gelegten Grundlagen aus, an die Einzelforschung heranzugehen.

Wenngleich unsere Untersuchung oftmals von dem Wege, den das Reichsgericht in seiner Spruchtechnik eingeschlagen hat, abweichen mußte, so erfüllt es doch mit hoher Befriedigung, am Schlusse die Feststellung treffen zu dürfen: Fast alle praktisch sinnvollen Konsequenzen unserer kulturell-sozialen Sachtheorie sind vom Reichsgericht in Einzelentscheidungen schon kasuistisch gezogen worden. Ohne starre Bindung an die einem Zuge der Zeit des 19. Jahrhunderts entsprungene naturalistisch-individualistische Sachtheorie, hat das Reichsgericht gerechte Entscheidungen gesucht und gefunden. Leider aber hat sich diese Praxis noch nicht zu festen Richtlinien ausgebildet. Erfüllt diese Tatsache einerseits mit Staunen, so doch andererseits mit Ehrfurcht vor dem sicheren Rechtswirklichkeitsgefühl unseres höchsten Gerichtshofes, dem der Verfasser zu festlicher Stunde diese Blätter als bescheidene Gabe wissenschaftlicher Forschung widmet.

Abgeschlossen: 13. Januar 1929.

Der Einfluß der Volksanschauung auf die strafrechtliche Praxis des Reichsgerichtes

von Professor Dr. Karl Klee, Berlin

Rudolf von Jhering hat die Jurisprudenz als den Niederschlag des gesunden Menschenverstandes in Sachen des Rechtes bezeichnet. Gewiß hat er hiermit weniger ein empirisches Urteil aussprechen, als eine ideale Forderung aufstellen wollen. Je verwickelter sich die menschlichen Verhältnisse im Laufe der Zeiten gestalten, desto mehr scheint das Ideal Ideal bleiben zu sollen. Wie ein Märchen aus der Urgeschichte des Menschengeschlechtes mutet uns die Überlieferung des altgermanischen Strafverfahrens an: Die Volksgenossen (Schöffen) „schöpften" das, was Rechtens sein sollte, aus ihrer Brust, und der „Umstand", die Gesamtheit der Gemeindegenossen, bestätigte unter Waffengeklirr den Spruch durch „Vollbort", wenn er der Überzeugung der Gesamtheit entsprach. Die Romantik dieser Rechtsschöpfung war bei uns noch bis vor kurzem zu einem Reste lebendig in dem „Wahrspruche" der Geschworenen des alten Schwurgerichtes. Diejenigen, die noch heute Anhänger dieser Art der Rechtsfindung sind, scheinen von den in germanischer Urzeit wurzelnden Vorstellungen zu stark befangen zu sein, um die reale Unmöglichkeit, die heutige Rechtsprechung auf das Laienelement aufzubauen, zu erkennen, wollen sie doch sogar den Rat der „Rechtsverständigen", dem selbst ein Johann von Schwarzenberg, der volkstümlichste Strafgesetzgeber aller Zeiten, einen weiten Spielraum gewährte, auf ein Minimum beschränken, mit anderen Worten den maßgebenden Einfluß des beamteten Berufsrichtertums nach Möglichkeit ausschalten — wenn es ginge, sogar in der Revisionsinstanz.

Nun betrachten auch wir die Mitwirkung des Laienelementes an der Strafrechtspflege als ein unentbehrliches Mittel, das Vertrauen der Bevölkerung zu den Strafgerichten wachzuhalten; die Laien sollen Zeuge sein, in wie ernster, verantwortungsvoller Arbeit der Berufsrichter sich um die tatsächliche Wahrheit müht. Für den Berufsrichter hinwiederum wird die Mitwirkung der Laien bei der Beratung die Bedeutung einer wertvollen Selbstkontrolle haben. Aber wer sieht nicht, daß mit fortschreitender Verwickelung der Lebensverhältnisse und der Rechtstechnik der Laie als eigentlicher Schöpfer des Rechtes im einzelnen Falle regelmäßig notwendig versagen muß! Wer sieht nicht, daß selbst in einfacher gelagerten Kapitalprozessen der sich selbst überlassene Laienverstand der Schulung des Anklägers und des Verteidigers nicht gewachsen sein kann und daher leicht dem Irrtum anheim fällt! Das alte Schwurgericht hat sich überlebt und nur im Schöffensystem können wir unser Heil suchen. In den Revisionsinstanzen aber ist die Alleinherrschaft des Berufsrichters — das liegt in der Natur der Sache — unantastbar. Um so stärker ist die Forderung zu betonen, daß gerade die Revisionsinstanzen in enger Fühlung mit der gesunden Volksanschauung stehen. Die Senate des Reichsgerichtes und der Oberlandesgerichte müssen sich bei der Schaffung ihrer Rechtssätze, bei der Auslegung des geltenden Rechtes in erster Linie selbst als wahre Volksrichter fühlen, die in dem, was das Volk denkt und sittlich empfindet, wurzeln.

Die folgende Untersuchung soll dem Nachweise dienen, daß der höchste deutsche Gerichtshof in Strafsachen durch die Jahrzehnte hindurch mit Erfolg bemüht gewesen ist, die Fühlung mit der Volksseele zu erhalten. Vielleicht nicht in allen Fragen. Wir wollen aber nicht untersuchen, ob der Vorwurf der lebensfremden Begriffsjurisprudenz, der in der Wissenschaft gegenüber einem Teil der Rechtsprechung des Reichsgerichtes, z. B. hinsichtlich des untauglichen Versuches, der Abgrenzung des strafrechtlichen Irrtums von dem außerstrafrechtlichen erhoben wird, begründet ist oder nicht. Selbst wenn hier das Reichsgericht mit der Volksanschauung nicht zusammengehen sollte, ein Beweis, der sich übrigens kaum erbringen ließe, weil sich eine eindeutige Volksanschauung gerade in diesen vielgestaltigen Fragen nicht feststellen läßt, so ist es doch jedenfalls dem höchsten Gerichtshof in großem Umfange geglückt, seine grundsätzlichen Entscheidungen in Strafsachen aus der Volksanschauung heraus zu rechtfertigen. Aber dies darzutun ist uns gleichfalls nicht die Hauptsache. Es kommt uns nicht so sehr auf eine kritische Stellungnahme zu den Schlußfolgerungen des Reichsgerichtes aus der Volksanschauung als darauf an, feststellungsmäßig eine Seite seiner Rechtsprechung hervorzuheben und zu beleuchten, die bislang — zumal in weiteren Volkskreisen — unverdientermaßen nur geringe oder gar keine Beachtung gefunden hat: die Volksanschauung ist in bedeutendem Umfange ein konstruktiver Faktor der reichsgerichtlichen Gesetzesauslegung geworden.

Wir können hier nur auf das Augenfälligste eingehen. Eine erschöpfende Darlegung würde den Rahmen dieses Beitrages sprengen und würde gleichbedeutend sein mit einer Durchforschung der Zusammenhänge von Recht und Sittlichkeit, wie er sich in der Rechtsprechung des Reichsgerichtes, namentlich in der Verwertung des im Volksethos wurzelnden Begriffes der guten Sitte — etwa bei Abgrenzung der berechtigten Interessen im Sinne des § 193 StGB. — spiegelt. Das, was Rudolf Laun theoretisch erstrebt: die Einheit von Recht und Sittlichkeit herzustellen, das hat dem höchsten Gerichtshof in Strafsachen schon immer als Richtschnur gedient. Auch ihm hat schon immer vorgeschwebt, daß alles Recht, soll es wirksam bestehen, nicht heteronome, d. h. von einer Zwangsgewalt dem „Untertanen" auferlegte Norm des Müssens, sondern autonome Norm, ein Sollen sein muß, d. h. daß das Recht ohne die „billigende Zustimmung des Rechtsgefühles", des Gewissens der Allgemeinheit, nicht bestehen, seine Aufgabe nicht erfüllen kann. Im Bewußtsein dieser Wahrheit hat das Reichsgericht stets den sittlichen Wurzeln des Rechtes nachgespürt.

An sich würde es auch einer Überprüfung der Schuldlehre des Reichsgerichtes bedürfen. Denn an sich liegt der Untersuchung, ob „die pflichtmäßige" Aufmerksamkeit außer acht gelassen ist, in dem Sinne, daß man es dem Täter „zumuten" konnte, in seiner Lage anders zu handeln, nur um die voraussehbare Rechtsverletzung zu vermeiden (vgl. RGSt. 30, 25; 36, 78; 57 S. 148, 172; 58, 27), notwendigerweise der Maßstab vernünftiger Lebensanschauung zugrunde. Aber nicht nur bei fahrlässiger Straftat verlangt ja das Reichsgericht die mit der Pflichtwidrigkeit gegebene „Vorwerfbarkeit" der Handlung, in einer Reihe von Entscheidungen ist es — unter teilweiser Zustimmung und teilweisem Widerspruche der Wissenschaft[1]) — dazu übergegangen, zur vorsätzlichen Schuld neben der rein psychologischen Beziehung des Täters zur Tat die Verletzung einer besonderen Pflichtnorm und in diesem Sinne gleichfalls „Vorwerfbarkeit" zu fordern (vgl. RGSt. 58 S. 97, 226; 60, 103). Ja, unter Sprengung des Rahmens der positivrechtlichen Regelung des Notstandes in § 54 StGB. hat

[1]) Vgl. dazu Schumacher, Um das Wesen der Strafschuld (1927) S. 101ff.

die weittragende Entsch. 61, 242ff. (besonders S. 252) über die straflose Abtreibung bei Lebensgefahr für die Mutter, eine Entscheidung, die übrigens durch das Urteil in RGSt. 62, 137 durch grundsätzliche Beschränkung auf approbierte Ärzte eine nicht unwesentliche Abschwächung erfahren hat, das Prinzip des überwiegenden Interesses anerkannt, das letzten Endes gleichfalls darauf abstellt, ob man dem Staatsbürger in gewissen Situationen „zumuten" kann, ein Rechtsgut nicht zu verletzen. Es ist hier nicht der Ort, zu dieser Einengung des Schuld- und Erweiterung des Notstandsbegriffes Stellung zu nehmen. Jedenfalls stützen sich auch diese Entscheidungen offensichtlich, wenn auch stillschweigend, auf das „allgemeine Rechtsgefühl"; denn Konzessionen an den Individualismus werden sich auf die im Volke herrschenden Rechtsvorstellungen stets mit Erfolg berufen können: selbstverständlich ist jedes Individuum bestrebt, die Grenzen des „staatsfreien" Gebietes in seinem Dasein auszudehnen. Es fragt sich nur, ob die Rechtsprechung nicht Bedenken tragen muß, an diesen Individualismus so weitgehende Konzessionen zu machen, wie dies nach unserer Meinung in den in Rede stehenden Entscheidungen des Reichsgerichtes geschehen ist.

Wir sehen unsere Aufgabe als erfüllt an, wenn wir uns der Betrachtung derjenigen Entscheidungen des Reichsgerichtes unterziehen, die sich unmittelbar und ausdrücklich auf Volksanschauungen und Verkehrssitte bei Auslegung der gesetzlichen Tatbestandsmerkmale stützen, sei es, daß dies im positiven, die Anwendung des Strafgesetzes begründenden, sei es, daß es in negativem, diese Anwendung ausschließenden Sinne geschieht.

Das Grundelement aller strafrechtlichen Zurechnung ist die „Handlung". RGSt. 44, 223 (4. StS. Urt. v. 7. Jan. 1911) untersucht die Frage, wann im Sinne des § 73 StGB. zwei Strafgesetze durch eine Handlung verletzt sind. Es geht hierbei nicht von dem Begriff einer einen gesetzlichen Tatbestand erfüllenden strafbaren Handlung aus, sondern von dem Begriffe, „den das Leben, die natürliche menschliche Auffassung und Sprache" überhaupt mit dem Worte „Handlung" verbindet. Nach der natürlichen Auffassung sei zunächst eine Körperbewegung = eine Handlung; aber oft werde die „eine" Handlung auch gebildet durch eine Kette zusammenhängender Tätigkeitsakte, wenn sie, von einem einheitlichen Willen des Handelnden geleitet, zur Hervorbringung eines bestimmten Erfolges dienen. Nichts damit zu tun hat die „fortgesetzte" Straftat in juristisch-technischem Sinne: hier könne der auf einen bestimmten Enderfolg gerichtete Wille nicht entscheiden, er könne nicht verschiedenartige Delikte zu einer Tateinheit verschmelzen, für den Begriff des „fortgesetzten Deliktes" fordert das Reichsgericht vielmehr in ständiger Rechtsprechung Gleichartigkeit der Begehrungsform und Einheit des verletzten Rechtsgutes. Dieser Erfordernisse bedarf es nicht bei der im natürlichen Sinne einheitlichen Handlung: Hier ist es also „kraft natürlicher Anschauungsweise" möglich, daß ein einheitlicher Wille auch verschiedenartige Delikte zu einer „Tateinheit" verbindet; Voraussetzung ist nur (vgl. RGSt. 32, 138; 56, 59), daß die Tatbestände der verschiedenen Delikte wenigstens teilweise zusammenfallen. Es ist zweifelhaft, ob diese Voraussetzung von der „natürlichen" Betrachtungsweise gefordert wird oder ob man sich überhaupt bei der Verwirklichung verschiedener deliktuoser Tatbestände auf die natürliche Auffassung zur Annahme einer Tateinheit berufen kann. Jedenfalls ist es durchaus richtig, daß, wenn jemand eine Reihe von Messerstichen einem anderen versetzt, um ihn kampfunfähig zu machen, wenn er also rein äußerlich betrachtet den Tatbestand des Deliktes der Körperverletzung öfter erfüllt, es sich nach der natürlichen Auffassung nicht um mehrere Körperverletzungen, sondern nur um eine einzige handelt. Wird doch auch im Gebiete des strafrechtlich-irrelevanten Lebens der Vater, der kraft seiner väterlichen Züchtigungsbefugnis seinem Buben mehrere Schläge versetzt, nicht sagen, er habe ihn mehrmals gezüchtet, sondern nur von einer Züchtigung sprechen.

Mit dem Begriffe der Handlung vom Standpunkte der natürlichen Auffassung beschäftigt sich auch die Entsch. 31 S. 395, 397 (1. StS. Urt. v. 8./22. Dez. 1898). Es handelt sich hier um die Frage, ob Teilnahme an einer Tat, zu der der Täter durch Drohung mit gegenwärtiger Gefahr für Leib oder Leben genötigt worden ist, und die deshalb nicht bestraft werden kann, ihrerseits strafbar ist .In der Theorie wird vereinzelt die Meinung vertreten, daß hier der Satz gelten müsse „coactus voluit", daß mit anderen Worten die gefährliche Drohung im Gegensatze zu der im § 52 StGB. daneben erwähnten „unwiderstehlichen Gewalt", bei welcher von einer Handlung im Rechtssinne überhaupt nicht die Rede sein könne, immerhin eine Handlung des Bedrohten zur Entstehung kommen lasse, so daß die so erzwungene Handlung zwar an sich eine strafbare Handlung bleibe, aber als durch Nötigungsnotstand hervorgerufen in der Person des Täters straflos bleibe, während die Teilnehmer an der an sich strafbaren Handlung strafbar seien. Das Reichsgericht lehnt diese Ansicht ab; es leugnet auch im Falle des durch gefährliche Drohung herbeigeführten Nötigungsnotstandes das Vorhandensein einer an sich strafbaren Haupttat. Für eine Unterscheidung der Wirkung der Mittel der Nötigung biete das bestehende Gesetz keine genügende Stütze, es stelle die physische Gewalt und die gefährliche Drohung in ihren Wirkungen völlig gleich, hier wie dort werde der freie Wille des Handelnden ausgeschaltet, infolgedessen müsse, da die akzessorische Natur der Teilnahme eine strafbare Haupttat fordere, die Strafbarkeit auch der Teilnehmer entfallen. Zur Unterstützung seiner Ansicht fügt das Reichsgericht hinzu: „Mit der Rechtsüberzeugung des gewöhnlichen Lebens scheint es jedenfalls kaum vereinbar, daß derjenige, dessen Tun sich ausschließlich als die Folge eines fremden, ihm aufgenötigten Willens darstellt, bei demselben Tun daneben noch einen eigenen freien Willen haben soll."

Dem Bedrohten läßt sich auch nicht zumuten, daß er einen gegen ihn gerichteten Angriff (§ 53 StGB.) nur deshalb über sich ergehen lasse, weil er von einem unzurechnungsfähigen oder von einem in unvermeidbarem Irrtum handelnden Menschen ausgeht. Das RG. (27, 44; 2. StS. Urt. v. 19. Febr. 1895) steht auf dem Standpunkte, daß auch der Angriff einer solchen Person ein rechtswidriger ist, daher in den Grenzen der erforderlichen Verteidigung abgewehrt werden darf. Wollte man in Abweichung hiervon die Ansicht vertreten, daß die Angriffe Geisteskranker nur Notstand im Sinne des § 54 StGB. begründen, so würde man zu dem Ergebnisse gelangen, daß es unzurechnungsfähigen Personen gegenüber bei Angriffen gegen das Vermögen ein Recht zur Verteidigung überhaupt nicht gibt und daß, wenn der Angriff mit gegenwärtiger Gefahr für Leib oder Leben des Angegriffenen verbunden ist, nur ein Angehöriger, nicht aber ein Fremder dem Bedrohten zu Hilfe kommen darf. Wir werden dem Reichsgerichte zustimmen müssen, wenn es sagt: „Dies Ergebnis verletzt das natürliche Rechtsgefühl."

Dem Angegriffenen läßt sich weiter nach der Rechtsprechung des Reichsgerichtes keineswegs unter allen Umständen zumuten, sich dem Angriffe durch die Flucht zu entziehen, selbst wenn er nach Lage der Sache dazu die Möglichkeit hat. Gleichwohl kann vielmehr nach den Umständen des Falles eine aktive Verteidigung doch die im Sinne des § 53 erforderliche Verteidigung sein. Die Entsch. 16, 69 (1. StS. v. 13. Mai 1887) erachtet für maßgebend, daß das Gesetz, weil es nicht bloß die Person des Angegriffenen, sondern neben dem Vermögen auch dessen Ehre durch das Recht der Selbstverteidigung hat schützen wollen, nicht hat verlangen können, daß als Mittel, dem Angriffe zu entgehen, die Flucht auch dann gewählt werde, wenn sie nicht ohne eigenes Opfer an berechtigten Interessen bewirkt werden kann, „namentlich also, wenn sich solche nach den Anschauungen des gesellschaftlichen Verkehrslebens unter den gegebenen Umständen als schimpflich oder unehrenhaft darstellen würde. Derartigen, oft schwerwiegenden Unzuträglichkeiten braucht der Angegriffene zum Vorteile des widerrechtlichen Angreifers sich nicht auszusetzen."

Derselbe Gesichtspunkt klingt an in der das Delikt der Freiheitsberaubung betreffenden Entsch. des 2. StS. v. 10. April 1883, RGSt. 8, 210. Das Reichsgericht bejaht hier das Vorliegen des Begriffsmerkmals des Einsperrens aus § 239 StGB. unter Umständen auch dann, wenn der Eingesperrte sich ohne besondere Beschwerlichkeiten befreien kann. Es handelt sich um eine in einem Zimmer eingesperrte Frau, die durch das Fenster auf den Hof hätte gelangen und sich so alsbald wieder in Freiheit hätte setzen können. Es heißt hier: „Zwar war die Entfernung der Fensterbrüstung von dem Erdboden keine bedeutende und insofern die Benutzung dieses Ausweges eine wenig gefahrvolle, immerhin aber eine für die verehelichte L. nicht unbeschwerliche. Dabei ist besonders auf den Verstoß gegen Sitte und Ehrbarkeit hinzuweisen, welcher in der Wahl desselben, zumal für Frauen, liegt, und nach diesen Umständen ist das Instanzgericht in der Lage, ohne Rechtsirrtum das Vorhandensein der Voraussetzungen anzunehmen, welche die L. von der Entfernung durch das Fenster abhalten mußten und damit den Zustand des Eingesperrtseins derselben objektiv begründeten."

Wir bezeichneten es oben als nicht unbedenklich, die Schuldform des Vorsatzes und der Fahrlässigkeit mit einem außerhalb der psychologischen Beziehung des Täters zum verletzenden Erfolge liegenden Moment der Pflichtwidrigkeit zu belasten. Dagegen steht der Anlegung des Maßstabes der Pflicht bei Gewinnung des Begriffes des „unverschuldeten" Notstandes nichts im Wege. Anerkanntermaßen handelt es sich, wenn § 54 StGB. zur Voraussetzung der Straflosigkeit der Notstandshandlung die Unverschuldetheit des Notstandes erhebt, nicht um die Forderung, daß der Notstand nicht vorsätzlich oder fahrlässig herbeigeführt sei, sondern es ist über den engen Rahmen der Schuldform hinaus hier auch die sittliche Schuld des Täters in Betracht zu ziehen. Von dieser Grundlage aus ist es nicht zu beanstanden, wenn das RG. (36, 334; 4. StS. Urt. v. 3. Juli 1903) die Tatsache, daß der Beischlaf unter Ehegatten trotz Kenntnis der nahen Möglichkeit einer Befruchtung und der durch die Entbindung für die Frau drohenden Lebensgefahr freiwillig gestattet und vollzogen ist, als nicht genügend bezeichnet, als Grundlage für die Annahme eines verschuldeten Notstandes zu dienen. Nach seiner Ansicht würde es „den Anschauungen auch der gesunden Moral im Volksbewußtsein widersprechen und deshalb unbillig erscheinen, im Verhältnisse zwischen Ehegatten, die in ehelicher Lebensgemeinschaft leben, unterschiedslos die höchsten Anforderungen an deren Willenskraft zu stellen, selbst im Falle möglicher Gefährdung der Frau oder einer etwaigen Leibesfrucht absolute geschlechtliche Enthaltsamkeit zu fordern und schon in jeder Nachgiebigkeit gegen die Regungen der Sinnlichkeit ohne Vorhandensein von Umständen, die diese Nachgiebigkeit als Ausfluß besonderen Leichtsinnes oder besonderer Gleichgültigkeit gegen die Gefährdung erkennbar machen, ein „Verschulden" zu erblicken.

Nicht selten rügt das Reichsgericht in Ansehung der Frage nach der Fahrlässigkeit eine Überspannung der Sorgfaltspflicht durch den Tatrichter, so zuletzt RGSt. 61 S. 120, 122 (1. StS. Urt. v. 4. Jan. 1927). Soweit hierbei lediglich auf die physisch-psychische Fähigkeit des Täters, einen verletzenden Erfolg vorauszusehen, abgestellt und von dem Moment der „Vorwerfbarkeit" im Sinne des Verstoßes gegen eine besondere Pflichtnorm (s. oben S. 73) abgesehen wird, bewegt sich das Reichsgericht zweifellos im Rahmen des geltenden Rechtes. Auch hier werden als Maßstab die im Leben herrschenden Anschauungen über den Grad der Aufmerksamkeit, der von einem Menschen in einer gefährlichen Situation verlangt werden kann, benutzt.

Wir haben es oben dahingestellt gelassen, ob sich das Reichsgericht für seine subjektive Theorie über den untauglichen Versuch, wonach auch der Angriff auf ein gar nicht vorhandenes Rechtsgut strafbar sein soll, weil er einen gefährlichen Willen offenbart, auf die Volksanschauung berufen kann — eine Theorie, die sich ja übrigens das künftige Strafgesetzbuch aller Voraussicht nach zu eigen machen wird (vgl. § 26 Entwurf 1927). Mit kaum anzuzweifelnder Berechtigung nimmt aber das Reichsgericht die Volksanschauung für sich in Anspruch bei der seit dem 53. Bande (vgl. Entsch. S. 139) einsetzenden subjektiven Bestimmung der Grenze zwischen strafloser bloß vorbereitender und strafbarer Versuchshandlung. Bis dahin hatte das Reichsgericht die Grenze mehr objektiv dahin gezogen, daß mit der Verwirklichung eines Tatbestandsmerkmals begonnen sein müsse, damit ein „Anfang der Ausführung" im Sinne des § 43 StGB. vorliege. Die Frage war und blieb nur, in welchem Zeitpunkte von einem solchen „Beginne" der Verwirklichung eines Tatbestandsmerkmals gesprochen werden kann. Hatte der Klingelfahrer, der bereits an der Wohnungstür geklingelt hatte, um im nächsten Augenblicke, wenn, wie erwartet, niemand sich meldete, den in der Hand bereitgehaltenen Dietrich in das Türschloß einzuführen und sich auf diese Weise zwecks Diebstahles Eingang in die verlassene Wohnung zu verschaffen, bereits einen schweren Diebstahl „versucht"? In früheren Zeiten war das Reichsgericht geneigt gewesen, hier einen Anfang der Ausführung noch nicht anzunehmen, hierzu vielmehr erst die begonnene Einführung des Dietrichs zu fordern. Den Wendepunkt bahnte die von Frank aufgestellte Formel an, daß ein Anfang der Ausführung stets dann schon vorliege, wenn eine Handlung begangen war, die zufolge ihrer notwendigen Zusammengehörigkeit mit einer Tatbestandshandlung des Vergehens für die natürliche Auffassung als deren Bestandteil erscheint. An dieser Formel hat das Reichsgericht bis in die neueste Zeit festgehalten, so für den Betrug RGSt. 51, 341, für den Diebstahl RGSt. 54, 332 und endlich für die Tötung in RGSt. 59, 157. Der letztgenannten Entsch. des 2. StS. v. 23. März 1925 liegt folgender Sachverhalt zugrunde: Angeklagter wollte ein fünf Monate altes Kind töten, aber nur, während es bewußtlos war; er fühlte sich außerstande, sich an dem nichtbetäubten Kinde zu vergreifen. Er gab dem Kinde deshalb eine Morphiumlösung ein, um ihm, sobald ihre nachhaltige betäubende Wirkung sich zeigen würde, durch Öffnen der Pulsader das Leben zu nehmen. Das Reichsgericht bestätigt die Auffassung des Schwurgerichtes Braunschweig, daß hier bereits versuchter Mord gegeben sei. Das Eingeben des Morphiums und das Öffnen der Pulsadern hätten — so führt der 2. Strafsenat aus — notwendig zusammengehört, und zwar nicht nur nach dem Vorsatze des Angeklagten, sondern auch nach der äußeren Erscheinungsform; bei der Einheitlichkeit des geplanten Angriffes auf das Leben habe dessen Gefährdung schon mit der Betäubung des Kindes eingesetzt, für die „natürliche Auffassung" erscheine die Einflößung des Betäubungsmittels als Bestandteil der Tötungshandlung. Sehr wichtig ist hierbei, daß das Reichsgericht die Bedeutung der Handlung der Morphiumbeibringung unter dem Gesichtspunkte der Absicht des Täters, alsbald danach dem Kinde die Pulsadern zu durchschneiden, betrachtet.

Ohne diese subjektive Seite in Betracht zu ziehen, läßt sich kaum sagen, daß die Einflößung des betäubenden Morphiums für die natürliche Auffassung als Bestandteil der Tötung selbst erscheint. Daß derjenige, der in Tötungsabsicht das Gewehr auf den Gegner bereits in Anschlag bringt, einen Tötungsversuch begeht, kann nicht zweifelhaft sein. Denn, ohne den Gegner aufs Korn zu nehmen, läßt sich eine Tötung durch Erschießen nicht ausführen. Ist aber auch bereits das Auflauern mit geladener Schußwaffe Tötungsversuch? Bedarf es etwa stets des Auflauerns, um eine Tötung auszuführen? Die Franksche Formel ist in erster Linie objektiv zu verstehen. Das Reichsgericht geht, indem es in seinen Entscheidungen (vgl. namentlich die Urteile des 2. StS. 53, 217 und 55, 91) maßgebendes Gewicht darauf legt, daß der Täter beabsichtigt haben müsse, im unmittelbaren zeitlichen und räumlichen Anschlusse die Tat zu vollenden, über die Franksche Formel hinaus; es subjektiviert sie und mit Recht. Unter diesem Gesichtspunkte kann unter Umständen auch das Auflauern mit der tödlichen Schußwaffe schon als Mordversuch erscheinen. Besonders charakteristisch für die Auffassung des Reichsgerichtes, die hier auch mit populären Erwägungen gestützt wird, ist die Entsch. des 2. StS. v. 26. Febr. 1920 (RGSt. 54, 254): Der Angeklagte ist auf dem Boden des Hauses von dem Pförtner betroffen worden; er war in der Absicht eingedrungen, allerhand Sachen zu entwenden. Allerdings genüge — so führt das Reichsgericht aus — das Hingehen zum Tatorte, das Hinschaffen von Werkzeugen im allgemeinen noch nicht zur Annahme eines strafbaren Versuches. Habe aber der Dieb die naheliegende Möglichkeit eines Bruches des fremden Gewahrsams geschaffen, mit anderen Worten den fremden Gewahrsam gefährdet, so liege die Sache anders. Der Dieb habe im vorliegenden Falle sich durch alle Stockwerke heraufgeschlichen und bereits auf dem Boden vor einer unversperrten Bodenkammer gestanden, in die er nur einzutreten brauchte, um die, wie er wußte, dort umherliegenden Gegenstände wegzunehmen. Hier habe sich ein zielbewußter verbrecherischer Wille in gefährlicher Weise betätigt, die Vollendung der Tat habe unmittelbar bevorgestanden und der Gewahrsam des Eigentümers sei bereits ernstlich gefährdet gewesen. „In einem solchen Falle eine straflose Vorbereitungshandlung anzunehmen, würde dem gesunden Rechtsempfinden widersprechen und dem ertappten Diebe selbst unverständlich sein." Das Reichsgericht klebt übrigens nicht an dem Umstande, daß die Bodenkammer unversperrt sei; auch wenn die Bodenkammer verschlossen gewesen wäre, aber der davorstehende Bodendieb alle zu ihrem Erbrechen erforderlichen Werkzeuge bei sich hatte, an deren sofortiger Anwendung er gehindert wurde, sei Versuch (des schweren Diebstahles) gegeben.

Beim strafbefreienden Rücktritt vom Versuch dreht sich alles um den Begriff der „Freiwilligkeit", worunter man die Wendung des § 46 Ziff. 1 StGB. „ohne durch Umstände, welche von seinem Willen unabhängig sind, an der Ausführung der Tat gehindert worden zu sein" zusammenzufassen pflegt. Die Schwierigkeit liegt hier einerseits darin, daß, strenggenommen, von Umständen, welche vom Willen unabhängig sind, überhaupt nicht gesprochen werden kann, denn auch rein innerliche Erwägungen des Täters, wie Reue, bessere Einsicht, erhalten ihre praktische Bedeutung erst dadurch, daß der Wille des Täters sich entscheidet, ihnen nachzugeben. Man muß also richtiger umgekehrt von Umständen sprechen, von denen der Wille unabhängig ist. Darauf hat Oetker im GerS. 88, 86ff. mit Recht hingewiesen. Dann aber ergibt sich wieder die Schwierigkeit, daß es — wenigstens vom deterministischen Standpunkte aus — Umstände, denen sich der Wille entziehen könnte, nicht gibt, daß der Wille vielmehr immer notwendig in die Richtung gedrängt wird, die Umstände und Charakteranlage des Täters vorschreiben. Für die praktische Anwendung des § 46 Ziff. 1 kann daher nur maßgebend sein, ob das — an sich notwendige — Nichtweiterhandeln des Täters mehr auf innere, seinem besseren Ich entnommene Erwägungen als auf Erwägungen zurückzuführen ist, die ihm seine Ohnmacht, weiterzuhandeln, vor Augen führen. Diesem Gedanken hat Frank durch die Alternative „ich kann zwar, will aber nicht" und „ich will, kann aber nicht" präzisen Ausdruck verliehen. Von diesen Gedankengängen ist auch die Praxis des Reichsgerichtes beeinflußt. In der Entsch. v. 7. März 1913 (RGSt. 47, 74) stellt der 4. Strafsenat in diesem Sinne darauf ab, ob der Wille des Täters „nach der Auffassung des Lebens" bei Furcht vor künftiger Anzeige und Bestrafung noch als frei erachtet werden konnte. Noch deutlicher lehnt sich das Reichsgericht in der Entsch. des 3. StS. v. 8. Juli 1920 (RGSt. 55, 66) an die Franksche Formel an, wenn auch, ohne sie ausdrücklich zur Richtschnur zu nehmen. Es sagt: „Ein vom Willen des Täters unabhängiger, ihn an der Ausführung hindernder Umstand im Sinne des § 46 Ziff. 1 liegt nur dann vor, wenn er entweder die Ausführung der in Aussicht genommenen Tat schlechthin unmöglich macht oder doch derart auf die Willensrichtung des Täters einwirkt, daß er nach der gewöhnlichen Lebensauffassung für den Täter einen zwingenden Grund abgibt, von der Begehung Abstand zu nehmen" (vgl. auch RGSt. 37, 403; 45, 6).

Das Wesen des Vergehens des sog. Duchesne-Paragraphen (§ 49a StGB.) ist bestritten. Die einen sehen in der Aufforderung zum Verbrechen ein delictum sui generis, einen Angriff auf die „rechtstreue Gesinnung", die anderen eine abstrakte Gefährdung der Rechtsordnung, wieder andere eine Ergänzung des strafbaren Versuches durch Bestrafung einer vorbereitenden Handlung. Der letzten Ansicht hat sich das Reichsgericht angeschlossen (zuletzt RGSt. 57, 171). Es verlangt daher die Ernstlichkeit der Aufforderung. Eine Gewähr für diese Ernstlichkeit sieht die Entsch. des 1. StS. v. 23. Febr. 1882 (RGSt. 6, 67) in der Verabfolgung einer Mark als „Drangabe" an den Aufgeforderten. Wenn das Gesetz außer der schriftlichen Aufforderung nur die an die Gewährung von Vorteilen geknüpfte Aufforderung bestrafe, so wolle es damit das Erfordernis der Ernstlichkeit des Willens erhärten. Dieses Erfordernis sei durch die hier für den gewährten Vorteil gewählte Form der Drangabe in hervorragender Weise gewährleistet. „Es entspricht einer weitverbreiteten Gewöhnung der Bevölkerung, bei Abschluß von Rechtsgeschäften der verschiedensten Art die Ernstlichkeit des Willens und das Zustandekommen der Willenseinigung der Kontrahenten durch eine ‚Daran'- oder Daraufgabe zu bestärken". Auf Grund dieser Auffassung erscheine ein wenn auch geringfügiger Geldbetrag, dessen Verabfolgung der strafwürdigen Abmachung den Schein eines festabgeschlossenen Rechtsgeschäftes verleihe, zur Manifestierung der Ernstlichkeit des Willens und damit zur Erreichung des vom Gesetze erstrebten Zweckes in hervorragendem Maße geeignet.

Die Grenzen des elterlichen Züchtigungsrechtes werden nach der Entsch. des 2. StS. v. 14. Febr. 1908 (RGSt. 41, 98) — ihm hat sich der 3. StS. im Urt. v. 10. Febr. 1906 (RGSt. 49, 389) angeschlossen — durch allgemeine sittliche Anschauungen über das Wesen des Verhältnisses zwischen Eltern und Kindern bestimmt. Sie sind dafür maßgebend, ob eine Behandlung eines Kindes pflichtmäßig, weil im Rahmen der Personenfürsorgepflicht liegend, oder pflichtwidrig, weil aus ihrem Rahmen herausfallend, ist. Einen scharfen Trennungsstrich zieht das Reichsgericht zwischen dem allgemeinen Sittengesetz und der etwaigen irrtümlichen Anschauung „ganzer Volkskreise" (RGSt. 41, 101) über das Wesen der Züchtigung. Soweit letztere Anschauung von dem allgemeinen Sittengesetze abweicht, waltet ein unbeachtlicher strafrechtlicher Irrtum ob. Auf denselben Unterschied zwischen allgemeiner sittlicher und in gewissen Standeskreisen herrschenden Anschauung über das Recht zur Züchtigung stellt das Reichsgericht in einer erst neuerdings veröffentlichten Entscheidung (RGSt. 62, 396) ab: Ein Arzt hatte, um ein sich gegen die ihm von der Mutter aufgetragene operative Entfernung der Mandeldrüsen sträubendes Kind gefügig zu machen, diesem eine empfindliche Ohrfeige versetzt. Das freisprechende landgerichtliche Urteil hebt das Reichsgericht auf unter dem Gesichtspunkte, daß ein objektiver, aus der allgemeinen sittlichen Anschauung zu entnehmender Maßstab dafür entscheidend sei, ob die Züchtigung noch im Rahmen des vernünftigen Operationszweckes liege, demnach zulässig sei, nicht aber die Anschauung gewisser Volkskreise oder der ärztlichen Operateure.

Einen objektiven allgemeinen Maßstab legt das Reichsgericht auch an bei Prüfung der Frage, ob die Züchtigung eines Schülers durch einen Lehrer erlaubt sei. Die Entsch. des 2. StS. v. 2. März 1909 (RGSt. 42, 221) verneint die Frage hinsichtlich der Züchtigung eines Sekundaners einer höheren Lehranstalt. „Es wäre ... mit den Aufgaben einer vernünftigen Erziehung nicht in Einklang zu bringen, gegen junge Leute von Bildung, welche sich in reiferem Alter befinden, eine Strafart anzuwenden, die geeignet ist, ihr Ehrgefühl zu ertöten sowie Haß und Erbitterung gegen Lehrer zu erwecken." Auch im übrigen erklärt das Reichsgericht den vernünftigen Erziehungszweck für maßgebend (vgl. auch RGSt. 43, 241). Es ist von besonderer Wichtigkeit, darauf hinzuweisen, daß diese Rechtsprechung auch gegenüber den neuzeitlichen Bestrebungen der Unterrichtsverwaltung, die Züchtigung aus der Schule ganz und gar zu verbannen, gilt. Die bezüglichen Vorschriften haben nicht den Charakter von Rechts-, sondern von Verwaltungsverordnungen und können daher an allgemeinen strafrechtlichen Grundsätzen nichts ändern.

Mag also auch ein Lehrer, der im Widerspruche mit den Anschauungen der vorgesetzten Behörde zur Züchtigung eines Schülers schreitet, sich disziplinar verantwortlich machen — strafrechtlich hat er, sofern nur die Züchtigung den Rahmen eines vernünftigen Erziehungszweckes nicht überschreitet, nichts zu befürchten. Dafür, ob dieser Rahmen eingehalten oder überschritten ist, ist aber nicht die Anschauung der wechselnden Regierungen maßgebend, sondern die allgemeine Volksüberzeugung, und erst, wenn es einer ständigen Regierungspraxis gelingen sollte — was wir aber füglich bezweifeln —, einen Wandel in der allgemeinen Volksanschauung herbeizuführen, würde die letzte Stunde der Schulzüchtigung als eines erlaubten Erziehungsmittels geschlagen haben.

Ein besonderes Sittlichkeitsdelikt (§ 174 Ziff. 1 StGB.) stellt das Gesetz auf für den Fall, daß sich Pflegeeltern gegen ihre Pflegekinder vergehen, mit ihnen unzüchtige Handlungen vornehmen. Das Pflegekindschaftsverhältnis ist dem Bürgerlichen Gesetzbuche als Rechtsgebilde unbekannt, bürgerlichrechtliche Gesichtspunkte können daher bei Entscheidung der Frage, ob ein solches Verhältnis vorliegt, nicht herangezogen werden. Nach der Rechtsprechung des Reichsgerichtes (Urt. des 4. StS. v. 11. Dez. 1885 [RGSt. 13, 148] und v. 29. März 1895 [RGSt. 27, 129] sowie des 2. StS. v. 25. Febr. 1896 [RGSt. 28, 230]) muß, um einen einheitlichen Begriff für das Strafrecht zu gewinnen, von der Anschauung des täglichen Lebens ausgegangen werden, die auf allgemeine Gültigkeit im Herrschaftsgebiete des Strafgesetzbuches Anspruch machen kann. Die Entsch. 13, 149 erblickt dementsprechend den Kern des Pflegekindschaftsverhältnisses in einem „Verhältnisse, welches dem Verhältnisse zwischen natürlichen und Adoptiveltern und Kindern ähnlich, rechtlich oder tatsächlich so gestaltet ist, daß es wie dieses nach der Auffassung des

Gesetzes oder der Sitte und des Lebens ein dauerndes sittliches Band zwischen den Verbundenen herstellt, welches den Schutz und die Berücksichtigung des Strafgesetzes verlangt". Die Entsch. 27, 129 spricht in gleichem Sinne von einem Verhältnis, „welches sich nach der Auffassung der Sitte und des Lebens als eine Nachbildung des natürlichen Elternverhältnisses, ein dem letzteren ähnliches familienrechtliches Abhängigkeits- und Schutzverhältnis darstellt". Für die Regel verneint die letztgedachte Entscheidung ein solches Verhältnis hinsichtlich des Lehrlingsverhältnisses. Der Schwerpunkt liege hier in der fachgemäßen Ausbildung des Lehrlings; wenn dem Lehrherrn auch Rechte und Pflichten hinsichtlich der Erziehung und Beaufsichtigung des Lehrlings zugewiesen seien, so könne dem doch nicht eine für die Natur des Verhältnisses dergestalt überwiegende Bedeutung beigelegt werden, daß dasselbe nach der Auffassung der Sitte und des Lebens mit dem natürlichen Elternverhältnis annähernd auf gleiche Linie zu stellen wäre. „Übrigens", fährt die Begründung fort, „läßt sich auch nicht sagen, daß nach der Anschauung und der Übung des gewöhnlichen Lebens die Aufnahme eines Lehrlings in die häusliche Gemeinschaft des Lehrherrn regelmäßig gleichbedeutend wäre mit der tatsächlichen Herstellung einer Familienzugehörigkeit, worin doch gerade das wesentlichste Merkmal einer Nachbildung des natürlichen Elternverhältnisses besteht."

Besteht ein pflegeelterliches Verhältnis im Sinne der oben wiedergegebenen Ausführungen des Reichsgerichtes, dann greift nach der Entsch. des 3. StS. v. 15. Okt. 1903 (RGSt. 37, 1) der strafrechtliche Schutz gegen Kindesraub auch zugunsten derjenigen Personen Platz, denen die durch die Anordnung der Fürsorgeerziehung den Eltern entzogene Erziehungsgewalt vom Vormundschaftsgericht übertragen worden ist. Aus dem Zwecke des § 235 StGB. folgt die Übertragung des Strafschutzes auf die zum Ersatz der Eltern bestimmten Personen; vorausgesetzt sei aber, daß zwischen dem vom Vormundschaftsgerichte an Stelle der von der Erziehung entfernten Eltern berufenen Erziehungsleiter und dem Kinde ein Verhältnis begründet wird, welches nach der Auffassung, der Sitte und des gemeinen Lebens dem Verhältnisse zwischen natürlichen Eltern und Kindern ähnlich so gestaltet ist, daß es wie dieses ein dauerndes sittlich-gleichwertiges Band zwischen den Verbundenen herstellt.

Was das Verlobtenverhältnis betrifft, so erkennt das Reichsgericht einen einheitlichen Begriff des „Verlobten" für das Zivil- und das Strafrecht nicht an. Das Urt. des 3. StS. v. 30. Dez. 1901 (RGSt. 35, 49) — es handelt sich um Betrug zwischen Verlobten — lehnt es vielmehr aus den spezifischen Zwecken des Strafgesetzes und der Strafprozeßordnung heraus ab, die Auffassung des Bürgerlichen Gesetzbuches auch strafrechtlich für maßgebend zu erklären. Zwar habe der Angeklagte der Verletzten die Ehe versprochen, ihr auch einen Verlobungsring geschenkt, was nach bürgerlichem Rechte ein Verlöbnis begründen würde. Da er aber nicht die ernstliche Absicht gehabt habe, die Verletzte unbedingt zu ehelichen, es vielmehr auf ihr Vermögen abgesehen habe, so könne er strafrechtlich als Verlobter nicht gelten. Hierbei geht das Reichsgericht mit Recht davon aus, daß nach bürgerlichem Rechte gleichwohl eine gültige Verlobung vorlag, da der geheime innere Vorbehalt des Angeklagten die Verlobung nicht nichtig macht und eine Anfechtung der Verlobung durch die Verletzte wegen Täuschung nicht festgestellt ist. Die strafpolitischen Erwägungen, die es geboten erscheinen lassen, das Verlöbnis und die durch dasselbe begründeten gegenseitigen Beziehungen der Verlobten auf dem Gebiete des materiellen Strafrechtes und Prozeßrechtes nach verschiedenen Richtungen hin zu berücksichtigen und ihnen einen gewissen Schutz angedeihen zu lassen, können, so meint das Reichsgericht, nach der Bedeutung und dem Zwecke des Verlöbnisses, wie sie diesem nach der allgemeinen Lebensauffassung eigen sind, nur auf dem Gebiete der natürlichen Empfindung, der allgemeinen Volkssitte und auf religiösem Gebiete gesucht werden, nicht innerhalb des Bereiches positiver Normen des allgemeinen bürgerlichen Rechtes. Die praktische Bedeutung dieser Entscheidung liegt darin, daß der nach § 263 Abs. 4, § 52 Abs. 2, § 61 StGB. für Betrug unter Verlobten erforderliche Strafantrag in einem solchen Falle für entbehrlich erklärt wird. Gegen die Auffassung des Reichsgerichtes hat das Hanseatische Oberlandesgericht in Hamburg (Samml. der Entsch. in Strafsachen 1925/26 S. 41) Bedenken geäußert: Der Begriff des Verlöbnisses könne für die gesamte Rechtsordnung nur einheitlich bestimmt werden. Gerade der allgemeinen Lebensauffassung, auf welche das Reichsgericht verweise, werde es eher befremdlich erscheinen, daß man zivilrechtlich verlobt und strafrechtlich unverlobt sein könne. Das Oberlandesgericht tritt aber trotz dieser Bedenken dem Reichsgerichte doch darin bei, daß für das Strafrecht das sittliche Moment entscheidend sei, das dem Verlöbnis innewohnt, und daß dies sittliche Moment den Gedanken zu tragen vermag, hier ein Verlöbnis nur da als bestehend anzuerkennen, wo es auf einer sittlich einwandfreien Basis beruht, die aber nur vorliege bei dem freien und ernstlichen Willen beider Verlobten. Aus der rechtspolitischen Erwägung heraus, daß der bürgerlich-rechtliche Begriff des Verlöbnisses bei Nichtstellung eines Strafantrages zu einer unter Umständen auch von dem Geschädigten nicht gewollten Straflosigkeit der Heiratsschwindler führen und eine schädliche Rechtsunsicherheit mit sich bringen würde, gelangt das hanseatische oberste Gericht, wenn auch nach seiner Ansicht die Unterscheidung des Reichsgerichtes den entscheidenden rechtlichen Gesichtspunkt vermissen läßt, doch dazu, sich der Autorität des höchsten deutschen Gerichtshofes zu beugen, und wir glauben, es hat recht daran getan.

Während für die Grenzen der Züchtigungsbefugnis, wie wir oben sahen, allgemeine Normen maßgebend sind, haftet dem Begriffe der Beleidigung eine starke Relativität an. Was in der einen Gesellschaftssphäre als selbstverständliche Umgangsform erscheint, nimmt, auf eine andere Schicht übertragen, den Charakter beleidigender Vertraulichkeit an. Man denke an das Duzen und die Weglassung des „Herr" bei der Anrede. So braucht auch eine Tatsache, die man einem anderen nachredet, nicht in allen Gesellschaftsschichten dasselbe ehrenrührige Licht auf den anderen zu werfen. Was hier für ehrenkränkend gilt, wird dort vielleicht als ein Zeichen besonderer, achtunggebietender Verschlagenheit gewertet. In diesem Sinne sagt das RG. (35, 126; 4. StS. im Urt. v. 14. Febr. 1902): Die Entscheidung darüber, ob eine Tatsache geeignet ist, jemanden verächtlich zu machen, liegt auf dem Gebiete der tatsächlichen Beweiswürdigung. Was dazu gehört, bei anderen — und hinsichtlich dieser Tatbestandsform genügt ein bestimmter Personenkreis — den Eindruck hervorzurufen, der Beleidigte sei verächtlich, das bestimmt nicht das Gesetz, sondern die Anschauung des Lebens.

Es gibt allerdings auch Tatsachen, die ohne Rücksicht auf den Personenkreis, in dem sie behauptet oder verbreitet werden, ehrenrührigen Charakter an sich tragen. So bejaht das RG. (2, 309; 2. StS. im Urt. v. 1. Okt. 1880) die Frage, ob die in Beziehung auf einen Kaufmann gemachte unwahre Behauptung, derselbe sei zahlungsunfähig geworden, eine aus § 186 StGB. strafbare Beleidigung enthalte. Das Reichsgericht führt aus: „Der kaufmännische Verkehr beruht wesentlich auf dem Personalkredit. Das Vertrauen auf die Persönlichkeit des Schuldners ist es, was in erster Linie den Gläubiger zum Kreditgeben veranlaßt. Die prompte Erfüllung der übernommenen Verbindlichkeiten erscheint daher nicht bloß als eine durch das Recht, sondern auch durch die Sittlichkeit gebotene Pflicht, und die Lässigkeit in der Erfüllung derselben, namentlich aber die gänzliche Unterlassung dieser Obliegenheiten wird deshalb wie jeder andere Verstoß gegen die Sittlichkeit als ein die Ehre des Individuums schmälernder Umstand allgemein betrachtet."

Kommt es bei der Beleidigung ihres relativen Charakters halber in erster Linie auf das Echo an, welches die Äußerung in den Kreisen weckt, denen gegenüber sie getan wird, kann nach Ansicht des RG. (1, 161; 2. StS. im Urt. v. 23. Jan. 1880) hierauf bei dem Delikt des § 131 StGB. nicht abgestellt werden. Hier geht der Zweck des Gesetzes dahin, die staatlichen Einrichtungen vor verleumderischen Verunglimpfungen zu schützen; es kann daher nicht darauf ankommen, ob gerade der Personenkreis, vor dem der Täter sich ausläßt, den Eindruck der Verunglimpfung empfängt; er ist vielleicht in seiner Staatsgesinnung bereits derart angekränkelt und derart negativ zu allem, was Recht und Ordnung heißt, eingestellt, daß die Äußerung des Täters ihm lange nicht scharf genug erscheint. Das Reichgericht führt mit Recht aus: „Daher kommt in betreff des Verächtlichmachens in Betracht, daß nicht die Auffassung derjenigen Personen, welchen gegenüber oder in deren Kreise die entstellte Tatsache behauptet oder verbreitet wird, sondern der objektive Inhalt dieser Tatsache und demnach die Beurteilung eines Unbefangenen entscheidend ist.

Die Beleidigung kann auch in der Maske eines anderen Tatbestandes auftreten. Dies ist häufig bei der Bedrohung mit der Begehung eines Verbrechens (§ 241 StGB.) der Fall. Wer jemals in Friedenszeiten in den stark mit polnischer Bevölkerung durchsetzten oberschlesischen Landesteilen Preußens amtiert hat, der weiß, daß dort die Äußerung „ich muß dich jetzt totschlagen" nicht so ernst zu nehmen war, wie sie lautete, vielmehr fast schon die Bedeutung eines alltäglichen, freilich nicht sehr freundlichen Grußes angenommen hatte. Einen ähnlichen Fall hat das RG. (32, 102; 3. StS. im Urt. v. 16. März 1899) vor Augen. Der Angeklagte, ein Schäfer auf dem platten Lande, hatte dem Enkel und der Schwiegertochter eines Leibzüchters zugerufen, „sie sollten verrecken". Das Reichsgericht hob die Entscheidung des Landgerichtes, das dieserhalb wegen Bedrohung verurteilt hatte, auf mit folgender Begründung: „Mit Recht weist die Revisionsbegründung darauf hin, daß Redewendungen der hier fraglichen Art in den Volkskreisen, denen der Angeklagte angehört, vielfach als bloße Äußerung unwilligen Empfindens gebraucht und als solche oder als bloße Verwünschung, nicht aber in ihrem engen Wortsinne verstanden werden und nach Ansicht des Redenden verstanden sein sollen." Das Instanzgericht habe zu prüfen, ob der Angeklagte das Bewußtsein gehabt habe, es könne bei dem Bedrohten die Befürchtung erregt werden, er wolle sie ermorden, oder ob die Äußerung nur eine Verwünschung oder Beschimpfung war. Die Flüssigkeit der Grenzen zwischen Bedrohung und Beleidigung hatte die früheren Entwürfe zum neuen Strafgesetzbuche (§ 241 VorEntw. 1909; § 311 Entw. der Strafrechtskommission von 1913; § 311 Entw. von 1919) veranlaßt, die Bedrohung mit einem Verbrechen nur dann zu bestrafen, wenn sie eine gefährliche war, wenn der Bedrohte durch die Drohung „in Schrecken oder schwere Sorge versetzt" war. Hiervon sind aber der AEntw. 1925 § 252 und der Entw. von 1927 § 278 wieder abgekommen. Es bedarf einer solchen Änderung auch gar nicht, wenn man mit der ständigen Rechtsprechung des Reichsgerichtes, insbesondere mit vorliegender Entscheidung, lediglich auf den Bewußtseinsinhalt beim Täter abstellt.

Nicht nur bei den Delikten gegen die Person spielt die sittliche Vorstellung des Volkes für die Erfüllung eines strafbaren Tatbestandes eine maßgebende

Rolle. Dasselbe ist in gewissem Umfange auch bei den Eigentumsvergehen der Fall.

Hehlerei (§ 259 StGB.) an erbettelten Sachen wird von den Vereinigten Strafsenaten RGSt. 6, 218 (Urt. v. 17. April 1882) abgelehnt. Hehlerei liege nur vor, wenn die durch den Hehler an sich gebrachte Sache zur Zeit der Tat mit dem Makel eines strafrechtswidrigen Erwerbes behaftet sei. Ferner (S. 222) werde die Partiererei in ihrer sittlichen Würdigung dem allgemeinen Rechtsbewußtsein nach als ein überwiegend aus ehrloser Gesinnung hervorgehendes Verbrechen erachtet. Hiermit würde es in Widerspruch stehen, die Vorschrift auf Gegenstände, welche durch Betteln erlangt sind, anzuwenden. Bemerkenswert ist, daß hier das Reichsgericht den Mangel des Makels eines strafrechtswidrigen Erwerbes nicht näher begründet und sich daneben auf die Volksanschauung beruft, die in dem Ansichbringen erbettelter Sachen keinen Beweis einer ehrlosen Gesinnung erblickt. Erst in der Entsch. 11, 342 hat das Reichsgericht den juristischen Kern der Hehlerei klar herausgeschält und sie in der Aufrechterhaltung einer durch das Vordelikt herbeigeführten rechtswidrigen Vermögenslage erblickt. Wer irgendwelche Gegenstände durch Betteln erworben hat, hat sich zwar nach § 361 Ziff. 4 StGB. strafbar gemacht, er ist aber bürgerrechtlich Eigentümer der Sachen geworden; eine rechtswidrige Vermögenslage, die durch Hehlerei aufrechterhalten werden könnte, kommt also nicht in Frage (vgl. auch RGSt. 37, 230; 53, 318).

Mit dem Begriffe des Bettelns selbst beschäftigt sich die Entsch. 20, 434 (4. StS. im Urt. v. 6. Juni 1890): Das Gesetz habe den Begriff des Bettelns nicht definiert und habe damit den Richter offensichtlich auf den Sinn hingewiesen, den das tägliche Leben mit dem Ausdrucke „Betteln" zu verwenden pflege. Allerdings sei von diesem Gesichtspunkte aus im allgemeinen für das Betteln charakteristisch, daß der Bettelnde die Mildtätigkeit eines Fremden für sich in Anspruch nimmt. Aber das sei nicht allein entscheidend, das tägliche Leben lasse vielfach Verhältnisse und Beziehungen entstehen, in welchen das Bitten um eine Unterstützung für sich, wenngleich sich diese als eine vom Rechte anerkannte und deshalb zu erzwingende Forderung nicht darstelle, außerhalb des strafrechtlichen Begriffes des Bettelns stehe. Das Reichsgericht hat hier den Fall vor Augen, daß ein Bäckergeselle in der Backstube des Bäckermeisters dessen Frau um das ortsübliche Geschenk angesprochen hatte. Die Anschauung des täglichen Lebens würde auch das Einsammeln milder Gaben durch Bettelmönche und ähnliche Fälle (vgl. hierzu Frank, 17. Aufl., S. 779 zu § 361 Ziff. 4) nicht als strafbare Bettelei betrachten.

Die Entwendung aus einem zum Gottesdienste bestimmten Gebäude wird in § 243 Ziff. 1 StGB. als schwerer Diebstahl strenger bestraft. In dem im Urt. des 1. StS. v. 21. Sept. 1911 (RGSt. 45, 243) entschiedenen Falle war aus einer an die Kirche angebauten, mit ihr durch eine Tür verbundenen und mit eigenen Mauern und eigenem Dach versehenen Sakristei gestohlen worden. Das Reichsgericht bezeichnet als maßgebend für die von ihm im Sinne der ersten Alternative beantwortete Frage, ob eine solche Sakristei nur als ein Teil des ganzen einheitlichen Kirchenbaues oder als ein selbständiges Bauwerk anzusehen sei, den gewöhnlichen Sprachgebrauch und die Auffassung des gemeinen Lebens.

Der privilegierte Notbetrug des § 264a StGB. setzt die Erlistung „geringwertiger" Gegenstände voraus. Die Entsch. des 5. StS. v. 12. Dez. 1913 (RGSt. 48, 52) weist die Auffassung der Strafkammer, daß bei Beurteilung der Geringwertigkeit die wirtschaftlichen Verhältnisse des Täters zugrunde zu legen seien, durch die seine wirtschaftliche Not begründet wird, zurück und erklärt, da der Maßstab des wirtschaftlichen Wertes kein überall gleicher ist, sondern sich nach der innerhalb gewisser Kreise herrschenden Verkehrsanschauung bestimmt, diejenige Auffassung als berücksichtigenswert, welche in den beteiligten sozialen Kreisen herrscht und durch ihre Lebens- und Vermögensverhältnisse bedingt wird.

Die Sonderbestimmung des sog. Haus- und Gesindediebstahles in § 247 StGB. wird vom RG. (13, 15; 1. StS. im Urt. v. 19. Okt. 1885) auf Gewerbegehilfen nicht für anwendbar erklärt, hauptsächlich auch deshalb, weil diese Leute sich selbst nicht zum „Gesinde" rechnen.

Auch für den Begriff des „Bestellers" eines photographischen Bildes im Sinne des Gesetzes betreffend den Schutz von Photographien gegen unbefugte Nachbildung vom 10. Jan. 1876 § 7 geht das RG. (33, 295; 3. StS. Urt. v. 26. Mai 1900) auf die im Leben und Rechtsverkehr übliche und festgehaltene Bedeutung zurück. Hiernach seien als Besteller die Personen zu bezeichnen, welche in eigenem Namen einer anderen Person die Anfertigung eines photographischen Bildes auftragen und der anderen Person sich gegenüber zu der Leistung verpflichten.

Ein anderes privilegiertes Eigentumsdelikt ist der Mundraub des § 370 StGB. Ziff. 5. Die Entsch. 1, 223 (2. StS. Urt. v. 24. Febr. 1880) tritt der Auffassung, daß als Nahrungsmittel zum alsbaldigen Verbrauche auch rohe Kartoffeln zu betrachten seien, bei. „Daß die Kartoffeln auch im rohen Zustande zu den menschlichen Nahrungsmitteln gehören, würde sich nur dann mit Grund bestreiten lassen, wenn unter Nahrungsmitteln nur diejenigen Produkte der Pflanzen- und Tierwelt verstanden werden könnten, welche entweder ohne besondere Zubereitung zu genießen oder durch menschliche Tätigkeit bereits so zubereitet sind, daß sie sich zum unmittelbaren Genusse eignen. Allein der Begriff von Nahrungsmitteln in dem Sinne, wie das Wort im täglichen Leben und nicht in der Sprache des Gesetzes gebraucht wird, geht weiter und umfaßt alle diejenigen Mittel, welche der Ernährung des menschlichen Körpers dienen mögen, auch die, deren Genießbarkeit erst durch eine vorherige Zubereitung bedingt ist."

Mehrere andere Entscheidungen beschäftigen sich mit den den Nahrungsmitteln von geringem Werte oder in geringer Menge gleichgestellten „Gegenständen des hauswirtschaftlichen Verbrauches". Das Urt. RGSt. 51, 51 (4. StS. v. 20. April 1917), desgleichen das Urt. RGSt. 51, 211 (FS. v. 6. Aug. 1917) verstehen unter hauswirtschaftlichem Verbrauch einen solchen Verbrauch, der leibliche Bedürfnisse von Personen betrifft, die von einem gemeinschaftlichen Haushalt umfaßt werden, und welche nach dem Gebrauche des gewöhnlichen Lebens im Rahmen ihrer gemeinschaftlichen Wirtschaftsführung befriedigt zu werden pflegen. Unter diesem Gesichtspunkte wird die Zugehörigkeit von Kalk- und Schuhwaren zu den Gegenständen des hauswirtschaftlichen Verbrauches bejaht. Ähnlich wird in dem Urt. RGSt. 53, 229 (3. StS. v. 28. April 1919) Leder als möglicher Gegenstand des hauswirtschaftlichen Verbrauches erklärt, wenn es „nach allgemeiner Volksanschauung im gewöhnlichen Leben" in der Hauswirtschaft zur Erreichung und Verwirklichung ihrer Zwecke verwendet zu werden pflegt. Die Entsch. 47, 247 (3. StS. Urt. v. 13. Febr. 1913) und 47, 266 (4. StS. Urt. v. 1. Juli 1913) heben grundsätzlich hervor, daß es für den Begriff des hauswirtschaftlichen Verbrauches nicht auf die Zweckbestimmung des Gegenstandes in concreto ankomme. Sehr wohl könne ein Gegenstand infolge einer von seinem bisherigen Inhaber getroffenen Verfügung zu anderen Zwecken bestimmt gewesen sein; entscheidend sei lediglich, ob der Gegenstand, rein objektiv betrachtet, einer derjenigen Gegenstände ist, wie sie gewöhnlich in der Hauswirtschaft (der ländlichen oder städtischen) und für deren Zwecke verbraucht werden, also „die der Volksanschauung und der Übung des Volkes entsprechende allgemeine Gebrauchsbestimmung".

Die Entsch. des 5. StS. v. 7. Dez. 1906 (RGSt. 40, 21) bestimmt den Begriff des Spiels nach der „Auffassung des Volkes": Das Reichsgericht sagt: „Es wird keinem Laien in den Sinn kommen, ein Preiskegeln der von dem Angeklagten veranstalteten Art anders denn als ein Spiel zu bezeichnen." Das Urt. des 2. StS. v. 28. Febr. 1882 (RGSt. 6, 70) hatte schon ein „Glücksspiel" nur dann als vorliegend bezeichnet, wenn „nach gesellschaftlicher Anschauung" die Objekte, um die gespielt wird, die Bedeutung eines Vermögenswertes haben; anderenfalls handele es sich nur um „harmlose Gesellschaftsunterhaltungen".

Daß auf dem Gebiete der sog. Sittlichkeitsdelikte die Vorstellungen des Volkes über das geschlechtlich Erlaubte und Unerlaubte in der Rechtsprechung des höchsten Gerichtshofes eine erhebliche Rolle spielen, ist von vornherein zu erwarten. Der Hauptanteil der einschlägigen Entscheidungen entfällt auf die Strafbestimmung des § 184 StGS. gegen die Verbreitung unzüchtiger Schriften usw. Die Grenzen zwischen berechtigter künstlerischer Wirkung und unzüchtigem Charakter einer Schrift oder einer bildlichen Darstellung ist schwer zu ziehen. Man wird sagen müssen, daß, wenn die Schrift, Abbildung oder plastische Darstellung das sinnliche Moment nur als Mittel benutzt, die ästhetische Freude des Lesers oder Beschauers zu wecken, von einer unzüchtigen Eigenschaft des Bildes usw. nicht die Rede sein kann. Denn, wer wird so banausisch sein, zu glauben, daß die Kunst, die literarische ebenso wie die bildende, auf den Reiz der Sinnlichkeit, auf die Fühlung mit dem alles erhaltenden Eros verzichten könnte! Wer aber auf Erregung des geschlechtlichen Reizes als Selbstzweck ausgeht, wer das Erotische in den Vordergrund stellt, der versündigt sich am heiligen Geiste der Kunst, der verleugnet das in ihr waltende Göttliche und vernichtet oder gefährdet den Idealismus, ohne den ein Volk, will es nicht aus der Reihe der Kulturvölker ausscheiden, nicht bestehen kann. Das Gesetz spricht dann von „Unzucht". Es ist aber für die dadurch eröffnete Sphäre der Strafbarkeit nicht genügend, daß die Absicht des Gestalters eine unzüchtige war, diese Absicht muß sich auch in dem Werke verkörpern. Und dafür, ob dies der Fall ist, ist nach der ständigen Rechtsprechung des Reichsgerichtes maßgebend, ob die Schrift usw. objektiv geeignet ist, das im Volke herrschende normale Scham- und Sittlichkeitsgefühl in geschlechtlicher Beziehung zu verletzen (RGSt. 4, 87; 8, 130; 21, 306; 22, 33; 24, 365; 27, 114; 30, 378; 32, 418; 33, 17; 44, 178). Während die Entsch. 27, 114, wie ihre Vorgänger, noch eine „gröbliche" Verletzung des allgemeinen Scham- und Sittlichkeitsgefühl verlangt, verneint die Entsch. 32, 418 (2. StS. Urt. v. 24. Nov. 1899) dieses Erfordernis mit folgender Begründung: „Die Bestimmung des § 184 hat den Zweck, die im Volke allgemein bestehenden Begriffe von Scham, Sitte und Anstand in geschlechtlichen Dingen davor zu schützen, daß ein einzelner sie verletze. Da es sich hierbei um eines der idealen Güter handelt, die dem ganzen Volke eigen sind, so muß notwendigerweise das Durchschnittsempfinden der Gesamtheit für Zucht und Sitte als Gegenstand dieses Schutzes angesehen werden. Dann kann es aber nicht jedermann erlaubt sein, dieses Empfinden ‚bis zu einem gewissen Grade' zu verletzen, und der Schutz des Gesetzes kann nicht erst von da an wirksam werden, wo die Verletzung anfängt, ‚gröblich' zu werden. Gerade aus dem Grunde, weil das Gesetz — richtiger Auslegung nach — nicht mehr als das normale Allgemeingefühl für Scham und Sittlichkeit in geschlechtlicher Beziehung als des Schutzes würdig und bedürftig erachtet, kann es innerhalb der hiergegen verstoßenden Verletzung nicht noch einmal Unterscheidungen nach Graden gewollt haben."

Dementsprechend lehnt das RG. (33, 17; 1. StS. Urt. v. 7./18. Dez. 1899) auch die Beschränkung des Begriffes des „Normalmenschen" auf die Erwachsenen ab: „Nicht darauf kommt es an, ob die Abbildungen geeignet sind, eine bestimmte Klasse des dieselben beschauenden Publikums durch die Beschauung in ihrem Sittlichkeitsgefühl zu verletzen oder zu geschlechtlicher Lüsternheit zu erregen, sondern darauf, ob auf das Publikum, auf die Beschauer im allgemeinen, gleichviel welcher individuellen Kategorie sie angehören, die bezeichnete Wirkung hervorgerufen werden kann."

Zu § 176 Ziff. 3 und § 183 StGB. hat der 2. StS. im Urt. v. 12. Okt. 1900 (RGSt. 33, 429) erkannt, daß die Verletzung des normalen Sittlichkeitsgefühls ein Zurschaustellen der Geschlechtsteile oder auch nur des entblößten Körpers nicht voraussetzt.

Es ist gewiß für den Richter nicht leicht, diese Durchschnittseinstellung des Normalmenschen in seinem Bewußtsein lebendig werden zu lassen, aber er muß sich dieser Aufgabe in enger Fühlung mit der Volksanschauung unterziehen. Hierbei kann ihm nur sein eigenes Ingenium helfen. Es ist gerade vom Standpunkte der den Unzuchtsbegriff nach dem normalen Durchschnittsempfinden orientierenden reichsgerichtlichen Theorie unrichtig und unersprießlich, die Grenze zwischen Kunst und Unzucht in einem einzelnen Falle durch sog. Sachverständige ziehen zu lassen, die immer von ihren beruflichen Vorurteilen beherrscht und oft geneigt sein werden, dem schlechten Geschmacke des Publikums Konzessionen zu machen, nicht aber das gesunde Volksempfinden zu Worte kommen zu lassen. Das ist ein Bankerott der Strafjustiz, ein Beweis, wie wenig der Richter imstande ist, sich von seinem Bildungkreise loszulösen und an der Quelle der Volksseele zu schöpfen. Man hat den Typus des Normalmenschen, den das Reichsgericht aufgestellt, oft mit Spott angegriffen. Es läßt sich aber ohne diesen Maßstab, so schwer er anzuwenden sein mag, nicht auskommen. Er ist die notwendige Konsequenz aus der die Rechtsprechung des Reichsgerichtes beherrschenden zutreffenden Erkennntis, daß auf das allgemeine Scham- und Sittlichkeitsgefühl des Volkes zurückgegangen werden muß.

Auch die Reproduktion eines anerkannten Kunstwerkes kann unzüchtigen Charakter haben, wenn das geschlechtliche Moment durch die Art und Weise der Reproduktion in einem Maße herausgestellt wird, daß das Kunstwerk als solches in den Hintergrund gedrängt wird, ja verschwindet, nur noch die Schlacke des Gemeinen übrigbleibt. Die Richtigkeit der vom RG. (27, 114) nach Bindings Vorgang (ZStW. 2, 468) aufgestellten Begriffes der „relativen Unzüchtigkeit" folgt ohne weiteres aus den von ihm aufgestellten allgemeinen Grundsätzen über die Unzüchtigkeit überhaupt.

Von diesen Grundanschauungen aus weist auf der anderen Seite das Reichsgericht eine zu weite Ausdehnung der Anwendung des § 184 zurück. Es verneint die Frage, ob es den Begriff des „Ausstellens" im Sinne dieses Paragraphen erfüllt, wenn ein Buch unzüchtigen Inhaltes im Schaufenster des Buchladens so ausgelegt wird, daß nur der an sich unanstößige Titel, nicht aber der unzüchtige Inhalt der Wahrnehmung zugänglich ist. Die Gefährdung der Sittlichkeit werde dadurch begründet, daß unzüchtige Schriften usw. dem Publikum zugänglich gemacht werden, und zwar in einer Weise zugänglich gemacht werden, daß dadurch die Möglichkeit der Kenntnisnahme oder Wahrnehmung des unzüchtigen Inhaltes der Schrift usw. geschaffen wird.

Auch die Straftat des § 183 StGB., „wer durch eine unzüchtige Handlung öffentlich ein Ärgernis gibt", ist in der Verletzung des Sittlichkeitsgefühls gegeben (RGSt. 2, 196; 1. StS. Urt. v. 12. Juli 1880). Aber hier ist nicht nur vorausgesetzt, daß die Handlung das Scham- und Sittlichkeitsgefühl im allgemeinen verletze und die Grenze überschreite, welche durch Herkommen, Gewohnheit und Erziehung dem Tun und Lassen auf dem Gebiete des gesellschaftlichen Verkehrs der Menschen nach der gemeinen Anschauung gezogen sind, sondern es wird weiter auch eine geschlechtliche Beziehung der Handlung erfordert: „Es läßt sich darunter nichts anderes verstehen, als daß sie die Rücksichten verletzen müsse, welche im menschlichen Geschlechtsleben zur Aufrechterhaltung von Zucht und Sitte geboten sind."

Ein allgemeiner Maßstab muß bei der Beurteilung, ob es sich um „Unzucht" handelt, auch bei dem Vergehen der Kuppelei angelegt werden. Darum versteht das RG. (11, 4; 1. StS. Urt. v. 19. Mai 1884) unter Unzucht im Sinne des § 180 StGB. nicht bloß die Vollziehung des außerehelichen Beischlafes, sondern jedes gegen Zucht und Sitte verstoßene Handeln im Bereiche des geschlechtlichen Umganges zwischen mehreren Personen. Die vielbekämpfte Entsch. 8, 271 (1. StS. Urt. v. 2. Nov. 1882) geht so weit, die Ansicht der Mutter, die ihrer Tochter örtlicher Sitte gemäß den Beischlaf mit ihrem Verlobten gestattet, daß es sich hier um keine „Unzucht" handelt, für einen unbeachtlichen Strafrechtsirrtum zu erklären. Die Bestrafung der Mutter wegen schwerer Kuppelei (§ 181 StGB.), die zu damaliger Zeit sogar mit obligatorischem Ehrverluste verbunden war, befriedigt das Rechtsgefühl nicht. Steht man allerdings auf dem Standpunkte des Reichsgerichtes, daß hier objektiv Unzucht gegeben war, so läßt sich die Entscheidung nach der bekannten Rechtsprechung über den Strafrechtsirrtum nicht beanstanden. Aber die Frage ist eben die, ob ein Volksbrauch nicht imstande ist, objektiv den Begriff der Unzucht zu beseitigen. Selbst der AEntwurf von 1925 § 275 Abs. 2 letzter Satz und der Entwurf von 1927 § 307 Abs. 2 letzter Satz nehmen die Duldung des Beischlafes zwischen Verlobten von der Strafbestimmung der Kuppelei aus. Uns scheint jedoch schon de lege lata das Reichsgericht in seiner starren Ablehnung einschlägiger Volksbräuche zu weit gegangen zu sein.

Der Entsch. 37, 94 (4. StS. Urt. v. 25. März 1904) zum Begriffe der „Unbescholtenheit" im Sinne des § 182 (Verführung) dagegen ist unbedenklich beizutreten, wenn sie sagt: „Den unter sich abweichenden Auffassungen verschiedener Gesellschaftskreise darf dabei (d. h. bei der Auslegung des Wortes Unbescholtenheit) nicht allein das ausschlaggebende Gewicht beigemessen werden. Der Begriff fordert gleichmäßig in allen Ständen und Gesellschaftskreisen — in allgemeiner Umschreibung — Reinheit der Geschlechtsehre.

Der letzte Tatbestand, den wir betrachten wollen, ist die Urkundenfälschung. Sicherheit und Stetigkeit des Verkehrs hängen wesentlich davon ab, daß sich der einzelne und die Öffentlichkeit auf die Echtheit der dem Verkehr dienenden Urkunden verlassen können. Es ist nur natürlich, daß der Begriff der Urkunde sowohl als die Beweiserheblichkeit einer Urkunde von der Auffassung des Verkehrs, dem die verkörperte Gedankenäußerung dient, stark beeinflußt wird. Diese Erkenntnis liegt einer Reihe von Entscheidungen des Reichsgerichtes zugrunde.

Zur Depeschenfälschung führen die Vereinigten Strafsenate im Urt. v. 6. März 1883 (RGSt. 8, 92) aus, es werde in Übereinstimmung mit der Anschauung des Verkehrs strafrechtlich die Depeschenausfertigung als direkte schriftliche Willensäußerung des Absenders und dieser als Aussteller der Ankunftsdepesche angesehen werden müssen. Eine Urkunde verliere dadurch als solche ihre Bedeutung nicht, daß der Erklärende sie nicht selbst schreibe, sondern die Niederschrift als eigene durch die Hand eines Dritten veranlasse. Eine allgemeine Verkehrsanschauung stellt das RG. (34, 53; 1. StS. Urt. v. 17./19. Dez. 1900) ferner selbst dahin fest, daß die Anbringung von Namenszeichen auf Gemälden als fälschliche Anfertigung von Privaturkunaen angesehen werde. „Ebenso (wie der Künstler selbst) erblickt aber weiterhin die allgemeine Anschauung in dem Namenszuge des Künstlers die Gewähr für seine Urheberschaft und für die Reife seines Werkes. Es fehlt folgerichtig dem Namenszuge weder an dem Merkmale der Beweisfähigkeit noch an dem Merkmale einer allgemein faßlichen Gedankenerklärung."

Die Streitfrage, ob strafrechtlich zur Urkunde Schriftform gehört oder nicht, entscheidet das RG. (17, 250; 3. StS. Urt. v. 19. April 1888) im verneinenden Sinne. „Es unterliegt keinen Bedenken, daß derjenige Gedankeninhalt, welcher zum Wesen der Urkunde als solcher gehört, nicht in einer Schrift ausgedrückt zu sein braucht; von der engeren Definition der Urkunde im § 247 des PrStGB., welche Schriftstücke erforderte, ist das deutsche StGB. in § 267 gerade deshalb abgewichen, weil auch solche Gegenstände, die einen Gedankeninhalt durch andere als Schriftzeichen zum Ausdruck bringen, der Verkehrssitte gemäß als Urkunden und demgemäß als Gegenstände des Vergehens der Urkundenfälschung betrachtet werden sollten." Demgemäß legt das Reichsgericht Stempelabdrücken, welche auf Eisenbahnschienen angebracht worden sind, Urkundeneigenschaft dann bei, wenn in ihnen gemäß einer Vereinbarung oder der Verkehrssitte eine Erklärung enthalten ist.

Merkwürdigerweise hat sich der AEntwurf von 1925 § 9 und der Entwurf von 1927 § 11 von der allgemeinen Verkehrsanschauung, daß auch andere als Schriftzeichen Urkunden sein können, wieder abgewandt; sie definieren die Urkunde geradezu als eine Schrift, die zum Zwecke der Begründung eines Rechtes usw. errichtet worden ist. Wie die Begründung zum AEntwurf ergibt, war Veranlassung hierzu die Absicht einer klaren Scheidung zwischen Urkunden und bloßen — strafrechtlich nicht geschützten — Beweiszeichen, und es ist ja gerade die weitgehende Rechtsprechung des Reichsgerichtes häufig unter dem Gesichtspunkte angegriffen worden, daß sie bloße Erkennungszeichen den Urkunden gleichstelle. Die Grenze ist in der Tat flüssig, aber das verschlägt u. E. nichts, auch die Beweis- (Erkennungs- oder Identitäts-) Zeichen sollten strafrechtlichen Schutz genießen!

Das Reichsgericht zieht die Grenze zwischen Urkunden und bloßen Unterscheidungsmerkmalen dahin, daß nicht bloß letztere, sondern erstere, also Urkunden, dann vorliegen, wenn ein Rechtssatz oder die allgemeine Verkehrsauffassung oder auch das Übereinkommen der Beteiligten den Zeichen und Marken (§ 807 BGB.) eine bestimmte Deutung beilegen, so daß Gedankenäußerungen durch ihre Verwendung verständlich und wirksam abgegeben werden können. So in dem Siegelabdrücke betreffenden Urt. v. 11. Mai 1908 (RGSt. 41, 315), so ferner in der Plombenverschlüsse an Elektrizitätsmessern betreffenden Entsch. des 3. StS. v. 18. Dez. 1906 (RGSt. 50, 191), ferner in dem Urt. des 4. StS. v. 17. Nov. 1902 (RGSt. 36, 15), betreffend die Voraussetzungen, unter denen ein an einem Tiere angebrachtes Namenszeichen eine beweiserhebliche Privaturkunde sein kann. In dem dem letzten Urteile zugrunde liegenden Falle hatte die Strafkammer die an Kälbern angebrachten Zeichen — Buchstabe A als Kennzeichen des Eigentümers, eines Viehhändlers X, und Buchstabe K als Kennzeichen des Eigentums des Angeklagten — (der Angeklagte hatte zu seinem Vorteile mehrfach das A in ein K umgeändert) für solche Urkunden erklärt, da von dem Absender dem Empfänger dadurch das Eigentum an der Sache mitgeteilt worden sei. Das Reichsgericht nimmt hierzu wie folgt Stellung: „Die einseitige, gleichviel in welcher äußeren Form zum Ausdruck gebrachte Behauptung des Absenders einer Ware, deren Eigentümer zu sein, ist für sich allein keine beweiserhebliche Privaturkunde und muß Merkzeichen von der Art, wie sie im gegenwärtigen Falle in Frage kommen, die Qualität beweiserheblicher Privaturkunden namentlich dann abgesprochen werden, wenn sie lediglich die Bedeutung von Unterscheidungs- oder Identitätszeichen haben." Der Vorderrichter hätte, so fährt das Reichsgericht fort, prüfen müssen, welche Bedeutung und welcher Wert im Viehhandel nach der Auffassung der beteiligten Interessentenkreise und nach der herrschenden Verkehrssitte solchen Merkzeichen beigemessen wird.

Auf die örtliche Verkehrssitte, ja sogar auf die Gewohnheiten einer bestimmten Person stellt die Entsch. des 3. StS. v. 26. Okt. 1885 (RGSt. 13, 71) ab. Hier handelt es sich um Geldrollen, welche mit der Bezeichnung ihres Inhaltes und mit einem zu dieser Bezeichnung in Beziehung gebrachten Namen versehen worden waren. Der Angeklagte hatte Geldrollen, in denen sich 4—5 Mark befanden, an beiden Enden versiegelt mit der Aufschrift 25 Mark versehen, unter diese Aufschrift auf die Mitte der Rollen in der Weise, wie man einen Brief verschließt, Oblaten geklebt, welche den Namen von kaufmännischen Firmen trugen, und darauf eine Rolle einem Postbeamten als 25 Mark enthaltend in Zahlung gegeben. Das Reichsgericht hebt das von der Anklage der Urkundenfälschung freisprechende Erkenntnis auf mit folgender Begründung: „Es muß nur genügender Grund für die Überzeugung vorhanden sein, daß die Hinzufügung der Oblate oder Marke zu dem Zwecke geschah, um auf diese Weise die Erklärung als von dem Aussteller abgegeben äußerlich erkennbar zu machen, und für die Beantwortung dieser Frage, die jedoch eine reine Tatfrage ist, kann der schon berührte Umstand besonders wichtig werden, ob an einem Orte bzw. bei einer bestimmten Person, es üblich war, auf diese Art für andere glaubhaft und kundbar werden zu lassen, von wem ein schriftlich fixierter Rechtsakt vorgenommen worden sei . . . War also nach der an einem Orte herrschenden Verkehrssitte oder bei einer bestimmten Person die Unterklebung einer Firmaoblate ein Mittel zur Beglaubigung schriftlicher Rechtsakte, so hat man anzuerkennen, daß das nämliche Mittel von einem Fälscher zur Anfertigung einer falschen Urkunde benutzt werden konnte."

Eine Reihe von Urteilen beschäftigt sich insbesondere mit der Beweiserheblichkeit von Urkunden. Das Urt. des 4. StS. v. 11. Dez. 1885 (RGSt. 13, 168) bejaht die Beweiserheblichkeit einer gedruckten Urkunde. Die Eigenschaft der Beweiserheblichkeit könne ebensowenig wie unter Umständen einer bloßen Namensunterschrift (RGSt. 6, 289), einer Blechmarke (RGSt. 4, 3), einem Schriftstück mit aufgedrucktem Firmen- oder Namensstempel (RGSt. 10, 304) auch solchen Urkunden nicht abgesprochen werden, welche im Wege der mechanischen Vervielfältigung, namentlich des Druckes, hergestellt und nur mit einer gedruckten Unterschrift versehen sind. Eine derartige Unterschrift erwecke nach den Anschauungen des Verkehrslebens den Eindruck, daß sie von derjenigen Person, deren gedruckte Namensunterschrift sie aufweist, herrührt und daß diese Person für den Inhalt der Urkunde verantwortlich ist. „Der Beweis hierfür kann allerdings mit und aus der Urkunde allein nicht geführt werden. Wird aber im Falle des Bestreitens der Echtheit auf andere Weise dargetan, daß die dem Abdrucke zugrunde liegende Urschrift von der im Abdrucke unterzeichneten Person vollzogen oder daß der Abdruck mit deren Wissen und Willen hergestellt worden ist, so wird die gedruckte Urkunde unbedenklich einen Beweis dafür liefern können, daß die in ihr enthaltenen Erklärungen von dem in Druckschrift unterzeichneten Aussteller abgegeben sind."

Nach dem oben inhaltlich wiedergegebenen Urt. des 3. StS. v. 20. März 1884 (RGSt. 10, 304) wird die Beweiserheblichkeit einer Quittung nicht dadurch aufgehoben, daß die Unterschrift unter derselben nicht handschriftlich, sondern durch Aufdrücken eines Firmen- oder Namensstempels hergestellt ist. „Daß die Unterschrift des Ausstellers notwendig durch mit der Hand geschriebene Buchstaben hergestellt werden müsse, um rechtlich bedeutsam zu sein, erfordern weder gesetzliche Vorschriften noch die Natur der Sache. In der Beifügung der Namensunterschrift liegt nach der Anschauung des Verkehrs wie nach der rechtlichen Auffassung die Erklärung, daß sich der Unterschreibende den Inhalt der Schrift aneigne, ihn als Inhalt einer eigenen Erklärung gelten lassen wolle. Diese Bedeutung der Unterschrift schließt nicht einmal aus, daß sie nicht unter Umständen durch andere Zeichen, denen die Verkehrssitte eine ähnliche Bedeutung beilegt, ersetzt werde. Wie ja die Beifügung von drei Kreuzen oder drei Nullen als Handzeichen an Stelle der Namensschrift von seiten Schreibensunkundiger oder durch körperliches Gebrechen am Schreiben Verhinderter durchaus üblich ist und den solchergestalt vollzogenen Urkunden die Beweiskraft prinzipiell nicht abgesprochen wird, mag dieselbe auch eine geminderte und der Nachweis der Echtheit derartiger Urkunden erschwert sein." Noch weniger aber sei die Statthaftigkeit der Herstellung der Unterschrift durch Aufdrücken des Namens mittels einer mechanischen Vorrichtung (insbesondere als Namens- oder Firmenstempel) zu bestreiten.

Einen anderen Standpunkt nimmt die Entsch. 30, 369 (3. StS. Urt. v. 8. Nov. 1897) hinsichtlich der durch ein Posteinlieferungsbuch seitens eines Postamtes ausgestellten Quittung über Einzahlungen von Postanweisungen ein. Der Angeklagte hatte die Zahlenangaben in einer solchen Quittung gefälscht. Die Quittung war von seiten des Postbeamten in die hierfür bestimmte Spalte des Posteinlieferungsbuches eingetragen, auch mit dem Aufgabestempel des Postamtes, welcher zugleich das Datum der Eintragung erhielt, versehen; es fehlte aber die Namensunterschrift des Postbeamten. Gerade dieser Namensunterschrift legt aber hier das Reichsgericht entscheidende Bedeutung bei. Fehle sie, könne von einer beweiserheblichen Urkunde nicht gesprochen werden und sei deshalb Urkundenfälschung zu verneinen. Es heißt in den Gründen: „Wenn neben der Beidrückung des Aufgabestempels die Hinzufügung der Namensunterschrift vorgeschrieben ist, wird dieser Bestimmung, welche offenbar nicht bloß den Rückgriff der Postverwaltung gegen Beamte im innerdienstlichen Interesse sichern soll, sondern auch der Zweck verfolgt, die Beweisfähigkeit der Erklärung zugunsten des Absenders zu erhöhen, eine wesentliche Bedeutung nicht abzusprechen sein, zumal es sich um eine Quittung handelt, wie sie in gleicher Bedeutung auch im Rechtsverkehr unter Privaten vorkommt. Gerade die unterschriftlichen Erklärungen in dispositiven Urkunden und Zeugnissen, bilden nach der im Rechtsverkehr herrschenden Anschauung das Kennzeichen dafür, daß eine abschließende Erklärung und Äußerung des Ausstellers vorliege ..... Ist danach der allgemeinen Verkehrsanschauung entsprechend anzunehmen, daß gerade die Namensunterschrift in erster Linie für das Dasein und die rechtliche Wirksamkeit einer schriftlichen Willenserklärung in Frage kommt, so wird auch der für die Postanweisungsquittung angeordneten Namensunterschrift im Sinne der reinen Dienstanweisung eine andere Bedeutung nicht beigemessen werden können."

Den Charakter eines von einem Arzt ausgestellten Impfscheines als Zeugnis über den Gesundheitszustand eines Menschen im Sinne des § 278 StGB. begründet der 3. StS. Urt. v. 21. Sept. 1893 (24, 284) gleichfalls mit der allgemeinen Verkehrsanschauung.

Daß unter Umständen die Auffassung des Publikums sogar imstande ist, die abweichende, in dem Ausnahmefalle des soeben wiedergegebenen Urt. 39, 369 für maßgebend erklärte amtliche Auffassung aus dem Felde zu schlagen, ergibt das Urt. des 4. StS. v. 21. Jan. 1916 (RGSt. 49, 336): Der Angeklagte hat eine von ihm angefertigte Strafanzeige mit einem falschen Namen unterschrieben, aber vor die Namensunterschrift den Zusatz „gez." gesetzt. Das Reichsgericht führt hierzu aus: „Der Vermerk ‚gez.' vor einer Namensunterschrift gilt nun nach der Anschauungsweise des amtlichen Verkehrs tatsächlich als kanzleimäßiger Ausdruck dafür, daß die Unterschrift nicht von der Hand des Namenträgers herrühre, sondern im Wege der Abschrift entstanden sei." Das Reichsgericht stellt dann fest, daß eine Abschrift dieser Art regelmäßig nicht beweiserheblich sei. Es fährt aber fort: „Nur die Feststellung, daß der Zusatz ‚gez.' im Publikum, insbesondere in Volksschichten, welchen der Angeklagte angehört, eine von der amtlichen Verkehrsauffassung abweichende Bedeutung beigelegt werde und der Angeklagte eine dementsprechende Vorstellung bei den Adressaten zu erwecken beabsichtigte, wäre geeignet, die Annahme vollendeter Urkundenfälschung zu tragen."

Wir stehen vor dem Abschlusse der Strafrechtsreform. Ein neues Strafgesetzbuch wird über kurz oder lang in Kraft treten. Es wird dem Strafrichter ungleich mehr Freiheit gewähren als das alte; seine Tatbestände werden weit elastischer und allgemeiner sein. Das Prinzip „der Zumutbarkeit" soll eingeführt werden, vor allem als Regulativ des Notstandes. Auf der Karlsruher Tagung der deutschen Landesgruppe der JKV. (September 1927 — vgl. Mitteilungen S. 98) ist von einem der Redner mit Recht hervorgehoben worden, daß dementsprechend die Methode der Rechtsprechung sich wird ändern müssen. Auf Grund des alten Strafgesetzbuches sei es bei seiner Lückenhaftigkeit berechtigt und verständlich gewesen, daß die Rechtsprechung es unternahm, bis an den äußersten Rand des Wortlautes die Strafmöglichkeit auszuschöpfen. Man wird jenem Redner recht geben müssen darin, daß bei einem neuen elastischen und verallgemeinernden Strafgesetzbuche künftig eine solche Rechtsprechung nicht angebracht sein würde. Wenn er aber weiter unter dem Beifall eines Teiles der Versammlung daran den Wunsch geknüpft hat, daß sämtliche Exemplare der strafrechtlichen Entscheidungen des Reichsgerichtes mit Inkrafttreten des neuen Strafgesetzbuches auf einen Scheiterhaufen gelegt und verbrannt werden sollten und diesen freundlichen Wunsch damit begründet hat, daß das neue Strafgesetzbuch in einem neuen Geiste ganz unabhängig von der Rechtsprechung des Reichsgerichtes ausgelegt werden müsse, so ist dies mehr als eine rednerische Übertreibung — eine sachliche Entgleisung.

Gerade auf dem Boden der den Gegenstand dieser Abhandlung bildenden Untersuchungen vermögen wir solcher Anschauung nicht zu folgen. Wir sind im Gegenteile der Meinung, daß die bisherige Rechtsprechung des Reichsgerichtes zu einem großen und gerade ihrem wertvollsten Teile die Grundlage auch für die wissenschaftliche Auslegung des neuen Strafgesetzbuches sein wird. Vor allem, insoweit, als sie mit Erfolg daran gearbeitet hat, der Volksanschauung, die bei der Auslegung des neuen Strafgesetzbuches eine noch größere Rolle spielen wird als bisher, zum Siege zu verhelfen und damit die Harmonie zwischen Recht und Sitte (Sittlichkeit) auf weiten Gebieten herzustellen. Den künftigen Reichsrichtern und Landesrichtern wird die Rechtsprechung des Reichsgerichtes der letzten Jahrzehnte in Strafsachen hier vorbildlich sein können und müssen.

Möchte sich der in dieser Arbeit unternommene Versuch, diese Seite der reichsgerichtlichen Rechtsprechung herauszustellen, auch unter diesem Gesichtspunkte ersprießlich erweisen!

Abgeschlossen: Dezember 1928.

Reichs- und Landesstrafrecht
im Lichte der Rechtsprechung des Reichsgerichtes

von Professor Dr. August Finger, Halle

I. Zwei Fragen treten in den Vordergrund und heischen Beantwortung, wenn über das Verhältnis von Reichs- und Landesstrafrecht Klarheit gewonnen werden, wenn der Inhalt des viel umstrittenen § 2 des Einführungsgesetzes zum Strafgesetz für den Norddeutschen Bund klargelegt werden soll. Die eine Frage bezieht sich auf das Verhältnis von Rechtsquellen zueinander, auf die Zuständigkeit zum Erlaß von Gesetzen. Die zweite Frage hat die Geltung der erlassenen Gesetze zum Gegenstande, prüft die Beziehung von Normen.

II. Erkennt man das Wesen des Bundesstaates in dem Bestande zweier Ordnungen, so taucht das Problem nach dem Verhältnis der beiden Ordnungen zueinander auf. Für das hier in Betracht kommende Gebiet ist die Regelung in Art. 2 und Art. 4 Ziff. 13 der Verfassung des Norddeutschen Bundes bzw. des Deutschen Reiches und in Art. 7 Ziff. 2, Art. 12 u. Art. 13 der Weimarer Verfassung gegeben. Erstere Bestimmungen sind ergänzt bzw. erläutert durch die §§ 2 u. 5 des Einführungsgesetzes zum Strafgesetzbuch für den Norddeutschen Bund.

Nach Art. 2 der Verfassung für den Norddeutschen Bund (Deutsches Reich) übt „innerhalb des Bundesgebietes das Reich das Recht der Gesetzgebung nach Maßgabe des Inhalts dieser Verfassung und mit der Wirkung aus, daß die Reichsgesetze den Landesgesetzen vorgehen". Der Art. 4 Ziff. 13 in der Fassung der dritten Verfassungsänderung (G. v. 20. Dez. 1873, RGBl. S. 379) bezeichnet als Gegenstand der Gesetzgebung des Reiches: „Die gemeinsame Gesetzgebung über das gesamte bürgerliche Recht, das Strafrecht und das gerichtliche Verfahren".

Wiewohl die alte Reichsverfassung eine dem Art. 12 I der Weimarer Verfassung entsprechende Bestimmung nicht hatte, bestand doch kein Zweifel darüber, daß durch Erlaß eines Reichsgesetzes nicht nur die mit dem Reichsgesetz in Widerspruch stehenden Landesgesetze aufgehoben worden sind, sondern daß auch Landesgesetze gleichen Inhalts, die etwa den Inhalt von Reichsgesetzen bestätigen wollten, keine Geltung hatten.

Durch die Gesetzgebung der Länder konnten reichsrechtlich erlassene Rechtssätze nicht wiederholt, nicht erläutert werden. Die Landesgesetzgebung war auf dem reichsrechtlich geregelten Gebiet ausgeschaltet, die Länder hatten die Zuständigkeit zur Gesetzgebung auf jenem Gebiete verloren[1]).

Schärfer als in der alten Reichsverfassung kommt dies in Art. 12 I der Weimarer Verfassung zum Ausdruck. Der Art. 12 beschränkt die Gesetzgebungszuständigkeit der Länder auf dem Gebiete der konkurrierenden Ge-

---

[1]) Richtig z. B. RG. 42, 100.

setzgebung, beläßt sie ihnen nur „solange und soweit das Reich von seinem Gesetzgebungsrecht keinen Gebrauch macht", zieht somit eine zeitliche und eine sachliche Schranke. Die Bestimmung der Weimarer Verfassung bringt aber leider nicht mit genügender Schärfe zum Ausdruck, ob der an die gesetzgeberische Betätigung des Reiches geknüpfte Verlust der Gesetzgebungskompetenz der Länder ein zeitlich beschränkter oder ein endgültiger ist.

Im Schrifttum (Anschütz, Verfassung des Deutschen Reiches[6] S. 63/2; Giese, Die Reichsverfassung[6] S. 78; Poetzsch-Heffter, Handkommentar der Reichsverfassung[3] S. 122) wird die Anschauung vertreten, daß der Verlust der Gesetzgebungszuständigkeit der Länder kein endgültiger ist. Die Länder gewinnen angeblich ihr Recht zur Gesetzgebung von neuem, wenn das Reich das von ihm erlassene Gesetz aufhebt, ohne es durch ein anderes zu ersetzen (Anschütz). Schon die Formulierung dieser Anschauung ist bedenklich. Von einem Verlust des Rechtes der Gesetzgebung und von einem Wiedergewinn dürfte nicht die Rede sein. Der Verlust des Rechtes läßt sich staatsrechtlich erklären und konstruieren, dagegen versagen die staatsrechtlichen Kategorien zur Erklärung, wie die verlorene Gesetzgebungszuständigkeit wiedergewonnen werden sollte, wenn nicht etwa in einem besonderen Reichsgesetz dies zum Ausdruck gebracht würde. Die Ländergesetzgebung wäre aber dann eine vom Reiche übertragene. Wollte die Reichsverfassung die Meinung von Anschütz anerkennen, dann hätte sie von einem Ruhen des Gesetzgebungsrechtes der Länder, nicht von einem durch einen dies ad quem begrenzten „Behalten" sprechen dürfen. Nach Art. 12 behalten die Länder ihr Gesetzgebungsrecht in den Fällen der konkurrierenden Gesetzgebung, solange das Reich von dem ihm in Art. 7 eingeräumten Rechte keinen Gebrauch macht. Hat das Reich auf einem dieser Gebiete ein Gesetz erlassen, dann hat es von seinem Gesetzgebungsrecht Gebrauch gemacht, ja es macht, wenn es das erlassene Gesetz aufhebt, auch wenn es an dessen Stelle kein neues setzt, von seinem Gesetzgebungsrecht abermals Gebrauch.

Die richtige Auslegung des Art. 12 RVerf., der anscheinend auch Stier-Somlo, Staatsrecht S. 380, zustimmt, dürfte daher die sein, daß die Länder in dem Zeitpunkt, in welchem das Reich von seinem Gesetzgebungsrecht Gebrauch macht, ihr Gesetzgebungsrecht dauernd verlieren. Die Art. 6 u. 7 RVerf. sind der Weg, auf welchem die von der Nationalversammlung erstrebte allmähliche Vereinheitlichung des Rechts und des Reiches herbeigeführt werden sollte. Die Annahme, als ginge die auf bestimmten Gebieten herbeigeführte Verreichlichung wieder verloren, als würde der nicht immer einfache und nicht leichte Prozeß der Übertragung von Länderrechten auf das Reich wieder anulliert, widerspricht dem Geiste der Weimarer Verfassung. Es darf auch nicht übersehen werden, daß die Aufhebung eines Gesetzes häufig nicht nur negative Bedeutung hat. In der Aufhebung eines Gesetzes kommt häufig der Wille des Gesetzgebers zum Ausdruck, daß eine bestimmte Materie — man denke z. B. an die Aufhebung eines Gesetzes gegen Schmutz- und Schundliteratur — von gesetzlicher Einengung frei bleiben soll. Es ist nicht anzunehmen, daß die Verfassung eine derart intrikate, politisch ebenso bedeutungsvolle wie schwierige Regelung, die Abgrenzung der Gesetzgebungszuständigkeit zwischen Reich und Ländern, in einer Weise geregelt haben sollte, die im Einzelfall zu den schärfsten Gegensätzen zwischen Reich und Ländern führen könnte.

Auch aus Art. 13 RVerf. dürfte ein Grund für die Richtigkeit der hier vertretenen Anschauung zu entnehmen sein. Hätte die Verfassung an ein

Wiederaufleben des nach Art. 12 weggefallenen Gesetzgebungsrechts der Länder gedacht, dann hätte der Art. 13 eine Fassung erhalten, die auch die vorhin erwähnte Schwierigkeit der Entscheidung eines Gerichtshofes hätte unterbreiten lassen.

Wird ein Reichsgesetz aufgehoben und ist ein Land der Ansicht, daß hierdurch, weil das Gesetz durch kein anderes ersetzt wird, ein freier Raum für neue Betätigung des Landes auf diesem Gebiet entsteht, und macht es von dieser Gebrauch, während das Reich die Materie ungeregelt haben will, dann läßt sich schwerlich von einer Meinungsverschiedenheit darüber sprechen, ob die landesrechtliche Vorschrift mit dem Reichsrecht vereinbar ist, weil von einem Reichsrecht auf diesem Gebiete eigentlich nicht die Rede sein kann. Diese Lücke besteht bei Annahme der richtigen Anschauung, daß das durch Ausübung des Gesetzgebungsrechtes des Reiches den Ländern entzogene Gesetzgebungsrecht durch Aufhebung des betreffenden Gesetzes ihnen nicht wieder neu ersteht, in Art. 13 nicht.

Der Art. 12 RVerf. geht über Art. 13 hinaus. Art. 13 bringt das Selbstverständliche zum Ausdruck, daß die Anordnung der höheren Rechtsquelle jener der niederen vorgeht. Art. 12 regelt dagegen nicht die Beziehung zweier Ordnungen, sondern die Beziehung der Rechtsquellen, von denen die Ordnungen ausgehen können. Analoges gilt auch für Art. 2 u. 4 der alten Reichsverfassung.

Eine abweichende Anschauung vertritt Frank, Das Strafgesetzbuch[17] S. 821, mit der Behauptung, daß aus Art. 2 RVerf. nur der Primat des Reichsrechts vor dem Landesrecht folgt, aber nicht die Beseitigung des letzteren durch das erstere, auch nicht soweit es die gleichen Materien betrifft. „Kraft seines Primats" — so meint Frank — „konnte das Reichsrecht das Landesrecht aufheben; aber es tat das nicht schon dadurch, daß es eine seither landesrechtlich geregelte Materie selbst regelte. Freilich entzog die reichsrechtliche Regelung dem Landesrecht insofern die praktische Bedeutung, als bei Identität des Tatbestandes nur die vom Reichsrecht vorgesehenen Rechtsfolgen eintraten. Trotzdem aber bestand das Landesrecht weiter: teils fand es Anwendung auf Tatbestände, über die das Reichsrecht nichts bestimmte, teils war es nur ius dormiens und lebte von selbst auf, sobald etwa das Reichsrecht aufgehoben wurde." Frank verkennt hier, daß eine solche Normenkollision nur möglich ist innerhalb derselben Ordnung, innerhalb eines Rechtssystems, deren Normen von derselben Rechtsquelle herrühren[2]). Das Verhältnis der höheren Rechtsquelle zur niederen ist nicht das einer Normenkonkurrenz. Die praktisch bedeutsame Anschauung Franks, daß durch Regelung einer Materie durch Reichsrecht das auf dieselbe Materie bezügliche Landesrecht nur ius dormiens wird, das in dem Zeitpunkt wieder zu neuem Leben erwacht, in welchem das Reichsrecht aufgehoben wird, ist staatsrechtlich unhaltbar. Es soll allerdings nicht in Abrede gestellt werden, daß das Reich eine landesrechtliche Regelung mit zeitlicher Begrenzung aufzuheben vermöchte z. B. für die Dauer eines Krieges. Es müßte dies dann in dem betreffenden Reichsgesetze zum Ausdruck kommen.

Die Schwierigkeiten der Frankschen Anschauung werden besonders deutlich, wenn man den Fall ins Auge faßt, daß durch Erlaß eines Reichsgesetzes eine Reihe dasselbe Lebensverhältnis regelnder Landesgesetze aufgehoben

---

[2]) Richtig Doehl, Reichsrecht bricht Landrecht, ArchÖffR. 12, 832ff. — Gegen Frank auch Liepmann, ZStW. 32, 588.

wurde und dann die Aufhebung des Reichsgesetzes erfolgt. Sollten in diesem Zeitpunkte tatsächlich die früheren Landesgesetze wieder aufleben? Es ist dies gewiß nicht der Fall. Ja man muß, wie früher ausgeführt, noch weiter gehen und anerkennen, daß auch die Gesetzgebungszuständigkeit der Länder auf diesem Gebiete ohne ausdrückliche Erklärung des Reiches nicht wieder erwacht. Das Gesetzgebungsrecht der Länder könnte, wie erwähnt, nur mehr als ein vom Reiche verliehenes in Erscheinung treten.

Richtige Ausführungen enthält in dieser Hinsicht die Entscheidung des Reichsgerichts (10, 221): „Das Reich kann der Landesgesetzgebung die Befugnis zum Erlasse von Strafgesetzen bezüglich einer bestimmten Materie nicht bloß dadurch entziehen, daß es selbst gewisse Handlungen mit Strafe bedroht und in dieser Weise die Materie in positiver Weise regelt. Vielmehr ist die Reichsgesetzgebung in der Lage, das der Landesgesetzgebung überlassene Gebiet dadurch einzuschränken, daß sie gewisse Handlungen für straflos erklärt." Das Reichsgericht führt hier zutreffend aus, daß durch reichsrechtliche Regelung einer Materie den Ländern die „Befugnis" zur Regelung entzogen wird. Grundlage dieser Ausführungen war die Reichsverfassung vom Jahre 1871.

Zu beachten ist aber, daß das Verhältnis des Reichs- zum Landesrechte gegenwärtig durch die Bestimmungen der Weimarer Verfassung geordnet ist. Diese gelten heute ganz allgemein, nicht etwa bloß für die nach Geltung der Weimarer Verfassung erlassenen Gesetze.

Die Art. 7, 12 u. 13 haben auch Bedeutung für das Verhältnis des Reichsstrafgesetzbuches v. 15. Mai 1871 zur Landesstrafgesetzgebung. Die Worte „solange und soweit das Reich von seinem Gesetzgebungsrechte keinen Gebrauch macht, behalten die Länder das Recht der Gesetzgebung" dürfen nicht etwa nur auf die Zukunft bezogen werden, sie müssen zuständlich verstanden werden. Es ist Aufgabe der Verfassung, das Verhältnis der übergeordneten Reichsgewalt zu den Ländergewalten zu regeln, und diesem Zwecke dienen unter anderem die früher genannten Artikel der Reichsverfassung. — Auch für den, der den Sinn der Art. 2 u. 4 der alten Reichsverfassung anders versteht wie den der entsprechenden Bestimmungen der Weimarer Verfassung, muß heute bei Beantwortung der Frage des sachlichen Geltungsgebietes der Reichs- und Landesgesetze die Weimarer Verfassung den Ausgangspunkt bilden[3]). Unter „Gesetzgebungsrecht des Reiches" sind alle heute noch in Geltung befindlichen Reichsgesetze zu verstehen. Danach bestimmt sich heute das Verhältnis des Reichs- zum Landesstrafrecht nach Maßgabe der Weimarer Verfassung. Hätte die Weimarer Verfassung das Gesetzgebungsrecht des Reiches — was nicht der Fall ist — im Vergleich zu jenem der alten Reichsverfassung verringert, dann wäre in der Regelung der Gesetzgebungskompetenz eine Lücke vorhanden. Hätte nämlich das Reich auf Grund früherer Zuständigkeit ein Reichsgesetz erlassen, diese Materie somit geregelt, so wäre die Zuständigkeit der Landesgesetzgebung erloschen. Da das Reich auf diesem Gebiete heute nach der Reichsverfassung keine Zuständigkeit hätte, so ergäbe sich eine Art Verewigung des alten Zustandes. Eine Änderung desselben könnte nur herbeigeführt werden durch ein (verfassungsänderndes) Reichsgesetz, das dem Reich die Gesetzgebungszuständigkeit verleihen würde, oder durch Verleihung des Gesetzgebungsrechts an die Länder.

Die Zweifel, welche (nach Binding, Handbuch S. 274) hinsichtlich des

---

[3]) Anscheinend abweichend Frank, Strafgesetzbuch[17] S. 822.

Sinnes und der Tragweite der Art. 2 u. 4 Ziff. 13 der alten Reichsverfassung bestanden haben, sind von der Weimarer Verfassung nicht völlig gelöst worden.

Die üblen Erfahrungen, welche die Rechtsprechung bei Anwendung des § 2 EGStGB. gemacht hat, haben den Gesetzgeber nicht veranlaßt, die neuen Bestimmungen so deutlich zu fassen, daß hiermit die auf diesem Gebiete vielfach bestehende Rechtsunsicherheit beseitigt würde.

Die neue Reichsverfassung hat die Gesetzgebungskompetenz des Reiches ausgedehnt von der „gemeinsamen Gesetzgebung über das Strafrecht" hinaus auf die „Gesetzgebung über das Strafrecht". Eine wesentliche Änderung gegen den früheren Zustand bedeutet dies nicht. Wollte die frühere Reichsverfassung mit dem Worte „gemeinsame Gesetzgebung" etwa zum Ausdruck bringen, daß das Reich Zuständigkeit nur soweit haben soll, als ein Bedürfnis zu einheitlicher Regelung bestand, so war es doch das Reich, das allein darüber zu entscheiden hatte, ob ein solches Bedürfnis besteht. Gesetze mit territorial beschränkter Geltung, Gesetze, deren Geltungsgebiet sich nicht über das ganze Bundes- bzw. Reichsgebiet erstreckte, waren nicht ausgeschlossen, weil unter „gemeinsamer Gesetzgebung" nur die durch das gemeinsame Interesse der Länder bestimmte Gesetzgebung und nicht etwa nur die einheitlich für das ganze Bundesgebiet geltende Gesetzgebung verstanden werden mußte. Das „gemeinsam" hat sachliche, nicht räumliche Bedeutung.

„Gemeinsame Gesetzgebung" ist die Gesetzgebung, welche mit Bedacht auf das Zwecksubjekt der Gesetze (Bund oder Reich) eine einheitliche Regelung verlangte. Es kann sehr wohl im gemeinsamen Interesse aller zum Bunde gehörigen Länder gelegen sein, daß z. B. in Grenzgebieten in einzelnen Angelegenheiten eine Regelung erfolgt, die von jener in den übrigen Teilen des Gebietes abweicht.

Aus der Fassung des Art. 7 der Weimarer Verfassung, besonders seiner Gegenüberstellung zu Art. 9, welcher die dort umschriebene Gesetzgebungszuständigkeit von dem „Bedürfnis für den Erlaß einheitlicher Vorschriften" abhängig macht, könnte der Schluß gezogen werden, daß die Zuständigkeit der „konkurrierenden Gesetzgebung" (Art. 7) weitergeht wie jene der Bedarfsgesetzgebung (Art. 9). Praktisch wird hier kaum ein Unterschied bestehen. Das Reich wird auch auf den in Art. 7 bezeichneten Gebieten von seinem Gesetzgebungsrechte nur dann und nur insoweit Gebrauch machen, wenn hierfür ein Bedürfnis besteht, wenn also die Voraussetzungen gegeben sind, welche der Art. 9 auch für die Bedarfsgesetzgebung vorsieht.

Wenn aber Anschütz (Reichsverfassung[6] S. 55) meint, daß das Reich von seiner Zuständigkeit nach Art. 7 „jederzeit nach freiem Ermessen, ohne daß erst noch besondere Voraussetzungen oder Bedürfnisse nachgewiesen zu werden brauchen" Gebrauch machen kann, während für die Gesetzgebung nach Art. 9 ein Bedürfnis für einheitliche Vorschriften festgestellt werden muß, so verkennt er die geringe praktische Bedeutung dieser theoretischen Unterscheidung auch nicht, indem er weiter betont (a. a. O. S. 58), daß nur der Gesetzgeber, gewissenhaftem Ermessen folgend, zu entscheiden hat, „ob ein dahin gehendes Bedürfnis und damit die Voraussetzung zur Ausübung der im Art. 9 vorgesehenen Kompetenzen gegeben ist".

Für das Verhältnis des Art. 7 zu Art. 9 gilt auch, was Binding bei Auslegung des Ausdrucks „gemeinsam" in Art. 4 Ziff. 13 der alten Reichsverfassung gesagt hat: Der Art. 9 begrenzt im Verhältnis zu Art. 7 den Beruf, nicht aber die Kompetenz des Gesetzgebers.

Anders läge es, wenn man der Anschauung von Giese, Reichsverfassung[6]

S. 72, und Poetzsch-Heffter, Handkommentar der Reichsverfassung[3] zu Art. 9 Nr. 8 (im Gegensatz zu Anschütz a. a. O. S. 58 und zu Triepel, Festgabe für Kahl 2, 94) zustimmt, wonach die Frage des „Bedürfnisses für den Erlaß einheitlicher Vorschriften" gemäß Art 13 II und Art 19 RVerf. vom Reichsgericht bzw. Staatsgerichtshof nachgeprüft werden könnte. Diese Anschauung läßt aber nicht nur unbeachtet, was Anschütz bereits hervorgehoben hat, daß die „Bedürfnisfrage" eine Ermessensfrage und nicht eine Rechtsfrage ist, zu deren Entscheidung allein der Staatsgerichtshof berufen ist — sie übersieht auch, daß die Entscheidung darüber, ob ein Bedürfnis im Sinne des Art. 9 vorliegt, im Zuge des Ganges der Gesetzgebung getroffen wird, im Inhalt der Gesetzes aber nicht in Erscheinung tritt. Das Dasein des Gesetzes allein, nicht sein Inhalt, beweist, daß der Gesetzgeber ein Bedürfnis nach einheitlicher Regelung angenommen hat.

Die Fälle des Art. 13 RVerf. setzen ebenso wie jene des Art. 19 RVerf. voraus, daß der Inhalt von Gesetzen die Grundlage von Zweifeln, Meinungsverschiedenheiten oder Rechtsstreitigkeiten gibt. Die Gesetze selbst, ihr aus ihrem Inhalt feststellbarer Sinn und Zweck, nicht jenseits der Gesetze liegende Erwägungen müssen die Grundlage für die Entscheidungen bilden können.

So hat, richtig gesehen, die sog. „Bedürfnisfrage" de lege ferenda gesetzespolitische Bedeutung: de lege lata und hiermit für die Regelung des Verhältnisses zwischen Reichs- und Landesstrafrecht ist sie ohne Bedeutung.

III. Vom Standpunkt dieser Auslegung der Bestimmungen der Reichsverfassung ergibt sich für § 2 EGStGB. folgendes:

Der erste Absatz des § 2 hat nur insoweit Bedeutung, als er die Beziehung des Strafgesetzbuches v. 30. Mai 1870 zu älterem Bundesstrafrecht regelt. In dieser Hinsicht geht § 2 über den selbstverständlichen Grundsatz des lex posterior derogat priori insofern hinaus, als bei Entscheidung der Frage, ob altes Bundesrecht neben neuem noch in Geltung sei, nicht zu prüfen ist, ob die einzelnen Bestimmungen des alten Rechts neben jenen des neuen noch Geltung haben können, sondern allgemeiner zu entscheiden ist, ob das alte Bundesrecht sich auf Materien bezieht, welche im neuen Bundesrecht geregelt sind. Diese Beziehung konnte in der Reichsverfassung keine Erwähnung finden, weil Bundesrecht erst nach Inkrafttreten der Bundesverfassung möglich war.

Die Bestimmung des § 2 EGStGB., daß auch das Landesstrafrecht außer Kraft tritt, insoweit dasselbe Materien betrifft, welche Gegenstand des Strafgesetzbuches für den Norddeutschen Bund sind, wiederholt nur den Inhalt des Art. 2 u. 4 Ziff. 13 der Verfassung für den Norddeutschen Bund und ist, abgesehen von der Zeitbestimmung, überflüssig[4]).

Dasselbe gilt vom Boden der Bestimmungen der Weimarer Verfassung. Die Weimarer Verfassung regelt das Verhältnis von Reichs- zu Landesstrafrecht nicht anders, als es der § 2 Abs. 1 EGStGB. in Ausführung und Ergänzung der alten Reichsverfassung getan hat. Mit dem Inkrafttreten der neuen Reichsverfassung ist das Verhältnis des Reichs- zum Landesstrafrecht nicht anders geworden, als es in § 2 Abs. 1 EGStGB. festgesetzt ist. Soweit das Reich von seinem Gesetzgebungsrecht Gebrauch gemacht hat, wird Landesrecht durch Reichsrecht aufgehoben. Das Landesrecht gilt nicht, soweit es sich auf durch Reichsgesetze geregelte Materien bezieht. Richtig führt das RG. 56, 179 aus: „Der Satz Reichsrecht bricht Landrecht (Art. 13 Abs. 1)

---

[4]) Heinze, Verhältnis des Reichsstrafrechts zum Landesstrafrecht S. 27ff.; Binding, Handbuch 1, 281.

zieht aus der Natur des Reiches als Staatenverbindung die Folgerung, daß die gesetzgebende Gewalt des Reiches der der Länder, und daher auch die Rechtsnormen, die von den rechtschaffenden Faktoren des Reiches ausgehen (Reichsgesetze, die Rechtsverordnungen des Reichs und das Reichsgewohnheitsrecht), den Rechtsnormen, die von den rechtschaffenden Faktoren der Länder ausgehen (den Landesgesetzen, den Rechtsverordnungen der Länder und dem Landesgewohnheitsrecht), übergeordnet sind und bringt zum Ausdruck, daß Rechtsnormen der Länder, denen eine reichsrechtliche Norm entgegensteht, der verbindlichen Kraft gegenüber den Untertanen, also auch gegenüber dem Richter entbehren, daß sie schlechthin nichtig sind."

Erforderlich ist noch die Beantwortung der Frage, ob der Abs. 2 des § 2 EGStGB. durch die Weimarer Verfassung modifiziert worden ist. Nach der Bundes- bzw. der Reichsverfassung vom Jahre 1871 unterlag der Gesetzgebung des Reiches „die gemeinsame Gesetzgebung über das Strafrecht". In Ausführung dieses Grundsatzes erging das Bundes- (Reichs-) Strafgesetz und das Einführungsgesetz. Es kann hier unerörtert bleiben, ob der Abs. 2 des § 2 nur eine authentische Erklärung darüber gibt, daß die in diesem Absatz genannten in Kraft gebliebenen Bestimmungen des Bundes- bzw. Landesstrafrechts insgesamt solche sind, die sich auf Gegenstände beziehen, welche durch das Reichsstrafgesetzbuch nicht erfaßt sind, oder ob der § 2 Abs. 2 eine Einengung des in Abs. 1 festgelegten Grundsatzes enthält. Bei Feststellung des Verhältnisses der Reichs- zur Landesgesetzgebung gilt heute ganz allgemein der Art. 12 RVerf. Es ist immer zu prüfen, inwieweit das Reich von seinem Gesetzgebungsrecht Gebrauch gemacht hat; in diesem Umfange haben die Länder das Recht der Gesetzgebung verloren. Der § 2 EGStGB. hat aber seine Bedeutung nicht verloren. Er bedeutet im Sinne des Art. 12 RVerf. eine Art authentischer Erklärung des Reichsgesetzgebers darüber, wieweit er von seinem Gesetzgebungsrechte Gebrauch gemacht hat.

Das Reichsstrafgesetzbuch mit seinem Einführungsgesetz konkretisieren auf dem Gebiete des Strafrechts das „soweit" des Art. 12 RVerf.

Das Reich erklärt in § 2 Abs. 2 EGStGB.: Ich habe auf den hier genannten Gebieten gesetzliche Vorschriften nicht erlassen, wobei es dahingestellt bleiben kann, ob dies mangels Zuständigkeit oder aus anderen Gründen geschehen ist. Die praktische Bedeutung dieser Bestimmung ist daher die gleiche wie vor Erlaß der Verfassung vom Jahre 1919. Es tritt lediglich an die Stelle der Frage: welche „Materien" sind Gegenstand des Reichsstrafgesetzbuches geworden, die inhaltlich gleiche: wieweit hat das Reich von seinem Gesetzgebungsrecht Gebrauch gemacht.

Zu beachten bleibt aber, daß ein Reichsgesetz, welches einen oder mehrere im heutigen Reichsstrafgesetzbuch geregelte Gegenstände der Gesetzgebung der Länder überlassen wollte, ein verfassungsänderndes Gesetz wäre. Die Länder haben nach Art. 12 RVerf. das Recht der Gesetzgebung auf diesen Gebieten bereits verloren. Anders läge es hinsichtlich der im Art. 7 bezeichneten Gebiete, die reichsgesetzlich noch nicht geregelt sind. Hier ist es dem Ermessen des Reiches überlassen, wann und in welchem Umfange es von seinem Gesetzgebungsrechte Gebrauch machen will. Eine Erweiterung dieses Gebietes könnte jederzeit durch einfaches Reichsgesetz erfolgen; eine Einengung nur durch ein verfassungsänderndes Reichsgesetz.

So ist die Beantwortung der Frage, wieweit das Reich von seinem Gesetzgebungsrechte in einem einzelnen Fall Gebrauch gemacht hat, mit anderen Worten, was Materie der Reichsgesetzgebung geworden ist, auch für die Zukunft von großer praktischer Bedeutung.

IV. Die Erfahrungen, welche die Praxis bei Auslegung des § 2 EGStGB. gemacht hat, zeigen die großen Schwierigkeiten, die auch in Zukunft der Art. 12 RVerf. ihr bereiten wird. Trotz vieler Mühen der Theorie und einer Fülle von reichsgerichtlichen Entscheidungen, die zu der Frage im allgemeinen und zu einer Reihe von Einzelfragen Stellung nehmen, ist man zu einem befriedigenden Ergebnisse nicht gekommen. Die Hauptschwierigkeit, vielleicht Unlösbarkeit des Problems liegt, um es mit einem Worte anzudeuten, darin, daß sich die Grenzen des konkludenten Schweigens des Gesetzgebers nicht genau ziehen lassen. Es tritt dies deutlich zutage in den zahlreichen Entscheidungen, in denen sich das Reichsgericht mit dem Begriff der „Materie" beschäftigt.

Das Reichsgericht hat sich bemüht, den Begriff Materie teils durch positive Umschreibung, teils auf dem Wege der Elimination zu einem für die Praxis brauchbaren zu machen. Daß dieses Bestreben von Erfolg nicht gekrönt war, liegt im Wesen der Sache. Der Wille des Gesetzgebers, wenn dieser personifiziert gedacht wird, ist ein Akt des Innenlebens, der durch Symbole — Wortlaut des Gesetzes — erkennbar wird. Es gibt kein Mittel, darüber hinaus zur einwandfreien Feststellung des Gesetzeswillens zu gelangen.

Das Reichsgericht hat den Begriff der Materie in § 2 EGStGB. in zahlreichen Entscheidungen (RG. 3, 84; 7, 203; 10, 223; 15, 141; 19, 13; 22, 122; 26, 49; 27, 107; 30, 35; 33, 273; 36, 111; 36, 248; 42, 105 und anderen) umschrieben.

Faßt man aus diesen zahlreichen Definitionen, die insgesamt nur Nominaldefinitionen sind, eine der ausführlichsten (RG. 10, 222) heraus, so ergibt sich die Richtigkeit der früheren Behauptung.

Die Entscheidung des Reichsgerichts sagt: „Wurde im Strafgesetzbuch eine zusammengehörige Gruppe von Rechtsverhältnissen zu einem Abschnitt in der Absicht zusammengefaßt, das ganze in dieser Weise abgegrenzte Rechtsgebiet in erschöpfender und abschließender Weise zu regeln, so bleibt für die Tätigkeit der Landesgesetzgebung auf diesem Gebiet kein Raum mehr. Wenn das Strafgesetzbuch bezüglich einer bestimmten, in ein derart abgeschlossenes Gebiet gehörigen Handlung schweigt, so hat dies die Bedeutung, daß dieselbe straflos sein soll." „Es sind infolge der erschöpfenden Regelung der ganzen Materie alle auf diese bezüglichen, der Vergangenheit angehörigen Strafbestimmungen als beseitigt anzusehen, und es ist auch für die Zukunft der Landesgesetzgebung die Befugnis entzogen, für ein solches Gebiet strafgesetzliche Vorschriften zu erlassen." Die Annahme, daß durch diese oder ähnliche „Definitionen" des Begriffes „Materie", die Zahl derselben kann sehr leicht stark vermehrt werden, man der Lösung der Schwierigkeiten nähergekommen ist, wäre eine Täuschung. Das Entscheidende bleibt in allen diesen Definitionen offen; es wird nicht angegeben, woran erkannt werden kann, daß der Gesetzgeber die „Absicht gehabt habe, ein abgegrenztes Rechtsgebiet in erschöpfender und abschließender Weise zu regeln", nicht angegeben, woran eine „erschöpfende und abschließende Regelung" zu erkennen ist. Die Richtigkeit dieser Behauptung ergibt sich aus den Entscheidungen des Reichsgerichts, die sich mit einzelnen hierhergehörigen Fragen beschäftigen.

Gegenstand der Gesetzgebung werden Lebensvorgänge dadurch, daß der Gesetzgeber in Rechtsvorschriften zu ihnen Stellung nimmt, es kann dies in bejahender oder in verneinender Form geschehen. Ein Gesetz kann gewisse Vorgänge für strafbar, andere, nicht etwa bloß in Form einer Ausnahme zur Regel (§ 247 II StGB. zu § 242; § 257 II StGB. zu § 257 I usw.), sondern ganz allgemein für straflos erklären. Die Schwierigkeit beginnt dort, wo keine ausdrückliche Erklärung vorliegt, der Gesetzeswille nur konkludent festgestellt werden kann. An sich kann das Schweigen des Strafgesetzes sowohl den Willen bedeuten, etwas für straflos, wie den Willen, es für rechtlich irrelevant zu erklären. Der Unterschied mag dort, wo nur eine Rechtsquelle in Betracht kommt, ein wenig praktischer sein, er hat aber große Bedeutung dort, wo im Verhältnis einer übergeordneten zu einer untergeordneten Rechtsquelle das Schweigen des Gesetzes eine konkludente Erklärung der Straflosigkeit sein kann. (Anscheinend übersieht dies Sauer in seinen „Grundlagen des Strafrechts". Ihm schließt sich an v. Liszt-Schmidt, Strafrecht[25] § 32 N. 10.)

V. Betont sei zunächst, daß die Auslegung eines Gesetzes und hiermit auch die Entscheidung der Frage, was im einzelnen Fall aus dem Schweigen des Gesetzes zu schließen sei, sich niemals auf Vorgänge im Werdegang des Gesetzes, Regierungserklärungen, Erklärungen von Abgeordneten usw. stützen kann. Es sind daher die Entsch. RG. 10, 222; 27, 106 u. a. zutreffend, in denen die Anschauung abgelehnt wird, wonach aus dem Umstande, daß sich unzweideutig erkennen läßt, ein Faktor der Gesetzgebung habe eine bestimmte Handlungsweise nicht für strafbar erklärt, keineswegs geschlossen werden kann, daß der Landesgesetzgebung die ihr zustehenden Befugnisse entzogen sind. „Ebensowenig wird ein in Kraft stehendes Landesgesetz in seiner Geltung durch den Nachweis beeinträchtigt, daß ein Faktor der Reichsgesetzgebung dessen Ausdehnung auf das Gebiet des ganzen Reiches oder überhaupt dessen Bestehen nicht als gerechtfertigt angesehen habe."

Ebenso wird der Entsch. RG. 37, 334 insoweit zuzustimmen sein, als dieselbe ausführt: „Der Entstehungsgeschichte eines Gesetzes kommt verhältnismäßig wenig Gewicht zu, weil es nach seiner Verkündung eine durchaus selbständige Rechtsquelle darstellt, deren Wesen und Wirkungskreis im Zweifel aus ihr selbst heraus und unabhängig von den bei Einbringung und Beratung des Entwurfes geschehenen Kundgebungen einzelner Mitglieder der gesetzgebenden Gewalten zu beurteilen sind[5])."

Zu bedauern ist nur, daß das Reichsgericht diesen richtigen Gedanken nicht ganz konsequent festhält, sondern der Irrlehre, welche bei Auslegung von Gesetzen Motivenberichte, Regierungserklärungen, Erklärungen von Parteien oder Abgeordneten heranzieht (RG. 37, 334), insofern eine Konzession macht, als es eine Ausnahme von dem obenerwähnten Grundsatz für Gesetze zulassen will, „welche sich als das Ergebnis einer ruhigen Rechtsentwicklung kennzeichnen oder auf umfassenden Vorarbeiten und reiflicher Erörterung der einschlägigen Gesichtspunkte fußen". „Daß hier die Entstehungsgeschichte für das richtige Erfassen einer Einzelvorschrift bedeutsam und unter Umständen ausschlaggebend sein kann, läßt sich nicht in Abrede ziehen. Anders verhält es sich mit den sog. Gelegenheitsgesetzen, wie sie in neuerer Zeit auf äußere Anregung, aus zufälligem Anlaß, ohne vertiefte Durchbildung zustande kommen. Bei ihnen verbietet sich nicht selten insbesondere ein Eingehen auf den Verlauf der Beratung um deswillen, weil die Äußerungen der dabei auftretenden Redner häufig unbeachtet verhallen und deshalb das Unterbleiben des Widerspruchs keine Gewißheit für den sog. Willen des Gesetzgebers an die Hand gibt."

Das Reichsgericht macht mit diesen Ausführungen nicht nur einen ver-

---

5) Vgl. auch RG. 58 S. 87 u. 323.

fassungsmäßig nicht begründeten, in jeder Hinsicht bedenklichen Unterschied zwischen „Gelegenheitsgesetzen" und solchen, die auf „vertiefter Durchbildung" beruhen, es verläßt auch den allein richtigen Grundsatz, daß die Grundlage einer Gesetzesauslegung der durch Zusammenwirken der Gesetzgebungsfaktoren zustande gekommene Gesetzestext bildet und nicht Anschauungen einzelner Personen, aus denen sich die staatsrechtlichen Faktoren der Gesetzgebung zusammensetzen. Das Reichsgericht verkennt, daß das „Unterbleiben eines Widerspruches" gegen Ausführungen eines Redners innerhalb der gesetzgebenden Körperschaft niemals geeignet ist, den Willen des Gesetzgebers zum Ausdruck zu bringen. Der Wille, die Absicht, einzelner Personen, seien es Regierungsvertreter oder Abgeordnete, darf nicht als Äußerung des Gesetzgebers angesehen werden. Der Gesetzgeber kann nur in der staatsrechtlich hierfür vorgesehenen Form zu Worte kommen; der Gesetzgeber spricht allein in dem staatsrechtlichen Akt, durch welchen ein Gesetz zustande kommt. Alles Vorhergehende sind Vorbereitungshandlungen, deren Bedeutung darüber nicht hinausragt.

Aus dem System des Gesetzes, dem Wortlaut des Gesetzes als Ganzem ergibt sich allein der Wille des Gesetzes, mag er ausdrücklich oder konkludent erklärt sein. „Weder der Anlaß noch der Zweck, noch die Auffassung des Verfassers des Entwurfes, noch selbst der Gedanke des Gesetzgebers (?) über Inhalt und Tragweite des Gesetzes bestimmen für den Richter den Inhalt des Gesetzes, sondern der im Gesetze selbst erklärte Wille des Gesetzgebers" (RG. 13, 171). Auch in der Entsch. RG. 40, 334 lehnt es das Reichsgericht ab, für die Auslegung eines Gesetzes den Kommissionsbericht des Berichterstatters (bei der zweiten Lesung) zu verwerten und betont abermals, daß sich „für den Richter Inhalt und die Tragweite des Gesetzes nicht nach dessen Zweck oder den nach dem Gedanken des Gesetzgebers, sondern ausschließlich nach dem vom letzteren im Gesetz erklärten Willen bestimmen".

Aber auch in dieser Entscheidung zieht das Reichsgericht die Folgerungen aus der allein richtigen Anschauung nur zaghaft und beruhigt gleichsam sich selbst wegen der Bemerkung, daß ein bestimmter Hinweis des Berichterstatters bei der zweiten Lesung belanglos sei, mit der weiteren Bemerkung, daß der Berichterstatter seinen Hinweis später modifiziert habe. Es fehlt die Entschlossenheit zur vollen Anerkennung des allein richtigen Grundsatzes[6]).

In einem gewissen Gegensatz hierzu stützt das RG. 58, 91 seine Entscheidung vorwiegend auf die „amtliche Begründung" zum Entwurfe des Gesetzes.

VI. Im Zweifel, ob Landesrecht neben Reichsrecht noch gilt, wird von dem für die Auslegung bestimmenden Grundsatz auszugehen sein, daß die Herstellung der Rechtseinheit auf den Gebieten, auf welchen das Reich Gesetzgebungszuständigkeit hat, das Ziel ist. Es wird dies zutreffend betont in der Entsch. RG. 30, 836: „Rechtseinheit auf dem Gebiete des Strafrechts ist ein Hauptzweck dieses Reichsgesetzes, wie sie von den meisten Reichsgesetzen auch auf ihren Gebieten angestrebt wird. Wenn deshalb ein strafrechtlicher Stoff im Reichsstrafgesetzbuch von Reichs wegen geordnet ist, so muß angenommen werden, daß dies in erschöpfender und abschließender Weise geschehen und nicht den verschiedenen Einzelstaaten zu gesetzlicher Ergänzung überlassen werden sollte."

---

[6]) Die Motive zum Entwurfe eines Strafgesetzbuches bilden die Grundlage für die Auslegung z. B. in RG. 6, 329; 7, 204; 16, 359; 36, 111.

Schlägt man den vorhin bezeichneten Weg ein und bemüht man sich, die Grenze zwischen Reichs- und Landesstrafrecht nicht auf dem Wege einer (immer anfechtbaren) Definition des Begriffes „Materie" zu ziehen, sondern aus dem System des Gesetzes festzustellen, in welchem Umfange dasselbe einzelne Gebiete abschließend geordnet, bei anderen eine Ergänzung zugelassen hat, dann wird vom zweiten (besonderen) Teil des Strafgesetzbuches auszugehen sein. Der besondere Teil des Strafgesetzes umschreibt die einzelnen Lebensvorgänge, an die der Gesetzgeber die Rechtsfolge der Strafe geknüpft hat. Dort sind die Handlungen angegeben, die nach § 2 StGB. mit einer Strafe belegt werden können. Für die Entscheidung unserer Frage ist der Satz von Bedeutung, den v. Liszt in die Worte gekleidet hat: „Das Strafgesetz ist die magna charta des Verbrechers." Fällt eine Handlung nicht unter einen im besonderen Teil bezeichneten Tatbestand, fehlt hierzu ein noch so geringes Stück, so tritt keine Strafe ein. Jede einzelne Bestimmung des besonderen Teiles ist ein Stück einer vom Gesetzgeber gezogenen Demarkationslinie. Was darunter liegt, ist straflos; was hinüberreicht, ist strafbar.

Grundsätzlich ist der Wille, dem der Gesetzgeber hiermit Ausdruck gibt, nicht etwa bloß dahin auszulegen, daß das Reich die die Grenze nicht überschreitenden Vorgänge straflos läßt, es aber den Ländern überläßt, ob sie ihrerseits sie für strafbar erklären wollen. Vielmehr bindet die Strafloserklärung die Länder. Die Reichsgesetzgebung entzieht mit anderen Worten der Landesgesetzgebung Vorgänge nicht nur dadurch, daß sie sie für strafbar erklärt, sondern auch dadurch, daß sie sie für straflos erklärt (RG. 10, 220)[7]).

Was von dem „Geschehen" gilt, gilt selbstverständlich auch von der Abgrenzung des Täterkreises. Erklärt der § 130a für strafbar einen „Geistlichen oder anderen Religionsdiener", dann kann die Landesgesetzgebung nicht etwa für strafbar erklären einen Offizier der Heilsarmee. Sie kann nicht in dieser Weise den Tatbestand des § 130a ausdehnen. Bei der Auslegung wird allerdings nicht verkannt werden dürfen, was in neuerer Zeit mit Recht besonders betont wird, daß die Beschreibung von Geschehnissen im Straf-

---

[7]) Damit hängt aufs engste die Entscheidung der Frage zusammen, die das Reichsgericht in der Entsch. 47, 270 kurz erwähnt hat, die Frage, ob das Land einen Vorgang, welchen das Reich für rechtswidrig erklärt hat, zulassen, also im Sinne jener, welche nur den Gegensatz von rechtmäßig und rechtswidrig anerkennen, für rechtmäßig erklären kann. Die Frage ist praktisch bedeutsam geworden aus Anlaß der Ausschließung eines Abgeordneten des preußischen Hauses der Abgeordneten von einer Sitzung dieser Kammer und seiner Entfernung aus dem Hause durch Polizeibeamte auf Anordnung des Präsidenten des Hauses. Die Maßnahme des Präsidenten wurde unter Berufung auf die §§ 105, 106 StGB. u. a. mit dem Hinweis angefochten, daß ein Land (Preußen) nicht einen Vorgang für zulässig erklären kann, den das Reich in den §§ 105, 106 als rechtswidrig gekennzeichnet hat. Dieser Satz ist unbedingt zutreffend. Verkannt wurde von jenen, die die Maßnahme des Präsidenten des preußischen Abgeordnetenhauses unter Berufung auf §§ 105, 106 StGB. angefochten haben, allerdings, daß es Sache der Ländergesetzgebung ist, die Voraussetzungen festzustellen, unter denen ein Mitglied einer gesetzgebenden Körperschaft eines Landes die ihm in derselben zustehenden Rechte ausüben darf. Fehlt eine dieser im Landesrecht niedergelegten Voraussetzungen, dann liegt im staatsrechtlichen Sinne keine Abstimmung, keine Teilnahme an einer Versammlung eines Bundesstaates vor. Das Reichsrecht schützt in §§ 105, 106 nur die entsprechend den Vorschriften des beteiligten Landesrechts ausgeübten politischen Rechte. Die Argumentation, daß das Land in solchem Fall etwas für zulässig erklärt, was das Reich als rechtswidrig erklärt hat, geht daher fehl. Die Norm der §§ 105, 106 StGB. lautet zwar allgemein: Rechtswidrig handelt, wer jemanden an der Ausübung bestimmter staatsbürgerlicher Rechte hindert. — Die Landesgesetzgebung bestimmt aber für ihr Gebiet, wann eine Ausübung staatsbürgerlicher Rechte vorliegt. Der Präsident der preußischen Kammer hatte im Sinne des Landesrechts aus dem Hause nicht ein Mitglied entfernen lassen (§ 109 StGB.), sondern eine Person, die in jenem Zeitpunkte ihre Mitgliedsrechte verloren hatte und sie sich nur anmaßte.

gesetz zum Zwecke ihrer Wertung geschieht. Der Ausleger des Gesetzes wird diese Wertung in den Vordergrund zu rücken und zu fragen haben, ob eine Abweichung im Lichte beschreibender Betrachtung auch eine verschiedene Wertung zu rechtfertigen vermag. Das Wort Belings, daß die beschreibenden Begriffe des Strafgesetzes mit einem teleologischen Gespinst überzogen sind, wird zu beachten sein. Es würde gegen rationelle Auslegung verstoßen — um ein allerdings schon sehr abgegriffenes Beispiel zu wiederholen —, wollte man die Wegnahme von Waren aus einem Automaten unter Verwendung eines Bleistückes nicht unter § 243 Ziff. 3 bringen, weil das wertlose Metallstück, welches den Mechanismus des Automaten ebenso in Bewegung setzt wie das zur Auslösung der Funktionierung bestimmte Geldstück, kein falscher Schlüssel, kein Werkzeug ist, oder weil eine Öffnung des „Behältnisses" nicht vorliegt. Es dürfte kaum gelingen, irgendein Moment zu entdecken, welches zu rechtfertigen vermöchte, daß ein solcher „Automatendiebstahl" anders gewertet wird wie ein Diebstahl aus einem Kästchen bei Öffnung des Schlosses mittels eines Nachschlüssels. Einigermaßen beachtlich könnte neben ganz Belanglosem, das vom RG. 34, 47 in dieser Hinsicht ausgeführt wird, nur der Hinweis erscheinen, daß wenn § 243 Nr. 3 von dem Eröffnen eines Behältnisses mittels falscher Schlüssel spricht, er nur „an ein Verschlußmittel denken kann, welches bei ordnungsmäßiger Öffnung ausschließlich durch ein eigenes hierzu verfertigtes Werkzeug von außen zu öffnen ist" — davon könne aber nicht die Rede sein, „wenn jedermann sich nur einer seiner Geldmünzen zu bedienen gebraucht, um ordnungsgemäß Zutritt zum Inhalt des Automaten zu erhalten". Es trifft daher auch in keiner Weise den Kern der Sache, wenn der Kommentar der Reichsgerichtsräte zu § 243 Ziff. 2 sagt: „Die automatische Vorrichtung dient nicht zur Öffnung des ganzen Apparates, sondern zur Herausbeförderung ohne Öffnung"[8]).

Fragen dieser Art würden z. B. auftauchen, wenn eine Landesgesetzgebung besondere Strafbestimmungen erlassen würde gegen Mißbrauch von sog. Leistungs- oder Genußautomaten.

Dagegen stellt das Reichsgericht z. B. in der Entsch. 26, 399 ähnliche Erwägungen wie in der Entsch. 34, 47 nicht an, sondern stützt seine Entscheidung lediglich auf den Wortlaut des Gesetzes.

Die Frage, ob der Art. 9 § 5 des preuß. Einführungsgesetzes zum Allgemeinen deutschen Handelsgesetzbuch v. 29. Juni 1861, welche bestimmt, daß Handelsmäkler, welche eine der nach Art. 69 HGB. ihnen obliegenden Pflichten verletzen, zu bestrafen sind, wird bejaht. Als Begründung wird nur angegeben: „Das Strafgesetzbuch, welches nur in § 266 Nr. 3 der Mäkler erwähnt und ihre Untreue mit Strafe bedroht, hat die Pflichtverletzung amtlich bestellter Vermittler für Handelsgeschäfte (Handelsmäkler, Sensale Art. 66 HGB.) nicht zum Gegenstande strafrechtlicher Regelung gemacht, und infolgedessen ist die Vorschrift des Art. 9 § 5 als eine besondere Vorschrift des Landesstrafgesetzbuches gemäß § 2 Abs. 2 EGStGB. in Kraft geblieben."

---

[8]) Ebenso Frank, Strafgesetzbuch[17] zu § 243 IV 2, wiewohl er die für die Wertung bedeutsamen Momente richtig betont und als Grund der strengeren Ahndung der Diebstahlsfälle des § 243 z. B. hervorhebt, „eine die Energie des verbrecherischen Entschlusses beweisende Art der Ausführung". Als beschwerend wäre beim Diebstahl mittels Nachschlüssel neben der in der Art der Ausübung gleichfalls zutage tretenden Festigkeit des Entschlusses doch wohl zu nennen die größere Gefahr, die mit derartigen Diebstählen verbunden ist, was wohl Frank mit den Worten „Mittel der Ausführung" sagen will. In dieser Hinsicht müssen die obigen Ausführungen des Reichsgerichts Beachtung verdienen.

VI. Eine allgemeine Entscheidung läßt sich für die Abgrenzung des Reichs- vom Landesstrafrecht nicht geben und für jeden einzelnen Tatbestand des Strafgesetzbuches muß die Frage, ob es sich um eine erschöpfende Regelung der betreffenden Lebenserscheinung handelt, oder ob das Gesetz aus einer Gattung nur einzelne Fälle herausgehoben hat, so daß das Schweigen hinsichtlich der anderen Fälle kein konkludentes Schweigen ist, besonders betrachtet werden[9]). Diese Betrachtung kann hier mit Rücksicht auf den knapp bemessenen Raum nur mit Bezug auf wenige Einzelheiten geschehen. Vorwegzunehmen ist die nähere Abgrenzung des Reichsstrafgesetzbuches zu den „besonderen Vorschriften des Landesstrafrechts" (§ 2 Abs. 2 EGStGB.).

Bei Auslegung des § 2 Abs. 2 EGStGB. hat seit jeher die Erwähnung des Holzdiebstahls die größten Schwierigkeiten bereitet.

Daß der Diebstahl im Strafgesetzbuch geregelt ist, kann angesichts des 19. Abschnittes des StGB. nicht in Zweifel gezogen werden, und daß der Holzdiebstahl eben auch Diebstahl ist, erhellt aus dieser gesetzlichen Bezeichnung. Der Streit darüber, ob der Holz- (Forst-) Diebstahl sich auf eine „Materie" des Strafgesetzbuches bezieht, oder ob der § 2 Abs. 2 EG-StGB. authentisch erklärt, daß er keine Materie des Strafgesetzbuches zum Gegenstande hat, ist ein völlig unfruchtbarer, müßiger. Gegen die Logik des Satzes, daß der im Walde stehende Baum im Rechtssinne ebenso eine im Eigentum des Waldeigentümers befindliche Sache ist wie etwa das auf dem Felde zurückgelassene Ackergerät, wird mit Bedacht auf die entsprechenden positiven Bestimmungen der Gesetze ebensowenig aufzukommen sein wie gegen die Feststellung, daß die Wegnahme von derartigem Holz in Zueignungsabsicht den Tatbestand des Diebstahls erfüllt. Ebensowenig dürfte aber bezweifelt werden, daß bei wertender Stellungnahme zu diesen Vorgängen es gerechtfertigt erscheint, den „Forstdiebstahl" aus der Gruppe der sonstigen Diebstähle herauszuheben und besonders zu behandeln.

---

[9]) Das Reichsgericht vertritt die Anschauung, daß durch die bloße Zusammenfassung einer Reihe von inhaltlich verwandten Bestimmungen zu besonderen Abschnitten des Gesetzes, noch keine „Materie" im Sinne des § 2 EGStGB. gebildet wird. Dieser Anschauung ist zweifellos dort zuzustimmen, wo sich der Schutz der einzelnen Bestimmungen, wie im Abschnitt „Übertretungen" auf die verschiedensten Rechtsgüter bezieht (RG. 10, 223; 36, 111; 36, 248; 20, 43) oder in einem Abschnitt aus einer Fülle möglicher inhaltlich näher umgrenzter Verletzungen eines Rechtsgutes nur einzelne Fälle herausgehoben werden. Hierher gehört der 25. Abschnitt des StGB., der schon durch seine Überschrift: „Strafbarer Eigennutz und Verletzung fremder Geheimnisse" sein eklektisches Wesen zum Ausdruck bringt (RG. 27, 106).

Es wird daher kein Bedenken gegen eine landesgesetzliche Bestimmung bestehen, durch welche die Beeinträchtigung des freien Bietens bei öffentlichen Versteigerungen verboten und mit Strafe bedroht wird (RG. 10, 223).

Dagegen bildet die in demselben Abschnitt enthaltene Regelung des Wuchers eine „Materie" des Strafgesetzbuches. Das Landesrecht ist heute ebensowenig in der Lage, diese Strafbestimmungen auf andere Fälle auszudehnen, wie das Landesrecht vor Einführung der §§ 302a—302e in der Lage war, etwa die Fälle des Sachwuchers usw. seinerseits mit Strafe zu bedrohen oder geschärfte Strafen gegen gewerbs- und gewohnheitsmäßigen Wucher festzusetzen. Es handelt sich hier um ein reichsrechtlich erschöpfend geregeltes Einzeldelikt (a. M. ROHG. 24, 70).

Dagegen betont das RG. 7, 203, daß die Landesgesetzgebung auch hinsichtlich der speziell geregelten polizeilichen Vorschriften des 29. Abschnittes mit Rücksicht auf besondere Verhältnisse über die Vorschriften des Reichsstrafgesetzbuches hinausgehen kann (z. B. § 368 Ziff. 5 StGB.). Wenn weiter das Reichsgericht ausführt, daß das RStGB. im 25. Abschnitt nur die Geheimnisse bestimmter Berufsklassen geschützt hat und es der Landesgesetzgebung überlassen bleibt, den Schutz der Geheimnisse auszudehnen, so läßt sich dagegen immer der Einwand erheben, daß das RStGB. im 25. Abschnitt alle nach seiner Ansicht schutzwürdigen Geheimnisse erfaßt hat und alle anderen als nicht schutzwürdig ansieht. Diese Erwägung wird dort nicht zulässig sein, wo durch die geschichtliche Entwicklung neue, bisher nicht bekannte Beziehungen hergestellt werden, welche einen Einblick in die Privatsphäre gewähren, also Fälle neu ins Leben treten, an die der frühere Gesetzgeber gar nicht gedacht haben konnte.

Ob dies im Rahmen des Strafgesetzbuches oder in einem „besonderen“ Gesetz geschieht, ist Frage der Gesetzestechnik.

Der Weg einer Regelung in „besonderem“ Gesetze wird gewählt werden, wenn die Regelung nicht in einer einzelnen oder wenigen Bestimmungen erfolgen kann. Auch andere Erwägungen, z. B. prozessuale über Zuständigkeit oder Einführung besonderer Verfahrensarten können diese Art der Regelung bestimmen.

Sachlich ist die Entscheidung für diese oder jene gesetzestechnische Form ohne Bedeutung. Der Forstdiebstahl ist, weil die Regelung in einem besonderen Gesetze erfolgt ist, nicht etwa in anderem Sinne eine Sonderregelung gegenüber dem § 242 StGB. wie etwa die Notentwendung des § 284a gegenüber dem § 242 StGB.

Eine Frage, die noch kurzer Betrachtung bedarf, taucht allerdings dort auf, wo der Weg der Regelung in einem besonderen Gesetze gewählt worden ist. Sie hängt mit der Beziehung des ersten (allgemeinen) Teiles des Strafgesetzbuches mit dem zweiten (besonderen) Teile zusammen. Ich habe diese Beziehung schon oft zu kennzeichnen versucht durch Hervorhebung der Ähnlichkeit, der Funktionsgleichheit, mit einer arithmetrischen Reihe. Der allgemeine Teil enthält die Elemente, welche der Mathematiker, weil sie bei allen Gliedern der Reihe vorkommen, als gemeinsame vor die Klammer setzt.

Im einzelnen gilt folgendes: Der vierte Abschnitt (§§ 51—72) bedeutet eine inhaltliche Ausfüllung des „Wer“, mit dem die Vorschriften des besonderen Teiles beginnen. Der erste Abschnitt enthält die inhaltliche Ausfüllung der im besonderen Teil benannten, aber in ihrem Wesen nicht gekennzeichneten Strafen. Der zweite und dritte Abschnitt enthalten eine Ausdehnung der Verbrechensvoraussetzungen über die im besonderen Teil beschriebenen Tatbestände hinaus — von der dort beschriebenen Vollendung auf den Versuch und von der dort beschriebenen Täterhandlung auf Anstifter und Teilnehmer. Der fünfte Abschnitt regelt die Bestrafung in den Ausnahmefällen des Zusammentreffens mehrerer strafbarer Handlungen.

So sicher es danach ist, daß die Bestimmungen des allgemeinen Teiles eine Ergänzung zu den Tatbeständen des besonderen Teiles bilden, so bestritten und zweifelhaft ist es in Theorie und Praxis, wieweit z. B. die Landesgesetzgebung in den von ihr erlassenen Sondergesetzen an den allgemeinen Teil des Strafgesetzbuches gebunden ist.

Unzutreffend scheinen die beiden extremen Anschauungen, als deren Vertreter etwa Binding (Handbuch S. 306) und v. Liszt-Schmidt § 20 genannt seien. Nach Binding will das Strafgesetzbuch die allgemeinen Voraussetzungen der Strafbarkeit vollständig regeln. „Die Zurechnungsfähigkeit, die verschiedenen Schuldarten in ihrer Abgrenzung gegeneinander, die Begriffe Vollendung und Versuch, die Grundsätze über die Strafbarkeit des letzteren, die ganze Materie der Teilnahme, ihr Verhältnis zueinander, die relative Strafbarkeit der Teilnehmer sind nach Ansicht der Reichsgesetzgebung absolut vollständig geregelt und ist jede Abweichung davon — von jüngeren Reichsgesetzen abgesehen — einfach nichtig.“

In diametralem Gegensatz hierzu erklärt v. Liszt-Schmidt[25] S. 120: „Keine Materien bilden die sog. allgemeinen Lehren, die nur in der Beziehung auf das einzelne Verbrechen Bedeutung erlangen.“ „Auf dem der Landesgesetzgebung überlassenen Gebiet kann diese daher über Versuch, Teilnahme,

Zurechnungsfähigkeit, Verjährung usw. Bestimmungen treffen, die von denen des Reichsstrafgesetzbuches abweichen[10]."

Die Entscheidungen des Reichsgerichts bei Entscheidung dieser Frage lassen eine gerade Linie vermissen.

Allerdings wird der höchst bedenkliche, in RG. 2, 35 ausgesprochene Grundsatz: „Die Landesgesetzgebung ist befugt, bezüglich derjenigen Materien, welche durch das Strafgesetz nicht berührt sind, Bestimmungen zu treffen, welche von jenen, die im allgemeinen Teil des Strafgesetzbuches getroffen sind, abzuweichen[11])" nicht aufrechterhalten. Die Entsch. 19, 15 lehnt den Grundsatz für ein Gebiet ab, auf welchem er sich am ehesten aufrechterhalten ließe, für das Gebiet des Versuchs. Ebenso wird der Grundsatz der Entsch. 2, 35 in Entsch. 4, 2 abgelehnt für die „Teilnahme", also wieder für ein Gebiet mit Bezug auf welches, wie später ausgeführt wird, die Anschauung des Reichsgerichts, daß der allgemeine Teil des Strafgesetzbuches die Landesgesetzgebung nicht binde, sich noch am ehesten vertreten ließe[12]).

Das Reichsgericht erklärt weiter unter anderem im einzelnen, daß die Landesgesetzgebung auf dem ihr überlassenen Gebiete an die Bestimmungen des allgemeinen Teiles des Strafgesetzbuches nicht gebunden ist hinsichtlich der Bestrafung konkurrierender Delikte (RG. 2, 35; 21, 39; 38, 26; 52, 275); nicht gebunden ist an die Regelung der Verjährung (RG. 2, 33; 31, 362). Anscheinend wird auch für zulässig angesehen, daß das Landesrecht auf seinem Gebiete die Bestrafung juristischer Personen festsetzt (RG. 26, 301), ja auch, daß abweichend vom Grundsatz des allgemeinen Strafgesetzbuches eine Bestrafung nach dem Tode des Täters festgesetzt wird (RG. 45, 54)[13]).

Vom Standpunkte der früheren Ausführungen über das Verhältnis des allgemeinen Teiles des Strafgesetzbuches zum besonderen gelten für die Entscheidung der Frage, inwieweit das Landesstrafrecht auf dem ihm überlassenen Gebiete von den Bestimmungen des allgemeinen Teiles des Strafgesetzbuches abweichen darf, folgende Grundsätze:

1. Die Bestimmungen des vierten Abschnittes des Strafgesetzbuches binden die Landesgesetzgebung in vollem Umfange. Die Landesgesetzgebung kann insbesondere die Deliktsfähigkeit nicht in früherem Alter wie die §§ 55 bis 57 StGB. bzw. §§ 1—3 JugendgerichtsG. als gegeben ansehen.

---

[10]) Einschränkend fügt allerdings v. Liszt-Schmidt hinzu, daß das Reichsrecht „mit bindender Wirkung für das Landesrecht auch Fragen aus dem Bereiche des allgemeinen Teils regeln kann". Dies soll z. B. hinsichtlich der Frage der Strafmündigkeit, der Einsicht der Jugendlichen im JugendgerichtsG. v. 16. Febr. 1923 geschehen sein. v. Liszt-Schmidt bleibt uns allerdings eine Erklärung schuldig, weshalb die Regelung dieser Fragen in §§ 55—57 RStGB. nicht auch schon bindende Wirkung für das Landesrecht hatte.

[11]) Ähnlich die Entsch. 26, 17: „Die allgemeinen Bestimmungen des Strafgesetzbuches haben auf die aufrechterhaltenen Landesgesetze Anwendung zu finden, falls letztere keine besonderen Bestimmungen enthalten."

[12]) In der Entscheidung des Reichsgerichts wird nicht genügend scharf geprüft, ob eine landesrechtliche Vorschrift nicht schon auf Grund von Bestimmungen des besonderen Teiles nichtig ist, infolge konkludenter Erklärung der Straflosigkeit durch den Reichsgesetzgeber.

[13]) Wenig klar ist die in dieser Entscheidung dem Grundsatz, daß die Landesgesetzgebung von den Bestimmungen der allgemeinen Teiles abweichen darf, hinzugefügte Beschränkung: „ob Ausnahmen zu machen wären hinsichtlich solcher Bestimmungen des allgemeines Teiles, die die Rechtsstellung des einzelnen gegenüber der Strafgewalt des Staates schlechthin (?) festlegen, in diesem Sinne also Rechte der Untertanen begründen wollen, kann unerörtert bleiben, weil Derartiges hier nicht in Frage kommt." Sollte man aber nicht gerade sagen müssen, daß durch die Bestimmung, nach welcher ein Erbe für Handlungen des Erblassers strafrechtlich nicht verantwortlich gemacht werden kann, die Rechtsstellung des einzelnen gegenüber der Strafgewalt des Staates festgelegt wird.

Es kann auch nach Landesrecht strafrechtlich nicht zur Verantwortung gezogen werden, wer noch nicht 14 Jahre alt ist. Für die im Alter problematischer Reife Stehenden (früher § 56 StGB., jetzt § 3 JugendgerichtsG.) ist es Sache des Gerichts, im einzelnen Fall zu entscheiden, ob der Täter „zur Zeit der Tat nach seiner geistigen oder sittlichen Entwicklung fähig war, das Ungesetzliche der Tat einzusehen oder seinen Willen dieser Einsicht gemäß zu bestimmen". Geradeso wie es auf dem Gebiete des allgemeinen Strafgesetzbuches möglich ist, daß das Gericht erkennt, daß ein Täter fähig war, das Ungesetzliche eines Diebstahls einzusehen, dagegen die Fähigkeit noch nicht besaß, das Ungesetzliche der Beteiligung an einem öffentlichen Glückspiel einzusehen — ist es auch möglich, daß einem Täter, welchem eine nach Reichsrecht strafbare Handlung zugerechnet wird, eine nach Landesrecht strafbare Tat mangels genügender Einsicht nicht zugerechnet wird.

Wird die Frage in diesem Sinne auf landesrechtlichem Gebiete entschieden, dann erfolgt die Entscheidung durchaus im Rahmen des Reichsrechts. Unzulässig wäre es aber, wollte das Landesrecht auf seinem Gebiete das Alter problematischer Reife z. B. bis zum 20. Jahre ausdehnen. Aus § 56 StGB. und § 1 JugendgerichtsG. geht deutlich hervor, daß das Reichsrecht mit Vollendung des 18. Lebensjahres die Deliktsfähigkeit ohne Unterschied der Deliktsart als gegeben ansieht. Dieser die Landesgesetzgebung bindende Reichswille ist unzweideutig zum Ausdruck gebracht[14]).

Es braucht kaum hervorgehoben zu werden, daß auch die Vorschrift des § 51 StGB. die Landesgesetzgebung bindet, so daß diese z. B. nicht in der Lage wäre, auf ihrem Gebiete jemanden z. B. wegen eines in sinnloser Trunkenheit begangenen Deliktes verantwortlich zu machen. Die Bestimmungen des Reichsrechts über Schuld, Zurechnungsfähigkeit binden das Landesrecht.

Die Gründe ausgeschlossener Rechtswidrigkeit (Notrecht §§ 228, 904 BGB., Notwehr § 53 StGB.) sind für das Landesrecht gleichfalls bindend. Es kann nicht nach Landesrecht rechtswidrig sein, was Reichsrecht als nicht rechtswidrig erklärt hat[15]).

Die Landesgesetzgebung wird daher z. B. eine in Notwehr (§ 53 StGB.) begangene Handlung nicht für strafbar erklären können, wohl aber auf seinem Gebiete die Voraussetzungen der Notwehr erweitern dürfen, weil das Mehr: die Tat straflos zu lassen, das Minder in sich schließt, sie nur unter bestimmten Bedingungen für rechtswidrig und strafbar zu erklären. Was das Reichsrecht erlaubt, kann das Landesrecht nicht verbieten, dagegen kann es auf dem ihm überlassenen Gebiete seine Verbote enger oder weiter fassen, das Verbot von mehr oder weniger Voraussetzungen abhängig machen.

Das gleiche gilt für die Verjährung in ihren beiden Formen als Strafverfolgungs- und als Strafvollstreckungsverjährung. Erklärt das Reichsgesetz, daß der aus einer strafbaren Handlung entstandene staatliche Anspruch nach

---

[14]) Zustimmend insbesondere Frank, Strafgesetzbuch[17] S. 826. Aus diesen Erwägungen scheint es mir auch unzulässig, wenn das Landesrecht die Strafbarkeit juristischer Personen festsetzen wollte. Vgl. RG. 26, 301.

[15]) A. M. allerdings Binding, Handbuch S. 312, mit der Begründung, die ich nicht teilen kann, daß „Ausnahmen der Normen prinzipiell außerhalb des Strafrechts liegen". Im Gegenteil: das Gesetz, welches die Rechtsfolgen für rechtswidriges Tun festsetzt, ist mit in erster Linie auch berufen, sich über die Voraussetzungen der Rechtswidrigkeit auszusprechen.

Unrichtig auch v. Liszt-Schmidt[26] S. 120 Anm. 2, wo verkannt ist, daß nicht alle Bestimmungen des allgemeinen Teiles „nur in Beziehung auf das einzelne Verbrechen Geltung erlangen".

Ablauf einer bestimmten Zeit erlischt, dann bringt es in einer auch die Landesgesetzgebung bindenden Weise zum Ausdruck, daß die materiellrechtlichen Momente, welche eine Bestrafung rechtfertigen und verlangen, ihre Bedeutung verloren haben. Das Reichsgesetz will eine Bestrafung unter diesen Voraussetzungen nicht mehr, und dieser Wille ist auch von der Landesgesetzgebung zu beachten. Hierbei kann es dahingestellt bleiben, welche Momente es sind, die das Reichsrecht zu diesem Ergebnis gelangen lassen. Auch diejenigen, welche die Strafverfolgungsverjährung — was nicht zutreffend ist — lediglich auf prozessuale Momente stützen, müssen zu demselben Ergebnis gelangen. Die Länder dürfen sich auch über den Willen des Reichs nicht hinwegsetzen, der dahin geht, daß strafbare Handlungen nach Ablauf einer bestimmten Zeit aus Gründen des Prozeßrechts unverfolgt bleiben sollen. Auch hier gilt aber, daß die Länder berechtigt sind, auf dem ihnen überlassenen Gebiete z. B. die Verjährungsfristen abzukürzen, vom Reichsgesetz anerkannte Unterbrechungsgründe als solche nicht anzuerkennen usw.[16])

Fraglich könnte es erscheinen, ob die Landesgesetzgebung z. B. die Verjährung einer Steuerdefraude von einer Wiedergutmachung des Schadens abhängig machen könnte. Die richtige Entscheidung dürfte dahin zu treffen sein, daß die Schadensgutmachung dann verlangt werden darf, wenn sie nicht als Erschwerung in Erscheinung tritt, also zu den Bedingungen des Reichsrechts nicht noch hinzutritt.

Verkürzt also die Landesgesetzgebung die Verjährungszeit, dann kann zu der verkürzten Zeit als weitere Bedingung die Schadensgutmachung hinzutreten.

2. Im Gegensatz zu den Bestimmungen des vierten Abschnittes binden jene des zweiten und dritten Abschnittes des allgemeinen Teiles die Landesgesetzgebung auf dem ihr überlassenen Gebiete nicht. Die Begründung dieser Anschauung ergibt sich aus dem früher Ausgeführten, aus der Erkenntnis, daß Versuch und Teilnahme nur gesetzestechnische Modifikationen des Tatbestandes der einzelnen strafbaren Handlungen bilden. Geradeso wie z. B. der § 227 StGB. die Beteiligung mehrerer an einer strafbaren Handlung als besonderen Tatbestand bildet, wie § 159 StGB. die Verleitung eines anderen zu strafbarer Handlung zum selbständigen Verbrechen erhebt, wie z. B. § 81 StGB. auch die Versuchshandlungen umfaßt, könnte der Gesetzgeber (wie seinerzeit der Schweizer Entwurf) die Bestimmungen des zweiten und dritten Abschnittes des ersten Teiles des Strafgesetzbuches entbehren und jeden einzelnen Tatbestand des besonderen Teiles so formen, daß er je nach Bedarf auch auf Personen, die mit dem Täter mitwirken und auf das sich erstrecken würde, was man heute — bei der vom Strafgesetzbuch gewählten Gesetzestechnik — Versuch nennt.

Das Landesrecht ist auf dem ihm überlassenen Gebiete in der Formung der Tatbestände frei, es kann sie so bilden, daß gewisse Betätigungen, die lediglich vom Standpunkte des Strafgesetzbuches als Teilnahme, als Versuch zu bezeichnen sind, von den Tatbeständen des Landesrechts als Täterschaft, als Vollendung erfaßt werden. Dagegen läßt sich nicht etwa einwenden, daß der Reichsgesetzgeber im zweiten Abschnitt des allgemeinen Teiles alle „Vorbereitungshandlungen" straflos erklärt und hiermit auch die Landesgesetzgebung gebunden habe. Das Reichsgesetz erklärt in §§ 43ff. nur die Vorbereitungshandlungen der im Strafgesetzbuch enthaltenen Ver-

[16]) Unrichtig RG. 2, 35; 30, 31; richtig im Ergebnis und teilweise in der Begründung RG. 31, 362.

brechen und Vergehen für straflos und auch hier nur insoweit, als nicht der besondere Teil Abweichungen von diesem Grundsatz enthält. Solche Abweichungen, die der Reichsgesetzgeber bei einzelnen strafbaren Tatbeständen macht, sind der Landesgesetzgebung auf ihrem Gebiete gestattet. Ein Satz des Reichsrechts: Vorbereitungshandlungen sind straflos, existiert nicht und kann in dieser absoluten Form nicht existieren, weil der Begriff der Vorbereitung ein relativer ist, der nur mit Bezug auf einen als Vollendung (gesetzestechnisch willkürlich) gebildeten Tatbestand Bedeutung hat[17]). Und wie der zweite Abschnitt des ersten Teiles des Strafgesetzbuches nicht dahin ausgelegt werden darf, als enthielte er einen die Landesgesetzgebung bindenden Reichsrechtsatz: Die Vorbereitungshandlungen sind straflos, so kann auch im dritten Abschnitt nicht eine reichsrechtlich festgesetzte Abgrenzung von Täter- und Teilnahmehandlungen erblickt werden, die über das Geltungsgebiet des Strafgesetzbuches hinaus Bedeutung hätte. Der Gesetzgeber ist frei bei der Feststellung der Voraussetzungen für den Tätertatbestand. Er kann bei einzelnen verbrecherischen Tatbeständen, wie z. B. bei §§ 159, 227 StGB., eine Betätigung, die vom Standpunkt einer anderen Tatbestandsformulierung als unterstützende, aneifernde erscheinen mag, als Täterhandlung hinstellen.

Die Landesgesetzgebung ist auf dem ihr überlassenen Gebiete in dieser Hinsicht auch völlig frei. Sie kann deliktische Tatbestände technisch so fassen, daß als Täterhandlung ein Tun erscheint, welches im Sinne der §§ 48 u. 49 in Verbindung mit dem besonderen Teil des Strafgesetzbuches als Anstiftung, Beihilfe zu bezeichnen wäre. Der Teilnahmebegriff ist mit Bezug auf den Täterbegriff ebenso relativ wie der Versuchsbegriff mit Bezug auf den Vollendungsbegriff. Es gibt ebensowenig eine Teilnahme als solche, wie einen Versuch als solchen. — Allgemeingültige Merkmale, die über das Geltungsgebiet eines einzelnen Gesetzes hinaus von Bedeutung wären, lassen sich nicht aufstellen.

3. Die Vorschriften des fünften Abschnittes des ersten Teiles des Strafgesetzbuches sind für die Landesgesetzgebung größtenteils schon um deswillen ohne praktische Bedeutung, weil diese nach § 5 EGStGB. in ihren Vorschriften nur auf Gefängnis bis zu zwei Jahren, Haft, Geldstrafe, Einziehung einzelner Gegenstände und die Entziehung öffentlicher Ämter androhen darf. Die Landesgesetzgebung kann auf dem ihr überlassenen Gebiete nur die erwähnten Strafen androhen und ist hierbei an die Mindest- und Höchstmaße des Strafgesetzbuches im Rahmen des § 5 EGStGB. ge-

[17]) Das Landesrecht kann dagegen nicht auf einem durch Reichsrecht erfaßten Gebiete die reichsrechtlichen Vorschriften durch Strafdrohungen gegen Vorbereitungshandlungen oder dadurch, daß bestimmte Vorbereitungshandlungen als einfache Normwidrigkeiten für strafbar erklärt werden, ergänzen.

Richtig erklärt daher z. B. die Entsch. RG. 3, 85 die Aufstellung einer zu hohen Brandschadensliquidation in böslicher Absicht (§ 28 des preuß. Ges. v. 8. Mai 1837 über das Mobiliarversicherungswesen) für aufgehoben.

Die genannte Bestimmung bezieht sich auf die durch die Betrugsbestimmungen des Reichsrechts geschützten Rechtsgüter, ihre Fortgeltung würde nur eine vom Reichsrecht nicht gewollte Ausdehnung des Schutzes über den Rahmen des § 263 StGB. hinaus bedeuten (vgl. auch RG. 19, 13). Die Aufstellung einer zu hohen Brandschadensliquidation ist eine Täuschung, durch welche das in §§ 263ff. geschützte Rechtsgut des Vermögens verletzt werden soll.

Irrig wäre aber die Ansicht, als hätte das RStGB. im 22. Abschnitt die Materie der „Täuschungsdelikte" erschöpfend geregelt. Der Unterschied von Formal- und (sozusagen) Materialdelikten muß beachtet werden.

Der 28. Abschnitt bildet ein Beispiel erschöpfender Regelung von Formal- (durch die Begehung mittels Gemeingefahr gekennzeichneter) Verbrechen.

bunden. Es wird als richtig auch anzuerkennen sein, daß die Bestimmungen der §§ 73 u. 74 StGB. die Landesgesetzgebung binden. Das Reichsstrafgesetz geht von der Anschauung aus, daß eine einfache Zusammenrechnung der durch jede einzelne mehrerer real konkurrierender Straftaten verwirkten Strafen dem Grundsatz einer gerechten Strafzumessung widerstreitet. Die Reichsgesetzgebung läßt sich von der Erwägung leiten, daß bei einer derartigen Addition der Strafen nicht eine geradlinige Progression, sondern eine Art geometrischer Progression des Strafübels Platz greift. Wer etwa vier Wochen Haft und nach einer Zwischenzeit zwei Wochen Haft zu verbüßen hat, erleidet funktionell ein geringeres Leid wie jemand, der sechswöchentliche Haft erduldet. Man darf Strafen nicht wie mathematische Größen behandeln. Von diesem Grundsatz, der sich aus dem Wesen der Strafe ergibt, darf die Landesgesetzgebung nicht abweichen — es handelt sich eben um Grundsätzliches, Materielles, nicht etwa bloß um Formales, Gesetzestechnisches. Das gleiche gilt von dem in § 73 StGB. zum Ausdruck gebrachten Absorptionsprinzip. Auch dies ist ein Strafbemessungsgrundsatz, der nach Anschauung der Reichsgesetzgebung der Forderung der Gerechtigkeit entspricht.

Zuzugeben ist allerdings, daß ein abermals gesetztestechnisches Moment gegen diese Anschauung spricht. Wird z. B. in einem Landesgesetze irgendeine Steuerhinterziehung mit einjährigem Gefängnis bedroht und enthält das Gesetz gleichzeitig die Androhung einer Haftstrafe gegen den, der gewisse zur Verheimlichung der Steuerpflicht dienende Handlungen unternimmt, dann könnte vom Gesetzgeber die Vorschrift des § 74 StGB. dadurch umgangen werden, daß neben den einfachen Tatbestand der Steuerhinterziehung ein qualifizierter Tatbestand treten würde, der gekennzeichnet wäre durch die erwähnten Verheimlichungshandlungen. Die Strafe für letzteren qualifizierten Tatbestand könnte das Gesetz so bemessen, daß sie einer Zusammenrechnung der nach gerechten Erwägungen durch die einzelnen Teile verwirkten Strafen gleichkäme. Die früher erwähnte Anschauung, daß der § 74 StGB. die Landesgesetzgebung bindet, dürfte aber dadurch nicht widerlegt sein. Das Strafgesetz selbst hält sich bei Festsetzung der Strafe für qualifizierte Verbrechen nicht an den im § 73 festgelegten Grundsatz der Absorption. Erblickt man z. B. im Tatbestand des § 226 StGB. eine Idealkonkurrenz des Tatbestandes des § 223 mit jenem des § 222, ist mit anderen Worten § 226 = § 223 + § 222, Verletzung mehrerer Strafgesetze durch eine Handlung, dann dürfte die Strafe nach § 73 drei Jahre Gefängnis nicht überschreiten, wenn der qualifizierte Tatbestand des § 226 im Gesetze fehlte, während der qualifizierte Tatbestand des § 226 StGB. sogar Zuchthausstrafe vorsieht. Die für die Wertung eines Vorganges entscheidenden Momente können in ihrer Bedeutung nicht den Summanden einer Summe gleichgestellt werden.

Mit dieser Frage hängt eine andere zusammen, die hier noch erörtert werden mag, wenngleich sie schon zum Teil in das Gebiet der Bedeutung des zweiten besonderen, Teiles des Strafgesetzbuches für die Landesgesetzgebung gehört. Die Entsch. RG. 48, 177 gibt u. a. hierzu Anlaß.

Nach § 11 Nr. 3 und § 16 Nr. 1 des braunschweigischen Forststrafgesetzes v. 1. April 1879 bildet es einen Erschwerungsgrund, wenn der Täter dem Beschädigten oder dessen Stellvertreter oder der mit dem Forstschutz betrauten Person seinen Namen oder Wohnort anzugeben sich weigert, oder falsche Angaben über seinen oder seiner Gehilfen Namen oder Wohnort macht. Es taucht nun die Frage auf, ob die Landesgesetzgebung die Angabe eines falschen Namens einem Beamten gegenüber (§ 360 Nr. 8 StGB.) zu einem Schärfungsgrund eines Forsttatbestandes gestalten kann. In dem vom Reichsgericht entschiedenen Falle hatte der Angeklagte einem Forstbeamten im Sinne des § 117 StGB. bei seiner Anhaltung einen falschen Namen angegeben. Die Strafkammer begründete die Freisprechung von der Anklage einer Übertretung des § 360 Ziff. 8 damit, daß die Nennung eines falschen Namens nach Begehung eines Forstdiebstahls zufolge § 11 Nr. 3 des braunschw. ForstStG. gesetzlicher Schärfungsgrund sei und weil daher Gesetzeskonkurrenz vorliege, durch die eine Anwendung des § 360 Nr. 8 StGB. ausgeschlossen sei. Das Reichsgericht hat der Revision der Staatsanwaltschaft gegen die Freisprechung des Angeklagten von der Anklage nach § 360 Nr. 8 StGB. Folge gegeben. Aus der Begründung ist für die Entscheidung der hier gestellten Frage folgendes von Bedeutung: „Das braunschweigische Gesetz war für den hier in Rede stehenden Fall nicht imstande, die reichsrechtliche Vorschrift des § 360 Nr. 8 auszuschalten und außer Kraft zu setzen. Denn wenngleich nach § 2 Abs. 2 EGStGB. die Regelung des Forststrafrechts der Landesgesetzgebung vorbehalten ist, so steht der letzteren damit doch nicht auch die Befugnis zu, einen unter eine Bestimmung des Reichsstrafgesetzbuches fallenden und dort mit einer bestimmten Strafe bedrohten Tatbestand seiner Herrschaft dadurch zu entziehen, daß sie ihn auch bei Regelung des Forststrafrechts in irgendeiner Weise mitverwertet." Hiermit hat das Reichsgericht das für die Abgrenzung der Zuständigkeit der Landesgesetzgebung gegenüber der Reichsgesetzgebung bedeutsame Problem erkannt. Mit der Art der Lösung desselben wird man sich indessen kaum einverstanden erklären können. „Es muß" — so führt das Reichsgericht aus — „verneint werden, daß nach dem braunschweigischen Forststrafgesetz die dort miterwähnte falsche Namensangabe — einen gewissen örtlichen oder zeitlichen Zusammenhang mit der Begehung eines Forstdiebstahls vorausgesetzt — überhaupt als ein Teil vom Tatbestande oder gar als gesetzliches Merkmal eines Forstdiebstahls anzusehen ist. Mit dem gesetzlichen Tatbestand des Forstdiebstahls mit dieser Tat als solcher hat die falsche Namensangabe nichts zu tun; sie ist etwas, was völlig außerhalb des Tatbestandes liegt." „Nach § 2 Abs. 2 EGStGB." — so fährt das Reichsgericht fort — „. . . hat die Landesgesetzgebung auch in Ansehung von Strafzumessungsgründen vollkommen freie Hand. Sie ist daher auch nicht gehindert, bestimmten, der Verübung des Forstdiebstahls zeitlich nachfolgenden, außerhalb der Tat liegenden Umständen die Bedeutung von Strafschärfungsgründen beizulegen. Damit werden indessen derartige, die Tat selbst nicht berührende ihr an sich fremde und nur äußerlich hinzutretende spätere Umstände nicht zu Bestandteilen der Tat oder zu Tatbestandsmerkmalen. Wenn beispielsweise die Landesgesetzgebung, wozu sie nach dem Gesagten befugt wäre, einem späteren hartnäckigen Leugnen des Forstfrevlers die Bedeutung eines Strafschärfungsgrundes verleihen wollte, so würde wohl von keiner Seite in dem Leugnen ein Tatbestandsmerkmal des Forstdiebstahls erblickt werden. Ebenso wäre es der Landesgesetzgebung unbenommen, eine dem Forstdiebstahl nachfolgende Widerstandsleistung des Forstfrevlers zu einem Schärfungsgrund hinsichtlich der Forstdiebstahlsstrafe zu machen. In diesem Falle würde weder allgemein (durch Hereinziehung einer vom StGB. in den §§ 110—122, besonders § 117, geregelten Materie) gegen das Verbot des § 2 Abs. 1 EGStGB. verstoßen, noch im Einzelfall durch eine Anwendung der für den Forstdiebstahl geltenden strafschärfenden Bestimmung die Strafklage bezüglich des dem Forstdiebstahl nachfolgenden Widerstandes, sofern er den Tatbestand des § 117 StGB. erfüllt, verbraucht sein. Der Täter würde mit der geschärften Forstdiebstahlsstrafe nicht gleichzeitig auch den Widerstand aus § 117 StGB. abbüßen. Vielmehr würde das nachfolgende Vergehen, wenngleich es einerseits auf die Beurteilung des Forstdiebstahls zurückwirkt und ihn rückwärts als besonders strafwürdig kennzeichnet, doch anderseits sowohl seine tatsächliche Selbständigkeit wie seine selbständige Strafbarkeit nicht verlieren."

Die Begründung des Reichsgerichts ist in mehrfacher Beziehung anfechtbar. Zunächst macht sie etwas des Beweises noch Bedürftiges, wie etwas bereits Feststehendes zum Ausgangspunkt der Beweisführung, weiter scheint sie die Macht des Gesetzgebers bei Formung der Tatbestände zu verkennen. Es dürfte keinem Zweifel unterliegen, daß es lediglich eine Frage der Technik der Gesetzgebung ist, ob der Gesetzgeber die Tatbestände enger oder weiter faßt. Es stände dem Gesetzgeber frei, in Anlehnung an § 252 StGB. einen beschwerten Diebstahlsfall zu bilden, der die Tatbestandselemente des § 113 StGB. in sich schlösse. Ebenso ist die Landesgesetzgebung auf dem ihr überlassenen Gebiete frei, die Tatbestände nach ihrem Ermessen zu gestalten. Wie weit diese Freiheit geht, wo die durch das Reichsrecht gezogenen Schranken beginnen, steht eben zur Frage, und diese Frage kann nicht mit dem Reichsgericht dahin beantwortet werden, daß es „der Landesgesetzgebung unbenommen bleibt, eine dem Forstfrevel nachfolgende Widerstandsleistung des Forstfrevlers zu einem Schärfungsgrund hinsichtlich der Forstdiebstahlsfrage zu machen", ohne daß hierdurch der Widerstand im Sinne des § 117 StGB. seine „tatsächliche Selbständigkeit wie seine selbständige Strafbarkeit verlieren würde". Daß eine Landesgesetzgebung den Tatbestand des § 117 StGB. zu einem Teil eines Forstdiebstahlsdeliktes machen *könnte*, kann wohl nicht bezweifelt werden; fraglich ist nur, ob sie es *dürfte*.

Diese Frage kann allgemein dahin gefaßt werden: Ist die Landesgesetzgebung bei Formung der Tatbestände auf dem ihr überlassenen Gebiete berechtigt, einen nach dem Reichsstrafgesetzbuch strafbaren Tatbestand in einen von ihr für strafbar erklärten aufzunehmen, ihn zu einem Teil eines nach Landesrecht strafbaren Tatbestandes zu machen?

Die Frage ist zu verneinen. Würde das Landesrecht einen vom Reichsrecht für strafbar erklärten Tatbestand zu einem Stück eines nach Landesrecht strafbaren Tatbestandes machen, dann würde hierdurch ein nach Reichsrecht für strafbar erklärter Vorgang nochmals im Landesrecht für strafbar erklärt. Ein solches Landesrecht wäre, und zwar nicht bloß, wenn es die reichsrechtliche Strafe erhöhte oder herabsetzte, sondern auch, wenn es die reichsrechtliche Strafe einfach wiederholte, ungültig.

Es macht keinen Unterschied, ob der reichsrechtlich strafbare Tatbestand im Landesrecht zur Bildung eines besonderen Tatbestandes oder lediglich als Strafschärfungsgrund verwendet wird.

Danach ist die Bestimmung des § 11 Nr. 3 des braunschw. ForstStG. insoweit ungültig, als sie einen Täter, der einem Forstschutzbeamten einen falschen Namen angibt (§ 360 Nr. 8 StGB.) mit strengerer Strafe bedroht. Es liegt dann nicht der qualifizierte, sondern der einfache Fall des Forstdiebstahlsgesetzes vor, mit dem der reichsrechtlich strafbare Tatbestand des § 360 Nr. 8 StGB. konkurriert[18]).

---

[18]) Vgl. auch RG. 46, 86 über die Gültigkeit des § 10 Nr. 7 des braunschw. PlStG. Vgl. auch RG. 48, 183. Die Anschauung des Reichsgerichts würde dahin führen, daß der Forstwiderstand dem Täter bei Bemessung der Strafe zweimal angerechnet würde: einmal als Schärfungsgrund des Forstfrevels, das andere Mal als selbständiger Tatbestand des § 117 StGB.

Dagegen dürften z. B. keine Bedenken bestehen gegen die Gültigkeit des § 75 der preuß. JagdO. v. 5. Juli 1907: „Wer zwar mit einem Jagdscheine versehen, aber ohne Begleitung des Jagdberechtigten oder ohne dessen schriftlich erteilte Erlaubnis bei sich zu führen, die Jagd auf fremdem Jagdbezirk ausübt, wird mit einer Strafe von sechs bis fünfzehn Mark belegt", weil es sich in den Vorschriften des Reichs- und Landesrechts um den Schutz verschiedener Rechtsgüter handelt. Der § 292 StGB. wendet sich gegen die unberechtigte Jagdausübung und überläßt es den Ländern, die Voraussetzungen für die berechtigte Jagdausübung festzustellen. Der § 292 StGB. ist eine der Bestimmungen, welche eine reichsrechtliche Strafdrohung zu landesrechtlichen Normen enthält. Das Landesrecht entscheidet, welchen Personen das Jagdrecht zusteht, sowie welchen sachlichen und örtlichen Umfang das Recht hat.

Das Landesrecht kann die Nichteinhaltung von formalen Voraussetzungen für die Ausübung einer trotzdem vorhandenen Jagdberechtigung mit besonderer Strafe bedrohen.

Bedenken bestehen dagegen auch gegen die Anschauung des Reichsgerichts, daß die Landesgesetzgebung auf dem ihr überlassenen Gebiet, z. B. der Steuergesetzgebung, eine dem § 156 StGB. entsprechende falsche eidesstattliche Erklärung mit Geldstrafe ahnden kann. Es läßt sich keine Begründung dafür finden, weshalb eine nach § 156 StGB. allgemein als strafbar erklärte eidesstattliche Versicherung dann gelinder strafbar sein sollte, wenn sie Mittel ist zur Begehung einer strafbaren Handlung auf einem dem Landesrecht überlassenen Gebiete (RG. 26, 48 und 2, 405; 4, 50; 22, 121).

Vorausgesetzt wird allerdings, daß die eidesstattliche Versicherung alle im § 156 StGB. bezeichneten Merkmale hat. Zweifel können entstehen, wenn der eidesstattlichen Versicherung eines der Merkmale des § 156 StGB. fehlt, sie z. B. nicht „vor einer zur Abnahme einer Versicherung an Eides Statt zuständigen Behörde" abgegeben wird. In solchem Falle wird wieder die Entscheidung der Frage bedeutsam, ob der § 156 StGB. alle eidesstattlichen Versicherungen, denen eines der Merkmale jener Bestimmung fehlt, für straflos erklären wollte. Wird diese Anschauung vertreten, dann ergibt sich die Folgerung, daß das Landesrecht auch in Steuerangelegenheiten eine falsche eidesstattliche Versicherung höchstens mit einer Ordnungsstrafe belegen könnte. Anders, wenn man als richtig ansieht, daß die Steuergesetzgebung aus einer Reihe von Sondervorschriften besteht, so daß auf diesem Gebiete der Einfluß des Reichsstrafgesetzbuches als ausgeschaltet erscheint. Es läge dann ein der Landesgesetzgebung vorbehaltenes Gebiet vor. (So wohl RG. 2, 405; 22, 121, nicht ganz hiermit im Einklang 4, 50.)

Im Sinne dieser Anschauung wäre eine Täuschung, welche ein Steuerpflichtiger vornehmen würde, um den Staat um seinen Steueranspruch zu bringen, den Staat durch Verlust des Anspruches zu schädigen, nicht ein Vorgang, der die Merkmale einer Betrugshandlung hätte, weil besondere Umstände es mit sich bringen, daß diese „vermögensrechtlichen" Ansprüche des Staates eine völlig abweichende Sonderregelung erfahren und aus diesem Grunde als „Vermögen" im Sinne des § 263 StGB. nicht zu bezeichnen sind. Wirtschaftlich mag die Steuerforderung des Staates mit der Forderung eines Gläubigers an einen Schuldner gleichgestellt werden, rechtlich besteht ein Unterschied über den die wirtschaftliche Gleichheit oder Ähnlichkeit nicht hinwegtäuschen darf. Das Recht kann eben, wie oft betont, deskriptiv Gleiches in seiner Wertung durchaus verschieden behandeln[19]).

[19]) Vgl. RG. 2, 33; 2, 405; 4, 50; 14, 293; 47, 6; 50, 168; 56, 65.

Das Reichsgericht erklärt allerdings in einem gewissen Widerspruche hierzu die zum Zwecke der Steuerhinterziehung unternommene Urkundenfälschung als solche strafbar[20]).

Auf weitere Einzelheiten kann hier wegen Raummangel nicht eingegangen werden. Das Ausgeführte dürfte eines klargelegt haben. Durch allgemeine Grundsätze (mit Ausnahme der wenigen oben hervorgehobenen) läßt sich das Geltungsgebiet des Reichs- vom Landesstrafrecht nicht abgrenzen. Für jeden einzelnen Fall muß eine schwierige sorgfältige Prüfung neu angestellt werden, und selbst diese ist nicht immer geeignet, alle Zweifel zu lösen. Es gilt hier das Wort von Carl Schmitt (Staatslehre S. 35): „Es ist eben nicht möglich, einen Willen zu interpretieren, der nicht vorhanden ist. Wo kein Wille ist, hat auch der größte juristische Scharfsinn sein Recht verloren."

Abgeschlossen: Januar 1929.

---

20) RG. 31, 356; 40, 431; 50, 166; damit nicht im Einklang 51, 256 (hinsichtlich einer Portohinterziehung).

Der strafrechtliche Schutz wirtschaftlicher Interessen

von Professor Dr. Max Grünhut, Bonn

Alles staatliche Strafrecht dient dem Schutz bestimmter Rechtsgüter. Die Güter können von der verschiedensten Art sein: Sachgüter oder immaterielle Werte oder Beziehungen und Verhältnisse zwischen Personen und Gütern in allen nur denkbaren Formen, wie sie das Leben bringt, — Interessen in dem Sinn dieses Wortes, in dem man es von seiner ursprünglichen Bedeutung als eines subjektiven Wertgefühles auf den Gegenstand dieser Bewertung überträgt. Lediglich die gleiche Form des Schutzes verleiht diesen verschiedenartigen Sachgütern und Interessen die gemeinsame Eigenschaft des Rechtsgutes. Es ist ein Schutz durch die Rechtsordnung und damit durch die ihr wesentliche Art einer formalen Ordnung abstrakter Normen. Die um des Schutzes bestimmter Lebensgüter erlassene Strafrechtsordnung beansprucht absolute Geltung. Nicht die wirkliche Gefährdung konkreter Rechtsgüter, sondern die Verletzung der um ihres generellen Schutzes willen erlassenen Normen bildet den Rechtsgrund der Strafe. Nicht konkrete Lebensvorgänge, sondern abstrakte Tatbestandsmerkmale sind die Kennzeichen des Deliktes. Daher wird eine rechtsdogmatische Untersuchung immer davon ausgehen müssen, welchen Sinn als Glied einer positiven Normenordnung diejenigen der Lebenssprache entnommenen Bezeichnungen haben, welche uns in den gesetzlichen Tatbeständen strafbarer Handlungen begegnen. Die Rechtsdogmatik verlangt eine „esoterische Begriffsbildung". Es gilt, die bei den Deliktstypen verwandten Begriffe in ihrem spezifisch juristischen Sinn zu erfassen und abzugrenzen. Dies war die erste Aufgabe der deutschen Strafrechtswissenschaft, die im RStGB. ihre kodifikatorische Grundlage fand — fast um ein Jahrzehnt früher, als uns die Reichsjustizgesetzgebung mit dem Reichsgericht die vereinheitlichende Spitze einer einheitlichen Strafrechtspflege brachte. Diese wissenschaftliche Arbeit war Rechtswissenschaft, Normen-Wissenschaft in ausgesprochenem Sinne. Noch heute ist die weitaus überragende Darstellung der im Besonderen Teil zusammengefaßten strafrechtlichen Tatbestände Bindings dreibändiges „Lehrbuch des Gemeinen Deutschen Strafrechtes" 1896 bis 1905. Der Begründer der Normenlehre pflegte zwar selbst die Arbeit am Besonderen Teil hinter seine „Lieblingsideen des Allgemeinen Teils" zurückzustellen, in Wahrheit hat er aber gerade hier der Nachwelt in der energischen Durchführung der Methode, die einzelnen Tatbestandsmerkmale aus der grundsätzlichen Erfassung des gesetzlichen Deliktstypus zu gewinnen, sein wertvollstes Vermächtnis hinterlassen. Diese Ergebnisse einer „internen", „formalen", weil auf die Elemente der formenden Normenordnung beschränkten Methode sind als wertvollste Frucht einer begrifflich-systematisierenden, „klassischen" Strafrechtswissenschaft der wichtigste Ausgangspunkt für die praktische Rechtsanwendung.

Freilich nur der Ausgangspunkt, nicht Bausteine, welche in äußerlicher Zusammensetzung das Mosaik der Rechtsanwendung bilden könnten! Jene dogmatischen Begriffe führen nicht ihr Leben im luftleeren Raum gedanklicher Abstraktion, sondern sie werden tagtäglich angewandt auf eine bunte Fülle von Vorgängen, welche menschliche Schuld und menschliches Schicksal in sich schließen. Diese Gegenstände der Rechtsanwendung bleiben nicht ohne Einfluß auf die Begriffe, denen sie subsumiert werden. Das ist nicht das resignierte Bekenntnis einer Unvollkommenheit menschlicher Urteilsfähigkeit, sondern das Ergebnis einer vertieften Einsicht in die Funktionen der Strafrechtspflege. Sie ist Rechtsgüterschutz durch Anwendung abstrakter Normen, — aber sie erreicht dieses Ziel nicht durch eine ins Extreme gesteigerte, sondern durch eine um ein gewisses Maß von Rücksicht auf die zu schützenden Lebensgüter geminderte Abstraktion. Die Handhabung des Rechts als einer formalen Ordnung des Lebens kann einer Berücksichtigung des zu ordnenden Lebens nicht entbehren. Das ist der Sinn aller der Lehren, welche als „externe", „materielle" Auffassungen dem Anspruch einer „reinen Rechtslehre" entgegentreten. Die Rechtsprechung der vergangenen Jahrzehnte zeigt dies an einer Fülle rechtlicher Institutionen als unverkennbare Tendenz der praktischen Rechtsanwendung. Die Rechtswissenschaft hat diese Wandlungen zu untersuchen und darzustellen. Dabei hat sie sich nicht auf rechtssoziologische Feststellungen zu beschränken, sondern sie muß als Rechtsdogmatik die Grenzen bestimmen, innerhalb deren die Berücksichtigung der zu schützenden Rechtsgüter die formalen Begriffe der Normenordnung modifizieren darf. Als ein Beispiel hierfür nehmen die folgenden Untersuchungen die neuere Entwicklung der Rechtsprechung über Betrug und Untreue zum Ausgangspunkt.

Von einem Einfluß wirtschaftlicher Gesichtspunkte auf die Auslegung und Anwendung strafrechtlicher Tatbestände kann nur bei solchen Delikten gesprochen werden, welche unmittelbar wirtschaftliche Interessen berühren, d. h. deren Angriffsobjekt ein Gut in wirtschaftlichem Sinne ist. So handelt es sich bei Betrug und Untreue um die Vorfrage, ob für den in beiden Tatbeständen verwandten Vermögensbegriff lediglich die typischen Rechtsfiguren subjektiver Rechte und Pflichten oder unmittelbar wirtschaftliche Werte entscheidend sind. Vergleicht man die praktischen Folgerungen beider Standpunkte, so erscheint die Grenze des strafbaren Verhaltens in der Form zweier sich schneidender Kreise: die Fälle, in denen jemand um eine zugesicherte Eigenschaft der Leistung geprellt wird, ohne das Erlangte überbezahlt zu haben, werden nur von der juristischen Vermögensauffassung getroffen, der Betrug durch Vorspiegelung verbotener Gegenleistung wird allein von der wirtschaftlichen erfaßt. Diese präjudizielle Frage ist heute kein Problem mehr. Binding hat durch eine rein juristische Auffassung das Strafrecht vor dem „Modejoch" wirtschaftlicher Werte zu bewahren versucht[1]), aber er hat mit dieser Überspitzung der rechtlich-abstrahierenden Methode niemals Einfluß gewinnen können[2]). Vermögen ist für ihn „die Summe aller Vermögensrechte und Pflichten", Angriffsobjekt der Vermögensdelikte ein einzelnes Vermögensrecht; einen Vermögensschaden erleidet derjenige, welcher „nicht erhält, was er von Rechts wegen beanspruchen kann". Diese formalen Rechtsbegriffe mit einer wirtschaftlichen

---

[1]) Binding, Lehrbuch[2] I S. 237ff. u. 336ff.

[2]) Schon vor ihm vertrat den wirtschaftlichen Standpunkt: Doerr, Objekt bei strafbaren Angriffen auf vermögensrechtliche Interessen (Strafrechtl. Abh. 3—4) 1897. Hälschner, Gem. dtsch. Strafrecht II 249ff. und Merkel, Holtzendorffs Handbuch III 758ff. haben trotz andersklingender grundsätzlicher Formulierungen in wichtigen praktischen Folgerungen der wirtschaftlichen Auffassung vorgearbeitet.

Bewertung zu verbinden oder sie gar ihr unterzuordnen, schien ihm Verrat an der eigenen Sache: „Die Nationalökonomen sind mit dieser Erweiterung ihres Herrschaftsgebietes natürlich sehr einverstanden und die gutmütigen Juristen schneiden seit langem die Riemen für Dritte bescheiden und freundlich aus der eigenen Haut"[3]). Wenn dieser formale Standpunkt heute verlassen ist[4]), so ist das ein wesentliches Verdienst der Rechtsprechung. Die berühmten Plenarentscheidungen vom 20. April 1887[5]) und 14. Dez. 1910[6]) gelten bestimmten, gewiß sehr wesentlichen Folgerungen der wirtschaftlichen Vermögensauffassung. Der wirtschaftliche Standpunkt selbst liegt bereits der ersten Entscheidung über einen Betrugsfall in der offiziellen Sammlung zugrunde, in welcher für das Erschwindeln von Gegenständen, welche dem Täter zur Sicherung einer ihm gegen den Getäuschten zustehenden Forderung dienen sollten, die durch die Tatsache des Besitzes verbesserte Gestaltung der Vermögenslage als Vermögensvorteil angesehen wird[7]). So beruht unsere Rechtsprechung auf dem Gedanken, daß auch für das Strafrecht das Vermögen die Gesamtheit der wirtschaftlichen Güter und Interessen einer Person bedeutet, „den Inbegriff alles dessen, was auf diesem Gebiet einer Person Machtstellung verleiht"[8]). Als Begründung werden kriminalpolitische Zweckerwägungen angeführt: man orientiert das Betrugsrecht an dem rechtspolitischen Zweck, dem Vermögen „einen möglichst umfassenden Schutz zu gewähren"[9]). Aber auch eine kritische Prüfung vom rechtstheoretischen Standpunkt führt zum gleichen Ergebnis. Binding erkennt richtig in der Ausdehnung des Eigentums auf wertlose Sachen und der darin liegenden Unabhängigkeit des subjektiven Rechtes von dem oft problematischen Wert seines realen Substrates einen „wissenschaftlichen wie praktischen Fortschritt", eine Verfeinerung der rechtlichen Erfassung und Formung des Lebens[10]). Aber deshalb erfolgt nicht alle rechtliche Regelung des Vermögens in den Formen dieser absoluten Ordnung. Der Gegensatz von Betrug und Erpressung zu Diebstahl und Raub beruht nicht nur darauf, daß die Erlangung des Vermögensvorteils bei jenen nur in den subjektiven, bei diesen auch in den objektiven Tatbestand verlegt ist. Es ist nicht ein „Widerspruch"[11]), sondern die Folge einer grundsätzlich verschiedenen Struktur beider Deliktsgruppen, wenn das Streben nach tatsächlichem Besitz zwar eine Bereicherungsabsicht bei Betrug und Erpressung, aber keine Zueignungsabsicht bei Diebstahl und Raub ist. Diese sind in enger Anlehnung an das Recht des Eigentümers, jene an die wirtschaftliche Macht des Vermögens gebildet. Dieser von Binding übersehene grundsätzliche juristische Unterschied zeigt sich auch darin, daß die Rechtswidrigkeit des erstrebten Vermögensvorteils durch einen Anspruch auf den erschwindelten Gegenstand ausgeschlossen wird, die Rechtswidrigkeit der beabsichtigten Zueignung beim Diebstahl dagegen lediglich durch ein Recht zu selbsttätigem Eingriff. Schließlich zeigt der „Zickzackkurs", den die

---

[3]) Binding a. a. O. S. 239 Anm. 3.

[4]) Der Standpunkt Bindings wirkt nach bei Gerland, Reichsstrafr. S. 437 und bei Lobe, Lpz. Kommentar (3. Aufl.) 2a zu § 253.

[5]) RG. 16, 1ff.

[6]) RG. 44, 230ff.

[7]) RG. 1, 55.

[8]) Ebermayer, Lpz. Kommentar (3. Aufl.) Note 6 zu § 263.

[9]) Ebendort.

[10]) Binding a. a. O. S. 239. — Vgl. dagegen auch H. A. Fischer, Der Schaden, 1903, S. 15: „Beim Vermögensschaden ist die Berücksichtigung des Wertmomentes nicht zu entbehren."

[11]) Binding a. a. O. S. 244 Anm. 3.

Entwicklung des Diebstahls in der neueren Gesetzgebung und den Entwürfen genommen hat[12]), daß die Strafgesetzgebung es in gewissen Grenzen in der Hand hat, die Vermögensdelikte auf die formale und auf die materielle Seite zu verteilen. Somit ist an der Richtigkeit der herrschenden wirtschaftlichen Vermögensauffassung nicht zu zweifeln. Nicht der rechtliche Bestand einer Forderung, sondern ihr Geldwert und ihre tatsächliche Erfüllbarkeit sind Vermögenswerte, welche das Strafrecht schützt; so z. B. im Falle der unwirksamen Erschleichung einer Verzichtserklärung eines Gläubigervertreters im Konkurs[13]) oder des Kaufs unter Eigentumsvorbehalt mit demnächst vorzunehmender Verpfändung des fremden Gegenstands[14]).

Die wirtschaftliche Natur des Vermögens steht einem Einfluß der Rechtsordnung auf die Grenzen, innerhalb deren dieses wirtschaftliche Vermögen geschützt wird, nicht entgegen. Das Reichsgericht hat in der einen der beiden erwähnten Plenarentscheidungen[15]) den Begriff eines besonderen rechtlich geschützten Vermögens aufgegeben und damit offenbar wirtschaftliche Interessen schlechthin ohne jeden Einfluß ihrer rechtlichen Bewertung des strafrechtlichen Schutzes für fähig und bedürftig erklärt. Sicherlich ist — worauf es dem Reichsgericht hier ankam — Abschwindeln von „gutem" Geld für eine angeblich vorzunehmende verbotene Gegenleistung ein Betrug, dessen Strafbarkeit durch das unlautere Motiv des Getäuschten und das Interesse der Rechtsordnung an dem Fehlschlagen seiner kriminellen Pläne nicht aufgehoben werden kann[16]). Näher liegt es, wenn nicht wie hier die durch Täuschung in Aussicht gestellte Leistung verboten ist (Spionagebetrug), sondern die auf Grund der Täuschung hergegebenen Werte vitiöser Besitz sind (Abschwindeln gestohlenen Gutes), vom Rechtsstandpunkt aus ein schutzwürdiges Interesse zu verneinen[17]). Aber auch diese Grenze läßt sich nicht halten[18]). Denn nicht das schlechte Recht des Getäuschten und Geschädigten, sondern allein das gute Recht des Täters läßt diesen fremdes Vermögen auch auf zweifelhaften Wegen straflos mindern: nur wenn dem Täter ein Rechtsanspruch auf den erschwindelten Gegenstand zusteht und damit der erstrebte Vermögensvorteil der Rechtswidrigkeit entbehrt, entfällt der Tatbestand des Betruges. Mag die Rechtsordnung die Zuordnung kriminell erworbener Güter an den unlauteren Besitzer mißbilligen, so erlaubt sie darum allein nicht jedem Dritten, sich das in eigennützigem Interesse zunutze zu machen. Nur dort entfällt der rechtliche Schutz, wo der Getäuschte lediglich durch Ausbleiben der vorgespiegelten verbotenen Gegenleistung, nicht durch Hingabe eigener wirtschaftlicher Werte geschädigt ist: wer dem Kuppler und der Dirne den versprochenen Lohn vorenthält, hat ihnen keine wirtschaftlichen Werte abgeschwindelt. Ihre unsittlichen „Leistungen" sind nicht nur im konkreten Fall rechtlich mißbilligt, sondern ihre Kommerzialisierung ist schlechthin verboten. Ebenso ist die Beeinträchtigung der realen Sicherheit für eine rechtlich nicht bestehende Forderung kein Vermögens-

---

[12]) Mannheim bei Aschrott-Kohlrausch, Reform des Strafrechts, 1926 S. 340ff.

[13]) RG. in JW. 1926 S. 2088 Nr. 1.

[14]) RG. 42, 181ff. im Gegensatz zu RG. 20, 142. — Zahlreiche Beispiele bei Ebermayer a. a. O. 6 zu § 263 und Olshausen, (11. Aufl.) 18ff. zu § 263.

[15]) RG. 44, 230.

[16]) Gegen die Polemik von Binding, DJZ. 16, 533ff. Engelhard, ZStW. 33, 133ff. mit treffender Begründung.

[17]) So in Ergänzung der Ausführungen bei Frank V 3c zu § 263 meine Bemerkungen ZStW. 47, 76.

[18]) Olshausen, 18 II C zu § 263 entsprechend der ständigen Rechtsprechung: RG. in LZ. 1921 S. 722 Nr. 5 und 1922 S. 367 Nr. 1.

schaden[19]). Umgekehrt führt die rechtliche Beurteilung bei wirtschaftlich gleichem Gesamtstand zur Annahme eines Vermögensschadens: auch in den für den Getäuschten glücklichen Fällen, in denen sein Ersatzanspruch den vollen wirtschaftlichen Wert des Verlorenen hat, bleibt eine strafrechtlich zu ahndende Vermögensbeschädigung. Denn für das Recht macht die Entschädigung den Schaden nicht ungeschehen, sondern sie hat als seine Rechtsfolge den Schaden zur Voraussetzung. Aus den gleichen Gründen schließen der Wandlungsanspruch oder eine vertraglich begründete Garantieverpflichtung eine der strafrechtlichen Sanktion bedürftige Vermögensbeschädigung nicht aus[20]).

Wenn das wirtschaftliche Vermögen, durch spezifisch rechtliche Beurteilung nur von weitem begrenzt, das unmittelbare Angriffsobjekt bildet, muß auch der Maßstab für Verlust oder Gewinn ein wirtschaftlicher sein. Ob der Getäuschte einen Vermögensvorteil erleidet, ob der Auftraggeber benachteiligt ist und ob das vom Täter Erstrebte für ihn einen Vermögensvorteil bedeutet — diese Fragen erfordern eine wirtschaftliche Bewertung. Darin liegt zugleich die Lösung der Streitfrage, ob die Bewertung vom subjektiven oder objektiven Standpunkt aus vorzunehmen ist[21]). Der subjektive Maßstab beurteilt Gewinn und Verlust vom Standpunkt des Betroffenen und seiner Erwartungen. Der Getäuschte ist durch seine Leistung dann geschädigt, wenn er diese Aufwendung nur unter der Voraussetzung machen wollte, daß das ihm Vorgespiegelte wahr sei. Dieser kriminalpolitisch bemerkenswerte Gedanke ergibt sich bei Binding aus dem juristischen Vermögensbegriff: für den Erfüllungsbetrug zwanglos, für den Eingehungsbetrug freilich nur bei der Annahme, die Partei erhalte aus den Vorberedungen einen Anspruch auf Abschluß des nach den Vereinbarungen von ihr erwarteten Vertrages, dessen Nichtabschluß ebenso wie jede andere Nichterfüllung den „Rechtsraub" des Betruges bilde[22]). Diese generelle Annahme bindender Vorverträge ist unhaltbar[23]). Wirtschaftliche Bewertung verlangt einen objektiven Maßstab. Diese von persönlichen Wünschen und Hoffnungen unabhängige, „gegenständliche" Berechnungsart ist heute in der Rechtsprechung seit der Plenarentscheidung von 1887[24]) selbstverständlich und in der Literatur herrschend[25]). Die Wahl des Maßstabes bedeutet zugleich eine Präzisierung des Gegenstandes der Bewertung. Man darf nicht subjektiv das Entschwundene mit dem erhofften und ausgebliebenen Gewinn vergleichen, um dessentwillen der Getäuschte sich zu der verhängnisvollen Leistung hat bestimmen lassen. Dieser Gewinn beruht nur in der Phantasie des Getäuschten. Nur beim echten Erfüllungsbetrug ist der entgangene Gewinn ein wirklicher Schaden, weil die Rechtsordnung die Erfüllung gültiger Verbindlichkeiten gewährleistet und damit kraft ihrer Realität der Inhalt des Vertragsanspruches ohne weiteres zu dem Aktivum des Vermögens gezählt werden darf[26]). Hier ist die wirksame Macht des Rechts

---

[19]) Mit Recht Freispruch in dem kriminalpsychologisch bemerkenswerten Hamburger Fall RG. 19, 186ff.

[20]) RG. in JW. 1927 S. 2139 Nr. 46.

[21]) Hierzu Bemerkung JW. 1926, 2296 zu Nr. 2 u. 3 mit Stellungnahme zu Eckstein, Goltd-Arch. 58, 66ff. u. 388ff.

[22]) Binding a. a. O. S. 359.

[23]) Hegler, VDB. VII S. 426 Anm. 1. — Bei juristischer Vermögensauffassung objektive Bewertung: Gerland a. a. O. S. 505.

[24]) RG. 16, 1ff. Die diesem Beschluß vorangegangenen Ausführungen der Referenten: GS. 431, 32ff.

[25]) v. Liszt-Schmidt (25. Aufl.) S. 669 Anm. 6; Ebermayer, 6e zu § 263.

[26]) Goldschmidt, ZStW. 48, 161f. in kritischer Weiterführung der Gedankengänge von RG. 16, 1ff. u. 40, 21ff.

ein wirtschaftliches Plus. Im übrigen kommt es allein darauf an, ob das, was der Getäuschte vom Betrüger tatsächlich erhalten hat, in Wirklichkeit einen wirtschaftlich geringeren Wert hat als die vertrauensvolle Leistung des Getäuschten. Diese objektive Beurteilung wird aber verlangt für einen individuellen Einzelfall. Für den Getäuschten, für seine konkrete Vermögenslage muß — nach objektivem Maßstab — ein wirtschaftlicher Schaden entstanden sein. *Maßgebend für Gewinn oder Verlust ist die objektive Brauchbarkeit der Gegenleistung für die speziellen Bedürfnisse und Zwecke des Getäuschten.*

Daß hiermit der Rechtsprechung Aufgaben von größter Schwierigkeit gestellt sind, darf nicht verkannt werden. Es zeigt sich auch hier, daß ein vertieftes Eindringen in die eigentlichen Rechtsanwendungsprobleme die feineren Funktionen richterlichen Abwägens erkennen läßt, damit zugleich aber die begrifflich scharfe Grenze strafbegründender Tatbestände zu relativieren droht. Um so notwendiger ist es, über diese Abwägungen und ihre Maßstäbe Klarheit zu gewinnen. Hier gilt nicht die logisch abzuleitende rechtliche Geltung der Forderung, sondern ihre empirisch bestimmbare Vollwertigkeit im Wirtschaftsleben. Die Forderung ist in ihrem rechtlichen Bestand vollgültig auch ohne dingliche Sicherung; das rechtliche Plus einer ihrer Sicherung dienenden Hypothek muß nicht ohne weiteres, kann aber im Hinblick auf künftige Zwangsvollstreckung und Veräußerung des dem Schuldner gehörenden Grundstücks für die wirtschaftliche Vollwertigkeit maßgebend sein[27]). Bei der Diskontierung „fabrizierter" Austauschwechsel erhält der Getäuschte eine gültige Wechselverpflichtung, deren Einlösung oft durch die Insolvenz der Verpflichteten zweifelhaft sein wird, — aber das kann auch bei echten Kundenwechseln der Fall sein. Ein Vermögensschaden liegt in der Annahme eines Austauschwechsels an Stelle eines Kundenwechsels dann, wenn die diskontierende Bank etwa im regelmäßigen Verkehr mit der Reichsbank oder auf Grund der Gepflogenheiten der mit ihr in Geschäftsbeziehungen stehenden Institute selbst Kundenwechsel leichter girieren kann als Austauschwechsel[28]). Bei einem durch Täuschung bewirkten Überziehen des Postscheckkontos kommt es darauf an, ob unter den jeweiligen wirtschaftlichen Verhältnissen das Vorhandensein bestimmter, durch Auszahlung verminderter Barmittel den Wert gleich hoher oder höherer Forderungen auf lange Sicht übersteigt[29]). Eine Stundung wird dagegen dann kein Vermögensschaden sein, wenn der Schuldner zur Zeit der Fälligkeit jedenfalls insolvent war[30]). Auch bei Zahlung mit ungedeckten Schecks in der Hoffnung künftiger Deckung liegt im Zeitpunkt der Übergabe des Schecks keine wirtschaftliche Schädigung des Empfängers vor[31]).

Zwei Schwierigkeiten springen hier deutlich in die Augen. Die eine liegt in der objektiven Bewertung selbst. Vermögensschaden liegt vor, wenn der Wert des Geleisteten hinter dem Empfangenen zurückbleibt. Wirtschaftliche Tauschakte pflegen aber nicht immer in völliger Wertgleichheit vorgenommen zu werden: oft gewinnt der eine erheblich mehr als der andere. Der Schaden, den dieser dadurch erlitten hat, ist freilich nur dann straf-

---

27) RG. in JW. 1927 S. 2427 Nr. 16.

28) RG. in JW. 1926 S. 2186. — Über die frühere, zum Teil widerspruchsvolle Judikatur des RG. vgl. ebendort S. 2297. Zu diesen Fragen neuerdings Erich, GoltdArch. 72, 321 ff.

29) RG. in JW. 1926 S. 2296 Nr. 3, dazu Bemerkung S. 2297.

30) RG. in JW. 1927 S. 1488 Nr. 19.

31) RG. in JW. 1928 S. 810 Nr. 38. Ebenso Mannheim, Bemerkung zu dem abweichenden Urteil BayObLG. in JW. 1925 S. 1515 Nr. 2.

rechtlich bedeutsam, wenn das Geschäft durch Täuschung zustande gekommen ist. Darum muß in jedem Fall unter wertender Auswahl der kausalen Faktoren geprüft werden, ob sich der Irrtum des Geschädigten wirklich aus der Täuschungshandlung des anderen oder aber aus der eigenen allzugroßen Leichtgläubigkeit erklärt[32]). Erheblich schwieriger ist die Abgrenzung bei der Untreue: hier muß der Richter die Grenze bestimmen, welche kaufmännischen Wagemut von einem unverantwortlichen Risiko trennt, durch dessen Eingehung der Bevollmächtigte seinen Auftraggeber in krimineller Weise benachteiligt[33]). Die zweite Schwierigkeit liegt in dem Verhältnisse zwischen dem objektiven Maßstab und den subjektiven Beziehungen, auf die er anzuwenden ist. Das Maß des dem Auftraggeber zumutbaren Risikos ist abhängig von der sozialen und wirtschaftlichen Stellung der Firma. Beim Betrug werden nur bei typischen Gebrauchswerten die subjektiven Verhältnisse des getäuschten Erwerbers ganz zurücktreten. Meist wird sich der Wert eines Gegenstandes nach seiner Realisierungsmöglichkeit bemessen: objektiver Wert ist „Realisationswert"[34]). In anderen Fällen, so wenn der Käufer von Wertpapieren nicht auf Spekulationsverkäufe eingestellt ist, sondern ruhigen Zinsgewinn erwartet, kommt es auf die Rentabilität an[35]). So kann trotz angemessenen, nicht überbezahlten Verkaufswertes bei Gefährdung individueller Interessen[36]), selbst bei bloßer individueller Unverwendbarkeit[37]), der durch Täuschung zustande gekommene Erwerb ein Vermögensschaden sein — so wie zivilrechtlich bei derartigen Zuwendungen aus ähnlichen Erwägungen der Bereicherungsanspruch des § 818 Abs. 2 BGB. entfällt. Dagegen ist der dem Getäuschten vorgespiegelte Verwendungszweck des Täters regelmäßig ohne Einfluß auf die wirtschaftliche Größe des Verlustes. Damit entfällt die Strafbarkeit des Bettelbetruges[38]). Nur wo in dem vorgespiegelten Zweck günstigere Möglichkeiten für Sicherheit und Verzinsung der Darlehnssumme liegen, kann Kreditbetrug vorliegen[39]).

Die Ersetzung der juristischen Beurteilung durch wirtschaftliche Bewertung relativiert den Gegensatz von Verletzung und Gefährdung. Die Gefahr künftiger Verluste vermindert die gegenwärtigen wirtschaftlichen Kräfte und wirkt sich damit als Vermögensschaden aus. Es muß freilich ein solcher Grad von Gefährdung erreicht sein, daß er wirklich den Vermögenswert in der Gegenwart herabmindert. Ein wichtiges Indiz dafür ist es, wenn der Kaufmann das gefährdete Gut nicht mehr in seiner ursprünglichen Höhe in seinen Büchern stehen läßt[40]). Ein wirtschaftlicher Verlust einer Forderung trotz ihres unveränderten rechtlichen Bestandes kann namentlich durch Verschleierung oder Erschwerung einer an sich rechtlich aussichtsreichen Rechtsverfolgung entstehen. Immer hat aber ein Buchungsvorgang nur eine indizierende, niemals eine konstitutive Wirkung[41]). Wirtschaftliche Gefahren

[32]) Richtig, wenn auch im Gegensatz zu der reichsgerichtlichen Kausallehre RG. 14, 310. Vgl. auch Goldschmidt a. a. O. S. 159.

[33]) Hellmuth Mayer zu RG. in JW. 1927 S. 2033 Nr. 52 = RG. 61, 211.

[34]) Eckstein a. a. O. S. 351.

[35]) RG. 23, 43 ff.; 49, 21.

[36]) RG. 25, 185 (Gute Kundschaft des Zwischenhändlers).

[37]) RG. in JW. 1927 S. 1693 Nr. 22.

[38]) Gegen die Strafbarkeit des Bettelbetruges Frank VI 1a zu § 263.

[39]) RG. in JW. 1926 S. 2924 Nr. 24 im Gegensatz zu dem von Goldschmidt und Erich a. a. O. berührten Fall RG. in JW. 1911 S. 849 Nr. 8, wo nur ein subjektiver Maßstab zur Verurteilung führt.

[40]) Ebermayer, 6e zu § 263.

[41]) RG. in JW. 1926 S. 586 Nr. 6 und Bemerkung ebendort S. 1197.

können auch durch Ausnutzung rechtlicher Institutionen begründet werden: durch den Erwerb eines anfechtbaren oder eines Scheinrechtes[42]) oder durch Begründung eines sachlich ungerechtfertigten Rechtsscheines[43]). Der Abschluß eines wegen Überversicherung unwirksamen Versicherungsvertrages (§ 51 Abs. 2 VersVG.) stellt nicht nur eine selbständige Betrugshandlung dar, sondern kann auch zu einem Versicherungsbetrug (§ 265) führen, weil er gegenüber dem Versicherer, der die Unwirksamkeit des Vertrages nicht kennt, die Vorspiegelung eines Versicherungsfalles ermöglicht[44]).

Alle diese Veränderungen der wirtschaftlichen Vermögenslage müssen sich auf bestimmt geartete Handlungen, auf Verfügungen zurückführen lassen. Bei der Untreue bezeichnet das Gesetz selbst mit diesem Ausdruck die tatbestandsmäßige Handlung des Bevollmächtigten, beim Betrug haben Wissenschaft und Rechtsprechung dieses „ungeschriebene Tatbestandsmerkmal" als Kennzeichen des kausalen Bindegliedes zwischen Irrtum und Vermögensschaden herausgearbeitet. Einer wirtschaftlichen Auffassung beider Delikte würde es entsprechen, auch diese Verfügung lediglich unter dem Gesichtspunkt ihrer wirtschaftlichen Wirkung zu verstehen: als ein tatsächliches Verhalten, welches die Vermögenslage zu beeinflussen geeignet ist. Aber es ist die Frage, ob die tatbestandsmäßige Form, welche der Schutz des wirtschaftlichen Vermögens in beiden Delikten gefunden hat, eine solche Aufweitung aller juristisch begrifflichen Grenzen für die typische deliktische Handlung zuläßt. Bei der Untreue ergibt sich eine Einschränkung aus dem Wortlaut, die freilich unmittelbar den Gegenstand und nur mittelbar die Modalität der Verfügung trifft: sie darf sich nicht wie beim Betrug auf das ganze Vermögen, sondern muß sich auf einzelne abgrenzbare „Vermögensstücke" beziehen. Für dieses einzelne, abgrenzbare und angebbare Vermögensstück genügt — wie beim Betrug — eine Gefährdung, welche wirtschaftlich seinem Verlust gleichkommt[45]). Aber es muß sich stets um ein bestimmtes Vermögensstück handeln; ein solches kann ein Blankowechsel sein, nicht aber ein ungedeckter Scheck oder eine Bürgschaftserklärung, durch deren Aushändigung der Vollmachtgeber lediglich generell mit Schulden belastet wird[46]). Diese Belastung mit Schulden nimmt nur dann den Charakter der Verfügung über ein Vermögensstück an, wenn sie in der Inanspruchnahme eines besonders eingeräumten und damit als Vermögensbestandteil in Rechnung gestellten Kredits besteht[47]). Dabei liegt es in der Linie einer wirtschaftlichen Betrachtung, in diesem letzten Fall nicht den in Anspruch genommenen Kredit, sondern den ungedeckten Scheck selbst, soweit begründete Aussicht auf seine Einlösung besteht, als Vermögensbestandteil anzu sehen[48]).

Es fragt sich, ob diese im Wortlaut des Tatbestandes der Untreue begründete Einschränkung der einzige Einfluß der juristischen Beurteilung auf die wirtschaftliche Betrachtung ist. Für die heutige Rechtsprechung des Reichsgerichts ist Verfügung in beiden Tatbeständen jedes gleichgültig wie

---

[42]) RG. in JW. 1927 S. 2139 Nr. 45 und JW. 1928 S. 411 Nr. 18 (Erschleichen der Unterschrift unter die verpflichtende Urkunde); RG. in JW. 1927 S. 905 Nr. 24 (Vollstreckungstitel).

[43]) RG. 53, 261 (Erbschein).

[44]) RG. 48, 188 u. 59, 247. Dazu Bemerkung JW. 1925 S. 2609 zu Nr. 1.

[45]) RG. in JW. 1927 S. 3011 Nr. 26. (Bloße Eintragsbewilligung für das Grundbuch ohne Einigung und Eintragung.)

[46]) RG. in JW. 1925 S. 146 Nr. 7 mit Bemerkung Alsbergs und RG. in JW. 1927 S. 1862 Nr. 42.

[47]) RG. in JW. 1927 S. 2218 Nr. 35 (keine Untreue) und ebendort S. 3010 Nr. 25 (Möglichkeit der Untreue).

[48]) Pröll, JW. 1928 S. 811.

geartete Verhalten, wenn es die wirtschaftliche Vermögenslage zu beeinflussen geeignet ist. Das ungeschriebene Tatbestandsmerkmal der Vermögensverfügung beim Betrug wird erfüllt durch „jede Maßnahme, welche eine Vermögensminderung in wirtschaftlichem Sinne bedingt"[49]. Bei der Untreue unterscheidet Ebermayer: Verfügung über körperliche Sachen ist „jede Maßregel, welche eine Verschiebung in dem Verhältnis des Auftraggebers zur Sache bewirkt", bei den im Gesetz ausdrücklich erwähnten Forderungen aber muß diese Veränderung „schlechthin rechtlicher Art sein"[50]. Auch hier hat das Reichsgericht neuerdings eine nur tatsächliche Beeinträchtigung des wirtschaftlichen Wertes einer bestehenden Forderung für ausreichend erachtet[51].

Eine kritische Stellung zu dieser rein wirtschaftlichen Fassung des Verfügungsbegriffes erfordert eine Besinnung auf die Struktur der in Frage stehenden gesetzlichen Tatbestände. Betrug ist ein mittelbares Vermögensdelikt, bei dem der Täter sein Opfer zum Werkzeug seines eigenen kriminellen Vorhabens macht. Der kriminelle Gehalt liegt in einem Sichgebenlassen, nicht in einem Sichnehmen, in einem „Gebeakt", nicht in einem „Nehmeakt"[52]. Das hat der Betrug mit der Erpressung gemein und das unterscheidet ihn von anderen Täuschungshandlungen, welche zu erheblichen wirtschaftlichen Gefahren führen, ohne Betrug zu sein: § 187 StGB. und § 16 UWG. Die Grenze gegen andere Vermögens- und Täuschungsdelikte erfordert, daß zwischen Täuschung und Vermögensschaden nicht nur Kausalzusammenhang überhaupt gegeben ist, sondern daß dieser Kausalzusammenhang der typischen und engeren Form einer Vermögensdisposition des Getäuschten entspricht[53]. Das heißt, das schädigende Verhalten muß für die juristische Beurteilung nicht dem Täter, sondern dem Getäuschten und durch ihn dem Geschädigten zuzurechnen sein. Eine Vermögensverfügung im Sinne des Betrugstatbestandes liegt nur dort vor, wo für die juristische Beurteilung der Vermögensschaden als des Getäuschten eigenes Werk erscheint. Dieser Begriff der Vermögensdisposition des Getäuschten und das mit ihm verwandte Erfordernis einer „relativen Identität" zwischen Getäuschtem und Geschädigtem bilden die Grenze der als Betrug zu ahndenden Vermögensbeeinträchtigungen[54]. Darum begeht keinen Betrug, wer die von ihm unterschlagenen Sachen an den gutgläubigen Dritten verkauft und ihm übergibt[55] oder wer als Zedent die Zessionsmitteilung dem Schuldner vorenthält und demnächst seine Zahlung entgegennimmt[56].

Die aus der juristischen Beurteilung folgende Begriffsbestimmung der Verfügung beim Betrug erhält ihre einschränkenden Merkmale lediglich aus ihrer Beziehung zu den handelnden Subjekten. In ihrer qualitativen Gestaltung besteht — der wirtschaftlichen Vermögensauffassung entsprechend —

---

49) RG. in JW. 1926 S. 586 Nr. 6, dazu Bemerkung ebendort S. 1197ff. Ebenso, wenn auch in veränderter Formulierung Ebermayer, 5a zu § 263 („betrifft") und Olshausen, 27c zu § 263 („bewirkt").

50) Ebermayer, 20 zu § 266.

51) RG. 61, 78 (Buchung, welche in regelmäßigem Geschäftsverlauf mit Wahrscheinlichkeit zu einer Befriedigung des Vollmachtgebers mit einem zu niedrigen Betrage führt). Dazu Bemerkung JW. 1927 S. 2430f. — Wie das Reichsgericht auch Olshausen, 2d zu § 266.

52) Hegler, ArchRPhilos. 9, 376.

53) Frank, IV zu § 263. Vgl. auch Bemerkung JW. 1926 S. 1198.

54) Weitere Folgerungen in: Zur Lehre vom Prozeßbetrug, RheinZ. 13, 127ff.

55) RG. 49, 16ff. (19: das Gesetz knüpft den Eigentumserwerb an die Verfügung des Nichtberechtigten, also des Täters, nicht des Getäuschten oder Geschädigten).

56) RG. 39, 80 nimmt im Hinblick auf § 407 Abs. 1 BGB. Betrug gegen den Zessionar an.

weitgehender Spielraum für alle rechtlich oder tatsächlich irgendwie wirksamen Verhaltungsweisen. Ob das gleiche für die Untreue gilt, kann wiederum nur aus dem Gesamtbilde dieses Deliktstypus entschieden werden. Nur daß im Gegensatz zum Betrug die Rechtsnatur der Untreue des geltenden Rechts bestritten ist. Sieht man mit Freudenthal[57]) das Wesen dieses Delikts in der Verletzung einer Rechtspflicht zur Vermögensfürsorge, so kann man den Begriff der pflichtwidrigen Vermögensverfügung ebensoweit fassen, wie den einer infolge des Irrtums vorgenommenen Vermögensverfügung beim Betrug. Auch für das RG., das lediglich einen gewissen Zusammenhang zwischen der nachteiligen Verfügung und dem Auftrag des Vollmachtgebers fordert[58]), ist diese in der jüngsten Rechtsprechung gezogene Folgerung zulässig. Zu einem anderen Ergebnis führt die Lehre Bindings, welche die Untreue in engerem, spezifisch juristischem Sinn auffaßt und als einen Mißbrauch rechtlicher Vertretungsmacht ansieht[59]). Die Erkenntnis der wirtschaftlichen Natur des Angriffsobjektes enthält noch keine Entscheidung über die vom gesetzlichen Tatbestand verlangte typische Verletzungsform. Jenes ist das kriminelle Ziel, dieses der deliktische Weg. Unbestreitbar ist für eine wirtschaftliche Betrachtung der Vermögensdelikte die Auffassung Bindings kriminalpolitisch unbefriedigend. Aber sie ist die Auffassung des geltenden Rechts[60]). Das ergibt sich aus dem Vergleich der Veruntreuung im Sinne von § 246 a. E. mit der Untreue des § 266 Ziff. 2[61]). Beide Delikte pönalisieren einen Vertrauensbruch; jenes setzt ein enges Verhältnis des Täters zu einer fremden Sache, dieses zu fremden Rechten voraus. Bei der Untreue ist der Täter „in der glücklichen Lage, von Rechts wegen über fremdes Vermögen verfügen zu können“[62]). Untreue ist ein Überschreiten des rechtlichen Dürfens im Rahmen des rechtlichen Könnens. Infolgedessen ist für den Untreuetatbestand des geltenden Rechtes Verfügung nur eine solche Handlung, welche nach außen hin und gegen den Vollmachtgeber wirkt, d. h., die dieser nach § 164 Abs. 1 BGB. gegen sich gelten lassen muß[63]). Nur was zu einer rechtlichen Bindung führen kann, nicht was eine tatsächliche Wertminderung zur Folge hat, entspricht im geltenden Recht dem Tatbestandsmerkmal der Vermögensverfügung bei der Untreue[64]).

Die bisherigen Untersuchungen haben ergeben, daß bei Betrug und Untreue wirtschaftliche Gesichtspunkte den Maßstab bilden, nach dem Vorhandensein, Gewinn und Verlust des Vermögens zu bestimmen sind. Bei den in das Vermögen eingreifenden Verfügungen schränken juristische Erfordernisse der gesetzlichen Tatbestände den Kreis wirtschaftlicher Vorgänge mehr oder minder ein. Das entscheidende Problem liegt in der Frage, ob für die Zuordnung der Vermögensgüter zu bestimmten Subjekten die Normen des objektiven Rechts oder die wirtschaft-

[57]) Freudenthal, VDB. 8, 116f.

[58]) RG. 32, 26. Neuerdings RG. 62, 58 („Innerer Zusammenhang mit der tatsächlich anvertrauten Machtstellung“).

[59]) Binding a. a. O. S. 396.

[60]) Im Augenblick besteht lebhafte Diskussion über diese Frage: Hellmuth Mayer, Die Untreue im Zusammenhang der Vermögensverbrechen, 1926. (Gegen Binding und die ihm folgenden Lehren); Oetker, GS. 94, 277ff. (Mayer und Binding kritisch vergleichend); Olshausen, 1 zu § 266 (für Freudenthal); Elsa Koffka, ZStW. 48, 701ff. (Kritik Hellmuth Mayers).

[61]) Frank, I u. III Abs. 2 zu § 266.

[62]) Binding a. a. O. S. 397.

[63]) Leopold, Tatbestand der Untreue (Strafr. Abh. 94) 1908 S. 33.

[64]) Hier liegen die Bedenken gegen RG. 61, 78. Vgl. Bemerkung JW. 1927 S. 2430f.

liche Interessenzugehörigkeit maßgebend ist. Die Plenarentscheidung von 1910, welche die weitgehenden Folgerungen aus der wirtschaftlichen Vermögensauffassung zieht, läßt keinen Zweifel über die spezifisch rechtliche Natur dieser Frage. Es kann „nur der Privatrechtsordnung anheimfallen, die Beziehungen zu regeln, welche vorhanden sein müssen, um ein bestimmtes Vermögensstück dem Vermögenskreise einer bestimmten Person zuzurechnen. Ob ein wirtschaftliches Gut der Person A oder der Person B angehört, darüber kann selbstverständlich nur entschieden werden auf Grund der Satzungen des bestehenden bürgerlichen Rechtes“[65]). Dieser Satz führt beim Betrug zu keinerlei Schwierigkeiten, weil hier die rechtliche Zuordnung nur eine negative Bedeutung hat: die Beschädigung muß fremdes, dem Täter nicht gehörendes Vermögen treffen. Anders bei solchen Delikten, bei denen der Tatbestand positiv eine Zuordnung eines Vermögensstückes zu einem bestimmten Subjekt verlangt, zu dem Auftraggeber bei der Untreue und zum Täter bei der Vollstreckungsvereitelung (§ 288). Hier drängt sich zweifellos ein starkes Bedürfnis auf, bei der Frage der Vermögenszugehörigkeit die Berücksichtigung der wirtschaftlichen Interessen mitsprechen zu lassen. So hat das Reichsgericht schon in älteren Entscheidungen Gegenstände der Konkursmasse als Vermögensstücke des Konkursverwalters[66]) und Kundendepots der Bank als Vermögensstücke der Bank[67]) angesehen, obwohl gerade hier ein über eventuelle Regreßverpflichtungen hinausgehendes, unmittelbares eigenes wirtschaftliches Interesse des Konkursverwalters und der Bank an den ihrer Verfügungsgewalt unterliegenden Vermögenswerten nicht besteht[68]). Praktische Bedeutung hat eine solche Aufweitung zugunsten wirtschaftlicher Zusammenhänge vor allem dann, wenn die anvertraute Rechtsmacht so groß ist, daß juristisch der Betraute selbst als Subjekt des ihm überlassenen Rechtes erscheint. Dieses den unmittelbaren Zweck der in Aussicht genommenen Geschäftsbesorgung überragende Maß von Vertrauen entbehrt des unmittelbaren Strafschutzes nach der sachenrechtlichen und schuldrechtlichen Seite: ist der Beauftragte Eigentümer der Sache oder Gläubiger der Forderung, dann kann er die nunmehr ihm gehörige Sache nicht mehr als fremde unterschlagen und nicht mehr über die Forderung seines Auftraggebers, da sie seine eigene geworden ist, verfügen. Hier ist der Ansatz für das Bestreben, an Stelle der zivilistischen Rechtsbegriffe „gewisse wirtschaftlich veranschlagbare Befugnisse“[69]), nicht die Normen der Privatrechtsordnung, sondern die Lagerung der wirtschaftlichen Interessen entscheiden zu lassen.

Diese Tendenz läßt sich in einer Reihe von Fällen nachweisen, die alle von größter wirtschaftlicher Bedeutung sind. Beim verdeckten Prokuraindossament hat die Rechtsprechung zwar formell eine ausdrückliche Annahme des Begriffs eines „gespaltenen Eigentums“[70]) vermieden, aber sie

---

65) RG. 44, 230ff. (233f.).

66) RG. 26, 106; 39, 414.

67) GA. 48, 131.

68) Klee, HRZBl. 1926 S. 339. — In einem dem zweiten der erwähnten Urteile ähnlichen Fall nimmt RG. 62, 16 an, nicht die 72jährige Inhaberin der Bank, sondern die Kunden, deren Depots in unzulässiger Weise durch den Prokuristen verpfändet waren, hätten diesen „bevollmächtigt“. Diese im Tatsächlichen wurzelnde Vollmacht (vgl. Gerland, Bemerkung zu dieser Entsch. JW. 1928 S. 2238 Nr. 25) bedarf des Nachweises derartiger besonders gelagerter Verhältnisse; regelmäßig bevollmächtigt der Kunde nicht den einzelnen Bankangestellten, sondern die Bank. RG. in JW. 1928 S. 2984 Nr. 15.

69) Ebermayer, 18 zu § 266.

70) Staub-Stranz, WO. (11. Aufl.) a. 17 Anm. 8 u. 14a.

geht sachlich von der Vorstellung aus, der Indossatar sei nur zur Geltendmachung der Wechselrechte befugt und im übrigen nicht Eigentümer des Wechsels. Infolgedessen bleibt für § 266 der Wechsel ein Vermögensstück des Giranten, und der Inkassogiratar, der die Forderung von vornherein für sich einzieht, begeht Untreue[71]). Bei Sachwerten lehnt das RG. eine Spaltung des Eigentums ausdrücklich ab[72]) — um so unverhüllter tritt die Anerkennung einer nur wirtschaftlichen Zugehörigkeit hervor. Werden zum Zweck der Beschaffung eines Darlehns wirtschaftliche Werte zu treuen Händen nach außen hin und Dritten gegenüber übertragen, so bleiben sie nach innen — „wirtschaftlich" — Vermögensstücke des Treugebers[73]). Besondere Schwierigkeiten macht es, den Kommittenten gegen die Unlauterkeit des Kommissionärs zu schützen, — denn was dieser zum Verkauf in Händen hat, ist sein Eigentum, er wird Gläubiger der durch den Verkauf begründeten Forderung und Eigentümer des eingezogenen Erlöses. Einen strafrechtlichen Schutz gegen den Mißbrauch dieser Macht versucht man heute auf zwei Wegen zu erreichen. Einmal dadurch, daß diese Macht auf rechtsgeschäftlichem Wege beschränkt wird: durch Eigentumsvorbehalt an den zu verkaufenden Gegenständen und in bezug auf den Erlös dadurch, daß nicht nur eine obligatorische Verpflichtung für den Kommissionär begründet wird, ihn sofort durch ein mit sich selbst als Vertreter des Kommittenten abgeschlossenes Besitzkonstitut auf diesen zu übertragen — das schützt nicht dagegen, daß er diese Verpflichtung nicht erfüllt! —, sondern durch eine vorweggenommene, in den Zeitpunkt des demnächstigen Erwerbes verlegte Vereinbarung des Eigentumsüberganges, dessen dingliche Wirkung unmittelbar mit dem Erwerb des Besitzes durch den Kommissionär als Besitzvermittler eintritt. Wenn diese Abmachungen getroffen sind, dann ist der Kommissionär bei eigennütziger Verfügung über den Erlös wegen Untreue strafbar, denn der Erlös wird durch seine Besitzergreifung — Eigentum des Kommittenten[74]). Aber wie in der ganzen Entwicklung des Zivilrechts ist auch hier die Methode, um des erwünschten rechtspolitischen Zweckes willen auf Willenserklärungen der Beteiligten in ganz bestimmtem Sinn abzustellen, nur der Vorläufer des zweiten Weges: die für notwendig erachtete Lösung aus der objektiven Norm selbst zu entwickeln. Was der Umweg über den Parteiwillen bezweckt, ist die Anerkennung einer wirtschaftlichen Zugehörigkeit der Waren und des Erlöses zu dem Vermögen des Kommittenten. Diese unmittelbare Anerkennung einer wirtschaftlichen Vermögenszugehörigkeit klingt an in dem Urteil des II. StS. v. 20. Juni 1927[75]). Der Senat erwägt, ob nicht über den Fall des Treuhänders hinaus die Forderung des Kommissionärs „wegen der wirtschaftlichen Bedeutung, die sie — namentlich im Fall seines Konkurses oder den sie pfändenden Gläubigern gegenüber — für den Kommittenten auch ohne vorherige Abtretung haben" entsprechend § 392 Abs. 2 HGB. als Vermögensstücke des Kommittenten im Sinne von § 266 StGB. angesehen werden dürfen[76]), — aber die Entscheidung ergeht hier auf Grund § 92 BörsGes. In einem Treuhänderfall nimmt der III. StS. die Vermögenszugehörigkeit des für den

---

[71]) BayObLG. in JW. 1926 S. 1574 Nr. 1. — RG. 56, 121 nimmt bei einer Bankvollmacht eine ähnliche Scheidung vor.

[72]) RG. 61, 65.

[73]) RG. 61, 174 (1. Strafsenat).

[74]) RG. 62, 31 (3. Strafsenat).

[75]) RG. 61, 341.

[76]) RG. 61, 344.

Treugeber Erworbenen auf Grund vorweggenommenen Besitzkonstituts an, aber auch er erkennt die wirtschaftliche Zugehörigkeit unmittelbar an: „Zivilrechtlich ist der Beauftragte Träger des Vermögensrechtes ..., im Innenverhältnis aber erwirbt er jene Vermögenswerte von dem Auftraggeber wie für ihn nur fiduziarisch aus dem Treuverhältnis heraus, d. h. wirtschaftlich gehören sie in dessen Vermögen."[77]). Die Anerkennung dieser wirtschaftlichen Zugehörigkeit führt in dem Urteil des gleichen Senats vom 28. Nov. 1927 zu einer Verurteilung wegen Vollstreckungsvereitelung[78]). Die Angeklagten hatten die einem Gläubiger zur Sicherung übereignete und durch einen vollstreckbaren Titel auf Herausgabe geschützte Dreschmaschine zerlegt und beiseite geschafft. Bürgerlichrechtlich ist die Maschine Eigentum des Gläubigers, aber sie gehört in den „tatsächlichen oder rechtlichen Machtkreis, in den der Schuldner nach den Grundsätzen des Vollstreckungsrechts die Vollstreckung zu dulden hat". Die Strafbestimmung wegen Vollstreckungsvereitelung soll die Rechtspflicht des Schuldners sanktionieren, es zu dulden, daß für die Befriedigung des Gläubigers wirtschaftliche Werte dem Bannkreis seiner rechtlichen oder tatsächlichen Gewalt entzogen werden. Dieses „Vermögen im vollstreckungsrechtlichen Sinn", d. i. die für das Vollstreckungsrecht maßgebende wirtschaftliche Zugehörigkeit soll genügen, um die beseitigten Vollstreckungsgegenstände als Vermögensbestandteile des Schuldners erscheinen zu lassen.

Hier liegt in der Tat eine außerordentlich interessante Entwicklung vor, welche in zwei Arbeiten von Kronecker[79]) und Klee[80]) bemerkenswerte Vorläufer hat. Für die kritische Prüfung ihrer Ergebnisse sind beide Wege zu unterscheiden. Wo eine juristische Beurteilung der Rechtslage unter Berücksichtigung der wirklich vorgenommenen und tatsächlich festgestellten rechtsgeschäftlichen Vereinbarungen zur Annahme einer beschränkten Befugnis des Täters und der Erhaltung oder Neuentstehung des Vollrechts beim Treugeber oder Kommittent führt, sind die Erfordernisse des Tatbestandes der Untreue erfüllt[81]). Anders dagegen, wenn das Recht dem Täter und nur die wirtschaftliche Macht dem Geschädigten zusteht. Gewiß macht das „weder sittlich noch wirtschaftlich" einen Unterschied — aber es ist die Frage, ob das Strafrecht dem sittlich und wirtschaftlich Gleichen den gleichen Schutz gewährt hat. Der Umkreis der dem Vollstreckungszugriff offenstehenden Vermögenswerte bestimmt sich nach vollstreckungsrechtlichen Grundsätzen, und mit vollem Recht wird hier die Grenze unter weitgehender Berücksichtigung wirtschaftlicher Interessen bestimmt[82]). Aber das enthebt das Strafrecht nicht der Notwendigkeit, zu prüfen, wieweit der diesem Vollstreckungsinteresse gewährte Strafschutz an bestimmte typische rechtliche Voraussetzungen (Vollstreckung in das Schuldnervermögen) oder allgemein an alle, irgendeine Art von Vollstreckung rechtferti-

---

[77]) RG. 62, 58.

[78]) RG. 61, 407.

[79]) Kronecker, GoltdArch. 34, 403ff.

[80]) Klee, HRZBl. 1926 S. 335ff.

[81]) Den Kriminalisten interessiert hier die zivilrechtliche Frage, ob die vorher vereinbarte, auf der Grundlage des Kommissionsverhältnisses vorzunehmende Einräumung des mittelbaren Besitzes in dem Sinne dingliche Wirkung hat, daß im Augenblick des Besitzerwerbes durch den Kommissionär ein entgegenstehender Wille den Übergang des Eigentums auf den Kommittenten nicht mehr beeinflussen kann. KommRGR. (6. Aufl.) Note 2 zu § 830 und bisherige Urteile wie RGZ. 106, 86; 108, 122; 109, 324 geben für diese spezielle Frage keinen Anhalt. RGSt. 62, 31 beruft sich auf ungedruckte Entscheidungen. Gegen jenes Urteil Jacobsohn, Bemerkung JW. 1928 S. 2233 Nr. 30b.

[82]) Stein-Jonas, ZPO. Note II 1 zu § 771.

gende Interessen geknüpft ist. Allgemein gesehen handelt es sich um das Problem, ob man eine Differenzierung in dem Sinne annehmen kann, daß §§ 246 u. 289 die formale Eigentumsordnung, §§ 266 u. 288 dagegen die wirtschaftliche Interessenlage zum Ausgangspunkt haben[83]). Aber im Gesetz ergibt sich für eine solche Erweiterung nichts. Die gleichen vom Gesetzestext verwandten Worte müssen nicht in allen Rechtsgebieten Begriffe gleichen Inhalts bedeuten[84]). Verwendet ein strafgesetzlicher Tatbestand unmittelbar wirtschaftliche Vorstellungen, so werden diese hierdurch zu Rechtsbegriffen. Immer aber muß das aus der Rechtsnorm selbst hervorgehen. Rechtspolitische Bedürfnisse können sich auf wirtschaftliche Interessen stützen, aber sie haben nicht die Kraft, sie in gesetztes Recht umzuprägen. Wenn eine Beschränkung der Untreue auf die Verfügung über fremde Vermögensstücke den hier gewährten Strafschutz in Inhalt und Umfang nur in ungenügender Weise von dem durch Pönalisierung der Unterschlagung geschaffenen unterscheidet und gerade in dem besonders schutzwürdigen Gebiet der Fiducia versagt, so spricht das sicherlich gegen die gesetzgeberische Technik, welche hier die Lücken ebensowenig zu schließen vermocht hat, wie im Verhältnis zwischen Diebstahl und Unterschlagung bei einer ohne Wegnahme erfolgten Aneignung der vom Täter nicht besessenen Sache[85]). Daß in sittlicher und wirtschaftlicher Hinsicht die Strafwürdigkeit in den Fiducia-Fällen besonders hoch ist, daß für die Schutzbedürftigkeit des Vollstreckungsgläubigers die Eigentumsfrage des Vollstreckungsgegenstandes belanglos ist, ist sicher. Aber daraus die Strafbarkeit abzuleiten, bedeutet, um der gleichen Interessenlage willen die gesetzliche Rechtsfolge auf einen außergesetzlichen Tatbestand auszudehnen. Das ist strafbegründende Analogie, die nach § 2 Abs. 1 unzulässig ist, jener Bestimmung, die um der Gesamtwirkung des Strafrechts ebenso notwendig ist, wie sie im Einzelfall den Bedürfnissen gerechter Unrechtsahndung hemmend entgegentreten kann[86]). Die wirtschaftlichen Interessen eines alleinigen Gesellschafters und Geschäftsführers einer Gesellschaft m. b. H. fallen mit denen der Gesellschaft für die Auffassung des Lebens zweifellos zusammen, gleichwohl hält der III. StS. eine strafbare Vollstreckungsvereitelung dieses alleinigen Gesellschafters für ausgeschlossen, wenn der Anspruch des Gläubigers gegen die Gesellschaft m. b. H. gerichtet ist[87]). In Wahrheit liegt es hier nicht anders als in den oben behandelten Fällen: der Umkreis gleichgerichteter wirtschaftlicher Interessen überschneidet die von der auf die typischen Fälle zugeschnittenen rechtlichen Regelung erfaßten Lebensverhältnisse.

Hier kann nur der Gesetzgeber eingreifen — und er tut es. A. E. 27 § 348 befreit den Untreuetatbestand von einer dreifachen Fessel: von dem rechtsgeschäftlichen Vollmachtsbegriff, von dem Verfügungscharakter der Handlung und für die wichtigsten Fälle von dem Erfordernis einer an bestimmte Rechtssubjekte geknüpften rechtlichen Zuordnung des dem Täter anvertrauten Gutes. Bei der Vollstreckungsvereitelung bleibt es zu überlegen, ob über den Tatbestand A. E. 27 § 354 hinaus ein Strafschutz auf ein Verschieben der dem Schuldner nicht gehörenden Sachen ausgedehnt werden

---

83) Kronecker a. a. O.

84) Zu diesem bislang in grundsätzlicher Weise wenig behandelten Problem vgl. die scharfsinnige Arbeit von Emge, ArchZivPrax. N. F. 9 (1928) S. 49ff.

85) Bührer, GoltdArch. 59 S. 435.

86) Binding, Handbuch I S. 28.

87) RG. 60, 234.

soll. Meist wird in diesen Fällen Unterschlagung vorliegen. Diese entfällt freilich dann, wenn das Beiseiteschaffen keine Zueignung ist oder der Täter glaubt, die in seinen wirtschaftlichen Machtbereich fallende Sache gehöre ihm.

So führt die Untersuchung dieses kleinen Ausschnittes zu der Erkenntnis, wie notwendig auch für die hier behandelten Fragen ein baldiger Abschluß der Gesetzesreform ist. Sie wird hier — wie in anderen Gebieten — nicht einen völligen Bruch des Bisherigen zur Folge haben. Denn in Wahrheit ist die gegenwärtige Rechtsprechung bereits über das geltende Recht hinausgeschritten. Betrachtet man in dieser Weise, fast schon wie im Rückblick, die Rechtsprechung, so wird als das Bleibende, das den Wechsel der Kodifikation überdauert, das Methodische deutlich. Das künftige Gesetz stellt uns neue Fragen der Rechtsanwendung. Wieder handelt es sich um das Verhältnis zwischen Rechtsnorm und Rechtsgut, zwischen der regelnden Ordnung und dem zu formenden Lebensinhalt. Dieser Anlaß mag den Versuch rechtfertigen, an einem Einzelproblem die leitenden Grundgedanken der bisherigen Rechtsprechung erkennbar zu machen und durch ihre kritische Prüfung einer allgemeinen Methodik der Rechtsanwendung vorzuarbeiten.

Abgeschlossen: Januar 1929.

Die Aussetzung des Strafverfahrens zur Klärung präjudizieller Fragen nach § 262 Abs. 2 StPO.

von Professor Dr. Eduard Kern, Freiburg i. B.

Der Kunst des Gesetzgebers gelingt es nicht immer, das von ihm Gewollte klar und unzweideutig zum Ausdruck zu bringen. Zuweilen weiß der Gesetzgeber selbst nicht so ganz genau, was er eigentlich will; und es ist gar nicht so selten, daß der Gesetzgeber bewußt eine eigene grundsätzliche Stellungnahme vermeidet und in Verkennung seiner Aufgabe und seiner Machtfülle die Lösung einer Frage der Wissenschaft überläßt oder zusieht, was die Praxis mit einer gesetzlichen Bestimmung anfängt.

Alles das trifft für die Bestimmung des § 262 StPO. zu. Dort ist im Anschluß an den im § 261 aufgestellten Grundsatz der freien Beweiswürdigung — an diesen Eckpfeiler modernen Prozeßrechts — folgendes gesagt:

Abs. 1: „Hängt die Strafbarkeit einer Handlung von der Beurteilung eines bürgerlichen Rechtsverhältnisses ab, so entscheidet das Strafgericht auch über dieses nach den für das Verfahren und den Beweis in Strafsachen geltenden Vorschriften."

Abs. 2: „Das Gericht ist jedoch befugt, die Untersuchung auszusetzen und einem der Beteiligten zur Erhebung der Zivilklage eine Frist zu bestimmen oder das Urteil des Zivilgerichts abzuwarten."

Die MStGO. hat den Paragraphen als § 316 wörtlich übernommen.

Diese Bestimmung hat der Wissenschaft viel Kopfzerbrechen verursacht, namentlich wegen der — im Gesetz nicht geklärten — Frage, ob der Strafrichter an ein schon vorliegendes rechtskräftiges Zivilurteil gebunden ist. Aus dem Schrifttum, das sich mit § 262 RStPO. befaßt hat, sind die Abhandlungen von Glaser[1]), Hötzel[2]), Kuttner[3]), Saunus[4]) und Wurzer[5]) hervorzuheben. Allen diesen Untersuchungen ist es hauptsächlich um die Klärung des Einflusses des Zivilurteils auf das Strafurteil zu tun. Dabei wird die Befugnis zur Aussetzung des Strafverfahrens, die § 262 Abs. 2 aufstellt, meist nur nebenher behandelt, obwohl der Schwerpunkt des Paragraphen, das Besondere, das er sagen will, gerade in seinem zweiten Absatz liegt, während der erste Absatz doch nur eine Folgerung aus dem schon in § 261 aufgestellten Grundsatz zieht, also eigentlich entbehrlich wäre.

In Wirklichkeit hat die Aussetzungsbefugnis eine wichtige prinzipielle Bedeutung und sie könnte auch eine große praktische Bedeutung erlangen, wenn man von ihr den richtigen Gebrauch machen würde. Der praktischen

---

[1]) HB. II 86—96, „Beziehungen von Straf- und anderen Rechtssachen" (1885).

[2]) Hötzel, Präjudizialität von richterlichen Zivilprozeßakten. Tübinger Diss. 1907.

[3]) Kuttner, Urteilswirkungen außerhalb des Zivilprozesses. Abh. zum Privatrecht und Zivilprozeßrecht Bd. 26 Heft 3 (1914).

[4]) Saunus, Inwieweit ist der Strafrichter durch präjudizielle Entscheidungen des Zivilrichters gebunden? Königsberger Diss. 1918.

[5]) Wurzer, Der Einfluß des rechtskräftigen Zivilurteils auf das Strafurteil, GS. 89, 106 (1924).

Anwendbarkeit der Bestimmung steht aber ihre Unklarheit und Lückenhaftigkeit, das Auseinanderfallen von Wort und Sinn hindernd im Wege. Die folgenden Zeilen wollen an sich nur die Aussetzungsbefugnis des Strafrichters zur Klärung präjudizieller Fragen nach § 262 Abs. 2 untersuchen; sie wollen namentlich Voraussetzungen, Form, Inhalt und Wirkungen der Aussetzung im Zusammenhang darstellen. Bei der Erörterung der Wirkungen der Aussetzung ist aber ein Eingehen auf die allgemeinere, zu § 262 Abs. 1 gehörige Frage nach dem Einfluß des Zivilurteils auf das Strafurteil natürlich nicht zu vermeiden.

Vor der dogmatischen Untersuchung ist in aller Kürze die Vorgeschichte des § 262 Abs. 2 StPO. darzustellen. Die deutschen Partikularrechte — die im Entwurf zu § 221 Abs. 2 StPO. (§ 262 Abs. 2 der heutigen StPO.) zusammengestellt sind[6]) — regeln die Aussetzung sehr verschieden, soweit sie sich überhaupt mit ihr befassen. So ist z. B. nach der sächsischen StPO. § 129 der Strafrichter verpflichtet, das Strafverfahren auszusetzen, falls die präjudizielle Zivilsache schon rechtshängig ist oder die Erhebung der Klage mit Sicherheit zu erwarten ist. Die württembergische StPO. Art. 7 Abs. 2 befiehlt Aussetzung und Bindung nur für den Fall, daß der Tatbestand einer strafbaren Handlung von der Gültigkeit einer Ehe abhängig ist und diese angefochten ist; während Thüringen § 87 eine Aussetzung des Strafverfahrens selbst dann verbietet, wenn die präjudizielle Frage schon rechtshängig ist.

Der Entwurf der StPO. gibt dem Strafrichter ganz allgemein die Befugnis, die Untersuchung auszusetzen und das Urteil des Zivilgerichts abzuwarten. Von einer Fristsetzung gegenüber einem Beteiligten ist im Entwurf noch nicht die Rede. — Die Motive zu § 221 des Entwurfs besagen, daß der Strafrichter zwar im allgemeinen an die Urteile des Zivilrichters nicht gebunden ist, daß aber Gründe der Zweckmäßigkeit zu der Aussetzungsbefugnis geführt haben. „Die Erfahrung lehrt, daß nicht selten von den Beteiligten Untersuchungen (Strafverfahren) in solchen Fällen anhängig gemacht werden, wo die Rechtsverletzung, wenn eine solche überhaupt vorliegt, lediglich zivilrechtlicher Natur ist und also nur Anlaß zu einem Zivilprozeß vorlag. Nicht selten wird der Versuch gemacht, die Erhebung einer Zivilklage dadurch zu umgehen, daß man die Einleitung einer Kriminaluntersuchung herbeiführt, weil man so leichter und ohne Aufwendung eigener Kosten zur Befriedigung des Anspruchs — die Motive hätten noch beifügen können: ‚oder zur Gewinnung der Beweismittel für den Zivilprozeß oder der Grundlagen eines Urteils über die Aussichten eines Zivilprozesses' — zu kommen hofft. Namentlich werden aus solchen Beweggründen in Fällen, in denen Gesellschaftsverträge, Geschäftsverbindungen oder Auftragsverhältnisse gelöst worden sind, öfter ganz unbegründete Denunziationen wegen Betrugs oder Urkundenfälschung erhoben. In solchen Fällen würde der Strafrichter durch das widerrechtliche Vorgehen des denunzierenden Beteiligten gezwungen sein, weitläufige Auseinandersetzungen vorzunehmen, und in der Tat die Aufgaben eines Zivilprozesses innerhalb des Strafverfahrens zu lösen, wenn ihm nicht die Befugnis beigelegt würde, die Entscheidung des Zivilrichters abzuwarten. — Welche Bedeutung der letzteren Entscheidung demnächst im Strafverfahren beizulegen sein wird, das muß wiederum in jedem einzelnen Fall dem Ermessen des Strafrichters überlassen bleiben."

[6]) Hahn S. 198ff.

Im Reichstag ist bei der ersten Lesung ein Antrag Reichensperger abgelehnt worden, die Aussetzung des Strafverfahrens und die Anerkennung des Zivilurteils für den Fall zwingend vorzuschreiben, daß der Tatbestand einer strafbaren Handlung durch die Gültigkeit einer Ehe bedingt und der Eheanfechtungsprozeß schon anhängig sei. Dagegen wurde ein Antrag Struckmann angenommen, wonach der Strafrichter ermächtigt wird, für den Fall der Aussetzung einem der Beteiligten eine Frist zur Erhebung der Zivilklage zu setzen. Zur Begründung dieses Antrags wurde angeführt, daß es nicht in der Hand der an dem Zivilrechtsverhältnis Beteiligten liegen dürfe, die Erledigung der Strafsache durch Nichterhebung der Zivilklage zu verzögern. Dann folgt der dunkle Satz: Werde die Frist nicht eingehalten, so solle der Strafrichter nach Lage der Sache entscheiden.

Bei der zweiten Lesung im Ausschuß[7]) hat man sich mit Recht darüber Gedanken gemacht, welchem der Beteiligten man dann die Frist zur Klageerhebung setzen solle, ob nur dem Beschuldigten oder unter Umständen auch dem Verletzten, und man hat nicht ohne Grund darauf hingewiesen, daß die ganze Vorschrift nichts nütze, wenn der Fristsetzung nicht die Androhung eines Nachteils für den Fall der Nichteinhaltung der Frist beigefügt werde. Die Kommission hat aber diese Fragen nicht beantwortet, sondern alles dem Ermessen des Richters überlassen, und dabei ist es geblieben.

Immerhin geht aus der geschilderten Entstehungsgeschichte hervor, daß der Gesetzgeber die Aussetzung des Strafverfahrens nicht aus dem Grunde eingeführt hat, um widersprechende Entscheidungen des Zivilrichters und des Strafrichters zu vermeiden; auch nicht in erster Linie deshalb, um dem Strafrichter die Möglichkeit zu geben, die Entscheidung des über zivilrechtliche Fragen vielleicht besser urteilenden Zivilrichters abzuwarten, sondern hauptsächlich zu dem Zweck, Strafsachen zu unterbinden, die sich besser für den Zivilrechtsweg eignen. Dieser Zweck ist für die Auslegung des § 262 Abs. 2 von größter Bedeutung. Er ist in der späteren Zeit viel zu wenig beachtet worden. Außerdem wird durch die Materialien dargetan, daß der Gesetzgeber dem Strafrichter bei der Aussetzung zur Klarstellung zivilrechtlicher Vorfragen bewußt weitesten Spielraum gelassen hat.

Nach dieser Feststellung kann sich die Betrachtung dem geltenden Recht, also dem § 262 Abs. 2 StPO., zuwenden.

A. I. Die Aussetzung setzt in sachlicher Beziehung voraus, daß die Strafbarkeit einer Handlung von der Beurteilung eines bürgerlichen Rechtsverhältnisses abhängt.

Solche Rechtsverhältnisse sind z. B. Eigentum, Wegerecht, Urheberrecht, Jagdrecht, Ehe, Unterhaltspflicht. Den Gegensatz zu Rechtsverhältnissen bilden einzelne Tatsachen, die in einem Zivilprozeß festgestellt sind, aber auch für einen Strafprozeß Bedeutung haben, z. B. die Tatsache, daß der auf Schadensersatz verklagte Autofahrer mit 60 km Geschwindigkeit durch ein Dorf gefahren ist. Zur Feststellung von Tatsachen durch den Zivilrichter darf das Strafverfahren nicht ausgesetzt werden. Das ist auf den ersten Blick deshalb auffallend, weil die Feststellung eines zivilrechtlichen Rechtsverhältnisses doch auch immer zum Teil, vielleicht sogar ganz wesentlich, auf der Feststellung von Tatsachen beruht. Die Verschiedenheit der Regelung hat ihren Grund darin, daß der Strafrichter Tatsachen

---

[7]) Hahn S. 1351.

ebensogut feststellen kann wie der Zivilrichter, während die Feststellung eines Zivilrechtsverhältnisses doch immer schon das Ergebnis einer Schlußfolgerung ist, deren Obersatz ein Rechtssatz des bürgerlichen Rechts ist. Außerdem hätte solche Überlassung einer Tatsachenfeststellung an den Zivilrichter keinen Zweck, weil der Strafrichter sie ja doch seiner Entscheidung nicht zugrunde legen dürfte. —

§ 262 Abs. 2 StPO. findet unmittelbare Anwendung auf Vorfragen des bürgerlichen Rechts, die von Sondergerichten, z. B. Arbeitsgerichten, zu entscheiden sind, und auf Akte der freiwilligen Gerichtsbarkeit. Es steht aber auch nichts im Wege, ihn auf Vorfragen aus anderen Rechtsgebieten, wie aus dem Gebiet des öffentlichen Rechts, also des Staatsrechts, des Verwaltungsrechts und des Strafrechts auszudehnen. Die Berechtigung dieser Analogie ist unbestritten. Sie ist für § 262 deshalb zulässig, weil § 262 Abs. 1 ja keine Ausnahme von einer Regel darstellt, sondern nur einen Anwendungsfall des in § 261 ausgesprochenen Grundsatzes, und weil § 262 Abs. 2 ganz im Rahmen des § 262 Abs. 1 liegt. In der ZPO. § 148 ist die Entscheidung der Verwaltungsbehörden ausdrücklich genannt. Ein argumentum e contrario für den Strafprozeß darf daraus aber nicht entnommen werden.

In den Entwürfen einer StPO. von 1919 ist die Vorschrift des § 262 ausdrücklich auf Rechtsverhältnisse ausgedehnt, die den Gegenstand eines anhängigen Verwaltungsstreitverfahrens bilden oder nach Verwaltungsrecht zu beurteilen sind. In der Begründung ist gesagt, daß das in Übereinstimmung mit der schon jetzt herrschenden Auffassung der Praxis geschehe.

Unter den Vorfragen aus dem Gebiet des Staats- und Verwaltungsrechts bildeten bis zur Reichsabgabenordnung die Fragen der Zoll- und Steuerpflicht die wichtigsten Anwendungsfälle des § 262. Heute kann z. B. die Beamteneigenschaft oder die Staatsangehörigkeit oder das Vorliegen einer Konzession als Vorfrage für die strafrechtliche Entscheidung bedeutsam werden. Die Erteilung oder die Nichtigkeitserklärung eines Patentes würde an sich ebenfalls hierher gehören; sie unterliegt aber gemäß § 13 PatG. einer Sonderregelung. — Vielfach ist auch die Entscheidung einer Strafsache von der Beurteilung einer anderen Straftat abhängig, so Teilnahme, Begünstigung, Hehlerei, Nichtanzeige von Verbrechen, falsche Anschuldigung, üble Nachrede usw. Zum Teil bestehen auch hier Sondernormen über die Reihenfolge der Strafprozesse und die Bindung des Strafrichters[8]). Soweit das nicht der Fall ist, findet § 262 Abs. 2 auch auf solche strafrechtlichen Vorfragen Anwendung.

StPO. § 262 spricht nur von dem Fall, daß die Strafbarkeit einer Handlung von der Beurteilung einer zivilrechtlichen Vorfrage abhängt; es besteht aber nicht das geringste Bedenken, den § 262 auch dann anzuwenden, wenn nicht die Strafbarkeit — also der materielle Strafanspruch —, sondern die Verfolgbarkeit — also die Zulässigkeit des Strafverfahrens — von der Beurteilung einer zivilrechtlichen Frage abhängt; so wenn die Frage, ob ein Strafantrag notwendig war oder zurücknehmbar ist, davon abhängt, ob der Beschuldigte ein Angehöriger des Verletzten ist[9]).

§ 262 setzt voraus, daß die Strafbarkeit (oder die Verfolgbarkeit einer Handlung) von der Beurteilung eines bürgerlichen (oder andern) Rechtsverhältnisses abhängt. Man kann das auch so ausdrücken, daß

---

[8]) Siehe unten S. 149.

[9]) Vgl. z. B. § 263 Abs. 4 StGB. — A. A. Birkmeyer S. 118.

das bürgerliche Rechtsverhältnis für die Strafsache präjudiziell sein muß, und zwar muß die Hauptfrage des Zivilprozesses mit einer Vorfrage der jetzt zu entscheidenden Strafsache identisch sein. So ist — um nur einige wichtige Beispiele anzuführen — das Bestehen oder Nichtbestehen einer Ehe präjudiziell für die Tatbestände des Ehebruchs und der Doppelehe, das Bestehen oder Nichtbestehen einer Unterhaltspflicht bedeutsam für die Verletzung der Unterhaltspflicht nach § 361 Ziff. 5 u. 9 StGB. Die Frage, wer Eigentümer einer Sache ist, ist präjudiziell für Sachbeschädigung, Diebstahl und Unterschlagung, die Frage, wem das Jagd- oder Fischereirecht zusteht, für Jagd- und Fischwilderei, die Frage, ob ein Urheberrecht gegeben ist, für die Tatbestände der Urheberrechtsverletzung usw.

Keine Präjudizialität im Sinne des § 262 liegt vor, wenn die Tatsache des Vorliegens eines Zivilurteils bestimmten Inhalts als solche unmittelbare Voraussetzung des Strafanspruchs oder der Verfolgbarkeit ist, wie z. B. die Tatsache, daß ein Scheidungsurteil ergangen ist, für die Strafverfolgung wegen Ehebruchs (§ 172 StGB.), die Nichtigkeitserklärung der Ehe für die Verfolgbarkeit der Entführung mit nachfolgender Eheschließung (§ 238 StGB.), oder die Konkurseröffnung für die Strafbarkeit wegen Bankerotts (§§ 239f. KO.). Hier handelt es sich nicht darum, wie der Strafrichter ein Rechtsverhältnis beurteilt, sondern hier ist die Zivilentscheidung als solche eine für die Strafsache unmittelbar bedeutsame Tatsache.

Keine Präjudizialität im Sinne des § 262 Abs. 2 liegt ferner vor bei Identität der im Strafprozeß und im Zivilprozeß zu prüfenden Tatsachen. Wenn z. B. A den B auf der Jagd fahrlässig angeschossen hat und B sowohl vor dem Zivilrichter Klage auf Schadensersatz wie vor dem Strafrichter Privatklage mit dem Ziel der Bestrafung erhoben hat, kann das Strafverfahren nicht gemäß § 262 Abs. 2 unter Hinweis auf das anhängige Zivilverfahren ausgesetzt werden, wenn sich das auch aus Gründen der Prozeßökonomie als zweckmäßig erweisen würde. Denn Tatsachen sind eben keine Rechtsverhältnisse[10]). Das gleiche gilt in folgendem Fall: Fabrikant A erhebt gegen seinen Konkurrenten B Privatklage wegen lügnerischer Reklame nach § 4 UWG., um in dem für ihn billigeren Strafprozeß die Grundlage für die auf § 3 UWG. zu stützende Zivilklage zu gewinnen. Der Strafrichter kann die Privatklage nicht nach § 262 Abs. 2 StPO. — etwa unter Aufforderung des Privatklägers zur Erhebung der Zivilklage binnen bestimmter Frist — aussetzen, da die im Schadensersatzprozeß zu entscheidende Frage, ob jemand unrichtige Ankündigungen erlassen hat, zwar auch im Strafprozeß geprüft werden muß, aber kein Rechtsverhältnis ist, von dessen Bestehen die Strafbarkeit abhängt. Ist der Zivilprozeß schon anhängig, so wird es allerdings der Staatsanwaltschaft und dem Strafrichter nicht verwehrt werden können, den Ausgang des Zivilprozesses abzuwarten und dessen Ergebnis zu berücksichtigen.

Im Schrifttum wird ferner gelegentlich darauf hingewiesen, daß von einer Präjudizialität gar nicht die Rede sein könne, wo Strafrecht und Zivilrecht mit verschiedenen Begriffen arbeiten; so sei die Fahrlässigkeit im Sinne des bürgerlichen Rechts nicht auch schon ohne weiteres Fahrlässigkeit im Sinne des Strafrechts. Das ist richtig; doch ist diese ganze Untersuchung deshalb verfehlt, weil es sich hier ja auch gar nicht um die Feststellung von Rechtsverhältnissen handelt.

[10]) Die Frage, inwieweit der Adhäsionsprozeß zugelassen ist und in Zukunft zugelassen werden soll, steht auf einem ganz anderen Blatt.

II. 1. Was die prozessuale Situation anlangt, in der sich die zivilrechtliche Vorfrage befinden muß, damit die Aussetzung des Strafverfahrens nach § 262 Abs. 2 zulässig ist, so ist so viel sicher, daß noch kein rechtskräftiges Zivilurteil vorliegen darf (eine Ausnahme besteht natürlich dann, wenn ein Wiederaufnahmeverfahren eingeleitet ist oder in Aussicht steht); denn wenn es sich lediglich darum handelt, die Akten eines abgeschlossenen Zivilprozesses beizuziehen, so ist eine förmliche Aussetzung nach § 262 Abs. 2 nicht nötig; vielmehr wird die strafprozessuale Hauptverhandlung notfalls einfach bis zum Eingang der eingeforderten Zivilakten vertagt. Dagegen greift § 262 Abs. 2 ein, wenn der Zivilprozeß schon und noch anhängig ist (also auch dann, wenn schon ein Zivilurteil ergangen ist; nur darf es eben noch nicht rechtskräftig sein) — im Gegensatz zu § 148 ZPO. aber auch dann, wenn das zivilrechtliche Rechtsverhältnis überhaupt noch nicht Gegenstand eines Prozesses ist.

2. Eine ganz andere Frage ist es, in welchem Stadium des Strafverfahrens die Aussetzung gemäß § 262 Abs. 2 zulässig ist. Die Bestimmung steht in dem Abschnitt, der das Hauptverfahren in erster Instanz regelt; sie gilt gemäß § 332 auch für die Berufungsinstanz. Dagegen gilt sie unbestrittenermaßen nicht in der Revisionsinstanz. Das Revisionsgericht darf die nachträglich eingetretene Tatsache, daß der Zivilrichter über ein Rechtsverhältnis so oder anders entschieden hat, nicht mehr berücksichtigen[11]). Man wird den § 262 Abs. 2, der sich ja auch nach anderen Richtungen hin mancherlei analoge Ausdehnungen gefallen lassen muß, ganz unbedenklich auch auf die gerichtliche Untersuchung nach Erhebung der Klage ausdehnen. Es bestehen jedenfalls gar keine Bedenken dagegen, dem beschließenden Gericht die gleiche Befugnis einzuräumen wie dem erkennenden Gericht[12]), denn es hat doch keinen Sinn, den über die Eröffnung beschließenden Richter mit der selbständigen Prüfung der zivilrechtlichen Vorfragen zu belasten, und es liegt ebensowenig im Sinn des Gesetzes, daß das Hauptverfahren eröffnet wird, wenn eine zivilrechtliche Vorfrage noch gänzlich ungeklärt ist und aus diesem Grund die Hauptverhandlung doch voraussichtlich nicht durchgeführt werden kann. Auch in der Voruntersuchung ist die Aussetzung zulässig; nur wird hier der Aussetzungsbeschluß nicht vom Untersuchungsrichter, sondern von der Strafkammer zu fassen sein, da er doch eine wenigstens vorübergehende Unterbrechung des Strafverfahrens darstellt. — Ernstliche Schwierigkeiten beginnen erst bei der Frage, ob auch schon dem Staatsanwalt im Ermittlungsverfahren die Aussetzungsbefugnis zusteht. Die Frage wird, so wichtig sie ist, so gut wie gar nicht behandelt; nur gelegentlich findet sich im Schrifttum die allgemeine Wendung, daß die Aussetzung nach § 262 StPO. auch in jedem anderen Stadium des Verfahrens zulässig sei[13]). Nun ist ja klar, daß, was dem Gericht gestattet ist, nicht ohne weiteres auch für den Staatsanwalt gilt, zumal dieser ja selbst Partei ist. Auf der anderen Seite aber gelten die Gründe, die zu der Aussetzungsbefugnis geführt haben, genau so gut — wenn nicht noch mehr — für die Entschließung der Staatsanwaltschaft über die Erhebung der Klage wie für die Entschließungen des Gerichts. Eine Durchbrechung des Legalitätsprinzips liegt darin nicht, da die Aussetzung ja noch keine Einstellung des Verfahrens darstellt; wäre sie das, so

[11]) RG. 3, 252; 18, 123.

[12]) So auch die herrschende Meinung, vgl. z. B. OLG. Köln v. 12. Aug. 1881 in Alsberg, Strafprozessuale Entscheidungen des OLG. 2, 81 (Nr. 67); a. A. Feisenberger 4 zu § 262.

[13]) Löwe-Rosenberg (16) 5 zu § 262.

hätte sie allerdings ausdrücklicher Anordnung bedurft. Beling[14]) hält die analoge Ausdehnung auf das Ermittlungsverfahren aus dem Grunde für unzulässig, weil es sich hier nicht um Verurteilung oder Freisprechung, sondern nur um die Frage des hinreichenden Verdachtes handle, über die ohne Verzögerung entschieden werden müsse. Dem kann aber wohl entgegengehalten werden, daß eine Verzögerung durch Aussetzung in einem späteren Stadium des Verfahrens ebenso unerwünscht ist wie im Ermittlungsverfahren.

Das Reichsmilitärgericht hat einmal Gelegenheit gehabt, sich über die Frage auszusprechen[15]), ob die Aussetzung zur Klärung einer zivilrechtlichen Vorfrage auch dem Gerichtsherrn im Ermittlungsverfahren des Militärstrafprozesses gestattet ist. Das RMilG. hat die Frage in sinngemäßer Anwendung des § 316 MStG. im Anschluß an v. Koppmann[16]) bejaht, allerdings ohne nähere Begründung.

Die Aussetzung ist sonach in jedem Stadium des Verfahrens zulässig.

B. Unter den genannten Voraussetzungen hat das Gericht (und — wie im folgenden nicht weiter erwähnt wird — die Staatsanwaltschaft) die Befugnis, das Strafverfahren auszusetzen.

Die Aussetzung bedeutet im Ermittlungsverfahren einstweilige Einstellung weiterer staatsanwaltschaftlicher Erhebungen, nach erhobener Anklage ein Hinausschieben der Entscheidung über die Eröffnung des Hauptverfahrens, in der Hauptverhandlung Vertagung.

Die Aussetzung kann mit einer Fristsetzung verbunden werden. Diese Fristsetzung ist, obwohl das Gesetz das nicht ausdrücklich sagt, im Regelfall eine Aufforderung zur Erhebung der Zivilklage binnen einer bestimmten Frist. — Für solche Aufforderung ist natürlich dann kein Raum mehr, wenn der Zivilprozeß über die präjudizielle Rechtsfrage schon anhängig ist. Dagegen wäre es unrichtig, anzunehmen, daß bei Rechtshängigkeit des Zivilprozesses überhaupt keine Fristsetzung mehr möglich ist. Es hat durchaus guten Sinn, einer Partei, die den Zivilprozeß als Aktivpartei lässig betreibt oder als Passivpartei zu verschleppen sucht, eine Frist zur Beibringung des Zivilurteils zu setzen; denn die Partei hat die Beendigung des Zivilprozesses zwar nicht allein in der Hand, aber sie hat doch darauf Einfluß. — Für den Fall, daß noch kein Zivilprozeß anhängig ist, wird in aller Regel eine Fristsetzung erfolgen müssen. Eine Aussetzung des Strafverfahrens ohne Fristsetzung bei noch nicht anhängigem Zivilprozeß würde mit dem strafprozessualen Grundsatz des Offizialbetriebs nicht im Einklang stehen. Der Strafprozeß muß doch irgendeinmal einen Abschluß finden. Ein solches Verfahren könnte im praktischen Ergebnis auf eine schwere Justizverzögerung, ja auf eine Justizverweigerung hinauslaufen. Würde man vollends der Staatsanwaltschaft die Berechtigung geben, ein Ermittlungsverfahren auszusetzen mit der Begründung, daß irgendeine zivilrechtliche Vorfrage, die noch nicht rechtshängig ist und deren Klärung im Weg des Zivilprozesses auch nicht in Aussicht steht, noch nicht geklärt sei, so würde das mit dem Grundsatz des Verfolgungszwangs schlechthin unvereinbar sein. — Diese Betrachtung führt zu dem Ergebnis, daß eine Fristsetzung immer Platz greifen muß, wenn die Vorfrage noch nicht rechtshängig ist.

---

[14]) ZStW. 40, 789f.

[15]) RMilG. 18, 90.

[16]) 5 zu § 316 MStGO.

In der Aussetzung, mag sie mit oder ohne Fristsetzung erfolgen, liegt eine Erklärung des Strafrichters, daß er — unverbindlich — die zivilrechtliche Frage für präjudiziell halte. Es liegt aber darin noch keinerlei Erklärung darüber, welchen Einfluß das erwartete Zivilurteil auf die Entscheidung der Strafsache haben werde; es wird vielmehr vollkommen offengelassen, ob der Strafrichter sich dem Zivilurteil anschließen oder ob er trotz des Zivilurteils später in eine selbständige Prüfung des bürgerlichen Rechtsverhältnisses, notfalls unter eigener Beweiserhebung, eintreten werde.

Die Aussetzung dauert in der Regel bis zur Rechtskraft des erwarteten Zivilurteils; dies natürlich auch dann, wenn eine Frist zur Klageerhebung bestimmt ist und die Klage rechtzeitig binnen der Frist erhoben ist; denn mit der Tatsache der Klageerhebung als solcher ist für den Strafrichter natürlich noch nichts gewonnen.

Was nun die Fristsetzung im einzelnen anlangt, so stellt sie, falls noch kein Zivilverfahren anhängig ist, eine Aufforderung zur alsbaldigen Erhebung einer Zivilklage dar. Es wird sich dabei in der Regel um die Feststellung des Bestehens oder Nichtbestehens des fraglichen Rechtsverhältnisses, also um eine Feststellungsklage handeln; unbedingt notwendig ist das aber nicht, da auch die auf Leistungs- und Gestaltungsklagen hin ergehenden Urteile wenigstens in bestimmtem Umfang Feststellungswirkung haben.

Die Frist muß genau bestimmt sein. Da es sich um die Frist zur Erhebung einer Klage handelt, kann sie sehr kurz, etwa auf 14 Tage bemessen werden, weil ja eine Klage rasch erhoben werden kann. Bei Klagen, die im Armenrecht durchgeführt werden müssen, wird die Frist aus dem Grunde länger zu bemessen sein, weil die Entscheidung über das Armenrechtsgesuch einige Zeit erfordert. (Die binnen der Frist erfolgte Anbringung des Gesuchs um Bewilligung des Armenrechts ist der Erhebung der Klage nicht gleichzuachten.)

Die Frist ist einem der „Beteiligten" zu bestimmen. Unter den „Beteiligten" im Sinne des § 262 Abs. 2 StPO. sind selbstverständlich nicht die Parteien des Strafprozesses gemeint — man kann dem Staatsanwalt keine Frist zur Erhebung einer Eigentumsklage stellen —, sondern die an dem präjudiziellen zivilrechtlichen Rechtsverhältnis beteiligten Personen. Diese müssen natürlich auch in irgendeiner Weise am Strafprozeß aktiv beteiligt sein, sei es als Passivpartei, sei es als Anzeigeerstatter, Strafantragsteller, Nebenkläger oder Privatkläger. Diese letztgenannten Rollen werden meist dem Verletzten (oder besser: dem angeblich Verletzten) zufallen.

Das Strafgericht kann also heute z. B. dem wegen Unterschlagung Angeklagten, der angibt, Eigentümer der angeblich von ihm unterschlagenen Sache zu sein, aufgeben, die Eigentumsfeststellungsklage zu erheben, um seine Schutzbehauptung zu beweisen; es kann aber auch den Anzeigeerstatter, der Verletzung seines Jagdrechts behauptet, auffordern, dieses angeblich verletzte Recht zuerst im Zivilprozeß feststellen zu lassen. Schon aus diesen Beispielen ergibt sich, daß die Fristsetzung dem Adressaten der Aufforderung erwünscht oder unerwünscht sein kann. Dem Beschuldigten wird sie meist erwünscht sein, weil sie ihm Zeit und Gelegenheit zu seiner Verteidigung in bestimmter Richtung gewährt; dem Anzeigeerstatter wird sie in der Regel unerwünscht sein, weil sie ihm eine Aufgabe zuschiebt, die er ja gerade dem Strafrichter hatte aufhalsen wollen. Es ist jedoch auch denkbar, daß der Verletzte um eine Frist zur Erhärtung seiner Behauptung bittet, wenn er nämlich den Eindruck gewinnt, daß sonst das Strafverfahren mit Einstellung oder Freisprechung endigt; und es ist denkbar, daß in selteneren Fällen dem Beschuldigten wider seinen Willen eine Frist zur Erhebung der Zivilklage gesetzt wird, wenn auch in diesem Falle der erfolglose Ablauf der Frist den Strafrichter von eingehender eigener Prüfung des angeblichen Rechts des Beschuldigten nicht entbindet.

Über die weitere praktisch wichtigste Frage, ob die Fristsetzung mit einer Drohung für den Fall der Nichteinhaltung der Frist verbunden werden kann, spricht sich das Gesetz nicht aus, weil es diese Frage nicht zu Ende gedacht hat. Infolgedessen wagt die Praxis, wenn sie überhaupt aussetzt, mit der Fristsetzung auch keine Drohung zu verbinden. Ohne Drohung ist die Fristsetzung aber ein Messer ohne Klinge, jedenfalls in den Fällen, in denen Aussetzung und Fristsetzung gegen den Willen des Beteiligten erfolgt ist. Aus dem Schweigen des Gesetzes den Schluß zu ziehen, daß jede Drohung unzulässig sei[17]), halte ich mit Rücksicht auf die Ausführungen der Motive für falsch. — Drohungen sind Ankündigungen eines Nachteils; die Mitteilung an den Anzeigeerstatter, dem gegen seinen Willen eine Frist zur Erhebung der Zivilklage gesetzt worden ist, daß nach erfolglosem Ablauf der Frist Staatsanwalt oder Strafgericht selbst die Prüfung in die Hand nehmen werde, ist keine Drohung. Auf der anderen Seite ist selbstverständlich, daß nur solche Nachteile angedroht werden dürfen, deren Verwirklichung rechtlich zulässig ist. So wäre es unzulässig, dem Beschuldigten zu drohen, daß das Strafgericht im Falle der Nichterhebung der Eigentumsfeststellungsklage durch den Beschuldigten ohne weiteres feststellen würde, daß der Beschuldigte nicht Eigentümer der Sache sei, die er nach Behauptung des Anzeigeerstatters oder der Anklage unterschlagen habe; es wäre auch unzulässig, dem Anzeigeerstatter anzudrohen, daß die Nichterhebung der Klage unter allen Umständen zur Einstellung des Verfahrens oder zur Freisprechung führen werde[18]). Dagegen kann die Drohung dahin gehen, daß das Gericht die Tatsache, daß der Anzeigeerstatter oder der Beschuldigte die ihm gegebene Möglichkeit, seine Behauptung durch Beibringung eines Zivilurteils zu erhärten, nicht benutzt habe, seiner Beweiswürdigung zugrunde legen werde, mit anderen Worten, daß das Gericht (oder die Staatsanwaltschaft) aus dem Verhalten des zur Klageerhebung Aufgeforderten seine Schlüsse ziehen werde, daß es also voraussichtlich zu dem Schluß kommen werde, daß das behauptete Recht nicht existiere, zumal der angeblich Berechtigte selbst nicht glaube, sein Recht beweisen zu können. Bei Nichterhebung der Klage durch den Verletzten kann ganz deutlich gedroht werden, daß das Gericht voraussichtlich zur Freisprechung (oder, wenn das beschließende Gericht oder die Staatsanwaltschaft die Frist gesetzt hat — zur Einstellung des Verfahrens) gelangen werde. Ist die Frist dem ein Recht behauptenden Beschuldigten gesetzt, so kann die Drohung dahin gehen, daß bei Nichterhebung der Klage seine Schutzbehauptung voraussichtlich als widerlegt angesehen werde. Zu einer Verschiebung der Beweislast in dem Sinne, daß nunmehr dem Beschuldigten die materielle oder gar die formelle Beweislast für seine Schutzbehauptung aufgebürdet wird, darf die Fristsetzung aber nicht benutzt werden. Praktisch wird

---

[17]) Wie das z. B. Glaser II 96 unter irriger Berufung auf die Motive tut.

[18]) So auch RMilG. 18, 90. Zustimmend Beling, ZStW. 40, 789.

natürlich die freie Beweiswürdigung vielfach zu dem gleichen Ergebnis führen wie eine Änderung der Beweislast.

Ob das Gericht das Verfahren aussetzen will, ist in sein Ermessen gestellt. Der Beschuldigte kann die Aussetzung nicht erzwingen, auch wenn der Zivilprozeß schon anhängig ist; die Staatsanwaltschaft kann sie nicht hindern, auch wenn noch keine Zivilklage erhoben ist. Die Aussetzung kann von Amts wegen oder auf Antrag einer Partei erfolgen; im letzten Falle wird der Richter die Frage der Aussetzung besonders gründlich prüfen, vollends dann, wenn der Beschuldigte im Interesse seiner Verteidigung die Aussetzung verlangt. Der Antrag auf Aussetzung ist aber kein Beweisantrag, sondern lediglich ein Beweisermittlungsantrag[19]), dem das Gericht viel freier gegenübersteht als einem echten Beweisantrag[20]).

Wann wird nun das Gericht von dieser seiner Ermächtigung Gebrauch machen? Die Antwort hängt zum Teil davon ab, welche Wirkung das abgewartete Zivilurteil auf die Entscheidung der Strafsache hat: wenn das Zivilurteil dem Strafurteil ohne weiteres zugrunde gelegt werden darf, wird der Strafrichter zur Aussetzung natürlich viel leichter geneigt sein, als wenn ihn das zu erwartende Zivilurteil von eigener Nachprüfung und Beweiserhebung doch nicht befreit. Wie unten darzutun sein wird, ist das Zivilurteil zwar nicht bindend, kann aber doch den Strafrichter wesentlich entlasten, so daß die Aussetzung aus diesem Grunde vielfach zu empfehlen ist. Natürlich darf die Aussetzung nicht aus Gründen der reinen Bequemlichkeit erfolgen; dagegen ist der Gesichtspunkt der Prozeßökonomie im geltenden Strafprozeßrecht durchaus anerkannt. Der Strafrichter wird aber insbesondere dann Grund haben, das Zivilurteil abzuwarten, wenn nach Lage der Sache anzunehmen ist, daß das Zivilgericht eine dem Strafrichter fernerliegende zivilrechtliche Frage voraussichtlich zutreffender entscheiden kann als der Strafrichter. Das Gericht — und namentlich auch die Staatsanwaltschaft — wird aber auch schon dann aussetzen können, wenn sie den Eindruck gewonnen hat, daß der angeblich Verletzte den Staatsanwalt und den Strafrichter zur Ersparung eines Zivilprozesses mißbräuchlich angerufen hat; das ergeben die Motive. Schließlich kann auch die Absicht, widersprechende Urteile möglichst zu vermeiden, den Strafrichter zur Aussetzung bestimmen, obwohl dieser Gesichtspunkt hinter den anderen zurücktritt.

Die StPO. spricht lediglich davon, daß der Strafrichter zur Aussetzung befugt sei; es fragt sich, ob nicht ausnahmsweise doch eine Verpflichtung zur Abwartung des Zivilurteils besteht. — Das wird zum Teil für die Fälle angenommen, in denen die Tatsache des Daseins eines Zivilurteils bestimmten Inhalts unmittelbare Voraussetzung der Strafbarkeit oder der Strafverfolgung ist, wie z. B. das Vorliegen des Scheidungsurteils für die Verfolgung wegen Ehebruchs. In solchen Fällen, die übrigens praktisch kaum vorkommen können, muß in der Tat angenommen werden, daß das Gericht zur Aussetzung seiner Entscheidung verpflichtet ist, zum mindesten dann, wenn der Zivilprozeß schon anhängig ist. Diese Verpflichtung folgt aus dem Grundsatz, daß das Gericht mit allen verfügbaren Mitteln die materielle Wahrheit zu erforschen hat. Eine Ausnahme von § 262 Abs. 2 liegt aber darin aus dem Grunde nicht, weil es sich hier gar nicht um einen Fall der Präjudizialität im Sinne des § 262 handelt.

---

[19]) Löwe-Rosenberg (16) 3 zu § 262.
[20]) Vgl. RG. 24, 422.

Auch die Tatsache, daß eine Partei ein ihr ungünstiges präjudizielles Zivilurteil mit einer Wiederaufnahmeklage angegriffen hat, zwingt den Strafrichter nicht unbedingt zur Aussetzung, obwohl diese Sachlage natürlich die Aussetzung meist als empfehlenswert erscheinen lassen wird.

Dagegen gibt es Fälle, in denen die Aussetzung durch Sondernormen zwingend vorgeschrieben ist. Hierher gehören einmal — für strafrechtliche Vorfragen — die §§ 164 u. 191 StGB.; sodann für finanzrechtliche Vorfragen der § 433 RAO., der besonderer Erörterung bedarf[21]. — Darüber hinaus hat die Praxis den Grundsatz herausgebildet, daß eine Aussetzung auch immer dann erfolgen muß, wenn dem Richter durch Sondernormen die Möglichkeit entzogen ist, die strittige Frage selbst zu entscheiden (auch wenn eine Aussetzungspflicht nicht ausdrücklich aufgestellt ist). Aus diesem Grunde hat das Reichsgericht schon früh erklärt, daß sich die Aussetzungsbefugnis des § 262 Abs. 2 in eine Aussetzungspflicht verwandle, wenn der wegen Patentverletzung Angeklagte den Einwand erhebe, daß das Patent deshalb nichtig sei, weil der patentierte Gegenstand gar nicht patentfähig gewesen sei. Diese Frage könne das Gericht nicht selbst entscheiden, sondern nur das Patentamt, und daraus folge, daß hier die Entscheidung des anhängigen Patentstreits abgewartet oder dem Beschuldigten die von ihm zur Klageerhebung erbetene Frist bewilligt werden müsse. Werde allerdings diese Frist versäumt, so habe das Gericht davon auszugehen, daß das Patent bestanden habe. Diesen für Patentverletzungen eingenommenen Standpunkt hat das Reichsgericht auch auf die Verletzung von Warenzeichen ausgedehnt.

Das Schrifttum hat diese Rechtsprechung durchweg gebilligt, und sie verdient auch Zustimmung, allerdings nicht mit Rücksicht darauf, daß die Nichtigkeitserklärung konstitutiv zurückwirkt, sondern weil eben im Gegensatz zu dem in § 262 Abs. 1 ausgesprochenen Grundsatz durch § 13 PatG. die Gerichte hier an Entscheidungen einer anderen Behörde gebunden sind, und weil da, wo eine Bindung angeordnet ist, sinngemäß immer auch eine Pflicht zur Aussetzung bestehen muß, weil sonst die vorgeschriebene Bindung nicht durchgeführt werden kann.

Aus der Feststellung, daß die allgemeine Norm des § 262 Abs. 2 lediglich eine Ermessensvorschrift ist, ergeben sich Folgerungen, einmal hinsichtlich der Verjährung[22], sodann aber auch hinsichtlich der Frage, ob bei Ablehnung des Antrags auf Aussetzung irgendwelche Rechtsbehelfe gegeben sind. Da der Antrag auf Aussetzung kein Beweisantrag ist, bedeutet seine Ablehnung keine unzulässige Beschränkung der Verteidigung im Sinne des § 338 Ziff. 8 StPO. Es liegt aber überhaupt keine Gesetzesverletzung vor, wenn das Gericht von einer ihm eingeräumten Befugnis keinen Gebrauch macht, auch wenn die Aussetzung im Einzelfall vielleicht zweckmäßig gewesen wäre. Auf die Unterlassung der Aussetzung kann also die Revision nicht gestützt werden[23]; das gilt natürlich nur soweit, als das Ermessen reicht.

C. Die Aussetzung ist keine prozeßerledigende Entscheidung. Sie erfolgt daher stets, auch wenn sie auf Grund einer Hauptverhandlung ergeht, durch Beschluß. Die Parteien sind gemäß § 33 StPO. zu hören. Will die Staatsanwaltschaft das Ermittlungsverfahren aussetzen, so

[21]) S. unten S. 155.
[22]) S. unten S. 143.
[23]) RGSt. 18, 123.

wird es sich empfehlen, dem Anzeigeerstatter vorher Gelegenheit zur Äußerung zu geben; unerläßlich ist das aber nicht. Die Entscheidung, daß das Verfahren ausgesetzt werde, hat ausdrücklich zu erfolgen. Es genügt nicht, den Prozeß einfach liegenzulassen[24]). Der Aussetzungsbeschluß ist zu begründen, da er mit Rechtsmitteln anfechtbar ist. Im Strafprozeß sind ja nach § 304 alle Beschlüsse mit Beschwerde anfechtbar, soweit nicht ausdrücklich Gegenteiliges bestimmt ist. Nun sagt allerdings § 304, daß Entscheidungen des erkennenden Gerichts, die der Urteilsfällung vorausgehen, der Beschwerde nicht unterliegen. Der Aussetzungsbeschluß geht zwar auch „einer Urteilsfällung voraus" insofern, als später nach Abschluß des Zivilverfahrens doch ein Urteil in der Strafsache ergehen muß; in § 305 sind aber doch sinngemäß solche Entscheidungen nicht gemeint, welche die Urteilsfällung zunächst verhindern und möglicherweise auf recht lange Zeit hinauszögern[25]). Es besteht außerdem kein innerer Zusammenhang zwischen dem Aussetzungsbeschluß und dem Inhalt des späteren Urteils: über die Frage, ob es zweckmäßig war, das Verfahren bis zum Zivilurteil auszusetzen, wird in dem späteren Strafurteil nicht entschieden. (Anders liegt die Sache bei einem Beschluß, der den Antrag auf Aussetzung als unerheblich ablehnt.)

Der Aussetzungsbeschluß, der in der Hauptverhandlung ergeht, ist also mit der einfachen Beschwerde anfechtbar[26]). Dasselbe muß gelten, wenn das beschließende Gericht das Verfahren aussetzt. Die sofortige Beschwerde des § 210 Abs. 2 kommt nicht in Frage, da der Aussetzungsbeschluß lediglich eine dilatorische Entscheidung, keine Ablehnung der Eröffnung des Hauptverfahrens darstellt. Würde allerdings das beschließende Gericht den Aussetzungsbeschluß in dem Sinne erlassen haben, daß das Verfahren als eingestellt zu betrachten sei, falls nicht noch der angeblich Verletzte rechtzeitig die Zivilklage erhebt, so würde ein mit einer auflösenden Bedingung versehener Einstellungsbeschluß vorliegen; ein solcher wäre gemäß § 210 Abs. 2 StPO. mit sofortiger Beschwerde anfechtbar; diese Beschwerde wäre auch begründet.

Des weiteren ist zu prüfen, welcher Rechtsbehelf dem Anzeigeerstatter gegeben ist, wenn die Staatsanwaltschaft unter Berufung auf § 262 Abs. 2 das Ermittlungsverfahren abschließt, die einfache Beschwerde oder die befristete Beschwerde und der Antrag auf gerichtliche Entscheidung nach § 172 StPO.? Für die Beantwortung dieser Frage nach der Art des zulässigen Rechtsmittels ist ohne Belang, ob man die Staatsanwaltschaft für sachlich berechtigt hält, nach § 262 Abs. 2 vorzugehen oder nicht; dagegen ist auch hier von entscheidender Bedeutung, welchen Sinn die Staatsanwaltschaft mit ihrem Aussetzungsbeschluß verbindet. Erklärt die Staatsanwaltschaft auf eine bei ihr angebrachte Anzeige dem Anzeigeerstatter, daß sie keine weiteren Erhebungen in der Sache mache, sondern das Verfahren einzustellen gedenke, falls nicht fristgerecht Zivilklage erhoben werde, so ist das noch kein Einstellungsbeschluß — ein solcher wird erst unverbindlich für später in Aussicht gestellt —, ja überhaupt noch kein Beschluß, sondern lediglich eine unverbindliche Mitteilung. Für eine Prozeßbeschwerde ist also noch kein Raum; es kommt vielmehr höchstens eine Dienstaufsichtsbeschwerde wegen verzögerter Behandlung

---

[24]) A. A. Gerland, Das Strafprozeßrecht S. 332: „Ein besonderer Beschluß ist nicht erforderlich."

[25]) Vgl. auch RGSt. 43, 179.

[26]) A. A. Bayer. ObLG. 9, 408 und OLG. Celle GA. 38, 218.

der Sache in Frage. Schwieriger liegt der Fall, wenn der Beschluß so lautet: falls nicht noch rechtzeitig Zivilklage erhoben wird (und der Zivilprozeß neues Belastungsmaterial ergibt), wird das Verfahren eingestellt werden. Dieser Beschluß ist, wenn er auch einen Einstellungsbeschluß unter einer bestimmten Bedingung in sichere Aussicht stellt, doch selbst noch kein Einstellungsbeschluß; er ist aber ein Beschluß und als solcher mit einfacher Beschwerde anfechtbar[27]). — Der Beschluß: das Verfahren wird zur Erhebung der Zivilklage ausgesetzt und bleibt ausgesetzt, falls der Antragsteller nicht binnen 3 Wochen nachweist, daß er die Zivilklage erhoben hat, ist dagegen als auflösend bedingter Einstellungsbeschluß anzusehen, gegen den das Klagprüfungsverfahren offensteht. — Praktisch kann die Auslegungsfrage, ob lediglich eine Mitteilung einer später voraussichtlich eintretenden Einstellung oder ein Beschluß, daß später unter bestimmten Voraussetzungen Einstellungsbeschluß ergehen werde, oder ob schon ein auflösend bedingter Einstellungsbeschluß vorliegt, oft Schwierigkeiten bereiten[28]).

Ganz anders steht es naturgemäß mit der Anfechtbarkeit des Beschlusses, der einen auf Aussetzung des Verfahrens zwecks Erhebung der Zivilklage gerichteten Antrag ablehnt. Ergeht ein solcher Beschluß in der Hauptverhandlung, so unterliegt er nach § 305 Satz 1 StPO. nicht der Beschwerde; ergeht er unter gleichzeitiger Eröffnung des Hauptverfahrens, so ist er gemäß § 210 Abs. 1 StPO. der Anfechtung entzogen.

D. Was die Wirkungen der Aussetzung anlangt, so hat die Aussetzung als solche nach StGB. § 69[29]) auf den Ablauf der Verjährung keinen Einfluß: da und soweit die Aussetzung im Ermessen des Strafrichters steht, ruht die Verjährung während der Aussetzung nicht. Das kann bei den kurzen Verjährungsfristen, die für Übertretungen gelten, von Bedeutung werden. — Der Aussetzungsbeschluß bindet den Strafrichter nicht; dieser kann vielmehr nach seinem Ermessen jederzeit von Amts wegen oder auf Antrag das Strafverfahren fortsetzen, ohne das Zivilurteil abzuwarten.

Die Klageerhebung innerhalb der gesetzten Frist hat die Folge, daß das Strafverfahren auch weiterhin bis zur Rechtskraft des Zivilurteils ausgesetzt bleibt, denn die Klageerhebung selbst nützt ja für die Klärung der Sachlage noch nichts (wenn sie auch freier Beweiswürdigung unterliegt), sondern erst die im Zivilprozeß ergehende Entscheidung. Auch die Klageerhebung hat nicht die Wirkung, dem Staatsanwalt und dem Strafrichter bis zur Rechtskraft des Zivilurteils die Hände zu binden.

Daß die Staatsanwaltschaft ganz frei ist, ergibt sich daraus, daß sie sogar einen endgültigen Einstellungsbeschluß ohne weiteres jederzeit wieder aufheben und neue Ermittlungen anstellen oder Klage erheben kann, auch wenn sich seit der Einstellung keine neuen Verdachtsgründe erhoben haben; aber auch der Strafrichter kann die von ihm angeordnete Aus-

---

[27]) A. A. Beling, ZStW. 40, 790: „Das Klagprüfungsverfahren diene dem Schutz des Legalitätsprinzips. Dieses Prinzip verlange nicht bloß, daß die Strafverfolgungsbehörde überhaupt irgendwann einmal die Klage erhebe, sondern auch, daß die Klagerhebung nicht ohne gesetzliche Gründe hinausgeschoben würde; sonst wäre es wertlos. Auch gegen die Hinausschiebung der Entscheidung über Klagerhebung oder Einstellung stehe also das Klagprüfungsverfahren offen."

[28]) Vgl. RMilG. 18, 91 und die Besprechung dazu von Beling, ZStW. 40, 790.

[29]) Vgl. aber E. 27 § 81 II: „Die Verjährung ruht auch, solange gegen den Täter das Strafverfahren bei Gericht anhängig ist." Die Aussetzung nach § 262 Abs. 2 StPO. unterbricht die Rechtshängigkeit der Strafsache nicht.

setzung jederzeit wieder aufheben, ohne das Zivilurteil abzuwarten, wenn sich das Zivilverfahren zu sehr in die Länge zieht[30]), oder wenn der Strafprozeß auf Grund anderer Tatsachen oder Beweismittel zur Entscheidung reif geworden ist. Wenn z. B. in einer Strafsache wegen Unterschlagung in einer zu einem Nachlaß gehörigen Sache der Beschuldigte die Fremdheit der Sache bestreitet, und diese von der rechtshängig gemachten Frage abhängig ist, ob ein Testament formell gültig ist, so ist das Strafverfahren vor dem Zivilverfahren zum Abschluß zu bringen, wenn sich während des Schwebens des Erbschaftsstreits herausstellt, daß der Beschuldigte geisteskrank war. — In der ZPO. ist die Befugnis des Zivilrichters, den von ihm mit Rücksicht auf eine präjudizielle Vorfrage erlassenen Aussetzungsbeschluß wieder aufzuheben, ausdrücklich erwähnt (ZPO. § 150). Im Strafprozeß kann eine entsprechende Lage eintreten, so daß eine analoge Anwendung des § 150 ZPO. geboten ist. Das wird auch kaum ernstlich bestritten[31]).

Bleibt die bei der Aussetzung bestimmte Frist ungenutzt, so nimmt das Strafverfahren seinen Fortgang. Es wird also neuer Termin zur Hauptverhandlung bestimmt oder über die Eröffnung des Hauptverfahrens entschieden; der Staatsanwalt, der das Ermittlungsverfahren ausgesetzt hat, nimmt weitere Erhebungen vor oder er trifft seine Entscheidung, ob er das Verfahren einstellen oder Klage erheben will. Schwieriger ist die Frage, wie das passive Verhalten des vergeblich zur Klageerhebung aufgeforderten Beteiligten sachlich zu bewerten ist. Die Beantwortung ergibt sich aber aus früheren Erörterungen über die Frage, ob mit der Fristsetzung eine Drohung verbunden werden kann. Die Sache liegt also nicht so, wie wenn gar keine Aussetzung oder Fristsetzung erfolgt wäre; umgekehrt ist auch nicht die im Zivilverfahren zu erhärtende Behauptung ohne weiteres als widerlegt anzusehen; vielmehr unterliegt das Unterlassen der Klageerhebung freier Beweiswürdigung. Diese wird allerdings in der Regel zum Nachteil des ungehorsamen Beteiligten ausfallen; das Gericht ist aber nicht verpflichtet, eine etwaige mit der Fristbestimmung verbundene Drohung auch zu verwirklichen.

Hat der Strafrichter das Strafverfahren ausgesetzt und ist das von ihm abgewartete Zivilurteil ergangen und rechtskräftig geworden, so hat der Strafprozeß so rasch als möglich seinen Fortgang zu nehmen. In der etwaigen neuen Hauptverhandlung ist das Zivilurteil formell als Beweismittel anzusehen; es ist also nach § 249 StPO. zu verlesen. Nun erhebt sich aber die große Frage, welche Wirkung das Zivilurteil, also z. B. die Feststellung, daß das von dem Angeklagten behauptete Jagdrecht nicht bestehe, auf die Entscheidung des Strafrichters ausübt. Ist das Zivilurteil für den Strafrichter bindend? Oder, wenn das nicht der Fall ist, darf er es ungeprüft oder wenigstens ohne eigene Beweisaufnahme seiner Entscheidung zugrunde legen? — Dabei ist naturgemäß zuerst zu prüfen, welche Wirkung das Zivilurteil auf die Feststellung des objektiven Tatbestandes ausübt; die Wirkung auf den Vorsatz ist davon streng zu trennen.

Wird, wie dies hier der Fall ist, lediglich eine Erörterung des § 262 Abs. 2 StPO. erstrebt, so könnte man sich auf die Prüfung beschränken, welchen Einfluß das nach der Aussetzung des Strafverfahrens ergangene Zivilurteil hat, während die Frage offengelassen werden könnte, ob der Straf-

[30]) Selbstverständlich auch dann, wenn sich ergibt, daß das Zivilverfahren ohne Urteil durch Klagezurücknahme oder durch Vergleich seinen Abschluß gefunden hat.

[31]) Wie im Text Löwe-Rosenberg (16) 8 zu § 262.

richter an ein vor der Tat ergangenes oder an ein zwar nach der Tat ergangenes, aber ohne Aussetzung des Strafverfahrens rechtskräftig gewordenes Zivilurteil gebunden ist. — Ein solches Vorgehen wäre aber nur dann gerechtfertigt, wenn von vornherein festgestellt werden könnte, wie der Strafrichter dem von ihm abgewarteten Zivilurteil gegenübersteht, oder daß er ihm anders gegenübersteht wie einem Zivilurteil, das der Strafrichter schon rechtskräftig vorfindet. Das trifft aber keineswegs zu. Vielmehr hängen, wie zu zeigen sein wird, alle diese Fragen aufs engste zusammen. Daraus folgt, daß zunächst das schon zur Zeit der Tat rechtskräftige und dann das ohne Aussetzung nach der Tat ergangene (oder rechtskräftig gewordene) Zivilurteil auf seine Wirkung für den Strafrichter untersucht werden muß. Erst dann kann die Wirkung des (unter Aussetzung des Strafverfahrens) abgewarteten Zivilurteils, also die unmittelbar zum Thema gehörige Frage, ins Auge gefaßt werden. — Innerhalb aller dieser drei Möglichkeiten sind jeweils wieder die konstitutiven und die deklaratorischen Urteile getrennt zu behandeln; die deklaratorischen zerfallen wieder in solche, die nur inter partes, und in solche, die inter omnes Rechtskraft haben, so daß wir es also mit drei verschiedenen Arten von Urteilen und demnach mit neun getrennt zu behandelnden Fragen zu tun haben. Außerdem sind Bindung und Verwertbarkeit getrennt zu untersuchen.

I. Eine Bindungswirkung könnte nur von einer rechtskräftigen Entscheidung ausgehen. Die Bindung könnte auch nicht weiter greifen als die Rechtskraft. Was nun den Umfang der Rechtskraft des Zivilurteils anlangt, so nehmen nach § 322 ZPO. die Gründe an der Rechtskraft nicht teil. Daraus folgt zunächst, daß die in den Urteilsgründen des Zivilurteils enthaltene Feststellung oder Würdigung einzelner Tatsachen den Strafrichter niemals binden kann. Eine Bindung des Strafrichters könnte überhaupt nur insoweit in Frage kommen, als das Zivilurteil über Rechtsverhältnisse entscheidet. Entschieden wird aber nur über den Gegenstand des Rechtsstreits; die Entscheidung, die allein der Rechtskraft fähig ist, ist im Tenor enthalten. Über zivilrechtliche Rechtsverhältnisse, die den geltend gemachten Anspruch bedingen, wird nicht entschieden, es sei denn, daß dies durch Inzidentfeststellungsklage ausdrücklich beantragt ist. Daraus folgt, daß z. B. im Vindikationsprozeß oder bei der Negatorienklage die Rechtskraft sich nicht auf die Feststellung des Eigentums, bei der Klage wegen Beeinträchtigung einer Dienstbarkeit die Rechtskraft sich nicht auf Feststellung des Bestehens der Dienstbarkeit erstreckt, obwohl diese Feststellungen die Entscheidung unmittelbar tragen. Somit kann auch für die strafprozessuale Betrachtung eine Bindung an solche nur aus den Gründen des Zivilurteils erkennbaren Feststellungen von vornherein nicht in Frage kommen, obwohl das sehr engherzig erscheint. Der Grund dafür liegt darin, daß das Zivilurteil den Strafrichter unmöglich in weiterem Ausmaße binden kann als den Zivilrichter.

1a. Wenn wir zunächst die vor der Tat rechtskräftig gewordenen Zivilurteile ins Auge fassen, so ist dabei für Rechtsgestaltungsurteile (wie Scheidungsurteile oder Grenzscheidungsurteile) die Entscheidung einfach, soweit solche Urteile keine rückwirkende Kraft haben. Das rechtskräftige Gestaltungsurteil schafft eine andere Rechtslage („ius facit"), und zwar ganz ohne Rücksicht darauf, ob es zu Recht oder zu Unrecht ergangen ist. Dieser Rechtszustand muß von jedermann, auch vom Strafrichter, anerkannt werden. Hat also der bisherige Ehemann nach Rechtskraft des Scheidungsurteils seine frühere Frau bestohlen, so kann der Strafrichter sich nicht auf den Standpunkt stellen, daß das Scheidungsurteil zu Unrecht ergangen sei, daß also die Ehe noch bestehe und dem Mann der persönliche Strafausschließungsgrund des § 247 StGB. zur Seite stehe. (Anders wäre es nur, wenn das Scheidungsurteil im Wiederaufnahmeverfahren wieder aufgehoben würde.) — Den konstitutiven Zivilurteilen stehen konstitutive Akte der freiwilligen Gerichtsbarkeit (wie Vormundsbestellung) oder auch andere konstitutive Staatsakte (wie Konkurseröffnung und Patenterteilung) gleich.

Schwierigkeiten entstehen dagegen in den Fällen, in denen ein konstitutives Zivilurteil nach den Bestimmungen des bürgerlichen Rechts zurückwirkt, wie z. B. das Urteil, das eine Ehe auf Eheanfechtungsklage hin für nichtig erklärt. Hier erhebt sich die Frage, ob eine zivilrechtliche ex-tunc-Wirkung auch die objektiven Voraussetzungen der Strafbarkeit beeinflussen kann. Die Frage wird verschieden beantwortet[32]). Ich neige zur Verneinung, da die Rückwirkung eine Fiktion ist, die lediglich zur Regelung der Rechtsfolgen des bürgerlichen Rechtes geschaffen ist. Wenn also der Mann nach der Eheschließung seine Frau bestohlen hat und nachher die Ehe auf Grund von Eheanfechtungsklage für nichtig erklärt wird, so ist der Mann doch nach § 247 StGB. straflos.

Gesonderte Betrachtung erfordert die Entscheidung, die eine Patenterteilung, also einen konstitutiven Akt, für nichtig erklärt, sei es, daß dies in erster Instanz durch das Reichspatentamt oder in der Berufungsinstanz durch das Reichsgericht geschieht. Diese Nichtigkeitserklärung ist teils deklaratorisch, insoweit sie nämlich feststellt, daß ein Gegenstand des Patentschutzes nicht besteht und nie bestanden hat, teils konstitutiv, indem sie dem bisherigen Patentinhaber den ihm erteilten Rechtsschutz wieder entzieht. An diese Entscheidung ist jedermann, also auch der Strafrichter, kraft der Sonderbestimmung des § 13 PatG. gebunden. Damit rechtfertigt sich auch die Auffassung des Reichsgerichts, daß sich in diesem Falle die Aussetzungsbefugnis in eine Aussetzungspflicht verwandelt[33]).

b) Die Frage, inwieweit der Strafrichter an deklaratorische Urteile gebunden ist, die vor der von ihm abzuurteilenden Tat rechtskräftig geworden sind, ist heiß umstritten. Auch für diejenigen deklaratorischen Urteile, die nur für und gegen die Parteien des Zivilprozesses wirken, z. B. ein Urteil in einer Eigentumsfeststellungsklage, wird vielfach die Ansicht vertreten, daß die Rechtskraftwirkung des Zivilprozesses auch in den Strafprozeß hineinwirke. Was der Zivilrichter als Recht ausspreche, das gelte für jedermann. Der Strafrichter könne nicht umstoßen, was der Zivilrichter nach gesetzlichen Formen festgesetzt habe[34]). Wenn der Gesetzgeber schon vor der Tat ein Rechtsverhältnis rechtskräftig festgestellt habe, so bedeute das des Gesetzes Vollendung für den einzelnen Fall. Es wäre unerträglich, wenn der Strafrichter unter Mißachtung des Richterspruchs nunmehr gegenteilig entscheiden würde, z. B. denjenigen, dem das Zivilurteil ein Wegerecht rechtskräftig bestätigt habe, nunmehr unter Verneinung dieses Rechtes wegen widerrechtlicher Betretens eines fremden

---

[32]) Vgl. aus neuester Zeit Werner Schubert, Die ex-tunc-Wirkung des bürgerlichen Rechts und ihre Bedeutung für die strafrechtliche Beurteilung. Freiburger Diss. 1928 S. 20ff.

[33]) S. oben S. 141.

[34]) So namentlich Glaser, HB. II 86ff., unter Berufung auf Zachariä und Planck; Bennecke-Beling 327, Kuttner 12, 14, 72 u. a., Graf zu Dohna, Lehrb. (2) 107; Wurzer, GS. 89 S. 113, 117, 119; Löwe-Rosenberg 6 zu § 262; Feisenberger 2 zu § 262 unter Berufung auf RGSt. 26, 305 und 34, 279 (in diesen beiden Entscheidungen nimmt aber das Reichsgericht zu der Frage nicht grundsätzlich Stellung); OLG. Dresden, GA. 61, 370; OLG. Stuttgart, DStrZ. 2, 563; W. Jellinek, Der fehlerhafte Staatsakt 138.

Grundstückes (nach § 368 Ziff. 9 StGB.) bestrafen oder umgekehrt den von der Anklage der Jagdwilderei freisprechen wollte, der an einem Ort gejagt hat, in dem er nach rechtskräftigem Zivilurteil zu jagen nicht befugt war. Sei jemand rechtskräftig verurteilt, einem unehelichen Kinde Unterhalt zu bezahlen, und verweigere er das, so habe ihn der Strafrichter zu verurteilen, ohne auf die Schutzbehauptung einzugehen, daß er nicht der Erzeuger des Kindes sei, und umgekehrt erscheine es ausgeschlossen, daß der Gesetzgeber eine privatrechtliche Pflicht, die auf Grund prozessualer Vorschriften nicht mehr erzwungen werden kann, mittels Bestrafung durchsetze[35]).

Nach Dohna muß der Strafrichter außer den direkt konstitutiven Urteilen auch solche respektieren, „die eine gewisse Rechtslage dem Täter gegenüber autoritativ festlegen"; die im Zivilprozeß rechtskräftig unterlegene Partei sei nicht befugt, sich eigenmächtig über die ihr durch das Urteil gezogene Schranke hinwegzusetzen. Habe z. B. A dem B die von diesem erfolgreich vindizierte Sache nachträglich wieder entzogen, so müsse das Strafgericht davon ausgehen, daß B zur Zeit der Tat Eigentümer war. Habe dagegen C die Sache dem B entwendet, so sei das Gericht frei, da das im Prozeß zwischen A und B ergangene Urteil den C nicht binde.

Kuttner, der dem Zivilurteil im allgemeinen bindende Kraft beimißt, macht eine Ausnahme einmal für den Fall, daß das Zivilurteil erschlichen ist[36]), will aber auch gegenüber rechtskräftig gewordenen Vollstreckungsbefehlen, Versäumnisurteilen und Anerkenntnisurteilen den Strafrichter freistellen[37]).

In dem neueren Schrifttum hat die Meinung, die sich gegen eine Bindungswirkung des Zivilurteils ausspricht, unter Führung von Hellwig und Stein stark an Boden gewonnen[38]). Diese Meinung wird damit begründet, daß es nicht richtig sei, die deklaratorischen Urteile den rechtsgestaltenden gleichzustellen, wie es die früher vorherrschende materiellrechtliche Auffassung der Rechtskraft tue; nach dieser Auffassung gebe es überhaupt keine bloß deklaratorischen Zivilurteile. Außerdem sei eine Unterordnung des Strafrichters unter den Zivilrichter unmöglich; die Möglichkeit einer Divergenz zwischen Zivilurteil und Strafurteil müsse in Kauf genommen werden; sie könne eine Durchbrechung des wichtigen strafprozessuellen Grundsatzes der freien Beweiswürdigung nicht rechtfertigen; der Richter dürfe nicht zu Entscheidungen gedrängt werden, die er nicht verantworten könne. — Wenn man behaupte, daß dem wirklichen Rechtsverhältnis das durch ein deklaratorisches Zivilurteil unbestreitbar gemachte Rechtsverhältnis gleichstehe, so nehme man eine Ausdehnung der strafrechtlichen Tatbestände vor, z. B. dahin, daß Diebstahl nicht nur an fremden, sondern auch an rechtskräftig aberkannten Sachen möglich sei; das sei aber nicht zulässig.

Zum Teil wird ausdrücklich hervorgehoben[39]), daß ein Zivilurteil im Straf-

---

[35]) So OLG. Dresden v. 3. April 1912, GA. 61, 370. Ein uneheliches Kind hatte gegen A auf Unterhalt geklagt. Die Klage war abgewiesen worden, da A einen Meineid geleistet hatte. Die Frist zur Restitutionsklage war versäumt. Das Oberlandesgericht hat erklärt, daß eine Bestrafung wegen Verletzung der Unterhaltspflicht nicht mehr möglich sei.

[36]) S. 235.

[37]) S. 247.

[38]) Vgl. u. a. Hellwig, System I 788f.; Stein, Grenzen und Beziehungen zwischen Justiz und Verwaltung 102; Saunus 19, 25, 89, 96; Hötzel 54; Koppmann 3 zu § 316 StGB.; Leo Rosenberg, Lehrbuch des Zivilprozeßrechts 30; Beling, Deutsches Reichsstrafprozeßrecht 286 (1928).

[39]) So namentlich Saunus gegen Kuttner; vgl. Saunus 25 u. 86ff.

prozeß auch zugunsten des Beschuldigten keine Rechtskraft hinsichtlich der objektiven Voraussetzungen der Strafbarkeit beanspruchen könne.

Der Standpunkt des Reichsgerichts in dieser Frage ist nicht einheitlich. Das Reichsgericht hat ursprünglich ganz eindeutig ausgesprochen, daß das deklaratorische Zivilurteil den Strafrichter nicht binde, und zwar schon deshalb nicht, weil im Zivilprozeß die Verhandlungsmaxime herrsche, während der Strafrichter doch die materielle Wahrheit zu ergründen habe. So ist in E. 14, 373 gesagt, daß bei Feststellung des Tatbestandes der Gebührenüberhebung im Sinne des § 372 RStGB. das Strafgericht an die Entscheidung des Zivilrichters über die Größe der Gebühr nicht gebunden sei. Auch E. 32, 330 betont noch, daß es einen Widerspruch mit einem Hauptgrundgesetz des Strafprozeßrechtes bedeuten würde, wollte man den Strafrichter an ein Urteil des Zivilrichters binden, von dessen Richtigkeit er nicht überzeugt oder gar von dessen Unrichtigkeit er überzeugt sei. — In späteren Entscheidungen hat das Reichsgericht vorgezogen, sich über die grundsätzliche Frage nicht mehr auszusprechen, ohne aber den bisher eingenommenen Standpunkt etwa ausdrücklich aufzugeben. Die Wendung liegt in E. 34, 279, worin das Reichsgericht einen Angeklagten wegen Erpressung bestraft, obwohl er sich wegen seiner Forderung auf ein Zivilurteil berufen konnte. Das Reichsgericht führt dabei aus, daß das Zivilurteil erschlichen sei und aus diesem Grunde der Rechtskraft entbehre, mithin auch den Strafrichter nicht binde. Stein[40]) hat das Reichsgericht darob gescholten, daß es nicht mehr Farbe bekenne und sich statt dessen auf das schlüpfrige Gebiet der Ausbeutung der Rechtskraft gegen die guten Sitten begeben habe. Gleichwohl hat das Reichsgericht auch in einer viel späteren Entscheidung[41]) eine grundsätzliche Stellung abgelehnt mit der Begründung, daß jedenfalls ein erschlichenes Versäumnisurteil nicht binde. Den Entscheidungen des preußischen Heroldsamtes über die Berechtigung oder Nichtberechtigung zur Führung von Adelsprädikaten legt das Reichsgericht 43, 33 die Bedeutung eines konstitutiven Aktes und aus diesem Grunde Bedeutung für den Strafrichter bei.

Um einen eigenen Standpunkt zu gewinnen, empfiehlt es sich, ganz kurz einen Blick auf die Frage zu werfen, ob denn der Zivilrichter an rechtskräftige Entscheidungen des Strafrichters gebunden ist und ob der Strafrichter die rechtskräftigen Entscheidungen anderer Strafgerichte zugrunde zu legen habe. Beides ist zu verneinen.

Der Zivilrichter ist unabhängig vom Strafurteil, wie sich aus § 286 ZPO. und dem Fehlen gegenteiliger reichsgesetzlicher Bestimmungen eindeutig ergibt[42]). Die früheren partikularrechtlichen Vorschriften über die bindende Kraft des Strafurteils für den Zivilrichter hat EGZPO. § 14 aufgehoben. Damit hängt zusammen, daß nach § 149 ZPO. bei Verdacht des Vorliegens einer für die Zivilentscheidung präjudiziellen Straftat der Zivilrichter die Möglichkeit, aber nicht die Pflicht hat, das Verfahren bis zur Erledigung des Strafverfahrens auszusetzen. Schon diese Feststellung, daß der Zivilrichter an die — auf viel sicherer tatsächlicher Grundlage

---

[40]) A. a. O. 102.

[41]) RGSt. 59, 13 (20).

[42]) Der Fall, daß die Tatsache einer strafrechtlichen Verurteilung durch Voraussetzung zivilrechtlicher Wirkungen gemacht ist, steht auf einem anderen Blatt; er steht in Parallele mit dem Fall, daß das Vorliegen einer zivilrechtlichen Entscheidung bestimmten Inhalts (Ehescheidung in § 172, Konkurseröffnung in §§ 239f. KO.) eine Voraussetzung des Strafanspruchs oder der Strafverfolgung ist.

stehende — Strafentscheidung nicht gebunden ist, deutet darauf hin, daß auch umgekehrt der Strafrichter nicht an zivilrechtliche Entscheidungen gebunden sein kann.

Der Strafrichter ist ja nicht einmal an rechtskräftige Strafurteile gebunden, in denen über eine Straftat entschieden ist, von deren Vorliegen oder Nichtvorliegen die Entscheidung der jetzt zur Aburteilung stehenden Strafsache nach materiellem Recht abhängt. So kann z. B. trotz rechtskräftiger Verurteilung des Haupttäters die Freisprechung der erst viel später erwischten Teilnahmeverdächtigen mit der Begründung erfolgen, daß keine strafbare Haupttat vorgelegen sei, und umgekehrt ist trotz Freisprechung des Haupttäters wegen mangelnden Tatbestandes oder mangelnder Rechtswidrigkeit eine Verurteilung eines Anstifters oder Gehilfen möglich. — Eine einzige Ausnahme besteht kraft ausdrücklicher Bestimmung für die üble Nachrede nach StGB. § 190. Hier ist nach rechtskräftiger Verurteilung des Beleidigten, dem eine Straftat nachgesagt war, der Wahrheitsbeweis als erbracht anzusehen, nach rechtskräftiger Freisprechung (vor der üblen Nachrede) ausgeschlossen; es ist also die rechtskräftige Feststellung, daß der Beleidigte die strafbare Handlung begangen oder nicht begangen hat, in dem Prozeß wegen übler Nachrede bindend[43]). Man könnte daran denken, ob nicht eine weitere Ausnahme für den Fall der Feststellung von Vorstrafen bei der Beurteilung des Rückfalls Platz greift, so daß also z. B. eine rechtskräftige Verurteilung wegen Diebstahls in jedem späteren Diebstahlsprozeß den Strafrichter bindet, oder ob der Richter trotz rechtskräftiger Verurteilungen den Rückfall verneinen kann, wenn nach seiner Überzeugung der Angeklagte früher zu Unrecht verurteilt worden ist. Der Wortlaut des § 244 StGB. könnte zu der Auslegung verführen, daß für die erste Tat rechtskräftige Bestrafung genüge, während bei der zweiten Tat auch die wirkliche Begehung festgestellt werden müßte. Das ist aber gewiß nicht der Sinn der Bestimmung. Vielmehr sollte durch diese Fassung des Paragraphen nur zum Ausdruck gebracht werden, daß Rückfall nur dann vorliegt, wenn die zweite Tat nach Aburteilung der ersten Tat (und Verbüßung der Strafe für diese Tat) begangen ist; für die verschiedene Stellung des Richters gegenüber der ersten und der zweiten Tat fehlt jeder innere Grund. Es wird daher anzunehmen sein, daß der Richter bei Prüfung der Voraussetzungen des Rückfalls zwar die früheren Strafurteile ganz ungeprüft zugrunde legen kann, auch dann, wenn der Angeklagte behauptet, die frühere Bestrafung sei zu Unrecht erfolgt (wie das die Praxis tut), daß er aber auch trotz Rechtskraft der früheren Urteile den Rückfall verneinen darf, wenn er nicht davon überzeugt ist, daß der Täter früher zu Recht verurteilt worden ist.

Die vorstehende Betrachtung ergibt, daß, abgesehen von einer einzigen, durch ausdrückliche Bestimmung festgelegten Ausnahme, der Strafrichter auch an rechtskräftige Strafentscheidungen nicht gebunden ist, und schon daraus folgt zwingend, daß er an Zivilentscheidungen vollends nicht gebunden sein kann.

Das gleiche ergibt sich aber auch aus dem Wesen der zivilprozessualen

---

[43]) Für falsche Anschuldigung besteht keine dem § 190 StGB. entsprechende Vorschrift; es ist also trotz der dort ebenfalls bestehenden Aussetzungspflicht denkbar, daß trotz der Freisprechung des Beschuldigten im Hauptprozeß das Gericht in dem Verfahren wegen falscher Anschuldigung den Standpunkt einnimmt, daß die Beschuldigung richtig war, und umgekehrt — aber noch weniger praktisch —, daß trotz Verurteilung des Angeklagten im Vorprozeß das Gericht den objektiven Tatbestand der falschen Anschuldigung bejaht.

Rechtskraft, für die ZPO. § 325 deutlich genug zum Ausdruck bringt, daß sie eben nicht materiellrechtlich wirkt — sonst müßte sie gegen alle wirken. Es ist nicht recht verständlich, wie einzelne Autoren, z. B. Kuttner, trotz Ablehnung der materiellen Rechtskrafttheorie dem deklaratorischen Zivilurteil Bindungswirkung auch für den Strafrichter zusprechen wollen. Gegenüber dem Grundsatz der Einheitlichkeit der Rechtsprechung, der im geltenden Recht nicht nur nirgends ausgesprochen, sondern abgelehnt ist und der also nur ein Postulat an den Gesetzgeber ist, muß für eine Betrachtung des geltenden Rechts der Grundsatz der freien Beweiswürdigung siegen, den § 262 I StPO. mit aller nur wünschenswerten Deutlichkeit auch für zivilrechtliche Vorfragen ausspricht, ohne daß das Gesetz dabei den Unterschied macht, ob über sie schon rechtskräftig entschieden ist oder nicht.

Einzelne Vertreter der Theorie, die eine Bindung annehmen, glauben sich für ihre Ansicht auf die Motive berufen zu können. Die Motive erklären zunächst, daß der Strafrichter alle Voraussetzungen der Strafbarkeit selbständig und nach seiner Überzeugung zu prüfen habe, und daß es dabei keinen Unterschied mache, ob ein präjudizielles Rechtsverhältnis schon Gegenstand eines Zivilurteils gewesen ist oder nicht; der Strafrichter dürfe nur solche Tatsachen zugrunde legen, die sich wirklich ereignet haben. Nachher ist dann allerdings gesagt, daß der Strafrichter auch das durch ein zivilgerichtliches Urteil festgestellte Recht zu schützen habe; ein vor der Tat ergangenes Zivilurteil müsse Einfluß auf das Strafurteil da haben, „wo das Zivilurteil unter den Parteien ein ihrer Verfügung unterworfenes Rechtsverhältnis für die Zukunft feststellt und wo die Wirkung des Erkenntnisses so weit geht, daß selbst im Falle seiner materiellen Unrichtigkeit der in ihm anerkannte Rechtszustand für die Folge wirklich bestehen müsse". Diese Ausführungen könnte das Delphische Orakel gemacht haben. Sie lassen insbesondere unklar, ob die Motive wirklich auch rein deklaratorischen Entscheidungen Bindungswirkung beilegen wollten, und wenn dies der Fall sein sollte, wie der zwingende Einfluß eines solchen Zivilurteils mit der vorher betonten völlig freien Beweiswürdigung des Strafrichters in Einklang gebracht werden soll. Der Verfasser der Motive hat sich offenbar noch nicht zu scharfer Scheidung zwischen deklaratorischen und konstitutiven Urteilen durchgerungen. Jedenfalls aber können die Motive, die sich auch hinsichtlich des § 262 Abs. 2 (§ 221 Abs. 2) als sehr dunkel erwiesen haben, als Argument für die Bindungswirkung des Zivilurteils nicht angesehen werden.

Das Ergebnis der bisherigen Untersuchung ist das, daß das vor der Tat rechtskräftige, nur für und gegen die Parteien des Zivilprozesses wirkende deklaratorische Urteil den Strafrichter nicht bindet[44]). Wie steht es nun mit den deklaratorischen Urteilen, die — wie die Urteile in den meisten Ehe- und Kindschaftssachen, (ZPO. §§ 629, 643) — mit Rechtskraft gegenüber allen ausgestattet sind? Wer bei den nur inter partes wirkenden Urteilen schon eine Bindung des Strafrichters annimmt, muß das natürlich erst recht bei den inter omnes wirkenden Urteilen tun[45]). Wer dagegen die Bindung der deklaratorischen Urteile inter partes ablehnt, steht hier vor einer schwierigen Entscheidung. Gehört nicht auch der Strafrichter zu den „allen", für und gegen die das Urteil nach §§ 629, 643 ZPO.

---

[44]) So ausdrücklich auch die österr. StPO. v. 1873 § 5 Abs. 2.

[45]) So Kuttner 63f.

wirkt? Gleichwohl wird auch hier die Bindung abzulehnen sein. Die Rechtskraftwirkung inter omnes hängt mit dem Offizialprinzip nicht durchweg zusammen, und es ist unmöglich, den Strafrichter an Zivilurteile zu binden, die nicht restlos auf dem Prinzip der materiellen Wahrheit aufgebaut sind. Außerdem und insbesondere handelt es sich eben doch auch hier immer nur um deklaratorische Urteile, die kein neues Recht schaffen, deren Bedeutung sich also in einer zivilprozessualen Feststellungswirkung erschöpft[46]). Zuzugeben ist natürlich, daß der tatsächliche Einfluß eines auf Grund des Offizialprinzips ergangenen und mit Rechtskraft für und gegen alle ausgestatteten Zivilurteils noch stärker sein wird als der eines gewöhnlichen deklaratorischen Zivilurteils; doch der stärkste tatsächliche Einfluß ist noch immer keine rechtliche Bindung.

2. Die Bedeutung von Zivilurteilen, die erst nach der Tat rechtskräftig werden, bedarf besonderer Untersuchung.

a) Was zunächst die Gestaltungsurteile betrifft, die erst nach der Tat rechtskräftig geworden sind, so schaffen natürlich auch sie eine neue Rechtslage. Soweit sie aber nur für die Zukunft wirken, sind sie auf die Beurteilung der Straftat selbstverständlich ohne Einfluß. Soweit sie mit rückwirkender Kraft ausgestattet sind, gilt das schon oben Gesagte: die Rückwirkung ist für die strafrechtliche Betrachtung ohne Bedeutung[47]).

b) Ist ein rein deklaratorisches, nur inter partes wirkendes Zivilurteil erst nach der Tat ergangen oder hat es erst nach der Tat die Rechtskraft beschritten, so wird hier fast durchweg mit Recht ein bindender Einfluß auf das Strafurteil versagt, und zwar folgerichtig auch seitens derer, die auf dem Boden der materiellen Rechtskraftlehre stehen. So erklärt z. B. Glaser[48]): Wenn der Strafrichter zu der Überzeugung gelangt sei, daß die Wechselfälle des Zivilprozesses es mit sich brachten, daß dem Urteil ein der Wahrheit nicht entsprechender Sachverhalt zugrunde gelegt worden sei, so sei der Strafrichter nicht daran gebunden. Das ist unbestreitbar richtig; es spricht aber gegen die Bindung des Strafrichters an jedes, nicht nur an das nach der Tat erlassene Zivilurteil.

c) Die inter omnes wirkenden deklaratorischen Zivilurteile halten Löwe-Rosenberg[49]) u. a. auch dann für bindend, wenn sie erst nach der Tat rechtskräftig geworden sind. Dem steht aber das oben 1c Gesagte entgegen.

Sonach können die nach der Tat ergangenen deklaratorischen Urteile den Strafrichter in keinem Falle binden; an die nach der Tat rechtskräftig werdenden Gestaltungsurteile ist der Strafrichter zwar gebunden; die Beurteilung der Straftat vermögen sie aber nicht zu beeinflussen.

3. Nunmehr endlich ist der Weg frei zu der Frage, welche Bedeutung ein Zivilurteil für den Strafprozeß hat, das nach Aussetzung des Strafverfahrens gemäß § 262 Abs. 2 ergangen ist. Steht der Strafrichter einem Zivilurteil, dem zuliebe er ein Strafverfahren ausgesetzt hat — das er mit der Begründung abgewartet hat, daß es für das Strafverfahren präjudiziell sei —, anders gegenüber als einem Zivilurteil, das schon vor der Tat oder zwar nach der Tat, aber ohne eine Aussetzung des Strafverfahrens rechtskräftig geworden ist? Das wird vereinzelt bejaht. So

---

[46]) Ebenso Hellwig, System I 789; Hötzel 60f., Saunus 90.

[47]) Bei Patentnichtigkeitserklärung Besonderes; s. oben S. 146.

[48]) Glaser II 92.

[49]) 9 zu § 262.

sagt Binding[50]), man werde kaum umhin können, das Strafgericht, wenn es einen zivilen Streitpunkt ad separatum verwiesen habe, als an das dann ergehende rechtskräftige Zivilurteil gebunden anzusehen. Gerade umgekehrt soll nach Wurzer[51]) das nach der Aussetzung ergangene Zivilurteil den Strafrichter nicht binden, im Gegensatz zu einem vor der Tat ergangenen Urteil. Nach durchaus herrschender Meinung ist die Entscheidung für die Zivilurteile ohne Aussetzung und die nach Aussetzung ergangenen Zivilurteile die gleiche. Dem ist beizutreten. Die Ausnahme von dem Grundsatz der freien Beweiswürdigung müßte ausdrücklich ausgesprochen sein. Ein weiterer Beweisgrund dafür, daß der Strafrichter auch dem von ihm erwarteten oder durch Aufforderung zur Erhebung der Zivilklage und Fristsetzung herbeigeführten Zivilurteil frei gegenübersteht, kann daraus entnommen werden, daß die Aussetzung ja nicht zwingend vorgeschrieben, sondern in das Ermessen des Strafrichters gestellt ist. Zwischen der Verpflichtung zur Aussetzung und der Bindung besteht nämlich insofern ein Abhängigkeitsverhältnis, als eine Bindung an das Zivilurteil jedenfalls da nicht angenommen werden kann, wo es dem Strafrichter freisteht, ob er aussetzen will oder nicht. Denn es gibt sogar Bestimmungen, die eine Aussetzung zur Klärung einer präjudiziellen Frage zwingend vorschreiben, ohne doch das Gericht an die alsdann ergehende Entscheidung zu binden (vgl. § 164 Abs. 2 StGB.)[52]).

Das Ergebnis ist sonach das: Die rechtliche Bedeutung eines Zivilurteils für das Strafverfahren ist mit und ohne Aussetzung des Strafverfahrens die gleiche.

II. Soweit das Zivilurteil den Strafrichter nicht bindet, tritt die weitere Frage auf, ob und inwieweit und in welcher Form der Strafrichter befugt ist, das Zivilurteil seiner Entscheidung zugrunde zu legen, insbesondere ob es ihn von der Notwendigkeit eigener Beweiserhebung befreit. Auch das ist lebhaft umstritten. Die eine Meinung lehnt ein Herübernehmen von Tatsachenfeststellungen und von Ergebnissen des Zivilverfahrens an Stelle eigener Beweiserhebung ab, da dies mit den Grundsätzen des strafprozessualen Beweisverfahrens unvereinbar sei[53]). Diesen Standpunkt hat auch das Reichsgericht in einer Entscheidung v. 31. Jan. 1895[54]) eingenommen: es hat das Urteil in einer Zollstrafsache aufgehoben, weil der erste Richter die Entscheidung der Zollbehörde als richtig übernommen hatte, ohne auf den Einwand des Angeklagten einzugehen, daß die Zollbehörde den Zoll falsch berechnet habe; der erste Richter hätte sich der selbständigen Prüfung der Zollpflicht nicht entziehen dürfen. — Nach herrschender Meinung, die sich insbesondere auf den Wiederaufnahmegrund des § 359 Ziff. 4 StPO. stützt, ist der Strafrichter dagegen ermächtigt, von eigener Beweisaufnahme abzusehen, jedenfalls dann, wenn das Zivilurteil nicht mit seiner Überzeugung in Widerspruch steht[55]). Innerhalb dieses

---

[50]) Strafpr. Abh. 357.

[51]) GS. 89, 111f. — Das zwischen Tat und Strafurteil ohne Aussetzung des Strafverfahrens ergangene Urteil wird hierbei nicht erwähnt.

[52]) Umgekehrt muß eine Bindung des Strafrichters an die präjudizielle Entscheidung nach geltendem Recht auch zur obligatorischen Aussetzung des Verfahrens führen, wie dies StGB. § 191 für einen Einzelfall vorschreibt und wie die Rechtsprechung dies bei präjudiziellen Entscheidungen in Patentsachen mit Recht ständig annimmt.

[53]) So v. Kries § 561; Romen-Rissom 2 zu E. 316 MStGB.; Gerland a. a. O. 378.

[54]) JW. 1895 S. 124.

[55]) Glaser, G. L. II 93; Löwe-Rosenberg (16) 6 zu § 262 StPO.; Rosenfeld 60; Beling 285; Hötzel 63 und besonders eingehend Saunus 71ff.

Standpunktes gehen die Ansichten wieder darüber auseinander, ob das Zivilurteil in diesem Fall als Vermutung oder als Beweisersatz oder als außerordentliches oder als echtes Beweismittel anzusehen sei; doch ist diese Frage ohne erhebliche praktische Bedeutung.

Bei der Untersuchung der Verwertbarkeit des früheren Urteils wird vielfach zwischen der Übernahme von Tatsachenfeststellung und der Feststellung des präjudiziellen Rechtsverhältnisses nicht scharf genug geschieden. Einzelne Tatsachen, die in früheren rechtskräftigen Urteilen (auch Strafurteilen) festgestellt sind, dürfen nicht ohne besondere Beweisaufnahme — die nach den Bestimmungen der StPO. zu erfolgen hat — übernommen werden. Das Strafgericht darf seinem Urteile nur solche Tatsachen zugrunde legen, deren Beweis von ihm selbst in gesetzmäßiger Weise erhoben ist. Solange also der Strafrichter die Möglichkeit hat, einen Zeugen, den der Zivilrichter in einem rechtskräftig erledigten Prozeß vernommen hat, selbst zu vernehmen, muß er das tun[56]). Das gleiche hat das Reichsgericht[57]) auch für Sachverständige ausgesprochen, die in einem früheren Strafverfahren vernommen waren und deren Aussagen in dem rechtskräftigen Strafurteil als Tatsachen festgestellt waren.

Anders steht es dagegen mit der Feststellung von Rechtsverhältnissen, von deren Beurteilung die Strafbarkeit einer Handlung abhängt, also etwa mit der Feststellung im Tenor eines Zivilurteils, daß der A Eigentümer einer bestimmten Kuh, oder daß der B nicht der eheliche Sohn des C sei, oder daß dem D auf einem bestimmten Gebiet kein Jagdrecht zustehe usw. Hat der Strafrichter nach § 262 Abs. 2 StPO. das Strafverfahren ausgesetzt, um eine Zivilentscheidung über ein solches Rechtsverhältnis abzuwarten, so muß ihm auch die Möglichkeit gegeben sein, dieses von ihm abgewartete Zivilurteil nach pflichtgemäßem Ermessen ohne eigene Beweisaufnahme zu verwerten. Sonst hätte die Aussetzungsbefugnis nicht viel Sinn: sie würde weder den Zwecken der Prozeßökonomie Rechnung tragen noch dem Gesichtspunkt, daß der Zivilrichter bürgerlich-rechtliche Rechtsverhältnisse unter Umständen besser beurteilen könne als der Strafrichter. — Gewiß liegt in der Übernahme der Feststellung des Zivilrichters eine Ausnahme von strafrechtlichen Grundsätzen; aber einmal handelt es sich dabei nicht um eine Ausnahme von dem Grundsatz der freien Beweiswürdigung — der Strafrichter darf die Feststellung des Zivilurteils ja nur übernehmen, wenn sie seiner Überzeugung entspricht —, sondern nur von dem Grundsatz der Unmittelbarkeit, und außerdem ist, wie das Wort „jedoch" in § 262 Abs. 2 beweist, diese Ausnahme vom Gesetz für zulässig erklärt.

Ruht das Zivilurteil auf anderen Grundlagen als solchen, auf denen ein Strafurteil beruhen kann, also z. B. auf Anerkenntnis, Versäumnis, Parteieid usw., so ist damit die Wertbarkeit des Zivilurteils nicht schlechthin ausgeschlossen; nur wird natürlich das pflichtmäßige Ermessen des Strafrichters in solchen Fällen in der Regel zu selbständiger Nachprüfung und eigener Beweiserhebung führen. Das trifft insbesondere auch für solche Zivilurteile zu, die auf einer Vermutung des bürgerlichen Rechts beruhen, wie z. B. auf der Eigentumsvermutung des § 1362 oder der Ehelichkeitsvermutung des § 1591 BGB., da diese Vermutungen für den Strafprozeß nicht gelten[58]). Nach Beling[59]) ist eine Verwertung des Zivilurteils ohne

[56]) So auch RMilG. 7, 23.
[57]) RGSt. 60, 297.
[58]) So zutreffend RGSt. 36, 332.
[59]) 285.

neues Beweisverfahren nur zulässig, wenn eine Wiederholung des Beweisverfahrens von keiner Seite verlangt wird. Nach dem oben Ausgeführten wird es darauf nicht ankommen, vielmehr ist die Übernahme der Feststellung präjudizieller Rechtsverhältnisse auch gegen den Antrag einer oder beider Parteien des Strafprozesses zulässig, die Übernahme von Tatsachenfeststellungen dagegen auch bei Einverständnis der Parteien dann unzulässig, wenn eine unmittelbare Beweisaufnahme im Strafprozeß noch möglich ist.

Nach dem Gesagten bedarf bei Aussetzung das rechtskräftig festgestellte präjudizielle bürgerlich-rechtliche Rechtsverhältnis keiner selbständigen Nachprüfung, namentlich nicht hinsichtlich seiner Beweisgrundlagen. Die Feststellung des Rechtsverhältnisses durch den Zivilrichter kann den Beweis im Strafprozeß ersetzen. Was nun aber dem unter Aussetzung des Strafverfahrens ergangenen Zivilurteil recht ist, muß auch jedem anderen Zivilurteil billig sein. Innere Gründe, die für eine verschiedene Bewertung sprechen, je nachdem das Zivilurteil zufällig schon vorher da war oder erst später ergangen ist, sind nicht erkennbar. § 262 Abs. 1 steht nicht im Wege. Er spricht nur von dem Fall, daß eine zivilrechtliche Entscheidung noch nicht ergangen ist. Auch § 359 Ziff. 4 StPO. läßt sich für diese Auffassung verwerten.

In diesem Zusammenhang ist noch folgendes zu erwähnen: während eine Bindungswirkung naturgemäß nur bei rechtskräftigen Urteilen in Frage kommen kann, ist die Möglichkeit einer Verwertung auch bei noch nicht rechtskräftigen Entscheidungen an sich gegeben; denn auch solche können die richterliche Überzeugung begründen. Im Sinne des § 262 StPO. liegt sie aber nicht. Dagegen braucht da, wo es sich nicht um Bindung, sondern um Verwertbarkeit handelt, die zivilrechtliche Vorfrage nicht notwendig Gegenstand der Entscheidung selbst gewesen zu sein; vielmehr kann auch die Feststellung zivilrechtlicher Rechtsverhältnisse, die auch für den Zivilprozeß nur präjudiziell sind, vom Strafrichter ungeprüft übernommen werden, wie z. B. die Feststellung des Eigentums, die nur in den Gründen eines auf einer Vindikations- oder Negatorienklage ergehenden Leistungsurteils enthalten ist.

Bisher ist lediglich die Frage geprüft, welche Bedeutung dem Zivilurteil im Strafverfahren für die Feststellung der objektiven Tatseite zukommt. Mit einem Wort ist noch auf die Bedeutung des Zivilurteils für die subjektive Tatseite, insbesondere für den Vorsatz, einzugehen. Ein erst nach der Tat ergangenes Zivilurteil kann auf den Vorsatz so wenig Einfluß haben wie auf den objektiven Tatbestand; nur wird ein dem Beschuldigten günstiges Zivilurteil, das der Strafrichter ablehnt, dem Beschuldigten doch zugute kommen; es wird diesem nämlich schwer zu widerlegen sein, daß er an das Bestehen eines Rechts geglaubt hat, das ihm nachher auch wirklich durch das Urteil zugesprochen worden ist (es müßte denn sein, daß er dieses Urteil erschlichen hat). Dagegen wird ein dem Beschuldigten ungünstiges — der Tat nachfolgendes — Zivilurteil nicht die umgekehrte Beweiswirkung haben. — Ein vor der Tat ergangenes Zivilurteil hat für den Vorsatz die Bedeutung, daß ein Täter, der sich auf ein Zivilurteil stützen kann, schwerlich vorsätzlich, ein Täter, der sich mit einem Zivilurteil in Widerspruch gesetzt hat, schwerlich nicht vorsätzlich gehandelt haben kann; möglich ist jedoch beides. Im übrigen steht diese letzte Frage außerhalb unseres Themas.

Anhangsweise ist noch auf die Sonderbestimmung des § 433 RAO. einzugehen.

Bis zur RAO. galt auch in Steuer- und Zollstrafsachen hinsichtlich der für die Bestrafung präjudiziellen Vorfragen des Bestehens oder Nichtbestehens einer Steuer- oder Zollschuld nichts Besonderes: es galt — in analoger Anwendung des § 262 auf öffentlich-rechtliche Vorfragen — der Grundsatz der freien Beweiswürdigung, verbunden mit der Aussetzungsbefugnis des § 262 Abs. 2. Das ist vom Reichsgericht zu wiederholten Malen ausdrücklich betont worden mit der Begründung, daß eine Ausnahme von dem Prinzip des § 260 a. F. einer ausdrücklichen gesetzlichen Bestimmung bedurft hätte[60]).

Unter Aufgabe dieses Standpunktes hat die RAO. in § 433 bestimmt, daß der Strafrichter an Entscheidungen des Reichsfinanzhofes über Bestehen und Größe eines Steueranspruchs gebunden ist. An rechtskräftige Entscheidungen anderer Finanzbehörden oder Finanzgerichte ist der Strafrichter zwar nicht schlechthin gebunden; er darf aber auch nicht beliebig von ihnen abweichen, sondern muß die für ihn bindende Entscheidung des Reichsfinanzhofes einholen, falls er die Entscheidung der unteren Finanzbehörde oder eines unteren Finanzgerichtes nicht für richtig erachtet. Im Zusammenhang damit ist bestimmt, daß der Strafrichter das Strafverfahren bis zur rechtskräftigen Entscheidung der Finanzbehörden und Finanzrichter (oder des Reichsfinanzhofes) aussetzen muß. — Diese Vorschrift durchbricht den Grundsatz der freien Beweiswürdigung, der zur selbständigen Beurteilung präjudizieller Finanzfragen führen würde. Sie ist aus der Absicht entsprungen, widersprechende Entscheidungen zwischen Strafgericht und Finanzbehörde (und Finanzgericht) zu verhindern. Daß die Entscheidungen des Reichsfinanzhofes für den Strafrichter aller Instanzen einschließlich des Reichsgerichtes maßgebend sind, beruht auf dem Gedanken, daß der Reichsfinanzhof als spezielles Verwaltungsgericht für diese Fragen geschaffen, also Spezialist in finanzrechtlichen Fragen und damit vermutlich in diesen Fragen am besten unterrichtet ist.

Im einzelnen ist zu § 433 folgendes zu bemerken: Nach dem Wortlaut des § 433 RAO. tritt die Bindung des Strafrichters und die Aussetzungspflicht nur dann ein, wenn eine Verurteilung wegen Steuerhinterziehung oder Steuergefährdung davon abhängt, ob ein Steueranspruch besteht. Damit wäre die Auslegung vereinbar, daß der Strafrichter eine Freisprechung unter Widerspruch gegen eine Entscheidung des Reichsfinanzhofes oder ohne Aussetzung des Verfahrens aussprechen dürfe. Das ist aber in der etwas flüchtig gefaßten RAO. nicht gemeint, vielmehr sind beide Fälle gleich zu behandeln.

Im Gegensatz zu den §§ 164 u. 191 StGB. will § 433 RAO. nicht schlechthin die Einleitung und Fortführung des Strafverfahrens, sondern lediglich die Beendigung des Strafverfahrens durch Urteil verbieten. Die Aussetzung hat so lange zu dauern, bis die Finanzbehörde rechtskräftig entschieden hat. An diese rechtskräftige Entscheidung einer Finanzbehörde oder eines anderen Finanzgerichtes als des Reichsfinanzhofs ist der Strafrichter, wie schon oben erwähnt, nicht schlechthin gebunden; umgekehrt hat er aber auch kein Recht zu ungeprüfter Benutzung; er muß vielmehr selbständig prüfen, ob er die finanzrechtlichen Vorfragen ebenso entscheiden würde wie Finanzbehörde oder Finanzgericht[61]), und nur wenn er dies verneint, muß er das

[60]) Vgl. RGSt. 17, 21; 39, 62; 43, 373; 52, 51.

[61]) RGSt. 58, 428; 59, 258.

Verfahren zum zweitenmal aussetzen und die Entscheidung des Reichsfinanzhofs einholen.

Die Verletzung der Aussetzungspflicht begründet die Revision, und zwar nach der vom Reichsgericht[62]) ausgesprochenen, auch von Löwe-Rosenberg[63]) geteilten Meinung auch dann, wenn der Fehler von keiner Seite gerügt worden ist. Zur Begründung führt das Reichsgericht aus, daß es sich um eine auf Vorschriften des öffentlichen Rechtes beruhende Urteilsvoraussetzung handle, deren Mangel von Amts wegen beachtet werden müsse. Diese Auffassung steht aber mit den Bestimmungen über die Revision bei Verletzung von Verfahrensvorschriften — und eine solche ist die Aussetzungspflicht doch — nicht im Einklang.

Vereinzelt können Fälle vorkommen, in denen die Bindung des Strafrichters an die Auffassung des Finanzgerichtes nicht Platz greift, so, wenn das Finanzamt keine Entscheidung erläßt, weil die Veranlagung zu einer bestimmten Steuer aus Zweckmäßigkeitserwägungen eingestellt ist[64]).

Die gesetzgebungspolitische Kritik hat sich bisher nur in geringem Ausmaß mit der Aussetzungsbefugnis des § 262 Abs. 2 StPO. befaßt. Naturgemäß ist die Kritik abhängig von der Auslegung des § 262 im geltenden Recht. Nach v. Kries[65]) ist die Bestimmung verfehlt, aber unschädlich; verfehlt, weil es an jedem Mittel fehle, um die Erhebung der Zivilklage zu erzwingen und in absehbarer Zeit eine Entscheidung des Zivilrichters herbeizuführen, unschädlich, weil das Zivilurteil den Strafrichter weder binde noch von eigener Beweiserhebung entlaste. In neuester Zeit hat sich Schiffer[66]) für die Forderung eingesetzt, die zivilrechtliche Entscheidung als für die strafrechtliche maßgebend zu erklären und das selbständige Nebeneinander zivilrechtlicher, strafrechtlicher, verwaltungsrechtlicher[67]) Entscheidungen zu beseitigen; es müsse erstrebt werden, daß widersprechende Entscheidungen in der gleichen Angelegenheit unmöglich würden, da einander widersprechende Urteile eine der schwersten Schädigungen für das Rechtsgefühl der Allgemeinheit bedeuten. Sie seien mit der natürlichen Empfindung, daß es schließlich doch nur ein Recht und eine Wahrheit geben könne, unverträglich. Sie seien geeignet, das Vertrauen zum Staate zu stören.

Die Strafprozeßentwürfe von 1908 und 1919 haben gewisse Abänderungen der Bestimmungen über die Aussetzung des Strafverfahrens zwecks Klärung von Vorfragen vorgesehen.

Was zunächst die Bestimmung im Abschnitt Hauptverhandlung betrifft, so will Entw. 1908 § 255 keine sachliche Änderung bringen; die grundsätzlich freie, selbständige Entscheidung des Strafrichters über Vorfragen aller Art soll bestehen bleiben, ebenso die bloße Zulässigkeit der Aussetzung. In Entw. 1919 ist in dem entsprechenden § 257 ausdrücklich auch von solchen Rechtsverhältnissen die Rede, die nach Verwaltungsrecht zu entscheiden; eine sachliche Änderung gegenüber dem bisherigen Rechtszustand oder gegenüber dem Entw. 1908 liegt aber bei richtiger Auslegung des § 262 auch nicht vor.

---

62) RGSt. 57, 364.
63) 22 vor § 151.
64) RGSt. 59, 115.
65) 563.
66) Justiz 242.
67) Bis 1919 auch steuerrechtlicher.

Dagegen wollen die Bestimmungen, die in dem Abschnitt über öffentliche Klage stehen, wichtige Änderungen gegenüber dem bisherigen Rechtszustand bringen. Zunächst ist von präjudiziellen strafrechtlichen Fragen die Rede; und zwar trifft Entw. 1908 § 156 Abs. 1 die Bestimmung, daß, wenn die präjudizielle Strafsache schon anhängig ist, die Staatsanwaltschaft vor ihrer Entschließung den Ausgang dieses Verfahrens abzuwarten hat und ihre Entscheidung von dem Ausgang dieses Verfahrens abhängig machen muß, mit anderen Worten an die präjudizielle strafrechtliche Entscheidung gebunden ist. Der Zweck ist deutlich: es sollen widersprechende Entscheidungen in Strafsachen vermieden werden; jedenfalls soll die Staatsanwaltschaft sich nicht mit präjudiziellen Entscheidungen eines Strafgerichts in Widerspruch setzen.

Entw. 1919 § 180 Abs. 1 bringt eine Abschwächung insofern sie der Staatsanwaltschaft lediglich die Befugnis einräumt, die Entscheidung einer präjudiziellen Frage in einem anhängigen Strafverfahren abzuwarten. Mit der Verpflichtung zur Aussetzung ist — das ist allerdings nicht ausdrücklich gesagt — auch der Gedanke einer Bindung der Staatsanwaltschaft an die präjudizielle Entscheidung des Strafgerichts wieder fallengelassen worden.

Für zivilrechtliche Vorfragen erklären sowohl Entw. 1908 wie auch Entw. 1919 ausdrücklich, daß hier die Staatsanwaltschaft ermächtigt ist, die Erhebung der öffentlichen Klage von dem Ausgang eines schon anhängigen Verfahrens abhängig zu machen. Daraus ergibt sich e contrario einmal, daß die Staatsanwaltschaft an die Entscheidung der zivilrechtlichen Vorfragen nicht gebunden wird, außerdem aber, daß es der Staatsanwaltschaft verwehrt werden soll, die Einleitung und Durchführung eines Ermittlungsverfahrens unter Verweisung des Anzeigeerstatters auf den Zivilrechtsweg abzulehnen, solange die Zivilsache noch nicht anhängig ist. Einen Druck auf den Anzeigeerstatter oder den Verletzten, die Zivilklage zu erheben, kann er nicht ausüben. Im Gegensatz zu dem gesunden Standpunkt der Motive zur StPO. könnte sich also der Staatsanwalt hiernach der Zumutung nicht mehr erwehren, auch die schwierigsten zivilrechtlichen Vorfragen selbst aufzuklären.

Im Gegensatz zum geltenden Recht wird die Stellung des beschließenden Gerichts ausdrücklich behandelt. Nach Entw. 1908 § 156 Abs. 2 Satz 2 und Entw. 1919 § 180 Abs. 2 Satz 2 ist nach Erhebung der öffentlichen Klage das Gericht befugt, das Strafverfahren bis zur Erledigung des Zivilverfahrens einzustellen (also auszusetzen). Auch kann es einem Beteiligten für die Erhebung der Zivilklage eine Frist setzen. Damit soll die Aussetzungs- und Fristsetzungsbefugnis, die die StPO. nur für das erkennende Gericht ausdrücklich bestimmt, auch dem beschließenden Gericht ausdrücklich gegeben werden.

Wenn wieder einmal eine Strafprozeßreform sich mit dem Verhältnis von Zivilurteil und Strafentscheidung beschäftigen sollte, so muß sie sich darüber klar sein, daß mit einer Bestimmung, die gleich dem § 262 StPO. an allen Ecken und Enden unklar und lückenhaft ist und der praktischen Handhabe entbehrt, niemand gedient ist. Der § 262 StPO. hat die von den Motiven in ihn (§ 221 d. Entw.) gesetzten Erwartungen nicht erfüllt; die Gerichte und Staatsanwaltschaften haben mit ihm nichts anfangen können oder nichts anzufangen gewagt. Der Gesetzgeber der Zukunft muß den Mut haben, zu den bisher offengelassenen Fragen ausdrücklich und unzweideutig Stellung zu nehmen. Es sind dies die Fragen, ob der Strafrichter und der Staatsanwalt an deklaratorische, vor der Tat ergangene Zivilurteile gebunden sein sollen oder ob er sie wenigstens ungeprüft zugrunde legen darf, wie weit die Aussetzungsbefugnis der beschließenden Gerichte und namentlich auch der Staatsanwaltschaft reichen soll, mit welchen Mitteln die Erhebung der Zivilklage nötigenfalls erzwungen werden kann und schließlich inwieweit strafrechtliche, staatsrechtliche und verwaltungsrechtliche Vorfragen den zivilrechtlichen Vorfragen gleichzustellen sind.

Die schwierigste Entscheidung ist die der Bindung des Strafrichters. Ich würde sie trotz aller gewichtigen Gründe, die für eine Bindung sprechen, ablehnen. Ohne zwingendste Gründe wird der Strafrichter nicht anders entscheiden, als es vor ihm der Zivilrichter getan hat, vollends nicht contra reum. Wenn aber einmal der seltene Fall eintreten sollte, daß der Strafrichter ein rechtskräftiges Zivilurteil für falsch hält, dann darf er nicht dazu gezwungen werden, es gegen seine Überzeugung doch seinem Urteil pro reo oder contra reum zugrunde zu legen. Die Fesselung des Strafrichters an das Zivilurteil wäre ein schwerer Rückschritt. Dagegen soll dem Strafrichter ausdrücklich gestattet werden, nach pflichtmäßigem Ermessen die Zivilentscheidungen, gleichviel ob sie vor oder nach der Tat ergangen sind, ohne eigene Beweiserhebung und rechtliche Nachprüfung zu verwerten, mag darin auch eine Durchbrechung des Grundsatzes der Unmittelbarkeit liegen.

Die Ausdehnung der Bestimmung auf straf-, staats- und verwaltungsrechtliche Vorfragen und die Übertragung der Aussetzungsbefugnis an das beschließende Gericht werden dem Gesetzgeber nicht schwerfallen. Aber auch dazu sollte er den Mut finden, die Aussetzungsbefugnis ausdrücklich auch dem Staatsanwalt einzuräumen, der sie am allernötigsten braucht, um dem Mißbrauch des Strafverfahrens zur Ersparung eines Zivilprozesses erfolgreich entgegentreten zu können. Soweit die Aussetzung mit einer Fristsetzung verbunden ist, muß mit ihr eine deutliche und kraftvolle Androhung eines Nachteils für den Fall der Nichterhebung der Klage binnen der Frist verknüpft werden: je nach dem Stadium des Verfahrens die Androhung der Einstellung des Verfahrens oder die Freisprechung; für den Angeklagten, dem nur auf seinen Antrag zum Zweck seiner Verteidigung eine Frist gesetzt werden soll, die Drohung, daß das Gericht aus der Nichterhebung der Klage ohne weiteres den Schluß ziehen könne, daß die von ihm behauptete Berechtigung nicht bestehe.

Wie im materiellen Strafrecht, so braucht auch im Strafprozeß der Staatsanwalt und der Richter in Zukunft mehr Bewegungsfreiheit und mehr Vertrauen. Die Befürchtung, daß eine Erweiterung der Aussetzungsbefugnis zur Justizverweigerung mißbraucht werden könnte, ist unbegründet. Und schließlich: es gibt auch noch Richter in Leipzig.

Abgeschlossen: Januar 1929.

Plenarentscheidungen in Strafsachen

von Professor Dr. Aug. Köhler, Erlangen

I.

Das Bedürfnis, die Einheitlichkeit der Rechtsauslegung und Rechtsanwendung innerhalb eines und desselben Rechtsgebietes zu begründen und zu sichern, hat schon in früheren Zeiten zu besonderen Einrichtungen bei den höchsten Gerichten geführt. Hierher ist zu rechnen die bindende Kraft von Präjudizien höherer Gerichte, wie sie sich in England ausgebildet hat[1]) Einen anderen Weg zum gleichen Ziel zeigen die Bestimmungen der österreichischen StPO. von 1873 über die Nichtigkeitsbeschwerde zur Wahrung des Gesetzes (§§ 33, 292). Danach kann der oberste Gerichtshof als Kassationshof auf Antrag des Generalprokurators, nicht auf Antrag einer Partei, die Überprüfung des Verfahrens und des Urteils auf Richtigkeit der Rechtsanwendung vornehmen; er kann den Angeklagten je nach den Umständen entsprechend der für richtig angesehenen Rechtslage freisprechen oder milder strafen oder sich darauf beschränken, eine Gesetzesverletzung zu konstatieren, ohne Rückwirkung auf den konkreten Prozeß[2]).

Dem Ziele der einheitlichen Rechtsauslegung dienten auch die Verbote der Kommentierung von Gesetzen, die seit dem Kodex Justinians bis ins 19. Jahrhundert gelegentlich vorkamen[3]).

Die Entstehungsgeschichte für die deutsche Einrichtung der Plenarentscheidungen über Rechtsfragen, welche unter verschiedenen Gerichtsabteilungen streitig sind, knüpft an eine preußische Kabinettsorder v. 1. Aug. 1836 an, welche für das preußische Obertribunal erlassen wurde[4]). In der Folgezeit fand dann ein mehrfacher Wechsel der Bestimmungen darüber statt, ob die Plenarentscheidungen nur über die Rechtsfrage oder über die Sache selbst ergehen sollten. Die ursprüngliche Fassung des § 137 GVG. verwies die Verhandlung und Entscheidung der Sache an die verschiedenen vereinigten Senate. Die gegenwärtige Regelung überweist nur die Verhandlung und Entscheidung der streitigen Rechtsfrage an das Plenum. Diese Änderung beruht auf einem Gesetz v. 17. März 1886. Dem ursprünglichen § 137 GVG. entspricht zur Zeit der § 136 GVG.

---

[1]) Näheres hierüber bei Gerland, Englische Gerichtsverfassung (1910) 767.

[2]) Lohsing, Österreichisches Strafprozeßrecht[2] (1920) 697; Gleispach, Das österreichische Strafverfahren[2] 306. Ähnliche Bestimmungen hatten verschiedene ältere deutsche Landesgesetze; vgl. Planck, Systematische Darstellung des deutschen Strafverfahrens (1857) 560. Schultzenstein in BuschsZ. 18, 102 berichtet über die Beseitigung einer Verschiedenheit von Rechtsauslegungen, wenn die eine im Präjudizienbuch des obersten Gerichtshofs in Wien eingetragen ist.

Über den französischen Ursprung der Nichtigkeitsbeschwerde zur Wahrung des Gesetzes vgl. Rittler, ZStW. 32, 436; über eine frühere italienische Bestimmung s. Rittler a. a. O. 460. Die gegenwärtige Rechtslage beim italienischen ricorso nell' interesse della legge behandelt Manzini, Istituzioni di diritto processuale penale (1923) 303.

[3]) Vgl. l. 12 C. 1, 14 und über neuere Versuche, die Kommentierung zu unterbinden, Geib, Strafrecht (1861) 1, 328f.

[4]) Dazu vgl. Schultzenstein, BuschsZ. 18, 92f., Roesener; Reichsgericht und horror pleni (1912) 20f.

II.

Die Auslegungsschwierigkeiten bei GVG. § 136 (neu) betreffen die Merkmale: „eine Rechtsfrage", „Abweichung in dieser Rechtsfrage", „Abweichung von einer Entscheidung", „Abweichung von der Entscheidung eines anderen Senates" (oder von Plenarentscheidungen).

Bei der Auslegung des GVG. § 136 ist neben dem Wortlaut insbesondere der Sinn des Gesetzes, seine Tendenz, in Betracht zu ziehen. Auf der einen Seite ist bei § 136 die Tendenz unverkennbar, eine einheitliche Rechtsauslegung durch das Reichsgericht sicherzustellen. In dieser Richtung wird sich die Lösung von Zweifeln zunächst zu bewegen haben. Auf der anderen Seite wird für eine objektive rationelle Auslegung auch die Frage ins Gewicht fallen, ob eine bestimmte, die Tendenz des Gesetzes verfolgende Auslegung auch technisch mögliche Ergebnisse zeitigt, oder ob sie etwa zu praktisch undurchführbaren Anforderungen an das RG. führt.

III.

Der Begriff der Rechtsfrage verursacht keine besonders schwierigen Zweifel. Nicht zu den Rechtsfragen zählen prozessuale Tatsachenfeststellungen sowie die Erwägungen, welche hierfür im Einzelfall maßgebend gewesen sind. Nicht hierher zählen ferner die Erwägungen, welche ausnahmsweise das RG. veranlaßten, gemäß StPO. § 354 die gesetzlich niedrigste Strafe für angemessen zu erachten. Nicht hierher zählt endlich die tatsächliche Seite der Frage, ob ein Urteil, soweit es angefochten wurde, sich auch auf andere Angeklagte erstreckt, welche die Revision nicht eingelegt haben.

Nicht so einfach liegt die Frage, wann ein und dieselbe Rechtsfrage anzunehmen ist. Diese Einheit wird durch die Identität des auszulegenden Wortes jedenfalls noch nicht hergestellt.

Das nämliche Wort, wie z. B. „wegnehmen" in StGB. §§ 242 u. 289, „Urkunde" in StGB. §§ 267 u. 299, „Täter" in StGB. §§ 46 u. 50 kann an verschiedenen Stellen seines Vorkommens verschiedene Bedeutung haben.

Die Einheit der Rechtsfrage erfordert andererseits nicht notwendig Identität des Gesetzes. Eine Identität des Gesetzes ist nicht erforderlich bei gemeinsamen Fragen des Strafrechts, die über das einzelne Gesetz hinausragen, wie z. B. die Frage der Straffähigkeit nichtphysischer Personen, die Frage der Begründung ursächlichen Zusammenhangs, die Auslegungsregel in dubio mitius, der Satz, daß niemand verpflichtet ist, sich selbst anzuzeigen, die Begrenzung der Fälle wirksamer Einwilligung. Für das Problem der Einheit der Rechtsfrage kommt es vor allem darauf an, für welches Geltungsgebiet ein in einer Entscheidung aufgestellter Satz Geltung beansprucht. Das kann das gesamte Gebiet des Rechtes sein oder auch das ganze Gebiet des Strafrechts, oder das Gebiet eines Landesstrafrechts, oder das Gebiet einer Gruppe von Gesetzen (z. B. das Erfordernis bestimmten Verschuldens oder sein Gegenteil bei Steuerstrafgesetzen, bei Übertretungen). Es kann auch sein das Gebiet eines einzelnen erlassenen Gesetzes oder eines Teiles davon (z. B. der Begriff des Vorteils bei Begünstigung und Hehlerei).

Ist eine Regel ersichtlich auch als allgemeingültiger Satz aufgestellt, z. B. der Satz, daß Ursache jede einzelne Vorbedingung eines Ereignisses sei, so ist es eine und dieselbe Rechtsfrage, wenn eine andere Entscheidung behaupten wollte, der Ursachenbegriff sei bei einem bestimmten Delikte ein anderer. Ist jemand, der animo auctoris handelt, generell als Täter bezeichnet, so ist es dieselbe Rechtsfrage, wenn bei irgendeinem Delikt ein Senat annehmen wollte, die Täterschaft bestimme sich nicht nach subjektiven, sondern nach objektiven Merkmalen. Ob ein Satz als allgemeingültig aufgestellt wurde, ist Frage des einzelnen Entscheidungsfalles.

So hatten z. B. verschiedene Entscheidungen generell erklärt, daß der Angeklagte bei der ganzen Hauptverhandlung zugegen gewesen sein muß. Es hatte sich in den entschiedenen Fällen aber immer um wesentliche Teile der Hauptverhandlung gehandelt. Unter diesen Umständen lag keine Abweichung vor, weil die Rechtsfrage nicht völlig identisch war, als RGSt. 58, 180 erklärte, es müsse sich bei dem Erfordernis der Anwesenheit um wesentliche Teile der Hauptverhandlung drehen; die bisher entschiedenen Fälle seien solche gewesen. Aber die Nichtanwesenheit beim Aufruf der Zeugen und Sachverständigen sei ein unwesentliches Stück der Hauptverhandlung, bei dem das Fehlen des Angeklagten für das Urteil unwesentlich sei.

Ist nicht erkennbar, in welchem Umfang die Geltung einer Rechtsregel behauptet werden sollte, so streitet keine Vermutung dafür, daß die Regel über die einzelne untersuchte Stelle hinaus Geltung haben solle. Die nämliche Rechtsfrage liegt in solchem Falle nur dann vor, wenn die fragliche Gesetzesstelle (oder der fragliche Gewohnheitsrechtssatz) eine Auslegung gefunden hat, die für den Entscheidungsinhalt anderer rechtlicher Tatbestände Einfluß haben soll. Weitergehend nimmt Roesener[5]) an, trotz Verschiedenheit der anzuwendenden Gesetzesstellen liege Identität der Rechtsfrage jedesmal dann vor, wenn man abweichende Entscheidungen (Entscheidungen nach entgegengesetzten Richtungen) in den beiden Fällen als unfolgerichtig, als ermangelnd der Logik bezeichnen müßte, falls die mehreren Entscheidungen von einer und derselben Person ausgingen. Indessen hierauf kommt es nicht an: es besteht z. B. kein Grund, eine und dieselbe Rechtsfrage bei dem Begriff wissentlich, absichtlich anzunehmen, wenn dieser Begriff einmal als gleichbedeutend mit einfachem Vorsatz gedeutet wird, das andere Mal als Vorsatz mit Ausschluß des dolus eventualis[6]). Je nach den Umständen kann es ferner als unlogisch erscheinen, wenn man mit Beschränkung auf einen bestimmten Paragraphen eine Auslegung vornimmt, die man mit Beschränkung auf einen bestimmten anderen Paragraphen, wo der Fall gleichgelagert ist, nicht vornimmt. Dadurch allein wird aber die Identität der Rechtsfrage noch nicht hergestellt. Das hat auch das Reichsgericht verschiedentlich angenommen. So erklärt RGSt. 49, 140, der Absichtsbegriff habe im StGB. keine allgemeingültige Bedeutung. Daher nötige seine verschiedene Auslegung nicht zu einer Anrufung der Entscheidung der Vereinigten Strafsenate[7]). In gleichem Sinn äußert sich RGSt. 56, 209 (211): „Ob der Rechtsauffassung des Urteils Bd. 39, 37 beigetreten werden könnte, braucht nicht entschieden zu werden, da es sich im vorliegenden Fall nicht um den Rücktritt des Gehilfen, sondern um den des Täters handelt, und es bedarf, um der gegenteiligen Meinung zu folgen, deshalb auch keiner Anrufung der Vereinigten Strafsenate." Bezüglich der Angabe des Stimmenverhältnisses erklärt das RGSt. 60, 297, das bei der Strafzumessung die An-

---

[5]) Roesener a. a. O. 40.

[6]) Für dolus eventualis ist die Übersetzung „bedingter Vorsatz" keine treffende Wiedergabe. Es handelt sich um einen nicht erwünschten Erfolg, um einen nicht mit positiven Lustgefühlen verbundenen Vorsatz, also um einen lustlosen Vorsatz.

[7]) Im folgenden wird der Ausdruck Plenum und Plenarentscheidungen einem allgemeinen Sprachgebrauch folgend, aber abweichend von GVG. § 136 I, III auch für die Entscheidung der Vereinigten Zivilsenate und ebenso für die Entscheidung der Vereinigten Strafsenate gebraucht.

gabe „unter Umständen" für zulässig erklärt, es bestehe kein Anlaß zum Eingehen auf RGSt. 26, 202, da dieses einen ganz anderen Fall betreffe, nämlich die Pflicht des Richters, über die Abstimmung Zeugnis abzulegen. Das ist auch richtig. Denn wenn es auch logisch naheliegt, die Angabe des Stimmverhältnisses im einen Fall ebenso zu beurteilen wie im anderen, so liegt deswegen eine abweichende Rechtsauffassung noch keinesfalls vor. In der Begründung von RGSt. 58, 424 wird u. a. ausgeführt, abgesehen davon, daß der früher entscheidende Senat jetzt nicht mehr Revisionssenat sei, beziehe sich der damals entschiedene Fall (Widerruf einer falschen eidlichen Aussage nicht vor derselben Behörde) nicht auf StGB. § 158, sondern auf StGB. § 163 II. Die logische Gleichheit der Argumente begründet danach noch nicht eine Identität der Rechtsfrage.

IV.

Eine Abweichung von Senaten in einer Rechtsfrage liegt an und für sich vor, wenn der oder die Senate einen Rechtssatz anders formulieren oder auslegen, als dies früher ein anderer Senat getan hat.

Die Abweichung kann eine bewußte sein. Dabei findet sich häufig die Erklärung des abweichenden Senates, die frühere Entscheidung beruhe nicht auf der abweichenden Rechtsansicht, oder: diese sei nur beiläufig geäußert worden; es sei daher kein Anlaß zur Anrufung der Vereinigten Strafsenate gegeben. Es wird auch gelegentlich gesagt, der gegenwärtig erkennende Senat würde trotz seines abweichenden Standpunktes im früher entschiedenen Fall ebenso entschieden haben wie der damals entscheidende Senat. Vgl. zu diesen Formulierungen[8]) RGSt. 48, 377 (382); 49, 170 (71); 55, 60; 58, 19 (24); 58, 288; 59, 141; 59, 219; 60, 66; 60, 353; 60, 380 (382); 61, 367; 62, 206; ferner 3 D 62/27; 1 D 415/27. Roesener[9]) nimmt an, es dürfe nicht unterschieden werden zwischen Gründen, auf denen die Entscheidung beruht und anderen Gründen, auch nicht zwischen grundlegenden und beiläufigen Bemerkungen. Es müsse behauptet werden, daß bei fehlerfreien, nach Maßgabe des Gesetzes abgefaßten Urteilsgründen jeder Satz in den Gründen für den Tenor begründend sei. Diese Annahme geht zu weit. Es ist ein Ding der praktischen Unmöglichkeit, alle Rechtsansichten der Urteilsbegründungen übersichtlich zu katalogisieren; es ist unmöglich, sich vor Abweichungen zu hüten, wenn man sich die ungeheuere Fülle der begründenden Sätze in der fünfzigjährigen Rechtsprechung vorstellt, die niemand alle kennen kann. Es würde schon eine unmögliche Hochflut von Plenarentscheidungen entstehen müssen, wenn auch die gelegentlichen abweichenden Äußerungen des RG. über Rechtsfragen, die einem Senatsmitglied bekanntwerden, zu einem Verfahren nach GVG. § 136 führen müßten. Es ist außerdem nicht einmal theoretisch richtig, daß eine Entscheidung nur auf einen einzigen Beweisgrund gestützt werden dürfte. Oft erscheinen mehrere Beweisgründe als sehr zweckmäßig, um die Entscheidung als vielseitig erwogen und unanfechtbar erscheinen zu lassen. Auch zur Widerlegung von abwegigen Revisionsgründen kann manches angemessen sein, was eine Gegenbehauptung als nicht zur Sache gehörig, als unbehelflich dartut, aber zum positiven Aufbau der vom RG. zu treffenden Entscheidung nicht erforderlich ist[10]).

---

[8]) Vgl. außerdem Roesener a. a. O. S. 45/46, Löwe-Rosenberg[17] GVG. § 136 N. 4.

[9]) Roesener a. a. O. 48.

[10]) Auch Schultzenstein, BuschsZ. 18, 127 und Friedlaender, ArchÖffR. 13, 136 äußern Bedenken gegen die Unterscheidung zwischen vollwertigen und minderwertigen (beiläufigen)

Die Abweichung kann auch eine unbewußte sein. Solche Abweichungen sind unvermeidlich, wenn die gleiche Rechtsfrage in zwei Senaten fast gleichzeitig zur Beschlußfassung gelangt. Einen Fall dieser Art enthalten RGSt. 58, 157 und 58, 159. Es handelte sich um den Begriff des unerlaubten Handeltreibens, wenn der Beschuldigte durch ein Tauschgeschäft sich vor einem Verlust bewahren wollte, der ihm durch den sinkenden Geldwert drohte.

Eine theoretisch wenigstens vermeidbare unbewußte Abweichung kommt ebenfalls vor. Ein Beispiel[11]) bietet die Frage, unter welchen Voraussetzungen eine im Auslande protokollierte Aussage nach StPO. § 251 II, III verlesen werden darf.

a) In RGSt. 12, 347 wird erklärt, der Umstand, daß der Zeuge sich im Auslande aufhalte, würde allein noch nicht ausreichen, um die Verlesbarkeit eines früheren (unbeeidigt gebliebenen) richterlichen Protokolls wegen angeblicher Unausführbarkeit nochmaliger Vernehmung zu begründen. Wenn aber die in Frage stehenden Zeugen zur Hauptverhandlung geladen seien und ihr Erscheinen abgelehnt hätten, wenn andererseits das ausländische Gericht ausdrücklich um eidliche Vernehmung ersucht, diese als unstatthaft abgelehnt habe und diese Ablehnung als gerechtfertigt angesehen werden müsse, dann sei damit klargestellt, daß eine nochmalige Vernehmung des Zeugen nicht ausführbar sei.

Danach muß u. a. ein Ersuchen an das ausländische Gericht um Vornahme einer bestimmten Prozeßhandlung gestellt sein, und es muß diese Ablehnung durch das Gericht auch sachlich als gerechtfertigt erscheinen.

b) In GA. 47, 164 (65) nimmt das Reichsgericht mit Recht an, die Frage der Formen bei der Beeidigung von Zeugen richte sich nach den am Orte der Zeugenvernehmung geltenden Prozeßgesetzen. Es komme für die Verlesbarkeit eines im Auslande aufgenommenen Protokolls nur darauf an, ob ein Formmangel nach dem am Orte der Vernehmung geltenden Prozeßrecht vorliege.

Danach ist die Verlesbarkeit ohne weiteres gegeben, wenn die im Auslande vorgenommene Prozeßhandlung nach dortigem Recht völlig prozeßordnungsgemäß war. Darin liegt, daß die Beobachtung der ausländischen Formen für den deutschen Richter nachprüfbar ist.

c) In GA. 52, 95 führt das Reichsgericht aus, das ausländische Gericht habe ausdrücklich erklärt, daß die Beeidigung des von ihm vernommenen Zeugen unzulässig sei. Darauf, ob diese Nichtbeeidigung nach dem Rechte des vernehmenden Gerichts ungerechtfertigt war, komme nichts an. Das deutsche Gericht sei unbedenklich in der Lage, sich auf den Standpunkt zu stellen, daß die nochmalige Vernehmung zwecks Beeidigung unausführbar war. Dies lasse sich um so weniger beanstanden, als um die Beeidigung des Zeugen ohnehin wiederholt ersucht worden war.

Danach kommt es nicht darauf an, ob die vom ausländischen Gericht

---

Bestandteilen einer Entscheidung. Einzuräumen ist, daß die Grenzziehung oft nicht ganz einfach ist. Aber sie ist unentbehrlich, da je nach der persönlichen Einstellung dem einen oder anderen Richter bald dieser, bald jener Satz zur überzeugenden Begründung notwendig erscheint. Die Begründung muß aber danach trachten, möglichst vollkommen zu überzeugen. Dann wird es häufig Gründe geben, die nach überwiegender Ansicht zwar eine Stütze des Entscheidungsergebnisses sein mögen, aber neben anderen schon allein tragfähigen Stützen. Wesentliche Bestandteile einer Urteilsbegründung wird man alle diejenigen, aber auch nur diejenigen nennen, bei deren Wegfall das Entscheidungsergebnis nicht mehr gehalten werden kann oder doch als zweifelhaft erscheint.

[11]) Vgl. außerdem auch Löwe-Rosenberg[17] GVG. § 136 N. 4.

vorgenommene Verweigerung einer Prozeßhandlung dem örtlichen Prozeßrecht entspricht. Das deutsche Gericht hat nicht nachzuprüfen, ob das ausländische Prozeßrecht eine bestimmte Förmlichkeit für unzulässig erachtet. Namentlich dann, aber nicht nur dann soll das gelten, wenn das deutsche Gericht wiederholt um die Beobachtung der fraglichen prozessualen Förmlichkeit nachgesucht hatte.

d) In RGSt. 40, 189 wird es für ausreichend erachtet, wenn das ersuchende Gericht alles ihm Mögliche tue, um die Beobachtung einer im Inlande gebotenen Formvorschrift zu erreichen. Eine Nachprüfung, ob das ausländische Gericht mit Recht die Beobachtung der nachgesuchten Förmlichkeit verweigert habe, finde nicht statt. Ob der Versuch gemacht werden soll, die im Auslande wohnenden Zeugen ins Inland kommen zu lassen, hänge von dem pflichtmäßigen Ermessen des Instanzgerichts ab.

Darin liegt wiederum die Verlesbarkeit bei verweigerter Beobachtung der Formvorschrift, auch wenn das Gericht die Verweigerung für unzulässig halten sollte. Nur eine Frage pflichtmäßigen Ermessens soll es sein, ob die Vernehmung der Zeugen im Inlande nicht ausführbar ist. Eine diplomatische Beschwerde wegen verweigerter Rechtshilfe braucht jedenfalls das Gericht nicht zu versuchen, auch wenn sie noch so aussichtsreich wäre.

e) In RGSt. 46, 51 wird hervorgehoben, daß die in Frage stehende Zeugin nach dem Prozeßrecht des Ortes der Vernehmung ordnungsmäßig, insbesondere von einem zuständigen Beamten vernommen wurde und daß deshalb das Protokoll über diese Vernehmung keinem Bedenken unterliegt.

Danach muß doch vom deutschen Gericht festgestellt sein, daß die ausländische Vernehmung nach den dortigen Bestimmungen ordnungsgemäß erfolgt war.

Nach dreien der angeführten Urteile muß also eine Feststellung über die Prozeßordnungsmäßigkeit des ausländischen Vorgehens getroffen werden (s. oben unter a, b, e), nach zwei Urteilen nicht (s. oben unter c, d). Keines der Urteile erwähnt, daß die Rechtsprechung über diese Erfordernisse für die Verlesbarkeit ausländischer Protokolle nicht einheitlich ist. —

Hierher gehört es ferner, wenn eine Mittäterschaft teilweise nur unter der Voraussetzung angenommen wird, daß jemand wenigstens einen Teil der Tatbestandsmerkmale erfüllt hat; vgl. RGSt. 59, 80/81: Es ist für den Mittäter nicht notwendig, „daß er sich selbst und unmittelbar an der Verwirklichung eines jeden Tatbestandsmerkmals der Straftat beteiligen mußte. Vielmehr können die Rollen für die Ausführung der Tat unter den Mittätern so verteilt sein, daß der eine von ihnen lediglich die Tätigkeit der anderen erleichtert, sichert oder in anderer Weise zu ihrer Durchführung mitwirkt. Vermöge des gemeinschaftlichen verbrecherischen Willens und der ihm entsprungenen Mitwirkung zur Ausführung der Tat durch vereinte Kräfte reicht das hin, um jeden Mittäter für den gesamten Erfolg einschließlich derjenigen Tatbestandsmerkmale verantwortlich zu machen, bei deren Erfüllung er sich nicht unmittelbar beteiligt hat." Bei unbefangenem Lesen wird man nicht umhin können, darin das Erfordernis einer unmittelbaren Betätigung bei der Erfüllung wenigstens eines Teiles der Tatbestandsmerkmale zu erblicken. Im Gegensatz dazu erklärt RGSt. 35, 13 (17): „Zur Mittäterschaft ist nicht erforderlich die Vornahme von Handlungen, durch welche ein Tatbestandsmerkmal verwirklicht wird." —

Auch bei der Frage der Rechtsmitteleinlegung durch einen Verteidiger (StPO. § 297, früher § 337) kommt man über einen Widerspruch in den Erklärungen nicht leicht hinweg. In RGSt. 3, 222 (224) wird gesagt, der gegenteilige Wille des Angeklagten hindere die Rechtsmitteleinlegung. In RGRspr. 9, 231 dagegen lautet die Formulierung, der ausdrücklich erklärte Wille des Beschuldigten sei entscheidend. Was von beiden soll gelten?[12]) —

In bezug auf die Ablehnbarkeit von Beweisanträgen auf Erhebung eines Sachverständigenbeweises hat RGSt. 47, 108 bemerkt, das Reichsgericht habe die Entscheidung darüber, ob überhaupt ein Sachverständigenbeweis erhoben werden soll, ganz in das pflichtmäßige Ermessen des Tatrichters gestellt. Dieser könne einen darauf bezüglichen Beweisantrag unter Berufung auf die bereits gewonnene richterliche Überzeugung und insofern unter Vorwegnahme des Beweisergebnisses ablehnen. Allerdings dürfe er nicht nach seinem Gutdünken ablehnen. Allein die Beurteilung der dafür wesentlichen Tatumstände falle im Sinn des § 261 StPO. lediglich seinem Ermessen anheim. Dagegen wird in RGSt. 61, 273 angenommen: „Auch die Ablehnung eines Sachverständigenbeweises kann dann unstatthaft sein, wenn sie eine unzulässige Vorwegnahme des Beweisergebnisses enthält." Verwiesen wird dabei auf RGSt. 52, 61, wo das indessen nicht gesagt ist. Vielmehr wird in letzterem Urteil nur ausgeführt, daß, wenn eine rechtserhebliche Tatsache unter Sachverständigenbeweis gestellt ist und das Gericht sich die erforderliche Sachkunde zutraut, es eine Feststellung bezüglich dieser Tatsache treffen müsse. Das RGSt. 61, 273 führt dagegen im Widerspruch zu den früheren Urteilen aus, das Gericht könne die Zuziehung eines Sachverständigen unterlassen, wenn es sich selbst die nötige Sachkunde zutraue und diese nach der Erfahrung des Lebens auch haben könne.

Nicht um dieselbe Rechtsfrage, sondern nur um zwei gleichgelagerte Rechtsfragen, für die keine gleichheitliche Lösung vorgenommen wurde, handelt es sich, wenn in RGSt. 20, 165 das Auftrennen der Zeugumhüllung von Bettstücken nicht als ein Erbrechen von Behältnissen angesehen wird. Wenn sich eine Umhüllung nicht als eine zur Verwahrung dienende Gerätschaft ansehen lasse, so könnte nicht von einem erbrochenen Behältnis die Rede sein. Das ist durchaus vertretbar. In GA. 55, 233 findet das Reichsgericht dagegen bei dem Erbrechen eines Briefumschlags, in dem sich Marken und Geld befanden, das Erbrechen eines Behältnisses. Ein Behältnis sei ein zur Aufbewahrung von Sachen geeigneter und bestimmter verschließbarer Raum. Einen solchen könnten auch Briefumschläge ihrer Beschaffenheit und üblichen Bestimmung nach darstellen. Das Behältnis bildete hier nur die Prämisse der Entscheidung. Als Rechtsfrage galt den beiden Urteilen nur das Wesen der Zeugumhüllung und des Briefumschlages. Wäre eine erschöpfende Bestimmung des Begriffes Behältnis beabsichtigt gewesen, so müßte allerdings Identität der Rechtsfrage angenommen werden.

Eine Concordantia discordantium canonum würde vielleicht den einen oder anderen Widerspruchsfall nicht gelten lassen[13]). Daß latente Wider-

---

[12]) Löwe-Rosenberg, StPO.[17] § 297 N. 2 entscheidet sich für den ausdrücklich erklärten Willen, ebenso Beling, Strafprozeßrecht 151.

[13]) Vgl. Schultzenstein, BuschsZ. 18, 120: „Unzweifelhaft tritt auch beim Reichsgericht die Tatsache hervor, daß oft ein Widerspruch mit einer früheren Entscheidung, der offenbar vorhanden ist, nicht gefunden und so die Beschränkung des freien Abweichens umgangen wird."

Ein Widerspruch wird nur künstlich verdeckt, wenn ein späteres Urteil versucht, ein anderes älteres Urteil authentisch auszulegen, und ohne sachlichen Nachweis erklärt, das frühere Urteil sei soundso auszulegen. So legt z. B. RGSt. 26, 40 (41) ziemlich gewaltsam aus, wie man RGSt. 25, 142 (144) zu verstehen habe. Diese Methode ist weit einfacher als die Anrufung einer Plenarentscheidung, aber auch rechtlich viel bedenklicher.

sprüche vorkommen, ist nicht zu leugnen. Sie können, wenn der später urteilende Senat sich ihrer nicht bewußt wird, natürlich auch nicht zu einem Verfahren nach GVG. § 136 führen. Aber sie sollten auch nicht bestehen bleiben, da sie die Rechtsprechung der unteren Gerichte auf irrige Wege leiten können.

V.

Das Bestehen einer Abweichung in einer Rechtsfrage von einer Entscheidung kann nach dem Sinne des § 136 GVG. nicht ohne Rücksicht auf die Geltungskraft der Gesetze angenommen werden.

Ob eine solche Abweichung vorliegt, wird nicht schon durch die Anrufung der Vereinigten Senate entschieden. Darüber entscheiden vielmehr die Vereinigten Senate vorweg. Mit anderen Worten: Die Verweisung hat in der Richtung noch keine bindende Wirkung, daß ein Plenarbeschluß über die vorgelegte Rechtsfrage inhaltlich ergehen müßte[14]). Hat das Reichsgericht eine bestimmte Rechtsregel für ein Gesetz aufgestellt, das zur Zeit einer späteren Entscheidung nicht mehr gilt, so weicht die jüngere Entscheidung, welche zum neuen Rechte ergeht, zwar, geschichtlich angesehen, von der älteren Entscheidung ab. Aber es liegt formell nicht mehr dieselbe Rechtsfrage vor (es müßte sich denn um eine Rechtsregel handeln, die nicht mit Beschränkung auf das ältere Recht aufgestellt worden ist). Jedenfalls hat die ältere Entscheidung mit dem Außerkrafttreten des Gesetzes, zu dem sie erging, ihre Bedeutung für Plenarentscheidungen verloren. Mit Recht bemerkt daher RGSt. 56, 429: „Einer Anrufung . . . bedurfte es nicht, da die ältere Entscheidung auf Grund der früheren Rechtslage ergangen ist, die durch das BGB. wesentlich verändert worden ist[15]).

Es fragt sich aber, ob eine Entscheidung auch schon dadurch ihre Bedeutung verliert, daß ein Senat auf Anfrage eines anderen mit der gleichen Rechtsfrage beschäftigten Senates dienstlich erklärt, er halte an seiner früheren Entscheidung nicht mehr fest. Das Gesetz hat einen solchen Ausweg zur Umgehung von Plenarentscheidungen mit keinem Worte angedeutet. Die älteren Entscheidungen des Reichsgerichts verfallen auch nicht auf ihn. Erst die spätere Entwicklung der reichsgerichtlichen Rechtsprechung hat diesen Weg betreten. Einer der ersten veröffentlichten Fälle ist enthalten in RGSt. 48, 389 (400). Daher nimmt die ältere Literatur über GVG. § 136 auf diesen Fall gar nicht Bezug. Struckmann-Koch[9], Schultzenstein und Roesener kennen das Problem noch nicht. In neuerer Zeit haben sich die Fälle einer solchen Erledigung von Meinungsverschiedenheiten gehäuft. Vgl. z. B. RGSt. 53, 89; 55, 12; 57, 347 (349); 61, 391; JW. 57, 2267[16]). Dem Reichsgericht ist im Ergebnis beigetreten Beling[17]). Er geht von der Tendenz der Rechtsprechungseinheit aus. Diese ermögliche es, dem Texte des § 136 GVG. zwanglos den Sinn unterzulegen: Wenn sich nicht einfachere Mittel bieten, um zur Rechtsprechungseinheit zu gelangen. Die reichsgerichtliche Umgehung von Plenarentscheidungen durch

---

[14]) Struckmann-Koch[9] GVG. § 137 N. 6; Löwe-Rosenberg[11] GVG. § 136 N. 6.

[15]) Gerland, Der deutsche Strafprozeß 46, nimmt eine Umgehung der Entscheidung des Plenums an, wenn ein anderer Senat die gleiche Entscheidung mit abweichender Begründung treffe. Allein das dürfte doch noch keine Abweichung von der Entscheidung selbst, sondern nur eine Abweichung von ihrer Begründung darstellen. Nicht alles, was die Gründe eines Urteils sagen, ist der Entscheidung im Sinne des § 136 GVG. gleichzusetzen. Dazu sind vielmehr nur solche Gründe zu rechnen, mit denen die konkrete Entscheidung steht und fällt.

[16]) Vgl. außerdem Löwe-Rosenberg[17] GVG. § 136 N. 4.

[17]) Vgl. Beling, Strafprozeßrecht (1928), 493 N. 1.

Anfrage bei dem früher erkennenden Senat und darauffolgende dienstliche Erklärung des befragten Senates, er halte an seiner bisherigen Rechtsauffassung nicht mehr fest, bekämpfen: Gerland[18]), Jourdan[19]), Lobe[20]), Oetker[21]). Die Übung des Reichsgerichts steht in der Tat mit dem geltenden Recht nicht in Einklang und ist de lege ferenda zwar einfach, aber nicht zweckdienlich.

Der Wortlaut des § 136 GVG. geht nicht dahin, daß ein Senat, der von der Entscheidung eines anderen Senates abweichen will, die Wahl hat, entweder durch Anfrage bei dem früher entscheidenden Senat diesen zu einer Zurücknahme zu bestimmen oder die Entscheidung der Vereinigten Senate anzurufen. Auch vom Standpunkt der Logik ist die Auffassung des Reichsgerichts nicht bedenkenfrei. Denn eine dienstliche Erklärung kann doch keine Entscheidung aus der Welt schaffen. Diese besteht also fort. Der Senat ist außerdem an die Auskunft nicht gebunden. Er kann beim nächsten Fall, der die gleiche Rechtsfrage wieder auftauchen läßt, die alte Ansicht aufs neue vertreten. Eine Rechtsprechungseinheit entsteht dadurch nicht. Wäre schon die Einheit der Rechtsauffassung maßgebend, um eine Entscheidung zu beseitigen, so könnte auch eine dienstliche Anfrage bei den verschiedenen Senaten im Falle einer nicht behobenen Meinungsverschiedenheit zwischen zwei Senaten unter Umständen eine neue Plenarentscheidung ersetzen. Der Grundsatz der mündlichen Sitzung, in der eine Meinungsverschiedenheit viel besser geklärt wird als bei einer dienstlichen Erklärung, die keinen Meinungsaustausch zwischen verschiedenen Senaten voraussetzt, wird bei einem Verfahren über den Haufen geworfen, bei dem der eine Senat dem anderen eine angeblich das einzuschlagende Verfahren bestimmende Rechtsauskunft erteilt. Lobe macht auch darauf aufmerksam, daß kein Anhaltspunkt dafür gegeben ist, ob die dienstliche Erklärung des Senates von allen Senatsmitgliedern abgegeben werden soll. Eine solche Gesamtvereinigung aller Mitglieder eines Senates hat aber prozeßrechtlich gar keine Funktionen. Wird die Erklärung aber nur von dem Senate in seiner nächsten Sitzung mit entsprechender Besetzung abgegeben, so kommt leicht eine Zufallsentscheidung heraus, da gar nicht gesagt ist, daß die konkrete Besetzung nur aus Senatsangehörigen besteht, da ferner die konkrete Senatsmehrheit nicht notwendig zugleich auch die Mehrheit der sämtlichen Senatsmitglieder verkörpert. Man denke sich einen Senat mit sieben Angehörigen, wovon bei der bisherigen Rechtsauffassung vier bleiben wollen, drei davon abweichen wollen. Sind in der nächsten Senatssitzung die drei zur Abweichung Geneigten anwesend, so repräsentieren sie gar nicht die wirkliche Rechtsauffassung des Senates. Lobe berichtet auch von einem eingetretenen umgekehrten Falle, daß der anfragende Senat nach der Anfrage eine andere Besetzung erhielt und nun in der neuen Besetzung die früher von ihm bekämpfte Ansicht des angefragten Senates für richtig hält. Wie wäre es dann zu halten, wenn mittlerweile der befragte Senat seine Ansicht aufgegeben hat? In solchem Falle entsteht durch Festhalten des anfragenden Senates an der bisherigen Rechtsprechung logisch folgerichtig ebensogut eine Abweichung des einen Senates von der Entscheidung eines anderen Senates, wie man im umgekehrten Falle behauptet, daß angeblich eine Übereinstimmung der Entscheidungen durch bloße dienstliche Er-

---

[18]) Gerland, Strafprozeßrecht 46.
[19]) Jourdan, JW. 54, 929.
[20]) Lobe, ArchRPhilos. 20, 212.
[21]) Oetker, JW. 57, 2266.

klärung dieser Übereinstimmung entstehe. De lege ferenda ist die Gleichstellung einer nicht auf dem Gedanken der Mündlichkeit aufgebauten dienstlichen Anfrage zunächst eine unsichere Grundlage bezüglich der wahren Willensmeinung eines Senates. Sie ist auch nicht im gleichen Maße wertvoll wie eine Entscheidung auf Grund einer Plenarsitzung, bei der mit der steigenden Zahl der Mitglieder die Wahrscheinlichkeit abnimmt, daß eine einzige Stimme den Ausschlag gibt.

VI.

Der Satz, daß die Abweichung von der Entscheidung eines anderen Senates zu einer Plenarentscheidung führen muß, wird vom Reichsgericht nicht in allen den Fällen anerkannt, wo er von der Literatur behauptet wird.

1. Eine solche Abweichung von einem anderen Senate wird nicht als vorliegend angesehen, wenn der anders entscheidende Senat nur ein Feriensenat (oder ein außerordentlicher Hilfssenat) war, oder wenn er ein Senat war, der jetzt nicht mehr mit Entscheidungen in der Revisionsinstanz befaßt ist. Bezüglich der Feriensenate ist die Entwicklung der Rechtsprechung bezeichnend: Noch im 38. Bande der Entscheidungen in Strafsachen stützt sich das Reichsgericht aus Anlaß einer Abweichung von einem Feriensenate nur darauf, daß das Urteil nicht auf jener Rechtsauffassung beruhe, nicht etwa darauf, daß der früher erkennende Senat ein Feriensenat sei; vgl. RGSt. 38, 368 (369). In RGSt. 44, 196 (197) wird bemerkt: „Wenn der Feriensenat . . . eine hiervon abweichende Ansicht vertreten hat, so kann ihm darin nicht gefolgt werden. Einer Anrufung der Vereinigten Strafsenate . . . bedarf es dazu nicht." In RGSt. 58, 383 lautet die Formulierung: „Die anscheinend abweichende Auffassung des Feriensenates vom . . . bindet den Senat nicht." In RGSt. 60, 411 heißt es nur noch: „Dem Urteil des Feriensenates aber, das freilich einen gleichliegenden Fall behandelt, kann der erkennende Senat nicht beitreten."

Mangelnde Bindung durch nicht mehr bestehende Senate oder durch nicht mehr als Revisionssenate tätige Senate findet sich z. B. ausgesprochen in RGSt. 60, 178: „Einer Anrufung gemäß § 136 GVG. hat es nicht bedurft, weil der IV. und VI. Strafsenat als Revisionssenate nicht mehr bestehen"; ferner in RGSt. 61, 341: „Der IV. Strafsenat kommt für das Revisionsverfahren nicht mehr in Betracht." Vgl. auch RGSt. 61, 364 (367); 61, 391.

Schultzenstein[22]) tritt hier dem Reichsgerichte bei. Gegen das Reichsgericht erklären sich Roesener[23]), Lobe[24]), Oetker[25]). Die dem Reichsgericht entgegentretende Meinung hat das stärkere Gewicht.

Schultzenstein[26]) findet den Zweck des GVG. § 137 (§ 136) darin, die Rechtsunsicherheit zu verhüten, nicht die Rechtsentwicklung zu hindern. Demgegenüber ist zu bemerken: Die unbeschränkte Rechtsauslegung soll durch § 136 GVG. allerdings insofern gehindert werden, als sich kein Senat in Widerspruch zur Rechtsauslegung eines anderen Senates setzen soll. Man kann den Zweck des § 136 wohl besser darin erblicken, daß nicht zwei rechtlich einander widersprechende Urteile des Reichsgerichts über die gleiche Frage zustande kommen sollen, daß vielmehr ein Wider-

---

[22]) Schultzenstein, BuschsZ. 18, 111 ff. Ebenso die bei Roesener 61 angeführte Literatur.

[23]) Roesener a. a. O. 60.

[24]) Lobe, ArchRPhilos. 20, 211.

[25]) Oetker, JW. 57, 2266.

[26]) Schultzenstein a. a. O. 131.

spruch der Rechtsauslegung auf Grund des Gedankens der Mündlichkeit rechtzeitig gelöst werden soll. Wäre der § 136 GVG. als Einrichtung eines Schiedsverfahrens gedacht, so ließe sich die Gegenansicht halten. Der § 136 ist indessen zur Sicherung der Rechtseinheit innerhalb des ganzen obersten Gerichtshofes da. Freilich ist es denkbar, daß keiner der beiden streitenden Senate recht bekommt; aber die Regel, die in der Praxis durchweg herrscht, ist die, daß die Meinung eines der beiden Senate einfach abgelehnt, d. h. korrigiert wird. Eine aufgestellte Rechtsansicht bleibt unabhängig von dem Bestande der jeweiligen sie aufstellenden Mitglieder eines Senates und von der fortdauernden Zuständigkeit des Senates zur Entscheidung der gleichen Rechtsfragen.

Die Ansicht des Reichsgerichts führt bei Feriensenaten noch zu einer eigenartigen Konsequenz: Wenn ein Feriensenat nachher aufgelöst wird, so ist er nach Auffassung des Reichsgerichts nicht mehr als vorhanden zu betrachten. Es soll sich ja um die Schlichtung eines Streites zwischen Senaten handeln, die fortbestehen, und zwar zwischen Senaten, die mit der gleichen Zuständigkeit fortbestehen. Wenn nun aber umgekehrt ein Feriensenat von der Rechtsansicht eines ständigen Senates abweichen will, so bedarf es nach herrschender Ansicht der Anrufung des Plenums[27]). Das führt dazu, daß die Feriensenate, die doch auch aus Reichsgerichtsräten und einem Senatspräsidenten bestehen und die qualitativ die gleiche Besetzung haben, zu Senaten zweiter Klasse gestempelt werden. Davon weiß indessen das GVG. nichts.

2. Bedenklich ist weiterhin die Auffassung des Reichsgerichts, daß die abweichende Entscheidung eines Senates von der Entscheidung eines anderen Senates dann nicht in Betracht komme, wenn der Senat, von dem abgewichen werden soll, seinerseits von der früheren Rechtsprechung abgewichen war. Vgl. z. B. RGSt. 45, 88 (97); 57, 93 (95); 57, 302 (304); 58, 19 (24); 60, 289; 62, 203 (206); GA. 62, 337. Zweifel an der Zulässigkeit dieser Umgehung von Plenarentscheidungen äußert auch Lobe[28]); für unzulässig hält sie Roesener[29]). In einem solchen Falle bestehen nicht nur die widersprechenden Entscheidungen, sondern auch die Senate fort. Eine Unbeachtlichkeit der Abweichungen eines Senates von früheren Entscheidungen eines anderen Senates hätte ausdrücklich ausgesprochen werden müssen. Sie bereitet gelegentlich auch empfindliche Unsicherheit, da man besonders bei späteren Abweichungen des Reichsgerichts leicht zweifeln wird, ob das Reichsgericht seine abweichende neue Rechtsauffassung der Entscheidung zugrunde legen will. Solche heikle Zweifel gehören am richtigsten vor die Vereinigten Senate.

Besonders merkwürdig ist, daß die Abweichungen eines Senates von früheren Entscheidungen anderer Senate nach Auffassung des Reichsgerichts auch voll wirksam werden können. Wiederholt hat nämlich das Reichsgericht angenommen, daß es einer Plenarentscheidung nicht bedarf, wenn seine Rechtsprechung den Boden älterer Entscheidungen verlassen hat und jetzt eine andere Auffassung vertritt. Dabei wird auf den Nachweis kein Gewicht gelegt, daß die früheren abweichenden Entscheidungen auch von dem sie aussprechenden Senate selbst verlassen worden sind. Vgl. z. B. RGSt. 48, 359 (361): „Des weiteren steht die vorliegende Entscheidung auf dem Boden der vom Reichsgericht — ebenfalls in Abweichung von

---

[27]) So auch Löwe-Rosenberg, GVG. § 136 N. 5.

[28]) Lobe, ArchRPhilos. 20, 211.

[29]) Roesener, Reichsgericht und horror pleni 75.

früheren Entscheidungen — jetzt festgehaltenen Rechtsauffassung, wonach für den Begriff des Beschuldigten im Sinne des § 51 StPO. nicht lediglich die Prozeßlage ... maßgeblich ist." Vgl. ferner RGSt. 55, 44 (45): „Zudem neigt wenigstens die neuere Rechtsprechung des Reichsgerichts unverkennbar dazu, verwandte Tatbestände einander gleichzustellen ... Der erkennende Senat sieht sich daher durch die angeführten Entscheidungen des IV. Strafsenates nicht behindert auszusprechen, daß ..." Vgl. weiter RGSt. 60, 404: „Es bedarf hiernach nicht noch der Prüfung, ob dieses weit zurückliegende Urteil nicht auch als durch die Fortentwicklung des Urkundenbegriffs in der Rechtsprechung überholt anzusehen ist[30])."

Wenn diese Entscheidungen einen richtigen Grundsatz aufstellen, so ergibt sich daraus die Folgerung, daß Entscheidungen, die von älteren Entscheidungen in zunächst unbeachtlicher Weise abgewichen sind, dann mit irgendeinem Zeitpunkt die Kraft erlangen, die älteren abweichenden Entscheidungen ihrerseits unbeachtlich werden zu lassen, sofern die neueren Entscheidungen nicht etwa isoliert bleiben. Es würde sich da noch fragen, wo man den Zeitpunkt anzusetzen hätte, von dem ab die ältere Entscheidung einer Rechtsfrage in abweichendem Sinne nicht mehr geeignet sein soll, für einen sie bekämpfenden Senat den Anlaß zur Anrufung einer Plenarentscheidung zu bieten.

3. Ob die Abweichungen von Rechtsfragen, die ein Senat in erster Instanz entschieden hat, geeignet sind, eine Plenarentscheidung herbeizuführen, ist streitig[31]). Die Frage ist zu bejahen. Die zufällige Geschäftseinteilung ist nicht maßgebend für die Frage, ob eine Rechtsfrage in einem bestimmten Senate tatsächlich entschieden ist. Auch der Tatrichter hat Rechtsfragen zu entscheiden. Abgesehen davon wäre es ungereimt, einerseits auszusprechen, daß die Mitglieder der beiden erstinstanzlichen Senate an den Plenarentscheidungen teilzunehmen haben, andererseits zu erklären, sie seien an die Rechtsansichten anderer Senate bei der Rechtsanwendung nicht gebunden. Wenn also z. B. der 4. Strafsenat des Reichsgerichts irgendeinen Ausdruck des § 90 StGB. anders auslegen dürfte als der 5. Senat, ohne daß eine Lösungsmöglichkeit dieser zwiespältigen Rechtspflege gegeben wäre, so wäre das kaum verständlich.

Die Zwiespältigkeit wäre um so unerfreulicher, als die von erstinstanziellen Senaten angewendeten Gesetzesstellen nicht ausschließlich von diesen zur Anwendung gebracht werden. Das Bedenken, das gegen die Anrufung einer Plenarentscheidung geltend gemacht worden ist, es könnte infolge einer Anrufung des Plenums der Angeklagte unter Umständen ein halbes Jahr länger in Untersuchungshaft sitzen, ist für die Auslegung des geltenden Rechtes nicht durchschlagend. Praktisch spielt das Bedenken außerdem kaum je eine Rolle, zumal da die Geschäftsordnung des Gerichts bei Haftsachen für eine wesentliche Abkürzung der Vorbereitung einer Plenarentscheidung Sorge tragen könnte.

VII.

Die starke Belastung des Reichsgerichts und die Umständlichkeit des Verfahrens bei Plenarentscheidungen macht die Tendenz des Reichsgerichts

---

[30]) Vgl. auch das von Roesener a. a. O. 73 unter Nr. 11 angeführte Urteil des RGZ. Dazu bemerkte schon Friedlaender, ArchÖffR. 13, 137: „Zweckmäßigkeitsrücksichten gestatten nicht, von der Verweisung an die Vereinigten Zivil- oder Strafsenate abzusehen.

[31]) Lobe a. a. O. 213 neigt zur Verneinung, hält die Frage aber für ungeklärt. Löwe-Rosenberg[17] GVG. § 136 N. 2 bejaht.

menschlich begreiflich, den § 136 GVG. in einem die Plenarsitzungen einschränkenden Sinne auszulegen (horror pleni). In den ersten fünfzig Jahren der reichsgerichtlichen Rechtsprechung sind nur 31 Plenarentscheidungen des Reichsgerichts in Strafsachen ergangen[32]). Der § 136 GVG. ist unstreitig auch nicht glücklich gefaßt und führt zu Unzuträglichkeiten. Eine unbefangene Auslegung des geltenden Rechtes gelangt freilich trotzdem de lege lata zur Ablehnung verschiedener reichsgerichtlicher Einschränkungsversuche gegenüber dem § 136.

Auf der anderen Seite ist nicht zu verkennen, daß die Einheitlichkeit der obersten Rechtsprechung unter der gegenwärtigen Praxis leidet. Es kommt hinzu, daß die Dezentralisation der obersten Rechtsprechung, seitdem sie auch für mittlere Delikte zum großen Teil bei den Oberlandesgerichten ruht, das Bedürfnis nach einheitlicher Rechtsauslegung durch die letzte Instanz wieder lebhafter fühlbar macht.

Ein weiteres Bedürfnis ist durch die Umständlichkeit der Plenarentscheidungen geweckt worden. Der horror pleni ist nämlich ein Grund für die Abneigung des Reichsgerichts, von Rechtsauffassungen abzugehen, auf die es sich einmal festgelegt hat. Man wünscht vielfach eine vermehrte Möglichkeit, alte Rechtssprüche revidiert zu sehen. In der Gegenwart stehen z. B. die Strafsenate noch immer auf einer Reihe von Rechtsauffassungen, auf die sie der geistvolle, aber etwas einseitige Reichsgerichtsrat von Buri vor fünfzig Jahren festgelegt hat. Dahin gehört der Burische Ursachenbegriff, die Burische Versuchstheorie und die Burische Teilnahmetheorie. Die nicht im Banne der reichsgerichtlichen Rechtsprechung stehenden strafrechtlichen Schriftsteller sind keineswegs in steigendem Maße geneigt, sich diesen Burischen Rechtsauffassungen vollständig anzuschließen.

GVG. § 136 hat also einerseits einen horror pleni erzeugt. Trotz seines Bestehens ist große Uneinheitlichkeit in der Rechtsprechung eingerissen, namentlich seitdem die letztinstanzielle Entscheidung in weitem Maße bei den Oberlandesgerichten ruht. Andererseits hat § 136 GVG. mit dazu beigetragen, daß das Reichsgericht eine gewisse Starrheit am Festhalten auch solcher Rechtsauffassungen zeigt, die von ernstzunehmender Literatur immer und immer wieder lebhaft bekämpft werden.

Verbesserungsvorschläge zum geltenden Rechte[33]) werden diese drei Punkte im Auge zu behalten haben: Wiedererlangung einer einheitlichen Rechtsauslegung; zu diesem Zwecke erleichterte Möglichkeit, einen obersten Ausspruch über die Rechtsauslegung zu erlangen; erleichterte Möglichkeit, eine Nachprüfung von Rechtsauslegungen des obersten Gerichtes zu erwirken, gegen die beachtliche und vorgeprüfte Gesichtspunkte geltend gemacht sind.

Im einzelnen auf die verschiedenen Vorschläge einzugehen, verbietet der Raum. Folgende Grundgedanken sind zur Erwägung zu stellen. Ein am Reichsgericht gebildeter Senat für einheitliche Rechtsauslegung, und zwar einer für die Zivilsenate und einer für die Strafsenate wären ins Auge zu fassen. Besetzung mit etwa 9 oder 11 Richtern wäre zu denken. Den Vorsitz würde der Reichsgerichtspräsident, den stellvertretenden Vorsitz ein eigens dafür neu zu ernennender Senatspräsident führen. Auch eine Vereinigung der beiden Senate ist vorzusehen. Der Rechtseinheitssenat wäre

---

[32]) Löwe-Rosenberg[17] GVG. § 136 N. 4. — Mittermaier, JW. 56, 2035 kommt sogar zu der Behauptung, GVG. § 136 sei in Strafsachen obsolet geworden.

[33]) Vgl. über sie u. a. Roesener a. a. O. 82; Oetker, JW. 57, 2266; Löwe-Rosenberg[17] GVG. § 136 N. 4 a. E.

zur Entscheidung berufen, wenn der Oberreichsanwalt oder ein reichsgerichtlicher Senatspräsident die Entscheidung der Rechtsfrage beantragt und der angerufene Senat findet, daß tatsächlich die Rechtsfrage unter den reichsgerichtlichen Senaten verschieden ausgelegt wird. Ebenso wäre zu verfahren bei einer Verschiedenheit der Rechtsauslegung zwischen dem Reichsgericht und einem Oberlandesgericht. Der Rechtseinheitsstaat wäre außerdem zur Entscheidung berufen, wenn ein beteiligter oberlandesgerichtlicher Oberstaatsanwalt oder der Oberlandesgerichtspräsident die Entscheidung einer unter Oberlandesgerichten verschieden ausgelegten Rechtsfrage beantragt und die verschiedene Auslegung auch wirklich besteht. Die Entscheidung des Rechtseinheitssenates könnte vor oder auch noch innerhalb dreier Jahre nach Erlaß der abweichenden späteren Senatsentscheidung beantragt werden. Sie hätte dann grundsätzlich die Bedeutung eines Wiederaufnahmegrundes des Verfahrens zu erhalten. Das wiederaufnehmende Gericht ist in dem konkreten Falle an die Rechtsansicht des Reichsgerichts zu binden. Auch eine spätere Anrufung des Reichseinheitssenates sollte zulässig sein. Aber sie sollte nicht mehr zu einer Wiederaufnahme führen können. Mit einer zu bestimmenden verstärkten Mehrheit sollte der Einheitssenat auch seine eigenen Beschlüsse auf Antrag eines Mitgliedes umstoßen dürfen.

Abgeschlossen: Januar 1929.

Die Verbrechen gegen den Staat in der Rechtsprechung des Reichsgerichts

von Professor Dr. von Weber, Jena

I. Geschichte der Staatsverbrechen in der Reichsgerichtsrechtsprechung

Die Verbrechen gegen den Staat nehmen in der Rechtsprechung des Reichsgerichts deswegen eine eigenartige Stellung ein, weil bei ihnen das Reichsgericht mit geringfügigen Ausnahmen nicht als Revisionsgericht, sondern als Gericht erster (und einziger) Instanz tätig wird.

Mehr als auf andere Rechtsgebiete haben die politischen Ereignisse auf das Recht zum Schutze des Staates eingewirkt. Als im Jahre 1879 das Reichsgericht die Rechtsprechung in Hochverrats- und Landesverratssachen gegen Kaiser und Reich vom Hanseatischen Oberlandesgericht in Lübeck[1]) übernahm, gehörten Verbrechen gegen den Staat zu den Seltenheiten[2]). Anarchistische Bestrebungen, antimilitaristische Propaganda fanden bei geordneten staatlichen Zuständen keinen günstigen Nährboden und blieben vereinzelt, wie etwa Bildung revolutionärer Gruppen auf Betreiben des Anarchisten Most[3]) oder die beiden Attentate auf Kaiser Wilhelm I.[4]). Schärfer spürbar war die zunehmende außenpolitische Spannung. Von Frankreich ausgehende Bestrebungen zur Rückgewinnung des Reichslandes Elsaß-Lothringen wirkten sich in Deutschland als Hoch- und Landesverrat aus[5]). Vor allem aber entfalteten fremde Staaten, insbesondere seit 1884, in Deutschland eine immer reger werdende Tätigkeit zur Erforschung militärischer Geheimnisse[6]). Dagegen erwies sich das materielle Strafrecht in doppelter Hinsicht als ungenügend: der zur Strafbarkeit aus § 92 Nr. 1 StGB. erforderliche Nachweis der Mitteilung an fremde Regierungen stieß häufig auf unüberwindliche Schwierigkeiten und — was unhaltbar war — die eigentliche Spionage, d. h. die Auskundschaftung im Staatsinteresse geheimzuhaltender Tatsachen und Gegenstände blieb, abgesehen von § 360 Nr. 1 StGB. überhaupt straflos[7]). Das gab Veranlassung, nach dem Vorgang Frankreichs und anderer Staaten auch in Deutschland ein Gesetz[8])

---

[1]) Vgl. Art. 75 der Bismarckschen Reichsverfassung.

[2]) Eine zusammenfassende statistische Übersicht über die Entwicklung gibt Anlage II zum Reichsratentwurf 1927 eines Strafgesetzbuchs, S. 18.

[3]) RGSt. 5, 60.

[4]) Über das erste Attentat auf dem Niederwald vgl. RGSt. 12, 64.

[5]) Vgl. die Fälle RGSt. 16, 165 (Patriotenliga) und 17, 103ff.

[6]) Über Entwicklung und Umfang des militärischen Nachrichtendienstes vgl. Nicolai, Geheime Mächte (1923).

[7]) Vgl. Reichstag 8. Leg.-Per. I. Session 1890—92, Drucksache Nr. 686; Herm. Seuffert in ZStW. 14, 578ff.; Ebermayer in Stengleins Kommentar zu den Strafrechtlichen Nebengesetzen (4. Aufl.) 1, 395.

[8]) G. v. 3. Juli 1893, RGBl. S. 205.

gegen den Verrat militärischer Geheimnisse zu erlassen. Doch die Spionage wuchs weiter. Das Spionagegesetz bewährte sich in manchen Punkten nicht[9]). Vor allem war es die gegen den Wunsch der Regierung vom Reichstag vorgenommene Beschränkung des Geheimnisschutzes auf Gegenstände unter Ausschluß sonstiger Nachrichten, die sich als eine bedenkliche Lücke erwies. Diese und andere Mängel beseitigte das SpionageG. v. 3. Juni 1914. Durch eine prozessuale Neuerung erleichterte es zugleich die Geschäftslast des Reichsgerichts. In Spionagesachen entschied an Stelle des Vereinigten II. und III. Strafsenates in Zukunft der II. Senat, seit dem EntlastungsG. v. 11. März 1921 einer der übrigen Strafsenate.

War bisher die Entwicklung in ruhigen Bahnen verlaufen, so änderte sich das mit Ausbruch des Weltkrieges. Deutschland im Kampfe um seinen Bestand spannte seine Kräfte aufs äußerste an, verlangte von seinen Untertanen höchste Leistungen. Die Verhängung des Kriegszustandes verschärfte das materielle Strafrecht[10]). Nur für den Kriegsfall gegebene Strafbestimmungen wurden wirksam. Und andererseits verdoppelte der feindliche Nachrichtendienst seine Anstrengungen. Auch arbeiteten die Gegner mit nichtmilitärischen Mitteln, durch Propaganda und wirtschaftlichen Druck, an der Zerstörung und Zermürbung der deutschen Widerstandskraft. Die Verbrechen gegen den Staat wuchsen an Zahl und Bedeutung.

Allerdings traf nicht die volle Last der strafrechtlichen Kriegführung das Reichsgericht. Das hatte verschiedene Gründe. Militärpersonen unterstanden ausschließlich der Militärgerichtsbarkeit[11]). Durch den Krieg wuchs deren Zahl; außerdem unterlagen im Kriege der Militärgerichtsbarkeit das Heeresgefolge, Kriegsgefangene (MilStGO. § 1 Ziff. 8 mit §§ 155, 158 MilStGB.), ja alle Personen für Kriegsverrat auf dem Kriegsschauplatz (§ 5 MilStGO. mit § 160 MilStGB.). Auf dem verbleibenden Zuständigkeitsgebiet schränkte die Erklärung des Kriegszustandes am 31. Juli 1914 die Rechtsprechung des Reichsgerichts weiter ein. Denn dieser ermöglichte die Einsetzung von außerordentlichen Kriegsgerichten, auf welche die Untersuchung und Aburteilung von Verbrechen des Hochverrats und Landesverrats überging. Von dieser Möglichkeit ist in verschiedenen Armeekorpsbezirken, insbesondere in den Grenzbezirken, Gebrauch gemacht worden[12]). So lag die Aufgabe der rechtlichen Abwehr der Angriffe auf den Staat in erster Linie bei den militärischen Gerichten, wenn auch daneben die Tätigkeit des Reichsgerichts keineswegs bedeutungslos war.

Das änderte sich erst, als mit der Aufhebung des Belagerungszustandes durch den Aufruf des Rates der Volksbeauftragten v. 12. Nov. 1918 die Wirksamkeit der außerordentlichen Kriegsgerichte endete[13]) und als mit der Aufhebung der Militärgerichtsbarkeit durch G. v. 17. Aug. 1920 die Zuständigkeit des Reichsgerichts sich auch auf Militärpersonen erstreckte und zugleich sachlich auf Kriegsverrat erweitert wurde[14]). So wuchs die Geschäfts-

---

[9]) Vgl. Ebermayer in SeuffBl. 1907 S. 269ff.

[10]) § 4 EGStGB. mit §§ 81, 88, 90 StGB.

[11]) § 1 MilStGO. v. 1. Dez. 1898, in Kraft seit 1. Okt. 1900. Vor diesem Zeitpunkt war landesrechtlich in wesentlich gleicher Weise die bürgerliche Gerichtsbarkeit eingeschränkt.

[12]) Vgl. Anschütz in DStZ. 1914 S. 454, Trint ebenda 580, Goldschmidt in GA. 62, 251; für Groß-Berlin (Jan. 1918) DStZ. 1918 S. 7ff., für Bayern (Anordnung des Standrechtes in der Pfalz) Kern, Der gesetzliche Richter (1927) S. 287.

[13]) Über die Aufhebung des Kriegszustandes in Bayern vgl. Kern a. a. O. S. 288.

[14]) Auch soweit die Militärgerichtsbarkeit noch aufrechterhalten wurde, ist für das gewöhnliche Verfahren seit dem G. v. 22. Febr. 1926 das Reichsgericht Revisionsgericht.

last des Reichsgerichts[15]). Daß mit dem Jugendgerichtsgesetz die Aburteilung Jugendlicher in erster Instanz auf die Jugendgerichte überging, war von geringer Bedeutung[16]). Deshalb brachte das EntlastungsG. v. 8. Juli 1922 auch für die erstinstanzliche Tätigkeit des Reichsgerichts eine fühlbare Erleichterung. Mit ihm trat an Stelle zweier Gerichtsabteilungen — des I. Strafsenates als Eröffnungssenates und des Vereinigten II. und III. Strafsenates für das Hauptverfahren — ein besonderer Strafsenat des Reichsgerichtes (bis 1924 der V., seit 1925 der IV.) für alle richterlichen Geschäfte. Für Landesverratssachen wurde sogar die ausschließliche Zuständigkeit des Reichsgerichts gesprengt. Solche Strafsachen von minderer Bedeutung können nach dem Vorgang der VO. v. 12. Dez. 1923 gemäß der VO. v. 4. Jan. 1924 den Oberlandesgerichten zur Aburteilung zugeleitet werden.

Der Zeitpunkt des inneren Umsturzes und des unglücklichen Kriegsendes bedeutete zugleich den Beginn einer unübersichtlichen, vielfach widerspruchsvollen Entwicklung, in der die Einwirkung der politischen Ereignisse das materielle und formelle Recht umgestaltete. Erst in neuester Zeit lenkt sie wieder in ruhigere Bahnen. Der Gang der Ereignisse sei getrennt für Hochverrat und Landesverrat dargestellt[17]).

Der Umsturz entzog die hochverräterischen Unternehmungen der Vergangenheit der Strafverfolgung. Der Aufruf des Rates der Volksbeauftragten v. 12. Nov. 1918 bestimmte: „Für alle politischen Straftaten wird Amnestie gewährt. Die wegen solcher Straftaten anhängigen Verfahren werden niedergeschlagen."

Der Wortlaut der Hochverratsbestimmungen blieb unberührt; aber ihre Bedeutung änderte sich. Der Schutz der Landesherren wurde gegenstandslos; an Stelle der beseitigten Bismarckschen Reichsverfassung trat am 11. August 1919 die von Weimar[18]). Bald begannen Kämpfe gegen die neue Ordnung; der erste Angriff erfolgte von kommunistischer Seite: der Spartakusaufstand im Januar 1919 in Berlin[19]). Auch in anderen Gegenden Deutschlands brachen in diesem Jahre Unruhen aus, zu deren Bekämpfung wiederholt der Belagerungszustand für Teile des Deutschen Reiches verhängt wurde, wobei es auch wieder zur Bildung außerordentlicher Kriegsgerichte kam. Eine besondere Stellung nahm das rechtsrheinische Bayern ein. Hier verliefen die Kämpfe am stürmischsten. Im April 1919 — nach der Ermordung Eisners — wurde sogar vorübergehend gewaltsam eine Räterepublik in München errichtet. Doch blieb die Aburteilung dieser Unruhen dem Reichsgericht entzogen; denn es wurden zunächst Standgerichte, seit 1. Aug. 1919 Volksgerichte[20]) eingesetzt, zu deren ausschließlicher Zuständigkeit auch Hochverrat gehörte. Sie blieben bis zum 1. April 1924 — das Volksgericht München I zur Ermöglichung der Aburteilung Hitlers vor

---

[15]) Wegen zahlenmäßiger Angaben vgl. Anm. 2; über Landesverrat insbesondere Jorns in DRichtZ. 1928 S. 106f. und die dort Verzeichneten; gegen ihn nochmals Gumbel in Justiz III S. 386ff. Über die Statistik dieser Prozesse ist ein fruchtloser Streit entstanden, weil man aus ihrem Anwachsen auf eine Erweiterung des Landesverratsbegriffes in der Rechtsprechung schließen zu können glaubte. Abgesehen davon, daß die Erklärung aus einem Anwachsen der Kriminalität viel näher liegt, kann die Statistik allein für diese Behauptung niemals einen Beweis liefern.

[16]) Auch hier ist nunmehr das Reichsgericht in Hochverrats- und Landesverratssachen Revisionsgericht.

[17]) Vgl. hierzu Ebermayer in DJZ. 1928 S. 38ff.

[18]) Vgl. Kern in DJZ. 1919 S. 566; Käckell in ZStW. 41, 699.

[19]) Vgl. RGSt. 53, 65.

[20]) Ihre bestrittene Rechtsgültigkeit wurde vom Reichsgericht anerkannt — s. Recht 1922 Nr. 1026.

ihm[21]) sogar bis 15. Mai 1924 — bestehen und entzogen während dieser Zeit alle auf diesem Gebiet begangenen hochverräterischen Unternehmungen der Aburteilung durch das Reichsgericht[22]).

Das Jahr 1919 bedeutete auch den Beginn einer anderen sich jahrelang fortsetzenden Kette hochverräterischer Unternehmungen: der separatistischen Umtriebe im besetzten Gebiet. Sie stellten sich dar als Hochverrat in der Form des § 81 Nr. 3 StGB.: gewaltsame Lostrennung von Reichsgebiet. Aber auch hier kam es nicht zur Aburteilung: Frankreich hielt seine schützende Hand über die Hochverräter[23]). Ein Wandel trat erst ein, als Frankreich die Richtung seiner Politik änderte; freilich erlosch gleichzeitig die Strafbarkeit der in der Vergangenheit liegenden Taten durch die Londoner Amnestie.

Ähnlich lagen die Verhältnisse im Osten. Die Kämpfe um die Abstimmung, die wiederholten polnischen Aufstände in Oberschlesien und Pommern führten zu zahlreichen hoch- und landesverräterischen Handlungen. Doch beschäftigten diese Fälle das Reichsgericht nicht. Denn sie fanden, soweit nicht schon durch den Friedensvertrag für das Abstimmungsgebiet die deutsche Gerichtsbarkeit ausgeschaltet war, durch Amnestien ihre Erledigung (G. v. 23. Okt. 1919, G. v. 23. Jan. 1920, G. v. 7. Juli 1921, G. v. 21. Juli 1922).

Das Jahr 1920 sah im Kapp-Putsch den mißglückten Versuch einer Gegenrevolution. Er löste ein kommunistisches hochverräterisches Unternehmen vor allem im Ruhrgebiet und in Mitteldeutschland aus. Der seit Mitte Januar für weite Gebiete des Reiches bestehende Ausnahmezustand auf Grund Art. 48 der Reichsverfassung[24]) wurde in den bedrohten Gebieten ausgebaut insbesondere durch Errichtung von außerordentlichen Kriegsgerichten und Standgerichten[25]). Letztere wurden alsbald zurückgezogen[26]), während die außerordentlichen Gerichte zum Teil[27]) bestehen blieben. Ihre Zuständigkeit erstreckte sich auch auf Hoch- und Landesverrat, war aber keine ausschließliche. Die Amnestie v. 4. Aug. 1920 machte jedoch der Strafverfolgung der am Hochverrat Beteiligten mit Ausnahme der Führer und Urheber des Kapp-Putsches ein Ende, deren Verfolgbarkeit mit der Amnestie v. 17. Aug. 1925 erlosch. So wurde das Reichsgericht nur in einem Prozeß tätig (RGSt. 56, 259), nachdem seine Zuständigkeit in Vorausnahme der Aufhebung der Militärgerichtsbarkeit hier auch auf Militärpersonen erstreckt worden war (G. v. 2. April 1920).

Im März 1921 brachen wieder kommunistische Unruhen an mehreren Orten insbesondere Mitteldeutschlands aus. Ihre Aburteilung wurde auf Grund des Ausnahmezustandes nach Art. 48 der Reichsverfassung außerordentlichen Gerichten übertragen[28]). Deren Zuständigkeit erstreckte sich insbesondere auch auf hochverräterische und damit zusammenhängende strafbare Handlungen, soweit eine schleunige Durchführung des Strafver-

---

[21]) Vgl. Graf zu Dohna in DJZ. 1924 S. 330.

[22]) Über die bayerischen Volksgerichte vgl. insbesondere Kern, Der gesetzliche Richter S. 203, 290ff.

[23]) Vgl. beispielsweise Hachenburg in DJZ. 1919 S. 470; 1920 S. 694 (Verhaftung und Freilassung Dortens) u. ö. Zusammenfassend Grimm in DJZ. 1927 S. 342ff.

[24]) VO. v. 11 und 13. Jan. 1920 (RGBl. S. 41 u. 46).

[25]) Vgl. u. a. VO. v. 19. März und 25. März 1920 (RGBl. S. 467 u. 470); die Verordnungen sind nur zum Teil im Reichsgesetzblatt veröffentlicht; vgl. Kern in DStZ. 1920 S. 163ff.

[26]) VO. v. 25. März und 3. April 1920 (RGBl. S. 473 u. 557).

[27]) Nicht für Großberlin und Brandenburg, VO. v. 27. März 1920 (RGBl. S. 473).

[28]) VO. v. 29. März 1921; s. auch VO. v. 14. Mai 1921.

fahrens geboten und möglich war. Rechtsmittel waren nicht gegeben. Die Masse der Straffälle war damit der Aburteilung durch das Reichsgericht entzogen.

Die bisher vereinzelte und vorübergehende Verdrängung des Reichsgerichts aus dem ihm vorbehaltenen Gebiet wurde zu einer länger währenden und umfassenden, als nach dem Rathenau-Mord zunächst durch Verordnung auf Grund Art. 48 der Reichsverfassung[29]), dann durch das Gesetz zum Schutze der Republik[30]) der Staatsgerichtshof zum Schutze der Republik als Sondergericht ein- und gegen den Versuch Bayerns, die Zuständigkeit von Landesgerichten zu begründen[31]), durchgesetzt wurde. Seine Zuständigkeit erstreckte sich auf Hochverrat, dessen Strafbarkeit zugleich erweitert und verschärft wurde, sowie auf einige neue Tatbestände des Republikschutzgesetzes, von denen insbesondere die der §§ 7 u. 8 in der Folgezeit Bedeutung gewinnen sollten. Sie war keine ausschließliche; doch gewann die Überweisung an die ordentlichen Gerichte, die nach den Vereinbarungen des Reiches mit Bayern die Regel bilden sollte, im Verhältnis zum Reichsgericht keine erhebliche Bedeutung. So fielen dem Staatsgerichtshof, nachdem ein gleichzeitig mit dem Republikschutzgesetz erlassenes Gesetz für die in der Zeit seit der letzten Amnestie (4. Aug. 1920) bis Ende 1921 begangenen hochverräterischen Unternehmungen Straffreiheit gewährt hatte, zunächst u. a. die Aburteilung des Attentates auf Rathenau, des Anschlags auf Scheidemann, der Organisation Consul zu; später beherrschten die Kommunistenprozesse das Feld.

Der Staatsgerichtshof wurde beim Reichsgericht errichtet. Doch war der Zusammenhang nur ein äußerlicher, abgesehen davon, daß die 3 richterlichen Mitglieder des 9köpfigen Senates des Staatsgerichtshofs der Richterschaft des Reichsgerichts entnommen waren und daß der Oberreichsanwalt Anklagebehörde war. Die Auswahl der Richter erfolgte durch den Reichspräsidenten, nicht durch das Präsidium des Reichsgerichts, wie denn auch umgekehrt kein Richter des Reichsgerichts verpflichtet war, den Dienst beim Staatsgerichtshof zu übernehmen. In seinen Entscheidungen, die nicht in der Sammlung der Reichsgerichtsentscheidungen veröffentlicht wurden, unterlag der Staatsgerichtshof nicht den Bindungen, die für die Senate des Reichsgerichts gelten.

Im Herbst 1923 verschärfte sich als Folge des Ruhrkampfes mit dem Währungsverfall die innere Spannung. Der Ausnahmezustand wurde über das Reich verhängt, Todesstrafe auf Hoch- und Landesverrat angedroht[32]). Durch außerordentliche Gerichte wurde die Zuständigkeit des Staatsgerichtshofs beschränkt; diese wurden eingesetzt nach dem Küstriner Putsch vom 1. Okt. 1923[33]), für Hamburg und Berlin[34]). Die Aburteilung der mit den Oktoberunruhen in Hamburg zusammenhängenden Straftaten wurde schließlich den Landgerichten übertragen[35]), gegen deren Urteile die gewöhnlichen

---

[29]) VO. v. 26. und 29. Juni 1922.

[30]) G. v. 21. Juli 1922, abgeändert durch G. v. 31. März und 8. Juli 1926; Verlängerung der ursprünglich auf 5 Jahre berechneten Geltungsdauer um weitere 2 Jahre durch G. v. 2. Juni 1927.

[31]) Vgl. hierzu Lobe, Die Gesetzgebung des Reiches und der Länder zum Schutze der Republik (1922) S. 9ff. und Kern, Der gesetzliche Richter S. 312ff. Die Zuständigkeit der bayr. Volksgerichte blieb unberührt.

[32]) VO. v. 26. Sept. 1923.

[33]) VO. v. 2. Okt. 1923.

[34]) VO. v. 23. Okt. und 13. Nov. 1923.

[35]) VO. v. 13. Febr. 1924.

Rechtsmittel gegeben waren. Dadurch wurde das Reichsgericht für dieses hochverräterische Unternehmen Revisionsgericht.

Die Beschränkung des Reichsgerichts durch den Staatsgerichtshof endete mit dessen Aufhebung durch G. v. 31. März 1926. Nach der Amnestie v. 17. Aug. 1925 standen zur Aburteilung nur noch schwere hochverräterische Handlungen, die nach dem 1. Okt. 1923 begangen waren. Das war im wesentlichen, soweit die Aburteilung nicht bereits durch den Staatsgerichtshof erfolgt war (Tschekaprozeß), das kommunistische hochverräterische Unternehmen, das einheitlich geleitet von der Zentrale der Kommunistischen Partei im Oktober 1923 an verschiedenen Stellen Deutschlands losgebrochen war und nach einem ersten Mißerfolg in den folgenden Jahren weiterbetrieben wurde. Freilich hinderte die von den Parlamenten nicht oder nicht in genügendem Maße aufgehobene Immunität der Abgeordneten die Durchführung der größten und wichtigsten Prozesse, insbesondere den gegen die Zentrale der Partei gerichteten[36]). Auch diesen Komplex von Prozessen beendete eine Amnestie. Mit G. v. 14. Juli 1928 wurden Strafverfahren wegen Taten, die aus politischen Beweggründen begangen waren, eingestellt.

Die Häufung hochverräterischer Unternehmungen führte zu einem Wandel der Begehungsformen. Aus eigenen und fremden Erfolgen und Mißerfolgen lernten Regierung sowohl wie hochverräterische Gruppen. Angriff und Abwehr paßten sich den gemachten Erfahrungen an. So betrieb man die Bildung von Kampfgruppen und Verbänden, die für den Straßenkampf ausgebildet und ausgerüstet wurden, die systematische Agitation zur Gewinnung der Massen zum Anschluß an das geplante Unternehmen, die Zerstörung der staatlichen Machtmittel durch Zersetzung von Polizei und Heer, den Terror gegen die regierungsfreundlichen Volkschichten. Alles das sind Erscheinungen, die bei früheren hochverräterischen Unternehmungen überhaupt nicht oder nicht in gleichem Maße in Erscheinung traten. Die ungewohnte Anwendung der Hochverratsbestimmungen auf neue Kampfformen ließ nicht selten den Eindruck aufkommen, als ob die bürgerliche Freiheit gefährdet sei und führte zu leidenschaftlichen Erörterungen in der Öffentlichkeit. Die Einzelheiten werden daher unten noch näher zu betrachten sein.

Während des Krieges nahm der Landesverrat Formen an, die bis dahin unbekannt gewesen waren. In erster Linie betraf er militärische Interessen. Doch bald erstreckte er sich auch auf die Wirtschaft. In neutralen Ländern errichtete Spionagebureaus, die mit einem Netz von Agenten und Mittelspersonen Deutschland überschwemmten, richteten ihre Tätigkeit mehr und mehr auf wirtschaftliche Vorgänge, insbesondere auf den deutschen Handel mit dem Ausland als Unterlage für Entschlüsse im Wirtschaftskrieg. Später veranlaßten die Feindmächte auch ihre Kriegsgefangenen und andere Personen zu Sabotageakten in Landwirtschaft und Industrie, um die schwierige Ernährungs- und Wirtschaftslage zu verschärfen[37]). Schließlich wurden auch politische Interessen betroffen. Durch Propaganda sollte die Stimmung des deutschen Volkes erschüttert werden.

Überraschenderweise trat in der Häufigkeit dieser Delikte mit dem Kriegsende keine Verminderung ein. Entwaffnung und Kontrolle ließen zwar für ein militärisches Geheimnis im eigentlichen Sinn nur ein geringes Feld. Der Selbstschutz, der deutsches Land wiederholt gegen den Zugriff begehrlicher

---

[36]) Vgl. das scharfe Urteil über das Verhalten der Parlamente von Wunderlich in DJZ. 1928 S. 1171; s. ferner Reichstagsdrucksachen III. Wahlperiode, Sitzungsberichte S. 8110, 11902ff.

[37]) Vgl. RGSt. 51, 282, GA. 66, 84.

Nachbarn verteidigen mußte, bedurfte allerdings der Sicherung gegen Verrat[38]). Der Nachrichtendienst der Entente warf sich aber insbesondere auf die befürchtete geheime Bewaffnung Deutschlands. Und hier lag nun die Gefahr in den sog. Sanktionen, die sich an wirkliche oder angebliche Verfehlungen anschlossen. Mit diesen feindlichen Bestrebungen begegneten sich Befürchtungen deutscher Kreise, die entweder die Stärkung der Wehrkraft des deutschen Volkes für außenpolitisch verfehlt ansahen oder durch das Entstehen wehrfähiger Verbände die Staatsform gefährdet glaubten. So kam es zu Veröffentlichungen über sogenannte illegale Zustände, die für das Deutsche Reich abträglich waren. Vielfach war aber das Suchen nach Entwaffnungsverfehlungen nur auf die Gewinnung von Vorwänden für Sanktionen gerichtet. Diesem Bedürfnis kamen gewinnsüchtige Elemente entgegen, indem sie Nachrichten und Dokumente über geheime Organisationen, Waffenlager u. dgl. fälschten und sie zum Schaden des Deutschen Reiches ausländischen Stellen überließen.

Die Verlagerung der staatlichen Machtkämpfe auf das wirtschaftliche Gebiet, die sich schon im Krieg angebahnt hatte, setzte sich nach dem Kriege fort. Sie erreichte ihren Höhepunkt in der Ruhrbesetzung des Jahres 1923. Entsprechend brachte die VO. v. 3. März 1923 eine Erweiterung des materiellen Rechtes durch eine Strafdrohung gegen denjenigen, welcher während der in Friedenszeit erfolgten Besetzung deutschen Gebietes durch eine fremde Macht dieser in wirtschaftlichen, politischen oder militärischen Angelegenheiten als Spion diente. Für die Aburteilung war das Reichsgericht zuständig. Doch hatte die Verordnung nur vorübergehende Bedeutung. Nach Aufgabe des passiven Widerstandes fiel auch sie (VO. v. 27. Sept. 1923). Mit der im Londoner Abkommen v. 30. Aug. 1924 vereinbarten Amnestie erlosch die Verfolgbarkeit der unter ihrer Geltungszeit begangenen Taten.

Sonst haben Amnestien seltener eingegriffen. Selbst die sehr weitgehende militärische Amnestie v. 7. Dez. 1918 nahm den Verrat militärischer Geheimnisse aus. Bedeutung nur für einen regional abgegrenzten Bezirk erlangte die Amnestie des Waffenstillstandsabkommens[39]). Eine Ausnahme machen nur die Veröffentlichungen über illegale Zustände. Hier strebte man sogar Änderung des materiellen Rechtes an in einem Antrag[40]) Müller (Franken), der dem § 92 StGB. folgenden 3. Absatz anfügen wollte: „Landesverrat im Sinne des Abs. 1 Nr. 1 begeht nicht, wer über gesetzwidrige Zustände wahrheitsgemäße Mitteilung macht." Dieser Antrag wurde zwar nicht Gesetz. Aber in dem G. v. 17. Aug. 1925 wurde Landesverrat nach § 92 Abs. 1 Nr. 1, sofern die Tat durch öffentliche Bekanntmachung begangen war, in gleichem Umfang wie Hochverrat der Amnestie teilhaftig. Die Amnestie politischer Delikte v. 14. Juli 1928 betraf auch Landesverrat und Spionage; doch schloß sie diese von der Straffreiheit aus, wenn die Tat aus Eigennutz begangen war[41]).

Durch Sondergerichtsbarkeit wurden dem Reichsgericht Landesverratsfälle nicht entzogen. Eine Ausnahme machten nur die bayrischen Volksgerichte. Der von ihnen abgeurteilte Fechenbach-Fall, der so erhebliches Aufsehen erregte, gelangte im Wiederaufnahmeverfahren vor das Reichsgericht[42]).

---

[38]) Vgl. Freiesleben in ZStW. 45, 252f.
[39]) Über diese planlose Maßnahme und ihre Auswirkungen vgl. Gutjahr in ZStW. 49, 205.
[40]) Drucksachen des Reichstags III 24/25 Nr. 335.
[41]) Über die Auswirkung dieser Amnestie vgl. Jorns in DRichtZ. 1928 S. 474.
[42]) RGSt. 61, 19.

II. Hochverrat

Ein hochverräterischer Angriff kann sich in drei Richtungen entwickeln: auf Herrscher, Gebiet und Verfassung. In der Praxis haben vor allem die Angriffe auf die Verfassung eine Rolle gespielt. Diese als Angriffsobjekt des Hochverrats darf nicht in formalem Sinne verstanden werden[43]. Verfassung ist nicht identisch mit Verfassungsurkunde, die für die Organisation des Staates unwesentliche Dinge enthalten kann, während umgekehrt Wichtiges fehlt. Auf diesen Standpunkt hat sich das Reichsgericht mit Entschiedenheit gestellt bereits im Falle Karl Liebknecht[44], der die Wehrverfassung beseitigen wollte. Es bezeichnet hier als mögliches Angriffsobjekt „diejenigen Bestandteile der Verfassung, welche die Grundlagen des politischen Staatslebens bilden ... ohne Rücksicht darauf, ob ihre Regelung gerade durch die Verfassungsurkunde erfolgt ist oder nicht". Diese „Grundlagen des politischen Staatslebens" werden an anderer Stelle bezeichnet als „Fundamentaleinrichtungen" und als „Grundsätze über die Rechte der Gewalten, deren Willensäußerung das Staatsleben bestimmt". Daß die Wehrverfassung dem unterfiel, wird man nicht bezweifeln. Im übrigen läßt die Begriffsbestimmung dem Ermessen freilich noch weiten Spielraum. Die Verfassung in diesem Sinne wird nun aber nicht getroffen als Norm, sondern als Sein. Das wird wichtig bei der Beurteilung der Frage, ob und von wann ab bei einem Verfassungswechsel, der sich nicht in legalen Formen vollzieht, die neue Verfassung Schutz genießt. Stellt man ab auf die substantielle Existenz der Verfassung, so ist der Zeitpunkt der tatsächlichen Durchsetzung maßgebend. Wann dieser eintritt, ist natürlich eine Tatfrage. Das Reichsgericht hat entsprechend entschieden. Bei der Aburteilung[45] des Spartakusaufstandes in Berlin im Januar 1919 hat es anerkannt, daß sich zu diesem Zeitpunkt die neue Staatsgewalt tatsächlich durchgesetzt und damit auch rechtliche Anerkennung erlangt habe. Der Kapp-Putsch hatte diesen Erfolg nicht; entscheidendes Kriterium für die Beurteilung ist dem Reichsgericht die Tatsache, ob der Widerstand der verdrängten Gegenpartei fortdauert oder sei es zusammenbricht, sei es aufgegeben wird[46]. Folgerichtig hätten alle auf Staatsumwälzung gerichteten Versuche auch in der Zeit, als Deutschland noch keine neue Verfassung im formalen Sinne besaß, als Hochverrat abgeurteilt werden können. Das ist nicht geschehen und das Reichsgericht hat selbst in Revisionsentscheidungen nur wegen Aufruhr, Landfriedensbruch, Geheimbündelei usw. verurteilt[47]. Ebenso stellt RGSt. 56, 173 passim auf die neue Reichsverfassung v. 11. Aug. 1919 ab. Richtig aber entscheidet ein Urteil v. 11. Juli 1919[48] über eine am 2. Febr. 1919 begangene Aufforderung zum Hochverrat, das auch von einer bestehenden demokratischen Staatsordnung spricht.

Das Strafgesetzbuch dehnt beim Hochverrat die Strafbarkeit über den Versuch („das Unternehmen") auf jede Vorbereitungshandlung aus. Der Gefahr einer Überspannung der Strafverfolgung ist das Reichsgericht dadurch entgegengetreten, daß es mit Entschiedenheit verlangt, es müsse sich die Vorbereitungshandlung auf ein bestimmtes hochverräterisches Unter-

---

43) Vgl. Carl Schmitt, Verfassungslehre (1928) S. 119ff.
44) SächsArch. III S. 366.
45) RGSt. 53, 65; ein Urteil eines Zivilsenates anerkennt die Durchsetzung schon für den 12. Nov. 1918 (RGZ. 100, 25).
46) Vgl. RGSt. 56, 259.
47) So RGSt. 53, 65; 54, 102 (Roter Soldatenbund).
48) RGSt. 53, 289.

nehmen beziehen. Über diesen Punkt ist in letzter Zeit eine lebhafte Kontroverse entstanden. Man hat behauptet, daß das Reichsgericht neuerdings die Anforderungen an die Bestimmtheit des Unternehmens herabgesetzt habe und damit zu einer Erweiterung der Strafbarkeit gekommen sei.

Der Begriff der Bestimmtheit ist ein relativer. Die „Verfolgung abstrakter Ideen" oder „die bloße Unterweisung in hochverräterischen Ideen" soll nicht durch § 86 StGB. getroffen werden[49]). Andererseits wird zur Strafbarkeit auch nicht gefordert, daß das beabsichtigte Unternehmen bis in alle Einzelheiten konkretisiert ist. Das würde bei einem Unternehmen, das auch nur einigen Umfang annimmt, die Strafbarkeit stets ausschließen. Es kommt mithin alles darauf an, welche Anforderungen an die Vorstellung von der Beschaffenheit des Unternehmens das Reichsgericht stellt, um es als ein bestimmtes zu kennzeichnen.

Das Reichsgericht hat sich das erstemal mit dem Begriff der Bestimmtheit auseinandergesetzt bei der Aburteilung der sog. Mostschen Gruppenbildung[50]). Es hat als genügend angesehen einmal, daß das Angriffsobjekt feststehe und sodann, daß die Ausführung des Unternehmens als bestimmtes Endziel ins Auge gefaßt sei. Die Modalitäten des Unternehmens: Ort, Zeit und Mittel seien gleichgültig. Einen ähnlichen Standpunkt nahm es kurz darauf bei der Aburteilung[51]) der Verbreitung einer hochverräterischen Druckschrift ein, die die Ermordung Kaiser Alexanders II. von Rußland verherrlichte und mit den Worten schloß: „Der Wurf war gut! Und wir hoffen, daß es nicht der letzte war." In dem Aufruf liege eine unmittelbare Aufforderung zur Ermordung des Kaisers und der Bundesfürsten. Auch sei das Unternehmen ein bestimmtes: „Das Was sei klar, nicht aber das Wie; doch sei das bedeutungslos." Und ebenso erblickte das Reichsgericht wenige Jahre später[52]) in folgendem Aufruf die Vorbereitung eines bestimmten hochverräterischen Unternehmens: „Arbeiter aller Länder, organisiert Euch! Bewaffnet Euch! Es lebe die soziale Revolution! Es lebe die Anarchie! Nieder mit Thron, Altar und Geldsack! Nieder mit den Jesuiten in der Bluse!" Denn auch hier sei das Angriffsobjekt und das Ziel, gewaltsame Änderung der deutschen Reichs- und Staatsverfassungen durch gewaltsame Entthronung des Kaisers und der deutschen Bundesfürsten, bestimmt, ohne daß es auf die weitere Konkretisierung nach Ort, Mittel und Zeit ankäme. Jedoch schon in dem Fall der Patriotenliga (1887) wird hinsichtlich des Zeitpunktes eine Einschränkung gemacht, der zwar nicht genau bestimmt zu sein brauche, aber doch nicht in erheblicher Ferne liegen dürfe[53]). Daran wird später festgehalten[54]). Und auch bezüglich der Mittel nimmt das Reichsgericht später einen strengeren Standpunkt ein. Das tritt besonders deutlich in einer Entscheidung von 1914 hervor[55]), die neben dem Angriffsziel auch einen Angriffsplan fordert. Der Täter müsse sich wenigstens in allgemeinen Umrissen eine Vorstellung davon gemacht haben, an welchem Punkte er mit seinem Angriffe einsetzen wolle und in welcher Weise er ihn zum erfolgreichen Ende zu führen gedenke. Entsprechend dieser engeren Auffassung hat denn auch das Reichsgericht in einer Revisionsentscheidung

---

[49]) RGSt. 16, 165.
[50]) RGSt. 5, 60.
[51]) RGSt. 5, 215.
[52]) Rechtspr. 8, 653.
[53]) RGSt. 16, 165.
[54]) Vgl. SächsArch. III S. 366 (1907), RGSt. 41, 138.
[55]) Vgl. DStZ. 1, 614.

es ausdrücklich abgelehnt, in dem bloßen Anschlag des Aufrufs: „Nieder mit dem völkermordenden Weltkrieg! Hoch die Revolution!" eine hochverräterische Handlung zu sehen[56]).

Daß diese Erfordernisse der Bestimmtheit, auch was Zeitpunkt und Plan der Durchführung betrifft, bei den Kommunistenprozessen der letzten Jahre erfüllt waren, sollte nicht zweifelhaft sein. Wenn es trotzdem so scharf bestritten wurde, so liegen dem vielfach zwei Mißverständnisse zugrunde. Einmal verkennt man, daß das Merkmal der Bestimmtheit sich auf das vorbereitete hochverräterische Unternehmen bezieht. Vielfach geht die Vorbereitung eines bestimmten hochverräterischen Unternehmens dahin, durch Propaganda auf andere einzuwirken. Daß diese Einwirkung darauf gerichtet ist, diese Personen zu bestimmten Handlungen zu veranlassen, ist nicht notwendig. Auch wenn sie diese nur in eine für das Unternehmen günstige Stimmung versetzen will, damit sie nach Ausbruch der Revolution die dann gerade angebrachte Unterstützung leisten oder den von ihnen erwarteten Widerstand aufgeben, ist Strafbarkeit gegeben. Und hier liegt nun der weitere Einwand nahe, daß die Propaganda revolutionärer Ideen überhaupt nicht strafbar sei. Es sei gerade Aufgabe des Merkmals der Bestimmtheit im gesetzlichen Tatbestand, ihre Verfolgung auszuschließen. Dieser Einwand verkennt, daß die Propaganda als solche nicht getroffen wird. Nur soweit und nur deshalb, weil sie in den Dienst eines bestimmten hochverräterischen Unternehmens gestellt wird, ist sie strafbar. Erst diese Verbindung gibt ihr den kriminellen Charakter[57]). Deshalb ist auch jeder Vergleich schief, der etwa mit der Propaganda einer andern politischen Richtung, welche ein solches bestimmtes hochverräterisches Unternehmen nicht betreibt, gezogen wird. Das an sich berechtigte Verlangen nach „gleichmäßiger" Verfolgung nach allen Seiten ist insoweit gegenstandslos.

Dabei gilt für die literarische Propaganda nichts Besonderes. Denn auch nach der Weimarer Reichsverfassung muß sich freie Meinungsäußerung und Kunst in den Schranken der allgemeinen Gesetze bewegen. Schon vor dem Kriege kam es zu Prozessen wegen Verbreitung hochverräterischer Schriften. Aufsehen erregte im Jahre 1907 die Verurteilung Karl Liebknechts wegen seiner Schrift: „Militarismus und Antimilitarismus"[58]). In den letzten Jahren wuchs die Zahl derartiger Prozesse in ungewöhnlichem Ausmaß. Das hatte seine Ursache in Maßnahmen der Kommunistischen Partei. Der kommunistische Aufstand im Herbst 1923 war u. a. deswegen zusammengebrochen, weil entgegen den Erwartungen der Partei die breiten Arbeitermassen sich ihm nicht anschlossen. Aus diesem Fehler lernend ergänzte die Partei ihre Umsturzvorbereitungen durch eine großzügige literarische Propaganda, welche die Massen für die geplante revolutionäre Aktion gewinnen sollte. Für diese Werbearbeit errichtete sie u. a. Buchhandlungen unter Leitung ihrer Funktionäre. Das mußte ein Anschwellen der Verurteilungen wegen Hochverratsvorbereitung zur Folge haben. Auch trafen diese nun nicht nur Verfasser und Verleger der Schriften, sondern auch Buchhändler, vereinzelt — Druck und Vertrieb erfolgten zum Teil in Geheimdruckereien — auch Setzer und Hilfspersonal. In diesen Fällen[59]) stellte das Reichsgericht fest,

---

[56]) RGSt. 50, 147.

[57]) Dieser Gesichtspunkt muß um so schärfer betont werden, als auf seiner Verkennung so ungewöhnlich heftige Ausfälle gegen das Reichsgericht beruhen, wie sie Liepmann in seiner Broschüre „Kommunistenprozesse" erhebt.

[58]) Vgl. die ausführliche Wiedergabe der Entscheidung in SächsArch. III S. 366.

[59]) Vgl. die in JW. 1927 S. 2003ff. wiedergegebenen drei Entscheidungen.

daß es sich um politischen Zwecken dienende Unternehmungen handelte, die in Abhängigkeit von der Kommunistischen Partei gegründet und fortbetrieben wurden, um durch Verbreitung von Schriften der Vorbereitung des Hochverrats zu dienen, nicht um bloße buchhändlerische Erwerbsgeschäfte. Zur Verurteilung von Druckern und Setzern führte die im geheimen betriebene Herstellung der militärischen Schriftenfolge „Vom Bürgerkrieg", welcher die Lehren aus den letzten Kämpfen für den nächsten Aufstand auswertete, wobei die Verurteilten den hochverräterischen Zweck der Hefte klar erkannten. Ausdrücklich wurde ausgesprochen, daß Buchhändler und erst recht ihre Angestellten keine Prüfungspflicht hinsichtlich der von ihnen verkauften Literatur hätten. Ebensowenig bestehe diese bei Setzern und Druckern, die bei der gebotenen Eile und mangels Interesse den Inhalt auch gar nicht kennenzulernen pflegen. Damit scheidet schon aus tatsächlichen Gründen die Strafbarkeit dieser Personen wegen fehlenden Vorsatzes regelmäßig aus. Das Reichsgericht scheint aber hier die Anforderungen an den subjektiven Tatbestand noch schärfer zu fassen. Auch bei buchhändlerischen Erwerbsunternehmen wird ja bei den Beteiligten nicht selten Kenntnis des Inhalts der vertriebenen Schriften vorhanden sein; hieraus könnte sich eine Gefahr der Strafverfolgung für diese ergeben namentlich dann, wenn dolus eventualis ausgiebig herangezogen würde. In den Fällen jedoch, die zur Verurteilung geführt haben, hat das Reichsgericht nicht nur Vorsatz, sondern geradezu Absicht der Vorbereitung eines hochverräterischen Unternehmens festgestellt. Der kaufmännische Buchhandel wird daher durch diese Urteile überhaupt nicht berührt. Erstaunlich bleibt nur, daß die erste Berichterstattung diese Sachlage nicht so klar darzustellen vermochte, daß Aufregung und Besorgnis in den beteiligten Kreisen und darüber hinaus vermieden wurde.

Da es die Richtung einer Tätigkeit auf ein bestimmtes hochverräterisches Unternehmen ist, welche die Strafbarkeit begründet, so kann auch ein Rechtfertigungsversuch nicht zum Erfolge führen, der in den jüngsten Kommunistenprozessen wiederholt geltend gemacht wurde, daß nämlich die im Rahmen einer Partei geübte Tätigkeit nicht strafbar sein könne, wenn die Partei als solche erlaubt sei. Das ist auch bei der Kommunistischen Partei der Fall; denn ein gegen sie im Jahre 1923 erlassenes Verbot wurde später wieder aufgehoben. Aber daraus folgt keineswegs, daß diese Partei nun ungestraft Hochverrat begehen dürfe. Man verkennt auch hier, daß durch die Verurteilungen nicht eine Partei als solche, sondern die Täter und Teilnehmer eines hochverräterischen Unternehmens getroffen werden. Stellt sich in dem Strafverfahren heraus, daß beide identisch sind — was noch zu beweisen wäre —, so könnte für die Verwaltungsbehörde Anlaß gegeben sein, geeignete Maßnahmen zu treffen. Niemals aber kann ihre Untätigkeit die Strafverfolgung rechtlich unmöglich machen. Gegen die Annahme, daß eine Partei oder auch engere Kreise der Partei wie der Funktionärkörper der KPD. hochverräterische Ziele verfolgt und sich damit strafbar macht[60], ist rechtlich nichts zu erinnern.

Es ist deshalb auch unzutreffend, wenn man die Rechtsprechung des Reichsgerichts in den Kommunistenprozessen der letzten Jahre verglichen hat mit der Ausnahmebehandlung des sog. Sozialistengesetzes vom Jahre 1878, um so die politische Schädlichkeit dieser Rechtsprechung darzutun[61].

---

[60]) Vgl. DJZ. 1928 S. 1019.

[61]) Liepmann a. a. O. S. 70ff.

Nur wenn man übersieht, daß kommunistische Agitation aller Formen erst durch die objektive und subjektive Zuordnung zu einem bestimmten hochverräterischen Unternehmen ihre Strafbarkeit gewinnt, erscheint die Rechtsprechung als eine Ausnahme- und Tendenzbehandlung dieser Partei. Im Sozialistengesetz lag das anders; hier wurde die Agitation als solche, die Verbreitung sozialdemokratischer Ideen und Förderung ihrer Bestrebungen verfolgt. Ein hochverräterisches Unternehmen aber, das durch sie vorbereitet werden sollte, lag nicht vor. Selbst die Begründung[62]) des Regierungsentwurfes behauptete sie nicht und berief sich nur auf die Notwendigkeit, der verderblichen Agitation der Sozialdemokratie Einhalt zu tun, und Bebel verwahrte sich von der Tribüne des Reichstags — sehr im Gegensatz zu den Führern der KPD. in der kritischen Zeit — ausdrücklich[63]) gegen die Unterstellung, daß die Sozialdemokratie auf gewaltsamen Umsturz hinarbeite. Das Gesetz richtete sich gegen das, was man als einen „moralischen Vergiftungsprozeß" ansah. Das schließt natürlich nicht aus, daß es unter besonderen Umständen zweckmäßig sein, insbesondere einer unerwünschten Radikalisierung weiter Volkskreise begegnen kann, wenn die Anhänger einer politischen Bewegung der verdienten Strafe nicht zugeführt werden. Aber das ist eine politische Frage, die zu entscheiden Aufgabe und Rechtfertigung einer Amnestie sein kann; ihre Berücksichtigung, nicht ihre Außerachtlassung wäre einem Gericht zum Vorwurf zu machen.

Die Problematik, die sich an den Begriff der Bestimmtheit knüpft, tritt in der Hochverratsrechtsprechung noch an einer anderen Stelle zutage, und zwar ins Subjektive gewendet bei der Beurteilung des verantwortlichen Redakteurs. Dieser kann bei Verbrechen, die Vorsatz erfordern, als Täter nach § 20 Abs. 1 PreßG. auch bei bedingtem Vorsatz bestraft werden. Immerhin erfordert diese Richtung des Vorsatzes einen bestimmten gesetzwidrigen Erfolg; der Täter muß sich eine Gesetzesverletzung in konkreter Richtung, wenn auch nicht in allen Einzelheiten, so doch mehr oder weniger bestimmt, als möglichen Erfolg seines Tuns vorgestellt und in diesem Bewußtsein gebilligt haben. Andernfalls liegt nur ein (strafloser) dolus generalis vor. Diese vom Reichsgericht zunächst ohne Bezug auf den Hochverrat ausgebildete Rechtsprechung[64]) hat auch für diesen Bedeutung erlangt für hochverräterische Vorbereitungshandlungen durch die Presse, sofern der Redakteur die Beweisvermutung des § 20 Abs. 2 PreßG. widerlegt. Oborniker berichtet und kritisiert ein Urteil des Reichsgerichtes, in welchem dieses einen abwesenden kommunistischen Redakteur für einen ihm unbekannt gebliebenen hochverräterischen Artikel als Täter verantwortlich macht[65]). Das Urteil erblickt den bedingten Vorsatz des Täters in seiner Vorstellung, daß auf Zersetzung gerichtete Artikel zur Durchführung des von der KPD. geplanten hochverräterischen Unternehmens von Zeit zu Zeit in der Parteipresse, also auch in der vom Täter geleiteten Zeitung zu erscheinen pflegen und in seiner Billigung dieses Erscheinens aus seiner einbekannten kommunistischen Einstellung. Man wird der Kritik hier zubilligen müssen, daß in der Tat ein Grenzfall zum dolus generalis vorliegt. Nicht, daß das hochverräterische

62) Vgl. Reichstagsdrucksache Nr. 4 der 4. Leg.-Per. 1. Sitzungsperiode 1878.

63) Ibid. Sitzungsbericht S. 547.

64) Vgl. RGSt. 31, 217.

65) Justiz III S. 279ff. Insoweit O. ein strafbares „Verhalten" vermißt, beruht die Kritik auf einem Mißverständnis. Das Tun liegt in der Übernahme der gesetzlich vorgeschriebenen Verantwortung als Redakteur, die das Erscheinen des Artikels ermöglichte. Daß bei Nichtübernahme ein anderer die gleiche strafbare Handlung begangen hätte, ist natürlich belanglos.

Unternehmen bestimmt ist, macht auch die Vorbereitungshandlung schon zu einer bestimmten; diese selbst muß hier in der Vorstellung des Täters konkretisiert sein; wenn es nun an solcher Konkretisierung auch nicht ganz fehlt, so bleibt sie doch immerhin noch so vage, daß man Bedenken tragen kann, sie als hinreichend bestimmt anzusehen, ohne daß doch bei der Unmöglichkeit einer scharfen Grenzziehung die vom Reichsgericht ausgesprochene Auffassung als nicht vertretbar angesprochen werden könnte.

Die Begehung der meisten Hochverratsverbrechen vollzieht sich in Formen, die noch andere strafbare Tatbestände erfüllen. Es kommt etwa zu Kämpfen mit der bewaffneten Macht (Tötungsdelikte), zur Festsetzung von Beamten, Gefangenenbefreiungen u. dgl. mehr. Das Reichsgericht hat in seiner Rechtsprechung über die Konkurrenz von Straftaten den Satz zur Anerkennung gebracht: Wenn eine Straftat als das dem gewöhnlichen Hergang entsprechende Mittel zur Begehung einer andern erscheint und als regelmäßig vorhanden vom Gesetz angenommen wird, so geht jene in dieser auf. Das gilt auch für den Hochverrat. Die zu seiner Durchführung begangenen strafbaren Handlungen, soweit sie diesen Voraussetzungen entsprechen, verschmelzen mit ihm zu gesetzlicher Einheit.

Der Umfang dieser Verschmelzung ist in neuerer Zeit jedoch zweifelhaft geworden. Das hängt zusammen mit einem Wandel der Methoden im inneren Kampf. In früherer Zeit richtete sich jeder Umsturzversuch gegen die Regierung und ihre Machtmittel, während die Masse der Untertanen als untätige Zuschauer unberührt blieben. Mit dem Fortschreiten der Demokratie ändert sich das. Je unmittelbarer sich die Regierung auf den Willen jedes einzelnen Bürgers stützt, um so weniger genügt es für den Hochverräter, nur die Regierung anzugreifen. Er muß mit seinen Maßnahmen die Bevölkerungskreise, welche die Regierung tragen, treffen. Es ist dieselbe Entwicklung, die im zwischenstaatlichen Verhältnis den Krieg der Heere zu einem Krieg der Völker werden läßt. In den inneren Kämpfen der Nachkriegszeit in Deutschland haben denn auch aus dem Bürgertum heraus gestellte Kräfte[66]) den Gang der Ereignisse entscheidend beeinflußt. Es war deshalb ein ganz folgerichtiges Vorgehen, wenn nunmehr die KPD. bei ihren Umsturzversuchen die ihr feindlichen Volksschichten durch Terror niederzuhalten suchte. Das Reichsgericht hat die Gesetzeseinheit derartiger, gegen Privatpersonen gerichteter Straftaten mit Hochverrat nicht anerkannt[67]). Vielmehr nimmt es insoweit Realkonkurrenz an. Die Folge ist die, daß der Verurteilte häufig der Wohltat der Festungshaft nicht teilhaftig werden kann.

Dieser Entscheidung kann nicht zugestimmt werden. Wenn auch die hier von den Revolutionären eingeschlagene Methode neu und ungewöhnlich erscheint, so darf doch nicht verkannt werden, daß sie unter der veränderten sozialen Struktur notwendig zur Durchführung eines Hochverrates geworden ist. Kein ernster Umsturzversuch, von welcher Seite er auch kommen mag, wird in Zukunft auf ihn verzichten können. Es sind deshalb alle jene Terrorhandlungen[68]) heute durchaus „das gegebene und dem gewöhnlichen Hergang entsprechende Mittel", das im Hochverrat aufgeht.

Wenn die Entscheidung auch dem Gesetze nicht entspricht, so ist sie doch de lege ferenda zu billigen. Mit der Änderung der Methoden des Hoch-

---

[66]) Man denke vor allem an die sog. Zeitfreiwilligen.

[67]) RGSt. 58, 2.

[68]) Soweit sie im Plane des hochverräterischen Unternehmens liegen; für Mitläufer, die die Gelegenheit zu privaten Raubzügen benutzen, gilt das natürlich nicht.

verrates entfällt der Anlaß zu einer Privilegierung mit Festungshaft bei Nichtfeststellung ehrloser Gesinnung. Diese Auffassung zeigt sich schon im geltenden Recht bei den zahlreichen Amnestien, welche immer wieder Gewalttaten wie Verbrechen gegen Leib und Leben, Raub, Brandstiftung, Transportgefährdung, Sprengstoffverbrechen, welche zur Durchführung oder im Zusammenhang mit Hochverrat begangen waren, von der Straffreiheit ausschlossen. Und auch in der Strafrechtsreform ist das gleiche Streben bemerkbar[69]).

Durch das Republikschutzgesetz wurde die Teilnahme an geheimen und staatsfeindlichen, gegen die Republik gerichteten Verbindungen unter erhöhte Strafe gestellt; diese Vorschrift gewann in der Hochverratsrechtsprechung erhebliche Bedeutung durch die für besonders schwere Fälle angedrohte Zuchthausstrafe. Denn damit wurde sie gegenüber der einfachen Vorbereitung zum Hochverrat gemäß § 86 StGB. zum strengeren Gesetz, aus dem bei einheitlichem Zusammentreffen, wie es bei den Prozessen gegen Kommunisten regelmäßig der Fall war, gemäß § 73 StGB. die Strafe zu entnehmen war. Die Strafvorschrift des § 7 Ziff. 4 u. 5 RepSchG. war aber zugleich weiter als die Bestimmung des § 86 StGB. Sie konnte erfüllt sein, ohne daß der Täter einen Hochverrat plante oder von ihm wußte[70]), ja selbst dann, wenn er die von der Verbindung verfolgten Ziele oder Mittel nicht billigte[71]). Denn der zur Strafbarkeit erforderliche Vorsatz ist gegeben, wenn der Täter an der Verbindung teilnimmt, von der er weiß, daß sie die im Gesetz bezeichneten Bestrebungen verfolgt. Wenn man gegen diese Entscheidung Sturm gelaufen ist, so trifft der Vorwurf das Gesetz, nicht den Richter. Außerordentlich häufig — auch das lag an den von den Kommunisten befolgten Methoden — traf das Verbrechen nach § 7 RepSchG. in Fällen, wo Hochverrat nicht gegeben oder nachweisbar war, mit Sprengstoffverbrechen zusammen. Auch hier sah das Reichsgericht jenes gegenüber § 7 SprengstoffG. als das schwerere, dem die Strafe zu entnehmen sei, an[72]).

Diese Rechtsprechung hatte in Hochverratssachen eine Verschärfung der Strafen zur Folge. Denn sie schloß die Möglichkeit aus, bei mangelnder ehrloser Gesinnung auf Festungshaft zu erkennen. Vielmehr mußte stets mindestens Gefängnis verhängt werden. Umgekehrt bedeutete sie gegenüber dem Sprengstoffgesetz eine Milderung. Denn wenn der Richter nicht einen besonders schweren Fall annahm, so hatte er auf Gefängnis zu erkennen, während das SprengstoffG. in § 7 als Strafe nur Zuchthaus kennt. Nun wird ein Richter sich nicht leicht entschließen, im Falle tateinheitlichen Zusammentreffens mehrerer Straftaten unter das Mindestmaß der Strafe herunterzugehen, die er verhängen müßte, wenn die leichtere allein abzuurteilen wäre[73]). Er wird das nur dort tun, wo die für diese Tat vom Gesetz angedrohte Strafe als zu hart erscheint. Das ist nun offenbar im Sprengstoffgesetz der Fall, denn hier ist vom Reichsgericht wiederholt bei Zusammentreffen mit § 7 Ziff. 4 u. 5 RepSchG. auf Gefängnis erkannt worden.

Diese Rechtsprechung über das Zusammentreffen ist heftig angegriffen worden[74]). Die Vorwürfe richten sich vor allem gegen den Staatsgerichts-

[69]) Vgl. etwa Entw. 1927, Begr. zu § 72 S. 54.

[70]) Vgl. den Fall JW. 1925 Nr. 835.

[71]) Vgl. RGSt. 58, 401.

[72]) RGSt. 59, 214.

[73]) Vgl. RGSt. 60, 216 (230 a. E.).

[74]) Insbesondere von Liepmann, Kommunistenprozesse. Vgl. gegen ihn auch das Urteil des Hamburger Landgerichts in JR. 1925 Nr. 536.

hof. Denn die Zuchthausandrohung für besonders schwere Fälle in § 7 des RepSchG., die jene Rechtsprechung überhaupt erst ermöglichte, ist bald nach Aufhebung des Staatsgerichtshofs beseitigt worden[75]). Das Reichsgericht hat aber, wenn auch nur in wenigen Fällen[76]), in gleicher Weise entschieden wie jener. Heute ist die Frage für diese Fälle ohne Bedeutung.

Der gewichtigste Einwand gegen diese Rechtsprechung geht dahin, daß, wenn für besonders schwere Fälle ohne Angabe neuer Tatbestandsmerkmale verschärfte Strafen angedroht sind, das Höchstmaß dieser verschärften Strafe zur Ermittlung der schwersten angedrohten Strafe bei tateinheitlichem Zusammentreffen nur dann zum Vergleich herangezogen werden dürfe, wenn ein solcher besonders schwerer Fall vorliegt. Die Entscheidung hängt davon ab, ob man die für besonders schwere Fälle gegebene Strafdrohung als ein selbständiges Gesetz im Sinne des § 73 StGB. auffaßt. Wie bei allen Auslegungen derartiger mehrdeutiger Begriffe wird man für die eine oder andere Ansicht Argumente anführen können, ohne zu einer zwingenden Beweisführung zu kommen. Die Umgrenzung des fraglichen Begriffes muß in der Rechtsprechung eine einheitliche und widerspruchslose sein — dieses Erfordernis ist, insbesondere auch im Verhältnis zur Behandlung der Tatbestände, bei welchen mildernde Umstände zugelassen sind, erfüllt. Im übrigen wird sie die praktischen Folgen nicht außer acht lassen dürfen. Im Hinblick auf die für den Verurteilten teils günstigen, teils ungünstigen Wirkungen wird man jedenfalls den Gedanken zurückweisen müssen, daß in dieser Rechtsprechung eine besondere Härte gegenüber den Kommunisten liege, zumal die Frage in gleichem Sinne schon vor Erlaß des RepSchG. entschieden wurde[77]). Daran hat das Reichsgericht festgehalten[78]). Jedoch hat der I. Senat abgelehnt, aus dieser Auffassung, die er im übrigen dahingestellt sein läßt[79]), die Folgerung zu ziehen, daß wegen der Strafdrohung für besonders schwere Fälle eine sonst mit Vergehensstrafe bedrohte strafbare Handlung zu einem Verbrechen werde, wenn ein besonders schwerer Fall nicht vorliegt[80]).

Es ist eine auffallende Erscheinung, daß dieselben Kreise, die die Rechtsprechung des Reichsgerichts in Hochverratssachen wegen ihrer angeblichen, die Freiheit der Meinungsäußerung und des politischen Lebens gefährdenden Härte nicht genug tadeln können, die Rechtsprechung bei Beschimpfungen der Republik und ihrer Organe als schwächlich verurteilen. Sicherlich ist es weder kriminal- noch staatspolitisch zweckmäßig, die Abwehr von Umtrieben, die die Existenz des Staates gefährden, lässig zu betreiben, um dort stark aufzutreten, wo lediglich Gefühle in Worten verletzt werden. Der Schwerpunkt der Rechtsprechung — es handelt sich um die Tatbestände des § 8 Ziff. 1 u. 2 RepSchG. — lag auch hier zunächst beim Staatsgerichtshof, doch liegen nunmehr auch zahlreiche Entscheidungen des Reichsgerichts, das hier in der Revisionsinstanz entscheidet, vor. Diese Rechtsprechung knüpft bewußt an die bewährte Praxis zu § 166 StGB. über Beschimpfung von Religionsgesellschaften an. Sie verlangt eine in roher Weise erfolgende besonders verletzende Kundgebung der Mißachtung, wobei die Roheit sich sowohl aus der Form wie aus dem Inhalt ergeben kann. Daß

---

75) G. v. 31. März 1926 — G. v. 8. Juli 1926.

76) Außer den zwei oben angeführten vgl. einige weitere bei Liepmann a. a. O.

77) RGSt. 53, 47.

78) Vgl. vor allem die ausführlich begründete Entsch. des II. Senates in RGSt. 59, 214.

79) Siehe auch RGSt. 60, 216 (230).

80) RGSt. 60, 111 (115).

die „kapitalistische Regierung rücksichtsloseste Proletarierausbeutung" betreibe, wird als abgenutztes politisches Schlagwort nicht beachtet[81]). Für die Beurteilung, ob eine Beleidigung sich als Beschimpfung darstellt, ist auch der Gemütszustand des Täters zu berücksichtigen; Angetrunkenheit, Ärger über eine verlorene Wette können die Äußerung in milderem Lichte erscheinen lassen[82]). Auch muß die Beschimpfung eine Herabwürdigung der Staatsform einschließen. Die Bezeichnung der sozialistischen Minister eines Landes als „Spitzbuben" enthält nicht notwendig eine solche[83]). Auch die Kritik an der Ausarbeitung der Verfassung („ein Sekundaner hätte es besser gemacht") wird durch § 8 RepSchG. nicht getroffen[84]). Andererseits bedarf es — auch das entspricht einer ständigen Rechtsprechung auf dem Gebiete der Beleidigung — keiner Absicht bei der Beschimpfung; es genügt Vorsatz, d. h. insoweit das Bewußtsein des Täters von dem beschimpfenden Charakter seiner Äußerung. So kann der Tatbestand auch durch eine unflätige Äußerung über die Bundesfarben des Reichsbanners erfüllt werden, wenn diese erfolgt in der Vorstellung, daß sie auch eine Beschimpfung der schwarzrotgoldenen Reichsfarben darstellt[85]). Damit hält sich die Rechtsprechung des Reichsgerichts frei von kleinlicher und erbitternder Verfolgungssucht. Man wird das auch kriminalpolitisch nur billigen können.

III. Landesverrat

Wenn in der Rechtsprechung in Hochverratssachen eine stets wache öffentliche Meinung und die Kritik insbesondere oppositioneller Kreise auf den geringsten Druck in empfindlicher Weise reagiert und einer Überspannung der Strafverfolgungstätigkeit des Staates einen wirksamen Damm entgegensetzt, ja den strafrechtlichen Schutz des Staates manchmal geradezu lähmt, so liegen in Landesverratssachen die Dinge vielfach umgekehrt. Hier wird die Sicherheit des Staates von außen, von Fremden bedroht, die Spannung zwischen Bürgerfreiheit und Staatsgewalt entsteht nicht, im Staate fühlt sich jeder einzelne Bürger selbst bedroht, die nationalen Leidenschaften werden geweckt, der aus Eigennutz die höchsten vaterländischen Interessen verratende Inländer verfällt schärfster moralischer Mißbilligung, die nationalen Motive des Ausländers stoßen auf mangelndes Verständnis: kurz alles vereinigt sich, um von der Rechtsprechung die Anwendung des Gesetzes in voller Strenge zu fordern. Eine Überspannung der Strafgewalt entbehrt hier des heilsamen Regulativs öffentlicher Kritik. Damit steigt aber die Verantwortung des Gerichtes; es hat — selbst gegen die öffentliche Meinung, die von ihm schärferes Zugreifen fordert — ängstlich bedacht zu sein, die Grenzen, die ihm durch Gesetz gezogen sind, nicht zu überschreiten.

Daß das Reichsgericht diese Aufgabe erfüllt hat, tritt besonders ausgeprägt hervor bei der Behandlung ausländischer Spione. Wenn sie aus rein vaterländischen Motiven handelten, war ihre Strafe unter der Herrschaft des Spionagegesetzes von 1893 nicht Zuchthaus, sondern Festungshaft. Das Reichsgericht hat oft nur unter Schwierigkeiten zu diesem Ergebnis gelangen können. Denn das Spionagegesetz von 1893 kannte wohl bei Verrat, nicht aber bei der diesem vorausgehenden Ausspähung die Möglichkeit, statt auf

[81]) HöchstRRspr. I 384.

[82]) JW. 1928 S. 1057.

[83]) RGSt. 57, 185.

[84]) JW. 1927 S. 2703.

[85]) JR. 1926 Rechtspr. Nr. 1810; vgl. auch RGSt. 61, 308, „Überläuferfarben, mit denen die Front gemeuchelt wurde".

Zuchthaus auf Festungshaft zu erkennen. Hier hat dann das Reichsgericht zugunsten der Angeklagten Versuch des Verrates angenommen, auch wenn die Handlung noch nicht über die Ausspähung hinaus gediehen war[86]. Allerdings mußte diese Stellungnahme das Reichsgericht dazu führen, bei § 92 StGB. in der sonst straflosen Ausspähung einen strafbaren Versuch zu sehen. Das Reichsgericht hat an der rechtlichen Möglichkeit festgehalten, aber hinzugefügt, daß regelmäßig, was im übrigen eine Frage tatsächlicher Feststellung sei, das bloße Beschaffen geheimer Nachrichten noch keine Betätigung der Mitteilungshandlung sein werde[87]. Der Reichstag erwies sich hier als strengerer Richter. Im Hinblick auch auf Mißbrauch der Begünstigung stellte er im Spionagegesetz von 1914 nur noch Gefängnis neben Zuchthaus zur Wahl. Allerdings, ein Recht auf diese milde Behandlung erwarb der Ausländer nicht. Und als im Jahre 1924 Frankreich sich hinter einen seiner Spione, der in deutsche Hände gefallen war, stellen zu können glaubte und sogar Geiseln nahm, um einen Druck auf das Reichsgericht zu üben, da traf seinen Schützling Zuchthausstrafe[88].

Der Strafschutz, den die Landesverratsbestimmungen dem Rechtsgut der äußeren Sicherheit und Machtstellung des Staates gewähren, ist von jeher, wenigstens in Friedenszeiten, lückenhaft gewesen, denn das Gesetz bestraft ja nicht schlechthin jede Verletzung oder Gefährdung dieses Rechtsgutes, sondern bezeichnet als strafbar nur einzelne Angriffshandlungen. Das hat zur Folge, daß immer wieder gegen neuartige Angriffsmethoden der gesetzliche Strafschutz versagt. Solche Erfahrungen haben dem Gesetzgeber wiederholt Anlaß zu Reformen geboten; sie waren aber auch für den Richter eine Versuchung, durch ausdehnende Auslegung des Gesetzes dem auftretenden Schutzbedürfnis gerecht zu werden. Das Reichsgericht hat die Grenzen, die dieser Auslegung im Strafrecht gesetzt sind, nie überschritten.

Gleich die erste Verstärkung des Strafschutzes durch das Spionagegesetz von 1893 wies einen Mangel auf. Es sollte vor allem Schutz gegen die bis dahin als Vorbereitungshandlung zum Landesverrat straflose Kundschaftertätigkeit gewähren. Aber der Reichstag, der befürchtete, daß diese Strafbestimmungen zur Unterdrückung von Nachrichten über das in der Presse bestimmter Parteien vielbehandelte Thema der Soldatenmißhandlungen verwendet werden könnten, hatte den Strafschutz nur gegenständlichen militärischen Geheimnissen gewährt, die Nachrichten aber aus dem Regierungsentwurf gestrichen. Hier hat nun das Reichsgericht das Spionagegesetz in eine, wie es Oberreichsanwalt Hamm ausdrückte[89], „kräftige orthopädische Behandlung" genommen[90]. Aus dem Zweck des Gesetzes folgert es, daß Gegenstände nicht nur solche bewegliche Sachen seien, bei denen eine Besitzergreifung durch den Täter möglich sei. Nicht die Form der Übermittlung ist somit entscheidend, ob sich der Verrat auf einen Gegenstand oder eine Nachricht bezieht, sondern der Inhalt des Übermittelten. Ein Gegenstand ist auch dann verraten, wenn der Täter nicht ihn selbst, sondern bloß eine Nachricht über ihn weitergibt. Aber darüber hinaus konnte die Auslegung nicht gehen. Verrat von Nachrichten, die sich auf rein Gedankliches, auf Vorgänge und Tatsachen bezogen, blieb straflos, und eine Anklage führte

---

86) Vgl. RGSt. 25, 45 (51).
87) Vgl. DStZ. 1922 S. 241; DRichtZ. 1924 S. 135.
88) Vgl. DJZ. 1924 S. 288.
89) DJZ. 1896 S. 205ff.
90) Siehe RGSt. 25, 45; vgl. auch Ebermayer in Stengleins Komm. zu den strafrechtl. Nebengesetzen (4. Aufl.), Anm. zu § 1 SpionageG.

zum Freispruch trotz empfindlicher Interessenschädigung, bis das Gesetz von 1914 diese Lücke ausfüllte[91]). Derartige Nachrichten wurden auch nicht dadurch zu einem Gegenstand, daß sie zum Zwecke der Mitteilung schriftlich aufgezeichnet wurden. Solche Schriftstücke waren nicht Schutzobjekt.

Der Schutz des militärischen Geheimnisses erstreckt sich nur auf wahre Mitteilungen. Der Spionagebetrug, d. h. die Übermittlung falscher und deshalb wertloser Nachrichten, wird durch diese Strafbestimmungen nicht getroffen. Das militärische Interesse wird durch sie nicht verletzt; im Gegenteil kann die Täuschung des Feindes von militärischem Vorteil sein, weshalb auch im Nachrichtendienst von sog. Irreführungsagenten vielfach Gebrauch gemacht wird. Er ist nicht als Spion strafbar, auch wenn er gegen Deutschland tätig wird[92]). Natürlich liegt so für den wirklichen Spion im Strafverfahren die Verteidigung, er habe Spionagebetrug begangen, nahe. Der in der Anknüpfung unkontrollierbarer Beziehungen mit feindlichen Agenten liegenden Gefährdung militärischer Interessen tritt die Strafvorschrift des § 6 SpionageG. entgegen[93]).

Aber auch durch die Übermittlung falscher Nachrichten kann das staatliche Interesse auf das empfindlichste verletzt werden. Die Schädigung liegt freilich auf anderem Gebiete als beim Geheimnisverrat. Sie besteht darin, daß über Zustände oder Absichten eines Staates bei einem andern Staat ein falscher Eindruck erweckt wird, und zwar in solchen Punkten, die für das Verhalten dieses Staates zu jenem bedeutsam sind. Dann vermag die Irreführung des fremden Staates eine ungünstige politische Reaktion auszulösen. Das kann erhebliche Bedeutung gewinnen schon im Verhältnis von Staaten annähernd gleicher Stärke, etwa auf ihre Bündnispolitik. Zu einer ernsten Gefahr wächst sich solcher Scheinverrat aber erst aus, wenn der verleumdete Staat wegen seiner Schwäche vom politischen Wohlwollen überstarker Nachbarn abhängig ist. Das gilt seit der Entwaffnung durch den Versailler Vertrag auch für Deutschland. Erst seit diesem Zeitpunkt macht sich das Schutzbedürfnis in dieser Richtung geltend. Aber die Rechtsprechung kann ihm mangels eines dieses Verhalten treffenden Strafgesetzes nicht gerecht werden. Die Schädlichkeit der Verbreitung falscher Nachrichten ändert nichts an ihrer Straflosigkeit[94]). Nur die Reform des Gesetzes kann helfen.

Die Straflosigkeit als Verrat schließt Strafbarkeit aus anderen Gründen nicht aus. Nun wird Übermittlung falscher Nachrichten häufig in der Form begangen, daß Urkunden gefälscht oder verfälscht werden. Dann kann der Täter wegen Urkundendeliktes strafbar sein. Die Strafbarkeit wegen schwerer Urkundenfälschung (§ 268) ist allerdings an Voraussetzungen gebunden, die auch in schweren Verratsfällen nicht immer vorliegen werden. Zwar kann die Absicht der Schadenszufügung sich auch gegen die politische Stellung des Deutschen Reiches richten; es entspricht ständiger Rechtsprechung des Reichsgerichts, keinen Vermögensschaden zu fordern. Jedoch muß der Täter von der Absicht geleitet sein, d. h. es muß die Erwartung der Schädigung wenn auch nicht ausschließliche, so doch mitbestimmende

---

[91]) Vgl. hierzu Finger in GerS. 82, 123ff., Kohlrausch in ZStW. 35, 250, Hamm ebenda S. 247.

[92]) RGSt. 53, 121 (123).

[93]) Vgl. RGSt. 50, 424, DRichtZ. 1924 S. 204 sowie Kleine in DStZ. 5, 131ff. (134), Freiesleben in ZStW. 45, 260ff.

[94]) DRichtZ. 1924 S. 135.

Vorstellung gewesen sein. Das ist eine Frage tatsächlicher Feststellung. Es kann[95]), muß aber nicht der Fall sein.

Im Kriege erst entfaltet das Gesetz den vollen Strafschutz. Jetzt ist jede vorsätzliche, einer feindlichen Macht gewährte Vorschubleistung und Schädigung der eigenen Kriegsmacht Landesverrat, die Spionage treffen erhöhte Strafen. Hier erweckt vor allem die Behandlung des Erschwerungsumstandes des § 90 Ziff. 5 „dem Feinde als Spion dient", Interesse, denn bei ihm fand ein Anschauungswandel in der Rechtsprechung des Reichsgerichts statt, der später für die Auslegung der im Ruhrkampf erlassenen Verordnung zur Bekämpfung der Spionage v. 3. März 1923 Bedeutung gewinnen sollte. Der Begriff des „Dienens als Spion" kann in doppeltem Sinne verstanden werden. Er kann einmal bezeichnen einen Zustand von einer gewissen Dauer, ein Dienstverhältnis, innerhalb dessen dann ein- oder mehrmaliger Verrat erfolgt. Das war die ursprüngliche Anschauung des Reichsgerichts, das als Voraussetzung der Anwendbarkeit des § 90 Ziff. 5 die vorhergehende Herstellung von Beziehungen zum Feinde forderte[96]). Der Begriff kann aber auch ein einmaliges Tun bezeichnen, die Leistung eines Spionagedienstes, d. h. eine Tätigkeit, die in der Übermittlung eines Geheimnisses besteht. Dieser Auffassung hat sich das Reichsgericht später angeschlossen in der Erkenntnis, daß der Zweck des Gesetzes, der Landesverteidigung im Kriege erhöhten Schutz gegen Verrat zu gewähren, der einschränkenden Auslegung entgegenstünde[97]). Diese Rechtsprechung ist für die hinsichtlich der Gegenstände des Verrates viel weitergehende Ruhrverordnung festgehalten worden[98]). Doch war auch hier eine Grenze gesetzt. Stets mußte es sich handeln um die Mitteilung von Geheimnissen; die Leistung von Arbeitsdiensten, sofern sie nicht einen solchen Verrat enthielten, unterfiel der Verordnung nicht.

Die besonderen Schwierigkeiten, die mit der Handhabung der Landesverratsbestimmungen verbunden sind und zugleich der Schlüssel für ihr Verständnis liegt im Begriff des Geheimnisses. Seine Klärung muß ihren Ausgangspunkt von den schutzbedürftigen Interessen nehmen. In den Beziehungen der Staaten zueinander spielt die Überraschung eine große Rolle. Das gilt sowohl für die Politik in friedlichen Zeiten wie für die Anwendung militärischer Machtmittel im Kriege. Eigene, dem Staate nützliche Bestrebungen unangefochten vom Gegner durchzuführen, fremde dagegen, die dem Staate Nachteil bringen könnten, zu durchkreuzen, ist in beiden Fällen die Aufgabe. Und der Staat hat die Überlegenheit, der die eigene Lage, Maßnahmen, Absichten verschleiert, die fremden aber durchschaut, denn nur dann wird er ungestört und zweckmäßig handeln können. So ist fremde Unkenntnis wertvoll, Verrat schädlich. Aus der Bewertungsnorm ergibt sich aber auch die Bestimmungsnorm: Geheimnis ist, was, weil seine Kenntnis bei einer fremden Regierung für den Staat schädlich ist, dieser Kenntnis vorenthalten werden soll.

Die Aufstellung einer Norm, eine Kenntnis einem anderen vorzuenthalten, verliert in dem Augenblick ihren Sinn, wo dieser andere diese Kenntnis besitzt, ja schon dann, wenn der andere sich diese Kenntnis, wenn er will, ohne weiteres verschaffen kann aus Quellen, die ihm nicht entzogen werden können. Dem Gegner bekannte oder jederzeit zugängliche Dinge sind deshalb

---

[95]) So JR. 1925 Nr. 1584.

[96]) Vgl. RGSt. 53, 6 u. 121.

[97]) Vgl. RGSt. 55, 268.

[98]) Vgl. hierzu die zahlreichen von Freiesleben in ZStW. 45, 237ff. (257) mitgeteilten Entscheidungen, darunter RGSt. 58, 1.

niemals Staatsgeheimnisse oder militärische Geheimnisse im Sinne des Spionagegesetzes. Dabei darf aber nun nicht übersehen werden, daß sowohl hinsichtlich des Umfangs wie auch des Grades der Gewißheit eine teilweise Kenntnis oder Zugänglichkeit möglich ist. Der Gegner weiß z. B. von einer militärisch bedeutsamen Erfindung, kennt aber diese oder jene Einzelheit noch nicht, weiß von einem Geheimvertrag, hat aber noch Zweifel an der Richtigkeit der Angaben. Dann liegt ein sog. relatives Geheimnis vor. Gegen seine Anerkennung ist man zu Unrecht Sturm gelaufen. Daß auch der Verrat unter solchen Umständen schädlich sein kann und deshalb die Geheimhaltungsnorm berechtigt ist, beweist schon, daß für die Ergänzung und insbesondere die Bestätigung erhaltener Nachrichten häufig die größten Anstrengungen und Aufwendungen gemacht werden.

Der Begriff des relativen Geheimnisses kann aber auch noch in einem anderen Sinne verstanden werden. Es kann sein, daß geheimhaltungsbedürftige Dinge einzelnen Personen bekanntwerden, während sie anderen unbekannt bleiben. Von einer militärischen Maßnahme erfährt etwa durch Verrat eine fremde Regierung, während andern Regierungen gegenüber die Geheimhaltung gelingt. Gerade in solchen Fällen hat man den Bestand des Geheimnisses geleugnet. Die Beweisführung für diese Behauptung geht regelmäßig von der Aufstellung einer Begriffsbestimmung dessen aus, was ein Geheimnis ist und verkennt damit den normativen Charakter dieses Begriffes im Sinne des Gesetzes. Man bestimmt ihn dann etwa dahin, daß er in der Beschränkung einer Kenntnis auf einen bestimmten Personenkreis liegt, und sieht diese Voraussetzung unter solchen Umständen als nicht erfüllt an. Doch das ist nicht überzeugend. Ob ein relatives Geheimnis Geheimnis im Sinne des Gesetzes ist, ob die Geheimhaltung teilweise bekanntgewordener Gegenstände und Nachrichten im Interesse des Staatswohls oder der Landesverteidigung erforderlich ist oder nicht, das bestimmen die Bedürfnisse des Staates und der Landesverteidigung, und hier kann und wird sich sehr häufig die Möglichkeit und die Notwendigkeit der Geheimhaltung ergeben. Erst wenn dieses Bekanntwerden über den Kreis der Eingeweihten zu allgemeiner Kenntnis oder wenigstens allgemeiner Zugänglichkeit auch für die andern Interessenten führt, verliert die Geheimhaltung ihren Sinn. Sie ist dann nicht mehr im Interesse der Landesverteidigung erforderlich.

Dem Wunsch, dem Begriff insbesondere des militärischen Geheimnisses einen festen Inhalt zu geben, verdankt auch noch eine andere Einschränkung ihr Bestehen, die auf v. Liszt zurückgeht[99]). Er faßte den Begriff des Staatsgeheimnisses dahin, daß ihm nur solche Tatsachen unterfielen, die sich auf Betätigung des Staatswillens durch seine Organe beziehen. Diese Verengung des Begriffes des Staatsgeheimnisses gegenüber dem Begriff des Privatgeheimnisses, den er selbst weiter faßt, bleibt bei ihm ohne Begründung[100]). Man tut deshalb dem Sinn seiner Ausführungen, die nicht de lege lata, sondern de lege ferenda genommen werden müssen, Gewalt an, wenn man sie, ohne einen weiteren Beweis der Richtigkeit auch nur zu versuchen, zur Grundlage einer Kritik der Rechtsprechung des Reichsgerichts macht. Aber auch als Postulat ist die Lisztsche These abzulehnen. Denn sie würde sich nur halten lassen, wenn sich zeigen ließe, daß ein erhebliches Geheimhaltungsinteresse nur an solchen Tatsachen besteht. Dafür hat Liszt nichts

---

[99]) Der Begriff des militärischen Geheimnisses in Festschrift für Brunner (1914) S. 207ff.

[100]) Den gleichen Gedanken ebenfalls ohne Begründung spricht Wegner, Kriminelles Unrecht, Staatsunrecht und Völkerrecht (1925) S. 79 aus, wenn auch dort die Einschränkung gerade für den Fall, den Wegner im Auge hat, richtig ist.

beigebracht. Aber umgekehrt hat der Weltkrieg aufs deutlichste gezeigt, daß gerade die Kenntnis von Tatsachen, die von der Betätigung der Staatsorgane gänzlich unabhängig sind — man denke etwa an Waffenwirkung, Ernährungslage, Volksstimmung — für die Entschlüsse der Kriegführung entscheidende Bedeutung gewannen. Ihre Geheimhaltung war im Interesse der Landesverteidigung erforderlich.

Mit Recht hat das Reichsgericht derartige Einschränkungen abgelehnt. Insbesondere ist der Begriff des relativen Geheimnisses früh ausgebildet und in ständiger Rechtsprechung festgehalten worden[101]). Freilich: glaubhafte Kenntnis der ausländischen Regierung schließt das Geheimnis aus[102]). Wohl aber wurde die Möglichkeit eines Geheimnisverrates angenommen bei der Ausspähung des Gesamtbildes des Küstenschutzes, mochten auch die Einzelheiten wenig verfänglich sein[103]), bei Zusammenstellung bekannter Einzelheiten, wenn diese durch Aufdeckung von Beziehungen eine von den Einzelheiten verschiedene neue Nachricht enthält[104]), bei Bestätigung und Bestärkung der Kenntnis, wie sie etwa durch nochmalige Veröffentlichung eines Zeitungsaufsatzes unter Hinzufügung neuer Behauptungen bewirkt wird[105]).

Es ist eine unvermeidliche Folge des normativen Charakters des Begriffes Geheimnis, daß der konkrete Inhalt des Begriffes, das heißt der Umfang der Dinge, die geheimhaltungsbedürftig sind, bestimmt wird von den politischen und militärischen Interessen des Staates und daß er daher mit dem Wechsel der Anschauung über die erstrebenswerten Ziele und über die besten Methoden zu ihrer Verwirklichung sich ändert. Das zeigt sich besonders auf militärischem Gebiet bei der überaus raschen Wandlung der Taktik in den letzten Jahrzehnten, die manchen Dingen eine militärische Bedeutung verleiht, die sie früher nie gehabt haben und umgekehrt. Das gleiche gilt aber in der Politik, wo beispielsweise die Mächte früher ängstlich behütete Geheimarchive geöffnet haben. Die Tatsache dieses raschen Wechsels, die Möglichkeit auseinandergehender Beurteilung der erstrebenswerten Ziele und der zu ihnen führenden Wege bringt in den Begriff des Geheimnisses eine starke Unsicherheit hinein.

Bei dieser Sachlage erhält es erhöhte Bedeutung, von welchem Bewertungsstandpunkt aus der Inhalt der Geheimhaltungsnorm bestimmt wird. Hier verlangen militärisches Geheimnis und Staatsgeheimnis getrennte Betrachtung.

Beim militärischen Geheimnis legt das Gesetz einen objektiven Maßstab zugrunde: „Gegenstände und Nachrichten, deren Geheimhaltung im Interesse der Landesverteidigung erforderlich ist.“ Die Anlegung dieses Maßstabes macht in aller Regel keine Schwierigkeiten. Diese liegen an anderer Stelle.

Man darf nicht verkennen, daß den oben geschilderten Versuchen, den Begriff des Geheimnisses, insbesondere des militärischen Geheimnisses, zu beschränken, ein berechtigtes Interesse zugrunde liegt. Sie bezweckten nicht, wenn sie auch darauf im Ergebnis hinauslaufen würden, dem Staate den erforderlichen Schutz zu entziehen, sondern sie wollten einer Überspannung

---

[101]) Vgl. RGSt. 10, 420; 25, 45 (48) und Jorns in DRichtZ. 1928 S. 107 gegen die Behauptung Gumbels in Justiz II S. 85.

[102]) Vgl. RGSt. 25, 45, DRichtZ. 1924 S. 203.

[103]) RGSt. 25, 45 (50).

[104]) DRichtZ. 1924 S. 391.

[105]) DRichtZ. 1924 S. 322; RGSt. 62, 65 (70); vgl. weitere Entscheidungen bei Freiesleben in ZStW. 45, 249.

des Schutzes vorbeugen, die auch harmlose, ja berechtigte Handlungen unter Strafe stellt und damit die bürgerliche Freiheit bedroht. Und diese Gefahr liegt in der Tat vor. Vielen Dingen kommt nicht nur eine militärische, sondern noch eine andere soziale Bedeutung zu. Hierhin gehören z. B. alle Tatsachen der Geographie, die Verkehrsmittel, Erfindungen, die sowohl für die Herstellung von Waffen wie für den Friedensbedarf bestimmter Güter von Bedeutung sind. Und hier ergibt sich nun eine Interessenkollision. Dem militärischen Interesse an Geheimhaltung treten andere, wirtschaftliche, politische Interessen entgegen, die die allgemeine Bekanntgabe erfordern. Das Interesse der Landesverteidigung ist nur eines, ein sehr wichtiges, aber nicht allein ausschlaggebendes Interesse des Staates. Ein Ausgleich muß getroffen werden, der von der Wertung der Interessen abhängt und deshalb je nach dem Stande des Beurteilers sehr verschieden ausfallen kann. Überläßt man ihn militärischen Stellen, so entsteht die Gefahr einseitiger Überbewertung der militärischen Interessen.

Gegen diese Gefahr bietet die objektive Fassung des Geheimnisbegriffes, die Überprüfung eines etwaigen militärischen Gutachtens durch das Gericht, Sicherheit. Die Dinge liegen auch nicht so, daß jeweils erst im Strafverfahren die Wertung der kollidierenden Interessen vorgenommen werden müßte. Besteht für irgendeinen Gegenstand zwar ein militärisches Geheimhaltungsbedürfnis, liegt aber zugleich ein überwiegendes soziales Interesse vor, das die allgemeine Bekanntgabe erheischt, so wird dieses Bekanntwerden von der Regierung häufig nicht nur nicht gehindert, sondern gefördert: so z. B. bei Veröffentlichung der Generalstabskarten. Und so ist die allgemeine Zugänglichkeit, die das Geheimnis negiert, regelmäßig ein Zeichen und eine Folge einer Entscheidung der Kollision zuungunsten des militärischen Interesses.

Anderer Art sind die Schwierigkeiten, die sich bei der Feststellung des Inhalts des Begriffes Staatsgeheimnis ergeben. Hier schützt das Gesetz das Geheimnis nicht nur im objektiven, sondern auch im subjektiven Sinne.

§ 92 Nr. 1 StGB. stellt die „Staatsgeheimnisse" den Urkunden, Aktenstücken und Nachrichten, deren Geheimhaltung einer anderen Regierung gegenüber für das Wohl des Deutschen Reichs oder eines Bundesstaats erforderlich ist, gegenüber. Während im zweiten Fall wie beim militärischen Geheimnis ein objektiver Maßstab angelegt wird, ist Staatsgeheimnis — nur so gewinnt die Gegenüberstellung Sinn[106]) — subjektives Geheimnis: Dinge, deren Geheimhaltung die Staatsregierung für erforderlich hält, die sie geheim gehalten wissen will[107]). Die Unterscheidung gewinnt Bedeutung im Hinblick auf die besonderen Schwierigkeiten, die mit dem objektiven Begriff beim Staatsgeheimnis verbunden sind. Beim militärischen Geheimnis sind Zweifel selten. Das Ziel — Erhaltung der Wehrmacht — und auch die Methoden zur Erreichung des Zieles sind klar und unstreitig. Erst bei der Abwägung kollidierender Interessen wird die Entscheidung unsicher. Ganz anders beim Staatsgeheimnis. Was das Staatswohl erfordert, mehr noch auf welchen Wegen das Staatswohl gefördert werden soll, ist im höchsten Maße und ganz besonders in Deutschland streitig. Die Gegensätze der politischen Wertungen bilden vielfach die Grundlage parteimäßiger Gruppierung. Es entsteht die Gefahr, daß das Gericht, berufen zur Entscheidung über das, was das Staatswohl erfordert, in den Strudel der Parteikämpfe hineingezogen

---

[106]) Vgl. RGSt. 10, 421.

[107]) Vgl. Gutjahr, Diplomatischer Landesverrat innerhalb des Bundesstaates (1928) S. 14.

wird. Aber auch der Schutz des Staates ist gefährdet. Denn zur Strafbarkeit wegen Landesverrates nach § 92 Nr. 1 StGB. ist Vorsatz erforderlich. Fehlt nun infolge abweichender politischer Einstellung die Vorstellung der Schädlichkeit der Bekanntgabe für das Staatswohl, so ist die Strafbarkeit bei objektiver Fassung des Geheimnisbegriffes in Frage gestellt. Bei subjektiver Fassung genügt die Vorstellung, daß die Regierung die Geheimhaltung für erforderlich hält, mag auch der Täter die Ansicht der Regierung nicht teilen. Ihre volle Bedeutung wird die Frage, was zum Inhalt des Vorsatzes bei objektiver Fassung des Begriffes Staatsgeheimnis gehört, erst entfalten, wenn nach dem Vorschlag des Strafgesetzentwurfs der Begriff des Staatsgeheimnisses im subjektiven Sinne beseitigt ist. Aber sie ist auch heute nicht gleichgültig. Denn ein Staatsgeheimnis im subjektiven Sinn kann nur vorliegen, wenn der Gegenstand des Geheimnisses der Regierung bekannt ist. Objektiv geheimhaltungsbedürftig können auch der Regierung verborgene Dinge sein; gerade bei diesen ist die Gefahr eines Verrates häufig gegeben.

Die erste Aufgabe des Gerichtes ist die Feststellung, ob das Staatswohl die Geheimhaltung erforderlich macht. Diese Feststellung ist nicht möglich, ohne daß zu dem Inhalt des Begriffes Staatswohl Stellung genommen wird. Das Staatswohl ist kein formaler, sondern ein materieller Begriff. Je nachdem welcher Wertungsstandpunkt eingenommen wird, wird die Notwendigkeit der Geheimhaltung in einem bestimmten Falle sich verschieden beurteilen können. Bei der Feststellung der Geheimhaltungsbedürftigkeit ist daher eine Stellungnahme zu den verschiedenen, im Volke lebenden und in den Parteien zum Ausdruck kommenden politischen Wertanschauungen unumgänglich.

Diese Tatsache bedeutet nun freilich noch nicht, daß das Gericht damit in den parteipolitischen Streit eingreifen müßte und daß sein Spruch von der Parteizugehörigkeit der Richter abhängig würde. Man darf für den Regelfall die hier liegende Gefahr überhaupt nicht überschätzen. Es steht auf außenpolitischem Gebiet genügend Erfahrungsmaterial zur Verfügung, um unter Sachverständigen zu einer begründeten und einhelligen Auffassung zu kommen. Außerdem liegt es in den Verhältnissen begründet, indem das Interesse fremder Regierungen den Anlaß zur Tat gibt, daß gleichgültige Dinge nicht verraten werden. So ist das Problem erst in jüngster Zeit aufgetaucht im Zusammenhang mit den Veröffentlichungen über sog. ungesetzliche Zustände, die aus pazifistischen Kreisen erfolgt sind.

Hier liegen nun besondere Umstände vor. Der Pazifismus unterscheidet sich von den übrigen Anschauungen nicht nur in der Methode zur Erreichung des Staatswohls. Die Gleichheit des Ausdrucks darf nicht darüber täuschen, daß der materielle Gehalt des Staatswohls in beiden Fällen ein verschiedener ist. Nur im formalen Sinne, indem der höchste Wert auf den Staat bezogen wird, herrscht Übereinstimmung. Aber was dieser höchste Wert zum Inhalt hat, was das Staatswohl ist, das wird verschieden beurteilt. Daraus aber, daß hier die Ziele, nicht nur die Wege verschieden sind, erklärt sich der Konflikt. Denn solange die Anschauungen nur über die Methoden der Außenpolitik auseinandergehen, pflegt auch für den, der die getroffenen Maßnahmen nicht billigt, der Verrat dieser Maßnahmen kein geeignetes Mittel zur Förderung der Staatswohls zu sein. Sein destruktiver Charakter wird nicht verkannt werden. Beim Pazifismus liegen die Dinge anders. Da seine Ziele andere sind wie die Ziele der staatlichen Politik, so erblickt er unter Umständen in der Durchkreuzung dieser Politik eine das Staatswohl nicht schädigende, sondern fördernde Handlung, mag selbst diese Beeinträchtigung der Regierungspolitik nur mit Gewalt seitens fremder Regierungen durchführbar sein, ja mag sie selbst mit außenpolitischen Rückwirkungen verknüpft sein, die auch vom Standpunkt des Pazifismus vielleicht als schädlich angesehen werden können, die aber durch die Vorteile überwogen werden. Eine Feststellung, ob eine Nachricht im Interesse des Staatswohls geheimgehalten werden mußte, ist hier gar nicht möglich, ohne daß zu dem pazifistischen Ideal des Staatswohls in zustimmendem oder ablehnendem Sinne Stellung genommen wird.

Trotzdem herrscht hier nicht Willkür. Das Gericht ist nicht frei in seiner Stellungnahme. Auch für den einzelnen Staatsbürger bestehen hier Bindungen. Zwar gilt der Grundsatz freier Meinungsäußerung. Jede politische Anschauung — das gilt für den Pazifismus nicht anders wie für andere Richtungen — darf für sich werben. Aber was die Führung der Außenpolitik anlangt, so ist sie bestimmten verantwortlichen Stellen übertragen. Darüber bestimmt die Reichsverfassung. Damit ist aber zugleich ausgesprochen, daß der unverantwortliche einzelne Staatsbürger nicht das Recht hat, auf eigene Faust Außenpolitik zu machen. So ist es ganz besonders in einer Demokratie. Denn wenn Demokratie bedeutet, daß das Volk, daß jeder einzelne aus dem Volk an der Bildung des Regierungswillens teilnimmt, so bedeutet sie auch andererseits Unterwerfung unter den auf solche Weise zustande gekommenen und festgestellten Volkswillen. Alles andere wäre Anarchie. Solange man an dem Gedanken einer staatlichen Organisation überhaupt festhält, wird man es daher ablehnen müssen, dem Bürger das Recht zu geben, Regierungsmaßnahmen, die er für schädlich hält, durch Verrat zu bekämpfen. Diese Stellungnahme ist unabhängig von der jeweiligen Einstellung zum Begriff des Staatswohls — unabhängig auch von der zufälligen Konstellation, daß der Pazifismus die verantwortliche Führung der Regierungspolitik nicht beherrscht. Sie würde in gleicher Weise gelten, wenn der Pazifismus die bestimmende Anschauung der Mehrheit würde[108]). Auch dann könnte der Staat es nicht dulden, daß in die Minderheit gedrängte Richtungen, die seine pazifistische Politik für schädlich halten, sie durch Verrat lahmlegen.

Der Begriff des Staatswohls wird daher maßgebend von der Regierung bestimmt. In ihr erhält der Wille des Volkes Form. Das Gericht ist an diese Tatsache gebunden. Es braucht keine eigene Wertung vorzunehmen. Es ist deshalb richtig, daß trotz Unmöglichkeit einer objektiven Feststellung des Staatswohls das Gericht nicht „über die Berechtigung des Pazifismus zu entscheiden"[109]) hat. So oft auch die Einstellung zu ihm auf die Entscheidung Einfluß zu gewinnen droht[110]), abhängig von politischen Wertanschauungen des Richters ist sie nicht.

Mit der Abstellung der Idee des Staatswohls auf die Regierung scheint nun freilich eine Wendung angebahnt zu sein, die den Begriff des Geheimnisses im objektiven Sinn mit dem subjektiven Staatsgeheimnis gleichsetzt. Doch diese Ansicht wäre irrig. Staatsgeheimnis im subjektiven Sinn ist eine nach außen in Erscheinung getretene psychologische Tatsache; bei der Feststellung, was Staatswohl ist, handelt es sich dagegen um Gewinnung der Beurteilungsnorm. Die Anwendung dieser Norm auf den konkreten Fall, die

---

[108]) Die pazifistische Anschauung ist auch schon heute nicht die einzige, die von der Regierungspolitik abweicht. Sehr charakteristisch ist die Äußerung Sinzheimers in Justiz III S. 533: „Das Wohl des Deutschen Reiches ist fürwahr nicht das Wohl, wie es die Nationalisten auffassen."

[109]) RGSt. 62, 65 (72).

[110]) Vgl. Jorns in DRichtZ. 1928 S. 108 a. E.

Feststellung, ob eine Tatsache geheimzuhalten ist, ist Aufgabe des Gerichtes. Es ist dabei unabhängig davon, ob die Regierung den gleichen Schluß zieht. Ja es ist denkbar, daß ein verantwortliches Regierungsorgan selbst, indem es sich zu der von ihm aufgestellten allgemeinen Norm im Einzelfall in Widerspruch setzt, sich strafbar macht.

Man hat nun freilich versucht, die Berechtigung des Pazifismus — also die Entscheidung einer politischen Wertfrage — mit juristischen Mitteln darzutun. Der Staat könne sein Wohl nur in der Durchführung der Rechtsordnung suchen[111]); rechtswidriger Regierungswille könne niemals Staatsgeheimnisse begründen[112]). Diese Argumentation könnte nur dann richtig sein, wenn Staat und Recht identisch wären. Das wird ja nun in der Tat behauptet. Soweit aber der Staat als Schutzobjekt im Strafrecht in Betracht kommt, tut er das niemals als Normenkomplex, sondern als soziale Erscheinung. Nur in der „Seinsebene" ist er angreifbar und schutzbedürftig. Der Verrat trifft ihn in der Macht, die er als soziales Gebilde ausübt. Für Größe und Bedeutung dieser Macht, für ihr Bestehen ist es aber gleichgültig, ob sie irgendwelchen Normen widerspricht oder nicht.

Der hier angeschlagene Gedankengang ist in Wahrheit politischer Natur. Es läßt sich als ein Grundsatz richtiger, d. h. auf die Dauer erfolgversprechender Politik aufstellen, daß sich der Staat stets innerhalb der durch das Völkerrecht gesetzten Schranken zu halten habe. Ob dieser Grundsatz richtig ist, ist als politische Frage hier nicht zu untersuchen[113]). Rechtlich unmöglich ist jedenfalls ein Staatsgeheimnis im Widerspruch zum Völkerrecht nicht.

Das Reichsgericht hat den Grundsatz, daß die Idee des Staatswohls von der Regierung bestimmt wird, nicht ausgesprochen[114]). Aber die starke Betonung der Treupflicht des Untertanen gegenüber dem Staat, die seine Beschwerden bei der eigenen Regierung anzubringen gebietet und die Anzeige beim Ausland ausschließt, zeigt, daß es im wesentlichen auf diesem Boden steht. Auch der Gedanke, daß das Staatswohl nur in der Durchführung der Rechtsordnung liege, wird abgelehnt. Es ergibt sich dies auch aus der Strafbarkeit desjenigen, der wahrheitswidrig, aber im Glauben an die Wahrheit eine Nachricht über angebliches völkerrechtswidriges Verhalten der Regierung veröffentlicht. Die Bestrafung erfolgt hier wegen Versuches des Verrats, was übrigens ständiger Rechtsprechung des Reichsgerichts beim sog. Mangel am Tatbestand entspricht[115]). Aber der Beginn einer Ausführungshandlung kann hierin nur gefunden werden, wenn der Verrat einer völkerrechtswidrigen Regierungshandlung vollendeter Landesverrat ist. Daraus ergibt sich, daß eine solche Handlung Geheimnis ist aus keinem anderen Grunde, als weil ihr Bekanntwerden außenpolitische Nachteile — besonders in der augenblicklichen Lage Deutschlands — zur Folge haben kann.

Die Stellungnahme, die das Reichsgericht hier eingenommen hat, wird man auch zur Auslegung der Entscheidungen heranziehen können, bei denen das Reichsgericht das Staatswohl bestimmt hat, ohne weitere Gründe anzugeben. Volle Klarheit ist hier nicht zu gewinnen, weil die Aburteilung von Landesverrat sich wegen Gefährdung der Staatssicherheit unter Ausschluß der Öffentlichkeit zu vollziehen pflegt. Hier ist zunächst einmal negativ fest-

---

[111]) Vgl. RGSt. 62, 67.

[112]) Wegner a. a. O. S. 11, 78.

[113]) Gut hierzu Kantorowicz in Justiz II S. 92ff. (97).

[114]) Vgl. RGSt. 62, 65.

[115]) Vgl. hierzu Klee in DJZ. 1924 S. 359.

zustellen, daß geheime Rüstungen als Schutzobjekt vom Reichsgericht nicht anerkannt werden. Eine Stärkung der Machtmittel des Reiches auf diesem Wege sieht es nicht als Förderung des Staatswohls an. Wenn behauptet wurde, daß sich das Reichsgericht schützend vor geheime Rüstungen stelle, so ist dies jedenfalls in diesem unmittelbaren Sinne unrichtig. Die hiermit ausgesprochene Ablehnung einer bestimmten Politik entspricht der Stellung unserer Regierungspolitik.

Das Reichsgericht sieht vielmehr die Schädigung und Gefährdung des Staatswohles darin, daß durch die Bekanntgabe ungesetzlicher Zustände der Regierung außenpolitische Schwierigkeiten seitens fremder Regierungen bereitet werden. Und zwar hält es in jetzt ständiger Rechtsprechung diese Gefahr nur dann für gegeben, wenn der Regierung durch die Mitteilung ausdrücklich oder stillschweigend der Vorwurf der Duldung oder Begünstigung gemacht wird. Es wird bezeugt, daß in diesem Punkte ein Wechsel der Rechtsprechung stattgefunden hat. Man wird annehmen dürfen, daß er nicht auf einem Wechsel der rechtlichen Anschauung — etwa der Annahme von Liszts These, daß Staatsgeheimnis nur Regierungswille bilden könne — beruht, sondern in einer Veränderung der tatsächlichen Verhältnisse. Die außenpolitisch ungünstige Wirkung tritt im Gegensatz zu früher nicht schon dann ein, wenn überhaupt unerlaubte Bewaffnungen u. dgl. bekanntwerden, sondern nur dann, wenn die Regierung daran beteiligt ist. Ob diese Ansicht zutrifft, ist eine Frage der Würdigung tatsächlicher Verhältnisse, deren Richtigkeit hier nicht nachzuprüfen ist.

Wenn das Völkerrecht auf die Strafbarkeit des Geheimnisverrates Einfluß gewinnen könnte, so wäre das nur in der Form denkbar, daß es für ihn einen Rechtfertigungsgrund abgäbe. Das wäre an sich nicht unmöglich. Wenn in der Völkerbundssatzung vorgesehen ist, daß nationale Minderheiten beim Völkerbund Beschwerden anbringen können, so ergibt sich daraus die Unzulässigkeit innerstaatlicher Strafverfolgungen wegen solcher Beschwerden. Aber das ist eine Ausnahme von der Treupflicht des Untertanen gegen seinen Staat, die in der Gefahr der Unterdrückung nationaler Minderheiten und ihrer Schutzbedürftigkeit Begründung und Rechtfertigung findet. Und selbst hier hat es energischer Vorstellungen einiger Mitglieder des Völkerbundrates bedurft, um auch nur einigermaßen Beschwerdeführern Schutz vor Verfolgung zu schaffen. Ebenso würde den durch den Friedensvertrag eingesetzten Kontrollorganen, wenn sie der inländischen Gerichtsbarkeit unterliegen würden, im Rahmen ihrer Befugnisse ein Recht zur Ausspähung und Weitergabe von Nachrichten zustehen, mögen diese Nachrichten auch dem Staatswohl noch so abträglich sein. Aber von alledem kann hier nicht die Rede sein. Ein völkerrechtlicher Satz, der die Treupflicht des Untertanen aufheben würde, insoweit sie völkerrechtswidrige Zustände betrifft, besteht nicht. Das Reichsgericht hat diesen Standpunkt mit Entschiedenheit eingenommen und festgehalten[116]).

Nicht selten wird endlich auch der Einwand erhoben, daß die Veröffentlichung von Nachrichten, wenn sie auch außenpolitische Gefahren oder Schäden herbeiführt, doch aus anderen überwiegenden Interessen geboten sei. Der Gedanke hat sich sogar zu gesetzgeberischen Vorschlägen verdichtet[117]). Aber er verkennt das Wesen des in Frage stehenden Interesses. Die Dinge liegen beim Staatsgeheimnis anders als beim militärischen Geheim-

---

[116]) RGSt. 62, 65ff.

[117]) Friedensburg in Justiz I S. 471f.

nis. Bei diesem ist das militärische nur eines von den Interessen, zu deren Pflege der Staat berufen ist. Hier sind Kollisionen möglich, ein Ausgleich nötig; seine einseitige Berücksichtigung wäre das, was man dem Staate als Militarismus vorzuwerfen liebte. Anders beim Staatswohl; hier liegt im Begriffe der Ausgleich der verschiedenen staatlichen Interessen schon beschlossen, da es die Gesamtheit der Interessen, die im Staate ihren Beziehungspunkt haben, beinhaltet. Es kann sich hier nur handeln um einen Streit der Ansichten über den konkreten Inhalt des Staatswohls und die Mittel seiner Förderung, nicht aber darum, ob das Staatswohl vor andern staatspolitischen oder vaterländischen Interessen zurücktreten müsse oder nicht.

Die Entscheidung kann in solchen Fällen allerdings erhebliche Schwierigkeiten bereiten. In ähnlicher Weise taucht die Frage bei der Anwendung des § 89 StGB. auf. Ein möglicher Streitpunkt ist in diesem Falle allerdings durch die Fassung erledigt. Indem § 89 davon spricht, daß die Handlung der Kriegsmacht des Deutschen Reiches schädlich sein müsse, schließt es alle Bestrebungen aus, die durch Vernichtung dieser Macht dem Staatswohle dienen zu können vermeinen. Aber hinsichtlich der Methoden, dieses durch das Gesetz festgelegte Ziel zu erreichen, können die Ansichten auseinandergehen. Eine für die Anwendung des § 89 geradezu typische Interessenabwägung mußte im Weltkrieg bei der Beurteilung des Außenhandels vorgenommen werden, indem einerseits die Aufrechterhaltung unseres Wirtschaftslebens, andererseits die mögliche Förderung der feindlichen Mächte durch Warenlieferung in Rechnung zu stellen waren. Hier war die Einstellung eine sehr verschiedene[118]). Gerade auf diesem Gebiet liegt auch der einzige Straffall, in dem das Reichsgericht im Wiederaufnahmeverfahren eine Verurteilung aufgehoben hat[119]). Der Konflikt tauchte aber auch an andern Stellen auf: So etwa, wenn die Regierung einen Munitionsarbeiterstreik durch Verbot und Strafmaßnahmen unterdrücken wollte, während ein Arbeiterführer seine Leitung übernahm, um ihn auf anderem Wege rasch zu beendigen.

Hiermit beantwortet sich aber auch noch eine andere, in diesem Zusammenhang aufgeworfene Frage. Die Dinge liegen nicht so, daß eine Handlung immer nur günstige oder nur schädliche Wirkung für das Staatswohl äußert, vielmehr können diese teils günstig, teils ungünstig sein. Die Nützlichkeit oder Schädlichkeit der Handlung beurteilt sich in diesem Falle dann danach, ob die günstigen oder die ungünstigen Wirkungen überwiegen. Gerade in der äußeren Politik mit seinem Grundsatz des do ut des ist dies die typische Lage. Keine Regierung wird wegen untergeordneter ungünstiger Wirkungen solche Handlungen unterlassen. Auch beim Geheimnisverrat ist dieser Grundsatz anerkannt. Es ist z. B. im Nachrichtendienst ein durchaus übliches Verfahren, daß ein sog. Irreführungsagent im Einverständnis seiner Auftraggeber wirkliche Geheimnisse verrät, um so Vertrauen und damit Wirkungsmöglichkeit zu gewinnen. Die Rechtfertigung dieses Verfahrens liegt darin, daß der dem Gegner zugefügte Schaden größer ist als der Vorteil, den er durch den Verrat erlangt. Weil durch diese Maßnahme das Staatswohl gefördert wird, entfällt die Geheimhaltungsnorm.

Man hat freilich diese Sachlage verkannt, weil man versucht hat, an sich gerechtfertigte Verurteilungen mit Berufung auf schädliche Teilwirkungen

---

118) Als charakteristisch vgl. etwa Wallroth in DRichtZ. 1915.

119) Siehe Hachenburg in DJZ. 1922 S. 358.

einer Handlung zu begründen. Das ist unrichtig und mit Recht dem Einwand ausgesetzt, daß ja auch die Regierung nichts anderes tue. Aber die Fälle, in denen Verurteilung erfolgte, lagen so, daß die von den Tätern vorgenommene Wertung eine andere war, als es dem Regierungswillen entsprach. Nicht weil sie auch schädliche Wirkungen hatte, sondern weil nach dem maßgebenden Gesichtspunkt diese schädlichen Wirkungen überwogen, war jenes Tun rechtswidrig.

Ist aber so die objektive Rechtswidrigkeit festgestellt, so fragt es sich, ob nicht der Glaube, im Interesse des Staatswohles zu handeln, den Vorsatz und damit die Strafbarkeit ausschließt. Wird der Begriff des Staatswohles durch die verantwortliche Regierung bestimmt, so ist klar, daß eine individuelle abweichende Anschauung den Täter nicht entschuldigen kann[120]). Der Täter kann irren über das, was die Regierung als im Staatsinteresse Geheimzuhaltendes ansieht; dieser Irrtum ist wesentlich. Aber derjenige, der, wenn auch in bester Absicht, bewußt gegen diesen Willen handelt, hat eben den zur Strafbarkeit erforderlichen Vorsatz. Mit Recht hat daher das Reichsgericht in solchen Fällen auch nicht aus subjektiven Gründen freigesprochen[121]).

Man darf nicht verkennen, daß hier die Quelle tragischer Konflikte liegen kann. Oft hat sich gezeigt, daß die Regierung geirrt hat, daß ihre Mittel und Wege, das Staatswohl zu fördern, falsch waren. Und es haben sich Männer gefunden, die aus besserer Einsicht heraus gegen den Willen der Regierung das Richtige getan haben. Aber es liegt gerade darin die Größe ihrer Tat, daß sie die Verantwortung für sie, auch die strafrechtliche, übernommen haben. Stellte sich die Richtigkeit ihres Handelns später heraus, so waren sie historisch-politisch und moralisch gerechtfertigt. Mit den Mitteln des Rechtes ist diesen Ausnahmefällen nicht beizukommen. Anders liegen die Dinge aber dort, wo mit dem Rufe nach Straffreiheit die Verantwortung für das eigene Handeln abgelehnt werden soll. Gegenüber der bis zum Überdruß wiederholten Behauptung, daß diejenigen, welche aus ihrer pazifistischen Weltanschauung heraus und in der Überzeugung, damit ihrer Idee und zugleich ihrem Lande zu dienen, Mitteilungen über illegale Zustände machen, zum mindesten moralisch einwandfrei handeln, muß mit aller Deutlichkeit ausgesprochen werden, daß dieses ethische Urteil keineswegs unanfechtbar ist. Natürlich kann niemandem daraus, daß er eine pazifistische Weltanschauung hat und für sie auch mit der Tat eintritt, mit Recht ein ethischer Vorwurf gemacht werden. Man mag behaupten, daß er die im staatlichen Leben wirksamen Kräfte verkenne — damit werden seine historischen Kenntnisse, seine politische Urteilsfähigkeit, kurz seine intellektuellen Geisteskräfte, nicht aber sein Charakter angezweifelt. Der ethische Vorwurf richtet sich vielmehr gegen das gewählte Mittel: die Anrufung des Auslandes, die entweder beabsichtigt oder doch als notwendige Folge der Veröffentlichung mit in Kauf genommen wird. Was der Pazifist durch die Werbekraft seiner Ideen im eigenen Volk nicht erreicht, das zwingt er dem Widerstrebenden auf durch Fremde, die, hierbei von ganz anderen Zielen geleitet, ihm Hilfe leisten: dieser Verrat an der nationalen Gemeinschaft ist es, der dem Täter Haß und Verachtung zuzieht.

Es ist die Schädlichkeit für die außenpolitischen Interessen des Staates,

---

[120]) Anders, wenn man den Begriff Staatswohl rein subjektiv faßt. Dann treffen die Erwägungen zu, die Graf zu Dohna in DJZ. 1925 S. 146 zum Ebert-Prozeß anstellt.

[121]) Vgl. RGSt. 62, 65. — Das Urteil geht, wenigstens in seinem veröffentlichten Teile, auf diese Frage nicht ein.

die das Geheimnis begründet. Ebenso wie diese Schädlichkeit sich nicht auf gesetzwidrige Zustände beschränkt[122]), ist auch nicht die Offenbarung jedes gesetzwidrigen Zustandes ein Landesverrat. Deswegen besteht die Befürchtung nicht zu Recht, daß die Rechtsprechung geeignet sei, die Kritik von Mißständen zu unterbinden. Man hat hier neuerdings auf den Phoebusskandal exemplifiziert[123]). Es ist im Wesen dieselbe Befürchtung, die schon seinerzeit bei der Beratung der Spionagegesetze wegen der Berichte über Soldatenmißhandlungen auftauchte[124]). In der Tat mag für eine Regierung, die vorkommende Mißstände zu vertuschen sucht, die Versuchung bestehen, Dingen, die lediglich innerpolitische Bedeutung haben, eine außenpolitische Bedeutung zuzusprechen. Dagegen bietet aber die Nachprüfung des staatswohlgefährdenden Charakters der Nachrichten durch das Gericht Schutz. Dieser Schutz hat denn auch nicht versagt.

Das Reichsgericht ist wegen seiner Rechtsprechung in Hochverrats- und Landesverratssachen in den letzten Jahren ungewöhnlich heftig angegriffen worden. Man hat ihm einseitige politische Stellungnahme vorgeworfen. Da die Kritik von politisch interessierter Seite ausging, war von vornherein der Zweifel nicht unbegründet, ob der Vorwurf der Parteilichkeit nicht mehr in der Einseitigkeit des Standpunktes des Beurteilers als in der Stellungnahme des Reichsgerichtes gegründet sei. Mag auch die Rechtsprechung des Reichsgerichts in dem einen oder anderen Punkte näherer Prüfung nicht standhalten: parteiliche — sei es bewußte oder unbewußte — Einstellung fällt ihr nicht zur Last. Deshalb ist die einseitige Kritik nicht ohne Wert. Sie hat zur Klärung und Vertiefung der Begriffe wesentlich beigetragen. Nur ist auch sie verpflichtet, gewisse Grenzen einzuhalten. Das hat sie nicht immer getan. Dabei kann hier unbeachtet bleiben, daß überscharfe Kritik sich selbst um ihre Wirkung bringt; das ist ein Punkt, den sie mit sich selbst auszumachen hat. Aber die nach Form und Inhalt übertriebenen Angriffe haben auch Wirkungen gehabt, die allgemeine Interessen berühren. Nicht nur in Deutschland, sondern auch im Ausland, und zwar in weiteren Kreisen als man gemeinhin annimmt, hat sich unter dem Einfluß der immer wiederholten Verdächtigungen die irrige Vorstellung festgesetzt, daß das Reichsgericht in politischen Prozessen nicht frei von Tendenz urteile. Man kann der Kritik den Vorwurf nicht ersparen, daß sie es hier am nationalen Verantwortungsbewußtsein vielfach hat fehlen lassen.

Unter dem Eindruck der politischen Kämpfe ist das Bestreben entstanden, das Reichsgericht in erster Instanz von diesen Prozessen zu entlasten. Mag in Zukunft das Reichsgericht in der bisherigen Funktion oder in der Revisionsinstanz die Rechtsprechung in Staatsverbrechen üben, der Wunsch begleitet es, daß das Reichsgericht auch in Zukunft sein möge, als was es sich in der Vergangenheit bewährt hat: ein Hort der Gerechtigkeit in den Wogen politischer Leidenschaften.

Abgeschlossen: Januar 1929.

---

[122]) Unter dem Eindruck der wegen Verrates illegaler Zustände geführten Prozesse ist man leicht geneigt, Landesverrat nur in dem Verrat von Gesetzesverletzungen zu sehen (vgl. Gutjahr a. a. O. S. 14), was natürlich zu eng ist.

[123]) Sinzheimer in Justiz III H. 4; vgl. ferner Wegner a. a. O. S. 80.

[124]) Gegen die damaligen Befürchtungen der Presse treffend Kohlrausch in ZStW. 35, 250.

Wahrunterstellung im Strafprozeß

von Professor Dr. Gustav Radbruch, Heidelberg

Man hat die Lehre von der Ablehnung von Beweisanträgen im Strafverfahren, die, „wie man sagen darf, fast ausschließlich durch die Rechtsprechung des Reichsgerichts ausgebildet ist", als „einen der bemerkenswertesten Glanzpunkte wissenschaftlicher Rechtsschöpfung" bezeichnet, „den die Geschichte des Prozeßrechts aufzuweisen hat[1]". Gerade diese Rechtsprechung weist aber einen schwachen Punkt auf, der bisher wohl berührt, aber noch nicht gründlich untersucht worden ist: die Lehre von der Wahrunterstellung.

Wahrunterstellung ist es, wenn Tatsachen, deren Wahrheit nicht festgestellt ist, als wahr behandelt werden, wenn das Ungewisse behandelt wird, als ob es gewiß wäre. Man mag sagen, im Zivilprozesse würden die zwischen den Parteien unbestrittenen Tatsachen als wahr unterstellt, und diese lediglich unterstellte Wahrheit als „formelle Wahrheit" bezeichnen. Der Strafprozeß aber strebt nach „materieller Wahrheit", nach Übereinstimmung seiner Feststellungen mit den Tatsachen des Lebens. Da ist es nun äußerst auffällig, daß es gerade im Strafprozesse unter Umständen möglich sein soll, unterstellte Wahrheit bewiesener Wahrheit gleichzustellen.

Nach Ansicht des Reichsgerichts sollen nämlich Beweisanträge abgelehnt werden dürfen, wenn das Beweisthema als wahr unterstellt wird. Eine solche Wahrunterstellung soll aber in zwei Fällen möglich sein: als wahr unterstellt werden dürfen einerseits unerhebliche Tatsachen, andererseits zugunsten des Angeklagten auch erhebliche Tatsachen.

Diese Rechtsprechung wird auf den mehrfach wiederholten Satz gegründet: „Der Angeklagte kann auch im Falle der Beweisführung nicht mehr erreichen, als daß dasjenige, was er behauptet, so behandelt wird, wie wenn es bewiesen wäre" (RG. 49, 46). Es ist aber leicht einzusehen, daß die Wahrunterstellung den Interessen des Angeklagten in geringerem Maße genügt als die Beweiserhebung. Schon bei den Verhandlungen der Vorkommission für die Reform des Strafprozesses[2] ist von den Gegnern der Wahrunterstellung mit Recht ausgeführt worden, „es sei ein großer Unterschied, ob das Gericht eine von dem Angeklagten angeführte Tatsache, beispielsweise die Behauptung, er sei zu der ihm vorgeworfenen Mißhandlung von dem Mißhandelten gereizt worden, häufig nur um Zeit zu ersparen, als wahr unterstellen wolle oder ob der Angeklagte in der Lage sei, durch Vernehmung seiner Entlastungszeugen dem Gerichte einen wirklichen Beweis zu erbringen, in dem angeführten Beispiel also nachzuweisen, wie und unter welchen Umständen er gereizt worden sei". Der Richter müßte ein reines Verstandeswesen sein, kein Mensch von Fleisch und Blut, wenn das gefühlsbetonte Anschauungsbild eines Sachverhalts, wie es eine Beweisaufnahme vor ihm darstellt, nicht stärker auf seine Über-

[1]) Vgl. Alsberg, 35. DJT. 1, 464 (1928).

[2]) Protokolle 2, 121 (1905).

zeugung wirkte als die kalte Begrifflichkeit einer Wahrunterstellung der gleichen Tatsachen.

Durch die Unterstellung einer Behauptung des Angeklagten als wahr entzieht sich das Gericht aber auch der Entscheidung darüber, ob diese Behauptung als glaubhaft oder nur als nicht widerlegt anzusehen sei. Dadurch erwächst dem Angeklagten freilich kein Nachteil, insoweit es sich um eine Behauptung handelt, die zur Entkräftung des Schuldbeweises dienen soll; denn eine solche Behauptung hat keine Eigenbedeutung, und ihre Funktion, den Schuldbeweis zu schwächen, erfüllt sie bei Wahrunterstellung in demselben Maße wie bei Beweiserhebung. Anders steht es jedoch mit denjenigen Behauptungen des Angeklagten, die der Führung des Unschuldbeweises dienen sollen. Sie sind für den Angeklagten um ihrer selbst willen bedeutsam, und gerade die Frage, welche bei der Wahrunterstellung offenbleibt: ob eine solche Behauptung glaubhaft oder nur nicht widerlegt sei, ist für ihn von allergrößter Bedeutung.

Nicht nur die Interessen des Angeklagten, auch diejenigen dritter Personen können durch die Wahrunterstellung erheblich verletzt werden. Es gehört wenig Phantasie dazu sich vorzustellen, welche Gefühle es in den beteiligten Frauen auslösen muß, wenn sie in einem Sittlichkeitsverfahren gegen einen Dritten es wehrlos hinnehmen müssen, daß dessen vielleicht unwahre Behauptung, ein Mädchen, das angebliche Opfer des Sittlichkeitsdelikts, sei von seiner eigenen Mutter „Hure" genannt worden, ohne Beweis als wahr unterstellt wird (RG. 46, 278). Besonders gefährlich werden ähnliche Wahrunterstellungen in Beleidigungsprozessen. Zwar kann, wenn üble Nachrede in Formen verübt wird, die sie zugleich als formelle Beleidigung erscheinen lassen (§ 192 StGB.), die Wahrheit der üblen Nachrede nicht deshalb unterstellt werden, weil auch im Falle ihrer Wahrheit jedenfalls der § 192 Platz greift (RG. 1, 260). Liegt dagegen nur formelle Beleidigung vor, weil die ehrenrührigen Tatsachen, die dem beleidigenden Werturteil zugrunde liegen, unausgesprochen geblieben sind, so ist es nicht ausgeschlossen, daß diese Tatsachen, wenn sich der Täter zu seiner Entlastung auf sie beruft, als wahr unterstellt werden.

Durch eine solche Wahrunterstellung kann nicht nur das Interesse des Beleidigten schwer verletzt werden, sondern auch das Interesse der Allgemeinheit. Während das Interesse des Beleidigten verletzt wird, indem durch die Wahrunterstellung der Anschein der Wahrheit der der Beleidigung zugrunde liegenden Tatsachen erweckt wird, wird das Interesse der Allgemeinheit gerade umgekehrt durch die bloße Wahrunterstellung verletzt, durch die der Prüfung und Feststellung der Wahrheit von Behauptungen über öffentliche Mißstände ausgewichen wird. Die Wahrunterstellung ist ein bequemes Mittel, sich der Beweisaufnahme über unbequeme Tatsachen zu entziehen. Besonders verführerisch ist in Beleidigungsprozessen die Methode, den Beweis der Mißstände, auf die die beleidigende Äußerung sich gründet, für unerheblich für die Schuldfrage zu erklären, den für die Straffrage bedeutsamen Glauben des Beleidigers an diese Mißstände aber als wahr zu unterstellen.

Während die geschilderten Unzuträglichkeiten auch bei ordnungsmäßigem Gebrauch von der Möglichkeit der Wahrunterstellung auftreten, liegt die schwerste Gefahr dieser Einrichtung in der großen Versuchung zum Mißbrauch, die sie mit sich führt. Die Häufigkeit solcher Mißbräuche spiegelt sich in der Rechtsprechung des Reichsgerichts wider[3]). Immer wieder ist das

---

[3]) Vgl. zum folgenden Löwe-Rosenberg § 244 Anm. 9b.

Reichsgericht genötigt auszusprechen, daß das Beweisthema selbst als wahr unterstellt werden müsse und es nicht zulässig sei, nur als wahr zu unterstellen, die Bekundungen des Zeugen würden diesem Beweisthema entsprechen, sich aber vorzubehalten, ob man diesen Bekundungen Glauben schenken wolle oder nicht. Immer wieder muß das Reichsgericht betonen, daß das Beweisthema voll und ganz als wahr unterstellt werden müsse, daß es z. B., wenn der Angeklagte den Beweis dafür antritt, jemand habe die unter Anklage gestellten Worte nicht gehört, hätte sie aber, wenn sie wirklich gefallen wären, hören müssen, unzulässig ist, zwar zu unterstellen, der Zeuge hätte nichts gehört, dabei aber nicht den andern Teil des Beweisthemas zu unterstellen, daß er die Äußerungen, wenn sie wirklich gefallen wären, hätte hören müssen. Man darf Conrad[4]) glauben, „daß das Reichsgericht, wie durch zahlreiche ungedruckte Urteile nachgewiesen werden könnte, mit äußerster Strenge prüft, ob das (in der Wahrunterstellung enthaltene) Versprechen gehalten worden ist". Man wird aber für die Rechtsprechung der erstinstanzlichen Gerichts mit gleichem Recht Bendix[5]) trauen dürfen, wenn er die Wahrunterstellungen als „berüchtigt" bezeichnet, „weil sie das moderne technische Hilfsmittel sind, um trotz derartiger Fiktionen mit geheimem Vorbehalten und Offenhalten von Nebenwegen zu Feststellungen zu gelangen, die gerade durch die abgelehnten Anträge bekämpft werden sollten". An einer bewiesenen Tatsache kann man nicht vorüber, die Versuchung aber, an einer bloß als wahr unterstellten Tatsache so lange zu modeln, bis sie sich in die Auffassung des Gerichts einfügt, ist nur allzu groß. Bendix hat deshalb de lege ferenda vorgeschlagen, daß die als wahr unterstellten Tatsachen auf Antrag des Verteidigers schriftlich festzuhalten seien.

Es ist bei dieser Lage der Dinge nicht verwunderlich, daß die wenigen Schriftsteller, die sich mit der Frage der Wahrunterstellung befaßt haben, ihr de lege lata und de lege ferenda ungünstig gesonnen sind. Schon in der Begründung zu den Strafprozeßentwürfen von 1908 und 1909 (§ 232) heißt es: „Die Fassung der Vorschrift bringt zum Ausdruck, daß die Ablehnung nicht auch schon dann zulässig ist, wenn das Gericht die Wahrheit der behaupteten Tatsache nur unterstellen will. Handelt es sich um eine für die Entscheidung bedeutsame Tatsache, so stünde es im Widerspruche mit der Aufgabe des Gerichts, die Wahrheit zu ermitteln, wenn es von mehr oder weniger willkürlichen Annahmen ausgehen wollte, sollten diese auch zugunsten des Angeklagten gereichen[6])". Wiederholt hat insbesondere Graf zu Dohna sich gegen die Wahrunterstellung gewandt[7]): „Namentlich sollten es die Gerichte vermeiden, Tatsachen, die sie nicht geprüft haben, als wahr zu unterstellen. Geschehen kann das nur hinsichtlich solcher Tatsachen, von deren Wahrheit das Gericht ohnehin überzeugt ist, und solcher, auf deren Wahrheit es überhaupt nicht ankommt. Dann aber liegt die Begründung für die Verschränkung des Beweises eben in diesen Umständen, und die Unterstellung als wahr dient nur zur Verschleierung des Tatbestandes. Eine Tatsache, auf die es ankommt, und über die das Gericht sich eine eigene Meinung nicht gebildet hat, darf es auch zugunsten des Angeklagten als wahre nicht verwerten." Auch James Goldschmidt hat sich mit Entschiedenheit gegen die Wahrunterstellung ausge-

---

[4]) DJZ. 16 Sp. 1323f. (1911).

[5]) Die Neuordnung des Strafverfahrens S. 212 (1921).

[6]) Entwurf 1909: Reichstagsdrucksache Nr. 1310 S. 159; Entwurf 1908: Sonderbeilage der DJZ. 1908 Sp. 288. Vgl. auch Bericht der Reichstagskommission 1911 S. 408ff.

[7]) Graf zu Dohna, DJZ. 16, 307; Strafprozeßrecht (2. Aufl., 1925) S. 160; 35. DJT. 1, 138 (1928).

sprochen[8]). Und wenn Alsberg und Bendix auch die gänzliche Beseitigung der Wahrunterstellung nicht für möglich halten, so sind sie sich doch in der Warnung vor „dem übertriebenen Gebrauchmachen" von diesem „gefährlichen", ja „berüchtigten" Hilfsmittel einig[9]).

Die Rechtsprechung des Reichsgerichts über die Wahrunterstellung ist aber auch einer immanenten Kritik ausgesetzt, die sie als in sich widerspruchsvoll erweist.

Wir sprechen zunächst von der Wahrunterstellung wegen Unerheblichkeit des Beweisthemas. In einer neueren Entscheidung wird zwar die eigentliche Wahrunterstellung, die Wahrunterstellung erheblicher Tatsachen, von dem Ablehnungsgrunde der Unerheblichkeit terminologisch unterschieden (RG. 61, 360), frühere Entscheidungen (z. B. RG. 35, 389; 49, 44) bedienen sich aber auch in jenem Falle der Terminologie „Wahrunterstellung".

Die Wahrunterstellung einer Tatsache wegen tatsächlicher oder rechtlicher Unerheblichkeit scheint zunächst nur eine Probe aufs Exempel zu sein, ob die Tatsache wirklich unerheblich ist. So faßt die Funktion der Wahrunterstellung z. B. Beling auf, wenn er ausführt[10]): „Das Gericht muß sich bei der Prüfung der Zulassung oder Ablehnung des Beweisantrages in Gedanken in die Lage versetzen, als habe die beantragte Beweisaufnahme die Wahrheit der unter Beweis gestellten Tatsache ergeben. Nur wenn der Hinzutritt dieser Tatsache zu den bisher erwiesenen Tatsachen das bisherige Beweisergebnis unberührt läßt, kann der Beweisantrag abgelehnt werden." Erschöpfte sich die Aufgabe der Wahrunterstellung in dieser Funktion als Probe aufs Exempel, so wäre nicht die Wahrunterstellung selbst der Grund der Ablehnung des Beweisantrages, sondern die Unerheblichkeit, welche durch die Wahrunterstellung nur sozusagen experimentell erwiesen wird, und jene neuere Entscheidung wäre in vollem Recht, wenn sie den Ablehnungsgrund der Unerheblichkeit von den Fällen der Wahrunterstellung als wirklichem Ablehnungsgrunde unterschiede.

Die Bedeutung der Wahrunterstellung im Falle der Unerheblichkeit scheint nun aber noch eine andere zu sein als die eines bloßen fiktiven Experiments und einer Probe aufs Exempel. Die Wahrunterstellung soll nämlich, so sagt man, die Feststellung der Unerheblichkeit nicht voraussetzen, sie soll vielmehr gerade dazu dienen, die Feststellung der Erheblichkeit oder Unerheblichkeit überflüssig zu machen — sich ihr „zu entziehen", sie „zu umgehen", sagt eine der Wahrunterstellung offenbar abgeneigte Entscheidung des Reichsgerichts (RG. 49, 44). Zur Begründung der Ablehnung des Beweisantrages wird sein Thema nicht für unerheblich erklärt, sondern eben als wahr unterstellt. Bei Ablehnung wegen Unerheblichkeit wäre anzugeben, ob rechtliche oder tatsächliche Unerheblichkeit vorläge und auf welche Tatbestände sich die tatsächliche Unerheblichkeit gründe, „in der Rechtsprechung wird indes angenommen, daß dann, wenn die Beweistatsachen, gleichviel ob erheblich oder unerheblich, als wahr unterstellt werden . . . eine weitere Begründung der Ablehnung der Beweiserhebung nicht erforderlich ist" (RG. in JW. 43, 891). Die Entscheidung, ob die Tatsache erheblich oder unerheblich ist, bleibt vorbehalten. Sie wird aus der Verhandlung in die Urteilsberatung, aus der Begründung der Ablehnung des Beweisantrages in die Begründung des Urteils verschoben. Sie wird möglicherweise ganz umgangen, indem auch in der Urteilsbgründung die Tatsache alternativ als entweder unerheblich oder für den Fall ihrer Er-

---

[8]) Prozeß als Rechtslage S. 453 (1925).

[9]) Alsberg a. a. O. S. 464; Bendix a. a. O. S. 212.

[10]) Bennecke-Beling, Strafprozeßrecht S. 528 (1900).

heblichkeit als wahr behandelt wird, und so die ganze Frage der Erheblichkeit der Nachprüfung des Revisionsgerichts entzogen (vgl. RG. 49, 44).

Bliebe dieser Auffassung gemäß infolge der Wahrunterstellung die Erheblichkeit des Beweisthemas ungeprüft, so bestünde die Möglichkeit, daß die Beweiserhebung auch über erhebliche Tatsachen unterbliebe. Dieses Verfahren würde sich, sagt die angeführte Entscheidung (RG. 49, 44), „wenigstens hinsichtlich der Beweisanträge des Angeklagten" aus dem Gesichtspunkte rechtfertigen lassen, daß der Angeklagte nicht beschwert ist, wenn das Gericht seine Behauptung als wahr unterstellt. Wir müssen berichtigen: ausschließlich hinsichtlich der Beweisanträge des Angeklagten oder doch der zugunsten des Angeklagten gestellten Beweisanträge würde sich dieses Verfahren rechtfertigen lassen. Die Wahrunterstellung einer erheblichen Tatsache zuungunsten des Angeklagten und die darauf gegründete Ablehnung eines Beweisantrages würde eine Beschränkung der Verteidigung bedeuten.

Es ergibt sich also, daß die Tatsachen als wahr unterstellt werden dürfen nur wenn entweder ihre Unerheblichkeit feststeht oder wenn sie den Angeklagten entlasten. Im ersteren Falle ist die Wahrunterstellung eine bloße Umschreibung des Ablehnungsgrundes der Unerheblichkeit und somit überflüssig. Mit dem anderen Falle aber gehen wir zu der zweiten vom Reichsgericht angenommenen Möglichkeit über: der Möglichkeit der Wahrunterstellung erheblicher Tatsachen zugunsten des Angeklagten.

Es sollen nämlich zweitens beantragte Beweiserhebungen über eine „den Angeklagten entlastende Tatsache" unnötig sein, wenn ihre Wahrheit unterstellt wird, ihre Wahrheit aber dann unterstellt werden können, wenn sie „nicht widerlegt, möglicherweise wahr, vielleicht beweisbar" sind (RG. 39, 231).

Zu dem Satze, daß nur Entlastungstatsachen als wahr unterstellt werden können, bringt eine neuerliche Entscheidung des Reichsgerichts (RG. 61, 359) eine bedenkliche Ausnahme. Danach könnten zwar nur vom Angeklagten unter Beweis gestellte Tatsachen als wahr unterstellt werden, aber nicht nur ihn entlastende Tatsachen. Wenn sich der Angeklagte durch eine vermeintliche Entlastungstatsache unwissentlich selbst belastet, kann nach dieser Entscheidung die als wahr unterstellte Tatsache auch zu seinen Ungunsten verwertet werden. Diese Entscheidung steht aber in offenem Widerspruch zu einer anderen Entscheidung (JW. 52, 689)[11]), in offenem Widerspruch auch zu der Rechtsprechung des ehemaligen Reichsmilitärgerichts (RG. 14, 90; 17, 248), nach der „solche ohne vorgängige Beweiserhebung als wahr unterstellten Tatsachen . . . nicht zuungunsten des Angeklagten, zu seiner Belastung benutzt werden" können. So wie sie gefaßt ist, ist die Entscheidung ein Verstoß gegen den Grundsatz „in dubio pro reo": nicht festgestellte Belastungstatsachen gelten als nicht vorhanden — daran kann es nichts ändern, daß es der Angeklagte selbst war, der sich auf diese Belastungstatsachen berufen hat, weil er sie für Entlastungstatsachen hielt, auch dann kann die Beweisführung zuungunsten des Angeklagten nicht durch die Wahrunterstellung ersetzt werden. Außerhalb des Zusammenhanges mit der Wahrunterstellung bleibt freilich der Satz, auf den die Entscheidung gegründet ist, immerhin vertretbar: „Dem behauptenden Angeklagten gegenüber, der sich ja gerade darauf beruft, daß sie wahr ist, darf die Behauptung als wahr auch dann verwertet werden, wenn sie sich entgegen seiner Annahme als für ihn ungünstig herausstellt." Sie darf es, wenn sie glaubhaft ist; dann aber bedeutet jener Satz das Gegenteil einer

---

[11]) Dazu Löwe-Rosenberg § 244 Anm. 9b.

bloßen Wahrunterstellung der Behauptung, nämlich die Feststellung ihrer Glaubhaftigkeit. Diese Glaubhaftigkeit kann etwa auf den (gerade in unserm Falle sehr vorsichtigen Gebrauchs bedürftigen) Erfahrungssatz gegründet werden, daß, wenn der Angeklagte etwas für ihn selbst Ungünstiges aussagt, seine Aussage die Wahrscheinlichkeit auf ihrer Seite habe. Es liegt also (wenn dieser Ausdruck auf eine Behauptung anwendbar ist, über die Beweis gar nicht erhoben ist) eine Beweiswürdigung vor. Der Wahrunterstellung aber liegt ihrem Wesen nach gerade keine Beweiswürdigung zugrunde. Sie umgeht die Feststellung, ob die als wahr unterstellte Tatsache glaubhaft oder nur nicht widerlegt ist. Wäre es richtig, daß das Gericht nur solche Tatsachen als wahr unterstellen darf, von deren Richtigkeit es schon aus der Verhandlung überzeugt ist[12]), dann wäre die Rechtsfigur der Wahrunterstellung ganz überflüssig. Das Wesen der Wahrunterstellung ist, Ungewisses zu behandeln, als ob es gewiß wäre; gerade deshalb ist Wahrunterstellung contra reum unzulässig. Nicht unzulässig ist aber auch contra reum die Annahme einer unwiderlegten und in sich glaubhaften Tatsache auch ohne Beweiserhebung. Das hat aber mit dem Gedanken der Wahrunterstellung nichts zu tun, es ist vielmehr eine Auswirkung der freien Beweiswürdigung.

Nicht als entlastend gemeinte, sondern nur wirklich im Ergebnis entlastende Tatsachen können also als wahr unterstellt werden — wenn sie „nicht widerlegt, möglicherweise wahr, vielleicht beweisbar" sind (RG. 39, 231). In einem Punkte hat das Reichsgericht diese Worte selbst berichtigen müssen: „Sind die aufgestellten tatsächlichen Schutzbehauptungen zwar nicht widerlegt, aber noch widerlegbar, so hat das erkennende Gericht die Verpflichtung zur Aufklärung und Feststellung des Sachverhalts" (RG. 47, 424)— also nicht das Recht zur Wahrunterstellung. Eine dieser Aufklärungspflicht widersprechende Wahrunterstellung würde die Entscheidung für die Staatsanwaltschaft anfechtbar machen[13]). Nicht schon nicht widerlegte, sondern nur unwiderlegbare tatsächliche Behauptungen des Angeklagten dürfen als wahr unterstellt werden.

Während widerlegbare tatsächliche Behauptungen des Angeklagten als wahr nicht unterstellt werden dürfen, sind nach der Entsch. 39, 231 umgekehrt beweisbare Behauptungen des Angeklagten der Wahrunterstellung zugänglich, so daß der mögliche Wahrheitsbeweis durch Wahrunterstellung abgeschnitten werden könnte. Es wurde bereits gezeigt, daß bei solcher Wahrunterstellung und Abschneidung des Wahrheitsbeweises die Interessen des Angeklagten wenigstens dann gewahrt sind, wenn es sich um Entlastungsbehauptungen zur Entkräftung des Schuldbeweises, nicht um Entlastungsbehauptungen zum Beweise der Unschuld handelt. Eine Unterscheidung dieser beiden Arten von Entlastungsbehauptungen ist aber — man denke etwa an einen Alibibeweis — schlechthin undurchführbar. Sollte deshalb die Wahrunterstellung sich auch nur für eine dieser beiden Arten der Entlastungsbehauptungen als unzulässig erweisen, so wäre sie als überhaupt unzulässig dargetan. Nun möchte man versucht sein, den Standpunkt zu vertreten, daß auch die Entlastungsbehauptungen zum Beweise der Unschuld im Strafprozeß nicht als solche in Betracht kämen, sondern eben nur, insofern sie den Schuldbeweis entkräften; sei doch zwar zur Verurteilung der Schuldbeweis erforderlich, aber zur Freisprechung nicht etwa der Unschuldbeweis notwendig, vielmehr die Entkräftung des Schuldverdachts genügend. So möchte man mit

---

[12]) Miltner im „Recht" 6, 570.

[13]) Vgl. schon Alsberg, JW. 52, 689.

einem Scheine von Recht sagen, die Pflicht des Gerichts, den Sachverhalt vollständig aufzuklären, gelte nur in der Richtung auf die Schuld, nicht auch in der Richtung auf die Unschuld des Angeklagten. Nur mit dieser Begründung wäre es möglich, die Wahrunterstellung einer Entlastungsbehauptung zum Zwecke des Unschuldbeweises der wirklichen Beweisführung gleichzustellen: soweit die Unschuldbehauptung für den Prozeß überhaupt in Betracht komme, nämlich zur Entkräftung des Schuldbeweises, hätte die Wahrunterstellung in der Tat die gleiche Wirkung wie die Beweisführung, und nur unter dem außerhalb des Prozesses liegenden Gesichtspunkt des Unschuldbeweises stünde die Wahrunterstellung, da sie im Unklaren läßt, ob der Unschuldbeweis glaubhaft oder nur nicht widerlegt sei, der Beweisführung nicht an Wert gleich. Schon der Hinweis auf den § 1 der beiden Entschädigungsgesetze beweist nun aber, daß Aufgabe des Strafverfahrens nicht nur Führung oder Zerstörung des Schuldbeweises, sondern auch Führung des Unschuldbeweises ist. Da für den Zweck des Unschuldbeweises die Wahrunterstellung der Entlastungsbehauptungen, wie gezeigt, der wirklichen Beweisführung nicht gleichkommt, fällt mit dem Satze, der Angeklagte könne auch im Falle der Beweisführung nicht mehr erreichen, als er im Falle der Wahrunterstellung erreicht, auch die Möglichkeit der Wahrunterstellung, die ausschließlich auf ihn gegründet wird.

Unbeweisbare Entlastungsbehauptungen können also ebensowenig als wahr unterstellt werden wie widerlegbare Entlastungsbehauptungen. Es könnten also nur solche Behauptungen als wahr unterstellt werden, die nicht widerlegt und weder widerlegbar noch beweisbar sind. Eine solche Wahrunterstellung wäre aber nichts anderes als eine Umschreibung des Satzes „in dubio pro reo", des Satzes, daß nicht bewiesene Belastungen als nicht vorhanden, nicht widerlegte Entlastungen als gegeben anzusehen seien. Vor allem aber würde eine solche Wahrunterstellung nicht die Funktion haben, um deren willen diese Rechtsfigur überhaupt geschaffen wurde: der Ablehnung erheblicher Beweisanträge zur Rechtfertigung zu dienen; denn es liegt im Wesen nicht widerlegbarer, aber auch nicht beweisbarer Entlastungstatsachen, daß ein erheblicher Beweis für sie nicht angetreten werden kann.

Damit wäre die Wahrunterstellung in ihren beiden Formen als schädlich und überflüssig erwiesen.

Es ist die hohe Kunst eines Höchsten Gerichtshofs, zwei Ansprüche weise gegeneinander abzuwägen: den Anspruch der Rechtssicherheit, der fordert, daß eine einmal eingeleitete Rechtsprechung nicht leichtherzig wieder aufgegeben werde, den Anspruch der Gerechtigkeit, der verlangt, daß auch eine feststehende Rechtsprechung geändert werde, wenn sie den Anforderungen des höchsten Wertes nicht entspricht, an dem wir alles Recht messen. Wir finden in unserm Reichsgericht diese Zähigkeit und diese Geschmeidigkeit der Rechtsprechung in ausgeglichener Wirksamkeit. Ich zweifle nicht, daß auch in der vorliegenden Frage das Reichsgericht zwischen den beiden Notwendigkeiten einer stetigen und einer gerechten Rechtsprechung die richtige Wahl treffen wird.

Abgeschlossen: März 1929

vor Erscheinen des Aufsatzes von R.-A. Dr. Max Alsberg über das gleiche Thema, JW. v. 13. April 1929, der an meiner Auffassung nichts zu ändern vermag.

Probleme der Voruntersuchung

von Professor Dr. Hermann Mannheim, Berlin

I.

Wenn dieser Beitrag gedruckt vorliegen wird, dann hat das Schicksal der Voruntersuchung sich möglicherweise bereits erfüllt — dann wird es im deutschen Strafverfahren vielleicht keine gerichtliche Voruntersuchung mehr geben. Ob damit freilich auch die „Probleme der Voruntersuchung" endgültig begraben sein werden? Das glaubt der Verfasser bezweifeln zu dürfen. Es handelt sich hier um Dinge, die nicht durch einen Federstrich des Gesetzgebers spurlos aus dem Rechtsleben beseitigt werden können.

Die folgenden Untersuchungen verdanken zum großen Teil den Erfahrungen, die der Verfasser als Untersuchungsrichter bei einem Berliner Landgericht gemacht hat, ihre Entstehung und sind in ihrer Tendenz von diesen Erfahrungen sicherlich entscheidend beeinflußt worden. Das muß von vornherein offen bekannt werden; denn zweifellos ist die Berufsstellung des Beurteilers gerade hier vielfach ausschlaggebend. Die Geschichte der Reformliteratur zeigt das zur Genüge. Um nur wenige Beispiele zu nennen: die Richter Kulemann, Weingart, Hans Groß, eine Zeitlang auch Kronecker sind gegen, die Staatsanwälte bzw. früheren Staatsanwälte Feisenberger, Rosenberg, Preiser für Abschaffung der Voruntersuchung aufgetreten. (Freilich hat es immer auch bedeutsame Ausnahmen von dieser Regel gegeben, z. B. die Staatsanwälte bzw. früheren Staatsanwälte Högel, Chrzescinski, Eich, Preetorius und Klee einerseits — die Richter Kade, Neumann, Lobe andererseits[1].) Man tut also gut, sich jederzeit dieser Abhängigkeiten bewußt zu bleiben. Trotzdem wird das, was im folgenden zugunsten der Voruntersuchung gesagt werden soll, hoffentlich nicht nur als Verteidigungsschrift eines dem Todesurteil entgegenbangenden Angeklagten oder als Wiederaufnahmegesuch eines bereits rechtskräftig Verurteilten gewertet werden — das wäre schon deshalb nicht gerechtfertigt, weil der Verfasser bereits seit geraumer Zeit nicht mehr als Untersuchungsrichter tätig ist und auch dadurch den erforderlichen Abstand von den Dingen gewonnen zu haben glaubt. Das bedarf der Betonung schon mit Rücksicht auf jenes Wort eines Schriftstellers, dem wir eine Reihe der wertvollsten Arbeiten über unsere Frage verdanken, Wolfgang Mittermaiers[2]: „Ein großes Hindernis der Reform ist die Empfindlichkeit der am Verfahren beteiligten Praktiker."

Die Mißstimmung — man kann wohl geradezu von Feindseligkeit sprechen —, die augenblicklich gegenüber dem Institut der gerichtlichen Voruntersuchung besteht, ist nicht nur begreiflich, sondern darüber hinaus auch zum großen Teile berechtigt. Nicht daß sie vorhanden ist, sondern daß sie erst jetzt so einmütig geworden ist, erscheint verwunderlich. Wenn man die Haupt-

[1]) Högel, 29. DJT. 5, 405/6; Chrzescinski, DStZ. 1920, 205; Eich, daselbst 115; Preetorius, IKV. 10, 613; Klee, JW. 1920, 258 und 1929, 241; Kade, IKV. 10, 408/9; Neumann, JurRdsch. 1928, 199; Lobe, 35. DJT. 2, 578.

[2]) IKV. 11, 484. Ähnlich von Lilienthal in der Reform des Strafprozesses 412.

stadien der wissenschaftlichen Erörterung betrachtet (etwa 3. DJT. von 1861; Verh. der IKV. von 1903/4, Strafprozeßkommission; 29. DJT. von 1908, Strafprozeßentwurf von 1920), so findet man eine ständig wachsende Strömung für Beseitigung der Voruntersuchung. Sprach doch bereits Gneist[3]) von einer „Losung: Fort mit der gerichtlichen Voruntersuchung". Und es läßt sich ja überhaupt nicht ernstlich bestreiten, daß die Voruntersuchung auf den ersten Blick einen Schönheitsfehler im Aufbau des Strafverfahrens darstellt. Die Reinheit der Linie wird dadurch beeinträchtigt, daß sich bei einem verhältnismäßig kleinen Teil der Strafsachen mitten in die Tätigkeit der Staatsanwaltschaft der Untersuchungsrichter einschiebt. Schon aus diesem Grunde trifft die Beweislast nicht die Gegner, sondern die Anhänger der Voruntersuchung. — Trotz dieses stetigen Anwachsens der Gegenströmung blieb jedoch alles beim alten. Nicht einmal die VO. v. 4. Jan. 1924, der man übergroßes Haften an überlieferten Einrichtungen sonst wohl kaum vorwerfen kann, hielt es für notwendig, „im Hinblick auf die Not von Volk und Reich" zugleich mit dem Schwurgericht auch die Voruntersuchung zu beseitigen. Und doch hätte diese Maßnahme gerade damals am nächsten gelegen. Denn das erschwert den Anhängern der Voruntersuchung heute ja so sehr ihre Stellung: Früher konnte man die Beibehaltung der Voruntersuchung als notwendig bezeichnen mit Rücksicht auf das Fehlen der Berufung und auf das Vorhandensein der Schwurgerichte. Bei Schaffung der geltenden StPO. erblickte man in der Voruntersuchung ein Gegengewicht gegen den Fortfall der Berufung[4]). Hieran ist jedenfalls so viel richtig, daß man auf eine Berufungsinstanz um so eher verzichten kann, wenn man über ein gründliches Vorverfahren verfügt[5]). Womit natürlich noch nicht gesagt ist, daß Voruntersuchung und Berufung auswechselbare Größen darstellen. Aber eine vernünftig ausgestaltete Voruntersuchung ist besser als unsere jetzige Berufung, vielleicht sogar besser als jede Berufung. Wenn der Salzburger Juristentag 1928 sich entgegen der einstimmigen Meinung seiner Gutachter und Berichterstatter für Beibehaltung der Berufung erklärt hat, so ist das letzte Wort über diese Frage damit noch nicht gesprochen[6]).

Anders wurde das Verhältnis der Voruntersuchung zum Schwurgericht aufgefaßt: Zwar sollte auch das Schwurgericht eine Garantie für gründliche Behandlung der Sache bedeuten — und doch war man sich darüber klar, daß es im Gegensatze zur Berufung die Voruntersuchung nicht ersetzen konnte, sondern gerade umgekehrt zu erfordern schien. Eine geordnete Vorführung der Beweise, die auch den sich selbst überlassenen Geschworenen den Sachverhalt verständlich machte, glaubte man nur auf der Grundlage einer Voruntersuchung ermöglichen zu können[7]).

Die Emminger-Reform nahm der Voruntersuchung diese beiden Stützpunkte: sie beseitigte das Schwurgericht und verallgemeinerte die Berufungs-

---

[3]) Vier Fragen zur Deutschen Strafprozeßordnung 65 (1874).

[4]) Vgl. Polzin, ArchKrimAnthr. 13, 97 (1903).

[5]) Über die Zusammenhänge zwischen Voruntersuchung und Berufung vgl. insbes. Mittermaier, IKV. 11 S. 484 u. 831/2; derselbe, 29. DJT. 5, 168; Kulemann, IKV. 10, 557 ff.; 11, 498/9; Neumann, JurRdsch. 1928, 202; Kronecker, ZStW. 45, 448/9.

[6]) Sehr pessimistisch freilich Graf Dohna, 35. DJT. 1, 131. — Der Bericht über die Verhandlungen des 35. DJT., an denen ich nicht teilgenommen habe, ist mir erst während der Korrektur zugegangen; ich konnte ihn daher nur anmerkungsweise an wenigen Stellen berücksichtigen. An meiner Grundauffassung hat er nichts geändert, zumal da die eigentlichen Schwierigkeiten des Problems der Voruntersuchung in Salzburg kaum erörtert worden sind.

[7]) So z. B. Fuchs in Holtzendorffs Handbuch des deutschen Strafprozeßrechts 1, 460/1 (1879) unter Berufung auf Gneist; Weingart, 29. DJT. 5, 417.

möglichkeit. Die Voruntersuchung mußte ihre Berechtigung fortan aus sich selbst erweisen. Und gerade in dieser kritischen Stunde kam die gefährlichste Belastungsprobe: der Magdeburger Prozeß Haas-Kölling. War der Beruf des Untersuchungsrichters bisher nur „gar nicht hoch bewertet[8])", so drohten seine Träger jetzt geradezu zur komischen Figur zu werden. Aber auch noch neuerdings, nach dem Abflauen der ersten Erregung, fordert Radbruch in seinem Vorwort zu der beachtenswerten Prozeßdarstellung des Haas-Verteidigers[9]) „als ein . . . nicht mehr zu erschütterndes grundsätzliches Ergebnis dieses Strafverfahrens" die „Beseitigung der Voruntersuchung in ihrer heutigen Gestalt".

Aber es war wiederum Radbruch[10]), der um die gleiche Zeit auch noch einer anderen Erkenntnis Ausdruck verlieh: die Beseitigung der Voruntersuchung gehöre nur zu der Nachlese jener unverwirklichten Forderungen des liberalen Rechtszeitalters — jetzt gelte es darüber hinaus den Ansprüchen der Strafrechtsreform zu genügen, die nicht liberal, sondern „sozial" sei: Berücksichtigung der Täterpersönlichkeit mittels Einfügung des „neoinquisitorischen Elements" der Gerichtshilfe als neue Phase der Strafprozeßreform. „Das erst ist die wirklich neue Aufgabe, die dem strafprozessualen Denken dieser Zeit gestellt ist. Es muß eine Form gefunden werden, um ein unvermeidlich inquisitorisches Organ mit den akkusatorischen Formen unseres Prozesses in Einklang zu setzen." Ich bin in der Tat mit Radbruch der Meinung, daß hierin ein wichtiges Problem der Strafprozeßreform liegt. Was mich dagegen von Radbruch — vorläufig wenigstens — trennt, ist sein Glaube, daß die völlige Abschaffung der Voruntersuchung — also diese „liberale" Idee — mit der „sozialen" Forderung, die er an die Strafprozeßreform stellt, verträglich sei. Gerade dieses neue soziale Strafrecht mit seinen gewaltig gesteigerten Anforderungen an Richter und Staatsanwaltschaft verlangt die Beibehaltung der Voruntersuchung. Diesen Zusammenhang hat in der bisherigen Reformliteratur meines Wissens als einziger Mittermaier mehrfach angedeutet — um freilich gerade entgegengesetzte Folgerungen aus seiner Erkenntnis zu ziehen. Daher haben seine Ausführungen zu diesem Punkte auch nirgends das richtige Echo gefunden. „Die ganze Reformrichtung in unserem Strafrecht" — heißt es in seinem Referat auf der IX. Landesversammlung der Deutschen Landesgruppe der IKV.[11]) — „arbeitet eigentlich der Abschaffung der Voruntersuchung entgegen. Es ist sicher, daß unseren Forderungen nach genauer Erforschung des Charakters eines Beschuldigten besser ein ruhig arbeitender Mann wie unser Untersuchungsrichter gerecht werden kann als ein gehetztes Kollegium." Ganz ähnlich in seinem Gutachten für den 29. Juristentag[12]): die Person des Beschuldigten genauer würdigen könne man nicht in einer kurzen, wenig vorbereiteten Hauptverhandlung; das fordere sorgsame langdauernde Untersuchungen. Aber anstatt aus diesem doch gewiß wesentlichen Grunde für Beibehaltung und Reform der Voruntersuchung einzutreten, will Mittermaier im Jahre 1904 die Hauptverhandlung wesentlich vertiefen — entsprechend seiner These, ein gründliches Vorverfahren sei unnötig, sofern man sich nur von dem Glauben frei mache, die Hauptver-

[8]) So Franz Werfel in seiner Geschichte der Jugendschuld eines Untersuchungsrichters, „Der Abituriententag", S. 13.

[9]) Dr. Heinz Braun, Am Justizmord vorbei. Der Fall Kölling-Haas, Verlag W. Pfannkuch & Co., Magdeburg 1928.

[10]) Strafrechtsreform und Strafprozeßreform, JurRdsch. 1928 Nr. 18 S. 189/90. — Gegen ihn Graf Dohna, 35. DJT 2, 685.

[11]) IKV. 11, 485.

[12]) 29. DJT. 5, 136.

handlung müsse möglichst ohne Unterbrechungen vor sich gehen. Eine unterbrochene Hauptverhandlung mit frischem Beweismaterial sei besser als eine ununterbrochene nach langer Dauer des Vorverfahrens[13]). Im Jahre 1908 dagegen steht Mittermaier auf dem Standpunkte, genaueste Erforschung des innersten Charakters des Beschuldigten sei gar nicht Aufgabe der Hauptverhandlung, hier handle es sich nur um „allgemeine Charakterrichtungen"; die feinere Individualisierung sei dem Strafvollzuge zu überlassen. Neuerdings hat dann noch Mezger in seiner Besprechung der Wilmannsschen Schrift über die „Verminderte Zurechnungsfähigkeit"[14]) diesen Fragenkomplex berührt. Mezger nimmt hier den Untersuchungsrichter gegen die Behauptung Wilmanns' in Schutz, er sei zur Persönlichkeitsdiagnose ungeeignet. Ungeeignet hierzu sei vielmehr die Hauptverhandlung, über deren Aufgabe Wilmanns sich eine unrichtige Vorstellung mache. Die Hauptverhandlung solle nicht so sehr die neue und eigene Beobachtung des urteilenden Richters ermöglichen — hierzu sei sie nicht geeignet infolge der verhältnismäßigen Kürze der verfügbaren Zeit und der Erregung und Befangenheit des Angeklagten. Vielmehr solle sie nur „ein abschließendes Urteil über das zuvor gesammelte und gesichtete Material bringen"[15]). Wir kommen damit zu der für unsere weitere Untersuchung grundlegenden Frage nach dem Verhältnis zwischen Vorverfahren und Hauptverhandlung. Kann die Hauptverhandlung die Aufgaben der Voruntersuchung mit übernehmen, wie Mittermaier es wollte? Oder soll die Voruntersuchung nicht in der Hauptverhandlung, sondern im staatsanwaltschaftlichen Vorbereitungsverfahren aufgehen[16])? Mutet man nicht im ersten Falle der Hauptverhandlung, im zweiten Falle aber der Staatsanwaltschaft mehr zu als sie leisten können? Hauptverhandlung und Staatsanwaltschaft sind die Zauberformeln, auf die auch die Mehrheit der jetzigen Strafprozeßreformer schwört — wehe, wenn auch nur eine dieser beiden Formeln versagen sollte. Man verfällt wieder einmal ins Extrem: weil man mit dem, was Hauptverhandlung und Staatsanwaltschaft leisten, nicht recht zufrieden ist, will man ihnen so viel aufbürden, daß sie — anstatt sich besser zu bewähren — nun erst recht unter der Last zusammenbrechen müssen. Dieser Fehler soll bei den im folgenden für die Reform der Voruntersuchung zu machenden Vorschlägen vermieden werden. Freilich: gesteigert müssen die Anforderungen auch hier werden. Der jetzige Zustand ist höchst unbefriedigend. Die Voruntersuchung ist eben — wie Glaser (3. DJT. S. 317) es ausdrückte — „ein alter Saal, dessen Fenster und Türen lange verschlossen waren und nicht wieder überall geöffnet wurden". Aber die Mängel lassen sich großenteils schon durch rein technische Verbesserungen beheben. Auch für die Voruntersuchung trifft das schon von Alsberg[17]) jüngst zitierte, auf das Schwurgericht gemünzte Wort Mittermaiers zu: man läßt sie an ihren technischen Mängeln zugrunde gehen. Dem in der Strafrechtspflege Tätigen drängt sich ja überhaupt immer wieder der Eindruck auf, daß hier noch mehr als auf anderen Rechtsgebieten von der technischen Handhabung des Gesetzes abhängt. Unser jetziges Vorverfahren leistet an technischer Unvollkommenheit das Menschenmögliche. Hier hat jede Reform zuerst einzusetzen. Freilich

---

[13]) So IKV. 11, 281; desgleichen 29. DJT. 5, 159.

[14]) Mezger, GerS. 96, 88; Karl Wilmanns, Die sog. verminderte Zurechnungsfähigkeit usw. 81ff. (1927).

[15]) Vgl. auch die Bemerkungen Alsbergs auf der Tagung der Deutschen Strafrechtlichen Gesellschaft, GerS. 93, 286.

[16]) Vgl. über diese Fragestellung Kulemann, IKV. 11, 495.

[17]) Gutachten für den 35. DJT. (1928) 1, 452 Anm. 22.

handelt es sich vielfach um Mißstände, die sich mit den Mitteln des Gesetzgebers kaum beseitigen lassen, deren Abstellung vielmehr Sache der Justizverwaltung ist. Um nur ein Beispiel zu nennen: Der Schaden, der durch häufigen Wechsel in der Person des Untersuchungsrichters angerichtet wird (an großen Gerichten kann es vorkommen, daß eine Strafsache durch die Hände von 3—5 Untersuchungsrichtern geht), läßt sich gewöhnlich überhaupt nicht gutmachen. Ähnlich steht es mit der Vorbildung des Untersuchungsrichters. Daß er ohne eine besondere Vorbildung nicht auskommen kann, ist allgemein anerkannt. Man denkt dabei aber gewöhnlich nur an die besondere wissenschaftliche Ausbildung des Strafrichters, wie sie etwa auf dem Salzburger Juristentage erörtert worden ist. Der Untersuchungsrichter braucht indessen — was freilich nach dem Wirken eines Hans Groß nicht mehr der Betonung bedürfen sollte — daneben auch ein gewisses Maß an Kenntnissen, die sich auf die rein technische Behandlung einer größeren Voruntersuchungssache beziehen: die Verwendung von Sachverständigen, der Verkehr mit der Kriminalpolizei, mit der Staatsanwaltschaft, dem Untersuchungsgefängnis, dem Gerichtsarzt, ersuchten Richtern und anderen Behörden, die Formalitäten in Auslieferungssachen, der persönliche Umgang mit dem Angeschuldigten, die Handhabung der Briefkontrolle und hundert ähnliche Dinge sind für den ungestörten Fortgang einer Untersuchungssache oft viel wichtiger als die gesetzlichen Vorschriften. Ihnen aber steht der Neuling zunächst hilflos gegenüber. Denn in seiner bisherigen Tätigkeit als Zivil- oder auch als Strafrichter hat er sie in dieser Form nicht kennengelernt. Es werden daher Fehler begangen, die sich bei geeigneter Anleitung hätten vermeiden lassen[18]).

Immerhin läßt der weitaus größte Teil der jetzigen Mängel sich beseitigen. Schon Hans Groß[19]) warnte davor, „eine ganze Sache zu verwerfen, weil sie nicht richtig gemacht werde".

Aber verlohnt es sich denn überhaupt, sich mit den Problemen der Voruntersuchung noch ernsthaft zu beschäftigen? Stirbt sie nicht schon ohnehin auch ohne förmliche Beseitigung durch den Gesetzgeber allmählich ab? Seit Jahrzehnten beobachtet man zahlenmäßig ein Verkümmern dieses Rechtsinstituts. Einer ihrer hartnäckigsten Gegner, Zucker, stellte für die Zeit von 1881/5—1899 eine Abnahme von 68 auf 37 (auf 1000 Vorverfahren) fest[20]); 1905 war die Zahl auf 31 gesunken[21]).

Von besonderem Interesse ist natürlich die Entwicklung seit der lex Höfle. Bedeuteten doch die kurzen Haftfristen des früheren § 126 StPO. unzweifelhaft oft einen Zwang zur Herbeiführung sachlich unnützer Voruntersuchungen. Bereits am 19. Jan. 1927 erließ daher der preußische Justizminister eine „AV. über die Stellung des Antrags auf Eröffnung der Voruntersuchung in den zur Zuständigkeit der Amtsgerichte gehörigen Strafsachen"), in der die Staatsanwaltschaften angewiesen wurden, in amtsgerichtlichen Sachen nur dann Voruntersuchung zu beantragen, wenn „Umfang oder Bedeutung einer Sache zur Aufklärung des Sachverhalts die Nachprüfung und Ergänzung des von der Staatsanwaltschaft gesammelten Beweismaterials durch ein richterliches Er-

---

[18]) In dankenswerter Weise werden seit einiger Zeit bei dem LG. I Berlin von einem früheren Untersuchungsrichter und Strafkammervorsitzenden Vorträge zur Einführung in das Amt des Untersuchungsrichters gehalten. Diese Einrichtung müßte ausgebaut und verallgemeinert werden, falls die Voruntersuchung wider Erwarten beibehalten werden sollte.

[19]) Hans Groß, ArchKrimAnthr. 12, 194 u. 213 (1903).

[20]) IKV. 11, 369ff. Vgl. ferner von Kries, Lehrbuch des Deutschen Strafprozeßrechts 489 Anm. 1 (1892).

[21]) Mittermaier, 29. DJT. 2, 174 Anm. 138. Noch geringere Zahlen nennt Feisenberger, IKV. 14, 270/1. Vgl. auch Mittermaier, DStZ. 1920, 296.

mittlungsverfahren erfordert", grundsätzlich dagegen von derartigen Anträgen Abstand zu nehmen. Gleichzeitig ordnete der Minister — was für die praktische Durchführung dieser Bestimmung von nicht zu unterschätzender Bedeutung war — an, daß der Oberstaatsanwalt alle Anträge auf Voruntersuchung selbst zu zeichnen habe. — Folgende Zahlen zeigen die Auswirkungen dieser gesetzgeberischen und ministeriellen Maßnahmen: Die Zahl der Voruntersuchungen betrug in Preußen

1925 bei 594359 Anzeigen: 15313 landgerichtliche, 1593 amtsgerichtliche (JMBl. 1926 S. 302 u. 316),

1926 bei 638931 Anzeigen: 16939 landgerichtliche, 1515 amtsgerichtliche (JMBl. 1927 S. 244 u. 258),

1927 bei 615286 Anzeigen: 13834 landgerichtliche, 965 amtsgerichtliche (JMBl. 1928 S. 322 u. 336).

Wir haben also von 1926 auf 1927 eine Abnahme der Voruntersuchungen um etwa ein Fünftel zu verzeichnen[22]). Das ist verhältnismäßig sehr wenig; jedenfalls viel weniger als erwartet werden mußte. Allerdings ist zu berücksichtigen, daß die Schwurgerichtssachen, also die notwendigen Voruntersuchungen, sich in den letzten Jahren nicht verringert, sondern sogar noch etwas vermehrt haben (1925: 2130, 1926: 2055, 1927: 2227). Bei der Prüfung der Frage, in welchem Maße ein Bedürfnis nach Durchführung einer Voruntersuchung auch nach Aufhebung des § 126 StPO. noch besteht, haben die Sachen, in denen die Voruntersuchung vom Gesetz vorgeschrieben ist, selbstverständlich auszuscheiden. Wenn man nun die Zahl der nichtnotwendigen Voruntersuchungen — als für unsere Untersuchung allein bedeutsam — ermitteln will, dann darf man nicht so vorgehen, daß man die Zahl der Schwurgerichtssachen von der Gesamtzahl der Voruntersuchungen abzieht; denn in der Zahl der Voruntersuchungen sind auch die durch Außerverfolgungsetzung beendeten Sachen enthalten, die im Falle der Verhandlung vor das Schwurgericht gehört hätten. Andererseits beträgt die Zahl sämtlicher Beschlüsse auf Außerverfolgungsetzung und Nichteröffnung des Hauptverfahrens im Jahre 1927 nur 5175. Wieviel Außerverfolgungsetzungsbeschlüsse hierin enthalten sind, geht aus der Statistik nicht hervor. Es bleiben daher, auch wenn in der Zahl von 5175 — was natürlich ausgeschlossen ist — nur Außerverfolgungsetzungsbeschlüsse enthalten sein sollten, immerhin noch 7291 Fälle nichtnotwendiger Voruntersuchungen übrig[23]). In Wirklichkeit werden es natürlich erheblich mehr sein. Ein Teil hiervon ist sicherlich auf das Konto: Abschüttelung lästiger Denunzianten zu setzen, deren sich die Staatsanwaltschaft nicht anders erwehren zu können glaubt als durch den Antrag auf Voruntersuchung. Trotzdem wird auch nach Abzug dieser Kategorie noch eine stattliche Anzahl „echter" nichtnotwendiger Voruntersuchungen übrigbleiben, in denen die Staatsanwaltschaft also ein wirkliches Bedürfnis nach Führung einer Voruntersuchung anerkannt hat. Und ganz anders gestaltet sich das Bild, wenn man es unternehmen wollte, die Strafsachen nicht nur zu zählen, sondern auch zu wägen. Dann würde es sich zeigen, daß ein erheblicher Teil der Voruntersuchungssachen an Umfang und Bedeutung Dutzende von andern Vorverfahren aufwiegt, daß also der wirkliche Anteil der Voruntersuchungssachen an der gesamten Strafrechtspflege wesentlich größer ist, als die Statistik vermuten läßt. Diese Seite

---

[22]) Über größere Verringerungen berichtet Floegel, Das Recht der Untersuchungshaft nach dem Inkrafttreten der Strafprozeßnovelle von 1926 im Lichte der Praxis, herausgeg. von der DRichtZ. 1928, 30, aber nur für einige wenige Gerichtsbezirke.

[23]) Nämlich: 13834 + 965 = 14799 — (2227 Schwurgerichtssachen + 5175 Außerverfolgungsetzungen usw. + 106 auf Antrag des Angesch. eröffnete Voruntersuchungen = 7508) = 7291.

der Sache haben die obengenannten Schriftsteller bei ihren statistischen Untersuchungen übersehen[24]). Und endlich: Was besagt denn ein zahlenmäßiges Zurücktreten der Voruntersuchung für den Wert dieses Rechtsinstituts? M. E. gar nichts. Es zeigt vielmehr höchstens, daß die Staatsanwaltschaft sich seiner nicht gern bedient — mit welchem Recht und aus welchen Gründen und mit welchem sachlichen Erfolge, darüber kann die beste Statistik uns nichts verraten.

Der Höchste Gerichtshof, dem dieser Beitrag dargebracht wird, ist an den Fragen der Voruntersuchung nicht so uninteressiert, wie es zunächst scheinen mag. Richtig ist zwar, daß Mängel der Voruntersuchung im allgemeinen nicht die Revision zu begründen vermögen, weil das Urteil nicht auf der Voruntersuchung beruht (RGSt. 55, 225). Dieser Satz gilt jedoch anerkanntermaßen schon dann nicht, wenn ein mangelhaftes Protokoll aus der Voruntersuchung in der Hauptverhandlung verlesen und dadurch zum Bestandteil der Hauptverhandlung gemacht wird[25]). Wenn auch rein konstruktiv betrachtet der Mangel in einem derartigen Falle der Hauptverhandlung anhaftet, so ist doch jedenfalls der gedankliche Zusammenhang zwischen der Tätigkeit des Revisionsgerichts und dem Inhalt der Voruntersuchung hergestellt. Sodann aber ist der Satz, daß das Urteil niemals auf Mängeln der Voruntersuchung beruhen könne, ja nur in abstrakt-theoretischem Sinne richtig. Für eine der Wirklichkeit zugewandte Betrachtung dagegen liegt ein Hauptproblem gerade darin, wie die tatsächlich immer zu befürchtende Beherrschung der Hauptverhandlung und damit der Urteilsfindung durch die Voruntersuchung auszuschließen sei. Kaum ein anderer Punkt ist in der Reformliteratur so eindringlich erörtert worden. Diese Beherrschung der Hauptverhandlung durch die Voruntersuchung äußert sich in der Regel nur unmerklich auf dem Wege psychologischer Beeinflussung der Richter durch die Protokolle der Voruntersuchung. Gegen derartige ungreifbare Zusammenhänge kann das Revisionsgericht nur dann ankämpfen, wenn sie in den Urteilsgründen oder Beschlüssen auch äußerlich Gestalt gewinnen. Das geschieht selten — aber es kann doch geschehen. Ein Beispiel bietet die Entscheidung des Feriensenats des Reichsgerichts v. 21. Juli 1928 (JW. 1928, 2264 Nr. 62): Das angefochtene Urteil begnügt sich mit der Feststellung, daß „gegenüber dem Leugnen des Angeklagten durch die Hauptverhandlung das Ergebnis der Voruntersuchung festgestellt und der Angeklagte hierdurch überführt worden sei". In dem Verzicht auf selbständige Darstellung kann hier ein Eingeständnis der inneren Unfreiheit des erkennenden Gerichts, seiner allzu großen Abhängigkeit von der Voruntersuchung liegen. Das Reichsgericht hat diese Möglichkeit m. E. nicht genügend berücksichtigt. Es rügt zwar den formell vorliegenden Verstoß gegen § 267 StPO., wonach die Urteilsgründe selbst die für erwiesen erachteten Tatsachen anzugeben haben. Es hebt aber nicht auf, weil „bei der Einfachheit des in Frage stehenden Tatbestandsmerkmals (sc. ‚Rädelsführer') und der Sicherheit, mit der sich aus dem Urteil im Zusammenhalt mit Eröffnungsbeschluß und Anklageschrift der Inhalt der vom Schwurgericht getroffenen Feststellung ersehen läßt, nicht angenommen werden kann, daß das Urteil auf dem Verstoß beruht, und zwar um so weniger, als die Urteilsgründe zweifelsfrei ergeben, daß die Frage der Rädelsführerschaft in der Hauptverhandlung ausdrücklich erörtert und in ihr die sie begründenden Tatsachen ermittelt worden sind". Ob diese Entscheidung zutreffend ist, kann ohne Kenntnis des ganzen Schwurgerichtsurteils nicht

---

[24]) Das gilt besonders für Feisenberger a. a. O. 271.

[25]) Löwe-Rosenberg 5a zu § 337; vgl. auch § 281 Nr. 2 österr. StPO.

beurteilt werden. Es hängt eben davon ab, ob in dem Hinweis auf das „Ergebnis der Voruntersuchung" nur eine — zwar unzulässige, vielleicht aber unschädliche — Abkürzung der schriftlichen Urteilsgründe liegt oder ein Indiz für das Vorhandensein unzulässiger psychologischer Abhängigkeiten bei der Urteilsfindung selbst. Wenn das Reichsgericht es sich angelegen sein lassen wird, diese Abhängigkeiten, wo sie zutage treten, zu bekämpfen, dann wird es an seinem Teile dazu beitragen, eine unheilvolle Wirkung der Voruntersuchung zu beseitigen.

II.

Sicherlich ist die Voruntersuchung nicht unantastbar. Aber für uns handelt es sich einfach darum, ob wir eine Gewähr dafür haben, daß etwas Besseres an ihre Stelle gesetzt wird. Und diese Gewähr fehlt uns eben gerade[26]). Denn wie soll das Strafverfahren ohne Voruntersuchung aussehen? Genau ebenso — sagt man — wie auch heute schon die überwiegende Mehrzahl aller Strafverfahren aussieht; also Übertragung des gewöhnlichen staatsanwaltschaftlichen Ermittlungsverfahrens, das sich bestens bewährt hat, auch auf die wenigen besonders schweren oder besonders komplizierten Sachen, die jetzt der Voruntersuchung vorbehalten sind. Die beiden grundlegenden Irrtümer dieser Meinung liegen darin: Erstens ist es eben nicht wahr, daß das gewöhnliche Ermittlungsverfahren sich bewährt hat. Im Gegenteil — es ist teils ebenso schlecht, teils noch erheblich schlechter als die Voruntersuchung. Ebenso schlecht, nämlich ebenso schleppend, geheim und ohne Rechte des Beschuldigten und Verteidigers. (Wenn eine Statistik — was sehr wahrscheinlich ist — ergeben sollte, daß die Staatsanwaltschaft schneller arbeitet als der Untersuchungsrichter, so liegt das einfach daran, daß der Untersuchungsrichter im allgemeinen die schwierigeren, mitunter auch die bereits verfahrenen Sachen erhält.) Und noch erheblich schlechter als die Voruntersuchung, weil uneinheitlich, zerrissen und schriftlich im schlechten Sinne (während der Voruntersuchung wenigstens auch die guten Seiten der Schriftlichkeit eigen sind). Aber auch wenn die Mängel des Ermittlungsverfahrens heute noch nicht so deutlich zutage treten würden, wie es tatsächlich der Fall ist, so würden sie doch jedenfalls sofort erkennbar werden, sobald dieses Verfahren auch in den schwierigsten und umfangreichsten Strafsachen zur Anwendung gebracht werden müßte. In dem Übersehen dieses qualitativen Momentes[27]) liegt der zweite Irrtum der hier bekämpften Ansicht.

Man ist sich denn auch darüber einig, daß das Ermittlungsverfahren der Staatsanwaltschaft verbessert werden müsse, gleichviel ob die Voruntersuchung abgeschafft wird oder nicht. Auch die Richtung, die die Reformen zu nehmen haben werden, ist festgelegt[28]). Abgesehen von der hier nicht interessierenden (durchaus notwendigen) Erweiterung der Rechte des Beschuldigten und Verteidigers wird sie auf eine erhebliche Steigerung der an die Staatsanwaltschaft zu stellenden Anforderungen hinauslaufen. Dem jetzigen ewigen „Kreislauf" der Akten zwischen Staatsanwaltschaft, Polizei und Amtsrichter soll ein Ende gemacht werden. Der Staatsanwalt soll sich nicht mehr darauf beschränken dürfen, seinen Hilfsorganen papierene Anweisungen zu geben

---

[26]) So sah auch Kronecker (ZStW. 9, 518) das Problem, bevor er seinen weitergehenden Antrag in der Strafprozeßkommission stellte (vgl. Prot. 1 S. 141—145, 148—153 und dazu Kahl, GA. 53, 3 Anm. 3).

[27]) Typisch hierfür Feisenberger, IKV. 14, 271: „Wie will man es rechtfertigen, daß in den restlichen 2,4 % die Staatsanwaltschaft nicht fähig sei, das Vorverfahren zu führen?"

[28]) Vgl. etwa Rosenberg, IKV. 11, 797.

— er soll selbst sehen, hören, vernehmen, eingreifen, nicht mehr „über" oder richtiger neben der Sache, sondern mitten in der Sache stehen. Der Entwurf von 1908 sah diese Notwendigkeit noch nicht ein, obgleich die Reformkommission sie schon erkannt hatte[29]). § 188 I Satz 1 des Entwurfs von 1920[30]) enthielt den richtigen Grundsatz: „Die Staatsanwaltschaft hat die Ermittelungen selbst anzustellen", beraubte ihn aber durch den Zusatz: „Sie kann sich dabei der Hilfe von Polizeibeamten . . . bedienen" großenteils seiner praktischen Bedeutung. Die Einschränkung „doch muß sie diese mit bestimmten Aufträgen versehen" ist nicht geeignet, an dem jetzigen Zustande etwas zu ändern[31]), zwingt die Staatsanwaltschaft insbesondere nicht dazu, die Zeugen selbst zu vernehmen. Das aber wäre gerade der wichtigste Fortschritt[32]).

Aber nicht nur die Pflichten, sondern auch die Rechte des Staatsanwalts werden bei der Reform vermehrt werden. Auch das ist nicht neu. Es ist nur die Frage, wie weit man hierbei gehen kann. Sicher ist wohl, daß man dem Staatsanwalt das Recht geben muß, Zeugen und Beschuldigte zwangsweise zur Vernehmung vorführen zu lassen[33]). Zweifelhaft ist alles weitere. § 74 des Entwurfs von 1920 wollte z. B. das Recht der Verhängung von Strafen bei unberechtigter Zeugnisverweigerung dem Amtsrichter vorbehalten[34]). Zucker wollte „unbedenklich auch die Anwendung der prozessualen Zwangsmittel" in die Hand des Staatsanwalts legen, und zwar einschließlich der Verhaftung[35]). Wenn man seine Begründung liest, so scheint der Vorschlag zunächst ganz harmlos; denn Zucker will dem Verhafteten das Recht geben, binnen 48 Stunden den Einspruch zu erheben und dadurch eine mündliche Verhandlung über die Aufrechterhaltung der Untersuchungshaft herbeizuführen. Also würde der Staatsanwalt hier — so könnte man sagen — kaum weitergehende Rechte erhalten, als er sie schon heute nach § 127 StPO. hat, und der Unterschied bestände nur darin, daß Zucker unsere vorläufige Festnahme bereits Verhaftung nennt. Zucker hätte also recht, wenn er meint, „ein derartig geordnetes rechtliches Verfahren würde allen Bedenken gegen die Handhabung der Untersuchungshaft durch den verfolgenden Staatsanwalt die Spitze abbrechen". Aber dabei hat er einen Hauptpunkt übersehen. Damit allein, daß der Richter über den Einspruch zu entscheiden hat, ist noch keineswegs die ganze Frage der Untersuchungshaft seiner Kontrolle unterstellt. Es kann sein, daß der Staatsanwalt zunächst mit Recht verhaftet hat, und der Richter daher den Einspruch zurückweisen mußte. Wer aber bürgt nun dafür, daß der Staatsanwalt die Haft nicht über Gebühr verlängert? Man kann dem Verhafteten nicht gut das Recht geben, etwa allwöchentlich richterliche Entscheidung her-

---

29) Prot. 1, 163; 2, 463: „Die Vornahme der Ermittelungen . . . durch die Staatsanwaltschaft selbst . . . soll die Regel bilden."

30) Über ihn vgl. Goldschmidt, JW. 1920, 231.

31) So auch Nöldeke, DJZ. 1920, 174; v. Hippel, ZStW. 41, 345. Frede, MSchrKrimPsych. 1929, 31, irrt, wenn er annimmt, der bloße Fortfall der Voruntersuchung werde den Staatsanwalt zwingen, selbst dauernd aktiv tätig zu sein und sich zu einem viel freier beweglichen Untersuchungsführer zu entwickeln, als es der jetzige Untersuchungsrichter sei.

32) In den sog. Frankfurter Beschlüssen vom 13. Febr. 1904 hieß es: „Der Staatsanwalt ist gesetzlich verpflichtet, alle Vernehmungen möglichst persönlich auszuführen" (IKV. 11, 814).

33) Bezeichnenderweise hatte Heinemann gegen die Anwendung von Zwang gegenüber dem Beschuldigten Einspruch erhoben (IKV. 11, 815), obgleich er andererseits „rein logisch betrachtet" nicht einmal gegen eine eidliche Zeugenvernehmung durch den Staatsanwalt etwas einzuwenden hatte und nur aus praktischen Gründen Bedenken hegte (a. a. O. 663).

34) Dagegen v. Hippel, ZStW. 41, 346.

35) IKV. 11, 384/5. Ähnlich von Lilienthal, 29. DJT. 5, 390/1; Lobe u. Höpler, 35. DJT. 2, 576 u. 612.

beizuführen; denn dadurch würde ein ständiges Hin und Her der Akten entstehen, und die Sache könnte nicht zur Ruhe kommen. Bei dem jetzigen System dagegen ist der Richter nach § 123 dauernd für die Aufrechterhaltung der Haft verantwortlich, die praktisch mindestens ebenso wichtig und ebensosehr der Gefahr von Mißgriffen ausgesetzt ist wie die Erlassung des Haftbefehls selbst. Ich glaube also nicht, daß es sachlich gleichgültig ist, ob der Haftbefehl vom Richter oder Staatsanwalt erlassen wird — sofern man nicht — worüber unten zu sprechen ist — überhaupt grundsätzlich dem Staatsanwalt das gleiche Vertrauen entgegenbringen und die gleiche Machtvollkommenheit einräumen will wie dem Richter.

Einen weiteren Streitpunkt bildet die Beschlagnahme und Durchsuchung. Auch sie wollen viele[36]) ganz dem Staatsanwalt überlassen, und auch hier könnte man sagen, es werde dadurch an dem bestehenden Zustande kaum etwas geändert; denn Gefahr im Verzuge liege eben fast immer vor, daher sei der Staatsanwalt auch jetzt schon nahezu immer zuständig. Diese Ansicht übersieht zweierlei: sie trifft weder für die wichtige Postbeschlagnahme, die jetzt fast ganz dem Richter übertragen ist (§ 100 StPO.), noch für die Beschlagnahme und Durchsuchung nach Eröffnung der Voruntersuchung zu. Denn sobald der Untersuchungsrichter mit der Sache befaßt ist, greifen nach meinen Erfahrungen die Staatsanwaltschaft (vgl. hierüber unten III 7) überhaupt nicht mehr und die Polizei nur in den seltensten Fällen selbständig ein; vielmehr holt die Polizei vorher — nötigenfalls telephonisch — die Entscheidung des Untersuchungsrichters ein. Das gleiche gilt übrigens für die vorläufige Festnahme; auch sie wird nach Einleitung einer Voruntersuchung kaum jemals von der Polizei selbständig vorgenommen[37]). Also würden die Reformvorschläge, insbesondere beim Wegfall der Voruntersuchung, zu einer nicht zu unterschätzenden Erweiterung der Macht des Staatsanwalts und der Polizei führen[38]).

Es kommt aber noch folgendes hinzu: Dieser Machtzuwachs soll ja nicht der einzige bleiben, den die Staatsanwaltschaft bei der Strafprozeßreform davontragen soll. Der Staatsanwalt, der heute für die Durchführung der Hauptverhandlung in der Regel praktisch so wenig bedeutet, daß man geradezu vorgeschlagen hat, seine Anwesenheitspflicht zu streichen, dieser Staatsanwalt würde neben dem Verteidiger die Hauptverhandlung beherrschen, sobald man das Kreuzverhör zur Regel macht und die Leitung der Beweisaufnahme sowie die Aktenkenntnis dem Vorsitzenden entzieht[39]). Nicht als ob diese Vorschläge hiermit so nebenher abgelehnt werden sollen. Aber die Frage bedarf doch der ernstesten Prüfung, ob die Staatsanwaltschaft diesen neuen Aufgaben, die in allen Stadien des Strafverfahrens auf sie einstürmen werden, gewachsen sein kann. Gewiß hat Goldschmidt darin recht, daß die Kräfte eines Menschen mit den Aufgaben wachsen, die man ihm anvertraut[40]). Aber das gilt doch in

---

[36]) Zucker a. a. O. 389ff.; Neumann a. a. O. 200; Preiser, ZStW. 41, 388, der sogar die Anwendung von Zwang zur körperlichen Untersuchung des Beschuldigten dem Staatsanwalt gestatten will.

[37]) Finger, GerS. 93, 101, erklärt es sogar für zweifelhaft, ob die Staatsanwaltschaft nach Eröffnung der Voruntersuchung ihre Rechte aus den §§ 98, 100, 105 u. 127 überhaupt behalte, bejaht aber aus Zweckmäßigkeitserwägungen. Dem kann man sich anschließen, wenn nur die Einschränkungen (Gefahr im Verzuge usw.) hinreichend beachtet werden.

[38]) Sogar ein Gegner der Voruntersuchung wie Rosenberg gibt zu, die in Frankreich (mit dem G. v. 8. Dez. 1897) gemachten Erfahrungen hätten die Richtigkeit der Warnung bestätigt, der Gesetzgeber möge die Gewalt des Untersuchungsrichters nicht zu sehr beschränken, sonst werde nur die Macht der Polizei wachsen (29. DJT. 1, 32).

[39]) Vgl. die Zusammenfassung der diesbezüglichen Ergebnisse des Salzburger Juristentages durch Lobe, Verhandlungen 2, 67/8.

[40]) JW. 1928, 2967.

der Regel nur für eine allmähliche, sich in angemessenen Grenzen haltende Steigerung. Sonst besteht unbedingt die Gefahr, daß die Staatsanwaltschaft unter all den neuen Lasten erdrückt werden wird. „Wie wird der Staatsanwalt — sc. nach Einführung der Strafprozeßreform — von alten guten Zeiten träumen", meinte der Oberstaatsanwalt Weber im Jahre 1920. Nun, ich glaube, daß der Staatsanwalt in Zukunft noch weniger als jetzt Zeit zum Träumen haben wird.

Ich habe bisher absichtlich die Frage beiseite gelassen, mit der die Abschaffung der Voruntersuchung steht und fällt: Es geht ja nicht allein darum, ob die Staatsanwaltschaft die ihr zugedachten neuen Aufgaben technisch und geistig bewältigen könnte. Es gilt vor allem darin Farbe zu bekennen, ob man ihr diese Aufgaben überhaupt anvertrauen will. Seit Jahrzehnten heißt es allerdings: auf den Namen komme es nicht an; ob ein Beamter Staatsanwalt oder Untersuchungsrichter genannt wird, sei gleichgültig[41]) — in erster Linie seien die Aufgaben entscheidend, die er zu erfüllen habe. Von dem unbegründeten, auf veralteten Vorurteilen beruhenden Mißtrauen, von der „ängstlichen Furcht vor der Staatsanwaltschaft" müsse man sich endlich frei machen (so z. B. Mittermaier, IKV. 11, 290). Inwieweit ist das alles richtig und was würde es beweisen? Die Antwort kann nur lauten: Der erste Teil dieser Argumentation ist falsch, der zweite ist zwar richtig, aber er beweist gerade das Gegenteil von dem, was er beweisen soll. Auf den Namen soll es nicht ankommen? Aber wo sonst in aller Welt kommt es denn auf den Namen nicht an? Die juristische Konstruktion freilich soll nicht am Namen haftenbleiben; aus dem Namen „Klage" soll man z. B. — so wird unten gefordert — nicht weittragende sachliche Folgerungen abzuleiten suchen. Hier aber stehen wir nicht mehr vor einer bloßen Konstruktions-, sondern vor einer Vertrauensfrage. Niemals wird der Staatsbürger dem abhängigen Staatsanwalt mit dem gleichen Maße an Vertrauen begegnen, das er trotz allem immer noch dem Richter — wenn auch in einem sehr steigerungsbedürftigen Maße — entgegenbringt. Wenn es für diese Behauptung der Belege aus der Strafprozeßliteratur bedürfen sollte — sie sind in hinreichender Zahl vorhanden. Hier aber sollen nur einige Stimmen genannt werden, die wirklich ganz und gar nicht der Voreingenommenheit zuungunsten der Staatsanwaltschaft verdächtig sind: Der Generalstaatsanwalt Plaschke bekämpfte die im Entwurf 1920 (mit Recht) vorgesehene Abschaffung des Eröffnungsbeschlusses damit, man dürfe der Staatsanwaltschaft die Möglichkeit nicht geben, allein und unter ausschließlich eigener Verantwortung einen Menschen auf die Anklagebank zu bringen. Und er tat dabei den denkwürdigen Ausspruch: „Meine Weigerung ist nicht auf meine Stellung als Staatsanwalt zurückzuführen, denn ich bin überzeugt, daß die Staatsanwälte ihres Amtes wie bisher gewissenhaft walten würden: ich weigere diese Macht als Staatsbürger[42])." Der Erste Staatsanwalt Eich erklärt: „Ein unabhängiger Richter ist unparteiischer als der abhängige Vertreter der Anklagebehörde"; der Gedanke, das Vorverfahren einheitlich in die Hand des Staatsanwalts zu legen, sei zwar bestechend, zeige aber seine Schwäche bei der Ausführung in der Praxis, die Beschwerden über mangelnde Objektivität der Untersuchungsführung werde man durch Abschaffung des Untersuchungsrichters nicht beseitigen, sondern erst hervorrufen[43]). Auf dem 29. Deutschen Juristentage[44]) sagte der damalige Wiener Oberstaatsanwalt

[41]) So z. B. von Lilienthal, 29. DJT. 5, 390; ähnlich auch schon Keller, 3. DJT. 296/7.
[42]) JW. 1920, 261.
[43]) Eich, DStZ. 1920, 115.
[44]) 29. DJZ. 5, 405.

Hoegel: „. . . aber da kommt man über den nicht doktrinären, sondern sehr praktischen Einwand nicht hinweg, daß der Staatsanwalt nicht Richter ist; er bleibt Ankläger unter allen Umständen, auch wenn er noch so sehr bestrebt ist objektiv zu sein. Ich glaube, wenn ich das ausspreche, obwohl ich selbst diesem Berufe angehöre, so dürfte dem vielleicht einiges Gewicht beigelegt werden können." Die Staatsanwälte, von denen diese Aussprüche stammen, werden von dem Vorwurf Gneists jedenfalls nicht getroffen: „Die Staatsanwaltschaft selbst täuscht sich leicht über die Dauer des wohlverdienten Vertrauens, welches sie in ruhigen Zeiten durch eine pflichtgetreue Amtserfüllung gewinnt. In den schweren Zeiten der Verfassungskonflikte hört dies Vertrauen auf, und die streitenden Teile denken nur an die Abhängigkeit, in welcher der Staatsanwalt von der zeitigen Ministerverwaltung steht[45])."

Aber hat man uns nicht längst belehrt, daß das alles nur veraltete „ererbte Vorurteile[46])" sind, denen heute jegliche Berechtigung fehlt? Wenn dem wirklich so ist, dann bleibt jedoch eine Erscheinung völlig unverständlich: der Entrüstungssturm nämlich, der sich erhob, als die VO. v. 4. Jan. 1924 die Macht der Staatsanwaltschaft in verschiedenen Punkten erweiterte. Ich möchte — um nicht allzu weitschweifig zu werden — nur einige der bedeutsamsten Äußerungen aus dem damals ziemlich einstimmigen Chor hierhersetzen: Die Juristische Arbeitsgemeinschaft für Gesetzgebungsfragen äußerte z. B. einhellig die „allerschwersten Bedenken" dagegen, daß die Zuständigkeit des Reichsgerichts von der Entschließung der Staatsanwaltschaft abhängig sein solle[47]). Rosenberg, ein Vorkämpfer für die Abschaffung der Voruntersuchung, beklagte sich darüber, daß es „von der Gnade, Willkür, Gunst und Laune der örtlichen Staatsanwaltschaften, von politischen und taktischen Erwägungen oder persönlichen Rücksichten ihrer Vorgesetzten abhänge, ob überhaupt Strafsachen an das Reichsgericht gelangen", die heutigen Epigonen wollten „alles dem guten Willen und dem weisen Ermessen der Staatsanwaltschaft anheimstellen". „Ich hege ein gewisses Mißtrauen gegen die Staatsanwaltschaft und ihre amtlichen Vorgesetzten, aber nicht gegen die Gerichte[48])." Kronecker bekämpfte die bereits erwähnten Neuerungen mit dem Hinweise: „Eine solche Macht hat wohl nie die Gesetzgebung eines Kulturvolkes der Staatsanwaltschaft und damit der Justizverwaltung eingeräumt[49])." Diese Beispiele dürften genügen. — All dieses Mißtrauen aber schwindet mit einem Schlage, sobald es sich um das Vorverfahren handelt! Wie ist das zu erklären? Nur so: Man glaubt und betont es immer wieder, daß ein grundsätzlicher Unterschied bestehe zwischen dem Staatsanwalt, der lediglich ermittele, und dem Staatsanwalt, der bereits Anklage erhoben habe. Ist der Staatsanwalt erst einmal zum Ankläger geworden, dann ist er Partei und wird mit Notwendigkeit in vielem einseitig wie jede Partei. Aber solange er sich noch nicht durch Anklageerhebung in einem bestimmten Sinne festgelegt hat, ist er ebenso unparteiisch und unbefangen wie der Richter[50]).

---

[45]) Vier Fragen 78.

[46]) Zucker, IKV. 11, 482.

[47]) Vgl. den Bericht von Kohlrausch, DJZ. 1924 Sp. 418. Ähnlich die Entschließung des Deutschen Anwaltsvereins: JW. 1924, 1641 zu B 1 u. 4. Ferner von Scanzoni, JW. 1924, 1645.

[48]) Rosenberg, DJZ. 1924, 261ff. Vgl. auch Lobe, daselbst 84/5; ferner Rosenberg, JW. 1924, 1655.

[49]) ZStW. 45, 436.

[50]) So z. B. von Lilienthal, DJZ. 1904 Sp. 1003f., dem Graf Dohna, 35. DJT. 1, 140 beistimmt; Kronecker, ZStW. 45, 426 Anm. 8. In einer geradezu unbegreiflichen Weise werden alle entscheidenden Gesichtspunkte von v. Lilienthal, Reform des Strafprozesses 401, verkannt.

Dieser Beweisführung kann nur zum Teil zugestimmt werden. Sicherlich ist der Staatsanwalt, der sich durch Anklageerhebung festgelegt hat, mehr daran interessiert, die Richtigkeit seines Standpunktes gerichtlich bestätigt zu sehen, als der Staatsanwalt im Vorverfahren an einer Anklageerhebung interessiert ist. Dieser Quantitätsunterschied macht aber den Staatsanwalt im Vorverfahren noch nicht zum Richter. Man darf die einzelnen Tätigkeitsgebiete des Staatsanwalts nicht getrennt betrachten, sondern hat zu prüfen, ob nicht der Teil seiner Tätigkeit, in dem der Schwerpunkt liegt, auf die anderen Teile abfärbt.

Von dem „Weltbild des Strafrichters" und von der „weltanschauungsbildenden Kraft des Richterberufs" hat Alsberg seinerzeit in der Berliner Juristischen Gesellschaft gesprochen[51]). Er meinte damit nicht das persönliche, individuelle Weltbild, sondern eben jenes überindividuelle, das dem Strafrichter als solchem eigen ist. Der Strafrichter aber ist vor allem Richter, und sein Weltbild ist ein richterliches. Über den Inhalt dieser richterlichen Weltanschauung sind ja nun freilich die Meinungen geteilt. Es läßt sich auch darüber streiten, wie weit denn nun die innere Verbundenheit der Angehörigen des Richterstandes, die Zusammengehörigkeit auf Grund der gleichen Lebens- und Berufsauffassung gehe. Erst kürzlich habe ich mich gegen einen Versuch gewandt, dieses Gemeinsame zu sehr auszudehnen und daher schlechthin alles dem Richterstande als solchem zum Vorwurf zu machen, was ein Einzelner vielleicht verfehlt hat[52]). In einem Punkte besteht aber eine solche Einheitlichkeit der typisch richterlichen Weltanschauung zweifellos: in dem Durchdrungensein von dem Gefühl der Unabhängigkeit. Sollte dieses Gefühl unter allen Richtern nur dem Untersuchungsrichter nicht eigen sein, ihm, der — bevor er dieses Amt antrat — in den meisten Fällen schon jahrelang als Zivil- oder Strafrichter gewirkt hat? Eine solche Tätigkeit hinterläßt Spuren, die durch eine Untersuchungsrichterzeit von einigen Jahren nicht ausgelöscht werden können.

Dem Staatsanwalt fehlt die richterliche Unabhängigkeit, und sein Weltbild muß daher notwendigerweise anders aussehen. Hierin liegt kein Werturteil. Es ist dem Richterstande nicht als Verdienst und der Staatsanwaltschaft nicht als Schuld anzurechnen, daß das Gesetz diesen Berufsgruppen eine verschiedenartige Behandlung zuteil werden läßt. Aber über die Tatsache selbst ist nicht hinwegzukommen. Es kann Graf Dohna[53]) m. E. auch nicht darin beigepflichtet werden, daß die besondere Würde des Richteramts nicht mit seiner Unabhängigkeit, sondern mit seiner Funktion als „Arbiter" zusammenhänge; vielmehr ist das erste mindestens ebenso wichtig wie das zweite.

Man könnte versucht sein zu sagen: das Weltbild des Staatsanwalts ist das des Verwaltungsbeamten ohne die Vielseitigkeit, durch die dieses sich mitunter auszeichnet. Doch das wäre nicht ganz richtig. Denn für den Staatsanwalt tritt die Gesetzesanwendung weit mehr in den Vordergrund als für den Verwaltungsbeamten, dessen Handeln von Zweckmäßigkeitserwägungen, von dem Streben nach praktischen Zielen beherrscht wird. Aber die Gesetzesanwendung des Staatsanwalts ist hinsichtlich des Ob und des Wie nicht frei, sondern ein Handeln auf Befehl. Nicht freilich unter der Beschränkung leidet er, die Wassermann[54]) ihm vorwirft: daß der öffentliche Ankläger „den Menschen

---

[51]) Vgl. den Jahresbericht für 1927 S. 51ff.

[52]) Vgl. meine Besprechung der Schrift Ernst Fraenkels, Zur Soziologie der Klassenjustiz, in ZStW. 49, 728ff.

[53]) Gutachten für den 35. DJT., Verh. 1, 139.

[54]) Der Fall Maurizius S. 98.

nicht kennt, den Menschen nicht ansieht, nicht kennen darf, nicht ansehen darf. Für ihn gibt es bloß die Tat, und was die Tat wiegt und daß sie vergolten wird. Er hört ja selber auf, Mensch zu sein, die Stimme, die den Schuldigen zur Verantwortung zieht, ist nicht die Stimme des Menschen mehr . . . Unperson, ist er Diener und Beauftragter der Gemeinschaft". Auch der Staatsanwalt hat es mit dem Menschen im Verbrecher zu tun, genau wie der Richter. Das wäre eine schlimme Gemeinschaft, die von ihrem Beauftragten etwas anderes verlangen würde. Aber für die Gesichtspunkte, nach denen er den Menschen und die Tat zu behandeln hat, kann der Staatsanwalt nicht immer einstehen. „Die Versuchung, das Strafverfahren als politisches Kampfmittel auszunutzen, ist eine sehr große", sagt v. Lilienthal[55]). Mit dieser Einsicht verträgt sich die Abneigung dieses Schriftstellers gegen die Voruntersuchung nur deshalb, weil er anscheinend der Meinung zuneigt, die Gerichte unterlägen jener Versuchung ebensosehr wie die Staatsanwaltschaft. Aber dabei übersieht er, daß es hier nicht das gleiche wäre, wenn beide das gleiche täten: die Staatsanwaltschaft ist verpflichtet, auch politisch gefärbten Anweisungen zu folgen, die Gerichte dagegen würden pflichtwidrig handeln, wenn sie ihnen gehorchten. Radbruchs Stellungnahme gegenüber der Voruntersuchung erklärt sich u. a. gerade auch daraus, daß er den Regierungen mehr traut als den Gerichten. Dann aber muß man auch die Folgerung ziehen, vor der Radbruch zurückschreckt: nämlich die Unabhängigkeit der Gerichte aufzuheben[56]). Das will auch Radbruch nicht, weil ja gerade er die Parole ausgegeben hat, die Vertrauenskrise sei eine bloße Tagesfrage[57]). Umgekehrt ist aber das Mißtrauen gegenüber einer Betätigung der Regierungen auf dem Gebiete der Strafrechtspflege kein Augenblicksproblem, sondern eine Dauererscheinung — es trifft nicht die heutige oder die gestrige, sondern schlechthin jede Regierung. Allein darauf kommt es an, wem grundsätzlich gesehen, überall und unter allen Umständen, der „Wille zur Gerechtigkeit"[58]) in höherem Maße zu eigen ist. Ein politisch eingestelltes Staatsorgan kann rein rechtlichen Gedankengängen schlechterdings nicht das Verständnis entgegenbringen, das selbstverständliche Voraussetzung für die Tätigkeit eines jeden Rechtsprechungsorgans ist. Die jüngste Vergangenheit hat uns wieder einen Beweis dafür geliefert: den Fall Simons, dessen grundsätzliche Bedeutung gar nicht hoch genug eingeschätzt werden kann. Mit vollem Rechte hat Reichert aus diesem Vorkommnisse den Schluß gezogen, daß sich in Deutschland die Rechtsprechungsorgane die völlige Gleichbewertung gegenüber der Regierungsgewalt noch nicht errungen haben[59]). Es ist insofern unrichtig, wenn Dessauer[60]) neuerdings aus den bekannten Beispielen der Aufwertungsrechtsprechung usw. ableiten will, die Macht der Rechtsprechung sei im Steigen begriffen. Gewiß können manche Erscheinungen der letzten zehn Jahre zu diesem Irrtum verleiten: die Ausbildung des richterlichen Prüfungsrechts, das ganze von Schiffer so eindrucksvoll gegeißelte Übermaß an Rechtsprechung, unter dem wir leiden. Aber das alles betrifft nur das Verhältnis zur Gesetzgebung. In Wahrheit hat die Ausdehnung des Bereichs der richterlichen Tätigkeit wohl nur dazu beigetragen, der

55) Bei Aschrott, Reform des Strafprozesses 407.

56) Vgl. hierzu Radbruch, JW. 1928, 1271 und die Äußerungen auf eine Rundfrage der Deutschen Liga für Menschenrechte, DRichtZ. 1928, 366ff.

57) 34. DJT. 2, 367.

58) Von dem Levin in seinem schönen Aufsatz JW. 1929, 231 spricht.

59) Reichert, Staatsgerichtshof und Reichsregierung, DRichtZ. 1929, 23ff. Vgl. auch RGRat Linz, DJZ. 1929, 197ff.

60) Friedrich Dessauer, Recht, Richtertum und Ministerialbureaukratie S. 5, 65 ff. u. ö. (1928).

rechtsprechenden Gewalt Feinde zu erwecken, nicht aber dazu, ihre Stellung gegenüber der Regierung zu stärken. Die Regierungsgewalt läßt es zwar zu, daß die Rechtsprechung ihr gelegentlich die Kastanien aus dem Feuer holt — einen wirklichen Machtzuwachs aber wird sie ihr niemals gutwillig überlassen.

Als Neumann in seinem Vortrage über „den englischen Strafprozeß im Lichte der deutschen Justizreform"[61]) betonte, wichtiger als die Form sei der Geist, der das Verfahren beseele, da trat ihm Alsberg entgegen: der Geist bilde sich nicht unabhängig von Art und Wesen des modus procedendi; daß der englische Richter von der praesumtio innocentiae mehr erfüllt sei als der deutsche, sei zum Teil eine sich erst aus seiner prozessualen Stellung ergebende Folge[62]). Wenn aber diese Behauptung richtig ist — und sie ist es sicherlich zum großen Teil —, so ergibt sich aus ihr auf unser Gebiet übertragen folgendes: Nicht etwa ist die Mentalität des Staatsanwalts von vornherein eine andere als die des Richters — für eine solche Annahme fehlt angesichts der Gleichheit der Vorbildung und aller sonstigen Voraussetzungen jede Grundlage. Aber aus der Verschiedenheit der gerichtsverfassungsmäßigen Stellung erwächst notwendigerweise eine anders geartete Mentalität[63]) — genau ebenso wie aus der prozessualen Stellung des englischen Richters eine Mentalität erwächst, die sich von der des deutschen Richters eben nach Ansicht vieler wesentlich unterscheidet. Oder ein anderes Beispiel: Ein Gesetz, das die Stellung des Verteidigers in unwürdiger Weise beschränkt, züchtet leicht unwürdige Verteidiger[64]). Dann muß aber auch der Satz gelten: ein Gesetz, das den Staatsanwalt von den Weisungen seiner Vorgesetzten abhängig macht, impft ihm einen Geist der Abhängigkeit ein, wie wir ihn gerade bei den Staatsorganen nicht zu finden wünschen, die entscheidende Macht über die Freiheit und Ehre des Staatsbürgers haben sollen.

Deshalb ist jener Hinweis so nichtssagend, daß auch die Staatsanwaltschaft vor Anklageerhebung kein Interesse an einer Verurteilung habe. Denn erstens ist es nicht das Vorhandensein oder das Fehlen dieses Interesses, was uns an ihr stört, sondern die Tatsache, daß sie von einer anderen Stelle angewiesen werden kann, dieses Interesse zu haben oder nicht zu haben. Sodann aber kann man die Seele und das Weltbild des Staatsanwalts eben nicht in zwei Teile zerlegen: vor und nach Anklageerhebung. Auch wenn die Zahl der Einstellungsbescheide und der Anträge auf Außerverfolgungsetzung, die die Staatsanwaltschaft ergehen läßt, die Zahl der Anklagen erreichen oder gar übersteigen sollte, so läge der gefühlsbetontere Teil ihrer Tätigkeit doch immer auf der Anklageseite; er gibt dem Gesamtbild die besondere Note, nicht umgekehrt. Ein so entschiedener Gegner der Voruntersuchung wie Goldschmidt, der in seinem Entwurf zum ersten Male die Abschaffung der Voruntersuchung gewagt hatte, fordert andererseits die völlige Trennung der richterlichen Laufbahn von der des Staatsanwalts; denn: „Wer Jahre, vielleicht Jahrzehnte hindurch den Beschuldigten durch die Brille des Staatsanwalts angesehen hat, wird geneigt sein, dies auch als Richter zu tun[65])." Einer der angreifbarsten Punkte

[61]) Verkürzte Wiedergabe in JW. 1928, 2960ff.

[62]) Vgl. JW. 1928, 2967.

[63]) Vgl. auch Marbe, Der Psychologe als Gerichtsgutachter, 24/5 (1926) über die berufliche Einstellung der Menschen (der Staatsanwalt sei im allgemeinen „noch mehr als der Untersuchungsrichter auf die Gewinnung von Belastungsmaterial eingestellt").

[64]) Das gibt Mittermaier zu, 29. DJT. 2, 135. Jetzt auch Eisler, 35. DJT. 2, 644.

[65]) J. Goldschmidt, Zur Reform des Strafverfahrens, 20 (1919). Und neuestens bekennt Ebermayer, DRichtZ. 1929, 46: „Ich habe es am RG. wiederholt erlebt, daß Herren, die nach jahrzehntelanger, ausschließlich staatsanwaltschaftlicher Tätigkeit Reichsgerichtsräte wurden, anfänglich nur mit Mühe die erforderliche Objektivität aufbrachten."

des im allgemeinen gar nicht so schlechten Militärstrafverfahrens lag darin, daß der Ankläger von gestern heute Richter — wenn auch in andern Sachen — war[66]).

Spricht nun aber gegen den hier eingenommenen Standpunkt nicht entscheidend die Tatsache, daß einige unserer hervorragendsten Verteidiger sich für die Abschaffung der Voruntersuchung ausgesprochen haben? So früher Heinemann, so jetzt Alsberg[67]). Das wäre aber nur dann beweisend, wenn mit diesem Kampf gegen die Voruntersuchung auch ein Eintreten für die Staatsanwaltschaft verbunden wäre. Das scheint mir jedoch nicht der Fall zu sein. Wohl aber spricht aus den literarischen Äußerungen der Angehörigen des Verteidigerstandes immer wieder ein — mit der abhängigen Stellung der Staatsanwaltschaft begründetes — Mißtrauen gegenüber dieser Behörde[68]). Glaubt man wirklich, daß sich nach Abschaffung der Voruntersuchung das „alles, alles wenden" wird?

Neumann[69]) meint, es beständen lediglich bei politischen Delikten Bedenken gegen eine Erweiterung der Befugnisse der Staatsanwaltschaft. Er hält es aber für untunlich, aus diesem Grunde etwa die Voruntersuchung für politische Delikte beizubehalten, da eine Abgrenzung dieses Begriffes nicht durchführbar sei[70]). Vielmehr will er dadurch helfen, daß er dem Beschuldigten das Recht geben will, den Staatsanwalt abzulehnen; über das Ablehnungsgesuch soll nicht die dem Staatsanwalt vorgesetzte Behörde, sondern das Gericht entscheiden. Dem letzteren Vorschlage ist zuzustimmen[71]). Aber für unser Problem wäre dadurch nichts gewonnen, daß der abgelehnte Staatsanwalt durch einen anderen — ebenso abhängigen — ersetzt wird.

Nur eine einzige Maßnahme gibt es, die die Abschaffung der Voruntersuchung erträglich machen würde: die Beseitigung der Abhängigkeit der Staatsanwaltschaft. Diesen Vorbehalt haben von Anbeginn viele Gegner der Voruntersuchung gemacht: so z. B. v. Hippel[72]), Beling[73]) und neuerdings Lobe[74]), dieser mit dem Hinweise, daß die Unabhängigkeit der Staatsanwaltschaft eigentlich nur eine logische Folge des Legalitätsprinzips sei[75]). Aber ein solcher Schritt liegt praktisch so sehr außerhalb des Bereichs des Möglichen, daß er hier außer Betracht bleiben muß[76]).

---

[66]) Aus ähnlichen Erwägungen bekämpft man neuerdings eine Vereinigung von Gerichtshilfe und Fürsorgetätigkeit, weil „der Mensch seine Haut nicht abstreifen kann . . . und für eine seiner inneren Einstellung zuwiderlaufende Aufgabe nicht geeignet ist" (Klefisch, JW. 1928, 2959).

[67]) 35. DJT. 1, 460. Dagegen ist es immerhin erwähnenswert, daß Mamroth in einem unmittelbar nach dem Fall Kölling geschriebenen Aufsatze (Tagebuch 1926 Heft 34) trotz aller Vorwürfe gegen die Voruntersuchung es ausdrücklich ablehnt, ihre völlige Beseitigung zu verlangen.

[68]) Vgl. z. B. Cohn, JW. 1929, 233.

[69]) JurRdsch. 1928, 200.

[70]) Insofern liegt es hier ebenso wie bei der Erweiterung des Opportunitätsprinzips, von der man bei politischen Delikten ebenfalls vielfach absehen wollte (vgl. meinen Aufsatz 1924, 1646ff.). Die Frage der Abschaffung der Voruntersuchung weist ja überhaupt manchen Berührungspunkt mit dem Streit zwischen Legalitäts- und Opportunitätsprinzip auf.

[71]) Neuerdings ist er z. B. in der StPO. für den Kanton Bern v. 20. Mai 1928 (Art. 36) durchgeführt, ebenso in Art. 55 poln. StPO. v. 19. März 1928.

[72]) ZStW. 41, 346ff.

[73]) ArchRPhilos. 13, 265 ff..

[74]) 35. DJT. 2 S. 66/7, 563, 570.

[75]) Goldschmidt (JW. 1920, 232) lehnt es gerade im Interesse des Beschuldigten ab, die Staatsanwaltschaft unabhängig zu machen, weil man ihr dann alle Machtmittel des Untersuchungsrichters gewähren müsse, und weil das Gericht ihr dann nicht mehr so unbefangen gegenüberstehen werde wie jetzt. Vgl. auch Goldschmidt, DJZ. 1928 Sp. 1140.

[76]) Hierüber vgl. Falck, Justiz 1, 36; Höpler, 35. DJT. 2, 605.

III.

Einzelne Reformfragen

1. In welchen Sachen soll eine Voruntersuchung stattfinden? Soll insbesondere das Institut der notwendigen Voruntersuchung beibehalten werden?

Oft genug hat man auseinandergesetzt, daß die jetzige Regelung fehlerhaft sei, die für die Umgrenzung der notwendigen Voruntersuchung die Gerichtszuständigkeit und damit die Schwere der Straftat entscheiden lasse, anstatt auf die Schwierigkeit der Ermittlung abzustellen[77]). Und in der Tat liegen die Nachteile des geltenden Zustandes[78]) auf der Hand: Der Untersuchungsrichter bekommt gelegentlich Strafsachen einfachster Art, in denen er nur der Vorschrift des § 192 zuliebe den Angeschuldigten oder zu seiner eigenen Beruhigung die Zeugen noch einmal vernimmt. Das Verfahren wird dadurch nicht gefördert, sondern nur verzögert, die Zeugen werden unnötig belästigt, ihre Aussagen verlieren immer mehr an ursprünglicher Frische. Ich muß jedoch bekennen, daß mir derartige Voruntersuchungssachen nur sehr selten begegnet sind. In der Regel bieten die Fälle notwendiger Voruntersuchung erhebliche Schwierigkeiten im objektiven oder subjektiven Tatbestande. Das mag damit zusammenhängen, daß die vor den Strafrichter gelangenden Lebensverhältnisse in der letzten Zeit überhaupt immer verwickelter und schwieriger geworden sind — jedenfalls für den, der diesen Schwierigkeiten Verständnis entgegenbringt. Es mag sein, daß diese Tatsache sich nicht überall gleichmäßig stark fühlbar macht.

Die bisherigen Abänderungsvorschläge bewegen sich in folgenden Bahnen:

a) In allen Haftsachen soll auf Antrag des Beschuldigten Voruntersuchung stattfinden[79]). Die Verhängung der Untersuchungshaft hat jedoch nichts mit der Schwierigkeit der Sache zu tun. Die Voruntersuchung könnte also nicht mit dem Interesse der Aufklärung, sondern nur mit dem größeren Schutzbedürfnis des Beschuldigten gerechtfertigt werden. Dieser an sich sehr berücksichtigenswerte Gesichtspunkt muß aber in ganz einfach liegenden Sachen zurücktreten. Hier müssen die durch die Haftnovelle geschaffenen sonstigen Garantien genügen.

b) Erst recht nicht billigenswert ist es, dem Beschuldigten ohne jede sonstige Voraussetzung ein Recht auf Voruntersuchung zu gewähren[80]). Dieses Recht könnte zu leicht zur Verschleppung des Verfahrens mißbraucht werden. Im übrigen ist über das Antragsrecht des Beschuldigten noch zu sprechen.

c) Eine Unterscheidung nach der Natur des Delikts und der Person des Täters hat insbesondere Rosenberg vorgeschlagen[81]). Er nennt als für die notwendige Voruntersuchung geeignet Sittlichkeitsverbrechen an Kindern und Geisteskranken sowie Delikte von Greisen und geistig unentwickelten oder minderwertigen Personen. Dieser Vorschlag hat vieles für sich[82]). Die Liste

---

[77]) So schon v. Tippelskirch u. Dalcke (vgl. Polzin, Groß' Arch. 13, 71); dann insbes. Kahl, GA. 53, 15.

[78]) Die Verbindung zwischen notwendiger Voruntersuchung und Schwurgerichtszuständigkeit findet sich auch in den meisten ausländischen Rechten, z. B. § 91 österr., Art. 187 ital. StPO. Weitergehend z. B. Bern Art. 88, Polen Art. 259.

[79]) So ein in der Strafprozeßkommission eingebrachter Antrag, Prot. 1, 173, der aber daselbst Bd. 2 S. 85 zutreffend widerlegt wurde; ferner die bei Rosenberg, 29. DJT. 1, 44 Zitierten und Kahl, GA. 53, 17.

[80]) So Weingart, 29. DJT. 5, 419.

[81]) A. a. O. 45.

[82]) Ähnlich Kahl, GA. 53, 17.

wäre noch zu ergänzen durch sämtliche Konkursdelikte. Dagegen könnten die Eidesdelikte wohl ausscheiden, obgleich auch sie oft eine Vertiefung in schwierige bürgerlich-rechtliche Fragen und eine besonders vorsichtige Behandlung in psychologischer Hinsicht verlangen. Über Einzelheiten läßt sich natürlich streiten. Nicht stichhaltig erscheint mir aber der Einwand Mittermaiers[83]), es könnten schließlich alle Delikte und alle Beschuldigten besondere Schwierigkeiten bieten. Das ist richtig; es handelt sich hier aber nicht um Ausnahmefälle (in denen es der Staatsanwaltschaft ja ohnehin unbenommen bleiben soll, Voruntersuchung zu beantragen), sondern um den Durchschnitt. Und da wird auch Mittermaier nicht in Abrede stellen, daß z. B. die Konkursdelikte ihrem Wesen nach größere Schwierigkeiten bereiten als etwa Diebstahl oder Beleidigung.

d) Die einfachste Lösung wäre die Beseitigung der notwendigen Voruntersuchung: alles bleibt dem Ermessen der Staatsanwaltschaft überlassen. Das empfahl ein so eifriger Anhänger der Voruntersuchung wie Kulemann[84]). Er wollte „in allen nicht ganz einfachen Sachen" der Hauptverhandlung eine Voruntersuchung vorausgehen lassen; in allen Sachen sollte sie zulässig, aber überall von dem Ermessen des Staatsanwalts abhängig sein[85]). Das erscheint zunächst sehr einleuchtend: man erzielt dadurch die denkbar vollkommenste Anpassung an die Bedürfnisse des Einzelfalles. Und doch ist dieser Weg nicht ohne weiteres gangbar. Wenn es richtig ist, daß die Voruntersuchung hauptsächlich dem Mißtrauen gegenüber einer abhängigen Staatsanwaltschaft ihre Daseinsberechtigung verdankt (oben II), dann wäre eine Voruntersuchung, die ohne den guten Willen der Staatsanwaltschaft überhaupt nicht eintreten kann, strenggenommen nahezu sinnlos. Die in der Voruntersuchung liegende Garantiefunktion hätte keinen Wert, wenn die Stelle, der gegenüber sie sich bewähren soll, sie nach ihrem freien Ermessen ausschalten könnte. Schafft man die notwendige Voruntersuchung ab, so müßte als Gegengewicht zum mindesten dem Beschuldigten bei den an sich für die notwendige Voruntersuchung in Frage kommenden Deliktsarten ein unbedingtes Recht auf Erzwingung der Voruntersuchung eingeräumt werden. Oder: man behält die notwendige Voruntersuchung bei, gibt aber zur besseren Anpassung an die Bedürfnisse des Einzelfalles dem Untersuchungsrichter das Recht, die Eröffnung der Voruntersuchung mit Rücksicht auf die Einfachheit der Sach- und Rechtslage abzulehnen. Da der Staatsanwaltschaft das Recht der Beschwerde an die Strafkammer zustände, wäre ein Mißbrauch der Befugnis des Untersuchungsrichters nicht zu befürchten.

Wir haben es oben unter b abgelehnt, dem Beschuldigten ohne weitere Voraussetzungen das Recht auf Voruntersuchung zu gewähren. Um so genauer ist daher zu prüfen, ob die Regelung des § 178 II Nr. 2 billigenswert ist. Diese Frage ist aus verschiedenen Gründen zu verneinen. Erstens ist das Antragsrecht des Angeschuldigten davon abhängig, daß ihm die Anklageschrift nach § 201 mitgeteilt wird. Das ist aber bei Vergehen nur dann vorgeschrieben, wenn das Ergebnis der Ermittlungen in die Anklageschrift aufgenommen worden ist, was nach § 200 II Satz 2 wiederum dem Ermessen der Staatsanwaltschaft

---

[83]) 29. DJT. 2, 181.

[84]) IKV. 10 S. 546, 568, 599.

[85]) Auch Mittermaier, der grundsätzlich für Abschaffung der Voruntersuchung eintrat, wollte übrigens „in Fällen mit besonders ausgedehnten Feststellungen" dem Staatsanwalt und dem Beschuldigten das Recht geben, Voruntersuchung zu beantragen (IKV. 11, 491). Er begegnete sich hierin mit einem der entschiedensten Befürworter der Voruntersuchung, Weingart (daselbst 509).

überlassen ist. Wenn also die Staatsanwaltschaft in einer umfangreichen Vergehenssache es nicht für nötig hält, eine ausführliche Anklageschrift einzureichen, dann kann der Angeschuldigte nicht einmal zum Ausgleich Voruntersuchung beantragen, sondern höchstens ein Verfahren nach § 202 II anregen. Hier sind zwei Dinge miteinander in Zusammenhang gebracht, die nichts miteinander zu tun haben. Der Angeschuldigte müßte also in allen Sachen außer den Übertretungen antragsberechtigt sein, ohne daß es auf die Gestaltung der Anklageschrift ankäme.

Ferner: Wie Wex[86]) kürzlich gezeigt hat, kann der Antrag des Angeschuldigten auf Voruntersuchung überhaupt nur in seltenen Fällen Erfolg haben. Das Landgericht darf nämlich nicht prüfen, ob nicht schon die Eröffnung des Hauptverfahrens abzulehnen oder ob nicht zur besseren Aufklärung der Sache eine Voruntersuchung nach § 202 II geboten wäre. Denn dadurch würde es in die Zuständigkeit des Amtsgerichts eingreifen, dessen Sache es ist, über die Eröffnung des Hauptverfahrens zu beschließen und den Anstoß zu einem Vorgehen nach § 202 II zu geben. Vielmehr darf das Landgericht nur darüber befinden, ob zur Vorbereitung der Verteidigung eine Voruntersuchung erforderlich ist. Hält es also schon eine Eröffnung des Hauptverfahrens mangels ausreichenden Tatverdachts für ausgeschlossen, so muß es den Antrag des Angeschuldigten ablehnen — um später vielleicht zu erfahren, daß der Amtsrichter das Hauptverfahren entgegen der Ansicht des Landgerichts eröffnet hat. Eine Folge der unnötig komplizierten und dabei ungenügend durchdachten Regelung des geltenden Rechts[87])! Aber das Landgericht kann — darin hat Wex recht — eben nicht anders handeln; denn sonst würde es für den Fall, daß ohne sein Eingreifen der Amtsrichter die Eröffnung des Hauptverfahrens abgelehnt hätte, das ganze Verfahren unnötig durch Dazwischenschieben einer Voruntersuchung aufhalten. Vielleicht wäre aber folgende Lösung möglich: das Landgericht entspricht in geeigneten Fällen dem Antrage des Angeschuldigten für den Fall, daß der Amtsrichter nicht beschließen sollte, das Hauptverfahren nicht zu eröffnen. Und andererseits könnte der Amtsrichter bei der Vorlage der Akten an das Landgericht gegebenenfalls zum Ausdruck bringen, daß er das Hauptverfahren ohnehin nicht zu eröffnen gedenke[87a]). Freilich kann das bei einem in der Zwischenzeit bis zur Rückkehr der Akten erfolgenden Richterwechsel zu Schwierigkeiten führen.

Für die Zukunft wäre zu fordern, daß dem Gericht, das über die Eröffnung des Hauptverfahrens zu entscheiden hat, auch die Entscheidung über den Antrag des Angeschuldigten auf Voruntersuchung anvertraut wird. Im übrigen könnte § 178 II Nr. 2 unverändert bleiben — falls man es nicht vorzieht, die Worte „zur Vorbereitung seiner Verteidigung" als teils überflüssig, teils gefährlich zu streichen.

Wie auch Wex feststellt, haben die Anträge der Angeschuldigten auf Voruntersuchung seit der Haftnovelle nicht unbeträchtlich zugenommen. Die

---

[86]) JW. 1928, 2956.

[87]) Die Frage, ob die Führung der Voruntersuchung und die Entscheidungen nach den §§ 201 II Satz 2 und 202 II nicht doch in größerem Umfange den Amtsgerichten übertragen werden können, bedarf der Nachprüfung. Vgl. Protokolle der Strafprozeßkommission 2, 84ff.: ein dahingehender, in der Kommission gestellter Antrag wurde hauptsächlich mit Rücksicht auf die nur mit einem Richter besetzten Amtsgerichte abgelehnt, da dieser Richter nicht gleichzeitig Untersuchungsrichter und erkennender Richter sein könne. Diese Ablehnung bezeichnet z. B. Benedict, GA. 53, 252 als einen der größten Fehler der Kommission; die Voruntersuchung solle nicht dem „Spezialkriminalisten" des Landgerichts, sondern dem volkstümlicheren Amtsrichter übertragen werden.

[87a]) Allerdings ist die Vorlage dann m. E. überhaupt nicht nötig.

preußische Justizstatistik zeigt eine Steigerung von 136 im Jahre 1926 auf 315 im Jahre 1927. Hiervon wurden 1926 105, also rund drei Viertel, 1927 dagegen nur 209, also rund zwei Drittel, abgelehnt. Auch das ist nicht gerade ein Beweis für die Entbehrlichkeit der Voruntersuchung. Die Zahl der unbegründeten Anträge ließe sich leicht durch eine geringfügige Änderung technischer Art senken — ein kleiner Beleg für die oben bereits betonte, immer unterschätzte Bedeutung solcher Dinge für alle Fragen der Prozeßgestaltung: In dem preußischen Formular Nr. 17a zu § 201 heißt es: „Sie können innerhalb . . . eine Voruntersuchung . . . beantragen." Es fehlt jeder Hinweis darauf, daß ein derartiger Antrag nur dann Erfolg haben kann, wenn er mit „erheblichen Gründen" versehen ist. Also werden vielfach ganz unbegründete Anträge gestellt, die unnötig den weitläufigen Weg des § 201 II durchmachen[88]).

2. In welchem Zeitpunkte soll die Voruntersuchung eröffnet werden? Einer der schlimmsten Übelstände der heutigen Praxis liegt darin, daß die Staatsanwaltschaft die Voruntersuchung oft zu spät beantragt. Die Klagen Ortloffs[89]), Kulemanns[90]) und anderer Praktiker[91]) sind berechtigt, nach meiner Erfahrung allerdings nur bei den nicht notwendigen Voruntersuchungen. Hier kommt es vor, daß eine Anzeige 6 Monate oder noch länger zwischen Staatsanwaltschaft und Kriminalpolizei hin und her wandert, ohne in irgendwie nennenswerter Weise gefördert zu werden, und daß dann schließlich Voruntersuchung beantragt wird. Daß der Untersuchungsrichter derartige Sachen, in denen die Anzeigenden müde und verärgert, die Zeugen unauffindbar oder unbrauchbar geworden, die sachlichen Beweismittel beiseite gebracht sind, nicht gerade gern sieht, bedarf keiner Ausführung. Abwegig ist es, diese Handhabung als Argument gegen die Voruntersuchung zu verwenden, wie Zucker es in seinen — überhaupt mehr in die Breite als in die Tiefe gehenden — Angriffen auf die Voruntersuchung versucht hat[92]). Zucker beruft sich auf Ortloffs Klage, die Staatsanwaltschaft beantrage die Voruntersuchung dort, wo sie gesetzlich notwendig sei, oft so spät wie möglich und nur pro forma. Er meint, daran zeige sich, wie überflüssig die Voruntersuchung sei. Aber erstens trifft die Behauptung Ortloffs — wie bereits erwähnt — jetzt nicht mehr zu. Die Staatsanwaltschaft verzögert dort, wo es überhaupt geschieht, nicht die Einleitung der notwendigen, sondern die der fakultativen Voruntersuchungen; und sie entschließt sich hier zur Stellung des Antrags natürlich nicht dann, wenn sie bereits alles Wesentliche ermittelt hat, sondern gerade deshalb, weil sie trotz einiger Bemühungen noch nichts ermittelt hat. Diese Fälle also bilden gerade einen Beweis für die Notwendigkeit der nicht notwendigen Voruntersuchung.

Abhilfe gegenüber derartigen Verzögerungen ist kaum möglich. Das nahezu einzige Mittel sind Dienstanweisungen der vorgesetzten Behörde. In dieser Beziehung hat es — wie die Literatur zeigt — früher mitunter gefehlt[93]), und zwar ohne daß man der Staatsanwaltschaft daraus einen Vorwurf machen könnte. Nahm doch der 3. Deutsche Juristentag[94]) einen Antrag Glasers an,

---

88) Dieses Formular weist noch einen andern Mangel auf: es läßt nicht erkennen, daß die Erklärungsfrist des § 201 I nichts mit der dreitägigen Frist des § 140 IV Satz 2 zu tun hat. Der Angeschuldigte, dem eine Frist von mehr als 3 Tagen zur Erklärung gesetzt ist, wird infolgedessen leicht in den Irrtum versetzt, diese Frist gelte auch für den Antrag auf Bestellung eines Verteidigers. M. E. läge hierin ein Grund zur Wiedereinsetzung in den vorigen Stand.

89) Ortloff, Das Vorverfahren des deutschen Strafprozesses 49 ff. (1893).

90) IKV. 10, 548.

91) Neuestens z. B. Goldmann, ArchKriminologie 83, 210.

92) IKV. 11, 324.

93) Ein Beispiel bietet die von Zucker a. a. O. 370 Anm. zitierte sächsische Geschäftsordnung.

94) 3. DJT. 2 S. 325, 351; vgl. auch Fuchs bei Holtzendorff 1, 476 Anm. 4.

die Staatsanwaltschaft solle angewiesen werden, der Erhebung der Klage gerichtspolizeiliche Vorerhebungen nach Möglichkeit vorausgehen zu lassen, damit die voreilige Eröffnung von Voruntersuchungen im Interesse des Beschuldigten vermieden werde. Also auch hier der Glaube, die Voruntersuchung sei an sich schon ein größeres Unglück für den Beschuldigten als das gewöhnliche Ermittlungsverfahren.

Man könnte daran denken, der Strafkammer das Recht zu geben, den Antrag auf Voruntersuchung wegen unangemessener Verzögerung seitens der Staatsanwaltschaft zurückzuweisen. Dieses Mittel würde zwar überall da versagen, wo die Staatsanwaltschaft gerade das Bestreben hat, die an sich notwendige Voruntersuchung zu vermeiden; tauglich aber wäre es in den hier wichtigeren Fällen nichtnotwendiger Voruntersuchung. Natürlich darf eins nicht verkannt werden: Die Staatsanwaltschaft soll die nichtnotwendige Voruntersuchung nur in schwierigeren Sachen beantragen; ob aber eine Sache schwierig ist, bedarf oft erst der Feststellung. Nur ganz krasse Fälle könnten also der Zurückweisungsbefugnis der Strafkammer unterliegen — hauptsächlich solche, deren Aufklärung die Staatsanwaltschaft erst selbst durch zögerndes oder ungeschicktes Vorgehen schwierig gemacht hat.

Über einen Punkt ist man sich einig: Die sinnlose und nur aus unangebrachten dogmatischen Erwägungen zu erklärende Konstruktion des Antrags der Staatsanwaltschaft auf Voruntersuchung als Erhebung der öffentlichen Klage (§ 170 I StPO.) muß fallen[95]). Dann wird die Voruntersuchung gegen Unbekannt möglich werden, deren Fehlen dem Untersuchungsrichter jetzt mitunter gerade in den wichtigsten Stadien im geeignetsten Zeitpunkte die Betätigungsmöglichkeit nimmt[96]). § 170 I ist konstruktiv verfehlt; denn die Staatsanwaltschaft will mit dem Antrage auf Voruntersuchung nicht anklagen, sondern nur eine Ermittlungstätigkeit des Richters herbeiführen. Die Anklage behält sie sich noch vor[97]). Aber auch wenn man sich auf den Standpunkt des § 170 I stellt, so ist die im § 179 gezogene Folgerung, der Antrag auf Voruntersuchung habe den Namen des Beschuldigten zu enthalten, doch noch nicht gerechtfertigt. Denn es gehört nicht — wie vielfach angenommen wird[98]) — notwendigerweise zum Begriff der Klage, daß sie die Person dessen bezeichnet, gegen den sie sich richtet[99]). Im Wesen der Strafklage liegt es vielmehr nur begründet, daß sie sich gegen den Täter einer bestimmten Tat richtet, ohne daß es darauf ankäme, ob dieser Täter dem Kläger bereits bekannt ist[100]).

3. Welche Aufgaben soll die Voruntersuchung erfüllen? Über alle irgendwie in Betracht kommenden Aufgaben der Voruntersuchung bis auf eine ist — wenigstens in der Theorie — eine Einigung erzielbar. Die Voruntersuchung soll unzweifelhaft dem Ankläger die Prüfung ermöglichen, ob die Sache zur Anklage oder auch zur Hauptverhandlung reif ist; sie soll dem Angeschuldigten Gelegenheit zur Aufklärung des Sachverhalts und zur Ver-

---

[95]) Kahl, GA. 53, 9; Kulemann, IKV. 10, 586 und 11, 718/9; Harburger, daselbst 610; Rosenberg 11, 772/3 und 29. DJT. 1, 46; Prot. der Strafprozeßkommission 1, 174 und 2, 87; Goldmann a. a. O.

[96]) In diesem Zusammenhang verdient auch § 173 Entwurf 1908 Erwähnung. Vgl. ferner Art. 90 der StPO. für den Kanton Bern v. 20. Mai 1928.

[97]) Vgl. auch Alfred Gille, Wesen und Folgen der Rechtshängigkeit im Strafprozeß 14 (1928).

[98]) So z. B. v. Kries, Lehrbuch S. 2/3, 487/8 (1892) und bezüglich der Privatklage gegen Unbekannt v. Hippel, JW. 1928, 2193. Für die Privatklage ist die entsprechende Vorschrift des § 381 aus anderen, praktischen Gründen gerechtfertigt.

[99]) Das OLG. Hamburg (Alsberg, OLGE. 1 Nr. 51) will ein Verfahren gegen Unbekannt überhaupt nicht als „Strafsache" im Sinne der StPO. gelten lassen.

[100]) Richtig insofern Zucker, IKV. 11, 314 unter Berufung auf John, Kommentar II. Abt. S. 112ff.

teidigung geben, eine Übersicht über die zur Hauptverhandlung erforderlichen Beweismittel liefern und diejenigen Beweise sichern, deren Verlust droht. Man kann die Einzelheiten verschieden formulieren, sachlich wird sich dadurch nicht viel ändern[101]). Streit herrscht immer nur darüber, ob die Voruntersuchung auch die Aufgabe hat, die Hauptverhandlung vorzubereiten. Die bejahende Ansicht ist nach Mittermaier[102]) „durchaus zu verwerfen"; tatsächlich beherrscht sie in weitem Umfange die Praxis[103]). Als ich meine Tätigkeit als Untersuchungsrichter begann, da sagte mir ein sehr kluger und tüchtiger früherer Untersuchungsrichter, man könne in der Voruntersuchung gar nicht genug tun; denn in der Hauptverhandlung werde doch nur ein kleiner Teil des gesammelten Materials verwertet; wenn dieses Material in der Voruntersuchung zur Verurteilung nur ausreichend zu sein scheine, so müsse die Hauptverhandlung zu einer ungerechtfertigten Freisprechung führen. Das heißt also: es genügt nicht, in der Voruntersuchung alle Ermittlungen anzustellen, die später in der Hauptverhandlung vorgeführt werden sollen, sondern es muß noch erheblich mehr getan werden. Durch die Hinweise der Theorie, daß hierdurch das richtige Verhältnis zwischen Vorverfahren und Hauptverhandlung in einer nach heutigen Begriffen unzulässigen Weise verschoben werde, hat die Praxis sich nicht wesentlich beeinflussen lassen. Die Vorschrift des § 190 I StPO. wurde beiseite geschoben[104]) — unter Billigung des führenden Kommentars, der entgegen dem Gesetz und den Motiven die Vorbereitung der Hauptverhandlung für eine von der Voruntersuchung zu erfüllende Aufgabe erklärte[105]). Die Strafprozeßkommission wollte diesen Zustand in der künftigen StPO. sanktionieren[106]). In Österreich ist er längst geltendes Recht (§§ 91 II und 111 StPO.). Eine der neuesten schweizerischen Strafprozeßordnungen (Bern v. 20. Mai 1928 Art. 89 I) hat ihn ebenfalls übernommen, desgl. Art. 274 poln. StPO. v. 19. März 1928.

Dieser Zustand ist an sich ungesund und mit den Prinzipien des modernen Strafprozesses schwer vereinbar. Auch die viel zu lange Dauer der meisten Voruntersuchungen beruht zum Teil in den unrichtigen Vorstellungen über den Zweck der Voruntersuchung. Aber das entgegengesetzte Extrem ist — insofern ist Sauer durchaus zuzustimmen — noch weniger erträglich. Jene Meinung Mittermaiers[107]) und v. Lilienthals[108]), ein sorgfältiges Vorverfahren sei unnötig, die Hauptverhandlung könne alles leisten, würde, wenn man mit ihr Ernst machen wollte, unser — schon jetzt beunruhigende Schwächen aufweisendes — Strafverfahren vollends zugrunde richten. Man argumentiere nicht mit dem Schnellgericht! Was für die dort abgeurteilten Sachen geeignet ist, das paßt deshalb noch nicht für schwierigere und schwierigste Fälle[109]). Der Beobachter der Reformbewegung auf dem Gebiete des Straf-

---

[101]) Am besten und eingehendsten hierüber Mittermaier, 29. DJT. 2, 158 ff., bes. 170, und IKV. 11, 284/5; auch v. Lilienthal, Reform des Strafprozesses S. 389 ff., 409, und 29. DJT. 5, 391 ff.; Sauer, Grundlagen des Prozeßrechts S. 125 ff., 133; Schultz, JurRdsch. 1929, 17.

[102]) Verh. 167.

[103]) Vgl. z. B. Kulemann, IKV. 10, 561; Graßhof, GA. 63, 330; Schultz a. a. O.

[104]) Sauer, Grundlagen 128, erklärt es dagegen für dem Sinne des Gesetzes entsprechend, daß in schwierigen Fällen die Stoffsammlung im Vorverfahren das von der Hauptverhandlung erforderte Maß sogar übersteige.

[105]) So Löwe-Rosenberg 1 zu § 190 noch in der letzten Auflage. Ähnlich Schwarz 1 zu § 190.

[106]) Prot. 1, 175; 2, 91.

[107]) IKV. 11, 281.

[108]) Reform des Strafprozesses 409.

[109]) Es liegt mir fern, die Brauchbarkeit des schnellgerichtlichen Verfahrens anzuzweifeln. Aber der ständig wiederholte Beweis für seine Vortrefflichkeit: die geringe Zahl der Berufungen

prozesses kann sich häufig des Eindrucks nicht erwehren, daß manche Reformvorschläge nur auf Bagatellstrafsachen zugeschnitten sind. Unser künftiges Strafverfahren aber muß auch Straffällen gewachsen sein, die nicht Bagatellsachen sind, sondern mit dem Barmat-Prozeß und ähnlichen Verwandtschaft zeigen. Sonst kommt es dahin, daß aus technischen Gründen nur noch die kleinen Diebe überhaupt verfolgt werden können. Es soll nicht behauptet werden, daß es früher Monsterprozesse dieses Umfanges nicht gegeben habe[110]). Aber ihre Zahl ist doch wohl im Steigen begriffen.

In einem Punkte bedarf § 190 unzweifelhaft der Erweiterung: Strafzumessungsfragen müssen schon in der Voruntersuchung geklärt werden dürfen[111]).

Nach alledem möchte ich annehmen, daß es nicht zweckmäßig ist, die Aufgaben der Voruntersuchung im Gesetz in absolut bindender Form festzulegen. Es genügt vielmehr, die hauptsächlichsten Gesichtspunkte aufzuzeigen, aber die Forderung daran zu knüpfen, daß den hervorgehobenen Aufgaben stets nur so weit nachzugehen ist, als es ohne eine schädliche Verzögerung der Hauptverhandlung möglich ist. Der Grundsatz der Verhältnismäßigkeit von Mittel und Zweck hat — wie den gesamten Strafprozeß — auch die Voruntersuchung zu beherrschen. Der Untersuchungsrichter, der diesen Grundsatz außer acht läßt, muß zu seiner Beachtung gezwungen werden können. Doch das führt bereits zu einer allgemeineren Frage:

4. Welche Beschwerdemöglichkeiten sind in der Voruntersuchung zu eröffnen? Den Untersuchungsrichter als Beschwerdeobjekt hat Voß in eingehenden und aufschlußreichen Darlegungen behandelt[112]). Ihm ist darin beizupflichten, daß die Zulassung eines Beschwerderechts gegen alle Maßnahmen des Untersuchungsrichters unmöglich ist. Aber in einigen Punkten könnte die Beschwerdemöglichkeit ohne Schaden erweitert werden. In erster Reihe muß den Parteien das Recht gegeben werden, im Beschwerdewege den Schluß der Voruntersuchung zu verlangen. Mittermaier sagt mit Recht, der Beschuldigte müsse „einen Zeitpunkt haben, wo er vom Verfolger die Anklage verlangen kann[113])", und verweist auf schweizerische Prozeßordnungen, die bestimmte Fristen für die Dauer von Voruntersuchungen vorschreiben. So schematisch wird man freilich nicht verfahren dürfen. Aber ein Beschwerderecht gegen Verzögerungen durch den Untersuchungsrichter gewährt auch § 113 österr. StPO. Ob man darüber hinaus dem Staatsanwalt — wie in § 109 österr. StPO. — das Recht geben soll, den Schluß der Voruntersuchung jederzeit durch seinen bloßen Antrag zu erzwingen, mag später erörtert werden (unten Nr. 7). Jedenfalls aber müssen Staatsanwalt und Angeschuldigter gegenüber einem Untersuchungsrichter, der sich von seinen Akten nicht trennen kann, die Entscheidung einer andern Instanz anrufen dürfen.

Zweifelhaft ist es, inwieweit man im übrigen die Beschwerde gegen Ermessensentscheidungen des Untersuchungsrichters zulassen soll. Voß[114]) ver-

(vgl. z. B. Hartung, JurRdsch. 1928, 193) ist doch recht anfechtbar. Denn diese Erscheinung kann auch darauf beruhen, daß die von den Schnellgerichten verhängten Strafen besonders milde sind. Eine solche Milde wäre freilich auch wieder kein Argument gegen die Schnellgerichte; denn besser eine mildere Strafe gleich nach der Tat als eine strengere nach einigen Jahren.

[110]) Vgl. etwa die Beispiele bei Rosenberg, 29. DJT. 1, 26.

[111]) Vgl. die preuß. JMVerfg. v. 8. März 1926 (JMBl. S. 88); Jacobi-Tromp, Gerichtshilfe für Erwachsene, S. 29 u. 62 (1925); Sauer, Grundlagen des Prozeßrechts 125 III.

[112]) GA. 62, 88 ff.; 63 S. 81 ff. u. 391 ff.

[113]) IKV. 11, 281/2; auch 29. DJT. 2, 187.

[114]) GA. 63, 95.

hält sich ganz ablehnend unter Berufung auf die gleichliegende Frage der Revisibilität. Auch die Beschwerde sei „kein Rechtsmittel zur Entscheidung von Opportunitätsfragen". Ich dagegen möchte den aufgeklärten Absolutismus auch hier beseitigen, der übrigens in § 184 StPO. keineswegs eine so feste Stütze findet, wie gewöhnlich angenommen wird. Wenn es hier nämlich heißt, die Voruntersuchung werde von dem Untersuchungsrichter „geführt", so bedeutet das zunächst noch kaum etwas anderes, als wenn etwa gesagt wird, eine Strafsache werde — nämlich in erster Instanz — von dem Amtsrichter „entschieden". Und auch aus dem Begriffe des „freien" oder pflichtmäßigen Ermessens möchte ich hier ebensowenig wie für die Revision weitgehende Folgerungen ziehen[115]). Voß will den § 195 I als Beweis dafür heranziehen, daß die geltende StPO. davon ausgehe, der Angeschuldigte könne die Ladung seiner Sachverständigen nicht durch Beschwerde erzwingen. Auch das scheint mir nicht zwingend zu sein. Ich habe mich bereits an anderer Stelle[116]) gegen den Versuch gewandt, derartige Vorschriften, die einer Partei ein Recht auf Aussetzung (dort handelte es sich um § 246 II), unmittelbare Ladung usw. geben, ohne weiteres als Beweis für den Ausschluß der Revision zu verwerten. So kann man auch den Zweck des § 195 darin erblicken, nicht sowohl einen Ersatz für die fehlende Beschwerdemöglichkeit zu bieten, sondern etwa die sich aus § 307 I ergebenden Gefahren zu umgehen.

Eher schon trifft die Mittelmeinung von Löwe-Rosenberg[117]) das Richtige, wonach die Beschwerde dann zuzulassen ist, wenn der Untersuchungsrichter in die Rechtssphäre einer Person unmittelbar eingreift oder eine Untersuchungshandlung verzögert, an deren Vornahme eine Partei ein berechtigtes Interesse hat. Für die Zukunft wäre es erwünscht, daß das Gesetz die Fälle, in denen die Beschwerde zulässig sein soll, ausdrücklich nennt. Eine brauchbare Auswahl ließe sich unter Zugrundelegung der Erfahrungen der Praxis durchaus treffen.

5. Sind die Befugnisse des Untersuchungsrichters in und nach der Voruntersuchung zu erweitern? Zum Ausgleich für die Einschränkung seiner Macht durch Vermehrung der Beschwerdemöglichkeiten muß der Untersuchungsrichter in folgenden Punkten freier gestellt werden als bisher: Bestellung eines Verteidigers (jetzt § 141: „das Gericht"); Unterbringung in einer Irrenanstalt im Einvernehmen mit dem Verteidiger (jetzt § 81: „das Gericht"); Zulassung eines Nebenklägers (jetzt § 396 II: „das Gericht"). Diese Entscheidungen bedeuten meistens — wenn nämlich die Sachlage eine derartige Maßnahme erforderlich macht und kein Prozeßbeteiligter widerspricht — bloße Formalitäten. Trotzdem muß das Verfahren nach geltendem Recht durch die Herbeiführung der Entscheidung der Strafkammer um durchschnittlich etwa 10—14 Tage aufgehalten werden, und das Kollegium muß sich unnötigerweise mit der Sache beschäftigen. Es würde durchaus genügen, gegen die Ablehnung eines Antrags auf Verteidigerbestellung und auf Zulassung als Nebenkläger sowie gegen die Anordnung einer Unterbringung nach § 81 die Beschwerde zuzulassen. Ganz besonders verfehlt ist es endlich, dem Untersuchungsrichter die Befugnis zur Aufhebung eines Haftbefehls (abgesehen von dem Falle der mündlichen Verhandlung nach § 114 d) zu versagen)[118]).

---

115) Vgl. hierzu meine „Beiträge zur Lehre von der Revision wegen materiellrechtlicher Verstöße im Strafverfahren" 146 ff. (1925).

116) JW. 1928, 2292 zu Nr. 24.

117) Anm. 2 zu § 184. Ähnlich Art. 266 § 4 und Art. 276 poln. StPO.

118) Vgl. auch Rosenberg, 29. DJT. 1, 11.

Doch das sind immerhin nur Einzelheiten von untergeordneter Bedeutung, über die leicht eine Einigung zu erzielen sein wird. Erheblich wichtiger und schwieriger aber ist die Frage, ob dem Untersuchungsrichter nicht in dem nach Abschluß der eigentlichen Voruntersuchung liegenden Verfahrensabschnitte wesentliche Aufgaben zu übertragen sind. Auch hier besteht Einigkeit über die Mängel des geltenden Rechts. Die Persönlichkeit, die die Strafsache und die beteiligten Personen am gründlichsten und aus eigener Anschauung kennt — eben der Untersuchungsrichter — scheidet mit dem Schlusse der Voruntersuchung völlig aus dem Verfahren aus; seine Kenntnisse bleiben ungenutzt, sofern man ihn nicht (was aber in der Regel gar nicht einmal empfehlenswert ist) als Zeugen in der Hauptverhandlung vernimmt. Über das weitere Geschick des Falles bis zur Hauptverhandlung entscheiden der Staatsanwalt und das Eröffnungsgericht allein auf Grund der Akten ohne jegliche unmittelbare Anschauung. Alles das ist schon so oft und eindringlich geschildert worden[119]), daß eine Wiederholung wirklich nicht mehr nötig ist. — Die hauptsächlichsten Reformvorschläge gehen dahin, dem Untersuchungsrichter die Entscheidung über die Eröffnung des Hauptverfahrens[120]) oder gar die Vertretung der Anklage in der Hauptverhandlung[121]) oder wenigstens die Abfassung eines Schlußberichts zu übertragen. Der extremste dieser Vorschläge, der den Untersuchungsrichter zum Staatsanwalt der Hauptverhandlung machen will, ist zwar insofern folgerichtig, als auf diese Weise die Sachkenntnis des Untersuchungsrichters am vollständigsten ausgenutzt werden würde. In der Hauptverhandlung säße alsdann der Mann auf dem Platze des Anklägers, der den Schlichen des Angeklagten am besten begegnen, aber auch manches zu seinen Gunsten wenden könnte. Aber diese Gestaltung ist leider unmöglich; nicht nur aus dem konstruktiven Bedenken, daß wir hierdurch zwei ganz voneinander verschiedene Arten von Anklägern erhalten würden[122]), sondern deshalb, weil die Stellung und Berufsauffassung des Untersuchungsrichters durch diese Tätigkeit berührt werden könnten. Da ferner der Eröffnungsbeschluß voraussichtlich fortfallen wird, so bleibt eigentlich nur noch folgender Ausweg: Der Untersuchungsrichter ist nach Schluß der Voruntersuchung berechtigt, nach Anhörung der Parteien den Angeschuldigten durch einen seitens der Staatsanwaltschaft mit der Beschwerde angreifbaren Beschluß außer Verfolgung zu setzen. Will er das nicht, so hat er einen eingehenden Sachbericht[123]) anzufertigen, in dem er auch die rechtliche Subsumtion vorzunehmen hat. Schließt der Staatsanwalt sich ihm an, so versieht er diesen Sachbericht mit der Anklageformel und reicht ihn als Anklageschrift dem erkennenden Gericht ein[124]). Andernfalls könnte man daran denken, über die Meinungsverschiedenheit zwischen Staatsanwaltschaft und Untersuchungsrichter in einem Vortermin, an dem beide teilnehmen, entscheiden zu lassen, falls man es nicht vorziehen sollte, der Staatsanwaltschaft auch in diesem Stadium noch freie Hand zu lassen (hierüber unten Nr. 7 a. E.). Die erste Regelung hätte gegenüber dem geltenden Rechte nicht nur den Vorzug, daß

---

[119]) Kulemann, IKV. 10, 591 ff.; Kronecker, ZStW. 7, 426; Mittermaier, IKV. 11, 283/4; Zucker, daselbst 382/3; vor allem Rosenberg, daselbst 761 ff. und 29. DJT 1, 6/7.

[120]) Kulemann a. a. O. 10 S. 566 u. 592/3; 11, 492; Preetorius, daselbst 10, 613.

[121]) Kulemann a. a. O. S. 593—597.

[122]) Mittermaier, IKV. 11, 486. Gegen diesen Vorschlag auch Rosenberg, 29. DJT. 1, 47; Preetorius a. a. O. 612.

[123]) Vgl. auch den von Mittermaier, 29. DJT. 1, 143 erwähnten Art. 256 der württemb. StPO. von 1843.

[124]) Freilich besteht hierbei die Gefahr, daß der Staatsanwalt die Sache nicht genügend innerlich verarbeitet, weil er ja die Anklageschrift nicht selbst anfertigt.

der Untersuchungsrichter mehr Einfluß auf die Entscheidung gewinnt, sondern auch den, daß er gezwungen wird, die Sache mehr als jetzt auch nach der rechtlichen Seite zu durchdenken. Es wäre ferner eine Verbindung mit neueren ausländischen Einrichtungen hergestellt: so mit der italienischen StPO.[125]) und der StPO. des Kantons Bern v. 20. Mai 1928[126]).

6. Wie ist der langen Dauer der Voruntersuchungen zu begegnen? Schon in unseren bisherigen Ausführungen hat diese Frage eine Rolle gespielt: Umgrenzung der Aufgaben der Voruntersuchung, Vermeidung unnötigen Wechsels in der Person des Untersuchungsrichters, Einflußnahme der Parteien auf den Schluß der Voruntersuchung — so lauteten unsere Vorschläge. Selbstverständlich kann hier durch technische Verbesserungen besonders viel erreicht werden; z. B. dadurch, daß zu auswärtigen Vernehmungen möglichst nicht die Akten selbst, sondern nur eingehende Aktenauszüge übersandt werden, ferner dadurch, daß von vornherein Durchschläge der wesentlichen Protokolle usw. hergestellt werden, die dem Untersuchungsrichter die Weiterarbeit auch dann ermöglichen, wenn er die Akten in das Haftprüfungsverfahren oder in die Beschwerdeinstanz versenden muß. — Nicht viel nützen wird dagegen eine Vorschrift wie § 94 österr. StPO., wonach der Untersuchungsrichter der Kammer mindestens einmal monatlich Bericht zu erstatten hat. Wenn kein Parteiantrag auf Schluß der Voruntersuchung vorliegt, wird die Kammer aus eigenem Antriebe dem Untersuchungsrichter kaum in den Arm fallen wollen[127]).

Besonderer Erörterung bedarf ein vielfach empfohlenes Mittel zur Abkürzung des Vorverfahrens, die Beseitigung der Protokolle. Die Gegner der Protokolle kommen aus den verschiedensten Lagern: Kulemann[128]), Zucker[129]), v. Lilienthal[130]), Beling[131]), Hartung[132]) wollen die Protokollierung auf ein Mindestmaß beschränken, um Zeit zu gewinnen, vor allem aber um die gefährliche Beeinflussung der Hauptverhandlung durch die Akten des Vorverfahrens möglichst auszuschließen. Daß die heute in der Voruntersuchung übliche eingehende Protokollierung viel Zeit kostet, ist unbestreitbar. Aber ist diese Zeit wirklich so schlecht angewendet, wie man vielfach glaubt? Oder verfällt man nicht vielmehr in dem Bestreben, sich von der alten Überschätzung der Protokolle frei zu machen, nun auch hier wieder in das entgegengesetzte — ebenso gefährliche — Extrem? Reine Mündlichkeit wäre sicherlich das Ideal — nur sind leider die Gehirne der Menschen nicht auf sie eingestellt. Niemand würde es bedauern, wenn die Aktenberge, durch die Richter, Staatsanwälte und Verteidiger sich heute hindurcharbeiten müssen, zusammenschmelzen würden. Aber gegen jene „kurzen Notizen oder Aktenvermerke" des Staatsanwalts, die nach Ansicht mancher vollauf genügen sollen, sind doch wohl einige Bedenken zu erheben. Ich verzichte darauf, diese in der Literatur

---

[125]) Art. 274: Der Untersuchungsrichter kann ein Einstellungsurteil erlassen. Art. 272: Er kann das Verfahren vor dem Tribunal oder dem Einzelrichter eröffnen (nicht dagegen vor den Assisen, Art. 271 II).

[126]) Art. 184/5: Abgesehen von den Schwurgerichtssachen hat der Untersuchungsrichter die Akten nach Schluß der Voruntersuchung mit einem Antrage dem Bezirksprokurator vorzulegen. Stimmt der Bezirksprokurator dem Antrage zu, so entscheidet die Anklagekammer.

[127]) Dagegen kann es von Nutzen sein, wenn die Justizaufsichtsbehörde die Dauer der Voruntersuchungen überwacht, wie es bereits vielfach geschieht. Ein solches Verfahren hat schon Weingart, IKV. 11, 505 empfohlen.

[128]) IKV. 10 S. 560ff. u. 622; 11, 733.

[129]) IKV. 11, 413.

[130]) Reform des Strafprozesses 409/10.

[131]) ArchRPhilos. 14, 266.

[132]) JurRdsch. 1928, 194.

eingehend geschilderten Bedenken zu wiederholen[133]). Aber einen Hinweis kann ich nicht unterdrücken: Unter den Vorwürfen, die der Verteidiger im Haas-Prozeß dem Untersuchungsrichter macht, ist kaum ein anderer so schwerwiegend wie der Vorwurf unsorgfältiger Protokollierung. Durch die ganze Darstellung der Prozeßgeschichte zieht sich die ständig wiederholte Klage, der Untersuchungsrichter habe es unterlassen, grundlegende Erklärungen des Angeschuldigten, Zeugenaussagen und Augenscheinsbefunde zu protokollieren; hierdurch sei es u. a. in vielen Punkten unmöglich geworden, das Lügengewebe des Angeschuldigten Schroeder alsbald zu zerreißen[134]). Hier wird also uneingeschränkt anerkannt, daß eine ausführliche Protokollierung nicht nur zeitraubend ist, sondern auch der Wahrheitsermittlung dient[135]). Natürlich müssen die Protokolle nicht nur ausführlich, sondern auch wahrheitsgetreu sein. Aber die Kunst, brauchbare Protokolle anzufertigen, ist immerhin erlernbar. Und die Fehler, die bei der Protokollierung vorkommen können, sind bekannt. Der Richter, der die Protokolle des Vorverfahrens verwertet, weiß also, daß er ihnen nicht unbegrenzt vertrauen darf. Deshalb ist die immer und immer von neuem wiederholte Behauptung, der Vorsitzende verliere durch die Kenntnis der Akten des Vorverfahrens seine Unbefangenheit, eine gefährliche Übertreibung, die in jeder Strafgerichtssitzung durch die Tatsachen widerlegt wird. Wie wären Freisprechungen — und gar erst in der Berufungsinstanz — sonst überhaupt möglich? Überdies bedeutet der ganze Kampf gegen die Beeinflussung des Gerichts durch die Akten eine Halbheit, solange man Beeinflussungsmöglichkeiten viel handgreiflicherer Art ruhig hinnimmt[136]).

7. Sollen die Parteirechte in der Voruntersuchung verstärkt werden? Das Problem der Protokollierung leitet bereits zu der Frage über, ob es sich empfiehlt, die Voruntersuchung in Zukunft den Grundsätzen der Mündlichkeit und Parteiöffentlichkeit zu unterstellen. Hier ist von vornherein mit Rosenberg[137]) zu fordern, daß die Regelung für die Voruntersuchung nicht anders ausfallen darf als für das staatsanwaltschaftliche Ermittlungsverfahren. Denn sonst schafft man geradezu einen Anreiz mehr für die Staatsanwaltschaft, die Voruntersuchung möglichst zu vermeiden oder wenigstens alle wichtigen Fragen schon vor Abgabe an den Untersuchungsrichter zu klären.

Wenn man die Geschichte überblickt, die die Forderung nach einer öffentlichen Voruntersuchung in den letzten Jahrzehnten durchgemacht hat, so

---

[133]) Über sie vgl. insbesondere Prot. der Kommission 1 S. 157ff., 164/5; 2, 66; Kahl, GA. 53, 10 („nicht einverstanden mit den fliegenden Handakten und bloßen Bleistiftnotizen des Staatsanwalts ... Breche man doch mit dem Vorurteil und Mißtrauen, als ob Protokolle den wahrhaft unbefangenen Richter befangen machten"); Preetorius, IKV. 10, 612; Felisch, daselbst 614/5; Hans Groß, ArchKrimAnthr. 12, 197/8; Sauer, Grundlagen 125; Benedict, GA. 53, 460 („Wer hier reformieren will, der muß nicht bloß die Schattenseiten der Untersuchungsakten sehen, sondern ihren eminenten Wert in allen Stadien des Verfahrens", so äußert sich hier ein alter Verteidiger!). — Daß bei einem Wechsel in der Person des Staatsanwalts die bisherige Arbeit nahezu vergeblich geleistet wäre, wenn lediglich einige kurze Notizen darüber vorhanden sind, ist selbstverständlich.

[134]) Heinz Braun, Am Justizmord vorbei, S. 94, 96, 113, 114, 117, 120, 122, 128ff., 143; vgl. auch S. 264.

[135]) Vgl. hierzu auch RG. JW. 1928, 1506 Nr. 22; diese Entscheidung „weist zwar leise, aber unzweideutig darauf hin, daß es auch die Pflicht des Gerichts ist, die Akten im Interesse des Angeklagten darauf zu prüfen, ob sie nicht Beweismittel enthalten, die das gegen den Angeklagten sprechende Belastungsmaterial möglicherweise entkräften" (Alsberg in der Anm.).

[136]) Ich verweise hierzu auf meinen demnächst erscheinenden besonderen Aufsatz.

[137]) 29. DJT. 1, 30.

ergeben sich hierbei überraschende Resultate. In Gelegenheitsanträgen politischer Parteien[138]) und in kurzen Zusammenfassungen der wesentlichsten Programmpunkte der Strafprozeßreform nimmt sich das Verlangen nach unbeschränkter Öffentlichkeit der Voruntersuchung sehr gut aus. Sobald man sich aber eingehender mit dieser Frage beschäftigt, werden die Bedenken in der Regel so stark, daß auch durchaus reformfreudige Schriftsteller schließlich zu einer Ablehnung gelangen. Das gilt besonders für v. Lilienthal[139]) und Rosenberg[140]). Ihren Darlegungen, insbesondere dem ausgezeichneten Bericht Rosenbergs, ist kaum etwas hinzuzufügen. Beide kommen zu dem Ergebnisse, daß die Parteiöffentlichkeit den meisten Angeschuldigten nichts nützen, wohl aber das Verfahren verzögern und die Erforschung der materiellen Wahrheit erschweren werde; es sei unmöglich, daß allein der Untersuchungsrichter mit offenen Karten spielen müsse, während alle andern Mitspieler ihre Karten verdeckt halten[141]). Aber es gibt auch hier ein „Andererseits". Es sprechen gefühlsmäßige Erwägungen, die nicht unberücksichtigt bleiben dürfen, dafür, der Voruntersuchung — wenn auch nicht ganz und gar, so doch wenigstens soweit als möglich — den Beigeschmack des „heimlichen Prozesses" zu nehmen. Vielleicht verspricht man sich allerdings hier und da etwas zuviel von der Parteiöffentlichkeit[142]). Vielleicht übersieht man auch gelegentlich, daß sie im wesentlichen nur dem mit einem guten Verteidiger, mit Geld und Zeit reichlich ausgerüsteten Angeschuldigten zugute kommen wird. Immerhin aber muß der Versuch mit ihr gemacht werden. Nicht — oder jedenfalls nicht nur — durch Schaffung von Kautschukbestimmungen von der Art des § 168 Entwurf 1908 (Parteiöffentlichkeit, „soweit nicht eine Gefährdung des Untersuchungszwecks zu befürchten ist[143])", sondern durch genaue Bezeichnung der Akte, bei denen ein unbedingtes Recht auf Anwesenheit bestehen soll. Da wäre zunächst an einige technische Verbesserungen des § 193 zu denken: Auch dann müssen die zur Anwesenheit Berechtigten Anspruch auf Benachrichtigung haben, wenn das Verfahren dadurch (ohne ihre Schuld) verzögert wird; die kleinlichen Einschränkungen in Abs. IV u. V könnten ohne Gefahr fortfallen. Ferner sind die Forderungen Rosenbergs (a. a. O. 34) berechtigt, den Anspruch auf Anwesenheit bei jeder eidlichen Vernehmung in der Voruntersuchung und bei jeder Vernehmung zu gewähren, die auf Antrag des Angeschuldigten zu seiner Verteidigung geschieht. Freilich hängt die Tragweite des ersten Vorschlags von der künftigen Gestaltung der eidlichen Vernehmung im Vorverfahren ab. Bei dem zweiten Vorschlag wiederum besteht das Bedenken, daß der Angeschuldigte alsdann vielfach Anträge auf Vernehmung von Zeugen, die der Untersuchungsrichter ohnehin vernommen hätte, stellen wird, um sich das Recht auf Anwesenheit zu sichern. Doch ist diese Gefahr nicht allzu groß, denn wenn es sich wirklich um Entlastungszeugen handelt, stehen dem Angeschuldigten Mittel zur Beeinflussung

---

[138]) Vgl. z. B. den von H. Braun a. a. O. 261 wiedergegebenen Antrag der kommunistischen Fraktion anläßlich des Falles Haas (Reichstagsdrucksache Nr. 4216).

[139]) Reform des Strafprozesses 401 ff. und 29. DJT. 5, 395.

[140]) 29. DJT. 1 S. 18 ff., 24 ff.; IKV. 11, 784 ff. Auch Höpler, 35. DJT. 2, 612/3.

[141]) Es ist besonders bezeichnend, daß Kulemann, der sich für volle Öffentlichkeit der Voruntersuchung einsetzte, zum Ausgleich eine Erweiterung der Kollusionshaft in Kauf nehmen wollte (IKV. 10 S. 552 ff., 621).

[142]) „Wieviel Unglück wäre im Fall Schroeder-Haas verhütet worden", wenn der Angeschuldigte und der Verteidiger bei den Zeugenvernehmungen hätten zugegen sein können, meint Braun (Am Justizmord vorbei 258/9).

[143]) Gegen diesen auf die Beschlüsse der Strafprozeßkommission (Prot. 2, 475) zurückgehenden Vorschlag vgl. Rosenberg, 29. DJT. 1, 33.

auch dann zur Verfügung, wenn er bei ihrer Vernehmung nicht zugegen ist; handelt es sich aber um Belastungszeugen, so wird der Angeschuldigte sich gewöhnlich hüten, sie dem Untersuchungsrichter zu nennen — falls er nicht weiß, daß sie dem Untersuchungsrichter bereits bekannt sind.

Mit der Parteiöffentlichkeit hängt die Akteneinsicht eng zusammen. Auch diese Frage läßt sich in ersprießlicher Weise nur durch festumgrenzte Spezialvorschriften lösen, deren Tendenz klar ist: Soweit Parteiöffentlichkeit herrscht, muß selbstverständlich auch das Recht des Verteidigers auf Akteneinsicht reichen. Aber auch dort, wo man dem Angeschuldigten und Verteidiger ein Recht auf Anwesenheit bei der Vernehmung nicht einräumen kann, wird die Akteneinsicht nachträglich mitunter unbedenklich gewährt werden können. Freilich wird man über die Formel „soweit der Untersuchungszweck dadurch nicht gefährdet werden würde" kaum hinauskommen. Aber man müßte dann wenigstens vorschreiben, daß die Tatsachen, aus denen sich diese Gefährdung ergeben soll, aktenkundig zu machen sind[144]). Sodann bedarf die Frage der ernsten Prüfung, ob nicht auch dem Angeschuldigten selbst unter Umständen ein Recht auf Akteneinsicht — unter Kontrolle des Untersuchungsrichters — eingeräumt werden soll[145]), damit die ungünstige Lage, in der sich der unverteidigte Angeschuldigte überall befindet, etwas ausgeglichen wird[146]).

Auch gegen den seinerzeit von Rosenfeld gemachten Vorschlag, dem Verteidiger das Recht zu geben, richterliche Beweiserhebungen zu beantragen und — in angemessenen Grenzen — die Polizei um Auskunft zu ersuchen[147]), bestehen keine grundsätzlichen Bedenken. Das Recht, Beweiserhebungen zu beantragen, hat der Beschuldigte freilich schon jetzt; der Schwerpunkt liegt darin, ob man ihm bei Ablehnung seiner Anträge ein Beschwerderecht geben will[148]). Das wäre möglich, sofern man die Einschränkung macht, daß die Beschwerdeinstanz nicht jedesmal sofort nach Ablehnung eines einzelnen Antrags, sondern erst bei Abschluß der Voruntersuchung zur gleichzeitigen Entscheidung über sämtliche abgelehnten Anträge tätig zu werden hat.

Nicht gangbar ist m. E. der vielfach empfohlene Ausweg, die Parteiöffentlichkeit und Akteneinsicht verschieden zu gestalten, je nachdem ob es sich um richterliche oder gerichtspolizeiliche Handlungen bzw. Protokolle des Untersuchungsrichters handelt. Im ersten Falle sollen die Parteien ein Recht auf Anwesenheit und Akteneinsicht haben, im zweiten Falle nicht. Verlesbar sollen in der Hauptverhandlung nur die richterlichen, unter Wahrung der Parteiöffentlichkeit aufgenommenen Protokolle sein[149]). Über die Art der Abgrenzung sind sich die Befürworter dieser Unterscheidung nicht ganz einig. Nach Rosenberg soll es vom Ermessen des Untersuchungsrichters abhängen, ob eine Vernehmung — abgesehen natürlich von eidlichen Vernehmungen —

---

[144]) Eine solche Vorschrift hätte praktische Bedeutung aber nur dann, wenn gleichzeitig bestimmt wird, daß dem Verteidiger, solange ihr nicht genügt ist, die Akteneinsicht nicht verwehrt werden darf. Die gleichlautende Vorschrift in § 112 I Satz 2 StPO. wird deshalb so oft verletzt, weil die Gültigkeit des Haftbefehls nicht von ihrer Beachtung abhängig ist.

[145]) Vgl. auch § 34 Entwurf 1920.

[146]) Vgl. auch Alsberg, 35. DJT. 1, 461. — Nach Art. 96 der StPO. für den Kanton Bern sind mit ausdrücklicher Zustimmung des Untersuchungsrichters auch die Parteien selbst unter den gleichen Voraussetzungen wie der Verteidiger und der Anwalt des Privatklägers von einem bestimmten Zeitpunkt ab (Art. 95) zur Akteneinsicht befugt. Vgl. auch Art. 212 poln. StPO.

[147]) IKV. 10 S. 533, 545. Vgl. hierzu Rosenberg, IKV. 11, 794.

[148]) Vgl. § 191 Entwurf 1920 für das Ermittlungsverfahren.

[149]) So besonders Rosenberg, 29. DJT. 1 S. 36ff., 59 unter Berufung auf Kronecker u. a.; v. Lilienthal, Reform des Strafprozesses 411ff.; Rosenfeld, IKV. 10, 619; auch wohl Aschrott, IKV 14, 232.

richterliche oder gerichtspolizeiliche Handlung sein soll; allerdings sollen die Parteien unter Umständen richterliche Vernehmung erzwingen können. v. Lilienthal dagegen will mit Ausnahme der antizipierten Beweiserhebungen bis zur Anklageerhebung nur Akten der Staatsanwaltschaft anerkennen, die dem Gericht und dem Beschuldigten unbekannt zu bleiben haben. Zur Vorbereitung der Verteidigung genüge die Kenntnis der Anklageschrift mit Unterstützung eines mündlichen Schlußtermins. Diese Spaltung des Aktenmaterials in einen offiziellen und einen nichtoffiziellen Teil halte ich für undurchführbar. — Die gerichtlichen Protokolle werden ohne Kenntnis der übrigen Teile der Akten oft überhaupt nicht verständlich sein. Ein Vernehmungsprotokoll enthält doch häufig keine in sich abgeschlossene Darstellung, sondern baut sich auf dem gesamten Akteninhalt auf. Jedenfalls wäre eine Änderung der bisherigen Protokollierungstechnik bei einer Durchführung der erwähnten Vorschläge notwendig; sonst werden Mißverständnisse und gegenseitige Vorwürfe an der Tagesordnung sein. Irrig ist auch die Meinung, eine ausführliche Anklageschrift genüge zur Vorbereitung der Verteidigung und könne die Kenntnis der Akten ersetzen. Aus der Anklageschrift kann der Verteidiger z. B. nicht ersehen, ob die Zeugen sorgfältig vernommen und richtig verstanden, ob ihre Aussagen in der Anklageschrift zutreffend und objektiv wiedergegeben und verwertet worden sind usw.[150]). Jetzt kann der Verteidiger derartige Fehler bei seinem Aktenstudium erkennen und sofort klarstellen. Ob ihm dies später in der Hauptverhandlung ebenso leicht gelingen wird, ist sehr fraglich. Der mündliche Schlußtermin wird hierzu wenig beitragen, da dem Verteidiger eben die oft geradezu unersetzliche Aktenkenntnis fehlt.

Dieser Schlußtermin selbst und überhaupt die Mündlichkeit des Vorverfahrens gehören bekanntlich zu den am meisten erörterten Reformvorschlägen[151]). Jedoch hat sich die Mehrzahl der Schriftsteller gegen das „Doppelschauspiel" (Zucker) ausgesprochen[152]), das ein mündliches Vorverfahren im Verein mit der mündlichen Hauptverhandlung biete. M. E. ist scharf zu trennen zwischen der — in der Tat ganz undurchführbaren — Forderung nach Mündlichkeit der gesamten Voruntersuchung und dem mündlichen Schlußtermin[153]). Ich halte diesen mündlichen Schlußtermin in Übereinstimmung mit Graf Dohna für empfehlenswert unter der Voraussetzung, daß er als Ersatz für die Berufung zu dienen hat. Da man sich aber in absehbarer Zeit kaum dazu entschließen wird, die Berufung für die schwersten Schöffengerichtssachen abzuschaffen, da andererseits bei Bagatellsachen eine Voruntersuchung nicht in Frage kommt, so wäre die Einrichtung auf die mittelschweren Schöffengerichtssachen zu beschränken. Auch hier sollte der Termin nicht obligatorisch sein, sondern nur dann stattfinden, wenn eine Partei es beantragt oder der Richter es für angemessen hält. Bei der Einzel-

---

[150]) Diese Bedenken hat Rosenberg, Mitt. 11, 806/7 übrigens bereits kurz angedeutet; in 29. DJT. 1, 61/2 glaubt er sich über sie hinwegsetzen zu dürfen.

[151]) Kulemann, IKV. 10 S. 546, 558/9; Kronecker, ZStW. 7, 437ff.; Prot. d. Komm. 1 S. 142ff., 151.

[152]) So Zucker, IKV. 11 S. 321, 406/7; Mittermaier, daselbst S. 284, 486; Heinemann, daselbst 668; Weingart, daselbst 507; Prot. 2, 158ff.; Rosenberg, 29. DJT. 1, 39.

[153]) Für diesen Schlußtermin z. B. Rosenberg, IKV. 11, 810; die von der IKV. 1903 eingesetzte Kommission daselbst 848/9; Graf Dohna, 35. DJT. 1, 143; Sauer, Grundlagen 134. Aus dem Entwurf 1908 gehören hierher die §§ 191, 202, 203 IV 207, aus dem Entwurf 1920 die §§ 194, 204 II, 207. Gegen den Schlußtermin Sontag, JW. 1920, 244 mit der Begründung, der Schlußtermin nach § 173 V MilstGO. sei leere Formalität geblieben; aber hier handelte es sich nur um eine Schlußvernehmung, von deren Ausfall praktische Folgen nicht abhingen.

ausgestaltung wird man die Erfahrungen verwerten können, die in den letzten Jahren mit der mündlichen Verhandlung im Haftprüfungsverfahren gemacht worden sind. Zweifelhaft kann der Zeitpunkt sein, in dem der Schlußtermin stattzufinden hat. Manches spricht dafür, ihn zum Abschluß der Voruntersuchung zu machen, also vor der Entschlußfassung des Untersuchungsrichters (vgl. oben 5 a. E.) stattfinden zu lassen. Aber dem Angeschuldigten und dem Verteidiger wird dann — zum mindesten wenn ihnen keine Akteneinsicht gewährt ist — jede Grundlage fehlen. Daher möchte ich unterscheiden: Ist vor Abschluß der Voruntersuchung bereits Akteneinsicht gewährt, so muß der Schlußtermin vor der Entschließung des Untersuchungsrichters beantragt werden, sonst erst nach Zustellung der Anklageschrift. Abzuhalten wäre der Termin aber in jedem Falle vom Untersuchungsrichter.

Was speziell die Stellung der Staatsanwaltschaft betrifft, so bereitet von jeher die Frage Schwierigkeiten, ob die Staatsanwaltschaft während der Voruntersuchung zu selbständiger Ermittlungstätigkeit berechtigt ist. Das Reichsgericht hat in RGSt. 60, 263 den nicht unbedenklichen Satz ausgesprochen, die Staatsanwaltschaft dürfe die von ihr für erforderlich gehaltenen eigenen Ermittlungen anstellen, „sofern diese nicht in die Tätigkeit des Untersuchungsrichters störend eingreifen". Die vom Reichsgericht gemachte Einschränkung wird in wirklichen Konfliktsfällen wenig nützen; denn die Staatsanwaltschaft wird ihre Tätigkeit natürlich nicht als Störung, sondern als Förderung der Voruntersuchung auffassen, und eine unparteiische Stelle, die hierüber entscheidet, gibt es nicht. Es hat denn auch ein hoher Beamter der Staatsanwaltschaft selbst Bedenken gegen dieses Urteil geäußert und darauf hingewiesen, daß § 196 der Staatsanwaltschaft den Weg zur Einwirkung auf die Führung der Voruntersuchung zeige[154]). Das wird um so mehr gelten, wenn die Beschwerdemöglichkeiten bei Ablehnung von Anträgen ausgedehnt werden (oben unter Nr. 4). Im Prozeß Schroeder-Haas ist die Frage zwar nicht für die Staatsanwaltschaft[155]), wohl aber für die Polizei[156]) praktisch geworden. Hier hatte der Untersuchungsrichter die Voruntersuchung zunächst gegen Schroeder wegen Diebstahls und Betruges, sodann gegen Haas wegen Mordes eröffnet[157]). Die Hilfe des vom Landeskriminalpolizeiamt entsandten Beamten lehnte er — wenigstens nach der Darstellung Brauns — ab, soweit Ermittlungshandlungen gegen Schroeder wegen etwaiger Teilnahme an der Ermordung Hellings in Frage kamen. Daraufhin hielt der Polizeibeamte sich für berechtigt, diese Ermittlungshandlungen selbständig vorzunehmen. Wenn man diese Frage ganz grundsätzlich und ohne jede Rücksichtnahme auf den speziellen Fall zu beantworten sucht, so wird man gewisse Zweifel an der Zweckmäßigkeit einer derartigen Handhabung nicht unterdrücken können. Die Regel, daß viele Köche den Brei verderben, gilt im allgemeinen auch hier — daß sie ihn retten, wird immer eine Ausnahme bilden. § 191 ist eine Konzession an den Anklagegrundsatz, die sich zwar auch in § 92 österr. StPO. findet, von der neuen bernischen StPO. jedoch bereits aufgegeben worden ist

---

[154]) Generalstaatsanwalt Rasch, GA. 72, 17. Vgl. ferner Matthes (Erster Staatsanwalt) DRichtZ. 1927, 183: „Es wäre ein Unding, würde neben der Tätigkeit des Untersuchungsrichters der Staatsanwalt weitere eigene Feststellungen treffen." Finger, GerS. 93, 100ff., hält selbständige Ermittlungen der Staatsanwaltschaft für unzulässig (vgl. auch oben Anm. 37). Auch Löwe-Rosenberg 4 zu § 184 suchen die Tragweite der Entscheidung einzuschränken. Für das Reichsgericht dagegen Hartung, JurRdsch. 2, 748 unter Hinweis auf § 191 StPO.

[155]) Braun, Am Justizmord vorbei 223ff.

[156]) Braun a. a. O. 104.

[157]) Braun a. a. O. 62 u. 86.

(Art. 100 u. 101)[158]). Es wäre z. B. durchaus unzweckmäßig, wenn die Staatsanwaltschaft bei größeren Betrügereien nur gegen einen Beteiligten die Voruntersuchung eröffnen lassen, gegen die übrigen aber selbst die Ermittlungen führen wollte. Für die Zukunft ist eine Anlehnung an die bernische StPO. jedenfalls unbedingt geboten.

Der gleiche Gedanke, daß die Führung einer Untersuchung nicht gleichzeitig in der Hand verschiedener Stellen liegen darf, verbietet die von den Gegnern der Voruntersuchung geplante Aufteilung des Vorverfahrens unter die Staatsanwaltschaft und den Amtsrichter. Über die Rolle des Amtsrichters im Vorverfahren sind die Meinungen geteilt. Rosenfeld erwiderte einst auf den Einwand Preetorius', der Fortfall des Untersuchungsrichters werde nur zu einer verderblichen Vielheit der Köche führen: „Ich will ja nur einen Koch, den Staatsanwalt[159]).“ Dann bleibt für den Amtsrichter — da er nicht Koch sein soll — also wohl nur der Posten des Küchenjungen übrig. Und tatsächlich ist das ja auch die Rolle, die dem Amtsrichter mitunter in der Praxis zugewiesen wird[160]). Rosenfeld erblickt in diesem Küchenjungen aber trotzdem das Ideal; denn er, „dem die Sache uninteressant ist, der nicht an dem Resultat beteiligt ist . . ., bleibt der Unbefangene, der er sein soll“ (a. a. O. 618)[161]). So einleuchtend das zunächst erscheint, so unrichtig ist es in der Praxis. Jeder in der Strafrechtspflege Tätige weiß, wie gefürchtet im allgemeinen die Protokolle des ersuchten Amtsrichters sind. Ausnahmen bestätigen nur die Regel[162]). Das ist kein Vorwurf gegen den ersuchten Richter, sondern ergibt sich aus der Natur der Sache und des Menschen[163]). Kloß meinte, den Ermittlungsrichter könne der Staatsanwalt „von Fall zu Fall leicht mündlich unterrichten[164])“. Als ob das in größeren Sachen — auch wenn beide an dem gleichen Orte wohnen — so einfach wäre; und wenn es wirklich ginge: wäre dieser „vom Staatsanwalt unterrichtete Amtsrichter“ noch das Ideal eines unbefangenen Richters?

Die Stellung des Staatsanwalts gegenüber dem Untersuchungsrichter wird nach den hier gemachten Vorschlägen bereits durch Ausdehnung der Beschwerdemöglichkeiten (oben Nr. 4) und der Parteiöffentlichkeit verstärkt. Ich habe darüber hinaus aber kein Bedenken, ihm nach österreichischem Vorbilde (§ 109 StPO.) das Recht zu geben, durch seinen Antrag den Schluß der Voruntersuchung zu erzwingen. Zweifel hierüber können nur bei der nichtnotwendigen Voruntersuchung entstehen; aber auch hier hat ja die Staatsanwaltschaft es von vornherein in der Hand, die Sache gar nicht erst in die Voruntersuchung zu geben, sondern einzustellen. Man müßte natürlich verlangen, daß die Staatsanwaltschaft — wenn sie den Schluß der Voruntersuchung auf diese Weise herbeiführt — ihrerseits keine weitere Verfolgungshandlung vornehmen dürfe.

Aber auch nach Abschluß der Voruntersuchung kann mit dem Prinzip des § 156 StPO. — wie Beling gezeigt hat[165]) — gebrochen werden. Das würde

[158]) Diese macht im Art. 102 nur für den Fall eine Einschränkung, daß sich aus der Ausdehnung wesentliche Nachteile für die Durchführung der Untersuchung ergeben würden.

[159]) IKV. 10, 617.

[160]) Er ist z. B. nach Ansicht mancher dazu da, um durch Leistung von Botendiensten die Verjährung zu unterbrechen. Erfreulicherweise hat das Kammergericht diese Versuche neuerdings unterbunden (vgl. GA. 73, 21).

[161]) Ähnlich Zucker, IKV. 11, 381; Heinemann, daselbst 664.

[162]) Vgl. die zutreffenden Ausführungen von Rosenberg, IKV. 11, 769/70; Weingart, daselbst 508; Preetorius 10, 613; Nöldeke, DJZ. 1920, 175.

[163]) So auch H. Groß, ArchKrimAnthr. 12, 205/6.

[164]) 29. DJT. 5, 421.

[165]) ArchRPhilos. 13, 261/2. Jetzt auch Höpler, 35. DJT. 2, 607.

bedeuten: auch wenn der Untersuchungsrichter sich nicht zur Außerverfolgsetzung entschließt (oben Nr. 5 a. E.), so kann der Staatsanwalt doch nicht gezwungen werden, die Anklage zu erheben. Erst mit dem Beginn der Hauptverhandlung hat der Grundsatz des § 156 einzugreifen[166]).

Der mir zugewiesene Raum ist erschöpft — das Thema freilich noch lange nicht. Auch die obigen Ausführungen werden dem Vorwurf ausgesetzt sein, den modernen Bestrebungen im Strafprozeß zuwiderzulaufen und dem Inquisitionsprozeß zuzuneigen. Aber schon v. Hippel hat sich treffend dagegen verwahrt, wegen seines Eintretens für die Voruntersuchung als Anhänger des Inquisitionsprozesses abgestempelt zu werden[167]). Und was ist schließlich „modern"? Nicht immer das, was gerade neu ist. Den Staat durch Einführung eines reinen Parteiprozesses auf weiten Gebieten des Strafverfahrens wehrlos machen, den Einzelnen durch Ausschaltung des Richters einer Verwaltungsbehörde überliefern — das kann nicht modern sein.

Abgeschlossen: März 1929.

---

[166]) Vgl. auch IKV. 11, 816 Nr. 20 (Kommissionsbericht) und Mittermaier, daselbst 847, der Zustimmung des Angeschuldigten verlangt, worüber sich wohl reden ließe. Die Hauptsorge des Staatsanwalts wird ja meistens darin bestehen, den Anzeigenden zu beschwichtigen. Schon deshalb wird er von seiner Befugnis zur Zurücknahme nur vorsichtig Gebrauch machen.

[167]) ZStW. 41, 761. Anders Delaquis, Festg. f. Zürcher 43ff. (1920).

Zur Frage: Verminderte Zurechnungsfähigkeit

von Professor Dr. med. Dr. jur. h. c. Gustav Aschaffenburg, Köln

I.

Unser geltendes Strafrecht ist aufgebaut auf den Grundsatz der Vergeltungslehre. Die Strafe sollte der Verschuldung entsprechen. Es war daher eine grobe Lücke und ein auffallender Mangel an Folgerichtigkeit, daß der Begriff der verminderten Zurechnungsfähigkeit (v. Z.) bei der Schaffung des Gesetzes vor fast 60 Jahren abgelehnt wurde; um so erstaunlicher, als bis dahin alle Strafgesetzbücher der deutschen Staaten mit Ausnahme des preußischen und der diesem nachgebildeten Strafgesetzbücher Waldecks, Oldenburgs und Lübecks genaue Bestimmungen über die v. Z. enthielten. Der Bundesrat hatte die im 1. Entwurfe v. 31. Juli 1869 noch vorgesehenen Bestimmungen gestrichen; wie der Berichterstatter, Generalstaatsanwalt Dr. Schwarze, erklärte, nach „lebhafter und eingehendster Erörterung"; man hielt es nicht für zweckmäßig, „mit diesen doch immer zweifelhaften Bestimmungen vorzugehen, zumal da die mildernden Umstände, welche in sehr weiter Ausdehnung in dem revidierten Entwurf Berücksichtigung gefunden haben, das praktische Bedürfnis, welches jener Bestimmung, die vorgeschlagen worden ist, unverkennbar unterliegt, in der Hauptsache erledigen".

Es ist merkwürdig, daß diese Auffassung, die nicht Schwarzes Anschauung, sondern der der Mehrheit der Kommissionen entsprach, ohne Widerspruch im Reichstag blieb. Aus drei gewichtigen Gründen war und ist der Gedanke, die Sonderbestimmung über die v. Z. durch die mildernden Umstände zu ersetzen, falsch.

1. Unter den 239 in den §§ 80—359 StGB. angeführten Verbrechen und Vergehen sind mildernde Umstände nur bei 62 zulässig. Sie fehlen bei 177. Zieht man von diesen 104 Vergehen ab, bei denen ein Strafminimum fehlt, und weiter 29 Verfehlungen, bei denen das Mindestmaß sich zwischen einer Woche und drei Monaten Gefängnis oder Festungshaft bewegt, so bleiben immerhin noch 44 Verbrechen, bei denen die Anerkennung mildernder Umstände ausgeschlossen ist; und unter diesen gerade einige der schwersten Verbrechen wie Meineid, Notzucht mit nachfolgendem Tod, schwere Kuppelei (bis zur Änderung durch die Novelle 1900), Brandstiftung, Raub, Mord und Totschlag; Verbrechen also, bei denen erfahrungsgemäß die Täter nicht selten an irgendwelchen seelischen Abweichungen leiden.

2. Über das Vorliegen mildernder Umstände entscheidet der Richter. Die Feststellung, daß ein Zustand der v. Z. vorliegt, ist Aufgabe des Psychiaters, und gewiß in vielen Fällen keine leichte; denn wenn es schon Schwierigkeiten macht, das Vorhandensein einer psychischen Abweichung überhaupt zu erkennen, so wachsen diese Schwierigkeiten ins Ungemessene, sobald es sich darum handelt, den Einfluß einer solchen Abweichung auf das Fühlen und Handeln der Persönlichkeit zu bemessen. Denn nicht jede seelische Abart berechtigt zur Annahme einer nennenswerten Beeinträchtigung der strafrechtlichen Verantwortung. Die freie Beweiswürdigung des Richters bleibt grund-

sätzlich unangetastet, wenn wir auf diese für den Nichtfachmann unlösbaren Schwierigkeiten hinweisen. Wir wollen und müssen als Fachleute dem Richter die nötigen Unterlagen für sein Urteil geben, ohne die er in sehr vielen Fällen fehlgreifen würde. In der Praxis hat sich trotz des Fehlens der v. Z. im StGB. schon längst der Gebrauch herausgebildet, daß der Gutachter sich auch darüber äußert, ob und wieweit er in dem jeweils vorliegenden Falle den Angeklagten als vermindert zurechnungsfähig bezeichnen würde, wenn die v. Z. bereits gesetzlich anerkannt wäre. Ursprünglich wohl, wenigstens nach meiner Erfahrung, unter stillschweigender Duldung des Richters; mehr und mehr auf sein unmittelbares Ersuchen. Aber nicht alle Richter waren und sind so einsichtsvoll; gelegentlich widerfährt es dem Sachverständigen, daß der Richter das Eingehen auf diese Art seelischer Abweichungen ablehnt. Es ist aber im Interesse der Rechtspflege unbedingt notwendig, daß der Sachverständige das Recht haben muß, alles anzuführen, was zur Klärung des Falles dienen kann. Sein Urteil über die v. Z. muß nicht geduldet, sondern gefordert werden.

3. Der wichtigste Gegengrund gegen den Ersatz der v. Z. durch die „mildernden Umstände" bleibt aber der, daß sie gar kein Ersatz sind. Wer allerdings noch auf dem Standpunkt steht, daß die Strafe nichts weiter sein soll als „gerechte Vergeltung", wer noch glaubt, vergelten zu müssen und „gerecht" vergelten zu können, für den fallen alle Schwierigkeiten fort. Denn die Gleichung ist ja einfach: Verminderte Zurechnungsfähigkeit = vermindeter Schuld = verminderter Strafe.

So einfach ist aber das Problem in Wirklichkeit nicht. Denn der v. Z. entspricht in vielen Fällen eine erhöhte Gemeingefährlichkeit. Der jeder Versuchung widerstandslos zum Opfer fallende Schwächling, der bei der geringsten Reizung in sinnloses Toben geratende Erregbare, der durch verzehrende Geltungsucht zu immer neuen Versuchen, auf Kosten anderer eine Rolle zu spielen, getriebene Pseudologe sind sicher nicht als voll zurechnungsfähig zu betrachten. Aber wenn die Strafe mit Rücksicht auf den nicht zu verkennenden Zustand grundsätzlich geringer bemessen wird, so wird die ohnehin schon wenig widerstandsfähige Schranke gegenüber dem Verfalle ins Verbrechen noch wirkungsloser. Wir handeln dann zwar im Sinne der zielbewußten Vergeltungsanschauung durchaus logisch, aber die Spezialprävention und die Generalprävention leiden empfindlich Not; und mehr noch die öffentliche Rechtssicherheit.

Das kann und darf nicht so weitergehen. Schon 1874 hatte ein bedeutender französischer Psychiater, Legrand du Saulle, erklärt: „La responsabilité proportionelle n'est toutefois acceptable que sous la réserve formelle d'une sorte de pénalité speciale." In den letzten 50 Jahren hat sich dieser Gedanke mit immer deutlicher werdender Klarheit zur allgemeinen Anschauung entwickelt: Die v. Z. ist mit aller Entschiedenheit zu fordern, aber unter Anerkennung, daß die darunter zu verstehenden Fälle eine ganz besondere Berücksichtigung verlangen, die nach Art, Umfang und Bedeutung der Störung durchaus verschieden sein und der Besonderheit jedes einzelnen Falles angepaßt sein muß.

In dem Kampf um die v. Z. sind begreiflicherweise die Psychiater in der Führung gewesen, aber sie sind auch von namhaften Juristen unterstützt worden. Ich verweise, um nur einen Namen zu nennen, auf Kahls Bearbeitung der Frage in der „Vergleichenden Darstellung des deutschen und des ausländischen Strafrechts[1])" und die weitere Entwicklung bei Kahl[2])

---

[1]) Allg. Teil I 1.

[2]) Kahl, Der Stand der europäischen Gesetzgebung über die v. Z. Bericht über den VII. intern. Kongreß für Kriminalanthropologie.

selbst. Der Erfolg dieser vielseitigen Bemühungen war die Aufnahme von Bestimmungen über v. Z. in allen neuen Gesetzbüchern und Gesetzentwürfen, nicht zuletzt auch in den deutschen Entwürfen.

II.

Es liegt nun eine nicht zu verkennende Tragik in der Tatsache, daß gerade aus dem Kreise der Psychiater, der Vorkämpfer für die Anerkennung der v. Z., ein Widerspruch dagegen erhoben worden ist, als deren Wortführer Wilmanns anzusehen ist. Gelegentlich eines Referats im Deutschen Verein für Psychiatrie 1914 in Straßburg, wo Wilmanns und ich die Berichterstatter waren, hatte er schon seine Bedenken geäußert. Im Jahre 1927 hat er dann in einem umfangreichen Werke: „Die verminderte Zurechnungsfähigkeit als zentrales Problem der Entwürfe zu einem neuen Strafgesetzbuch[3])" alle seine Einwände sorgsam zusammengestellt, Einwände, an denen niemand vorübergehen darf, der den ganzen Ernst des Problems erfaßt hat.

Es sind im wesentlichen drei Haupteinwände: 1. die außerordentliche Ausdehnung der Gruppe von Persönlichkeiten, auf die der Begriff der v. Z. anzuwenden ist; 2. die Unmöglichkeit, alle diese Menschen ihrer Eigenart gemäß zu behandeln; 3. die Schwierigkeit, diese Persönlichkeiten zu erkennen.

Diese Bedenken sind vollauf berechtigt. Es fragt sich nur, ob wir deshalb den Tatsachen Gewalt antun dürfen und die Augen in müdem Verzicht schließen müssen, oder ob es nicht richtiger ist, die Schwierigkeiten mit offenen Augen zu betrachten und den Weg zu suchen, der Schwierigkeiten Herr zu werden.

Bevor ich an diese Erörterung gehe, scheint es mir zweckmäßig, kurz darzustellen, bei welchen Persönlichkeiten nach dem heutigen Stande der Wissenschaft die Anwendung der v. Z. in Frage kommt. Die letzte Fassung der Bestimmung über die v. Z. nach dem Ergebnisse der deutschen und österreichischen Strafrechtskonferenzen lautet: „§ 13^{II}. War die Fähigkeit, das Unrechtmäßige der Tat einzusehen oder nach dieser Einsicht zu handeln, zur Zeit der Tat aus einem dieser Gründe (gemeint sind: Bewußtseinsstörungen, krankhafte Störungen der Geistestätigkeit oder Geistesschwäche) erheblich vermindert, so ist die Strafe zu mildern."

Daraus ergibt sich, daß nicht jede kleinste Abweichung die Zurechnungsfähigkeit vermindert, sondern nur ein erheblicher Grad solcher Abweichungen, groß und schwerwiegend genug, um eine ernste Beeinträchtigung des Denkens, Fühlens und Wollens zu bewirken. In Betracht kommen vorwiegend drei Gruppen derartiger Abweichungen.

a) Die Übergänge von der Gesundheit zur Krankheit. Diese Gruppe war ursprünglich der Ausgangspunkt für den Kampf um die v. Z. Es leuchtet ein, daß zwischen dem unverkennbar völlig unzurechnungsfähigen Idioten und dem Vollsinnigen ein breites Zwischengebiet liegen muß, dessen Angehörige weder als unzurechnungsfähig noch als voll verantwortlich angesehen werden können. Das gleiche gilt für den Abbau der geistigen Persönlichkeit durch das Alter, durch Gehirnarterienverkalkung und für die nicht seltene Wesensveränderung bei lange bestehender Epilepsie. Nicht hierher dagegen gehören Psychosen im engeren Sinne. Selbst wenn bei diesen der äußere Anschein den Gedanken an eine strafrechtliche Verantwortlichkeit nicht als völlig abwegig erscheinen läßt, muß vom Standpunkt des Psychiaters aus die Zurechnungsfähigkeit verneint werden; und ebenso muß das Gericht nach der bekannten

---

[3]) Berlin 1927, Julius Springer.

Reichsgerichtsentscheidung (Entsch. 21, 131) bei berechtigten Zweifeln an der Zurechnungsfähigkeit zugunsten des Angeklagten entscheiden.

b) Die Folgen akuter und chronischer Vergiftungen. Im ersten amtlichen Entwurf vom Jahre 1925 hatte die Bestimmung des § 17^{II}, in der die grundsätzliche Strafmilderung bei verminderter Zurechnungsfähigkeit vorgesehen war, den Zusatz erhalten: „Dies gilt nicht bei Bewußtseinsstörungen, die auf selbstverschuldeter Trunkenheit beruhen." Dieser Zusatz war nicht haltbar, auch nicht in der gemilderten Form, die der Reichstagsausschuß ihm in der ersten Lesung gab: „Bei Bewußtseinsstörungen, die auf einem selbstverschuldeten Rauschzustand beruhen, kann die Strafe gemildert werden." In den Ergebnissen der deutschen und der österreichischen parlamentarischen Strafrechtskonferenzen ist jeder Zusatz in Wegfall gekommen. Aber es ist doch von bleibendem Interesse, festzustellen, daß hier das zwingende Bedürfnis nach Sicherung der Gesellschaft eine Bestimmung hervorrief, die dem Verschuldungsgrundsatz widerspricht. Denn tatsächlich verringert der Alkohol sogar schon in geringer Menge die Fähigkeit der ruhigen, klaren, sachlichen Überlegung sowie den ungestörten Ablauf des sog. Willensvorgangs, erst recht natürlich, wenn größere Mengen Alkohol getrunken worden sind. Um sich klarzumachen, daß nur das Sicherungsbedürfnis, gewiß nicht der Vergeltungsgedanke die Verfasser des ersten amtlichen Entwurfs, den Reichsrat und den 1. Ausschuß, zu der erwähnten Bestimmung veranlaßt hat, bedarf es nur des Vergleichs mit irgendwelchen anderen nicht oder nur selten gewohnheitsmäßig genommenen Giften. Niemand würde daran denken, einen Menschen als voll zurechnungsfähig zu betrachten, der etwa durch Atropin, Scopolamin oder Meskalin in einen abnormen Zustand geraten wäre. Bei solchen Giften würde man unbedenklich, der Seltenheit des Vorgangs entsprechend, die Schlußfolgerung im Sinne der Aufhebung oder Verminderung der Zurechnungsfähigkeit ziehen. In der Auswirkung auf die seelischen Vorbedingungen zu einer Straftat unterscheidet sich die Wirkung dieser Gifte aber nicht von der des Alkohols. Wenn man also den Alkohol ausdrücklich auszunehmen für erforderlich hielt, so ist das nur durch die Rücksichtnahme auf die öffentliche Rechtssicherheit zu begründen und widerspricht der Vergeltungstheorie.

Damit soll natürlich in keiner Weise geleugnet werden, daß wir gegen die Ausschreitungen der Angetrunkenen oder der sinnlos Betrunkenen mit aller erdenklichen Tatkraft vorgehen müssen; aber die Waffen müssen aus einem anderen Arsenal bezogen werden wie aus der Verfälschung oder der Verzerrung der Rechtsbegriffe. An dieser Stelle genügt es, festzustellen, daß alle Rauschgifte — das Wort im weitesten Sinne genommen — die Zurechnungsfähigkeit herabzumindern und unter Umständen auch aufzuheben imstande sind. Das gleiche gilt auch für den chronischen Gebrauch der Rauschgifte.

c) Die psychopathischen Persönlichkeiten. Diese wohl umfangreichste Gruppe umfaßt alle Abweichungen vom Typus eines in Wirklichkeit nicht vorhandenen, aber vorstellbaren Durchschnittsmenschen; aber nicht jede Spielart der verschiedenen Charakterbilder, die nur etwas anders sich gibt, als wir gewohnt sind, berechtigt schon zur Frage, ob die Bestimmungen über die v. Z. auf sie Anwendung finden sollen, sondern nur wirklich ernste und für das Handeln belangvolle Abweichungen. Durchweg handelt es sich um konstitutionelle, in manchen Fällen vielleicht auch um endokrin, d. h. durch Störungen der sog. Blutdrüsen bedingte Abweichungen, deren strafrechtliche Bedeutung außerdem noch unter dem Gesichtspunkte zu betrachten ist, inwieweit die äußeren Umstände, Motive, Zwecke und Ziele der Tat gerade bei der vorhandenen Charakterveranlagung sich auswirken mußten. Welche Schwierigkeiten sich in der praktischen Beurteilung daraus ergeben, ist einleuchtend, aber wir werden uns gerade deshalb diesen ganzen Fragen mit um so größerer Gewissenhaftigkeit widmen müssen.

III.

Die Bedeutung derartiger Nachforschungen geht über die unmittelbare Beziehung zu den Graden der Zurechnungsfähigkeit hinaus. In dem Bericht, den der belgische Minister Vandervelde einem sehr beachtenswerten „Entwurf eines Gesetzes der sozialen Gegenwehr gegen die Abnormen und Gewohnheitsverbrecher und die straffälligen Jugendlichen vom Jahre 1914" beigegeben hat, heißt es von den vermindert Zurechnungsfähigen und bis jetzt deshalb milder Bestraften: „A raison de leur débilité, de leur déséquilibre mental ils sont plus disposés au crime, plus incapables de résister à leurs impulsions morbides et aux influences mauvaises de leur milieu, plus enclins, par consequence, à récidiver. Ce sont eux en somme, qui forment le gros de l'armée du crime, la masse de recrutement des récidivistes." Wir werden also im Kampf gegen das Verbrechertum im allgemeinen und das Gewohnheitsverbrechertum im besonderen gerade den geistig nicht Vollwertigen die größte Aufmerksamkeit zuwenden müssen; denn erst nach der richtigen Erfassung aller dieser Persönlichkeiten, nach Zahl und Art, werden wir die ganz großen Probleme des zweckmäßigsten Vorgehens gegen die Gewohnheitsverbrecher und die Sicherungsmaßnahmen mit Aussicht auf Erfolg angreifen können.

Die Zahl der Persönlichkeiten, die infolge ihrer Unzulänglichkeit, um einen nichts vorwegnehmenden Ausdruck zu gebrauchen, sich gegen die Strafgesetze vergehen, ist erschreckend groß. Während meiner Tätigkeit als Gefängnisarzt in Halle habe ich 200 nacheinander eingelieferte, verurteilte Sittlichkeitsverbrecher nach Studium der Akten genau untersucht[4]). Nur 45 (22,5%) konnte ich als gesund bezeichnen, darunter 2, die nicht einmal die fünf Erdteile aufzählen konnten; von diesen 45 waren noch 12 zur Zeit der Tat betrunken gewesen. Unter den weiteren 54 von mir noch als voll zurechnungsfähig Aufgefaßten waren 19 Imbezille, 17 Epileptiker, 10 Neurastheniker, Psychopathen und Hysteriker sowie 7 Trunksüchtige. Ich bin also in der Annahme der uneingeschränkten Verantwortlichkeit sicher sehr weit gegangen. Und doch waren nach meiner Überzeugung 22% unzurechnungsfähig, 28,5% vermindert zurechnungsfähig. Zu ganz ähnlichen Ergebnissen kam Leppmann[5]). Unter 90 zu Zuchthaus verurteilten Sittlichkeitsverbrechern betrachtete er nur 33,3% als einwandfrei gesund. Auch Bonhoeffer[6]) fand unter 50 zu Gefängnis verurteilten Sittlichkeitsverbrechern nur 26% ohne pathologischen Befund.

Meine Vermutung, ja ich kann wohl sagen, meine Hoffnung, daß nur bei dieser Art Verfehlungen ein so geringer Prozentsatz geistig Normaler zu finden sei, hat sich nicht als richtig erwiesen. Welche Form asozialer Lebensführung man untersucht hat, überall überwiegen die geistig Abwegigen. Nur um das Gewicht dieser Tatsache zu erhöhen, seien noch einige Zahlen angeführt. Unter 50 rückfälligen Körperverletzern waren ohne krankhaften Befund 28% (Bonhoeffer); unter 404 gewohnheitsmäßigen Bettlern und Vagabunden 23% (Bonhoeffer); unter 190 Prostituierten 32% (Bonhoeffer); unter 100 Korrigendinnen eines Arbeitshauses 30% (Mönkemöller); unter 152 Prostituierten

---

[4]) Aschaffenburg, Zur Psychologie der Sittlichkeitsverbrecher, MSchrKrimPsych. 2, 497.

[5]) Fr. Leppmann, Die Sittlichkeitsverbrecher, VJSchrGerMed. 3. F. 29, 276.

[6]) Bonhoeffer, Sittlichkeitsdelikte und Körperverletzungen, MSchrKrimPsych. 2, 465.

Frankfurts 28,3% (Sichel); unter 656 Korrigenden 35,6% (Knörr, Riebeth und Marthen). Endlich sei noch erwähnt, daß bei Untersuchung von Fürsorgezöglingen der verschiedensten Gegenden Deutschlands der Anteil der Gesunden, je nach dem angelegten Maßstab, zwischen 26 und 66% sich bewegt.

IV.

Man kann nicht leugnen, daß die beredte Sprache dieser Zahlen, die Wilmanns sorgfältig gesammelt[7]) und kritisch betrachtet hat, ihn zu den Worten berechtigt: „Das Ergebnis der Untersuchungen besagt nichts anderes, als daß in einem Staate mit geordnetem und blühendem Wirtschaftsleben nur der seelisch irgendwie Minderwertige scheitert." Und es ist auch zu verstehen, daß Wilmanns, wie auch schon mancher vor und nach ihm, vor den Schlußfolgerungen zurückschreckt.

Soll man tatsächlich alle diese Menschen unter Ausnahmegesetze bringen? Zur Beantwortung dieser Frage geht man am besten von der Tatsache aus, daß die meisten Strafanstaltsleiter nach ihren eigenen Wahrnehmungen nicht an so hohe Prozentsätze abnormer Persönlichkeiten glauben und daher die Richtigkeit der psychiatrischen Feststellungen bezweifeln. Das heißt mit anderen Worten, ein großer Teil der v. Z. ist im Strafvollzug gänzlich unauffällig und kann deshalb auch in der Regel unbedenklich im gewöhnlichen Strafvollzug verbleiben.

Zu diesen bequemen Gefangenen gehören fast alle Haltlosen. Genau so leicht, wie sie im Leben den Versuchungen, die an sie herantreten, oder der stärkeren Persönlichkeit eines aktiveren Verbrechers widerstandslos erliegen, genau so passiv fügen sie sich der Anstaltsordnung und sind willige, fleißige Arbeiter. Es wäre aber eine für die öffentliche Rechtssicherheit bedenkliche Einstellung, wegen der guten Führung und leichten Anpassungsfähigkeit im Strafvollzug die Haltlosigkeit zu übersehen, die sich in der Freiheit nur allzu deutlich in baldigen Rückfällen kundgibt.

Aus dem gleichen Grunde aber müssen wir als Ärzte der schon erwähnten und leider zur Zeit von dem Strafgesetzausschuß angenommenen Auffassung entgegentreten, daß eine grundsätzliche Herabsetzung der Strafdauer oder Strafart eine erträgliche oder sogar richtige Folge der Anerkennung der v. Z. ist. Ich habe mich nicht gescheut, vor Gericht gelegentlich in bestimmten Fällen darauf hinzuweisen, daß ich eine Strafverkürzung wegen eines unter den Begriff der v. Z. fallenden Zustandes für völlig unzweckmäßig halten müsse, und glaube auch bei den Gerichten Verständnis für diese Auffassung gefunden zu haben. Tatsächlich ermöglicht ja die Weite des Strafrahmens dem Richter, trotz der Anerkennung der v. Z., die Strafe so hoch zu bemessen, wie er für richtig hält. Das ist zwar eine vielleicht nicht zu umgehende, aber dem Wortlaut der Bestimmung widersprechende Willkür; sie wird erträglich und sogar fruchtbar, sobald man berücksichtigt, daß eine bessernde Einwirkung schon bei dem gesunden, erst recht aber bei dem seelisch irgendwie abwegigen Strafgefangenen nur dann mit Aussicht auf Erfolg angestrebt werden kann, wenn der Strafvollzug lange genug dauert.

Neben der ausreichenden Zeitspanne bedarf es einer geschickten individualisierenden Behandlung. § 210 des „amtlichen Entwurfs eines Strafvollzugsgesetzes" lautet: „Geistig Minderwertige sind in einer ihrem Geisteszustande entsprechenden Weise zu behandeln." Darunter wird man wohl nichts weiter verstehen dürfen als eine Aufforderung, äußerst vorsichtig zu sein in der Wahl

[7]) Sie sind neben vielen anderen bei Wilmanns a. a. O. zu finden.

der Erziehungs- und auch der Disziplinarmittel, bei denen sinngemäß der Arzt nach § 212 ein gewichtiges Wort mitzureden hat. Es ist schon bisher dem Strafvollzug gelungen, mit einem nicht geringen Teil der geistig Minderwertigen — ich benutze diesen vom Entwurf gewählten Ausdruck, obgleich er das Wesen der darunter zu verstehenden Gruppe etwas zu einseitig umschreibt — im Strafvollzug ohne Schwierigkeiten fertigzuwerden.

Dabei dürfen wir nicht vergessen, daß unser deutscher Strafvollzug ja erst seit kurzem, obgleich das Männer wie Obermaier schon vor fast hundert Jahren versucht haben, zielbewußt auf die Wiedereinordnung der Gefangenen in das Gesellschaftsleben hinarbeitet, und daß die Wege dazu zum Teil erst gesucht werden müssen. Vielleicht schwinden damit die bisherigen Schwierigkeiten wenigstens zum Teil. Diese Hoffnung ist nicht so ganz unbegründet. Vor mehr als einem halben Jahrhundert wurde in den deutschen Irrenanstalten die Zwangsjacke abgeschafft. Nicht ohne großes Widerstreben der älteren Generation der Psychiater, die von der größeren Bewegungsfreiheit die größten Gefahren für Ärzte und Pflegepersonal befürchtete. Nichts von allen diesen Befürchtungen hat sich als berechtigt herausgestellt. Der Besucher einer modernen Irrenanstalt, die im allgemeinen einer wohlgeordneten landwirtschaftlichen Kolonie gleicht, wird bei dem Anblick der beschäftigten Kranken sich schwerlich wohl vorstellen können, daß die Krankheitsfälle, die heute mit Axt und Spaten, mit Hammer und Säge arbeiten, die gleichen sind, gegen deren Gefährlichkeit man sich früher nur mit Zwangsmitteln und Einsperrung vorsehen zu können glaubte. Ich betone, um Mißverständnissen vorzubeugen, daß auch die Gefährdung der Öffentlichkeit durch die Kranken in den letzten Jahrzehnten nicht trotz, sondern durch die Behandlung erheblich geringer geworden ist. Nicht die äußere Umstellung der Behandlungsweise bewirkte diese völlige Wandlung der „Gefährlichkeit" der Kranken, sondern die innere Umstellung, der Zwang, sich ganz der Persönlichkeit jedes einzelnen anzupassen.

Wir können etwas Ähnliches schon jetzt im Strafvollzug, wenn auch erst in kleinen Anfängen, beobachten. Um so berechtigter ist die Hoffnung, daß die Entwicklung des Strafvollzugs in der Richtung einer stärkeren Individualisierung und besseren psychologischen Erfassung jedes einzelnen Rechtsverbrechers dazu führen wird, die Zahl der schwierigen Strafgefangenen entscheidend zu beeinflussen.

Zumal, wenn unser Strafgesetzbuch eine Ergänzung bekommt, für die auch Leppmann[8]) eintritt. Die Schwererkennbarkeit mancher psychopatischer Zustände bringt es mit sich, daß bei der Kürze der zur Verfügung stehenden Zeit dem Richter die seelische Abweichung entgehen muß. Während der Strafverbüßung aber werden den Beamten und Ärzten die Anomalien nicht lange verborgen bleiben können, wenigstens alle diejenigen nicht, die das Denken, Fühlen und Handeln maßgebend beeinflussen. Unsere Entwürfe haben an diese Fälle überhaupt nicht gedacht. Und doch kann es nicht zweifelhaft sein, daß für derartige Fälle genau in der gleichen Weise Sicherungsmaßnahmen getroffen werden müssen wie in den Fällen, in denen die v. Z. schon während des Strafverfahrens festgestellt wird. Ist doch nur zu klar, daß die Beurteilung der im Strafvollzug erkannten Zustände bei weitem zuverlässiger ist als die während des Gerichtsverfahrens mögliche.

Bisher ist nur in Aussicht genommen: „für geistig minderwertige Gefangene

---

[8]) Fritz Leppmann, Geisteskranke und geistig Minderwertige im Strafvollzug. In: Bumke, Deutsches Gefängnißwesen S. 254.

sind nach Bedarf besondere Anstalten oder Abteilungen einzurichten" (§ 21 des amtlichen Entwurfs eines Strafvollzuggesetzes). Und weiter heißt es im § 211: „Gefangene, die nach ärztlichem Gutachten geistig so minderwertig sind, daß sie nicht im regelmäßigen Strafvollzug gehalten werden können, sind in den nach § 21 eingerichteten besonderen Anstalten oder Abteilungen unterzubringen."

Es handelt sich dabei um jene Elemente, die dem geordneten Strafvollzug erhebliche Schwierigkeiten machen oder unter der unvermeidlich starren und wünschenswert gleichmäßigen Ordnung einer Strafanstalt mehr leiden und ungünstiger beeinflußt werden, als im Interesse der Resozialisierung erträglich ist. Die Anhäufung aller dieser schwierigen und oft genug auch bewußt durchaus undisziplinierten Menschen in einzelnen Abteilungen hat sich bisher nicht gerade besonders bewährt. „Amtlich und pädagogisch hätte es die größten Bedenken, mittlere und schwerere Formen dauernder Minderwertigkeit dauernd in Sonderabteilungen zu vereinigen, da die mittleren Formen dadurch zweifellos ungünstig beeinflußt werden würden. Ob aber Sonderabteilungen mit einer Insassenschaft mit ausschließlich schwer minderwertigen Kriminellen dauernd existenzfähig sind, muß sich erst entscheiden[9])."

Sehr ermutigend klingen diese Worte Leppmanns nicht. Und doch glaube ich nicht, daß wir an dieser Schwierigkeit scheitern werden. Es spielt sicher eine nicht unwesentliche Rolle, daß diese Schwererziehbaren jetzt genau wissen, wann der Tag der Entlassung kommt, und daß er kommen muß. Nimmt man ihnen diese Gewißheit durch Sicherungsverwahrung oder durch das unbestimmte Strafmaß, so gibt man dem Gefangenen ein Motiv, das ihn zur Besinnung zwingt. Er weiß, daß er noch einmal Herr seines Geschickes ist, daß von seiner Umwandlung — nicht der äußerlichen im Sinne einer tadellosen Führung allein natürlich — die Entlassung abhängt. Bleibt auch dieses mächtige Motiv ohne Einfluß, so wissen wir, daß es sich um eine besonders gefährliche Persönlichkeit handelt. Dann aber müssen die Rücksichten auf die Empfindlichkeit des Einzelnen zurücktreten hinter denen der Gesellschaft. Wie sich — vorausgesetzt, daß die Sicherungsnotwendigkeit erst im Strafvollzuge hervortritt — diese Maßnahmen gesetzestechnisch einordnen lassen, darf ich wohl dem Scharfsinn des Gesetzgebers überlassen.

V.

§ 56 (Ergebnisse) lautet: „Ist jemand wegen einer von ihm begangenen, mit Strafe bedrohten Handlung vor Gericht gestellt, der zur Zeit der Tat (unzurechnungsfähig oder) vermindert zurechnungsfähig war, so ordnet das Gericht seine Unterbringung in einer Heil- oder Pflegeanstalt an, wenn es die öffentliche Sicherheit erfordert. Bei vermindert Zurechnungsfähigen tritt die Unterbringung neben die Strafe."

Hier ist in dem Nebeneinander von Strafe und Sicherungsmaßnahme aus dem Zwiespalt der Gefühle, die einerseits die Vergeltung nicht aufgeben, andererseits dem Sicherungsbedürfnis Rechnung tragen wollen, eine Sachlage geschaffen, die manchmal gleichgültig, sicher aber oft genug schädlich sein muß, und das um so mehr, wenn grundsätzlich die Strafe bei den v. Z. gemildert wird. Welche Bedeutung soll eine Strafe haben, die noch dazu kurz ist, wenn ihr eine jahrelange Sicherungseinsperrung folgt? Ich bin der letzte, der bei einem v. Z. auf die Strafe verzichten will, aber wenn schon eine Strafe, dann eine wirksame. Ich bin durchaus der Ansicht Vanderveldes; dieser

[9]) A. a. O. S. 253.

unterwirft die v. Z. „à un régime d'internement plus humain et plus prolongé..." „L'internement n'est pas une peine, mais, tout à la fois, une mesure de défense sociale et d'humanité; l'anormal mis hors d'état de nuire est soumis à un régime curatif scientifiquement organisé."

Die in Aussicht genommene Überweisung der v. Z. an die öffentlichen Irrenanstalten ist ein Plan, der zur Zeit nicht verwirklicht werden kann; die Irrenanstalten haben nicht das Recht, Kranke aufzunehmen, die nicht als geisteskrank bezeichnet werden können, nebenbei auch keinen Platz; und die Provinzialverwaltungen, denen die Irrenanstalten unterstehen, werden sich weigern, diese unliebsamen Persönlichkeiten aufzunehmen. So wird nichts übrigbleiben, wie Sonderanstalten zu errichten, die eine Art Zwischending von Strafanstalt und Irrenanstalt sein müßten. „Von der Strafanstalt müßten sie den Zwang angepaßten Verhaltens, die Möglichkeit des Disziplinierens, die Sicherungen gegen Entweichen übernehmen, von der Irrenanstalt den psychiatrischen Geist, der in jeder Lebensäußerung ein Symptom zur Beurteilung des Charakters erblickt und stets das Ziel vor Augen hat, die bedenklichen Seiten der individuellen Eigenart zu mildern und zu verbessern, die wertvollen heranzubilden, bis aus dem lebensuntüchtigen Psychopathen ein brauchbarer Mensch geworden ist.

Schaffen wir diese Zwischenanstalten, und das kann fast ohne Kosten geschehen, da ja ein erheblicher Teil der jetzt in den gewöhnlichen Gefängnissen untergebrachten Psychopathen nur an Sammelstellen untergebracht werden muß, aber kein neuer Platz benötigt wird, so wird die Frage gegenstandslos, ob erst Gefängnis, dann Sicherungsanstalt, oder gar die umgekehrte, ob jemand nach der Unterbringung in einer Bewahrungsanstalt trotz eingetretener Besserung oder bei völliger Aussichtslosigkeit der Behandlung eine vorher zeitlich bestimmte Strafe verbüßen soll. Je eher ein in seinem psychischen Gleichgewicht erheblich gestörter Mensch, und nur auf solche kann ja der § 17^{II} angewendet werden, in die geeignete Behandlung kommt, um so größer die Aussicht auf Erfolg[10]).

VI.

Wilmanns' dritter Einwand ist die Schwierigkeit des Erkennens. Man muß ihm bei seinen kritischen Ausführungen auf Schritt und Tritt recht geben, daß hier die ernstesten Schwierigkeiten stecken. Es handelt sich nicht mehr darum, ob ein Angeklagter zu einer Woche oder zu drei oder sechs Monaten Gefängnis, zu einem oder zwei Jahren Zuchthaus verurteilt werden soll, sondern ob Sicherungsmaßnahmen notwendig sind, deren Dauer unter Umständen bis zum Lebensende reicht, ob ohne Bedenken die Entlassung nach Verbüßung der Strafe oder nach einigen Jahren der Unterbringung in einer Sicherungsanstalt möglich ist. Bis jetzt wird das Urteil gefällt rückblickend auf Geschehenes, in Zukunft hat es vorschauend das Kommende zu erfühlen.

Über die Fehlbarkeit unseres Urteils läßt sich nicht streiten. Aber damit ist die Unmöglichkeit der Beurteilung keineswegs bewiesen. Man könnte ja demgegenüber den Einwand erheben: jetzt setzt der Richter das Straf-Ende fest, und der Strafvollzugsbeamte entläßt den Strafgefangenen nach Straf-Ende, obgleich beide wissen, daß es nur eine Frage kürzester Zeit ist, bis wann der Entlassene rückfällig wird. Im anderen Falle wird diese Rückfälligkeit nur eintreten, wenn man die Gemeingefährlichkeit unterschätzt hat, und das wird

---

[10]) Aschaffenburg, Der Schutz der Gesellschaft gegen Gemeingefährliche, und der Schutz des Verbrechers gegen Willkür, JKV. n. F. 1, 15 o. F. F.

nicht alle Tage vorkommen. Aber dieser Einwand scheint mir zu billig. Es ist nötig, sich der Fehlsamkeit unseres Urteils stets bewußt zu sein, weil nur dann der Zwang für uns überwältigend wird, alles aufzubieten, um die Fehlerzahl auf ein Mindestmaß zurückzuschrauben.

Von vornherein erscheinen die Aussichten für eine sachliche Beurteilung im Strafvollzug besser, als wenn schon das Gericht das Straf-Ende festsetzt. Im Strafvollzug herrscht Ruhe und Abgeklärtheit, keine Überstürzung, der Strafvollzug bleibt unbeeinflußt von Parteigezänk und Stimmungsmache durch Zeitungen, von Rücksichtnahme auf die öffentliche Meinung — alles Imponderabilien, die auch bei dem nicht wirkungslos bleiben können, der glaubt, gegen solche Einflüsse gefeit zu sein.

Die Prüfung der Persönlichkeit im Strafvollzug kann so vielseitig wie erforderlich ist nur sein, weil die dazu notwendige Zeit zur Verfügung steht. Aber können wir denn überhaupt schon die Charaktere im allgemeinen richtig erfassen? Im idealen Sinne vielleicht nie, für den praktischen Gebrauch — auch das will ich zugeben — noch recht mangelhaft. Aber es muß ja nicht unbedingt damit so traurig bleiben, wie es jetzt ist. Seit Jahren, ja seit Jahrzehnten wird immer wieder von der Notwendigkeit besserer psychologischer Ausbildung der Richter geredet[11]), aber es ist bald Zeit, aus dem Stadium des Redens zum praktischen Handeln überzugehen, zum Unterricht in der Menschenkunde für Psychiater, Psychologen, Richter und Strafvollzugsbeamte.

Wilmanns scheint ganz so skeptisch doch nicht zu sein. Denn er hat selbst in seinem Buche an Hand der Erfahrungen der Irrenanstalten eine Art Clearing-System entworfen, einen ausgezeichneten Plan, dessen baldige Verwirklichung ich aufrichtig wünschen möchte. Selbstverständlich muß bei dieser wichtigen Aufklärung der Psychiater das Hauptwort mitzureden haben; und das kann er nur, wenn die v. Z. anerkannt wird. Denn sonst fällt die Entscheidung gerade in den wichtigsten Fällen der Nichtfachmann. Auch der bestunterrichtetste Richter und Strafvollzugsbeamte wird ohne Kenntnis der Psychopathologie — und von der wird er immer nur oberflächliche Kenntnis besitzen können — bei der Beurteilung der v. Z. stranden. Deshalb bleibt m. E. die Forderung nach Anerkennung der v. Z. auch dann berechtigt, wenn alle anderen Bedenken in vollem Umfange berechtigt wären.

Die Anerkennung bedeutet nicht Verweichlichung, sondern größeren Ernst und zielbewußte Tatkraft. Die v. Z. selbst werden ganz gewiß keine Verweichlichung darin erblicken, wenn sie in Zukunft statt mildernder Umstände die Aussicht auf langjährige Verwahrung in Sicherungsanstalten zu befürchten haben.

Wilmanns hat das Ergebnis seiner Darstellungen in folgende Worte zusammengefaßt:

1. Mit Rücksicht auf die Unmöglichkeit, im richterlichen Vorverfahren die Persönlichkeit des Rechtsbrechers zu erfassen und seiner Schuld entsprechend zu bestrafen: Verurteilung innerhalb eines weiten Strafrahmens.

2. Reform des Strafvollzugs. Ausbau der Strafanstaltseinrichtungen und Ausbildung des Personals als Voraussetzung zur psychologischen Erfassung der verbrecherischen Persönlichkeit und ihrer individualisierenden und gerechten Behandlung und Besserung.

---

[11]) Aschaffenburg, Die psychologische Ausbildung der Richter, ArchPsych. 74, 169. Graf Gleispach, Die Ausbildung der Organe der Strafrechtspflege und der Salzburger Deutsche Juristentag, MSchrKrimPsych. 19, 733.

3. Schaffung einer richterlichen Behörde, eines Sicherungsgerichtes, das über die Sicherungsbedürftigkeit der Gemeingefährlichen entscheidet.

Mit diesen Forderungen bin ich durchaus einverstanden. Denn mein Kampf um die v. Z. gilt dem Kampf um die beste Form der Verbrechensbekämpfung, bei der aber — darin bleibt meine Überzeugung unerschütterlich — die öffentliche Rechtssicherheit allem vorangehen muß. So wird auch von meinem Standpunkt die Lösung der Frage nach der v. Z. zur Schicksalsfrage, von deren richtiger Beantwortung ein nicht geringer Teil der Gesundung unseres Volkes abhängt, soweit das Strafrecht an dieser Gesundung beteiligt ist.

Abgeschlossen: März 1929.

Einiges über die künftigen Aufgaben des Reichsgerichts auf dem Gebiete der Strafrechtspflege

von Professor Dr. F. Kitzinger, Halle

Wenn ein Jubilar den Großteil seiner Lebensarbeit hinter sich hat, verbinden sich mit den Glückwünschen zumeist die Rückblicke auf diese Lebensarbeit. Zu ausschließlich rückblickender Würdigung aber sollte uns unser deutsches Reichsgericht an seinem fünfzigsten Geburtstag zu jung sein. Sich immer erneuernd und verjüngend wird es weiterwirken, solange unser Reich besteht, also nach unser aller Glauben ganz ungleich länger, als es bisher gewirkt hat. Da ist auch Vorblick auf seine künftigen Aufgaben am Platz.

Diese Aufgaben möchte man gern enger umgrenzt sehen. Denn die bisherige Arbeitslast ist zweifellos Überlastung mit allen ihren Gefahren, Gefahren für die rechtzeitige und gründliche Erledigung des Einzelfalles, Gefahren für die Schaffenskraft und Arbeitsfreude der Mitglieder und damit schließlich auch Gefahr für die entsprechende ständige Erneuerung des Gerichtshofs im ganzen. Es ist eine bekannte und wenig erfreuliche Tatsache, daß die höchsten Richterstellen im Deutschen Reich keineswegs die begehrtesten sind. Aber leider ist, wenigstens im großen und ganzen, diese Überlastung nicht Belastung mit überflüssiger Arbeit oder mit solcher, mit der man lieber andere Stellen belastet sehen möchte. Im Gegenteil, der offenbar von Anfang an für unsere Gesetzgebung leitende Gedanke, daß die wichtigsten, weil schwerstwiegenden Einzelfälle in letzter Instanz vor dieses höchste Gericht gehören, ist in unserer gegenwärtigen, man darf sie wohl so nennen, oktroyierten Gerichtsverfassung aufs stärkste verkümmert. Sie läßt es zu, daß Urteile, die Zuchthausstrafe bis zu zehn und fünfzehn Jahren aussprechen, nicht vom Reichsgericht, sondern von einem Oberlandesgericht überprüft werden. Daß dabei, wenn auch nur mittelbar, zumeist (in den Fällen der §§ 24, 28, 29, 121c) der einseitige Wille der Staatsanwaltschaft darüber entscheidet, ob Reichsgericht oder Oberlandesgericht, sei hier nur nebenbei erwähnt; denn dieser unhaltbare Zustand wird aller Voraussicht nach vom künftigen Gerichtsverfassungsgesetz, das sich an das neue Strafgesetzbuch anschließen wird, beseitigt werden. Aber die Gefahr bleibt — seit der Justizgesetzgebung des Jahres 1879 ist unser Prozeßrecht diesen Weg gegangen —, daß Straftaten und Strafen von Mittel- und Übermittelschwere, wie im Prozeßrecht überhaupt, so auch in den Normen über Zuständigkeit und Instanzenzug mehr und mehr bagatellmäßig behandelt werden. Und wenn auch das Zivilprozeßrecht ähnliche Wege gegangen ist, so darf doch daran erinnert werden, daß dort immer noch ein Vermögenswert von 6000 M. genügt, um die revisionelle reichsgerichtliche Zuständigkeit zu begründen, während Straftaten, die mit Geldstrafen bis zu 10000 M., allenfalls 100000 M. und mehr (StGB. §§ 27—27c), auch in Verbindung mit Gefängnis bis zu sechs Monaten bedroht sind, von der reichsgerichtlichen Zuständigkeit ausgeschieden sind. Besonders befremdet dabei, weil es der wachsenden Einsicht in die strafrechtliche und kriminalpolitische Bedeutung widerspricht, die bagatellmäßige Behandlung des Rückfalls und des gewohnheits- und gewerbsmäßigen Verbrechens (GVG. § 24 Ziff. 3b, § 26). Ist sohin jener leitende Gedanke mehr und mehr verkümmert, so ist ein anderer, der hier leitend sein sollte, von Anfang an nicht berücksichtigt oder doch durch jenen ersteren verdeckt worden. Der höchste Gerichtshof eines einheitlichen Rechtsgebietes ist vor allem dazu berufen, für einheitliche Auslegung dieses Rechtes zu wirken, wo diese einheitliche Auslegung für das Rechtsleben wichtig oder doch besonders wichtig ist. Und das bestimmt sich keineswegs ausschließlich durch die Schwere der Strafdrohung und der Straftat. Eher das Gegenteil, je schwerer und darum regelmäßig seltener die Straftat, desto geringer der Kreis der Rechtsgenossen, die an Auslegungsfragen interessiert sind. Als Beispiel und Gegenbeispiel zwei aufeinanderfolgende Urteile aus dem mir gerade vorliegenden letzten Heft der Entscheidungen des RG. (Bd. 62 S. 193ff., 196ff.). Die eine behandelt wieder einmal und, nach dem Stand der Vorarbeiten zum neuen Strafgesetzbuch ist es zu fürchten, nicht zum letztenmal die Unterscheidung zwischen Mord und Totschlag nach dem Merkmal der Überlegung, die andere einen Übertretungstatbestand, der nur durch den zufälligen Zusammenhang mit einer schwereren Tat (vermutlich fahrlässige Tötung) vor das Forum des Reichsgerichts gelangt sein kann: Nach der Verordnung über den Kraftfahrzeugverkehr vom 28. Juli 1926 gilt, wenn neben der befestigten eine unbefestigte Fahrbahn (Sommerweg) vorhanden ist, jede der beiden Fahrbahnen für die Anwendung der Fahrordnung — Beurteilung der rechten und linken Seite — als selbständiger Weg. „Beim Ausweichen und Überholen darf auch erforderlichenfalls vom Sommerweg auf die befestigte Bahn und umgekehrt übergegangen werden." Zu entscheiden war, ob damit nur dem Rechtsausweichenden oder Linksüberholenden gestattet ist, die neben ihm liegende zweite Fahrbahn mitzubenutzen, oder ob er auch über die benachbarte Fahrbahn nach links ausweichen und rechts überholen darf. An jener ersteren Rechtsfrage sind eigentlich nur die Mörder und Totschläger interessiert, an der zweiten unmittelbar jeder, der auf deutschen Straßen ein Kraftfahrzeug lenkt, mittelbar, aber noch nahe genug jeder, der Wege in Deutschland benutzt. Rechtsunsicherheit, einander widersprechende letztinstanzielle Entscheidungen würden hier Verkehrsunsicherheit im gröbsten Wortsinn und Gemeingefahr bedeuten. Verallgemeinert und zugespitzt: Die Auslegungsfragen bei den schwersten Verbrechen gehen mehr den verhältnismäßig engen Kreis der kriminell Eingestellten an, derer, die das Gesetz verletzen wollen, die Auslegungsfragen bei den leichtesten Straftaten hingegen die große Masse der nicht kriminell Eingestellten, derer, die sich nach dem Gesetze richten wollen. Es zeigt sich da, was man auch dogmatisch im einzelnen von ihr halten mag, die soziologische, rechtstatsächliche Bedeutung der B i n d i n g schen Normentheorie oder, im Grund ist das das gleiche, der sanktionären, komplementären Natur des Strafrechts. Da die Normen, die Gebote und Verbote, die zu schützen das Strafrecht berufen ist, meist nur stillschweigend und äußerlich von ihnen verdeckt in den Strafgesetzen enthalten sind, entscheidet der Strafrichter auch darüber, was erlaubt und verboten ist. Hierüber, über die Freiheit und ihre Schranken für den einzelnen mit ihren Folgen für die Gesamtheit sollte eigentlich innerhalb eines Rechtsgebiets nur ein Gericht das letzte Wort haben. Und wenn damit auf ein einstweilen nicht erreichbares Ideal hingedeutet wird, sei zugleich auf die sehr reale und triviale, wohl auch deshalb nicht genügend berücksichtigte Tatsache hingedeutet, daß es sich bei alledem nicht um Vermehrung, nur um Verteilung der Gesamtaufgaben der Strafjustiz handelt, und daß die Konzentrierung der Revisionen beim Reichsgericht an Stelle der Verteilung auf einundzwanzig Oberlandesgerichte sicher nach manchen Richtungen auch prozeßökonomisches Ideal, rationellsten Prozeßbetrieb bedeutet. Zweifelsfragen über die Zuständigkeit, Umwege des Instanzenzuges (StPO. § 348) werden vermieden, der Arbeitsapparat im ganzen wie die Verteilung der Arbeitskräfte im einzelnen lassen sich besser der Arbeitslast anpassen. Hier muß aus dem gleich zu erwähnenden Bericht, den Senatspräsident am Reichsgericht Dr. Lobe dem letzten Deutschen Juristentag über die Hauptziele der Strafprozeßreform erstattet hat, etwas vorweggenommen werden[1]: Ein Mann von dieser Bedeutung und Erfahrung hat an dieser Stelle erklärt, so, wie jetzt viele Oberlandesgerichte besetzt seien, könne ihnen die Revision in Strafsachen nicht anvertraut werden. Lobe fügt freilich hinzu, die neue Gerichtsorganisation solle von der Voraussetzung guter Gerichtsbesetzung ausgehen. Ein weitgehender Optimismus! Und leichter ist es wohl, das Reichsgericht auf seinem jetzigen Stand zu erhalten, als sämtliche deutschen Oberlandesgerichte auf entsprechende Höhe zu bringen. Jedenfalls, als ein Ideal, von dem sich das künftige Recht nicht noch weiter entfernen darf als das geltende, sollte diese Vereinheitlichung festgehalten werden gegenüber allen Forderungen, die an die bevorstehende Gesetzesreform gestellt werden. Mit einer Verreichlichung der Justiz hat das grundsätzlich nichts zu tun.

Von diesen Reformforderungen interessierten besonders die, die Lobe an der angegebenen Stelle vertreten hat: Für die Revisionen sollen in erster Linie die Oberlandesgerichte zuständig sein. Das Oberlandesgericht soll sie aber dann an das Reichsgericht weitergeben, wenn es von einer früheren Entscheidung des Reichsgerichts oder eines anderen Oberlandesgerichts abweichen will, es kann ferner auf Antrag des Staatsanwalts oder des Verteidigers die Entscheidung des Oberreichsanwalts anrufen, ob er nach seinem Ermessen den Fall, etwa wegen seiner Bedeutung oder der der zu entscheidenden Rechtsfragen, dem Reichsgericht vorlegen will. Damit greift Lobe auf die Grundgedanken des Entwurfs vom Jahre 1919[2] (§§ 123b, 136) zurück. Allerdings hatte dieser nur der Staatsanwaltschaft, nicht auch dem Verteidiger die Befugnis geben wollen, die Entscheidung des Oberreichsanwalts anzurufen, und zwar unmittelbar, ohne Zwischenentscheidung des Oberlandesgerichts. Beiden Vorschlägen ist ausgesprochenermaßen[3] das Ziel gemeinsam, unbedeutende Sachen vom Reichsgericht fernzuhalten, aber offenbar auch das, widersprechende oberstgerichtliche Entscheidungen zu vermeiden. Also Einheit der Rechtsprechung und zugleich Entlastung des Reichsgerichts. Das wäre freilich die idealste Lösung. Aber zu ideal, um nicht von vornherein verdächtig zu erscheinen. Daß sie den Instanzenzug nicht mehr durch feste Normen, sondern durch Entscheidung von Fall zu Fall, also beweglicher, freier regeln will, entspricht der ganzen Richtung unseres Rechts, und nicht nur unserer Rechtskultur. Hier soll die Kritik nicht einsetzen, nur bei den Besonderheiten dieser Einzelerscheinung. Und eine starke Abnormität, eigentlich unvereinbar mit dem Grundgedanken unabhängiger und unparteiischer Rechtspflege ist es, wenn in den meisten Fällen über die letztinstanzielle Zuständigkeit der Oberreichsanwalt, eine abhängige Behörde mit Parteifunktion entscheidet. Lobe sucht diese Abnormität in der angegebenen Weise abzuschwächen. Wesentlich ist diese Abschwächung nicht. Maßgebend bleibt letzten Endes stets der Oberreichsanwalt. Und daß dessen Entscheidung vom Oberlandesgericht angerufen werden muß, ist stärkste Abnormität, kehrt das natürliche Verhältnis zwischen Gericht und Staatsanwaltschaft in sein Gegenteil um. Näher wäre es offenbar gelegen, nicht den Ober-

[1]) Der Bericht ist leider noch nicht erschienen. Verf. muß sich an den Auszug halten, den Lobe in GerS. 97 S. 464 (hier insbes. S. 476f.) veröffentlicht hat.

[2]) Niederschriften des Reichstags 1919 Nr. 296 (Berlin, 1920).

[3]) Lobe S. 476. Begründung d. Entw. S. 6.

reichsanwalt, sondern das Reichsgericht selbst entscheiden zu lassen. Doch wäre damit auf dessen Entlastung verzichtet. Diese ist aber viel zu teuer erkauft, wenn zunächst einmal die beiden Parteien sich schlüssig machen sollen, wohin sie den Fall weiterleiten, dann aber noch Oberlandesgericht und Oberreichsanwalt als Sperr- und Kontrollstationen arbeiten, den Fall prüfen, die Akten einander zusenden und allenfalls wieder zurücksenden müssen. Das ist nicht mehr andere Verteilung der Lasten, ist kaum erträgliche Mehrbelastung der Rechtspflege, auch unverträglich mit der Forderung schleuniger Strafjustiz. Für die anderen Fälle aber, die das Oberlandesgericht ohne Parteiantrag und unmittelbar dem Reichsgericht zuleiten soll, weil es von einer früheren Entscheidung des Reichsgerichts oder eines anderen Oberlandesgerichts abweichen will, wäre notwendig, daß jedes Oberlandesgericht jederzeit die Rechtsprechung nicht nur des Reichsgerichts, sondern auch sämtlicher anderer Oberlandesgerichte überblickt. Vollständig läßt sich das nicht erreichen, schon das Streben nach Vollständigkeit ist schwerwiegende Neulast, und man braucht nur an die Plenarentscheidungen des Reichsgerichts zu denken — die Voraussetzung ist ja die gleiche, nur mit 22 multipliziert —, um jedes Vertrauen auf diesen Ausweg zu verlieren. Genug der Bedenken! Und mehr der Vollständigkeit halber, ohne starke Hoffnung auf baldige Verwirklichung, sei ein anderer Weg angedeutet, der das Ziel der Rechtseinheit zwar auch nicht vollständig erreicht, aber doch näher und vor allem sicherer und glatter, ohne Umwege und Aufenthalt auf Kontrollstationen zu ihm hinführen könnte: An Stelle des beweglichen wieder festes Recht, das dem Reichsgericht außer den schweren Straftaten auch die überweist, in denen das Bedürfnis nach einheitlicher Rechtsauslegung besonders dringend ist, diese aber umgrenzt durch die Rechtssätze, auf deren Verletzung die Revision gestützt wird. Als eine Art Vorbild auf zivilprozeßrechtlichem Gebiet sei darauf verwiesen, wie EGGVG. § 8 die Zuständigkeit des Reichsgerichts von der des Bayerischen Obersten Landesgerichts scheidet, und als Beispiele seien im Anschluß an die eingangs erwähnte Entscheidung (Kraftfahrzeugverordnung) die Rechtssätze genannt, die den Verkehr im engeren Sinn regeln (See- und Luftschiffahrtsrecht), aber auch im weiteren Sinne verkehrswichtige Rechtssätze, etwa aus dem Lebensmittel-, dem Wettbewerbsgesetze. Auch das Steuer- und Abgabenrecht des Reichs wäre einzubeziehen, ebenso wegen ihrer Wichtigkeit die Reichsverfassung.

Des allereinfachsten, nächstliegenden und wirksamsten Mittels der Entlastung, also wieder des trivialsten Auswegs wurde mit alledem bisher nicht gedacht, wird überhaupt merkwürdig wenig gedacht: verstärkte Besetzung des Reichsgerichts. Irgendwelche rechtliche und sachliche Bedenken lassen sich dem schlechterdings nicht entgegenhalten, nur die allzu trivialen finanziellen. Und diese dürfen hier nicht den Ausschlag geben! Mit verhältnismäßig ganz geringfügigem Mehraufwand kann hier Großes und Wichtiges für unser ganzes Gemeinschaftsleben erreicht werden. Um dieser Forderung größeren Nachdruck zu verleihen, folgende zahlenmäßigen Angaben über die Belastung[4]). Im ersten Jahr, 1880, sind beim Reichsgericht 2885 Revisionen angefallen, und standen für deren Erledigung 3 Senate mit $22^1/_2$ (eine offenbar zur Hälfte mit anderen Aufgaben beschäftigt) richterlichen Kräften zur Verfügung. Im letzten Vorkriegsjahr, 1913, war die Zahl der Revisionen auf 6666, aber auch die der Senate auf 5, die der Richter auf 41 gestiegen[5]). Im letztvergangenen

---

[4]) Das Material verdanke ich dem freundlichen Entgegenkommen des Reichsgerichtspräsidenten und des Vorstandes des Hauptbureaus des Reichsgerichts.

[5]) Allerdings waren diesen 3, bzw. 5 Senaten auch die erstinstanzlichen Fälle überwiesen. Es sind jedoch 1880 kein einziger Fall, 1913 nur 13 Fälle anhängig geworden.

Jahr, 1928, sind 4611 Revisionen anhängig geworden. Sie waren, da inzwischen dem 4. und 5. Senat ausschließlich die erstinstanzlichen Sachen übertragen worden waren, von 3 Senaten, besetzt mit $21^1/_4$ Richtern, zu erledigen. Also in den Friedensjahren 1880 bis 1913 wohl mehr als Verdoppelung der Arbeitslast, aber auch nahezu Verdoppelung der Arbeitskräfte, im vergangenen Jahr, verglichen mit 1913, Abnahme der Fälle um rund ein Drittel, aber auch Herabsetzung der Richterzahl auf die Hälfte, und verglichen mit 1880 mehr als Verdoppelung der Fälle und Verminderung um mehr als eine Arbeitskraft. Anders ausgedrückt: Es trafen auf einen Richter im Jahre 1880 je 128 Revisionen, 1913 je 163 und 1928 je 208[6]). Ganz anders freilich haben sich die Zahlen der durch Urteil erledigten Fälle bewegt (1880: 2236, 1913: 5857, 1928: 1813). Es ist dies wohl vor allem auf die neue Bestimmung des § 349 StPO. zurückzuführen, nach der das Reichsgericht die Revision durch Beschluß verwerfen kann, wenn es sie einstimmig für offensichtlich unbegründet hält. Aber gerade diese Fälle haben sicher auch früher bei urteilsmäßiger Erledigung den allergeringsten Aufwand an Zeit und Kraft erfordert. Diese Entlastung will also gegenüber der so gewachsenen Belastung sehr wenig sagen. Vor allem aber, selbst wenn die Last bisher zur Not tragbar war, untragbar muß sie werden, wenn das neue Strafgesetzbuch in Kraft tritt. Wie man dann auch den Instanzenzug gesetzlich regeln mag, die Fülle der neuen Auslegungsfragen, die um ihrer oder des Einzelfalls Wichtigkeit oder um der Rechtseinheit willen vor das Reichsgericht gelangen müssen, läßt sich unmöglich mit der bisherigen Besetzung bewältigen.

Nur ein scheinbares sachliches Bedenken ließe sich gegen diese Vermehrung der Richterstellen und der Senate erheben. Die Plenarentscheidungen würden noch mißlicher, noch mehr gefürchtet werden. Aber damit wird gewiß nicht ein bisher haltbarer Zustand zum unhaltbaren gemacht, es wird nur, und das wäre gut so, die Unhaltbarkeit des gegenwärtigen Zustands sich noch fühlbarer machen. Unhaltbar ist er, weil unvereinbar mit dem Bedürfnis nach Rechtseinheit und Rechtssicherheit — den kaum mehr zu zählenden oder auch nur zu schätzenden Widersprüchen, die zwischen reichsgerichtlichen Entscheidungen bestehen, stellen sich nach Löwe-Rosenberg, StPO.[17] (1927) GVG. § 136[4] in den Jahren 1879 bis 1926 als durch Plenarentscheidungen beseitigt 26 gegenüber, und es liegt zwischen der vorletzten und letzten ein Zeitraum von mehr als 11 Jahren —, aber auch weil nicht vereinbar mit der Würde unseres höchsten Gerichts. Hinter dem Scherz- und Spottwort vom „horror pleni" verbirgt sich die sehr ernst zu nehmende Tatsache, daß das deutsche Reichsgericht, an erster und höchster Stelle zur Wahrung deutschen Rechts berufen, einem für sein eigenes Richteramt aufgestellten Satz deutschen Rechts nicht nur in ungezählten Einzelfällen, sondern auch durch Ausbildung förmlicher Grundsätze auszuweichen sucht[7]). Unter ihnen sei als bezeichnend hervorgehoben, daß das Reichsgericht eine Plenarentscheidung nicht für erforderlich hält, wenn der Senat, von dessen Rechtsanschauung abgegangen werden soll, sich mit ihr, ohne das Plenum anzurufen, in bewußten oder unbewußten Widerspruch zu früheren Entscheidungen anderer Senate gesetzt hat. Also dem Grunde nach Verletzung jener Norm des GVG. § 136 durch den einen Senat, weil ihre Voraussetzungen

[6]) International vergleichende Statistik ist hier schwierig und auch nicht ohne weiteres beweisend. Immerhin sei erwähnt, daß der französische Kassationsgerichtshof im Jahre 1923 5406 Straffälle erledigt hat, 1924 mit 49 Strafrichtern besetzt war (Compte général de l'administration de la justice criminelle pendant l'année 1923 (1928) 112; Annuaire général de la Société d'études S. 49). Also etwa 100 Fälle auf den Richter.

[7]) Löwe-Rosenberg a. a. O. (GVG. § 136[4]).

nicht eingetreten wären, hätte nicht früher ein anderer Senat diese Norm übersehen oder sich über sie hinweggesetzt (die erste Entscheidung hat sich auf ungesetzlichem Weg von der früheren Rechtsprechung entfernt, die zweite kehrt auf ebenso ungesetzlichem zu ihr zurück[8]), der Wirkung nach Vermehrung widersprechender Einzelentscheidungen, die nach jener Norm ausgeschlossen sein sollen. Löwe-Rosenberg a. a. O. erwähnt aus den letzten Jahren fünf Urteile, die sich auf diesen Grundsatz berufen, also von einem anerkannten Vorstoß gegen das Gesetz ausgehen, um mit ihm einen neuen zu rechtfertigen.

Das beste Mittel nun, den horror zu beseitigen, wäre es, das Plenum zu beseitigen oder doch es auf ein erträgliches Maß herabzumindern. Vorbildlich hier, wie auch sonst vielfach, die RAbgO. v. 13. Dez. 1919 (§ 46). Sie weist die Aufgabe, die beim Reichsgericht den vereinigten Senaten obliegt, beim Reichsfinanzhof einem „großen Senat" zu, gebildet aus dem Präsidenten, dem Senatspräsidenten, vier Mitgliedern, einem Mitglied des Senats, von dessen Entscheidung abgewichen werden soll, und einem des Senats, der abweichen will. In vereinfachter und, wie mir scheint, verbesserter Form — Besetzung: Präsident und je zwei Mitglieder jedes Senats — hat im Jahre 1923 der Oberreichsanwalt diesen Gedanken übernommen, mit seinem Vorschlag jedoch beim Reichsgericht keine Zustimmung gefunden[9]). Dieses ablehnende Verhalten ist dem Außenstehenden nicht recht verständlich. Er wird von der Entlastung und Vereinfachung des Mechanismus nicht Verschlechterung, eher Verbesserung der Leistung erwarten. Für die Klärung strittiger Rechtsfragen scheint ein Kollegium von 11 Richtern besser geeignet als eine Art Parlamentstagung, zu der zur Zeit wohl 36 Richter zusammenberufen werden müssen. Ein anderes Mittel der Abhilfe, sehr wohl vereinbar mit dem eben besprochenen, hat Verf. schon früher[10]) angedeutet und freut sich nun der Zustimmung eines Praktikers von der Bedeutung Lobes[11]), nämlich Festsetzung eines Zeitraumes (Lobe schlägt 10 Jahre vor), nach dessen Ablauf die Entscheidungen — freilich nur der Einzelsenate, nicht auch des Plenums — von selbst, ohne Plenarentscheidung, ihre präjudizielle Kraft für das Reichsgericht verlieren. Die Stetigkeit der Rechtsprechung bleibt bei solcher, auch bei knapper bemessener „Schonzeit" genügend gewahrt, die Klarheit und Einheitlichkeit der Rechtsprechung jedenfalls besser als bisher, da der psychologische Anlaß, Widersprüche zu verschleiern, abgeschwächt wird.

Auch auf anderem Gebiet sollte Entlastung angestrebt werden, und nicht nur der Entlastung wegen. Daß dem Reichsgericht die Untersuchung und Entscheidung über die Verbrechen des Hochverrats, Landesverrats und Kriegsverrats gegen das Reich und des Verrats militärischer Geheimnisse übertragen ist, widerstreitet von vornherein dem Wesen eines Revisionsgerichts. Daß es über diese schwersten Verbrechen, „in erster und letzter Instanz" (GVG. § 136) entscheidet, wäre für unser Rechtsgefühl, das für alle anderen Straffälle zwei oder drei Instanzen verlangt, untragbar, wenn nicht dieses Gefühl im Lauf eines halben Jahrhunderts durch Gewöhnung abgestumpft worden wäre. Diese erst- und letztinstanzielle Zuständigkeit des Reichsgerichts war auch bei den Beratungen über das GVG. auf sehr starken Widerstand gestoßen[12]). Männer

[8]) Für ungesetzlich hält diesen Ausweg, sowie auch den der dienstlichen Anfrage bei einem andern Senat, ob er an seinem Rechtsstandpunkt festhalten will, auch Lobe, ArchRPhilos. 20 S. 211f.

[9]) Siehe Löwe-Rosenberg a. a. O.

[10]) Juristische Aphorismen (1922) Nr. 55.

[11]) A. a. O. S. 476.

[12]) Vgl. hierzu Hahn, Die gesamten Materialien zu den Reichsjustizgesetzen I[2] (1883) 137, 616f., 832, 920, 966, 1341.

wie Gneist und Windhorst haben von einem „Ausnahmegericht", andere von einer „Sternkammer" gesprochen. Ausschlaggebend aber war, wie von Anfang an in der Begründung des Entwurfs, schließlich auch für die Reichstagsmehrheit neben verfassungsrechtlichen Erwägungen — die alte Reichsverfassung Art. 75 hatte jene Fälle dem Oberappellationsgericht in Lübeck, also auch einer Art Sondergericht überwiesen; an dessen Stelle das Reichsgericht zu setzen, schien mehr formale Abweichung, die Einfügung in den normalen Instanzenzug hingegen als sachlicher Widerspruch — die Sorge für die Sicherheit des Reichs oder, wie es auch gelegentlich ausgedrückt wurde, die Gefahr einer nicht bundestreuen Haltung eines Bundesstaats. Das Reich bedürfe bei diesen Verbrechen, die seinen Bestand und seine Sicherheit bedrohen, der stärksten Garantien, und diese könne nur ein vom Reich eingesetztes Gericht, vor allem nur eine vom Reich eingerichtete, den Weisungen der Reichsregierung unterworfene Staatsanwaltschaft bieten. (Sicher hat auch, wenn auch weniger ausgesprochen, das Mißtrauen gegen die Schwurgerichte in ihrer alten Form hereingespielt.) Über den für jene Zeiten entscheidenden Grund sich heute einfach hinwegzusetzen, wäre wohl allzu sorglos. Aber das, worauf damals das größte Gewicht gelegt wurde, die Verfolgung jener Verbrechen durch den Oberreichsanwalt (dessen Weisungen alle staatsanwaltschaftlichen Beamten der Länder nach GVG. § 146 II Folge leisten müssen), könnte erhalten bleiben, auch wenn die gerichtliche Zuständigkeit neu geordnet wird, wie auch selbstverständlich dem Oberreichsanwalt das Recht eingeräumt werden kann, bei jedem Gericht die Anklage zu erheben und zu vertreten oder irgendeinen anderen staatsanwaltschaftlichen Beamten des Reiches oder der Länder mit dieser Aufgabe zu betrauen. Nach dieser Richtung, aber auch zur Verschiebung der gerichtlichen Zuständigkeit hat das GVG. in seiner neuen Gestaltung (§ 134 II, III) den ersten Schritt getan, indem es die Verweisung unbedeutender Fälle des Landesverrats und Geheimnisverrats seitens des Oberreichsanwalts an die Landesstaatsanwaltschaft, aber auch seitens des Reichsgerichts an ein Oberlandesgericht zuläßt. Freilich ein sehr behutsamer Schritt, der vom eigentlichsten und gröbsten Stein des Anstoßes, Zuständigkeit in erster und letzter Instanz, nicht wegführt. Von ihm nun kann man sich ohne Sorge entfernen und zu besserem Rechte vorschreiten, wenn dem Reichsgericht Zweierlei erhalten bleibt: einmal die Entscheidung über die Ergebnisse der Voruntersuchung, sei es in erster, sei es in zweiter (Beschwerde-) Instanz — die Voruntersuchung selbst kann schon nach geltendem Recht (StPO. § 186) jedem deutschen Richter übertragen werden —, dann die Zuständigkeit in zweiter (Berufungs-) Instanz, also die uneingeschränkte Möglichkeit, Tat- und Rechtsfrage neu zu prüfen. Die staatsanwaltschaftliche Behörde des Reichs bleibt dann Herr über die Verfolgung, auch über die Ausnutzung der Rechtsmittel im Sinn gebotener Verfolgung, das Gericht des Reichs bleibt Herr darüber, ob es zur gerichtlichen Verhandlung kommt, und spricht das letzte, entscheidende Wort über Schuld, Unschuld und Strafe. Die Interessen des Reichs bleiben damit wohl ebenso gewahrt wie nach dem monströsen geltenden Recht. Für die Entlastung des Reichsgerichts aber wäre damit sehr viel erreicht. Wie schon bemerkt, nehmen diese erstinstanziellen Fälle zwei von den fünf Strafsenaten des Reichsgerichts vollständig in Anspruch (Zahl der Richter $13^1/_2$, Zahl der anhängigen Hauptverfahren 1927: 112, 1928 vom 1. Jan. bis 14. Okt.: 65). Würde nur einer dieser Senate für die revisionelle Zuständigkeit frei gemacht, so wäre das ein sehr bedeutsamer Kräftezuwachs, und zwar, was hier von ausschlaggebender Wichtigkeit werden kann, ohne finanzielle Mehrbelastung für das Reich. Und, nebenbei bemerkt, mit diesem Verzicht auf erstinstanzielle

Gerichtsbarkeit würde das Reichsgericht keine Einbuße an seinem Ansehen erleiden. Gerade diese Rechtspflege ist bekanntlich in den letzten Jahren den allerschärfsten Angriffen ausgesetzt gewesen. Ob man nun die erstinstanzielle Zuständigkeit in Weiterverfolgung des eingeschlagenen Weges auf die Strafsenate der Oberlandesgerichte oder auf die sogen. Schwurgerichte neuen Stils übertragen will, scheint mir verhältnismäßig von untergeordneter Bedeutung. Gegen die Oberlandesgerichte spricht — abgesehen von den früher erwähnten Bedenken Lobes —, daß sie auf Hauptverhandlungen in Strafsachen überhaupt nicht eingerichtet sind, für die Schwurgerichte, daß sie schon nach geltendem Recht über Hoch- und Landesverrat urteilen, wenn dieser gegen die Länder gerichtet ist. Entscheidend ist schließlich, und soll hier nicht entschieden werden, ob man diese Fälle auch in der ersten Instanz nur Berufsrichtern anvertrauen oder wie sonst überall der Laienbeteiligung vertrauen darf.

Endlich noch ein kleines Mittel der Entlastung. Nach § 433 RAbgO. soll, offensichtlich zur Wahrung der Rechtseinheit, das Reichsgericht, wenn eine Verurteilung wegen Steuerhinterziehung vom Bestehen und Umfang einer Steuerpflicht abhängt, und diese Frage bei einer Finanzbehörde oder bei einem Finanzgericht anhängig ist, das Verfahren bis zur rechtskräftigen Entscheidung aussetzen, die dann für das Reichsgericht bindend ist. Nun enthält wieder jenes letzte Heft der Entscheidungen (Bd. 62 S. 175ff., 190ff.) zwei Urteile, die sich mit verwickelten Fragen der Steuerpflicht befassen, ohne eine bindende Vorentscheidung zu erwähnen. Vielleicht erklärt sich dies dadurch, daß jene Fälle bei Finanzbehörden oder Finanzgerichten noch nicht anhängig geworden waren. Jedenfalls würde es der Entlastung, aber auch der Rechtseinheit dienen, wenn das Reichsgericht auch solche nicht anhängige Fälle den Finanzgerichten zur bindenden Vorentscheidung überweisen könnte.

Um vollständig zu sein, müßte dieser auf die Zukunftsaufgaben des Reichsgerichts gerichtete Ausblick auch alte, aber neuerdings besonders stark hervorgetretene Forderungen umfassen — es sei hier wieder auf Lobes Bericht, aber auch auf Alsbergs Gutachten für den jüngsten Deutschen Juristentag[13]) verwiesen —, die, ganz anders geartet und eigentlich dem Streben nach Entlastung entgegengesetzt, zwar nicht auf Vermehrung, wohl aber auf Vertiefung der Revisionen, Erweiterung ihres Umfangs gerichtet sind. Richtig umfassen lassen sie sich hier jedoch nicht, weil sie mit Anderem, noch mehr Umstrittenem und hier abseits Liegendem zusammenhängen, dem Kampf um die Berufung, auch weil richtiges Eingehen in die Tiefen ohne äußerliche und hier schon durch äußere Gründe verwehrte Breite, vor allem auch ohne eingehende Auseinandersetzung mit dem Schrifttum[14]) unmöglich ist. Es soll hier nur versucht werden, sich mit ihnen mehr grundsätzlich, wenn man will, mehr summarisch zu befassen.

Zunächst zur Kennzeichnung jener Strebungen: Nach Lobe (a.a.O. S. 475) soll die Revision alles umfassen außer der Feststellung tatsächlicher Geschehnisse, die auf Grund von Beweiserhebungen im Verfahren erfolgt ist, soll somit auch die Unterordnung unter Begriffe umfassen, die das Festgestellte in irgendeiner (rechtlichen, sittlichen, wirtschaftlichen, gesellschaftlichen) Hinsicht würdigen und bewerten, soll sich auch erstrecken auf allgemein bekannte, gerichtsbekannte und wissenschaftlich anerkannte Wahrheiten. Darüber hinausgreifend will Alsberg, daß sie auch die Beweiswürdigung überprüft, und zwar nicht nur an Hand der allgemeinen Erfahrungssätze, der Gesetze des Denkens

[13]) 35. DJT. 1 (1928), 440ff., insbes. 477ff.

[14]) Verwiesen sei vor allem auf Mannheim, Beiträge zur Lehre von der Revision (1925) als auf eine der letzten, sicher auch der umfassendsten und eindringendsten Arbeiten.

und der Auslegung, sondern auch der Wertungsgesetze logischer und psychologischer Natur. Als Sonderpunkte seien herausgegriffen oder angereiht die Anerkennung der Aktenwidrigkeit als Revisionsgrund, die Zulässigkeit der Revision auf den Gebieten, auf denen das Gesetz (mehr oder minder, scheinbar oder wirklich) freies richterliches Ermessen walten läßt, insbesondere auf dem der Strafzumessung[15]).

Und nun die auffallende Tatsache, von der sich jeder an Hand des von Mannheim (§§ 6, 8, 9) gesammelten und geordneten Materials leicht überzeugen kann: Unter diesen Forderungen ist keine, die das Reichsgericht in Anwendung geltenden Rechts grundsätzlich und stetig erfüllt hat, aber auch keine, die es nicht vereinzelt, dann und wann, in mehr oder minder zahlreichen Einzelfällen erfüllt hat. Daraus muß wohl zwingend gefolgert werden: Es ist dem Gesetz nicht gelungen, den Umfang der Revision einigermaßen klar und eindeutig zu umschreiben. Und daran schließt sich die Frage: Wird dem künftigen Gesetzgeber dies besser gelingen, wird er es verhüten, daß die Rechtsprechung über die Grenzen, die er ziehen will und gezogen zu haben glaubt, hinaus greift, oder umgekehrt — das ist sicher dem geltenden Gesetze widerfahren und wird aus naheliegenden Gründen einem noch weitergreifenden noch leichter widerfahren — hinter den Grenzen des Gewollten zurückbleibt? Und noch weiter zurückgehend: Sind, ganz abgesehen von der Möglichkeit, sie in der Sprache des Gesetzes einigermaßen befriedigend auszuprägen, jene Forderungen in sich, in ihren Beziehungen zueinander, in ihrer Begründung und in ihrer Tragweite genügend geklärt, um vom Gesetzgeber Verwirklichung beanspruchen zu können? Zur Ergänzung solch allzu oberflächlicher Fragestellung dies: Revision ist und muß grundsätzlich sein Überprüfung tatrichterlicher Arbeit durch einen Nicht-Tatrichter. Deshalb soll richtiges Recht sie soweit zulassen, als sie dem obersten Ziel der Rechtspflege und namentlich der Strafrechtspflege, der materiellen Gerechtigkeit dienen kann, sei es durch ihre unmittelbare Wirkung, gerechte Entscheidung der Einzelfälle, sei es durch ihre mittelbare, den erziehlichen Einfluß, durch das bloße Dasein einer Kontrolle über das gesamte Tatrichtertum[16]). Daher sollte die Revision nur den Teil tatrichterlicher Arbeit ungeprüft lassen, der sich von einem höheren, Nicht-Tatrichter überhaupt nicht oder doch nicht mit begründeter Aussicht auf gerechtere Endentscheidung überprüfen läßt. Neben diesem idealen Gesichtspunkt, aber mit ihm, dem Gedanken gründlicher und nicht allzu schleppender Strafjustiz verbunden, der reale, daß die Obergerichte nicht allzusehr mit Revisionen, die Untergerichte nicht allzusehr durch den Druck drohender Revisionen belastet werden dürfen. Diesen Anforderungen, auch der einer nicht allzu sprunghaften Fortentwicklung scheinen die Vorschläge Lobes am besten zu entsprechen. (Nach Mannheim, auf dessen eindringender Arbeit sie wohl im wesentlichen fußen, sind sie nur richtige Auslegung des geltenden Rechts.) Zu ihnen gehört nun die Scheidung der festgestellten Tatsachen als des unantastbaren Gebiets der tatrichterlichen Beweiswürdigung von den anzuwendenden Wahrheiten oder Erfahrungssätzen als dem der Revision zugänglichen Gebiet der Subsumtion. Ob nun die Scheidung begrifflich richtig, interessiert an sich nicht bei einer Frage der Gesetzesreform. Ob sie sich praktisch einigermaßen befriedigend wird durchführen lassen, bleibe unerörtert. Wichtiger ist dies: Jene Wahrheiten, auch die allgemein aner-

---

[15]) Über diese Fragen Mannheim §§ 8—10.

[16]) Hierüber insbesondere Alsberg S. 478, Mannheim S. 22ff. — Die Revision als Mittel zum Ziel der Rechtseinheit muß hier nicht noch einmal gewürdigt werden.

kannten, bedürfen ihrerseits der Feststellung[17]). Daß sie zweimal festgestellt, das Urteil der Vorinstanz auch daraufhin überprüft wird, ist Fortschritt auf dem Weg zu Gerechtigkeit, auch dann, wenn man dem Revisionsgericht auf diesem Gebiet kein größeres Vertrauen entgegenbringt als dem Tatrichter — sie werden eben zweimal geprüft —, wäre nur dann Rückschritt, wenn man ihm geringeres Vertrauen entgegenbringen müßte. Und dazu besteht im allgemeinen kein Anlaß. (Anders freilich bei nur Orts- oder Gerichtskundigen, wenn man dies nicht, was auch bestritten[18]), dem rein Tatsächlichen zuzählt.) Jene Wahrheiten oder Erfahrungssätze können aber zumeist nur durch Beweis festgestellt werden. Man denkt da vor allem an wissenschaftliche Wahrheiten und Sachverständigenbeweis. Mit ihnen also wären die Revisionsgerichte zu belasten. Das widerspricht nicht der Gerechtigkeit, ist aber jedenfalls befremdend. Und da scheint sich etwas Brüchiges in der ganzen gedanklichen Grundlegung anzudeuten. Diese geht davon aus[19]), daß sich Tatsachenfeststellung und Tatsachenbewertung an sich nicht scheiden lassen, weil jede scheinbare Tatsachenfeststellung, auch die, ob ein Wesen ein Mensch, eine Farbe rot ist, auch Bewertung, Anwendung von Begriffen, von Erfahrungssätzen, Denk- und anderen Gesetzen in sich schließt. Die Grenze zwischen beiden, oder — gleich im Hinblick auf das rechtlich wichtige Endergebnis ausgedrückt — zwischen Revisiblem und Irrevisiblem müsse also gezogen werden nicht nach der Art, sondern nach dem Zweck der erstrichterlichen Tätigkeit, je nachdem, ob sie zur Beweiswürdigung oder dazu erfolge, das durch Beweiswürdigung Gewonnene auf das Gesetz anzuwenden. Hier, bei dieser Scheidung zwischen Beweiswürdigung und Subsumtion müßte tiefergreifende Untersuchung einsetzen, genauer bei der Frage, ob sich beides begrifflich und praktisch besser scheiden läßt als Tatsachenbewertung und Tatsachenfeststellung. Nur summarisch sei darauf verwiesen, wie schlecht es zu dieser Scheidung, zum Ganzen der Grundlegung und des Aufbaues stimmt, wenn dem Revisionsgericht der Sachverständigenbeweis, also volle Beweistätigkeit, Beweisaufnahme und Beweiswürdigung aufgebürdet wird. Weiter aber: Es ist eigentlich unmöglich, das Revisionsgericht, wenn es Erfahrungssätze feststellen oder überprüfen soll, auf den Beweis oder die Unterstützung durch Sachverständige zu beschränken. Bei wissenschaftlichen Erfahrungssätzen oder Wahrheiten vielleicht angängig, wird es reine Willkür bei nichtwissenschaftlichen (übrigens auch wieder eine sehr willkürliche, begrifflich und praktisch äußerst problematische Scheidung). Und dabei bleibt es auch, wenn man dem Beweis durch Sachverständige den durch Urkunden und andere Gegenstände des Augenscheins anreiht[20]). Daß man die Revision auf diese Beweisarten beschränken will, beruht offenbar auf etwas anderem, nämlich auf dem Grundgedanken, das von ihr fernzuhalten, was bei Überprüfung oder erneuter Prüfung nicht gewinnen, nur verlieren kann, als unantastbares Gebiet dem Tatrichter vorbehalten bleiben muß, vor allem den Zeugenbeweis[20a]). Nach den Beweismitteln aber lassen sich Überprüfbares und Unantastbares nicht abgrenzen, schon deshalb nicht, weil die Feststellung des

---

[17]) Nach RG. 32 S. 165, dem Mannheim S. 111 zustimmt, werden sie angewandt, nicht festgestellt. Aber damit sie angewandt werden können, müssen sie erst festgestellt sein. Das gilt sogar für die allgemein bekannten Tatsachen, für die Frage, ob sie allgemein bekannt; vgl. Löwe-Rosenberg § 261 1b.

[18]) Vgl. Mannheim S. 75.

[19]) Wieder Mannheim §§ 4, 5.

[20]) Alsberg S. 487, vgl. auch Mannheim S. 64. Bei den Gegenständen des Augenscheins müßte man von diesem Standpunkt aus eigentlich zwischen unveränderlichen und veränderlichen, mit der Zeit an Beweiswert einbüßenden unterscheiden.

[20a]) Vgl. auch Mannheim S. 64, 80.

im Einzelfall Festzustellenden, der einzelnen sogen. Tatsache sowohl wie der einzelnen sogen. Wahrheit auf die verschiedenartigsten Beweismittel angewiesen sein kann. So (die Beispiele sind aus den von Mannheim[21]) gesammelten Entscheidungen des Reichsgerichts herausgegriffen) die Feststellung des Wertes einer Sache, ihrer Gleichheit oder Ähnlichkeit mit einer anderen, ihrer Eignung zu einem Zweck, ihrer unter bestimmten Zeitverhältnissen gegebenen Eigenschaft als Gegenstand des täglichen Bedarfs, die Entscheidung der Frage, ob mit ihrer Benennung der Ursprungsort oder die Warengattung bezeichnet wird („Braunschweigische Konserven", „Habanna-Zigarren"), ob der Zusatz eines Konservierungsmittels Verfälschung, ein Weihnachtsausverkauf Saisonausverkauf ist, die Feststellung, ob die Regierung alles getan hat, um das Friedensdiktat zu verhindern, ob sie zu der oder jener Zeit genügend gefestigt war, um als bestehende Regierung den Schutz des Strafrechts beanspruchen zu können. Um noch an einer anderen Stelle auf das Brüchige, den Riß, der sich durch das Ganze zieht, hinzudeuten: Die Auslegung von Äußerungen erfordert die Feststellung und Anwendung von Erfahrungssätzen (zum mindesten psychologischen), von Denk- und Sprachgesetzen, wird also folgerichtig für das Gebiet der Revision beansprucht[22]). Dabei denkt man jedoch nur an die rechtlich zu würdigenden, zu „subsumierenden" Äußerungen des Angeklagten als den Gegenstand der Verhandlung, wohl auch noch an schriftlich niedergelegte Äußerungen (Urkundenbeweis), nicht aber an die Aussagen der Zeugen, wohl auch nicht an die Aussagen des Angeklagten in der Verhandlung. Sie unterliegen offenbar den gleichen Auslegungsgesetzen, sind also im gleichen Maß der Nachprüfung zugänglich und bedürftig, und doch würde aus den angedeuteten Gründen offensichtlich diese Nachprüfung die Grenze des Nachprüfbaren überschreiten, vor allem dem Gedanken der Mündlichkeit und Unmittelbarkeit und allem, worauf er beruht und was aus ihm folgt, unerträglichen Abbruch tun.

Vermeiden nun die weitergehenden Vorschläge Alsbergs solche Unstimmigkeiten und Unzuträglichkeiten? Scheinbar insoweit, als sie auch die Beweiswürdigung im gewissen Umfang der revisionellen Überprüfung unterwerfen, z. B., um an das Letzterwähnte anzuknüpfen, die Auslegung der Zeugenaussagen. Aber eben deshalb nur scheinbar oder nur teilweise. Vermieden wird wohl die unterschiedliche Behandlung von Äußerungen des Angeklagten einerseits, der Zeugen andererseits, von Äußerungen des Angeklagten in und vor der Verhandlung, vermieden darüber hinaus die Unterscheidung nach Beweismitteln oder -arten, die Beweiswürdigung schlechthin soll in gewissen Grenzen überprüfbar sein. Eben deshalb wird aber nicht vermieden der Einbruch in die Grundforderung der Mündlichkeit und Unmittelbarkeit. Es müßte denn sein, daß innerhalb der alle Beweisarten gleichmäßig umfassenden Beweiswürdigung die Grenze nach der Art der Beweiswürdigung so gezogen wird, daß diese oder andere Unzuträglichkeiten entfallen. Hier kann nun schon summarische Betrachtung an Hand der von Alsberg zur Umschreibung des zu Überprüfenden verwandten Begriffe wie „wertrationale Geschehnisregeln", „vielfältige Denkregeln", „Wertungsgesetze logischer und psychologischer Natur" feststellen, daß irgendeine gesetzestechnisch verwertbare Abgrenzung nicht gefunden ist — Alsberg versucht es auch gar nicht, die Legalinterpretation, die er zur restlosen Beseitigung tiefeingewurzelter Irrtümer und Mißstände vom Gesetzgeber sehr nachdrücklich verlangt, irgendwie zu formulieren —, kann aber wohl auch hinreichend verständlich machen, daß und warum sie, wenig-

---

[21]) § 6 mit § 4 am Schluß (S. 73).

[22]) Mannheim § 5; Alsberg S. 483.

stens als einigermaßen scharfe Abgrenzung, unmöglich ist. Das der Revision zu verschließende Gebiet des unmittelbaren Eindrucks läßt sich von dem der Revision offenzuhaltenden nicht trennen an irgendeinem Punkt, an dem es zur Verwertung dieses Eindrucks wird, also (nur zur groben Veranschaulichung so ausgedrückt) mittels eines Querschnitts durch das zeitliche Nacheinander der Richtertätigkeit, weil diese untrennbar, jedenfalls praktisch und darum auch gesetztestechnisch untrennbar ist, weil das nichts anderes wäre als jene unmöglichen Unterscheidungen zwischen sinnlich wahrnehmbaren Tatsachen und Subsumtion, Feststellung, Bewertung oder wie man es sonst nennen mag, läßt sich aber auch von ihm nicht trennen nach der Art dieser richterlichen Tätigkeit, (wieder grob veranschaulicht) mittels eines Längsschnittes durch das zeitliche Nebeneinander; denn die einzig mögliche Scheidung wäre hier die psychologisch wohl richtige, aber offensichtlich und erwiesenermaßen[23]) gänzlich unverwertbare zwischen grob oder rein sinnlichen (optischen, akustischen usw.) Eindrücken und der Verarbeitung dieser Eindrücke. Als eine Art Beweis, jedenfalls als Beweis dafür, wie leicht hier auch praktisch und theoretisch Geschulte in die Irre gehen können: Für Alsberg (S. 485) ist es ein offenkundiger, richtig umgrenzte Revision rechtfertigender Verstoß gegen Denk- und Wertungsgesetze, wenn der Tatrichter wegen des glaubwürdigen persönlichen und unmittelbaren Eindrucks, den er gewonnen hat, auch dem Zeugen Glauben schenkt, „dessen Glaubwürdigkeit durch Tatsachen gebrandmarkt ist. Tatsachen können nur durch Tatsachen widerlegt werden, nicht durch Eindrücke. Auf der Skala der Beweiswerte steht ... eine Tatsache grundsätzlich über einem Eindruck"[24]). Die gewiß gemeinverständliche und dem Sprachgebrauch des täglichen Lebens genügende, aber ebenso gewiß begrifflich und darum auch gesetzestechnisch unmögliche Gegenüberstellung von Eindrücken und Tatsachen kann keine Gesetzessprache auf ihren gewiß gegebenen berechtigten Kern zurückführen und keine Gesetzesformel vermag es auszudrücken, was überprüfbar, was unüberprüfbar ist von dem Ganzen der Eindrücke, Gefühle und Erwägungen, die den Tatrichter dazu bestimmt haben, der Aussage eines Zeugen wegen ihres Inhalts oder wegen ihrer Art oder unter der bewußten oder unbewußten Einwirkung seiner Gesamtpersönlichkeit mehr Vertrauen entgegenzubringen als anderen „Tatsachen" (richtiger ausgedrückt: als anderen durch die Beweisaufnahme oder durch den Inbegriff der Verhandlung gewonnenen Eindrücken. Daß er aber gewisse „Eindrücke" mit Recht höher bewerten kann als gewisse, scheinbar entgegenstehende „Tatsachen", läßt sich wohl gar nicht bestreiten.)

Es läge nahe, aus alledem zu folgern, der Gesetzgeber könne und dürfe hier nicht eingreifen, solle alles dem praktischen Rechtsleben und seiner Weiterentwicklung überlassen. Diese Schlußfolgerung wird hier abgelehnt. Denn der Gesamteindruck bleibt wohl jedem, der sich mit der Frage befaßt: Das jetzige Recht, wie es auf Grund des geltenden Gesetzes geworden ist, zieht der Revision allzu enge Grenzen, zwingt die Revisionsgerichte allzu oft, offenkundig ungenügend, falsch oder schief begründete Urteile bestehen zu lassen. Irgend ein Fortschritt über dies geltende Recht hinaus muß erreicht und kann nur vom Gesetzgeber angebahnt und auf die bestmöglichen Wege gewiesen werden, trotz aller Gefahren, die auf jedem Weg drohen. Aber, das ist zwingende Schlußfolgerung aus dem Ganzen der summarischen Betrachtungen, der Gesetzgeber muß hier mit ganz besonderer Behutsamkeit

---

[23]) Vgl. Mannheim 62.
[24]) Auch der Sperrdruck von Alsberg übernommen.

vorgehen. Und hier möchte Verf. auf einen seiner Lieblingsgedanken zurückgreifen, den er vor Jahren geäußert[25]), den, daß die Gesetzestechnik, bevor sie den berühmten Sprung ins Dunkle wagt, auch einmal zu dem technischen Hilfsmittel greift, das allen anderen Techniken geläufig ist, dem „Experiment", der probemäßigen Anwendung im kleinen vor der endgültigen im großen. Dieses Anwendungsgebiet, mit anderen Worten der Umkreis der Urteile, die zunächst einmal einer erweiterten Revision unterworfen werden könnten, ließe sich dabei in verschiedener Weise umschreiben, etwa nach der Art der Straftaten, nach der Schwere der erkannten Strafen. Am besten wäre wohl die Beschränkung auf die Urteile der Schwurgerichte, weil praktisch jenen beiden Gesichtspunkten einigermaßen Rechnung tragend, weil der Kreis dann tatsächlich eng gezogen ist[26]), und weil bei diesen durch Berufung nicht anfechtbaren Urteilen das stärkste Bedürfnis besteht, die Revision zu erweitern. Die Erweiterung selbst könnte sich den Vorschlägen Lobes anschließen, aber auch dem Recht Österreichs (StPO. § 281 „offenbar unzureichende Entscheidungsgründe", „erheblicher Widerspruch" zum Akteninhalt). Mit letzterem wäre auch den Forderungen Alsbergs Rechnung getragen (und die Praxis scheint, um in den üblichen Schlag- oder Kennworten zu sprechen, unter falscher oder unzureichender tatsächlicher Feststellung oder Beweiswürdigung mindestens ebenso stark zu leiden als unter Fehlgriffen bei der Subsumtion) und wäre auch, für Verf. ein entscheidender Vorzug, andererseits gewiß auch eine Gefahr, Prüfbares und Nichtüberprüfbares, das sich nun einmal durch scharfe Begriffe, qualitativ, nicht befriedigend scheiden läßt, durch unscharfe, teilweise quantitative Begriffe geschieden. Als Experiment endlich könnte jenes neue Gesetz dadurch gekennzeichnet werden, daß es befristet wird. Doch ist dies nicht einmal nötig. Es kann ohnedies jederzeit, je nach den beim Experimentieren gesammelten Erfahrungen aufgehoben, abgeändert oder im Anwendungsgebiet erweitert werden.

So schließt sich Verf. zuletzt denen an, die aus Anlaß des Jubiläums dem von Arbeitslast bedrückten Jubilar neue Lasten aufgebürdet wünschen. Das beschwert sein Gewissen nicht. Denn er tut dies mit denkbarst größter Vorsicht und Rücksicht, war auch für sein bescheidenes Teil redlich bemüht, zu zeigen, wo die Last verringert werden kann. Und wie gesagt, der Jubilar ist ja noch jung und rüstig!

Abgeschlossen: April 1929.

---

[25]) Juristische Aphorismen Nr. 3.

[26]) Zahl der Urteile im Durchschnitt der letzten Jahre etwa 3000; vgl. Statistisches Jahrbuch für das Deutsche Reich 1928 S. 572. Scheint auch diese Zahl noch zu groß, so ließe sich die erweiterte Revision auf Urteile beschränken, die Strafen von bestimmter Schwere aussprechen.

Zum neuen Strafgesetz[1])

von Professor Dr. Albert Coenders, Köln

I.

Noch immer zeigt sich bei der Neugestaltung unseres Strafrechts eine erstaunliche Unsicherheit. Während die Gesetzgebungsmaschine im übrigen eine Fülle, ja Überfülle des „Materials" leicht hervorbringt, gerät sie ins Zucken und Stocken, wird von mancherlei Störungen immer wieder gehemmt und gelähmt, wenn diese Aufgabe an sie herantritt. Die Bewältigung dieser für das rechtliche, sittliche Leben der Nation bedeutungsvollsten Leistung ist in der Tat nicht vergleichbar mit der Erledigung der gesetzgeberischen Tagesarbeit. Steht doch das nächst der Verfassung wichtigste Grundgesetz in Frage: eine Stellungnahme zu den tiefsten Problemen staatlichen, rechtlichen, sittlichen, sozialen Denkens ist unabweisbar. Und weil es an Klarheit, an eindringlicher und deutlicher Erkenntnis in diesen Grundfragen vielfach gebricht, entsteht die tastende Unsicherheit; bemüht man sich im „Ausgleichen" zwischen verschiedenen „Richtungen", verfällt wohl gar nicht selten einem verzagenden Zweifel, ob denn wohl unsere Zeit überhaupt dieser Aufgabe gewachsen sei, ob ihr nicht etwa der „Beruf zur Gesetzgebung" auf diesem schwierigen Gebiete überhaupt fehle.

In der Tat ist nicht abzusehen, wie man ohne sichere Grunderkenntnis der Aufgabe genügen, innerhalb der fast allgemein um die Neugestaltung dieses Rechtsgebietes sich mühenden Kulturwelt eine Achtung gebietende Leistung vollbringen kann. Eine solche Grunderkenntnis ist in der Tat unentbehrlich nicht nur für den wissenschaftlichen Wahrheitsdrang: der Gesetzgeber muß wissen und verstehen, ob, warum und mit welchen Mitteln er das Unrecht bekämpfen darf und muß; alle ausführenden Organe, Richter, Staatsanwälte usw., können ihre Pflichten nur dann voll erfüllen, können ihren wichtigen Aufgaben nur dann mit innerer Ruhe und Sicherheit voll genügen, wenn sie wissen, was sie zu tun, ob sie etwa vergeltende Gerechtigkeit zu üben oder mit möglichst geschmeidig zweckmäßigen Mitteln das soziale Unrecht zu bekämpfen berufen sind.

Wer sich mit Fragen der Strafrechtsreform befassen will, vor allem auch wer irgendwie verantwortlich praktisch auf dem Gebiete der Strafrechtspflege zu wirken berufen ist, darf sich einer klaren gedanklichen Durchdringung der Grundfragen des Strafrechts nicht entziehen. Es ist ganz unmöglich, den Grund und die Rechtfertigung der bei aller Schonung und

---

[1]) Die Strafrechtsreform nähert sich den abschließenden, aber gerade den entscheidenden Arbeiten. Mehrfach drängten ungeduldige Klagen. Aber wichtiger noch als die alsbaldige Vollendung ist es, daß etwas von bedeutendem und längerem Bestande geschaffen wird, das deutscher Gerechtigkeitsliebe, Politik und Wissenschaft Anerkennung in der Welt erringen kann. Nicht daß bald ein neues Gesetz, sondern daß ein gutes, vorbildliches Werk geschaffen werde, muß nach wie vor unsere Bestrebung sein. Möchte auch die folgende Untersuchung beitragen können; jedenfalls, wenn Unzulängliches, sogar hinter dem geltenden Recht mehrfach Zurückbleibendes Gesetz werden sollte, auf die Dauer dem Fortschritte der Erkenntnis dienen.

Humanität so vielfach notwendig mehr oder weniger vernichtenden strafrechtlichen Eingriffe in das Menschenleben unklaren Gedanken und Empfindungen zu überlassen: sich, wie man es vielfach beobachten kann, hier bei dem bloßen „Gefühle" zu beruhigen. Vgl. die Stellungnahme des Verfassers in seiner Schrift „Richtlinien aus den Lehren Feuerbachs für die moderne Strafrechtsreform", Tübingen 1914. Zutreffend betont Rich. Schmidt (Grundriß des Strafrechts, Leipzig 1925, S. 2 in der Einleitung der Ausführungen über seine abweichende Auffassung), daß, wer den problematischen Charakter des Strafrechts ignoriere und gefühlsmäßig zu einer bestimmten Grundauffassung des Strafrechts gelangen wolle, notwendig „in Einseitigkeit und Willkür verfallen" müsse. In der Tat könnte man bei der Vielfältigkeit der noch immer zutage tretenden abwegigen Vorstellungen verzagen, ob, vollends in unserem neuparlamentarischen Staatswesen, ein einheitlicher gesetzgeberischer Wille auf diesem schwierigen und verantwortungsvollen Gebiete sich bilden könne. Indessen diese erforderliche einheitliche Grundeinstellung ist nicht so schwierig, wie es nach der Vielheit und Buntheit der Äußerungen erscheinen mag, wie sie auch in Wahrheit sein müßte, wenn es sich etwa um einen theoretischen Kampf handeln würde. Durch die deutlichen Forderungen der Praxis, die offen drängenden sozialen Notwendigkeiten, wird eine feste Grundeinstellung geschaffen: zuverlässiger, als es den meisten zu klarem Bewußtsein kommen mag. — Ohne eine kurze Besinnung dürfen wir auch hier nicht in die Einzelerörterung eintreten.

Daß wir den Forderungen vergeltender Gerechtigkeit nicht genügen können, lehrt uns jede Selbsterkenntnis und die alltägliche Erfahrung. Wie könnten wir uns anmaßen, gerecht zu vergelten! Wie unzulänglich erscheinen nicht unsere Kräfte gerade an solchen Forderungen und Maßstäben gemessen! Das Maß menschlicher Schuld ist unserer Erkenntnis verborgen. Die schlimmsten Bösewichte erfaßt kein Strafgesetz, und wo das Gesetz faßt, versagen nur zu oft die menschlichen Ergreifungs- und Überführungsmittel. In weitem Maße muß ferner jedes Strafrecht in offenem Eingeständnis seiner Schwäche folgenschwere Entscheidungen dem — Zufall übertragen: so, wenn zwischen Entschluß, Vorbereitung, Versuch, Vollendung tiefgreifend unterschieden wird[1a]). Nur als notwendige, zweckmäßige und in diesem Sinne gerechte Mittel der Verbrechensbekämpfung können die Strafgesetze verstanden werden[1b]).

Aber auch diese ihre Bedeutung wird bekanntlich sehr bezweifelt und umstritten. Klar erwogen werden muß in der Tat die Frage: sind denn Strafrecht und Strafgesetz geeignete Mittel der Verbrechensbekämpfung? Müssen und können sie nicht durch andere Mittel der Besserung, Heilung, Sicherung ersetzt werden? Die auf die Individuen wie auch die auf die soziale Gemein-

---

1a) Zu allen anderen treten noch die Feststellungsschwierigkeiten, die Unzulänglichkeit der Erkenntnismittel unserer Rechtspflegeorgane, auf die hier etwa mit der folgenden — m. E. übertriebenen — Ausführung eines erfahrenen Strafverteidigers hingewiesen sei: „Eine Berücksichtigung der Psyche des Täters ist praktisch kaum möglich. Ihre ‚Feststellung' im Urteil beruht meist auf dem Ergebnis guter Dialektik oder guter Schauspielerei. Die Berücksichtigung der Persönlichkeit des Täters kann nur im Strafrahmen erfolgen und wird auch dort meist zur Prämie des guten Taschenspielers, da die Fülle der Straffälle und die auf den Einzelfall verwendete Zeit in psychologischer Hinsicht wirkliche Aufklärung verbietet. Was der Entwurf bringt, ist zum großen Teil selbst — unbewußt — Theater." Werthauer, Strafbuchentwurf (1929) S. 19.

1b) Vgl. Heimberger, Der Begriff der Gerechtigkeit im Strafrecht, Leipzig 1903. Zutreffend auch Alsberg, „Wilhelm Kahl" (1929) S. 8f.: „Fortschritt heißt für die kriminalistische Wissenschaft der letzten Jahrzehnte: aus den psychologischen Einsichten in die Bedingungen strafrechtswidrigen Tuns die Lehren zu ziehen für ein Strafrecht, das nicht um seiner selbst willen, das nur als Schutz der Gesellschaft seine Rechtfertigung findet."

schaft gerichtete psychologische Erkenntnis und Beobachtung, die alltägliche Erfahrung zeigen, daß die staatliche Strafrechtspflege das wichtigste und notwendigste Mittel zur Aufrechterhaltung und Sicherung der sozialen Gemeinschaft ist. Die individual- und sozialpädagogische Bedeutung des Strafrechts kann gar nicht verkannt werden. Der unsozialen Bestrebung und Betätigung müssen eben in den schweren verbrecherischen Fällen zurückdrängende Übel entgegenwirken, wenn die rechtliche Ordnung überhaupt bestehen soll. Ihrer im ganzen Innenleben des Menschen bewußt aber auch halb- und unterbewußt wirkenden Kraft verdankt die ganze Rechtsordnung überhaupt ihre Existenz. Die noch jetzt zahlreichen das ganze Strafrecht verneinenden Theorien werden daher durch die Grundgesetze der menschlichen Natur von der praktischen Verwertbarkeit ausgeschlossen. Ersetzt werden durch andere Mittel kann auf allen wichtigeren Gebieten der eigentlichen Strafrechtspflege die Strafe nur, wenn auch diese anderen Mittel als psychisch hemmende Übel wirken, d. h. insofern Strafcharakter haben. Jeder theoretische Verneiner des Strafrechts würde bei einer praktischen Verwirklichung seiner Ideen, wenn dann schwere Verbrechen ohne hemmende strafrechtliche Gegenwirkung blieben, sehr bald ihre Unmöglichkeit erkennen: auch am eigenen Leibe, wenn er irgendwelche von Mitmenschen begehrte Lebensgüter besitzt, die ihm straflos auf jede Art fortgenommen werden können. Wer sich über die motivierenden, psychisch hemmenden Wirkungen des Strafrechts unklar ist, mag sich einen Augenblick alle Strafdrohungen beseitigt denken; derart also, daß es jedem freisteht, ihn ungestraft zu töten und zu berauben: jedes Sicherheitsgefühl wird ihm schwinden, er wird seine Tage, ja Stunden in Gedanken zählen und alsbald die Schutzwälle erkennen können, die der Staat mit seinem Strafrecht befriedend um die einzelnen Rechtsgüter gelegt hat. Überall wo in den letzten Jahren in den verschiedensten Gemeinwesen die Strafrechtsordnung gelockert oder in ihrer Wirksamkeit zu sehr geschwächt war — man denke an die Zeiten der Auflösung, die wir selbst durchlebten, oder etwa an die auf ganz eigenartigen Ursachen beruhende Zunahme der Kapitalverbrechen in den nordamerikanischen Großstädten —, überall in solchen Lagen der menschlichen Gesellschaft sehen wir, wie durch die geschwächten oder zerstörten Dämme der Grundrechtsordnung das Unrecht sofort gewaltsam seine verderbliche Bahn nimmt. Die seelische Zurückbannung des Unrechts durch die eigentlich strafrechtlichen Abwehrmittel bildet die erste, notwendigste, glücklicherweise durch wissenschaftliche Lehren nicht dauernd zersetzbare, geschweige denn zerstörbare Aufgabe des Staates. Besonders bedeutsam ist die vom Verfasser stets betonte halb- und unterbewußte Wirksamkeit der Strafmotive, die noch immer so sehr verkannt und in oberflächlicher Betrachtung übersehen wird. In der Erforschung der Entstehung des Verbrechens schenkt man den tieferen Bewußtseinslagen „psychoanalytisch" bald die ihnen gebührende Beachtung; in gleicher Weise muß diese der Reaktion gegen das begangene Verbrechen, dieser Art der Verbrechensbekämpfung, dienstbar werden. Wie die halb- und unterbewußten Faktoren in der Entstehung des Verbrechens müssen auch die halb- und unterbewußten Auswirkungen, die auf die enge Sphäre des vollen Bewußtseins nicht beschränkten weitreichenden psychischen Wirkungen aller Mittel der sozialen Verbrechensbekämpfung sorgfältig beobachtet und bewertet werden.

Glücklicherweise ist allerdings der Bestand und die Wirksamkeit des das Unrecht seelisch durch Gegenmotive zurückbannenden Strafrechts von seiner deutlichen Erkenntnis nicht abhängig: sonst hätte längst der Mangel an Einsicht das staatliche Dasein aufs tiefste zerrüttet. Wohl eine Schwächung, keine Zerstörung kann befürchtet werden. Wenn wir insbesondere an die kritischen Zeiten der jüngsten Vergangenheit zurückdenken: wer hätte wohl ernstlich versucht, in den Tagen der Auflösung die Grundlagen des sozialen Daseins, die äußere Ordnung des Staates durch Besserung der überführten verbrecherischen Individuen aufrechtzuerhalten! Ein starkes und schnell wirkendes Strafrecht wird bei allen Gefahren der sozialen Ordnung als Hilfsmittel angerufen[1c]). Wer würde z. B. bei öffentlichem Aufruhr, etwa bei den Maiunruhen in Berlin, vorschlagen, durch Besserung der überführten Delinquenten Abhilfe zu schaffen! Die Not kann so eine Verschärfung des Strafrechts namentlich, etwa in dem mehrfach verlängerten Republikschutzgesetz, denen gebieten, die sonst nach ihrer ganzen Einstellung eine solche Schärfe (z. B. die Todesstrafe) leidenschaftlich bekämpfen. Die einfache Klarheit, ja Selbstverständlichkeit dieser Erscheinungen der menschlichen Natur wird auch für die Zukunft gefährliche Entartungen verhüten. Würde diesen Grundtatsachen des Seelenlebens widersprechend etwa die Wirkung des Strafrechts zu sehr abgeschwächt und aufgelöst, so würde die gefahrdrohende Zunahme verwegensten Verbrechertums gar bald zu weitgehende Reformer zurückrufen, aus ihren Träumen heraus in die harte Wirklichkeit des Lebens zurückschrecken. So muß man von allen etwaigen Verirrungen nach dieser Richtung alsbald zurückkommen: die Notwendigkeiten des Lebens, die Schranken der Wirklichkeit werden sich ihnen gegenüber zur Geltung bringen[2]).

Soweit es mit dieser ersten notwendigen Wirksamkeit des Strafrechts nur irgend vereinbar ist, müssen nun aber auch innerhalb der Strafrechtspflege, und gerade hier, alle anderen auf die Erhaltung und Besserung der Gesellschaft gerichteten Bestrebungen Pflege und Förderung finden, namentlich, nicht entmutigt durch alle Enttäuschungen, die Bestrebungen der Erziehung und Besserung des überführten Verbrechers, wie auch ferner der Sicherung der Gesellschaft durch Ausscheidung und Festhaltung Gemeingefährlicher. Bemerkenswert ist jetzt namentlich das an praktischen Erfahrungen reiche Werk R. Heindls, Der Berufsverbrecher (1927), in dem gleich im Eingange von der „Utopie der Besserungstheorie" die Rede ist. Besondere Beachtung verdienen die von ihm gekennzeichneten Ergebnisse des so ungewöhnlich begünstigten französischen Strafvollzugs in Neukaledonien: „Alles umsonst . . . Strenge und Milde, das Androhen von Strafen und Versprechen von Vergünstigungen, alles war vergeblich. Nur 1% der neukaledonischen Transportés besserte sich. Bei 99% waren alle in den Lehrbüchern empfohlenen pönologischen Künste vergebens. Strafrechtstheoretiker verhüllt euer Haupt" (S. 87 u. 88 a. a. O.). Solche unerbittlichen Erfahrungssätze erinnern aufs nachdrücklichste an die der Erfahrung und tiefer Intuition entnommenen Lehren großer Philosophen und Psychologen: „Bei reifer Erfahrung sehen wir die Unbiegsamkeit der menschlichen Charaktere ein, wie kein Flehen noch Vorstellen, noch Beispielgeben, noch Wohltun sie dahin bringt, von ihrer Art zu lassen, sondern vielmehr ein jeder seine Handlungsweise, Denkungsart und Fähigkeit mit der Notwendigkeit eines Naturgesetzes durchführen muß und, was man auch mit ihm vornehme, immer derselbe bleibt. Erst nachdem wir dies anschaulich

---

[1c]) Vgl. etwa z. B. auch Werthauer, Strafbuchentwurf S. 45: „Wo ein Übelstand angeblich überhandnimmt, muß, wenn man die Existenz eines Strafrechts überhaupt für nötig hält, hier mit einer Strafsanktion, und zwar der schärfsten, eingesetzt werden."

[2]) Zutreffend betont v. Hippel, Deutsches Strafrecht 1, 513, daß, wenn auch die generalprävenierende Kraft des Strafrechts sich häufig als unwirksam erweise, dennoch „ihre Gesamtbedeutung praktisch sehr hoch zu veranschlagen" sei.

und tief erkannt haben, geben wir es auf, die Menschen überreden, ändern und nach unserm Sinn modeln zu wollen[3])."

Solche Erfahrungen und Erkenntnisse beleuchten die Schwierigkeiten unserer Aufgaben nach dieser wichtigen Richtung der Strafrechtspflege. Dennoch dürfen sie nicht zu einem lähmenden Pessimismus führen. Wenn auch der Charakter sich nicht ändert, die Grundform der Individualität dieselbe bleibt, beim Menschen wie bei Pflanze und Tier: so kann doch zielbewußt die Gesundung und Erstarkung des Ganzen erstrebt, können planmäßig einzelne Anlagen und Fähigkeiten gesteigert werden; es kann unentwegter und zweckerfüllter Arbeit gelingen, eine in ihrer Individualität allerdings feststehende Persönlichkeit mit neuem Gehalte zu erfüllen, so daß sie trotz der Unveränderlichkeit des Grundbildes ihres Charakters doch in weitem Maße eine andere wird. Andere Fähigkeiten, ein anderer Vorstellungs- und Willensgehalt, eine andere Gewöhnung der Lebensführung lassen jetzt dieselbe Persönlichkeit auf die gleichen, etwa unsozialen Motive ganz anders reagieren: der große, einflußreiche innere Motivenkomplex ist ein anderer geworden. Wenn hierzu noch eine Änderung der äußeren Lebenslage mitwirken kann, Kraft und Art der fraglichen Motive herabzusetzen und zu ändern: dann kann in der Tat nicht mehr gesagt werden, daß die Unveränderlichkeit des Charakters einen Menschen den gleichen Motiven wiederum in derselben Weise preisgeben muß, denen er früher zum Opfer gefallen. Die gleiche Situation kann eben so leicht nicht wieder eintreten, weil der ganze innere Lebensgehalt, die ganze psychische Situation der Motivenlage sich tiefgreifend geändert hat; ein neues Wachstum schwache Bestandteile genährt und gekräftigt hat; anderes früher Wirksame hat an Stärke verloren und kann nicht mehr mitbestimmend hervortreten. Kommt nun ein solches Individuum wieder in eine Lage der Versuchung, die ihm früher zum Verhängnis geworden, so kann und muß vielfach die Verschiedenheit der Faktoren eine abweichende Reaktion hervorrufen. Gleich geblieben ist etwa ein gewisses unsoziales äußeres Motiv; seine Umwelt ist geändert, in einer anderen Situation muß es eine andere Bedeutung haben: vergleichbar etwa einem Menschen, der in einem gewissen Kreise dominierte, nach Jahren zurückkehrt, in demselben, durch Ein- und Austritt von Mitgliedern neugestalteten Vereine nun aber eine ganz andere Rolle spielt. Wie eine durch Mangel an Luft, Licht usw. schwächlich mißratene Pflanze den Stürmen und Kämpfen des Daseins nicht gewachsen ist: befreit aus der niederdrückenden, zu krankhafter Minderwertigkeit sie drängenden Umwelt, günstigen Einflüssen ausgesetzt, wird sie zwar in ihrem Charakter unverändert bleiben, mit ganz anderem Lebensgehalte erfüllt aber dennoch in der Natur eine andere Stellung einnehmen, depravierende Einwirkungen überwinden können, Durchschnittliches oder gar Besseres unter ihresgleichen leisten.

Jene tiefe philosophische Einsicht braucht die Besserungsbestrebung also nicht niederzudrücken. Diese kann mit tatkräftigem Optimismus ans Werk gehen, unter der Leitung etwa des von dem bayrischen Gefängnisdirektor Obermayer geprägten Satzes: „Es gibt keinen Verbrecher, der nicht zu gewinnen ist für die Gesellschaft." —

Die Gerechtigkeit, die Interessen des betroffenen Individuums wie der Allgemeinheit verlangen eine klare grundsätzliche Scheidung zwischen Strafen und allen bessernden bzw. sichernden Einwirkungen. Wer nicht oder nicht mehr bestraft, wer nur im Interesse der menschlichen Gesellschaft noch festgehalten wird, der hat eine ganz andere Stellung, verdient eine ganz andere

[3]) Arthur Schopenhauers Briefe, Ausg. Brahm (Insel-Verlag) S. 6.

Behandlung als der die verdiente Strafe für ein begangenes Verbrechen verbüßende Missetäter. Bei jenem ist in allem zu beachten, daß er im Interesse der Gesellschaft das Opfer der Freiheitsbeschränkung dulden muß, alle Erleichterungen sind ihm zu gewähren, seine ganzen Lebensverhältnisse sind so weit unbehindert zu gestalten, wie es nur irgendwie mit dem Zweck der Sicherung der Gesellschaft vor ihm noch vereinbar ist. Die „Verwahrung" solcher Gemeingefährlicher muß von ihrer und anderer „Bestrafung" grundsätzlich noch tiefgreifender verschieden sein im künftigen Recht wie das geltende Recht etwa die möglicherweise Unschuldige treffende Untersuchungshaft von der Strafhaft unterscheidet.

Von besonderer Bedeutung ist nun aber namentlich, daß Maßnahmen der Erziehung, Besserung und Sicherung, soweit sie Übelcharakter haben, auch die Strafe ganz ersetzen können. Gerade auch in Fällen einer solchen Vereinheitlichung ist der bezeichnete Grundgedanke zu beachten: das in der einheitlichen Maßnahme mitwirksame Strafelement darf nicht unbillig groß sein, nicht in einem Mißverhältnis stehen zu dem vielleicht nicht sehr schwerwiegenden sozialen Unrecht, das der Verurteilte begangen hat. Es darf nicht auf Grund etwa einer nur geringfähigen Verfehlung ein Staatsbürger vielleicht auf Jahre hinaus einer Behandlung und Verwahrung unterzogen werden, wenn ein so drückendes Übel weder durch seine Schuld noch durch eine gemeine Gefahr gerechtfertigt ist. Das Zweckmäßige, Notwendige, Gerechte muß hier auch von den jetzt allerdings vielfach gefährdeten Grundgedanken des Rechtsstaates aus abgewogen werden.

Diese Grundforderungen des Rechtsstaates sind auch bei den Erörterungen und Beschlüssen über die zeitliche Geltung des Strafgesetzes nicht hinreichend zur Geltung gelangt. Unter allen Umständen handelt es sich auch bei den Maßnahmen der Besserung und Sicherung um tiefgehende Eingriffe in die persönlichste Rechtssphäre des Individuums. Wie die Strafen sollten auch solche Maßnahmen jedenfalls nur zulässig sein, wenn sie zur Zeit der Tat vorgesehen waren. Es widerspricht unseren Rechts- und Kulturanschauungen, derartige Eingriffe in die persönliche Freiheit (Arbeitshaus, Verwahrung, Unterbringung in Heilanstalten) ohne vorherige (der Tat vorangehende) gesetzliche Anordnung zu verhängen: etwa einen zurechnungsfähigen Menschen dem Arbeits- oder Verwahrungshaus zu überweisen, der zur Zeit seiner Verfehlung von derartigen Folgen nichts ahnen konnte. Nicht nur für das allgemeine Strafgesetzbuch, sondern für alle künftigen Strafgesetze muß dieser staatsbürgerliche Grundsatz in den allgemeinen Normen befriedigend festgelegt werden[4]).

Trotz klarer gedanklicher und nach Möglichkeit und Zweckmäßigkeit auch praktischer Scheidung sind jedenfalls alle diese Maßnahmen einheitlich im Strafgesetz zu regeln; und wegen der schwerwiegenden staatsbürgerlichen Interessen, die hier in Frage stehen, kann ihre Handhabung in allen wichtigeren Teilen nur den unabhängigen Gerichten übertragen werden. Die gänzliche oder teilweise Übertragung dieser Maßnahmen, die der Rechtspflege erst Gehalt und Leben geben, an Verwaltungsorgane müßte die Rechtspflege aushöhlen, würde sich in kurzer Zeit — namentlich im Hinblick auf die politische Zersetzung unserer öffentlichen Verhältnisse kann dieses keinem Zweifel unterliegen — als vollkommen unmöglich und eines Rechtsstaates unwürdig erweisen. —

---

[4]) Daß man ihn in den Beratungen des Reichstagsausschusses (Reichstag 4. Wahlper. 1928, 3. Sitzung, Berl. 10. Okt. 1928 S. 5) mit Rücksicht auf Österreich preisgegeben hat, kann nicht befriedigen: auch bei den Österreichern muß dieser wichtige Grundgedanke noch durchdringen, und das neue Gesetz vor einer entstellenden Mißbildung bewahrt werden.

So muß das eigentliche Strafrecht offen, fest und sicher wirken, auf ihm ruhen die Säulen des Staates. Schwächungen und Zerstörungen greifen hier an das Fundament der sozialen Ordnung, gefährden die Grundbedingungen ihres Daseins. Aber soweit es die Notwendigkeiten des Gemeinschaftslebens nur irgend zulassen, sind auch die sonstigen Bekämpfungsmittel des Verbrechens (Erziehung, Besserung, Sicherung) mit dem Strafrecht zu verbinden, in der Idee der Gesetzgebung und der Gedankenrichtung aller ausführenden Organe geschieden von der peinlichen Strafe: nur soweit mit ihr verbunden, als sie Übel und Nachteil für geschehene Missetat gleichfalls bedeuten, also insoweit gleichfalls Strafcharakter tragen.

Bedeutet so, wie wir sahen, das Strafgesetz ein unentbehrliches und zweckmäßiges Mittel der Verbrechensbekämpfung, so erhebt sich jetzt die Frage: Wie ist es zu gestalten?

II.

Zunächst sind einige allgemeine Grundsätze besonders zu beachten.

Vor allem ist zu erwägen, daß wir im Strafrecht die wichtigste und schwerste Waffe des Staates vor uns haben, die nicht durch Mißbrauch geschwächt und entwertet werden darf. Wo andere Mittel genügen, dürfen die immer mehr oder weniger vernichtenden Maßnahmen des Strafrechts keine Anwendung finden. Und auf dem Gebiete des Strafrechts selbst müssen, wo immer möglich, die schärferen Mittel hinter die milderen, alle eigentlichen Strafen hinter Erziehungs- und Besserungsmaßnahmen zurücktreten, wenn diese ausreichen. Das ganze Strafrecht aber muß zurückweichen, wenn die sozialen Ziele, um die es sich handelt, etwa durch andere, leichtere Mittel der Rechtsordnung, insbesondere des Privatrechts (Unterlassungs-Schadensersatzanspruch usw.) erreichbar sind[4a]). Die Schwächen und Entartungen der menschlichen Natur sichern dem Strafrecht auch nach dieser Einschränkung noch einen leider allzu großen Bereich der Wirksamkeit. Mit möglichst wenigen, aber wirksamen Strafnormen muß der Staat die bösartigen Angriffe auf die Grundbedingungen seines Daseins bekämpfen. Die verwirrende Fülle der Strafgesetze in den schweren von uns durchlebten Jahren der jüngsten Vergangenheit gibt uns hier eine deutliche Lehre. Überall sah auch der friedliche, durch die Not bedrängte und beunruhigte Staatsbürger die fragwürdig drohende Staatsgewalt, die vielfach nicht mehr ernst genommen wurde, allenthalben zwischen dem Gewirr sah er das Auge des Gesetzes funkeln; es machte keinen Eindruck, konnte Staatsgesinnung und Rechtsgefühl nicht stärken, wenn das Schwert der Gerechtigkeit an allen möglichen nichtigen Dingen, ja sogar nutzlos an unverletzlichem Gestein stumpf geschlagen wurde. — Wenige kraft- und hoheitsvolle Normen muß unser neues Strafgesetz aufrichten.

Aus der Gesamtheit der strafrechtlichen Normen muß das allgemeine Strafgesetzbuch das Wichtigste und Schwerwiegendste herausnehmen. In das strafrechtliche Grundgesetz gehören die für die Allgemeinheit wie für den einzelnen besonders bedeutsamen Vorschriften. Von diesem Richtpunkte aus ist der rechte Weg zur Behandlung der Nebengesetzgebung deutlich erkennbar. Naturgemäß kann nicht daran gedacht werden, die in der reichen und bunten Fülle der Nebengesetzgebung verstreuten Normen auch nur zu einem erheb-

---

[4a]) Zutreffend stellt auch Werthauer in seinem „Strafbuchentwurf" (1929) S. 10 als einen der leitenden Grundsätze die Forderung voran, „den Bedarf an Strafrechtsvorschriften auf da äußerste einzuschränken". Jedoch werden die Grenzen von ihm zu eng, auch vielfach unrichtig gezogen, und ist das ihm vorschwebende Ideal nicht erreichbar.

lichen Teile in das Strafgesetzbuch aufzunehmen[5]). Sie sind vielfach auch nur in ihrem Zusammenhange mit den sonstigen das fragliche Gebiet regelnden Rechtssätzen verständlich. Man denke hier z. B. an die Strafbestimmungen auf dem Gebiete des Urheberrechtes, an das Aktienstrafrecht, an die Fülle der Strafnormen in den Zoll- und Steuergesetzen, auf den Gebieten des Arbeits- und Gewerberechts usw. Das Strafgesetzbuch oder wenigstens erläuternd jede verständliche Ausgabe desselben müßte mit einer Überfülle von Vorschriften belastet werden, es würde einen allzu großen Umfang annehmen (einem Corpus juris vergleichbar), wollte man alle geltenden Strafnormen und die zu ihrem Verständnis nötigen sonstigen Rechtssätze aufnehmen. Aber das Wichtigste, das Schwerwiegende, Fundamentale sollte der Gesetzgeber aus den Nebengesetzen auswählen und dem allgemeinen Strafgesetzbuch eingliedern. Die Verfasser auch der letzten Entwürfe haben in dieser Beziehung ihre Aufgabe zu leicht genommen[6]). Unter allem Umständen gehören in das neue Strafgesetz die materiellen Vorschriften des Jugendgerichtsgesetzes von 1923; ferner aber auch aus der sonstigen Nebengesetzgebung alle besonders wichtigen Strafnormen, soweit sie nicht etwa nur vorübergehende Bedeutung haben, z. B. die des Sprengstoffgesetzes von 1884, des Pressegesetzes von 1874, des Gesetzes gegen den Verrat militärischer Geheimnisse von 1914 (Spionagegesetz). Ferner wäre aufzunehmen das kurze Gesetz über die Befriedung der Gebäude des Reichstags und der Landtage von 1920 in seinem strafrechtlichen Inhalte; handelt es sich doch bei den Parlamenten jetzt um die höchsten Organe im Staate, die eigentlichen Träger der Staatsgewalt. Auch kommen in Frage: das Gesetz über das Auswanderungswesen von 1897, die Verordnung gegen Mißstände im Auswanderungswesen von 1924; ferner, um einzelnes beispielsweise herauszugreifen, das Gesetz über den Schutz des zur Anfertigung von Reichsbanknoten verwendeten Papiers gegen unbefugte Nachahmung von 1911 (es gehört in den Abschnitt über Münzdelikte), Strafbestimmungen gegen die Entziehung von Kräften. Weiterhin, was vom Gesetz zum Schutze der Republik von 1922 sowie von der Preistreibereiverordnung des Jahres 1923 dauernd aufrechterhalten und ausgestaltet zu werden verdient.

Im einzelnen mag man da zweifelhaft sein und anderes erwägen. Jedenfalls aber sollte sich der Gesetzgeber der Pflicht nicht entziehen, durch Aufnahme besonders wichtiger Strafnormen in das allgemeine Strafgesetzbuch die Unebenheit zu beseitigen, die darin liegt, daß das Strafgrundgesetz Wichtiges beiseite läßt und Unwichtigerem seine Aufmerksamkeit widmet. Maßgebend für die Aufnahme in das Strafgesetz muß im allgemeinen sein die Wichtigkeit der fraglichen Vorschriften für den Staat und einen möglichst großen Umkreis von Rechtsgenossen sowie die Verständlichkeit der Strafnormen an sich, ihre Ablösbarkeit aus dem Bereiche des umliegenden Normengebietes. Ein Strafgesetzgeber, welcher die Entwendung von geringwertigen Sachen, E. 25 § 303, E. 27 § 336, das Abhalten vom Bieten bei öffentlichen Versteigerungen, E. 25 § 321, E. 27 § 355, das Glücksspiel, E. 25 §§ 322ff., E. 27 §§ 356ff., das Überlassen von Tabakwaren an Jugendliche, E. 25 § 340 usw. — von den Übertretungen, z. B. Überschreiten der Polizeistunde, E. 25 § 361, Wegpflügen von Erde, E. 25 § 375, usw. einmal ganz abgesehen — in seinem Haupt- und Grundgesetz unter Strafe stellt, kann unmöglich die wichtigsten

---

[5]) Der Versuch des Gegenentwurfs zu einer Einarbeitung der Nebengesetze ist wenig erfolgreich und nicht anerkennenswert; vgl. zu der Frage auch die nach derselben Richtung wohl noch zu weitgehenden Ausführungen von Wachenfeld, Allgemeiner Teil des E. 25 S. 1ff.

[6]) Anerkennenswert ist die Fassung des § 158 in E. 25, die das Nebengesetz von 1888 überflüssig macht; vgl. auch E. 27 § 168.

strafrechtlichen Grundnormen über Strafmündigkeit usw., die schwersten Verbrechen, wie z. B. die mittels Sprengstoffs begangenen, vollkommen beiseite lassen. Eine gewisse Harmonie und Wohlgestaltung muß auch die Gesetzgebung beherrschen; sie darf nicht Wichtiges und Unbedeutendes in beliebiger unbeholfener Mischung bieten. Irgendwie befriedigende Ergebnisse nach dieser Richtung haben die Entwürfe bis jetzt nicht gezeitigt.

Nur mit aller Vorsicht ist aber eine Vermehrung der gesetzlichen Normen gerade auf strafrechtlichem Gebiete in Aussicht zu nehmen. Denn noch eine andere nicht zu verkennende Wahrheit ist zu beachten. Wir Deutsche zeigen im Vergleich mit den meisten anderen Kulturstaaten, z. B. England, den Vereinigten Staaten, aber auch Frankreich, in der Rechtspflege eine auffallende Unselbständigkeit. Voreilig wird überall nach dem Gesetzgeber gerufen, wenn irgendwo in der Praxis ein Fehlgriff ausführender Organe zutage tritt[7]). Durch die Überfülle der Gesetzgebung wird nun aber die Praxis des kraftvollen selbständigen Ganges leicht zu sehr entwöhnt. Man soll also nicht immer, wenn irgendeiner einmal etwas wackelig geht, gleich allen einen gesetzgeberischen Gradehalter anlegen. Der Ruf nach gesetzgeberischen Stützen muß verstummen, und eine kraftvolle, namentlich in Juristenkreisen energisch geübte Kritik muß den einzelnen Schwachen zur Anwendung seiner natürlichen Kraft ermuntern. Man denke hier an die fruchtbare Wirkung, die der Karlsruher Rechtsanwalt Ernst Fuchs mit seiner Kritik an der reichsgerichtlichen Rechtsprechung erzielt hat: trotz aller Hemmungen und Schwierigkeiten, denen eine solche ungeschminkte, freimütige Kritik vielfach auch heute noch begegnet. —

---

[7]) Man denke z. B. an den Fall der Untersuchungshaft, die doch das Gesetz wahrlich bisher schon so nachdrücklich und deutlich wie möglich herausgehoben, namentlich der Strafhaft gegenüber in jeder Hinsicht schonend gestaltet hatte. Handelt es sich doch um eine selbst bei aller Schonung und Rücksicht noch überaus harte Maßnahme gegenüber einem möglicherweise Unschuldigen; man denke insbesondere an die ausführlichen Vorschriften des § 116, ferner die §§ 126ff. und überhaupt 112ff. der StPO. in der bisherigen Fassung. Diese weise und bedeutsam erwogene Gesetzgebung hätte wahrlich die Mißstände nicht zu zeitigen brauchen, die in der Praxis hin und wieder hervorgetreten sind, allerdings nur in Einzelfällen pflichtwidriger Handhabung. Solche Einzelfälle kann aber das künstlichste Paragraphengewebe nicht ausschließen. Alle gesetzlichen Normen sind unvollkommen wie alles sonstige Menschenwerk. Die beste Gewähr für ihre Geltung und gesunde Anwendung muß darin liegen, daß alle Ausführungsorgane von dem Geist des Gesetzes durchdrungen sind, an seinen wahren Willen sich innerlich gebunden fühlen und ihm die Verwirklichung sichern, auch wenn Unvollkommenheiten des Ausdruckes aller Art ihn nicht in allem restlos offenbaren. Um die Novelle über die Untersuchungshaft als Beispiel beizubehalten, so findet sich in ihr (§ 115a) die Anordnung, daß das Haftprüfungsverfahren zum ersten Male zwei Monate nach Beginn der Untersuchungshaft zu erfolgen hat, daß es sodann in Zeitabschnitten zu wiederholen ist: „Die Frist soll in der Regel mindestens drei Wochen und darf nicht mehr als drei Monate betragen." Also mindestens zwei Monate, drei Wochen! Schmerzlich kommen mir da aus meiner richterlichen Praxis zahlreiche Fälle in die Erinnerung, in denen wir wegen der Zweifelhaftigkeit der Sache fortgesetzt, täglich, mitunter stündlich, eine Überprüfung der Haftvoraussetzungen vorzunehmen hatten, die Erwägungen über die Aufrechterhaltung oder Aufhebung der Untersuchungshaft überhaupt nicht zur Ruhe kommen ließen. Entgegen dem Wortlaut der bis ins einzelste gehenden neuen Vorschriften muß die Zulässigkeit, ja die pflichtmäßige Notwendigkeit einer solchen Behandlung von Fällen der fraglichen Art auch für die Geltungszeit der Neuordnung als selbstverständlich angenommen werden. Aber wer weiß, ob nicht vereinzelte formalistische oder gar pflichtwidrige Beamte nach dieser Richtung fehlen, ob man dann nicht wieder mit Krücken ihnen helfen wird usw. Verfehlt sind auch die vom Entwurf eines EG. zum StGB. 1929 wiederum gemachten Änderungsvorschläge über einen formalen Verzicht und Widerruf des Beschuldigten. Die Einrichtungen eines formalen Verzichts und formalen Widerrufs können bei formalen Beamten dem Beschuldigten leicht nachteilig werden. Im übrigen bringt die Novelle 1926 durch die lange erstrebte Einführung der mündlichen Verhandlung über die Untersuchungshaft eine wesentliche Förderung. Sie verdient in mancher Hinsicht Anerkennung, wenngleich auch schon die bisherige Regelung die vorgekommenen Fehlgriffe wahrlich nicht hätte ermöglichen sollen.

Die Gerichte, namentlich das Reichsgericht, sollten nicht voreilig, aber doch leichter als bisher in Fällen, in denen ein Fehlgreifen deutlich erkennbar ist, die bisherige Rechtsprechung rücksichtslos preisgeben und neue Wege wählen. Denn wie schon der Seher Teiresias bei Sophokles (Antigone) sagt:

„Die Menschen,
Sie sind dem Irrtum alle unterworfen,
Doch der ist weise, der, sobald er sieht,
Daß er geirrt, es gutzumachen sucht,
Und nicht in starrem Eigensinn beharrt."

Das Bedenkliche des bisher vielfach üblichen gesetzgeberischen Verfahrens, einem wankenden Beamten gleich eine gesetzgeberische Krücke unter die Schulter zu stellen, ist namentlich, daß trotz der Abhilfe im Einzelfalle eine bedenkliche Schwäche zurückbleibt und künstlich gesteigert wird. An der einen Seite gestützt, wird der Schwankende bald nach der anderen Seite fallen. So muß das gesetzgeberische Stützen- und Krückensystem die Rechtsprechung immer mehr entkräften. Nach den bedeutendsten Vorbildern der geschichtlichen Vergangenheit und der gegenwärtigen Rechtskultur müssen alle unsere Organe der Rechtsanwendung Selbständigkeit und Kraft erstreben: sie werden damit ihren hohen Pflichten und auch dem Ansehen ihres Standes am besten dienen. Wenn irgendwo Zweifel in der Rechtsprechung bestehen, oder unbefriedigende Entscheidungen zutage treten, so darf dies also nicht nach Art der Ausführungen in den Motiven der Entwürfe gleich Anlaß zu gesetzgeberischen Eingriffen sein: sonst ist kein Ende der Gesetzgebung auf allen Gebieten abzusehen. Solche Schwierigkeiten können und müssen vielfach auf anderem Wege überwunden werden. Beispiele eines abwegigen gesetzgeberischen Vordrängens sind, um Wichtigeres hervorzuheben: die gesetzliche Regelung der Kausalitätsfrage bei den Unterlassungsdelikten, die Vorschläge hinsichtlich der Straflosigkeit der ärztlichen Behandlung usw.[8]).

Als Vorbilder freier, schöpferischer Auslegung seien z. B. die bedeutsamen Entscheidungen der französischen, englischen, auch der amerikanischen Gerichte auf den Gebieten des wirtschaftlichen Wettbewerbs angeführt. Bekanntlich vermochte unser Reichsgericht selbst auf dem Gebiete des rheinischen Zivilrechts den Bahnen des französischen Kassationshofes nicht zu folgen, so daß unser erstes Wettbewerbsgesetz von 1896 erforderlich wurde, dessen kasuistischer Regelung und Auslegung wiederum der Gesetzgeber durch Einführung der Generalklausel des Gesetzes von 1909 abhelfen mußte.

Um noch ein besonders auffallendes und bedeutsames Beispiel zu nennen: eine traurige Blüte des Pressewesens unserer Tage sind die Skandalblätter, die vielfach durch maßlose, sensationelle Verkündung von privaten Erlebnissen einzelner Personen diese in der bösartigsten Weise bloßstellen, in der Achtung ihrer Mitmenschen herabsetzen, sie vielfach mehr oder weniger unmöglich machen, die damit keinem beachtenswerten öffentlichen

---

[8]) Die gesetzgeberischen Krücken sind in diesen Beispielsfällen zudem von so fehlerhaftem Material, daß sie den Patienten sehr leicht in der bösartigsten Weise zu Fall bringen können. Ein beliebiges Beispiel zu den obigen Ausführungen: Mit Unrecht „bestritten" umfaßte § 218 I (Abtreibung durch die Schwangere selbst) auch den Fall des willentlichen Geschehenlassens der Abtreibung durch andere. Die Novelle 1926 will der schwächlichen Auslegung durch eine Stütze zu Hilfe kommen, indem sie ergänzend die Zulassung durch andere in den Tatbestand des Gesetzes ausdrücklich aufnimmt. Sofort fällt die Auslegung nach der anderen Seite ins Fehlerhafte, indem sie, den erläuternden Vermerk mißdeutend, aus der „Zulassung" einen neuen bisher nicht gekannten Tatbestand konstruiert (vgl. RGSt. 61, 360). Will die Novellengesetzgebung jetzt wieder korrigierend diese Methode fortsetzen? Dann wird sie nie zur Ruhe kommen, einen ganzen Beamtenstab schulmeisterlich stets an der Feder halten müssen.

Interesse, vielmehr ihrer Gewinnsucht dienen. Was nun auch das neue Strafgesetz an besonderen Mitteln der Bekämpfung bringen mag, für eine verständige Auslegung kann es kaum zweifelhaft sein, daß sehr vieles dem geltenden § 185 zu unterstellen ist. Ohne Rücksicht auf irgendeinen Wahrheitsbeweis ist jedenfalls in der ganzen Kundgebung ein bösartiger Ausdruck der Nichtachtung gegeben: viel, viel bösartiger und in den Folgen weittragender als in den zahlreichen alltäglichen Fällen, in denen die praktische Anwendung des Gesetzes der Ehrabschneidung entgegenwirkt. Will man diesem rücksichtslos feindseligen Gebaren und dieser niedrigen Gewinnsucht freien Lauf lassen, bis besondere kasuistische Strafnormen ihnen entgegentreten, die wiederum bei unzulänglicher Auslegung die hinreichende Wirkung versagen können! Man denke hierbei an alle so verhältnismäßig unbedeutenden Fälle, in denen die Praxis eine unter § 185 fallende strafbare Kundgebung der Nichtachtung angenommen hat. Wie viel frivoler ist die Mißachtung, wie viel gefährlicher, verletzender, schädigender nach Form und Art ihr Ausdruck nicht in Fällen der hier fraglichen Art! Allerdings ist die Grenzführung auch hier nicht einfach: die Scheidung des im öffentlichen Interesse Erlaubten von der strafbaren und strafwürdigen Feindseligkeit, so zweifellos viele Fälle auf der einen wie der anderen Seite liegen mögen: eine verständige Abwägung der Interessen und ein kraftvolles Rechtsgefühl können die Rechtsprechung auch hier ebenso sicher und vielleicht sogar richtiger leiten als neue Strafnormen, die bei einem Versagen allerdings unabweisbar sind. Auf den Wahrheitsbeweis kann es, wie schon oben angedeutet, weil die Wahrheit als unerheblich unterstellt werden kann, in keiner Weise ankommen, da die ganze Kundgebung als solche den Ausdruck einer Mißachtung, ja eine bösartige Verhöhnung darstellt. Kann die Rechtsprechung zu einer solchen Stellungnahme sich nicht aufschwingen, so mag man den Vorschlägen der Entwürfe entsprechend die Offenbarung von Privatgeheimnissen mit besonderen Normen bekämpfen: vgl. E. 25 § 285, E. 27 § 313. Allerdings kann die vorgeschlagene Kasuistik wieder in die Irre führen und ergreift der geltende § 185 in richtiger Auslegung sicherer die strafwürdigen Fälle. Nur „Angelegenheiten des Privat- oder Familienlebens" sind in den bezeichneten Vorschlägen unter Schutz gestellt. Können nicht berufliche, gewerbliche usw. Angelegenheiten, die das öffentliche Interesse nicht berühren, in ähnlicher Art zu schnöder, aufs tiefste verletzender, aufs schwerste schädigender Verhöhnung mißbraucht werden! Jedenfalls sollte man demnach eine umfassendere Wendung, etwa einfach den Ausdruck „persönliche Angelegenheiten" wählen.

Die in das allgemeine Strafgesetz gehörenden strafrechtlichen Grundnormen müssen nun möglichst einfach und deutlich, möglichst klar sein und allgemein verständlich, auch möglichst fest und zuverlässig abgegrenzt. Das Gesetz als einzige Rechtsquelle hat ja im Strafrecht herkömmlich und natürlich eine ganz andere Bedeutung wie auf anderen Rechtsgebieten, wie dies schon in dem Satz „nulla poena sine lege", in der Beschränkung gewohnheitsrechtlicher und wissenschaftlicher Rechtsbildung zutage tritt. Mit Recht hat man diesen Satz als Art. 116 in die neue Verfassung aufgenommen: denn er ist in der Tat eine der allerwichtigsten Grundnormen des Rechtsstaates. Die wenigen das wirklich bösartige soziale Unrecht mit öffentlichen Strafen bedrohenden Normen müssen in kraftvoller volkstümlicher Gestalt und in einheitlicher folgerichtiger offener Anwendung Allgemeingut des Volkes werden. Sie müssen in das Volksbewußtsein eindringen wie der Inhalt der Verfassung.

Da sie wirklich nur das schlimmere soziale Unrecht zum Gegenstande haben, muß ihre Anwendung die nur in Zeiten der Rechtsverwirrung kritische Frage des Rechtsirrtums zurückdrängen; nur eine Strafmilderung darf im Falle rechtlichen Irrens regelmäßig in Frage kommen, da ja trotz des Irrtums eine bösartige soziale Missetat jedenfalls gegeben bleibt.

Da es sich im Strafrecht um mehr oder weniger vernichtende Eingriffe in das Leben des Staatsbürgers handelt, hat dieser ein Recht darauf, möglichst sicher und klar die Voraussetzungen solcher Eingriffe zu erfahren, und auch alle ausführenden Organe in der Strafrechtspflege, auf der eine so große Verantwortung lastet, haben ein besonders dringendes und berechtigtes Interesse daran, daß gesetzgeberisch ihrer Wirksamkeit eine möglichst feste und sichere Grundlage geschaffen wird. Hierin kann es keinen parteipolitischen Unterschied geben; alle Parteien, welche die Aufrechterhaltung und Entwickelung der Kultur erstreben, können hier nur einer Richtung sein. „Scharfe Präzisierung aller Strafbestimmungen, Garantie gegen den Mißbrauch der Hochverrats- und Landesverratsbestimmungen, Rechtsgarantien gegen willkürliche Anordnung der Sicherheitsverwahrung" sind z. B. Forderungen, die auf dem Sozialdemokratischen Parteitag in Kiel am 25. Mai 1928 gestellt wurden[9]). An der Durchführung dieser Forderung, an der Verteidigung der bisherigen Rechtssicherheit auf strafrechtlichem Gebiete gegenüber abwegigen, zum Teil schon verwirklichten „Reformen", an einer möglichsten Förderung und Steigerung noch dieser Rechtssicherheit, besteht ein allgemeines Kulturinteresse. Rechtsgarantien gegen Mißbrauch der Strafbestimmungen (nicht nur bei Hoch- und Landesverrat) sollte die allgemeine Losung sein. Und die beste „Rechtsgarantie" ist eben eine möglichst sorgfältige, zuverlässige und bestimmte Formulierung dieses nach der Verfassung wichtigsten staatlichen Grundgesetzes.

Ein Fall gesetzgebungstechnisch fehlerhafter Formulierung ist z. B. § 20 des E. 25: „Eine strafbare Handlung liegt nicht vor, wenn die Rechtswidrigkeit der Tat durch das öffentliche oder bürgerliche Recht ausgeschlossen ist." Ähnlich E. 27 § 23. Derartige Selbstverständlichkeiten gehören nicht in das Strafgesetz: was der Gesetzgeber an der einen Stelle ausdrücklich erlaubt, kann er unmöglich an der anderen sogar mit Strafe bedrohen.

Gesetzgebungstechnisch undenkbar sind auch sonstige Vorschläge zur gesetzlichen Regelung der Rechtswidrigkeitsfragen, etwa der allgemeine Satz, der mehrfach in der Literatur aufgestellt und vertreten wurde: eine Handlung sei nicht rechtswidrig, wenn sie das richtige, angemessene Mittel zur Erreichung eines staatlich anerkannten Zweckes darstelle. Derartige Wendungen sind zu allgemein, besagen wegen ihrer Begriffsweite zu wenig, können deshalb als gesetzgeberische Befehle nicht gedeihlich wirken. Mißbräuche in der Auslegung müssen eben wegen dieser Weite befürchtet werden. Ebensogut könnte man den Gesetzgeber sagen lassen: „Nicht rechtswidrig ist, was sozial nützlich ist" oder dergleichen.

Fehlerhaft ist besonders die vollkommene Auflösung des seit langer Zeit feststehenden Notwehrbegriffes E. 25 § 21 durch das Erfordernis der Angemessenheit; auf diese Frage wird noch näher einzugehen sein. Ähnlich abwegig auch E. 27 § 24 mit seinem Merkmal der Verhältnismäßigkeit.

Besonders unrichtig sind ferner E. 25 § 182, E. 27 § 196, die den Anstiftungsversuch unter Strafe stellen: jeden, der „einen anderen zu einem Verbrechen zu verleiten sucht": eine Vorschrift von geradezu unheimlicher Un-

[9]) Nach dem Bericht in Nr. 125 der Vossischen Zeitung v. 26. Mai 1928.

sicherheit, die an die Grundsätze des bolschewistischen Strafrechts erinnert. Wer kann mit einer solchen Norm zuverlässig das strafwürdige Unrecht ergreifen, wer will diese Norm einheitlich und sicher handhaben! Es ist, als ob das Verständnis für den Wert der in langen schweren Kämpfen errungenen Freiheitsrechte entschwunden wäre, und man dem mittelalterlichen Polizeistaat wieder entgegensteuerte! Man denke an die neueste Rechtsprechung des Reichsgerichts auf dem Gebiete „hoch- und landesverräterischer" Betätigung. Soll jedes einwirkende, zum Verbrechen reizende Gerede den Tatbestand des Gesetzes erfüllen! Wo ist die Grenze! Gesetzgebungstechnisch richtiger hat da das geltende Gesetz in § 49a nur viel behutsamer unter Aufrichtung fester äußerer Kennzeichen in dieses vage und zweifelhafte, schwer faßbare Gebiet des Anstiftungsversuchs eingreifen wollen. Nur um eine Fortbildung und Ausgestaltung dieser Vorschrift kann es sich auch für die Zukunft handeln.

Völlig verfehlt sind die Strafbestimmungen, in denen dem Strafrichter ein unbestimmtes sittenrichterliches Amt zugemutet wird, nach denen er mit Gefängnis, Zuchthaus und anderen Strafen die „Wahrung der guten Sitten" übernehmen soll; so etwa insbesondere E. 25 § 254: „Wer einen anderen durch Drohung mit einer Strafanzeige oder mit der Offenbarung einer Tatsache, die geeignet ist, den Ruf zu gefährden, nötigt, sich einer gegen die guten Sitten verstoßenden Zumutung zu fügen, wird mit Gefängnis bestraft, gleichviel, ob das angedrohte Übel den Bedrohten selbst oder einen seiner Angehörigen treffen soll. In besonders schweren Fällen ist die Strafe Zuchthaus bis zu zehn Jahren." Ähnlich E. 27 § 280.

Vollkommen verfehlt ist auch E. 25 § 239, E. 27 § 264: „Wer eine Körperverletzung mit Einwilligung des Verletzten vornimmt, wird nur bestraft, wenn die Tat trotzdem gegen die guten Sitten verstößt." Es geht nicht an, für einen so erheblichen Teil des strafbaren Unrechts gesetzlich die Strafrichter anzuweisen, mit peinlichen Strafen allgemein die „gute Sitte" zu schützen. Ebenso abwegig KE. § 293.

Zu unbestimmt und deshalb gleichfalls gesetzgeberisch nicht verwendbar ist trotz gedanklicher Richtigkeit z. B. auch der Vorschlag Mezgers GS. 89, 273, nach welchem „die Einwilligung des Verletzten im Gebiet der Körperverletzung dort und nur dort als unwirksam angesehen werden muß, wo durch die Tat der Verletzte in erheblicher Weise an der Erfüllung seiner sozialen Aufgaben beeinträchtigt wird".

Nach E. 25 § 231 soll die Strafrechtspflege bei wissentlicher Lebensgefährdung die „Gewissenlosigkeit" mit Zuchthausstrafen rügen; ähnlich nach E. 27 § 243 die wissentliche, „gewissenlose" unmittelbare Gefährdung von Menschenleben mit Gefängnis- oder Zuchthausstrafen[9a]). Die Lebensgefährdung wird durch die allgemeinen Strafdrohungen auch gegen fahrlässige Tötung, Körperverletzung usw., ferner durch die besonderen Normen gegen Aussetzung, Vergiftung usw. richtiger bekämpft als durch diese schwere, gegen jede „Gewissenlosigkeit" gerichtete Strafdrohung. Einem Kraftfahrer[10]), der vielleicht in drängender Eile in einen Menschenhaufen hineinfährt, drohen neben den Übertretungsvorschriften die allgemeinen, strengen Strafnormen über Tötung und Körperverletzung, hat er Glück, verletzt er niemanden, so ist es nicht angezeigt, eine nicht leicht abwägbare und abgrenzbare „Gewissenlosigkeit" mit schweren Strafen zu ahnden. Auch jeder sonstigen rechts-

[9a]) Ähnlich Werthauer, Strafbuchentwurf § 16, 2, n: „wer unbefugt . . . abgesehen von den vorstehenden Fällen, wissentlich eine unmittelbare Gefahr für Menschenleben herbeiführt."

[10]) Beispiel aus der Begründung zum E. 27, S. 126.

widrigen Betätigung können „Zufall und Glück" eine günstige Wendung schenken: selbst dem abgefeimtesten Mörder, der durch Zufall an der Ausführung seines auf die bösartigste Weise in Vorbereitungshandlungen nur betätigten Planes gehindert wird. Eher könnte man seine hier einwandfrei feststellbare „Gewissenlosigkeit" mit Strafe bedrohen. Nicht einmal Übertretungsstrafe ist hier und in zahlreichen ähnlichen Fällen verwirkt. Die gegen „gewissenlose" Lebensgefährdung vorgeschlagenen Strafvorschriften sind wegen ihrer Unbestimmtheit gesetzlich unbrauchbar. Die nicht rechtswidrigen, jedenfalls strafrechtlich zweifellos nicht zu bekämpfenden Lebensgefährdungen, denen berechtigte sportliche, soziale, wissenschaftliche Interessen zugrunde liegen, könnten durch solche allgemein gegen „Gewissenlosigkeit" gerichtete Strafdrohungen, namentlich wenn abwegige Gerichtsentscheidungen „gefährdend" hinzutreten, leicht ungebührlich gefährdet werden. Die beiden sehr weiten und dehnbaren Begriffe der „Lebensgefährdung" und der „Gewissenlosigkeit" häufen zuviel Unsicherheits-, „Gefährdungs"momente auf eine einzelne Strafnorm[11]).

Verfehlt ist auch die gesetzgeberische Verwertung des Begriffes der „Zumutbarkeit" wie in E. 25 § 22, E. 27 § 25; bei der Weite und Blässe dieses Begriffes bedarf dies keiner weiteren Erörterung.

Als Beispiel unbrauchbarer Formulierung sei noch angeführt die von H. Endemann in der bemerkenswerten Schrift über „Die Hetze" 1924 S. 160 vorgeschlagene Norm: „Wer die Achtung vor der grundsätzlichen Verbindlichkeit der Rechtsordnung untergräbt, um in einem andern die innere Bereitschaft zu strafbarem Tun oder Lassen zu erzeugen, wird mit Gefängnis bis zu einem Jahre oder mit Geldstrafe bestraft." Die Grenzen dieses in sehr allgemeinen Begriffen gefaßten Satzes verschwimmen vollkommen im Ungewissen.

Unbrauchbar ist endlich auch die von Bendix[12]) vorgeschlagene Strafnorm der Rechtsbeugung: „Wenn der Staatsgerichtshof zu der Überzeugung gelangt, daß der berufsrichterliche Amtsinhaber sich bei der Leitung oder Entscheidung einer Rechtssache von amtsfremden oder freistaatsfeindlichen Beweggründen oder Bewegungskräften bestimmen oder mitbestimmen läßt, hat er ihn wegen Rechtsbeugung zu bestrafen." Alles ganz unbestimmte, eine sichere Abgrenzung nicht im geringsten ermöglichende Wendungen, die tatsächlich eine bolschewistische Rechtsprechung nach Deutschland übertragen würden, ja, die durch „Analogie" über die gesetzlichen Tatbestände hinausgreifende russische Justiz an Unsicherheit und Willkür wohl fast noch überbieten könnten[13]).

Hinsichtlich der Anwendung der Strafnormen muß sodann das Legalitätsprinzip in Geltung bleiben, darf jedenfalls nicht weiter abgebaut werden; es ist einer der wichtigsten Grundpfeiler des Rechtsstaates. Darf das freie Ermessen der Behörden über die Verfolgung entscheiden, dann müssen Zweifel und Unruhe, zersetzende Unzufriedenheit und staatsgefährliche agitatorische Kritik, sich in gefährlicher Weise steigern. Überall werden unsachliche insbesondere politische Motive vermutet hinter der Strafe, die den einen vernichtend getroffen hat und der vollkommenen Verschonung des anderen nach

---

[11]) Vgl. hierzu insbesondere auch v. Hippel, Vergleichende Darstellung, Allg. Teil 3, 597.

[12]) Die Justiz, 2. Jahrg. (1926) 42ff. Dagegen Ebermayer, Deutsche Richterzeitung 1927, 60ff.

[13]) Unverwertbar sind aus den oben dargelegten Gründen insbesondere auch durchweg die Gesetzgebungsvorschläge von Werthauer, Strafbuchentwurf 1929; inhaltlich mögen seine Ausführungen mancherlei erwägenswerte Anregungen bieten.

allen erkennbaren Merkmalen gleich schuldigen Verbrechers! Wer eine mit Strafe bedrohte Missetat begangen hat, muß dem Gesetze verfallen sein: nur von der außerrechtlichen, noch höheren Instanz der Gnade darf er aus ganz besonderen Gründen Milderung oder gar Erlaß der Strafe erhoffen.

III.

Nun zum Inhalt des Strafgesetzes selbst, soweit in einem kurzen Gang das Wichtigste zu überblicken ist.

Der allgemeine Teil hat alle für das Ganze wichtigen Grundnormen zu enthalten.

1.

Nicht unrichtig ist es, daß die Entwürfe die Regeln über das Strafgesetz und seine Geltung voranstellen.

Die Vorschrift über Ort und Zeit der Tat wäre m. E. besser wie folgt zu fassen:

> Eine Tat ist überall dort begangen, wo sie, wenn auch nur teilweise, ausgeführt oder ihr Erfolg eingetreten ist; im Falle des Versuchs auch dort, wo der Erfolg eintreten sollte.
>
> Für die Begehungszeit einer strafbaren Handlung ist der Eintritt ihres Erfolges bedeutungslos.

Der Abschnitt über den Sprachgebrauch (E. 25 §§ 10ff., E. 27 § 9) kann fortfallen mit Ausnahme der Vorschrift über die Abgrenzung der Begriffe Verbrechen, Vergehen, Übertretungen, die den Abschnitt über die strafbare Handlung zu eröffnen hat. In E. 25 § 11, E. 27 § 9 sind zum Teil nur vereinzelt vorkommende Begriffe in einer schülermäßigen Form aufgezählt, zum Teil in fehlerhafter Bestimmung und mit Selbstverständlichkeiten[14]). Die einer gesetzlichen Umgrenzung bedürftigen Begriffe können bei ihrer erstmaligen Verwendung im Gesetz ihre Kennzeichnung finden.

2.

Dem 1. Abschnitt über das Strafgesetz folgt der 2. über die strafbare Handlung, zunächst eine Norm nach Art des § 10 E. 25, § 11 E. 27. Nach dieser formellen Einleitung muß sodann gleich die Norm über die Zurechnungsfähigkeit gegeben werden, denn diese ist die erste Voraussetzung jeder Anwendung des Strafgesetzes, jedes strafrechtlichen Vorwurfes, jeder kriminellen Verantwortlichkeit überhaupt. Ob die verminderte Zurechnungsfähigkeit nicht besser dem späteren, der Strafzumessung gewidmeten Abschnitt vorzubehalten ist, wird noch zu erörtern sein. Lehnt man dies ab, gehört auch ihre Regelung an diese Stelle. Ebenso die Norm über die Taubstummheit. Ferner sind die strafrechtlichen Vorschriften des Jugendgerichtsgesetzes, geläutert, hierhin zu übernehmen.

Die Normen über die Straftat selbst haben sodann ihre objektiven und subjektiven Merkmale zu regeln. Hinsichtlich des objektiven Tatbestandes ist § 14 E. 25, der die Kausalität der Unterlassung in Abrede stellt, völlig verfehlt, beruht auf einem gänzlichen Mangel philosophischer Erkenntnis.

---

[14]) Vgl. gegen einzelne dieser Begriffsbestimmungen Wachenfeld, Allg. Teil des E. 25 S. 10f., Noch unzulänglicher sind die Vorschläge Werthauers, Strafbuchentwurf S. 25, der insbesondere glaubt, gesetzgeberisch klarstellen zu müssen, daß zur species „Mensch" auch der „Zwitter" gehört: „Sprachgebrauch. Im Sinne dieses Gesetzes ist: . . . 3. Täter: eine männliche oder weibliche Person (letztere wird durchweg als Frau bezeichnet) oder ein Zwitter (d. i. ein Mensch, bezüglich dessen nach medizinischen Grundsätzen nicht sicher das Geschlecht festzustellen ist) . . ." Der Tierbegriff wäre dann wohl auch in ähnlicher Weise gesetzlich zu erläutern.

Seltsamerweise wird im Gegensatz zum Wortlaute des § 14 in seiner Überschrift „Herbeiführung eines Erfolges durch Unterlassung" die Kausalität doch wieder bejaht. Diese verwirrte Behandlung einer wissenschaftlichen Frage kann unmöglich bestehen. Das Gesetz kann dieses wissenschaftlich — wenn auch zu Unrecht — noch streitige Problem ruhig der Praxis überlassen[15]), die auch bisher ohne eine solche bedenkliche gesetzliche Krücke den rechten Weg gegangen ist, den Unterlassungsverbrecher bestraft hat, ohne Rücksicht darauf, daß eine falsche wissenschaftliche Lehre die Verursachung des Erfolges durch ihn, also die selbstverständlichste erste Voraussetzung jeder strafrechtlichen Verantwortlichkeit, in Abrede stellte. Auf diese Frage, der Verursachung durch Unterlassung, trifft, da diese sinnfällig gegeben ist, tatsächlich der Satz zu, mit dem Schopenhauer seine Abhandlung „Zur Rechtslehre und Politik" eröffnet: „Ein eigentümlicher Fehler der Deutschen ist, daß sie, was vor ihren Füßen liegt, in den Wolken suchen." Selbstverständlich kann man niemanden wegen Tötung bestrafen, der objektiv gar nicht getötet hat. Zutreffender setzen die Entwürfe von 1913, § 24 und 1919, § 16 (bedenkenfrei auch E. 27 § 22), die Kausalität der Unterlassung als selbstverständlich voraus und grenzen nur die strafrechtliche Verantwortlichkeit ab durch die richtig erwogenen Sätze: „Wegen Herbeiführung eines Erfolgs durch Unterlassung ist nur strafbar, wer rechtlich verpflichtet war, den Eintritt des Erfolgs durch Handeln zu verhindern. Diese Pflicht besteht auch für den, der durch seine Tätigkeit die Gefahr des Eintritts des Erfolgs herbeigeführt hat." Will man eine solche Norm in das Gesetz aufnehmen, so wäre sie vielleicht einfacher zu fassen wie folgt:

> Die Verantwortlichkeit für einen durch Unterlassung verursachten Erfolg setzt eine Rechtspflicht zum Handeln voraus. Eine solche hat namentlich, wer die Gefahr des Erfolgeintrittes durch seine Tätigkeit verursacht hat.

Es hat keinerlei Bedenken, ist sogar zu billigen, daß der 21. Ausschuß in erster Lesung die Bestimmung des § 22 E. 27 gestrichen hat. Wissenschaft und Praxis werden seinen Inhalt auch ohne gesetzliche Formulierung zur Geltung bringen.

Die Begriffe des subjektiven Tatbestandes, der Schuld, könnten, da im Grundsätzlichen wissenschaftlich völlig geklärt, im neuen Strafgesetz erläuternd sehr wohl gegeben werden[16]).

Die in den Beschlüssen des Reichstagsausschusses beibehaltenen Normen E. 27 §§ 17ff. über die strafrechtlichen Schuldbegriffe sind allerdings durchaus unzulänglich und in wesentlichen Punkten verfehlt. Hingehen mag noch die Vorsatzbestimmung des § 17: „Vorsätzlich handelt, wer den Tatbestand der

[15]) Zutreffend, ganz im Sinne meiner Ausführungen „Strafrechtliche Grundbegriffe" S. 57ff., insbesondere RGStr. 58 S. 131: „Ursachenzusammenhang zwischen der Unterlassung und dem rechtsverletzenden Erfolge liegt vor, wenn die Unterlassung nicht hinweggedacht werden kann, ohne daß der Erfolg entfiele." Durchweg zutreffend auch Frank Note IV zu § 1. Abwegig auch jetzt noch v. Liszt-Schmidt (25. Aufl.) S. 163ff.

[16]) Eine gesetzliche Regelung ist leider wohl sogar nicht überflüssig. Die seltsam abwegigen Ausführungen, die z. B. der Ebert-Prozeß, ferner etwa das Leiferder Eisenbahnattentat gezeitigt haben, erfordern die oben vorgeschlagene bestimmte gesetzliche Regelung. Wer mit Wissen und Willen einen D-Zug in voller Fahrt zur Entgleisung bringt, der weiß und will, wenn er nur halbwegs noch gesunden Sinnes ist, daß er damit auch Menschenleben vernichtet. Daß dieser einzig wesentliche Vorsatzkern durch irgendwelche begleitende Vorstellungen oder Willensregungen nicht beseitigt wird, etwa das Begehren, zu rauben, oder der Eifersucht zu genügen, wird noch immer verkannt: als ob irgendwelche Motive nach unserem Strafgesetz es rechtfertigen könnten, einen Mitmenschen ums Leben zu bringen.

strafbaren Handlung mit Wissen und Willen verwirklicht oder die Verwirklichung zwar nur für möglich hält, jedoch für den Fall der Verwirklichung mit ihr einverstanden ist." Verfehlt ist insbesondere die in den Entwürfen, auch nach der ersten Lesung, vorgeschlagene Abgrenzung zur Fahrlässigkeit. Es zeigt sich hier, daß neue gesetzliche Normen in diesen Grundfragen des Strafrechts bei ungenügender Fassung leicht mehr Nachteil als Vorteil bringen können. § 19 bestimmt: „Fahrlässig handelt, wer die Sorgfalt außer acht läßt, zu der er nach den Umständen und nach seinen persönlichen Verhältnissen verpflichtet und fähig ist, und deshalb nicht voraussieht, daß sich der Tatbestand einer strafbaren Handlung verwirklichen kann, oder, obwohl er dies für möglich hält, darauf vertraut, daß es nicht geschehen wird."

Zutreffend wird beim bedingten Vorsatz wie bei der Fahrlässigkeit als ein wesentliches subjektives Element die Vorstellung der Möglichkeit des Erfolges festgestellt. Beim bedingten Vorsatz ist der Täter mit dem Eintritt des Erfolges „einverstanden", nach den Entwürfen, während er bei der bewußten Fahrlässigkeit „darauf vertraut, daß es nicht geschehen wird". Ohne weiteres entsteht die Frage: wie steht es bei Gleichgültigkeit des Täters gegenüber Folgen seines Handelns? Das große, psychologisch so vielgestaltige Gebiet, auf dem im Seelenleben des Täters weder eine Einwilligung in die als möglich vorgestellten Folgen vorliegt, noch auch die Strebensrichtung auf den Nichteintritt sich wendet, weder ein „Einverständnis" mit den Folgen noch auch ein „Daraufvertrauen", daß sie nicht eintreten, findet nach den Entwürfen keinerlei gesetzliche Regelung, müßte nach dem Grundsatz „nulla poena sine lege" (§ 1 der Entwürfe, Art. 116 RVerf.) straflos bleiben. Um zu vernünftigen Ergebnissen zu gelangen, auf diesem fundamentalen Gebiete nicht ein ganzes Gewirre von Unzuträglichkeiten aufkommen zu lassen, müßte man schon den mit Recht bekanntlich strengen allgemeinen Auslegungsgrundsätzen des Strafrechts einige Gewalt antun. Das dargestellte große Gebiet der Gleichgültigkeit ist in den bezeichneten Normen übergangen: weder „Einverständnis" noch „Vertrauen" auf den Nichteintritt liegt vor, wenn der Täter sich überhaupt keinerlei Gedanken gemacht hat. Alle nach der einen oder anderen Richtung verwertbaren Gedankenregungen fehlen vielfach oder sind nicht feststellbar. Blitzartig taucht im Wollen und Handeln des Menschen vielfach die Vorstellung einer möglichen Folge auf, oder mit längerer Dauer schwebt sie als eine blasse Begleitvorstellung, die in den Drang der bewegenden Elemente nicht einzutreten vermag, in den Seiten- und Hintergründen des Bewußtseins. Weder das Einwilligen nach der einen noch das Vertrauen nach der anderen Seite ist feststellbar. Die Entwürfe lassen eine Lücke, bedenklich wegen der übergroßen Bedeutung des Rechtsgebietes. Ihr Wert bleibt daher in diesem Punkte hinter dem geltenden Gesetz, das ohne besondere Normen die psychologischen Wahrheiten selbst unmittelbar wirken läßt, erheblich zurück. Will man eine Schuldnorm gesetzlich formulieren, so wäre etwa zu sagen:

> Vorsätzlich handelt, wer eine Tat mit Wissen und Willen ausführt; auch wer den Erfolg seiner Tat nur für möglich hält, handelt vorsätzlich, wenn er ihn für den Fall seines Eintritts will[17]). Fahrlässig handelt, wer die nach den Umständen und seiner persönlichen Lage erforderliche Sorg-

[17]) Oder: mit dem Eintritt „einverstanden ist", in den Eintritt „einwilligt". Man kann das erforderliche Willensmoment verschieden bezeichnen. Meyer-Allfeld, Lehrbuch des Strafrechts (8. Aufl., 1922) S. 170: den als möglich gedachten Erfolg „in seinen Willen aufnimmt". Zutreffend auch Köhler, Deutsches Strafrecht (1917) S. 265, wo verlangt wird, „daß der Wille ... zu diesem Erfolg bejahende Stellung genommen hat".

falt außer acht läßt und deshalb die Folgen seines Verhaltens nicht erkennt oder sie zwar als möglich sich vorstellt, ihren Eintritt aber nicht will."

Genügen würde und hinreichend deutlich sein auch die folgende Vorschrift:

Vorsätzlich handelt, wer eine Tat mit Wissen und Willen begeht. Auch wer den Erfolg einer Tat für möglich hält, handelt vorsätzlich, wenn er ihn für den Fall seines Eintritts will; andernfalls fällt ihm nur Fahrlässigkeit zur Last[18]).

Unter keinen Umständen dürfen die in den Entwürfen vorgeschlagenen Bestimmungen Gesetz werden, die das mannigfaltige Gebiet schwacher, gleichgültiger Möglichkeitsvorstellungen vollkommen unbeachtet lassen. Eine Vorstellung möglichen Erfolgeintritts kann nur dann den Vorsatz begründen, wenn sie willensbetont ist. Dieses Willensmoment muß auf der als möglich vorgestellten Folge ruhen. Alles Schwächere, insbesondere das Gleichgültige fällt in das Gebiet der Fahrlässigkeit, verdient nicht die strenge Vorsatzstrafe. Unmöglich, psychologisch verkehrt und ungerecht ist es, die Annahme der Fahrlässigkeit auf die Fälle zu beschränken, in denen der Täter geradezu „darauf vertraut", daß der Erfolg nicht eintritt[19]). Die mannigfaltigen Erscheinungen des Lebens sind von den Vorschlägen der Entwürfe auf diesem wichtigen Gebiete ziemlich hilflos behandelt. In wie verschiedener Art und Kraft kann nicht eine Möglichkeitsvorstellung im Handeln des Menschen auftreten: in kaum faßbarer, flüchtigster Form, aus den Fluten des Halbbewußten wenig und kurz nur hervortauchend bis zur deutlichen Erkenntnis der gedanklich verarbeiteten Gegenstände und Zusammenhänge. In den Fällen der letzteren Art ist es vielfach begründet, einem Täter, der den als möglich erkannten Folgen gegenübersteht, sie zum Vorsatz zuzurechnen, da er gehandelt hat, obwohl er den möglichen Eintritt klar erkannte, indem er die möglichen Folgen mit in Kauf nahm; man kann vielfach sagen, daß er sie für den Fall des Eintritts gewollt hat. Der Vorsatz würde ausgeschlossen sein auch in Fällen einer solchen breiten Erwägung, wenn etwa der Täter auf Geschick und Fähigkeiten vertrauend die Vermeidung der unglücklichen Folgen erhofft hätte. Aber auch die plötzlich ohne große Erwägung auftretende Möglichkeitsvorstellung kann willensbetont sein.

Die Außerachtlassung namentlich aller gleichgültigen Möglichkeitsvorstel-

---

[18]) Der Begriff der Fahrlässigkeit erfordert im übrigen eine gesetzliche Beschreibung nicht; schwerlich könnte eine solche über das deutliche, eingebürgerte und verständliche Wort hinaus Deutlicheres bieten.

Auch zwischen Vorsatz und Fahrlässigkeit ist die Grenze vielfach nicht leicht erkennbar, zeigen sich mannigfache Übergangserscheinungen; das hat unser Assistent Dr. Wimmer m. E. (ZStW. 47, 101 ff.; 49, 675 ff.) in bezeichnender Weise dargetan, wenngleich ich seinen Ausführungen nicht überall zustimmen kann. Die Scheidung ist gerade im Strafrecht eine fundamentale und beizubehalten, die Fahrlässigkeit mit strafrechtlichen Mitteln nur in sehr eingeschränkter und behutsamer Weise zu bekämpfen, die Strafdrohungen milder zu normieren, aber — auch das ist anzuerkennen — an die für die vorsätzliche Begehung vorgesehenen Strafrahmen anzuschließen. Die zahlreichen Grenzfälle lassen eine Unterbrechung als sachlich unrichtig und ungerecht erscheinen.

[19]) Die außerordentliche Bedeutung dieser Fragen machen dem Gesetzgeber Behutsamkeit und Vorsicht gerade hier zur besonderen Pflicht. Mit Recht bemerkt v. Hippel in der Vorbemerkung seiner diesen Problemen gewidmeten Untersuchung, Vergleichende Darstellung, Allg. Teil 3, 373: „daß wenige Lehren des Strafrechts von derartig weittragender praktischer Bedeutung sind, wie die hier behandelte. Jede Ausdehnung oder Einschränkung des Vorsatzgebietes ist entscheidend für das Schicksal unzähliger Menschen bei Aburteilung der allerverschiedensten Delikte."

lungen aber in ihren mannigfaltigen Erscheinungsformen in den Entwürfen ist unrichtig und muß auf die Praxis irreführend wirken. Lieber nach Art des geltenden Gesetzes gar keine Vorschrift als die vorgeschlagenen, die in einer sehr plumpen und unbeholfenen Art die feinsten und schwierigsten Gebiete der Psychologie meistern wollen.

Zu beachten ist ferner, daß der bedingte von dem bestimmten oder direkten Vorsatz nicht durch eine scharfe Grenze geschieden werden kann. Jedenfalls ist eine verschiedene Bewertung nicht begründet. In sehr vielen Fällen besonders starken und energischen Vorsatzes steht der Erfolg nur als ein möglicher, nicht als ein bestimmter in der Vorstellung des Täters. In der mannigfaltigsten Art, mit der verschiedensten Kraft können Möglichkeitsvorstellungen das Handeln des Menschen begleiten. Ein sehr zäher, unentwegt energischer verbrecherischer Wille kann eine Art der Verwirklichung wählen, die keineswegs ein bestimmtes, vielleicht sogar ein nur entfernt mögliches Ergebnis verspricht. Eine besondere Kraft des verbrecherischen Willens kann sich gerade darin offenbaren, daß er beim Mangel sonstiger Aussichten selbst eine entferntere Möglichkeit ergreift, sein Ziel zu erreichen: ein Attentäter hat sich vergeblich um Gelegenheiten bemüht, endlich findet er eine sehr ungewiß nur den Erfolg versprechende; aus großer Entfernung etwa nur, durch Begleitumstände gehemmt, kann er einen Schuß abfeuern, eine Bombe werfen. Das Gelingen erscheint ihm fast unwahrscheinlich, er will es dennoch auf diesem Wege einmal versuchen. Selbstverständlich ist er mit dem als möglich vorgestellten Erfolg einverstanden. Eine klare Möglichkeitsvorstellung und ein besonders fester, energischer verbrecherischer Wille zeichnen diesen Fall aus. Auf der anderen Seite stehen die Fälle mit schwachen Möglichkeitsvorstellungen und den sie begleitenden wenig energischen, aber doch noch zustimmenden Willensregungen. Dazwischen die reiche, vielartige Fülle der Variationen; eine schwache Möglichkeitsvorstellung bzw. Erwägung kann verbunden sein mit starkem Willen. Der Täter hat über Möglichkeiten kaum nachgedacht, aber der lebhaft erstrebte Erfolg beherrscht ihn mit energischer Kraft. Ebenso ist das Umgekehrte denkbar: eine breite Möglichkeitskalkulation mit schwachem Willen: „von des Gedankens Blässe angekränkelt". Die reichste Möglichkeit der Gestaltung bietet das Leben. Jedenfalls geht es deshalb nicht an, ist es unrichtig und ungerecht, für einen erheblichen Bereich der vorsätzlichen Delikte ein unzulänglich bezeichnetes Gebiet des „bedingten Vorsatzes" auszuschalten[19a]).

Verfehlt ist demnach E. 27 § 18: „Wo das Gesetz wissentliches Handeln fordert, genügt zur Strafbarkeit nicht, daß der Täter die Verwirklichung des Tatbestandes nur für möglich hält und für den Fall der Verwirklichung mit ihr einverstanden ist." Diese Bestimmung, welche die Aufgabe haben soll, den „bedingten Vorsatz" auszuschließen, begreift auch jedenfalls große Bereiche bestimmtesten und besonders energischen Vorsatzes: überhaupt alle Erscheinungen, die eine Möglichkeitserwägung des Täters über das Gelingen seiner Tat aufweisen. Auch ein mit außerordentlicher verbrecherischer Energie unentwegt mit starkem Vorsatze sein Ziel erstrebender Bösewicht kann in einer gegebenen Situation den Eintritt des Erfolges bloß für möglich, vielleicht nicht einmal wahrscheinlich halten: eine sich selten bietende Gelegenheit will

---

[19a]) Abwegig sind hier auch die Vorschläge Werthauers, Strafbuchentwurf S. 23, der das Gebiet des dolus eventualis fast ganz der Fahrlässigkeit überweist, was psychologisch unrichtig und praktisch ungerecht ist: „Fahrlässig handelt der Täter auch, wenn er die Verwirklichung des Tatbestandes nur für möglich hält, aber trotzdem mit der Verwirklichung einverstanden ist, oder wenn er darauf vertraute, daß sie nicht eintreten werde."

er jedenfalls zu einem Versuch benutzen, für den Fall der Verwirklichung ist er mit dieser einverstanden; er würde den in § 18 bezeichneten Strafnormen entzogen sein. § 18 verdient Beseitigung.

Da das Vorsatzgebiet ein einheitliches ist, verdient der sog. dolus eventualis keine Sonderstellung; er muß in allen Fällen vorsätzlicher Begehung genügen. Verfehlt ist es, dem Vorsatze noch den besonderen Begriff der „Wissentlichkeit" an die Seite zu stellen, der das Vorsatzgebiet ohne dolus eventualis umfassen soll. Angesichts der wirklichen Entstehung und Entfaltung der Vorstellungs- und Willensvorgänge ist eine solche Scheidung nicht haltbar. Die eine Handlung erfüllenden Vorstellungen sind so mannigfach mit Willensregungen durchsetzt, daß eine Grenzziehung hier nicht möglich, sachwidrig und ungerecht ist. Bisweilen ist ein einzelnes Motiv das Bewegende, Treibende: alles andere wird von ihm als teils gleichgültiges, teils sogar widerstrebendes Beiwerk mitgezogen. A braucht 10 M., um seiner Geliebten eine Freude zu machen, um ein Defizit zu decken, eine zwingende Schuld zu tilgen usw., und der ganze sich ihm bietende und entwickelnde Tatbestand des Diebstahls, der Unterschlagung, des Betruges usw. wird von jenem ihn beherrschenden Streben mitgerissen. Allen verbrecherischen Tatbestandsmomenten wohnt in solchen Fällen ein eigenes Wirklichkeitsstreben nicht inne. Alles steht im Dienste jener Bestrebung, alles wird von jenem Motiv bestimmt, bewegt sich, mitgezogen von seinem Wirklichkeitsdrang. So geartet vollzieht sich vielfach die Entwickelung des Verbrechens. Mehrfach wirken aber auch andere Willensregungen unterstützend oder widerstrebend dazwischen. Vielleicht ist ein einzelnes Glied des zu jenem Ziele strebenden Verwirklichungsvorganges von eigener Lust oder einer sonstigen Wirklichkeitsstrebung erfüllt; möglicherweise wirken vorn oder seitwärts andere Ziele, die das Seelenleben gleichfalls mit Verwirklichungsimpulsen erfüllen. Alle diese Seelenvorgänge haben für die Vorsatzfrage keine entscheidende Bedeutung. Wer einen verbrecherischen Tatbestand mit Wissen und Willen verwirklicht, handelt vorsätzlich, gleichviel wie im Drange des Seelenlebens die Tat im übrigen sich ausnimmt, welche Vorstellungen und Willensregungen sie im übrigen erfüllen und begleiten. Dies trifft allemal auch dann in gleicher Weise zu, wenn eine Folge nur als möglich vorgestellt, aber für den Fall des Eintritts gewollt ist. Da die Vorstellungen und Erwägungen von Möglichkeiten und Gewißheiten in der vielartigsten Fülle von Erscheinungen und unmerklichen Übergängen variieren, in gleichem Maße auch die Willensregungen, die jene Vorstellungen durchdringen und begleiten, ist es nicht möglich, mit einem Begriffe der Wissentlichkeit in sachlich richtiger und gerechter Weise einen Teil der Vorgänge herauszugreifen und einer besonderen Behandlung zu unterstellen. Der Begriff der Wissentlichkeit mit den an ihn geknüpften Folgen verdient nicht Aufnahme in das neue Strafgesetz.

Das Wort „Absicht" findet in den Entwürfen die richtige Verwendung, zur Bezeichnung des zu einem bestimmten Erfolge treibenden Motivs; gleichgültig ist, ob diesem die bewegende Kraft selbst innewohnt, oder ob es sie aus irgendwelchen sonstigen Seelenvorgängen entlehnt hat. Die hier fraglichen willensbetonten Vorstellungsteile sind durch die kausale Beziehung, das Motivationsmoment, hinreichend gekennzeichnet und abgegrenzt.

Anerkennung verdient auch E. 25 § 15 (E. 27 § 21), der die Reste der Erfolgshaftung im geltenden Recht beseitigt, indem er sie an die Voraussetzung einer Fahrlässigkeit bindet. Er betrifft den objektiven und den subjektiven Tatbestand.

3.

Nach Kennzeichnung der Straftat folgen nunmehr im 3. Abschnitt die wichtigsten einer gesetzlichen Regelung zugänglichen allgemeinen Tatbestandsmerkmale des Verbrechens, die in der Abwesenheit von Notwehr und Notstand begründet sind.

Die allgemeinen Tatbestandsmerkmale, die man auch als „unbenannte", „ungeschriebene" Merkmale bezeichnen kann, soweit sie, was die Regel ist, im Gesetze, namentlich im besonderen Teile eine nähere Kennzeichnung nicht erfahren haben, werden sehr vielfach mißdeutet und irrig bewertet. Sie stellen Bestandteile des Tatbestandes dar, die den in den besonderen Bestimmungen beschriebenen (Sache, fremd, wegnehmen in § 242, Mensch, töten usw. in § 211) in jeder Hinsicht, in der objektiven wie der subjektiven Beurteilung, völlig gleichstehen. Auch die Fragen der „Rechtswidrigkeit" und des Rechtsirrtums unterliegen bei beiden Arten der gleichen Behandlung.

Die Notwehr ist dem geltenden Gesetz entsprechend zu regeln. Die vollständige Verwässerung und Auflösung dieses festen und wichtigen Begriffes durch E. 25 § 21 „in einer den Umständen angemessenen Weise verteidigt" verstößt gegen die elementarsten Regeln strafgesetzlicher Normgestaltung. Da in der Notwehr das Recht sich gegen das Unrecht, das in einem bösartigen menschlichen Angriff erscheinende Unrecht verteidigt, ist es eben „den Umständen angemessen", daß hier die Verteidigung eine sehr weitgehende sein kann: nicht dem Angegriffenen darf die Rechtsordnung zumuten, die Verteidigung, den Angreifer muß sie drängen und zwingen, vom Angreifer muß sie verlangen, den Angriff zu unterlassen. Daß es nicht erlaubt sein kann, um einer Nichtigkeit willen, einer Kirsche[20]), einer Semmel[21]), um einen Schneeball„angriff" abzuwenden usw. (Beispiele, die nicht die Praxis, sondern die Literatur gezeitigt hat), ein Menschenleben zu vernichten, kann eine von vernünftigen Richtern gehandhabte Praxis ohne besondere leicht in die Irre führende gesetzliche Normierung sicherstellen[21a]). In der ganzen rechtsgeschichtlichen Entwicklung hatte die verständige Praxis hier keine Schwierigkeiten.

Ebenso verfehlt ist die in E. 27 § 24 vorgeschlagene Fassung: „Eine Tat, die in Notwehr begangen wird, ist nicht rechtswidrig. In Notwehr handelt, wer sich oder einen andern gegen einen gegenwärtigen rechtswidrigen Angriff verteidigt, soweit die Verteidigung erforderlich ist, um den Angriff abzuwenden, und der von der Verteidigung zu erwartende Schaden nicht außer Verhältnis zu dem durch den Angriff drohenden Schaden steht". (In den Beschlüssen des Reichstagsausschusses beibehalten.) Hiernach soll sich also der Staatsbürger auch die bösartigsten Angriffe gefallen lassen, derart, daß etwa ein wertvoller Hund trotz Abmahnung in frivolster Weise in seinen Garten, auf seine Hühner gehetzt wird; der Betroffene soll sich einer solchen Feindseligkeit nicht sofort erwehren dürfen. Auch die stärkste Verhöhnung durch offenbar rechtswidrige Angriffe soll man über sich ergehen lassen, wenn der aus der Wahrung des Rechts gegen das Unrecht entstehende Schaden erheblich größer ist als die durch die frivole Rechtswidrigkeit erlittene Benachteiligung. Wer von einem kleinen sehr wertvollen Hund, der von seinem Herrn gehetzt wird, angegriffen, nur in der Unversehrtheit seiner Beinkleider gefährdet wird, muß seine Verteidigung nach einer Güterabwägung abmessen, also

---

[20]) Beispiel Kohlers, Lehrbuch des bürgerlichen Rechts 1, 211 (1904).

[21]) Vorschläge der Münchener Jur. Studiengesellschaft, (Selbstverlag, München 1922) S. 18.

[21a]) Vgl. hierzu Kohlrausch, Reform des Strafrechts (1926) S. 19.

gegebenenfalls mit zerrissenen Beinkleidern umherlaufen, wenn die im Entwurf vorgeschriebene Abwägung der „Schäden" es gebietet. Sicherlich würde die Praxis auf Grund der bei uns vielfach noch herrschenden Auslegungsgrundsätze hier nicht selten bedenkliche Ergebnisse zeitigen. Anzuerkennen ist ja auch, daß die Auslegung im Strafrecht viel strenger zu handhaben, insbesondere an den gesetzlichen Wortlaut viel enger gebunden ist.

Wie kann man die Schadensabwägung als maßgebend hinstellen für Situationen, denen die bösartige Rechtswidrigkeit des einen, des angreifenden Teiles das charakteristische, das rechtlich wesentliche Gepräge gibt! Die nach dem geltenden StGB. und BGB. heute bestehende Regel ist bei weitem richtiger und gesunder, sie hat zu irgendwelchen Schwierigkeiten nicht geführt, ist jenen Vorschlägen unbedenklich vorzuziehen. Es muß auch bei uns dabei bleiben, daß sich das Recht des Unrechts erwehren darf, daß kein Verbrechen begeht, wer sich gegen einen rechtswidrigen Angriff in der erforderlichen Weise zur Wehr setzt. Auch die deutsche Rechtsprechung kann und wird diesen alten fast selbstverständlichen Grundsatz richtig handhaben.

Auf keinen Fall darf die Strafbarkeit in so äußerlicher Art auf das Maß des Schadens abgestellt werden, wie E. 27 dies vorschlägt, der das ganze durch die schuldhaft rechtswidrigen Angriffe, um die es sich hier handelt, doch so besonders stark getroffene persönliche Gebiet vollkommen außer acht läßt; er muß zu der Auslegung zwingen, daß, wenn etwa durch eine frivole feindselige Handlung nur verhältnismäßig geringwertige Güter eines Mitmenschen gefährdet werden, dieser bei Vermeidung öffentlicher Strafe die Werte abzuwägen verpflichtet ist, sich nicht wehren darf, entblößen lassen muß, wenn etwa nur eine abgenutzte, wertlose Arbeitshose in Frage steht. Solche Ungereimtheiten dürfen nicht Gesetz, vor allem nicht Strafgesetz werden. Zutreffender ist da sogar die Notstandsfassung des BGB. § 228, wo verlangt wird, daß „der Schaden nicht außer Verhältnis zu der Gefahr steht". Aber die „Verhältnismäßigkeit" gehört überhaupt nicht in das Notwehrrecht, das die erforderliche Abwehr jedes frivolen Angriffs gestatten muß, vielmehr hat sie nur im Notstandsrecht die wichtige Aufgabe der Abgrenzung.

Auch E. 27 § 24 II ist, wie auch das Folgende noch ergeben wird, völlig verfehlt.

Während der Notwehrbegriff fest und sicher begrenzt ist, kann das Notstandsrecht nicht mit der gleichen Zuverlässigkeit umschränkt werden. Die Notstandsvorschriften werden wohl die unbestimmtesten des Strafgesetzes bleiben müssen. Vielleicht verdient die folgende Fassung Erwägung:

> Nicht rechtswidrig handelt, wer in gefährlicher Notlage einen ihm oder einem anderen drohenden nicht anders abwendbaren Nachteil durch einen Eingriff in fremdes Recht beseitigt.

Diese strafgesetzliche Vorschrift findet in den Bestimmungen des BGB., die auch für das Strafrecht gelten, ihre Ergänzung: so daß sie hauptsächlich zur Rechtfertigung von Rettungsmaßnahmen gegen Leib und Leben sowie sonstige persönliche Rechtsgüter berufen ist. Den bürgerlich-rechtlichen Vorschriften aber, die Engriffe in fremde Vermögensrechte zum Gegenstande haben, kann im Strafrecht die Anerkennung nicht versagt werden: was nicht einmal zivilrechtlich unerlaubt ist, kann noch viel weniger ein mit Strafe bedrohtes Verbrechen sein.

Eine Hinzufügung allgemeiner Wendungen über Angemessenheit, Verhältnismäßigkeit usw. würde die Umgrenzung der vorgeschlagenen Norm kaum sicherer machen, ihr Inhalt versteht sich außerdem für eine vernünftige Auslegung, insbesondere durch die Rechtsprechung, von selbst.

Das Beiwort „gefährlich" ist angezeigt angesichts der Fülle von Möglichkeiten, die im Schrifttum, zum Teil auch in der Rechtsprechung hervorgetreten sind: es kann nicht geduldet werden, daß irgendeine Nichtigkeit, eine drohende Belästigung geringer Art die wichtigen Strafrechtsnormen beiseite schieben: so darf man nicht etwa, um dem Regen zu entgehen, in ein fremdes Haus gegen den Willen des Inhabers eindringen, sein Hausrecht verletzen; ein mit wertvoller Kleidung versehener Mensch darf nicht etwa bei ausbrechendem Platzregen einem Manne in Arbeiterkleidung den Regenschirm fortnehmen; eine solche Güterabwägung kann hier nicht in Frage kommen, sie ist auch hier der realen und psychischen Natur der Vorgänge unter Berücksichtigung aller Umstände anzupassen.

Von besonderer Wichtigkeit ist neben der gesetzlichen Formulierung die zutreffende grundsätzliche Beurteilung des Notstandsrechtes, die sich aus den alten Sätzen ergibt: necessitas non habet legem, Not kennt kein Gebot. Wenn der Mensch in Gefahr gerät, und die elementaren Triebe der Selbsterhaltung ihn zu Rettungshandlungen drängen, die Rechtsgüter anderer verletzen, so mögen Weisungen und Werturteile von Sitte, Moral und Religion ihn auch hier begleiten: die Rechtsordnung hält sich zurück, in der Einsicht, daß etwaige Normen der Not gegenüber in allen ernsten Fällen doch zurückweichen müßten; sie kann insbesondere nicht denjenigen, der dem stärksten und natürlichsten aller Triebe, dem der Selbsterhaltung, unterliegt, zum Verbrecher stempeln.

Irrig ist hier in weitem Maße die Lehre des Notrechts, die dem Angegriffenen eine Duldungspflicht zumutet: ist dieser in derselben Lage, so muß vielmehr auch ihm der Satz gelten: „Not kennt kein Gebot." Die Rechtsordnung kann ihm nicht zumuten, sich für den anderen zu opfern. Eher noch müßte die Gunst der Rechtsordnung sich dem Angegriffenen zuwenden, der jedenfalls nicht verpflichtet sein kann, ein vom Schicksal dem anderen zugedachtes Unheil auf sich zu nehmen. Das Richtige liegt in der neutralen Zurückhaltung des Rechts.

Also gegenüber Notstandshandlungen kann allemal auch der durch sie betroffene Teil sich auf Notstandsrecht berufen; d. h. also: der Angegriffene darf sich nur verteidigen, wenn auch bei ihm eine Notstandslage gegeben ist, was z. B. offenbar zutrifft, wenn zwei Ertrinkende um ein rettendes Holz kämpfen (Brett des Karneades). Dagegen ist die Verteidigung unzulässig, wenn bei ihm eine „gefährliche Notlage" im Sinne unserer Vorschrift nicht vorliegt, vielmehr nur ein geringer Nachteil der großen Gefahr des anderen Teils gegenübersteht. Man denke z. B. an Fälle der folgenden Art: im großstädtischen Straßenverkehr naht ein großer vollbesetzter Kraftwagen: ein anscheinend Schwerhöriger A steht oder geht in der Fahrbahn. Ausweichend muß der Kraftwagen auf den Bürgersteig fahren und eine erhebliche Gefahr hervorrufen für Passanten und Insassen. Blitzschnell erfaßt ein Fußgänger B die Situation, ergreift den A und reißt ihn aus der Fahrbahn. Hier trifft diesen eine Duldungspflicht, unsere obige Norm gibt ihm kein Abwehrrecht, und noch weniger kann er aus dem bürgerlichen Recht ein solches ableiten.

Auch der Notstand bedeutet also einen Unrechtsausschließungsgrund[22]). Verfehlt ist die einen Schuldausschließungsgrund an-

[22]) Zutreffend Gerland, Deutsches Reichsstrafrecht S. 115f. (1922.) Zu dem Meinungsstreit vgl. Meyer-Allfeld, Lehrbuch, 8. Aufl., S. 130f., v. Liszt-Schmidt, Lehrbuch, 25. Aufl., S. 189ff.

nehmende Lehre. Die Schuld (Vorsatz, Fahrlässigkeit) ist offenbar bei den Notstandshandlungen vorhanden. Die in den neuesten Entwürfen verwertete Wendung der „Nichtzumutbarkeit" läßt alles völlig im Ungewissen verschwimmen. Das Gesetz soll eben nach Möglichkeit zum Ausdruck bringen, was zuzumuten ist, was nicht. Auch die Lehre des persönlichen Strafausschließungsgrundes ist abwegig, schon weil sie den Teilnehmern an der Notstandshandlung, jeder Nothilfe, nicht gerecht werden kann. Das Richtige ist: „Not kennt kein Gebot." Das Strafgesetz tritt zurück, unterläßt es, den die Not Bekämpfenden in Fällen der bezeichneten Art zum Verbrecher zu stempeln.

Die Vorschläge der Entwürfe auf dem Gebiete des Notstandsrechts sind völlig verfehlt, insbesondere E. 27 § 25: „Im Notstand handelt, wer eine mit Strafe bedrohte Handlung begeht, um eine gegenwärtige, nicht anders abwendbare Gefahr eines erheblichen Schadens von sich oder einem anderen abzuwenden, wenn ihm oder dem Gefährdeten unter pflichtmäßiger Berücksichtigung der sich gegenüberstehenden Interessen nicht zuzumuten ist, den drohenden Schaden zu dulden. — Ist der drohende Schaden gegenüber dem aus der Einwirkung zu erwartenden Schaden unverhältnismäßig groß, so handelt der Täter nicht rechtswidrig; andernfalls handelt er zwar rechtswidrig, ist aber straffrei. — Einwirkungen auf Leib oder Leben sind nur zum Schutze von Leib oder Leben zulässig. — § 24 Absatz 3 gilt entsprechend (Exzeß)."

Verfehlt ist die entscheidende Verwertung eines der allgemeinsten und blassesten Begriffe, des Begriffes der „Zumutbarkeit", mit dem man nichts definieren, vielmehr die wenigen Merkmale unseres Gegenstandes nur völlig verwischen und auflösen kann. Verfehlt ist die Ausmerzung gerade der physischen und psychischen Eigenart der regelmäßigen Fälle von Notstandslagen, die eine das Seelenleben heftig bewegende Gefahr darstellen, in der dem Täter ein kühles Abwägen „nicht zuzumuten" ist. Die „pflichtmäßige" Würdigung der sich widerstreitenden Interessen ist eben nach Lage der Verhältnisse hier vielfach dem Täter gar nicht möglich. Gerade in dieser seelischen Aufwallung liegt aber zu einem großen Teile der Grund, der die gesetzgeberische Milde rechtfertigt. Je nach Art und Grad der Gefahr, die dem Täter die Besinnung zu rauben vermag, kann auch eine weitgehende Abwehr als gerechtfertigt erscheinen. Es ist ein übertriebenes Verlangen des Gesetzgebers, daß der von Gefahrvorstellungen erregte Mensch, dem eine mehrfach vertretene Lehre die Zurechnungsfähigkeit abspricht, eine pflichtmäßige Interessenabwägung vornehme. Abzulehnen ist auch die tiefgreifende Scheidung in der strafrechtlichen Bewertung auf Grund der „Verhältnismäßigkeit". Unzulänglich ist endlich E. 27 § 25 Abs. 3: „Einwirkungen auf Leib oder Leben sind nur zum Schutze von Leib oder Leben zulässig." Eine solche schematische Einschränkung würde zu unhaltbaren Ergebnissen führen: man denke an Fälle der mannigfaltigsten Art, in denen die höchsten Vermögenswerte nur durch verhältnismäßig geringfügige körperliche Einwirkungen auf eine fremde Persönlichkeit gerettet werden können. Will man etwa einen Menschen zum Verbrecher stempeln, ihn der Körperverletzung schuldig erachten, der, um eine wertvolle Ladung vor dem Absturz zu bewahren, einen im Wege Stehenden eiligst beiseite stößt. Soll wegen Nötigung, Freiheitsberaubung usw. strafbar sein, wer etwa in einer Seenot Menschen festhält, die — ihrerseits durch putativen Notstand gerechtfertigt — nutzlos durch unsachgemäße Maßnahmen wertvolle Sachgüter gefährden! die etwa bei einem nur Sachgüter bedrohenden Brande, einer Überschwemmung, die sinnwidrigsten, hohe Werte vernichtenden Maßnahmen treffen!

Den notrechtlichen Vorschriften wäre mit Rücksicht auf die vielerörterte Streitfrage des geltenden Rechts ergänzend die Bestimmung beizufügen:

Gegenüber Kindern, Geisteskranken, Tieren und unbeteiligten dritten Personen kann nur Notstands-, nicht Notwehrrecht Anwendung finden.

Denn nur der bösartige, rechtswidrige Angriff zurechnungsfähiger Menschen rechtfertigt die in der Notwehrlage zulässige weitgehende Verteidigung. Gegenüber schuldlosen Wesen, auch wenn sie eine Gefahr objektiv verursachen, kann diese rücksichtslose Abwehr weder vernünftig noch gerecht sein: auch wenn diese schuldlosen Wesen Menschenantlitz tragen. Seltsamerweise hat eine weitverbreitete Lehre gefahrdrohende unzurechnungsfähige Menschen in der gesetzlichen Behandlung weit hinter gefahrdrohende seelenlose Sachen zurückgesetzt, die in § 228 BGB. eine sehr schonende Behandlung gefunden haben. Offenbar sind Wille und Gedankenrichtung des Gesetzgebers hier gänzlich verkannt; will er sich in Zukunft gegen solche Verirrungen der Auslegung schützen, so mag er eine Vorschrift nach Art des gegebenen Vorschlags aufnehmen. Vollkommen unmöglich ist es, schuldlosen Menschen das gesetzliche Wohlwollen zu versagen, das man den Steinen und Bäumen zuwendet[23]).

Durchaus verfehlt und unhaltbar ist die E. 25 in § 22 II beigefügte Vorschrift über Fahrlässigkeit: „Hat der Täter eine solche Gefahr irrtümlich angenommen und beruht der Irrtum auf Fahrlässigkeit, so finden die Vorschriften über fahrlässige Handlung Anwendung.“ Denn dieser Grundsatz gilt in gleicher Weise für alle „Unrechtsausschließungsgründe“, insbesondere auch die Notwehr, ja für alle allgemeinen und besonderen (benannten oder unbenannten) Merkmale des Verbrechens. Sein besonderer Ausspruch im vorliegenden Falle, die Fortlassung in den übrigen Fällen, müßte dieser Norm den Charakter einer Ausnahmesatzung geben.

Zur gesetzgeberischen Regelung in der Hauptsache ungeeignet ist das große Gebiet der Einwilligung, insbesondere hinsichtlich der ärztlichen Behandlung, deren Rechtmäßigkeit nach richtiger Beurteilung eben auf der Einwilligung des Betroffenen beruht. Was an abweichenden Theorien hier aufgestellt ist, ist zum Teil seltsam abwegig, so namentlich die Ausführung, es handle sich überhaupt nicht um Körperverletzungen, vielmehr um körperliche Wohltaten. Demgegenüber wird daran festzuhalten sein, daß wir auch körperliche Wohltaten gegen unsern Willen uns in keiner Weise gefallen zu lassen brauchen. Jeder Staatsbürger in allen Gemeinwesen mit entwickelterer Rechtskultur ist Herr über seine nächsten persönlichen Güter, zu denen seine körperliche Erscheinung mit in erster Linie gehört. Niemand darf ohne Einwilligung in diesen persönlichsten Rechtskreis eindringen, auch nicht mit Eingriffen, die ihm, dem Einwirkenden, oder anderen als „Wohltaten“ erscheinen. Wohin sollte die Rechtsprechung kommen, wenn nicht grundsätzlich jeder Eingriff in die körperliche Integrität als Körperverletzung beurteilt, wenn in allen Fällen der Nachweis einer objektiv wirklich vorliegenden körperlichen Schädigung verlangt würde. Auch wer einen Mitmenschen etwa ohne feststellbar nachteilige Folgen gründlich verprügelt hat, könnte von der Anklage den überführenden Nachweis einer wirklichen Benachteiligung verlangen, ihr etwa die Behauptung entgegenhalten, daß die Prügel nach Art einer kräftigen Massage belebend auf den Blutkreislauf des Betroffenen gewirkt hätten. Ja, sogar ein Messerstecher könnte sich unter Umständen mit

[23]) Vgl. die Ausführungen des Verfassers JW. 1925.

der Ausführung verteidigen: eine wirkliche Schädigung durch den Blutverlust und die dadurch erfolgte Bluterneuerung liege nicht vor: ist doch der Aderlaß bekanntlich vielfach von der berufsmäßigen Medizin als Heilmittel verwendet worden.

Die besondere strafrechtliche Bekämpfung eigenmächtiger ärztlicher Behandlung wird schwerlich eine rühmliche Bereicherung des deutschen Strafgesetzbuches darstellen können. Die deutsche Ärzteschaft hat keine hinreichende Veranlassung dazu gegeben, eigenmächtige Übergriffe mit besonderen Strafdrohungen zu bekämpfen. Sie wird wie bisher ihre Pflichten erfüllen, wenn nicht sach- und rechtswidrige Gerichtsentscheidungen ihr hemmend in den Weg treten.

Die offene und klare Basierung der Rechtmäßigkeit der ärztlichen Behandlung auf die Einwilligung des Betroffenen, die in der Rechtsprechung schon in weitem Maße durchgedrungen ist und uneingeschränkt durchdringen muß, wird eine gerechte Behandlung dieser Frage in allen Fällen ermöglichen. Bei Bewußtlosen ist der mutmaßliche Wille entscheidend. In den Fällen der gesetzlichen Vertretung kann bei einer in der praktischen Wirklichkeit gewiß nicht oft dem gewissenhaften Arzte gegenübertretenden Pflichtwidrigkeit des gesetzlichen Vertreters § 1666 BGB. eine verständige Rechtsprechung ermöglichen, nach welchem der Arzt selbst in solchen Fällen einer pflichtwidrigen Versagung der Zustimmung seitens des gesetzlichen Vertreters vorgehen kann, wenn er annehmen darf, daß seine Maßnahme die Billigung des Vormundschaftsgerichts finden wird.

Die mehrfach vorgeschlagenen Bestimmungen über eigenmächtige ärztliche Behandlung sind seltsam verfehlt, so z. B. E. 19 § 313: „Wer einen anderen gegen seinen Willen zu Heilzwecken behandelt, wird mit Gefängnis bis zu drei Jahren oder mit Geldstrafe bestraft. Die Strafe tritt auch dann ein, wenn der Täter fahrlässig angenommen hat, daß der andere mit der Behandlung einverstanden war." Will man nicht etwa auch die eigenmächtige Erteilung von Schwimm-, Reit-, Turnunterricht unter besondere Strafdrohungen stellen! den Fall z. B., daß ein Schwimmlehrer den Schüler wider Willen ins Wasser wirft oder den mit den Wellen Kämpfenden auf Wunsch nicht sofort befreit!

Auch die Vorschrift E. 25 § 238 ist nicht zu billigen: „Eingriffe und Behandlungsweisen, die der Übung eines gewissenhaften Arztes entsprechen, sind keine Körperverletzungen oder Mißhandlungen im Sinne dieses Gesetzes." Fast übereinstimmend auch noch E. 27 § 263. Man könnte ganz mit gleichem Recht fortfahren: „Behandlungsweisen, die der Übung eines gewissenhaften Vollziehungsbeamten entsprechen, sind nicht Hausfriedensbruch, Nötigung, Körperverletzung, Freiheitsberaubung usw. im Sinne dieses Gesetzes." Auch hier sind ja mannigfach abwegige Gerichtsentscheidungen hervorgetreten. Oder ist eine besondere gesetzliche Normierung des Strafschutzes gegen Ärzte dringender als gegenüber Polizeibeamten und Gerichtsvollziehern! Es sind seltsame Blüten, zu denen eine solche Gesetzgebungstechnik treiben muß. Man könnte weiter formulieren: Die Verursachung von Geräuschen, die den Übungen des Fahrzeugverkehrs entsprechen, ist nicht „ruhestörender Lärm" im Sinne dieses Gesetzes. „Behandlungsweisen", die den Übungen eines gewissenhaften Friseurs, Masseurs . . . „Behandlungsweisen", die den Übungen des Geschlechtsverkehrs entsprechen, sind nicht . . . im Sinne dieses Gesetze usw. — Auf dem Gebiete der ärztlichen Behandlung liegen — gerade in strafrechtlicher Hinsicht — die Rechtsverhältnisse sehr deutlich. Die Aufnahme besonderer Vorschriften in das neue Strafgesetzbuch zur Bekämpfung ärztlicher Missetaten oder zum Schutze der Ärzte ist nicht zu befürworten.

Abgesehen von der vorsätzlichen Tötung StGB. § 216, E. 25 § 223, E. 27 § 247 kann die Frage der Einwilligung, die wissenschaftlich in weitem Maße geklärt ist[24]), wie bisher der Rechtsprechung überlassen werden. Auch eine besondere Strafvorschrift hinsichtlich der Aussetzung empfiehlt sich nicht. Besteht Tötungsvorsatz, so greift die eben erwähnte Strafdrohung gegen die Tötung auf Verlangen ein. Die Fälle vorsätzlicher Lebensgefährdung auf Grund einer Einwilligung des oder der Betroffenen sind so mannigfach und zahlreich, daß es sich nicht empfiehlt, hier einen einzelnen Fall strafgesetzlich herauszugreifen. Man denke an alle gefährlichen Expeditionen, gemeinsame gefährliche Jagden, sportliche Unternehmungen aller Art, an alle Versuche mit neuen technischen Errungenschaften, etwa z. B. auf dem Gebiete der Luftfahrt, die nicht ohne Gefährdung einzelner die Menschheit auf den Bahnen des Fortschritts weiterbringen können.

Zweifelhaft auf dem Gebiete der Einwilligung ist der Ehebruch; er verletzt nicht nur das private, sondern auch das öffentliche Interesse. Eine Strafbarkeit kann nur in Frage kommen, wenn er die Ehe geschieden hat, denn in eine Ehe, welche die Beteiligten aufrechterhalten wollen, darf der Staat nicht mit Strafnormen zerstörend eingreifen. Das Recht auf Scheidung erlischt nun aber durch Zustimmung, Teilnahme oder Verzeihung (BGB. §§ 1565, 1570). Wie nun, wenn im Zivilprozeß diese das Scheidungsrecht beseitigenden Umstände nicht oder nicht genügend zur Geltung kommen. Nach ZPO. § 617 gilt ja die „Verhandlungsmaxime" zugunsten der Ehe. Eine öffentliche Bestrafung ist indessen auch in solchen Fällen nicht gerechtfertigt. Daher muß das Strafgesetz den selbständigen Zusatz erhalten: „Das Antragsrecht erlischt durch Zustimmung oder Verzeihung (die „Teilnahme" ist in der „Zustimmung" nach verständiger Auslegung mitbegriffen). Der Strafantrag sollte hier zurücknehmbar sein[25]).

Die allgemeinen in den besonderen Normen nicht mehr jedesmal genannten Tatbestandsmerkmale (ungeschriebene, ungenannte Tatbestandsmerkmale), die Abwesenheit von Notwehr, Notstand, Einwilligung usw. stellen nach der herkömmlichen, nicht unrichtigen Terminologie Unrechtsausschließungsgründe dar, sie beseitigen die Rechtswidrigkeit einer sonst unter die fraglichen Strafnormen fallenden Tat.

Entsprechend ist demnach auf den Bahnen dieser Terminologie an dieser Stelle das sog. „Bewußtsein der Rechtswidrigkeit" zu erörtern, das noch immer vielfach abwegig und unklar verstanden und beurteilt wird. Die allgemeinen, unbenannten Tatbestandsmerkmale stehen den besonderen, in den einzelnen Normen aufgezählten Momenten in ihrem strafrechtlichen Charakter völlig gleich: wer in Notwehr oder Notstand in ein fremdes Besitztum eindringt, ist nach den gleichen Regeln nicht strafbar, er hat den Tatbestand des § 123 so wenig erfüllt wie derjenige, an dessen Vorgehen die Merkmale „fremd" oder „befriedet" fehlen usw., der in ein ihm selbst gehöriges oder ein offen liegendes Grundstück eingedrungen ist.

Ganz das gleiche gilt nun auch für die subjektive Seite des Tatbestandes. Auch wenn im subjektiven Tatbestande auf dem Gebiete der allgemeinen Merkmale sich eine Lücke zeigt, hat dies die gleiche Bedeutung wie das Fehlen einer der besonderen Eigenschaften des Verbrechens. Wer etwa nur subjektiv in einer Notwehr-Notstandslage gehandelt hat, nur subjektiv Rechts-

---

[24]) Vgl. jetzt insbesondere noch die Ausführungen Traegers GerS. 94, 112ff.

[25]) Grundsätzlich übereinstimmend Traeger a. a. O. S. 129ff.

güter eines Einwilligenden verletzte, steht vollkommen demjenigen gleich, der nur vermeintlich eine eigene Sache zu beschädigen, wegzunehmen, ein eigenes Besitztum zu betreten glaubte; der eine nicht vorhandene Dienstbarkeit irrtümlich subjektiv annahm usw. Das Fehlen des sog. Bewußtseins der Rechtswidrigkeit ist also nichts anderes als das Fehlen des Vorsatzes hinsichtlich einzelner Tatbestandsmerkmale. Eine Bestrafung wegen vorsätzlicher Verbrechensbegehung kann nicht in Frage kommen, weil eben der Vorsatz hinsichtlich wesentlicher allgemeiner oder besonderer Tatbestandsteile nicht vorliegt.

Ganz verfehlt ist es nach dem Vorigen, wenn das Merkmal „rechtswidrig" nach Art des geltenden Gesetzes willkürlich in einzelne Tatbestände aufgenommen wird, was in der Literatur noch vielfach anerkannt, ja auch für das neue Gesetz noch empfohlen wird[26]). Nach Wachenfeld begeht „der Herr, der den fremden Jungen festhält, um sein irrtümlich angenommenes Züchtigungsrecht auszuüben, kein Delikt der Freiheitsberaubung (§ 239 RStGB.). Aber derselbe Herr begeht, da bei der Körperverletzung nach dem guten Glauben an sein Recht nicht gefragt werden kann, eine strafbare Körperverletzung (§ 223 RStGB.)." Eine vollkommen unhaltbare Scheidung, die dem geltenden wie dem künftigen Recht fernbleiben muß. Die Frage des Rechtsirrtums sei hier einstweilen zurückgestellt. In ganz gleicher, inhaltlich vollkommen übereinstimmender Weise können bei allen Delikten allgemeine Tatbestandsmerkmale objektiv oder auch nur im subjektiven Tatbestande fehlen: allemal mit gleicher Kraft muß hier die Strafbarkeit entfallen, da die Voraussetzung der Strafdrohung nicht zutrifft. In ganz gleicher Weise wie bei Sachbeschädigung etwa und Hausfriedensbruch kann auch bei Körperverletzung, Beleidigung (infolge von Notwehr, Notstand, Einwilligung usw.) die „Rechtswidrigkeit" objektiv oder nur subjektiv ausgeschlossen sein, obwohl nur jene Vergehen in ihrer Wortfassung es ausdrücklich hervorheben. Das willkürlich verwendete und bedeutungslose Wort „rechtswidrig" ist aus den besonderen Normen nach dem Vorbilde der letzten Entwürfe auszutilgen[27]).

Nach Feststellung des objektiven und subjektiven Tatbestandes muß jetzt hier die viel erörterte Frage des Rechtsirrtums eine etwaige gesetzliche Regelung finden. Welche Bedeutung hat es, oder soll es haben, daß bei völligem Vorliegen des objektiven und des subjektiven Tatbestandes die Vorstellung des gesetzlichen Verbotes dem Täter fehlte: weil in Unkenntnis des Gesetzes sie ihm überhaupt unmöglich war, oder weil etwa die auf ganz anderes gerichtete Geistes- und Gemütsbewegung für eine solche Vorstellung bei Begehung der Tat keinen Raum, keine Möglichkeit ließ. Das Fehlen deutlicher Vorstellung schließt natürlich nicht aus, daß gleichwohl im Halb- oder Unterbewußtsein starke Hemmungen dem Unrecht entgegenwirkten; namentlich bei kraftvollen, im Volksbewußtsein lebendigen Normen wird eine solche Wirksamkeit möglich sein. So sind die mannigfachsten Übergangserscheinungen denkbar: von der bewußten Erwägung des dem Täter bekannten Gesetzes im Augenblicke der Tat, über undeutlichere Vorstellungsbilder, Erscheinungen des Halb- und Unterbewußtseins bis zu dem völligen Dunkel, der gänzlichen Abwesenheit jeder Einwirkung des Strafgesetzes in der Seele des Täters. Daß

---

[26]) Vgl. Wachenfeld E. 25 S. 15ff.

[27]) So auch Heimberger, Vergleichende Darstellung, Allg. Teil 4, 13, der ausführt, daß die Aufnahme des Merkmals ungefähr ein halbes Dutzend Ansichten gezeitigt habe (wahrscheinlich sind es noch erheblich mehr).

der Gesetzgeber von diesen Erscheinungen nicht die Geltung seines Gesetzes abhängig machen kann, liegt auf der Hand. Ein Strafgesetz wäre so gut wie gänzlich unanwendbar, das die bewußte Kenntnis des Strafgesetzes im Augenblicke der Tat erfordern wollte. —

Ein gesundes Strafgesetz darf nur wirklich bösartige Verfehlungen mit seinen starken Abwehrmitteln bekämpfen: Verfehlungen, die auch abgesehen von der Strafdrohung eine schlimme soziale Missetat darstellen. Wer eine solche Missetat, wie das Gesetz in den besonderen Strafnormen sie bezeichnet, ausführt, begeht an sich ein strafwürdiges soziales Unrecht: ohne Rücksicht auf Vorstellung und Kenntnis des Strafgesetzes. Dieser ohne weiteres fühlbare und erkennbare Unrechtscharakter der „Verbrechen" in normalen und gesunden Zeiten berechtigt aber Gesetzgebung und Rechtsprechung, von einer nachweisbaren Kenntnis und Vorstellung der Strafnorm im einzelnen Falle abzusehen, den Satz zugrunde zu legen: *ignorantia et error iuris nocent.* Nur in Zeiten krankhafter Zerrüttung ist eine abweichende grundsätzliche Einstellung denkbar, ja bei einer verwirrten und verwirrenden Fülle ungesunder Strafnormen ist sie nicht nur erklärlich, sondern geradezu geboten. Aber die unglücklichen Jahre der Kriegs- und Nachkriegszeit mit ihrer Zerrüttung und Verwirrung aller rechtlichen, namentlich auch der strafrechtlichen Verhältnisse dürfen den Charakter des für eine hoffentlich kraftvolle und glückliche Zukunft unseres Volkes zu schaffenden Strafgesetzes nicht bestimmen. In normalen und gesunden Zeiten muß die Berücksichtigung des Rechtsirrtums als eine Ausnahmeerscheinung zurücktreten. —

Indessen auch innerhalb der gesündesten Strafrechtsordnung können Fälle auftreten, in denen die Unkenntnis, die irrige Auslegung der Strafnormen oder ihre Außerachtlassung infolge einer nach anderer Richtung gespannten Aufmerksamkeit einen Menschen in dem Gefühl oder gar dem Bewußtsein handeln lassen, daß nichts Ungesetzliches geschehe. Auch in solchen Fällen hat der Täter vorsätzlich vollführt, was nach dem Urteil des Gesetzgebers Strafe verdient. Dies wird von E. 25 § 13 verkannt. Immerhin mag unter Umständen eine Milderung, ausnahmsweise auch eine vollständige Befreiung von Strafe zulässig sein nach einer etwa wie folgt zu fassenden Vorschrift:

> Hat der Täter ohne Vorstellung oder in irriger Vorstellung des strafgesetzlichen Verbotes seine Tat für rechtmäßig gehalten oder das Unrechtmäßige seiner Tat nicht erkannt, so kann das Gericht die Strafe nach freiem Ermessen mildern, in besonders leichten Fällen auch ganz von Strafe absehen.

Auch die folgende Fassung verdient Erwägung:

> Ist der Täter sich des Unrechtmäßigen seiner Tat nicht bewußt gewesen, so kann das Gericht (wenn für Tat und Irrtum Entschuldigungsgründe vorliegen) die Strafe mildern, in besonders leichten Fällen auch ganz von Strafe absehen.

Die Fassung des E. 27 § 20 ist nicht zu billigen: „Handelt der Täter vorsätzlich, aber in einem entschuldbaren Rechtsirrtum, der ihn das Unrechtmäßige seiner Tat nicht erkennen läßt, so ist er straffrei; ist der Irrtum nicht entschuldbar, so kann die Strafe gemildert werden (§ 73)." Die „Entschuldbarkeit" muß in einheitlicher freier Würdigung vom Richter berücksichtigt, dieser sehr fragwürdige Begriff darf nicht zu einem entscheidenden Faktor erhoben werden. Von einer solchen entscheidenden Verwendung des Begriffes der „Entschuldbarkeit" wird besser abgesehen, da sie nur zu einer scholastischen Erörterung von Umständen zwingt, die unter dem Worte „kann" mit ihre Berücksichtigung finden werden. Auf alles Entschuldigende nicht nur des Irrtums, sondern auch der Tat ist dabei zu achten: z. B. auf die seelische Verfassung des Täters, der, etwa von gewissen Vorstellungen und Bestrebungen ganz erfüllt, nicht dazu gekommen ist, an eine Unrechtmäßigkeit zu denken; auf die Art der Straftat, deren Unrechtscharakter etwa im Volksbewußtsein so lebendig ist, daß selbst Kinder und Geistesschwache ihn empfinden. Will man das Merkmal der Entschuldbarkeit in die Norm aufnehmen, so binde man Milderung und Straffreiheit etwa an die Bedingung, daß „für Tat und Irrtum Entschuldigungsgründe vorliegen".

Völlig verfehlt ist die in der Rechtsprechung des Reichsgerichts und sonst vielfach übliche Scheidung zwischen strafrechtlichem und außerstrafrechtlichem Rechtsirrtum. Hätte diese Scheidung Bedeutung — es handelt sich um die schwerwiegende Bedeutung der Strafbarkeit —, dann müßten wir jetzt auf dem ganzen Gebiete des Strafrechts, überall, wo seine Normen in andere Rechtsgebiete hineinragen, die sorgfältigsten Erwägungen darüber anstellen, was alles in das Strafgesetz aufzunehmen sei, was nicht. Denn das Außenbleibende würde entschuldigen im Falle rechtlichen Irrens, das Aufgenommene nicht. Sollen die Selbsthilfe des § 229 BGB., etwa das Vermieterrecht des § 561 BGB., das Recht der vorläufigen Festnahme des § 127 StPO., sollen die Vorschriften der §§ 62, 69 StPO. über den Umfang der Zeugnispflicht eine so diametral entgegengesetzte Behandlung finden gegenüber etwa dem strafgesetzlichen Notwehr- oder Notstandsrecht? Soll wer im Rechtsirrtum ein Selbsthilferecht annimmt, freigesprochen werden, wer im Rechtsirrtum sich in einer strafrechtlichen Notstandslage wähnt, ohne Berücksichtigung des Irrtums stets in Gegensatz zu jenem als Missetäter gelten! der eine einwandfrei dastehen, der andere vernichtender Strafe verfallen! Eine vollkommen verfehlte Trennung gleichartiger Erscheinungen, leider nicht etwa nur theoretischer Art, sondern mit den mehr oder weniger vernichtenden strafrechtlichen Unrechtsfolgen: so abwegig und ungerecht, daß man immer wieder hoffen möchte, auch unter der Herrschaft des geltenden Strafgesetzes werde diese Abirrung von unserem höchsten Gericht nicht aufrechterhalten werden.

Dem kann ich nur die Ausführung entgegenhalten, die ich in der JW. gegen ein reichsgerichtliches Urteil richtete: In der Natur der Vorgänge ist nur eine einzige Scheidung erkennbar: zwischen dem tatsächlichen und dem rechtlichen Irrtum, zwischen dem Irrtum über rein tatsächliche Gegenstände und Vorgänge sowie dem Irrtum über die rechtliche Qualifikation derselben. Alle Rechtssätze aber, die zur Aufrichtung der Strafnormen Verwendung finden, sind damit Strafrechtsnormen geworden, ohne Rücksicht darauf, ob eine ausdrückliche nähere Bezeichnung dieser Verwendung im StGB. erfolgt ist oder nicht. Auch die stillschweigend verwendeten gehören durchaus dem StGB. an. Ist also der im Prozeßgesetz bestimmte Inhalt der Zeugnispflicht im § 154 StGB. verwertet, so handelt es sich nach dieser Verwendung um Bestandteile der Strafnorm, so gut wie bei allen strafgesetzlich selbst näher bezeichneten Teilen. Ebensowenig wie bei der Herstellung irgendwelcher realer Schranken die Herkunft der Teile irgendeine Bedeutung hat; ebensowenig wie etwa ein reales Bauwerk zusammenbricht, wenn außer den hiesigen Ziegeln beliebig vielleicht besonders feste und gut gehauene auswärtige Steine Verwendung gefunden haben. Ihre tragende und haltende Kraft kann nicht in Abrede gestellt werden: vor aller Augen deutlich erkennbar steht und ragt das reale Gebäude. Bei den ideellen Schranken der Strafgesetze, die nicht so handgreiflich aller Welt fest und sicher erkennbar sind, hat man das ebenso zuverlässig vorhandene wirkliche Dasein solcher Bestandteile in Abrede stellen können. Die fremdartigen Elemente in den ideellen, aber psychisch und real ins Leben wirkenden strafrechtlichen Normen haben als Bestandteile des Strafgesetzes dieselbe Wirklichkeit und Wesenheit wie jene vielleicht sehr mächtig und deutlich ihre Kraft und Existenz bekundenden Steinblöcke in realen Mauern. — Jeder Rechtsirrtum ist Strafrechtsirrtum, weil die Strafnormen ihrem ganzen Inhalte nach eben strafrechtlichen Charakters sind.

4.

Der Normierung der Straftat in ihren objektiven und subjektiven Merkmalen folgen im 4. Abschnitt naturgemäß die besonderen Begehungsformen Versuch und Teilnahme.

Der Versuch mag seine Regelung finden nach Art des § 23 E. 25, etwa in der Fassung:

> Wer den Entschluß, eine strafbare Handlung zu begehen, durch Handlungen betätigt, mit denen er ihn zur Ausführung bringen will, ist wegen Versuchs zu bestrafen.
>
> Der Versuch ist milder zu bestrafen als die vollendete Tat.
>
> Der Versuch eines Vergehens ist nur in den gesetzlich bezeichneten Fällen strafbar.
>
> In besonders leichten Fällen kann von Strafe abgesehen werden.
>
> Absatz 4 des § 23 müßte fortfallen.

Der von der Reichstagskommission angenommene § 26 des E. 27 ist nicht zu billigen. Bei grundsätzlicher Anerkennung der „subjektiven Theorie" könnte das Gesetz im übrigen auf diesem noch sehr umstrittenen, vielgestaltigen Gebiete (vgl. die Ausführungen Bumkes im Reichstagsausschuß) der Wissenschaft und Rechtsprechung eine freie Entwickelung lassen. — Bestraft wird im allgemeinen nur die schuldhafte, rechtsverletzende, also auch in ihrem Erfolge gemeinschädliche Handlung. Die Betätigung eines verbrecherischen Entschlusses durch Ausführungshandlungen steht in dem Schuldgehalte der vollendeten Tat völlig gleich. Nicht in objektiver Hinsicht[28]: objektiv ist sie ein für die Rechtsordnung unschädliches Geschehnis. Den Gründen, auf welchen das Versagen beruht, kann man die entscheidende Bedeutung absprechen. Das Leben eines Menschen ist nicht vernichtet, mag der Mißerfolg auf einem Fehlschuß, der Beibringung einer zu geringen Giftmenge, eines nichtgiftigen Stoffes, der zu schwachen Ladung einer Schußwaffe, dem Versagen der Entzündung, auf dem Fehlen jeder Ladung beruhen, mag ein harter Gegenstand in der Tasche des zu Tötenden, ein Westenknopf, ein Panzerhemd den Erfolg vereiteln. Welche Variationen das Leben oder die Phantasie auch bieten mag: stets ist gegeben ein energischer verbrecherischer Wille, der nicht nur in entfernten „vorbereitenden" Handlungen ans Licht getreten, der vielmehr unmittelbar zur Ausführung und Vollendung geschritten ist: so daß sein Träger damit an Art und Energie und äußerer Betätigung dem zur Vollendung gelangenden Täter vollkommen gleichsteht. Wohl begründet ist es deshalb, daß die Gesetzgebung fast in der ganzen Kulturwelt den Versuch bestraft. Anerkennenswert ist es auch, daß sie das den mannigfaltigsten Zufällen, nicht dem Verdienst des Täters zuzuschreibende Ausbleiben des Erfolges ihm zur Milderung anrechnet. Gesetzgebung und Rechtsprechung folgen hier der Gnade des Schicksals, das den Schuldigen vor der Verursachung eines größeren Unheils bewahrte. Die Scheidungen aber zwischen tauglichem und untauglichem und wieder relativ und absolut untauglichem

---

[28]) Graf zu Dohna in „Reform des Strafrechts" 1926 S. 94.

Versuch sind in weitem Maße begrifflich und praktisch unbefriedigend: jeder Versuch ist untauglich, sonst würde er ja zur Vollendung geführt haben; und von jeder Versuchstat gilt, was Bumke für die untaugliche geltend macht, daß sie „nicht dazu geeignet war, den vom Täter gewünschten Erfolg herbeizuführen"[29]. Sehr milde Fälle sind nun aber zweifellos für jede Beurteilung denkbar, in denen namentlich das äußere Strafbedürfnis wenig hervortritt. Durch eine hinreichende Weite der Strafdrohung könnte der Gesetzgeber allen Möglichkeiten Rechnung tragen, Wissenschaft und Rechtsprechung freie Entwicklungsmöglichkeiten lassen.

Allerdings scheint man jetzt überwiegend gewillt zu sein, ein großes Gebiet des „untauglichen" Versuches mit einer festeren strafrechtlichen Umgrenzung straffrei zu lassen. Eine solche ist jedoch nicht mit Hilfe der vorgeschlagenen Wendungen (Irrtum über Naturgesetze in E. 25, Unmöglichkeit zur Vollendung zu führen in E. 27) zu gewinnen. Vielmehr verdiente hier die Lehre vom Mangel am Tatbestande Verwertung[30], und würde etwa die folgende Norm wohl die erreichbare Bestimmtheit bieten:

> Der Versuch ist nicht strafbar, wenn der äußere Tatbestand des Verbrechens fehlt und aus diesem Grunde die Ausführungshandlung nicht zum Erfolge führen konnte.

Oder etwa:

> Strafbarer Versuch liegt nicht vor, wenn der Täter aus Irrtum die wirkliche Ausführung des Verbrechens noch nicht unternommen hat.

Hiermit dürften die nach der überwiegenden Meinung nicht strafwürdigen Fälle des „Mangels am Tatbestande" nach Möglichkeit zuverlässig aus dem Versuchsgebiete ausgeschieden sein. Ein strafbarer Versuch liegt nach der vorgeschlagenen Norm nicht vor, wenn die Tötungshandlung auf eine Leiche, nicht, wie die §§ 211ff. in ihrem Tatbestande es verlangen, auf einen lebenden Menschen gerichtet ist. Eine auf wirkliche Vollendung gerichtete Ausführungshandlung liegt ferner nicht vor, wenn eine eigene Sache weggenommen wird in der Meinung, sie stehe als „fremde" in eines anderen Eigentum. Ebenso ist zu beurteilen der Abtreibungsversuch einer gar nicht Schwangeren. Auch gehört hierhin der Fall, daß jemand einen anderen verletzt in einer nur objektiv, nicht subjektiv gegebenen Notwehrlage. Hinsichtlich der Ausführungshandlung müssen gleichfalls die im Gesetz aufgestellten Erfordernisse erfüllt sein. Vielfach ist sie nicht näher charakterisiert, sondern nur mit allgemeinen auf den Erfolg abgestellten Worten bezeichnet, wie „töten", „beschädigen oder zerstören" einer Sache, „entführen" einer Frauensperson, „wegnehmen", „sich zueignen" usw. In anderen Fällen sind an die Mittel der Ausführungshandlung besondere Anforderungen gestellt, z. B. in § 229, der das Beibringen von „Gift" oder anderen zur Zerstörung der Gesundheit geeigneten Stoffen unter Strafe stellt (vgl. ferner etwa §§ 240, 249, 253, 263 usw.). In den Fällen der ersteren Art können alle in der Richtung des Erfolges nur irgendwie wirksamen, vom Täter mit dem Vorsatze der Vollendung angewandten Mittel den gesetzlichen Erfordernissen der Ausführungshandlung genügen. Irgendeine Wirksamkeit in der Richtung des Erfolges wird man allerdings verlangen müssen, sonst bleibt auch hier die ganze Betätigung außerhalb des objektiven verbrecherischen Tatbestandes. So kann hiernach Tötungsversuch nicht in Frage kommen, wenn ganz unwirksame Mittel, z. B. Zucker statt Arsenik, eine ungeladene Pistole

---

[29]) Vgl. die Verhandlungen des Reichstagsausschusses v. 27. Okt. 1928 S. 5.

[30]) Vgl. insbesondere Beling, Lehre vom Verbrechen (1906) S. 328ff.; Frank, Kommentar zu § 43.

usw. verwandt werden. Bei der zweiten Art müssen die besonderen Merkmale der gesetzlich näher bezeichneten Ausführungshandlung zutreffen, und ist der gesetzliche Tatbestand nicht gegeben, wenn etwa andere Substanzen beigebracht werden, nicht Gift oder sonstige zur Gesundheitszerstörung geeignete Stoffe. Ein Versuch des Verbrechens des § 229 würde also in Fällen der letzteren Art nicht denkbar sein. Anders im Falle der Tötung, wo die Ausführungshandlung nicht näher bezeichnet, besondere Merkmale nicht aufgestellt sind. Ein strafbarer Mordversuch könnte also auch mit einer zu schwach geladenen Pistole, mit einem nicht tödlich giftigen Stoff begangen werden. Ebenso könnte z. B. der Versuch der Sachbeschädigung begangen werden, wenn etwa eine bösartige Beschädigung durch eine ätzende Flüssigkeit beabsichtigt, aber irrig nur eine weniger wirksame, immerhin aber zur Schädigung geeignete Substanz ohne Wirkung verwandt wird. Allemal also muß bei Versuchsfällen auch die Tatbestandshandlung den gesetzlichen Erfordernissen genügen, wo im Gesetz besondere Merkmale aufgestellt sind. Dagegen kann die Tatbestandshandlung beliebiger Art sein, wenn das Gesetz besondere Eigenschaften nicht bezeichnet hat. Es genügt in solchen Fällen jede irgendwie geeignete Ausführungshandlung zur Erfüllung des Versuchstatbestandes. Damit dürften die Fälle des „Mangels am Tatbestande" hinreichend deutlich abgegrenzt und aus dem strafbaren Versuchsgebiete ausgeschieden sein. Ein strafbarer Versuch kann nur vorliegen, wenn der Täter auch objektiv die Ausführung des Verbrechens in einer irgendwie wirksamen Art in Angriff genommen hat.

In diesen Fällen des „Mangels am Tatbestande", die man im Sinne dieser Ausführungen auch „außergesetzliche Versuchsfälle" nennen könnte, bewegt sich der Täter objektiv in einer Richtung, die außerhalb des Gesetzes liegt, während die gesetzlichen Versuchsfälle den Charakter einer auch objektiv auf die Vollendung gerichteten Ausführung haben. Jene außergesetzlichen Fälle stehen den mannigfachen Erscheinungen nahe, in denen aus sonstigen Gründen der Mensch gehindert wird, zur wirklichen Ausführung eines verbrecherischen Planes zu schreiten: etwa durch berufliche oder sonstige Pflichten, durch eine zufällige, überraschende, ihn momentan sehr gefangennehmende Begegnung wird er festgehalten und muß so die — wie sich ergibt — einzige Gelegenheit der Ausführung versäumen. An alle Fälle ist hier zu denken, in denen irgendeine zufällige — dem Verbrecher und seinem Opfer glückliche — Hinderung in den Weg tritt, so daß das Gebiet des gesetzlichen Tatbestandes überhaupt nicht betreten werden kann: z. B. ein Name wird verwechselt, der Schlüssel vergessen, ungewöhnliche körperliche oder seelische Ereignisse hemmen den Verwirklichungsdrang, ein Mensch tritt hindernd in die Verbrechensbahn . . . Auch in den oben bezeichneten außerhalb der objektiven Schranken des Gesetzes liegenden Versuchsfällen ist der Täter dem Gesetze nicht verfallen, weil äußere Umstände es ihm unmöglich machten, die Verwirklichung des Verbrechens objektiv überhaupt in Angriff zu nehmen.

Der verbrecherische Entschluß liegt vor, der Wille, ihn auszuführen und eine zur Verwirklichung dieses Willens vollzogene Ausführungshandlung. Allein diese hat aus äußeren Gründen irgendeine Wirksamkeit nach der Richtung des Erfolges nicht haben können. Objektiv ist der Täter also überhaupt noch nicht auf das strafgesetzliche Gebiet gelangt. Es ist kriminalpolitisch durchaus zu rechtfertigen, diese hinreichend abgrenzbaren Fälle, in denen der Täter objektiv das Gebiet des strafgesetzlichen Tatbestandes nicht betreten hat, straflos zu lassen.

Allerdings ist auch in diesen Versuchsfällen — dies hebt sie ab von dem dargestellten Vergleichsgebiete — ein verbrecherischer Wille mit derselben Energie betätigt wie bei dem auf wirkliche Ausführung auch objektiv gerichteten strafbaren Versuch. Die sittliche Beurteilung kann nicht differenzieren, die rechtliche kann zweifelhaft sein; auch für die Strafbarkeit sprechen wesentliche Gründe. Der Wille ist nicht im Bereiche der Gedanken geblieben, ist nicht nur in Vorbereitungshandlungen ans Licht getreten: vielmehr hatte er die Kraft, die Ausführung selbst in Angriff zu nehmen. Nur das äußere Geschick war dem Verbrecher günstiger: es hat ihn gehindert, den Bereich des gesetzlichen Tatbestandes überhaupt zu betreten. Mit dem äußeren Schicksal mag, dem hier von der äußeren Erscheinung geleiteten Rechtsgefühle der meisten entsprechend, auch die Gesetzgebung ihm Milde schenken.

Vollkommen verfehlt und unzulänglich ist die Teilnahmelehre in den Entwürfen, namentlich den letzten der Jahre 1925 und 1927 behandelt. Schon in der Beseitigung der Mittäterbestimmung des geltenden Rechts in E. 25 liegt eine Verkennung der Grundelemente strafrechtlicher Verantwortlichkeit. Das Wesen, die gesetzliche und praktische Bedeutung der Mittäterschaft bestehen eben darin, daß im Falle engen verbrecherischen Zusammenschlusses zu vorsätzlicher Straftat alle Teilnehmer für den ganzen Erfolg verantwortlich gemacht werden, jeder einzelne auch für das, was er nicht nachweislich verursacht hat: da ja in solchen Fällen ein jeder auch das Tun der anderen mit in seinen Dienst stellt und in gleicher Weise selbst den anderen zur Ausführung des Verbrechens dienstbar ist. Wenn zwei einen Einbruch gemeinsam ausführen, so trifft auch denjenigen nach dem geltenden Gesetz mit Recht die volle Strafe, der etwa vielleicht sogar vergeblich am Erbrechen von Behältnissen mit seinem Komplizen zusammengearbeitet hat; und beim Morde sind die mehreren Mittäter, die einen anderen erstochen haben, alle als Urheber schuldig, auch wenn bei dem einen oder anderen nicht feststeht, daß seine Schläge, Stiche usw. den Tod verursacht haben. Zu diesem Absehen von der ersten und wichtigsten Voraussetzung strafrechtlicher Verantwortlichkeit sind wir aber eigentlich nicht ohne weiteres, sondern nur durch die gesetzliche Ermächtigung des § 47 legitimiert[31]). Er ist deshalb als unentbehrlich beizubehalten. Im übrigen sind die dem Wesen der Vorgänge entsprechenden, gerade das Wichtige mit deutlichen Grenzlinien abhebenden Kategorien Täterschaft, Anstiftung, Beihilfe nicht dem wirklichen Leben zuwider aus der gesetzlichen Behandlung auszutilgen, sondern in das neue Gesetz zu übernehmen. Die Teilnahmebestimmungen des neuen Gesetzes sollten etwa lauten:

> Täter ist, wer vorsätzlich den Erfolg verursacht hat; Anstifter, wer den Täter vorsätzlich zu der begangenen Tat bestimmt, Gehilfe, wer vorsätzlich in sonstiger Weise zu einem Verbrechen oder Vergehen mitgewirkt hat[32]).
>
> Wenn mehrere in bewußtem und gewolltem Zusammenwirken eine Tat gemeinsam ausführen, wird jeder als Täter bestraft.
>
> Die Beihilfe ist strafbar, auch wenn die Mitwirkenden nicht verantwortlich sind.

Zu ganz abwegigen Ergebnissen in der Auslegung und in den gesetzgebe-

---

[31]) Vgl. hierzu auch die Ausführungen Wegners in „Reform des Strafrechts" 1926 S. 102ff.

[32]) Nicht „die Ausführung ... erleichtert" oder ähnlich, wie E. 25 und sonstige Reformvorschläge wollen, da eine objektiv wirklich vorhandene Förderung, „Erleichterung" nicht gefordert werden kann; vgl. die Ausführungen des Verfassers in ZStW. 46, 4ff., Oetker, GerS. 94, 1ff.

rischen Vorschlägen hat die verschiedenartige Verkennung der Anstiftung geführt[32a]). Die Anstiftung ist ihrem Wesen nach in erster Linie Urheberschaft, intellektuelle Urheberschaft, grundsätzlich gleichwertig, ebenso strafwürdig wie die reale Urheberschaft, die Täterschaft. Ohne diese für die Wirklichkeitsbetrachtung einer weiteren Begründung kaum bedürfende Tatsache ist ihre Gleichstellung mit der Täterschaft in der Strafdrohung gar nicht erklärlich. In zweiter Linie ist die Anstiftung psychische Teilnahme an der realen Tat eines anderen, die den Mittelpunkt und Kern des ganzen verbrecherischen Vorganges bildet. Diese den wirklichen Vorgängen gerecht werdende gesetzgeberische Behandlung hat den großen praktischen Wert, daß die Anstiftung möglich und strafbar bleibt in Fällen, die für den Anstifter eine Täterschaft ausschließen (Amtsdelikte usw.), und daß die Straflosigkeit des Anstiftungsversuches sichergestellt ist. Andererseits entscheidet der Charakter der Anstiftung als intellektueller Urheberschaft ohne weiteres gesund und richtig jene Fälle, die angeblich in dem geltenden Recht eine unbefriedigende Behandlung finden und die infolgedessen die sachwidrigsten Änderungsvorschläge veranlaßt haben. Die Anstiftungsvorschrift des geltenden Rechts nimmt aus dem ganzen Bereich der Urheberschaft, der realen und psychischen, aus guten Gründen einen kleinen Teil heraus und unterstellt ihn als lex speciales einer Sonderregelung. Aus dieser Natur des Sondergesetzes ergibt sich, daß überall da, in dem ganzen Bereich aller nur irgendwie denkbaren Urheberschaft, wenn das Sondergesetz nicht zutrifft, die Tat nicht etwa ins Leere fällt, vielmehr die allgemeinen Grundsätze der Urheberschaft, Täterschaft, Anwendung finden müssen: so etwa wenn in einem Anstiftungsfall sich nachträglich ergibt, daß der Angestiftete geisteskrank war; er steht dem umgekehrten Fall ganz gleich, daß der vermeintlich Geisteskranke geistig gesund war usw. Entsprechendes gilt ferner für das ganze Gebiet bloß fahrlässiger Bestimmung eines andern zur Begehung eines Verbrechens (Urheberschaft, mittelbare Täterschaft).

Die Vorschläge insbesondere des E. 25 und des E. 27 auf diesem Gebiete sind unhaltbar, sie können in das neue Gesetz nicht aufgenommen werden. Wer einen unzurechnungsfähigen Beamten zur Verwirklichung eines amtsdeliktischen Tatbestandes, etwa des § 346, bestimmt, ist nach den neuesten Entwürfen als „Anstifter" strafbar, obwohl er gar nicht Anstifter, sondern Täter ist und in den ganz gleichliegenden Fällen der sonstigen Täterschaft straflos bleibt. Dieser nach der Begründung zweifelsfreie Wille der Entwürfe kommt allerdings in der vorgeschlagenen Norm nicht einmal zum Ausdruck, vielmehr sein Gegenteil; denn der schuldlos Handelnde kann in solchen Fällen „eine strafbare Handlung" in Wahrheit gar nicht ausführen[33]).

Verfehlt sind auch die vom Reichstagsausschuß beibehaltenen Vorschriften E. 25 § 28 I, E. 27 § 32 I: „Wenn besondere Eigenschaften oder Verhältnisse die Strafbarkeit der Tat begründen, so sind der Anstifter und der Gehilfe strafbar, wenn diese Umstände bei ihnen oder beim Täter vorliegen. Liegen die Umstände beim Anstifter nicht vor, so kann seine Strafe gemildert werden." Beiläufig: weshalb nicht entsprechende Milderung beim Gehilfen? Ein Beamter, der etwa einen Nichtbeamten zur Verwirklichung des Tatbestandes eines Amtsdelikts bestimmt, ist nach den hervorgehobenen Grundsätzen schon nach geltendem Recht als Täter zu bestrafen.

[32a]) Vgl. zum folgenden die Ausführungen des Verfassers, Strafrechtliche Grundbegriffe S. 163ff.

[33]) Vgl. gegen die Vorschläge des E. 25 auch Beling, GerS. 91, 371ff., Oetker, GerS. 94, 3ff.

Dagegen verdient die Norm des § 50 im geltenden Gesetz in der ihr vom E. 25 § 28 II, E. 27 § 32 II gegebenen Fassung beibehalten zu werden.

Gänzlich abwegig sind auch die Vorschläge der Entwürfe von 1913 und 1919. Nach § 33 IV des E. 1913 ist der mittelbare Täter als solcher auch dann strafbar, „wenn sich nachträglich ergibt, daß der andere die strafbare Handlung vorsätzlich begangen und schuldhaft gehandelt hat". Richtig: da die lex specialis der Anstiftung nur objektiv, nicht subjektiv zutrifft, ist sie nicht anwendbar, vielmehr nur der allgemeine Begriff der Urheberschaft. Der die besondere Norm verdienende Fall der Anstiftung liegt aber auch dann nicht vor, wenn nur seine subjektiven Merkmale zutreffen, objektiv aber „sich nachträglich ergibt, daß der Angestiftete nicht vorsätzlich (§ 17) oder wegen fehlender Zurechnungsfähigkeit (§ 20 Abs. 1), wegen jugendlichen Alters (§§ 21, 22) oder wegen Taubstummheit (§ 23) nicht schuldhaft gehandelt hat". Im Grundsätzlichen ähnlich sind die Vorschläge in E. 1919 §§ 26 u. 28. Als ob man etwas Beliebiges der Wirklichkeit zuwider zu „Anstiftung" oder Täterschaft durch willkürlichen Gesetzgebungsakt gestalten könnte. Die feststehende Wirklichkeit muß der Gesetzgeber sehen und beachten: daß nur die vorsätzliche Bestimmung eines anderen zu einer vorsätzlichen Straftat der eine Sonderbehandlung zweckmäßig erfordernde Sonderfall ist.

Die Gegenvorschläge Oetkers a. a. O. (GerS. 94, 1ff.) sind m. E., soviel Beachtenswertes sie im einzelnen bieten mögen, in den Hauptergebnissen nicht annehmbar. Der allgemeine Begriff „Urheberschaft" bedarf keiner gesetzlichen Bestimmung. Es entspräche nicht der Wirklichkeit, wenn in juristischer Künstelung der wichtigste Fall, die Täterschaft, von ihm ausgenommen würde. Aber die besondere Art der Anstiftung, die Urheberschaft durch Benutzung eines zurechnungsfähigen mit Wissen und Willen handelnden Menschen, verdient allerdings aus den dargestellten Gründen eine besondere Behandlung. Anerkennenswert sind die Ausführungen insbesondere über die Beihilfe. Doch sei hierzu noch folgendes hervorgehoben:

Wer wissentlich einem unverantwortlich Handelnden hilft (einem Geisteskranken, in Putativnotwehr Handelnden) in voller Kenntnis des strafausschließenden Sachverhalts oder ohne solche Kenntnis ist mittelbarer Täter, wenn er mit Wissen und Willen das rechtswidrige Vorgehen ermöglicht, herbeiführt, zustande bringt. Trifft dies nicht zu, entfaltet er eine Wirksamkeit, der objektiv eine solche Bedeutung nicht zukommt, oder fehlt ihm der Tätervorsatz, so kann nur Beihilfe in Frage kommen: Beihilfe zu einem straflosen Vorgang, auf den die allgemeine Beihilfenorm an sich nicht zutrifft, da ja nicht eigentlich zu einer „Tat" einem „Täter" Beihilfe geleistet wird. Deshalb ist hier der oben vorgeschlagene Zusatz gerechtfertigt. E. 25 § 27, E. 27 § 31 verdienen hier hinsichtlich der Beihilfe Anerkennung, so verfehlt sie in der Vermengung von Anstiftung und mittelbarer Täterschaft sind. Oetkers Ausführungen (S. 20f.) können hier nicht anerkannt werden. „Die Kenntnis des Sachverhalts" ist nicht entscheidend. Ein Gehilfe wird durch eine solche Kenntnis nicht immer zum Täter; er kann in einem unvermeidlichen, auch ohne ihn sicher vollendeten Vorgang bloß zur Unterstützung, weder objektiv noch subjektiv in Urheberrolle, mitwirken. Andererseits braucht, wenn ein Mitwirkender einen Geisteskranken für zurechnungsfähig hielt, keineswegs immer nur „Unterstützungswille" vorzuliegen, vielmehr ist sehr wohl Anstiftungs-, d. h. Urhebervorsatz denkbar: also beim Vorliegen auch der objektiven Voraussetzungen — da die lex specialis der Anstiftung nicht zutrifft — ein Fall der mittelbaren Täterschaft.

5.

Der 5. Abschnitt hätte das Zusammentreffen von Verbrechen zu regeln unter völliger Preisgabe der scholastischen Scheidung zwischen „idealem" und „realem" Zusammentreffen. Die §§ 63ff. wären zweckmäßig meinen mehrfach geäußerten Vorschlägen vollständig anzupassen.

6.

Nunmehr hat der 6. Abschnitt die Strafen zu regeln, und zwar nach Möglichkeit schon nach Art des geltenden Rechtes das Grundsätzliche und Wichtige auch ihres Inhaltes reichs**straf**gesetzlich festzulegen. Die nähere **Ausführung** wäre dem Strafvollzugsgesetz zu überlassen. Die Strafen und Maßnahmen, die dem ganzen Strafgesetz erst Inhalt und Bedeutung geben, dürfen in ihm nicht so ganz mit wenigen äußerlichen Sätzen übergangen werden, wie dieses in den letzten abweichend von früheren Entwürfen geschieht.

Die **erste** Unterabteilung des 5. Abschnittes hätte die Strafen also auch inhaltlich und grundsätzlich zu regeln (Ausbau der §§ 13ff. des geltenden Gesetzes).

Die **zweite** Unterabteilung wäre der Anwendung und Bemessung der Strafen zu widmen (9. Abschnitt des E. 25; 10. des E. 27). E. 25 § 67; E. 27 § 69, Strafzumessungsgründe, sind als unvollständig und selbstverständlich zu streichen. Insbesondere ist an dieser Stelle das Institut der mildernden Umstände[34]) des geltenden Rechtes zu einer allgemeinen Einrichtung auszugestalten. Alle Fälle der Milderung, Versuch, Beihilfe, verminderte Zurechnungsfähigkeit, mildernde Umstände, die „besonders leichten Fälle" des § 75 E. 25 (§ 76 in E. 27) sind in einer Vorschrift einheitlich zu regeln. Die zersplitterte und unübersichtliche Regelung dieser wichtigen Einrichtung, die vorgeschlagen wird, ist nicht zu empfehlen. Zweckmäßig findet die verminderte Zurechnungsfähigkeit nur an dieser Stelle Erwähnung. Eine sachliche Änderung ihrer Stellung im neuen Strafgesetz wäre dadurch nicht bedingt; aber das Gericht könnte, wenn der Tatbestand im allgemeinen milde liegt, die aus den verschiedensten Gründen vielleicht gebotene milde Behandlung ohne weiteres verfügen, ohne absolut gezwungen zu sein, jenen im einzelnen medizinisch doch noch wenig scharf umrissenen und praktisch noch zuwenig erprobten Begriff in allen Fällen zum Gegenstande von Sachverständigenerörterungen zu machen. Auch brauchte dann nicht absolut ein „hoher Grad" der Verminderung (E. 25 § 17, eine „wesentliche" Verminderung E. 27 § 13) unbedingt festgestellt zu werden, wie die Entwürfe es verlangen. Unrichtig ist auch der vollkommene Ausschluß der Milderung bei selbstverschuldeter Trunkenheit in E. 25.

Den „Strafmilderungsgründen" sind „Strafverschärfungsgründe" in unmittelbarer Folge gegenüberzustellen. Auch hier wäre eine einheitliche Regelung zu treffen, der Rückfall entsprechend den Vorschlägen der Entwürfe zu einer allgemeinen Einrichtung auszubauen.

In der **dritten** Unterabteilung folgen den Strafen die Maßnahmen der Erziehung, Besserung und Sicherung, §§ 42ff. E. 25; §§ 55ff. E. 27 unter Preisgabe des Wirtshausverbotes.

---

[34]) Dieser im Volksbewußtsein eingebürgerte Ausdruck verdient beibehalten zu werden.

7.

Im folgenden 7. Abschnitt folgen Strafantrag und Verjährung; ersterer ohne Rücksicht auf die Streitfrage hinsichtlich seiner materiell- oder formellrechtlichen Natur; denn jedenfalls bedeutet er eine besonders wichtige, zum Verständnis des Strafgesetzes gehörige, am zweckmäßigsten in seinen allgemeinen Bestimmungen mit zu regelnde Einrichtung.

8.

Im besonderen Teil muß eine weise Gesetzgebungstechnik vor allem auf eine sichere und klare Abgrenzung der einzelnen Tatbestände bedacht sein. Aber auch eine systematische Gliederung im ganzen ist, wenn sie in einfacher, verständlicher, zweckmäßiger Weise gegeben werden kann, durchaus empfehlenswert. Dieses kann sehr wohl von der in den späteren Entwürfen leider preisgegebenen Gliederung des Vorentwurfs gesagt werden, der eine wissenschaftlich längst erprobte und eingebürgerte Scheidung gesetzgeberisch verwerten will. Es könnte damit den besonderen Normen des neuen Gesetzes durchaus eine gewisse Ordnung und Übersicht gegeben werden. Es handelt sich um folgende Gliederung, in die an dritter Stelle die gemeingefährlichen Verbrechen eingeschoben werden könnten, also:

1. Verbrechen gegen den Staat,
2. Verbrechen gegen Einrichtungen des Staates,
(3. gemeingefährliche Verbrechen),
3. (4.) Verbrechen gegen die Person,
4. (5.) Verbrechen gegen das Vermögen.

Abweichend von dem Vorschlag des Vorentwurfs wären also vielleicht die gemeingefährlichen Verbrechen zwischen 2 und 3 einzuschieben, da sie in der Mitte zwischen den gegen den Staat und seine Einrichtungen und den gegen Rechtsgüter des einzelnen gerichteten Straftaten liegen.

Schon dieser kurze Überblick dürfte gezeigt haben, wie viel an dem neuen Gesetz noch zweifelhaft, ernster Erwägung bedürftig ist. Die Reformarbeit muß jetzt von allen Beteiligten intensiv in Angriff genommen und dem endgültigen Abschluß entgegengeführt werden. Die namentlich auf strafrechtlichem Gebiete verhängnisvolle Verwirrung der Nachkriegszeit gehört der Vergangenheit an, gesundete und geordnete Verhältnisse eröffnen einem auf normale Zeiten berechneten neuen Gesetz eine unbehinderte Lebensbahn. Das jetzt vielfach insbesondere von politischer Seite geäußerte Bestreben nach übereilt beschleunigter Abfertigung darf jedenfalls der großen Sache nicht abträglich werden. Die lange schon bisherige Dauer der Reformarbeit darf nicht beirrend jetzt zu überstürztem Vorgehen führen. Namentlich darf sich der eigentliche Träger der Gesetzgebungsgewalt, der Reichstag, durch solche Nebenrücksichten in der ihm obliegenden gründlichen Durchprüfung der ganzen großen Reformarbeit nicht beirren lassen. Die Kriegs- und Nachkriegshemmungen ergeben eben eine hinreichende Erklärung. Maßgebend muß nur der Wille sein, etwas Bedeutendes zu schaffen, nicht bei Unzulänglichem sich zu begnügen, das hinter den Leistungen anderer Völker zurückbleibt. Lieber kein neues Gesetz, lieber noch einige Jahre Arbeit mit dem alten als ein unzulängliches, sehr bald wieder anfechtbares, mit dem wir keine Ehre einlegen können in der Kulturwelt. Das neue, auf längere Dauer berechnete Werk muß ein Denkmal deutscher Kulturarbeit sein, vorbildlich auch bei anderen Völkern in den fortschrittlichen Gedanken, die es ganz beseelen und beleben, aber auch in der von Verständnis und Verantwortungsgefühl getragenen weisen Beachtung der unersetzlichen Grundbedingungen jeder sozialen Gemeinschaft. Von besonderer Wichtigkeit ist die strafgesetzgeberische Einigung mit den Österreichern, aber — für sie wie für uns — auch nur, wenn wir mit ihnen in einer anerkennenswerten, bedeutenden Leistung zusammentreffen.

Wir wollen nicht einer schnellen Sache dienen, nicht ein Gebäude schaffen, das schon in den nächsten Jahren hinter den Anforderungen zurückbleibt, auch in seiner technischen Gestaltung dem Geschmack und dem Urteil der Kulturwelt nicht genügen kann, sondern ein Werk, dem Wert und Bedeutung auf möglichst lange Zeit hinaus innewohnen, das unserm Volkstum innerlich förderlich ist und sein Ansehen in der Welt mit neubegründen kann.

Abgeschlossen: im März 1929 mit späteren Zusätzen.

Zum Wesen der mittelbaren Täterschaft

von Professor Dr. August Hegler, Tübingen

I.

Das Reichsgericht hat den Begriff der „mittelbaren Täterschaft“ von jeher als eine legitime Figur im Strafrecht anerkannt. Das Wesen dieser Figur ist aber, wie namentlich auch die Verhandlungen in den Strafrechtskommissionen des verflossenen und des jetzigen Reichstags gezeigt haben, noch keineswegs klargestellt, so daß sich vielleicht eine Untersuchung in dieser Richtung lohnt. Das Folgende bemüht sich nur um Herausarbeitung großer Grundlinien, Einzelheiten müssen umfassenderer Behandlung vorbehalten bleiben; auf die weitschichtige (übrigens meist aus Dissertationen bestehende) Speziallitteratur soll als über den Rahmen dieser Abhandlung hinausgehend nicht eingegangen werden, dagegen die Judikatur des Reichsgerichts, dem Anlaß derselben entsprechend, eingehender berücksichtigt werden.

Wir gehen von dem Begriff der „mittelbaren Täterschaft“, wie er gewöhnlich, wenn auch nicht mit voller Präzision verstanden wird, aus, unter Beiseitelassung besonderer Auffassungen, die nicht fehlen, besonders der Auffassung Bindings. Die Situation, die üblicherweise zugrunde gelegt wird, ist folgende. Ein Vordermann A nimmt die objektive, dem Deliktstatbestand entsprechende Ausführungshandlung vor, ein Hintermann B veranlaßt ihn dazu, unterstützt ihn dabei (auch letzterer Fall ist, nicht unbestritten, hereinzunehmen)[1]), nimmt objektiv betrachtet nur eine Vorbereitungs- oder Nebenhandlung vor, nicht unmittelbar selbst, durch eigene, persönliche Tätigkeit einschließlich des Inbewegungsetzens des Naturkausalismus, die tatbestandsmäßige Ausführungshandlung. Trotzdem wird letzterer bei gewisser Sachlage allein als Täter des Delikts bzw. allein als Täter des vorsätzlichen Delikts bzw. allein als Täter des vorsätzlichen qualifizierten Delikts (siehe z. B. RG. 3, 99) betrachtet, als „mittelbarer Täter“, der erstere dagegen nur als „Werkzeug“. Praktisch wirkt sich diese Annahme mittelbarer Täterschaft statt bloßer Anstiftung, Beihilfe aus besonders in der Möglichkeit strafbaren Versuchs mittelbarer Täterschaft im Gegensatz zur straflosen versuchten Anstiftung, in der Tätervollendungsstrafe im Gegensatz zu bloßer Versuchsstrafe bei Beihilfe, in dem Nichtplatzgreifen der „Akzessorität“ bei mittelbarer Täterschaft, in der Aufwerfung des Problems, ob nur der mittelbarer Täter sein kann, der auch unmittelbarer sein könnte. Die Frage ist, aus welchem Grunde und in welchen Fällen wird hier der Hintermann trotz Nichtvornahme der Ausführungshandlung als der „eigentliche“ Täter, der Vordermann trotz seiner Vornahme der Ausführungshandlung nicht als solcher betrachtet? Gewisse Fälle scheinen in bezug auf das „ob“ ganz klarzuliegen, wie die An-

[1]) So z. B. RG. 18, 423; Frank, Komm. z. StGB. S. 105; Allfeld, Lehrbuch des Strafrechts S. 215 A. 6. A. M. z. B. M. E. Mayer, Lehrbuch des Strafrechts S. 377; v. Liszt-Schmidt, Lehrbuch des Strafrechts S. 320 A. 10 Z. 2. Die praktischen Konsequenzen der Verneinung sind sehr üble (Straflosigkeit in durchaus strafwürdigen Fällen).

stiftung des Geisteskranken zur Tötung eines andern seitens dessen, der ihn als geisteskrank kennt. Aber sobald man z. B. letzteres nicht annimmt, beginnen schon die Schwierigkeiten bezüglich des „ob" der Annahme. Und immer, auch in diesem einfachsten Fall, bestehen sie bezüglich der Frage des „warum", von der schließlich auch die andere abhängt. Man kann hier unterscheiden einen negativen bzw. vorwiegend negativen und einen positiven Begründungsversuch, falls überhaupt ein solcher gemacht wird, und nicht nur, wie oft, einfach gewisse Fälle als solche „mittelbarer Täterschaft" aufgezählt werden. Der negative Begründungsversuch geht entweder dahin: weil der Veranlassende, Unterstützende nicht Anstifter, Gehilfe ist, deshalb ist er Täter, oder dahin: weil der Ausführende nicht Täter ist, ist der Veranlassende, Unterstützende Täter. Der erste negative Begründungsversuch (so z. B. E. Winter, Die mittelbare Täterschaft, Diss. Münster 1917 S. 11ff., 13; ähnlich A. Brandt, Grenzen der mittelbaren Täterschaft, Diss. Erlangen 1916 S. 10f.) stützt sich darauf, daß jeder, der schuldhaft eine Bedingung des „Erfolgs" = Ursache desselben setzt, Täter ist, sofern nicht die Ausnahmen der §§ 48, 49 StGB. Platz greifen, was hier nicht der Fall sei. Dagegen ist u. a. zu bemerken, daß eben die §§ 48, 49 StGB. in Verbindung mit den Deliktstatbeständen offenbar Strafausdehnungsgründe sind, also dagegen sprechen, daß dann auch alle Fälle fahrlässiger Anstiftung und Beihilfe als Täterschaft gefaßt werden müßten, denn hier wird schuldhaft eine Bedingung gesetzt und der Betreffende ist weder Anstifter noch Gehilfe. Oder es wird davon ausgegangen (so z. B. v. Liszt-Schmidt, Lehrb. 315f.): jeder, der schuldhaft einen andern durch psychische Beeinflussung zur Ausführung bestimmt, ist Täter, soweit nicht die Regel des § 48 StGB. über Anstiftung eingreift. Dagegen sprechen die beiden ersten der eben bemerkten Gründe, weiter, daß dann der bewußt einen Unzurechnungsfähigen nur Unterstützende de lege lata straflos bleiben müßte. Die zweite Variante der negativen Begründung[2]) findet sich z. B. bei M. E. Mayer, Lehrbuch des Strafrechts 376 („wer einen Menschen, der aus Rechtsgründen nicht Täter sein kann, veranlaßt"), vorsichtiger Allfeld, Lehrbuch 213 („ein anderer Mensch, der selbst nicht als vorsätzlicher Täter verantwortlich gemacht werden kann"). Allein damit ist nicht begründet, warum dann der andere, der nur Veranlassende, nur Unterstützende Täter ist (der Fassung von M. E. Mayer steht auch entgegen, daß der Veranlaßte hier fahrlässiger Täter sein kann). Es muß sonach ein eigentlich positiver Begründungsversuch gemacht werden. Die Begründung dürfte, um es kurz vorauszuschicken, darin liegen, daß der objektiv nur Veranlassende, Unterstützende gegenüber dem objektiv (allein) Ausführenden in bestimmter Richtung ein solch erhebliches Übergewicht besitzt, daß bei ihm, der doch immerhin objektiv eine Bedingung zum „Erfolg", richtiger, um auch Nichterfolgsdelikte einzubeziehen, zur äußeren Deliktsrealisierung („Erfolg" im Rechtssinne) setzt, der Mangel eigener objektiver Ausführungshandlung für die bewertende Betrachtung des Rechts betreffend die Verteilung der Rollen (die aber, wie nicht zu vergessen, immer an tatsächlich Gegebenes anknüpft) weitaus überkompensiert und er so als die Hauptperson, als Täter erscheint, während andererseits der Veranlaßte, Unterstützte trotz seiner objektiven Ausführungshandlung wegen Fehlens sonstiger Momente für dieselbe Betrachtungsweise nicht als Täter (oder nur als Täter eines Fahrlässigkeitsdelikts oder nichtqualifizierten Delikts) erscheint. Der Hintermann erscheint

---

[2]) Die übrigens zum Teil, so bei Winter a. a. O. S. 15, mit der ersten kombiniert wird.

trotz Nichtvornahme der Ausführung kraft der Beziehung des Veranlaßthabens, Unterstützthabens mit solchem Übergewicht als belastet oder mehr belastet, der andere entsprechend trotz Vornahme der Ausführungshandlung als von strafrechtlicher Verantwortung entlastet oder minder belastet. In dem Ausdruck „Werkzeug" des Hintermanns tritt diese Übergewichtssituation deutlich, wenn auch nur bildlich zutage. Mit dem Ausdruck „Übergewicht" ist gegeben, daß es sich hier um einen Relationsbegriff und um eine relative Größe handelt.

II.

Dieser Gedanke[3]) soll zunächst von der objektiven Teilnahmetheorie aus dargelegt werden, sodann von der subjektiven.

Die im ganzen wohl richtige — wie hier nicht näher dargelegt werden kann (siehe noch unten III) — objektive Teilnahmetheorie geht davon aus, daß „Täter" nur der ist, der die nach der Verbrechensbeschreibung, dem gesetzlichen Tatbestand erforderliche Ausführungshandlung setzt (auf die Nuancen zwischen formal- und material-objektiver Theorie soll hier nicht[4]) eingegangen werden), wer nur eine Vorbereitungs- oder Nebenhandlung, nicht Täter ist. Und zwar der, der die Ausführungshandlung selbst setzt, durch persönliche Tätigkeit oder Inbewegungsetzung des Naturkausalismus. In diesem Sinne sind nach ihrer Ansicht die Verbrechensbeschreibungen, die gesetzlichen Tatbestände gefaßt, die sagen: „wer tötet", „wer körperlich mißhandelt" usw. Das wird aber nun modifiziert durch den oben berührten Übergewichtsgedanken, richtiger: zweiten gegenläufigen Übergewichtsgedanken, denn auch die objektive Theorie ruht auf dem speziell an der Kausalbetrachtung (Erfolg im Rechtssinn, siehe oben, genommen) orientierten Übergewichtsgedanken. Das Problem der „mittelbaren Täterschaft" ist vom Standpunkt der objektiven Theorie dann das: Wie ist es zu rechtfertigen, daß jemand, trotzdem er die Ausführungshandlung nicht selbst setzt, als Täter, „mittelbarer Täter" erscheint und entsprechend der Ausführende nur als „Werkzeug"? Die Rechtfertigung gibt dieser Übergewichtsgedanke, und er gibt sie für alle Fälle, auch die des sog. „qualifikationslosen" und „absichtslosen" Werkzeugs. Dieser Übergewichtsgedanke: daß andere Verbrechensmomente, Voraussetzungen der Strafbarkeit nur in der Person des objektiv bloß Veranlassenden, Unterstützenden vorliegen und er durch diese Momente zur Hauptperson gestempelt wird, trotzdem er nicht ausführt. Man kann die Sache auch so ausdrücken, die bewertende Betrachtung des Rechts nimmt hier nicht, wie sonst, zum entscheidenden Punkt die Verschiedenheit betreffend die Kausalität für den „Erfolg" — im Rechtssinn, siehe oben —, sondern die Verschiedenheit betreffend andere Momente, die Strafbarkeitsvoraussetzungen sind. Oder so: Das Übergewicht im Sinne der Kausalbetrachtung (siehe oben) erscheint überkompensiert durch das Übergewicht im Sinne einer andere Verbrechensmomente ins Auge fassenden Betrachtungsweise.

Diese anderen Momente liegen teils auf dem Gebiet der Schuld — den

---

[3]) Spuren — nur Spuren — dieses Gedankens des Übergewichts bei P. Wolf, Betrachtungen über die mittelbare Täterschaft, Strafrechtl. Abh. Heft 225 (1927), 56, 100f. (und dort Zit.).

[4]) Sie verlieren an Bedeutung, wenn, s. oben, „Erfolg" im Rechtssinne, gleich äußere Deliktsrealisierung, gefaßt wird. Das Wesentliche ist, daß der, der die objektive Ausführungshandlung vornimmt, mehr zur äußeren Deliktsrealisierung beisteuert, als wer als Veranlassender, Unterstützender nur eine objektive Vorbereitungs- oder Nebenhandlung vornimmt.

Ausdruck im weiteren Sinne genommen[5]) —, teils auf dem Gebiet der Rechtswidrigkeitsmomente außerhalb der objektiven Ausführungshandlung.

1. Auf dem Gebiet der Schuld (im weiteren Sinne) liegt die Übergewichtssituation vor, wenn der Ausführende schuldlos oder nur fahrlässig handelt, der Veranlassende, Unterstützende schuldhaft bzw. schuldhaft-vorsätzlich, der erstere „unfrei" (das Wort im weiteren Sinn genommen) oder relativ „unfrei" (bei Fahrlässigkeit), der erstere „frei" (im weiteren Sinne, d. h. als voller Herr der Tat) oder freier (stärkere Tatherrschaft bei Vorsätzlichkeit). Der Ausführende handelt schuldlos, entweder weil handlungsunfrei[6]), z. B. hypnotisiert[7]), oder weil unzurechnungsfähig (z. B. geisteskrank[8]) oder Kind oder Jugendlicher ohne Unterscheidungsvermögen, falls man, was bestritten, letztere Fälle hierher rechnet)[9]) oder weil ihm ein Schuldausschließungsgrund im engeren Sinne, Exkulpationsgrund zur Seite steht, wie Nötigungsstand im Sinne des § 52 StGB., Notstand im Sinne des StGB., bindender Befehl u. ä.[10]) oder weil in entschuldbarem Irrtum[11]) betreffend die Beschaffenheit der Tat, z. B. die Natur des zu reichenden Mittels als Gift, sich befindend. Der Veranlassende, Unterstützende dagegen handelt handlungsfrei bzw. versetzt den anderen in den Zustand der Handlungsunfreiheit[12]), handelt als Zurechnungsfähiger, ohne Exkulpationsgrund, ja die Exkulpationslage des Ausführenden selbst setzend[13]), schuldhaft-vorsätzlich oder schuldhaft-fahr-

---

[5]) Siehe über diesen Begriff meine Abhandlung ZStW. 36, 184ff. Seine Richtigkeit erweist sich gerade auch hier an der Gleichbehandlung bei Fehlen der einschlägigen Momente (Schuldvoraussetzungen) betreffend mittelbare Täterschaft.

[6]) Über diesen Begriff s. meine Abhandlung a. a. O. 191.

[7]) Vgl. Allfeld a. a. O. 214. Hierher gehören auch die Fälle der vis absoluta, s. RG. 1, 148.

[8]) Allgemein anerkannt, s. z. B. RG. 62, 390.

[9]) Es greift hier das Jugendgerichtsgesetz Platz. Strittig ist einmal, ob in diesen Fällen die Zurechnungsfähigkeit ausgeschlossen ist. Verneinend betreffend das jetzt geltende Recht (Jugendgerichtsgesetz) RG. 57, 208 (persönlicher Strafausschließungsgrund), dafür aber die in der Literatur herrschende Meinung, s. v. Liszt-Schmidt a. a. O. 231f. A. 5 und dort Zit. Sodann, ob § 4 Jugendgerichtsgesetz „mittelbare Täterschaft" bezüglich der Genannten ausschließt (verneinend v. Liszt-Schmidt a. a. O. 317 A. 4; bejahend Kiesow, Jugendgerichtsgesetz 1923, 5 zu § 4 dess.; A. Hellwig, Jugendgerichtsgesetz 1923, 9 zu § 2, 2 zu § 4 dess. bei Kenntnis des Anstiftenden usw. bezüglich der Strafunmündigkeit usw., auch wohl RG. 61, 267: wenn in concreto dem Kinde jede Einsicht in die Tragweite seines Tuns aus geistiger oder sittlicher Unreife oder aus einem sonstigen Grunde fehlte). Endlich, ob bei den Genannten § 51 StGB. in Frage kommen kann und dann bei Kenntnis seines Zutreffens auf seiten des Anstiftenden mittelbare Täterschaft vorliegt, so Hellwig a. a. O. 4 zu § 4 Jugendgerichtsgesetz, dagegen v. Liszt-Schmidt a. a. O. 317 A. 4 und dort Zit.

[10]) Vgl. betreffs § 52 StGB. RG. 31, 395ff., speziell 397, v. Liszt-Schmidt a. a. O. 318, Allfeld a. a. O. 214; a. M. v. Bar, Gesetz und Schuld im Strafrecht II, 626 A. 61 (man werde hier nicht mittelbarer Täter), betreffs bindenden Befehl Winter a. a. O. 20f., v. Liszt-Schmidt a. a. O. Ein eigenartiger hierhergehöriger Fall RG. 41, 62ff., speziell 64f. (Beleidigung im Sinne § 186 StGB. in mittelbarer Täterschaft durch Schaffung der Dienstpflicht für den Adressaten eines Schreibens, dieses ihn beleidigende Schreiben weiterzugeben, der Weitergebende ist ganz abgesehen davon, daß er nicht sich selbst beleidigen kann, exkulpiert durch diesen Zwang, den der andere bewußt geschaffen hat), s. auch RG. 62, 390 (mittelbare Täterschaft bei einer zum Täter in irgendeinem Abhängigkeitsverhältnis stehenden oder einem Kontrahierungszwang unterworfenen Person, betreffend unerlaubtes Inverkehrbringen von Rauschgiften).

[11]) Gleichgültig, ob dieser Irrtum schon vorhanden war oder vom Veranlassenden usw. hervorgerufen wurde, s. Allfeld a. a. O. 214 sub c. Der Fall ist allgemein anerkannt, auch vom Reichsgericht oft, z. B. RG. 1, 148f.; 9, 290; 12, 67f.; 13, 371; 18, 423; 25, 400; 30, 435f.; 31, 82; 39, 300; 41, 403; 42, 153; 47, 148; 48 S. 60, 279, 335f., 345f.; 51 S. 102, 153; 53, 12; 55, 283; 62, 390; RGRspr. 4, 689f. usw.

[12]) Z. B. hypnotisiert ihn. Bloße Ausnützung z. B. bei Betrunkenen (§ 51, erster Fall StGB.).

[13]) Hat er sie nicht selbst gesetzt, so ist die Behandlung nicht unzweifelhaft. Bei Unterstützung unterstützt er (§ 49 StGB.) eventuell nicht den Ausführenden, sondern den, der die Exkulpationslage gesetzt hat (der deshalb als mittelbarer Täter erscheint), den Drohenden usw.

lässig[14]), so, daß er die Beschaffenheit der Tat kannte oder kennen konnte. Oder der Ausführende handelt schuldhaft-fahrlässig, der Veranlassende, Unterstützende schuldhaft-vorsätzlich betreffend die Beschaffenheit der Tat[15]). Entsprechendes gilt, wenn der Ausführende im Irrtum über ein objektives Qualifikationsmoment delinquiert, der Veranlassende, Unterstützende in Kenntnis desselben, z. B. B stiftet seinen Bruder A an, den herankommenden C zu erschießen, von dem er, der B, weiß, daß es ihr Vater ist, A dagegen weiß es nicht (der Ausführende ist hier zugleich vorsätzlicher Täter des nichtqualifizierten Delikts und Werkzeug, aber nicht doloses, betreffend das qualifizierte)[16]). Außer dieser Übergewichtssituation ist aber wohl, um den Betreffenden als Täter (vorsätzlichen Täter) verantwortlich zu machen, auch das Kennen bzw. Kennenmüssen (bei fahrlässiger mittelbarer Täterschaft) derselben bei dem Veranlassenden, Unterstützenden nötig[17]) — neben dem Wissen, daß und zu was er den anderen veranlaßt, unterstützt bzw. (bei fahrlässiger mittelbarer Täterschaft) dem Wissenkönnen in letzterer Beziehung[18]). Also das Kennen bzw. Kennenmüssen, daß der andere unzurechnungsfähig, z. B. geisteskrank ist, daß das Wort auf ihn als bindender Befehl, als Drohung im Sinne des § 52 StGB. wirkt, daß der andere in (entschuldbarem oder unentschuldbarem) Irrtum handelt[19]).

2. Die Übergewichtssituation kann aber auch in Momenten der Rechtswidrigkeit liegen. Die Sache liegt hier so, daß bei dem objektiv die Ausführungshandlung Vornehmenden Momente außerhalb der objektiven Ausführungshandlung fehlen, welche die Rechtswidrigkeit, Antisozialität bzw. die spezifische Rechtswidrigkeit, Antisozialität der Tat grundlegend bedingen, während sie in der Person des Veranlassenden, Unterstützenden gesetzt sind. Deshalb erscheint hier der erstere nicht als Täter, obwohl bzw. selbst wenn

---

Kommt das nicht in Betracht, z. B. bei Notstand im Sinne des StG.B., so veranlaßt oder unterstützt er eine exkulpierte Handlung, ist deshalb nicht wegen Anstiftung, Beihilfe strafbar (RG. 31, 369f.; 57, 268f.; 60, 89). Wohl aber kann seine Strafbarkeit als mittelbarer Täter hier in Frage kommen, so (freilich mit Einschränkungen) auch J. Goldschmidt, Der Notstand (1913) 43ff.; Winter a. a. O. 18f.; P. Wolf a. a. O. 173f.

[14]) Vgl. RG. 4, 261; 39, 302, vgl. 299, 301.

[15]) Vgl. z. B. RG. 1, 148; Allfeld a. a. O. 214 A. 5; Winter a. a. O. 15, 24, 28.

[16]) Anders, wenn der Veranlaßte gutgläubig nur ein Qualifikationsmoment setzt, so RGRspr. 4, 689f. Nur der Veranlassende ist dann — wegen des qualifizierten Delikts, z. B. § 243 Z. 3 StGB. — zu bestrafen.

[17]) In der Übergewichtssituation und ihrer Kenntnis (möglichen Kenntnis) liegt die Begründung dieser Fälle der mittelbaren Täterschaft, nicht etwa in der (am Kausalgedanken orientierten) Erwägung, daß man den unzurechnungsfähigen, irrenden usw. Veranlaßten, Unterstützten mehr „in der Hand" habe als den zurechnungsfähigen, wissenden. Dies ist keineswegs stets der Fall, speziell der Geisteskranke kann völlig unberechenbar sein, unberechenbarer als jeder Normale. Die Gefahrsteigerung, von der, in gleicher Richtung gehend, Flegenheimer, Problem des dolosen Werkzeugs, Strafrechtl. Abh. Heft 164, 42ff. (1913) beim Geisteskranken usw. redet, muß keineswegs stets vorliegen. Siehe dagegen auch P. Wolf a. a. O. 74f.

[18]) Fahrlässige mittelbare Täterschaft kommt hiernach in Betracht, wenn der Betreffende nicht wußte (aber wissen konnte), daß oder wozu er den anderen veranlasse, unterstütze, oder die Übergewichtssituation nicht kannte (aber kennen konnte).

[19]) Die Behandlung des Falles, wenn der Veranlassende nicht wußte, daß der Veranlaßte unzurechnungsfähig usw. ist, ist bekanntlich sehr bestritten. Siehe die Literatur bei Frank, Komm. 103f. Z. 1. Zum Teil wird geleugnet, daß dieser Irrtum von Bedeutung sei, womit zugleich gesagt ist — entgegen dem oben Vertretenen —, daß Kennen, Kennenmüssen der Übergewichtssituation überhaupt nicht zu verlangen ist. So z. B. v. Liszt-Schmidt, Lehrbuch 315 A. 2; Gerland, Deutsches Reichsstrafrecht 145; Winter a. a. O. 31. Siehe aber dagegen RG. 11, 60; 40, 25; 52, 198 (freilich vom Boden der subjektiven Teilnahmetheorie aus); anders RG. 60, 370 (bei putativer Bösgläubigkeit), dagegen auch (vom Standpunkt der objektiven Teilnahmetheorie) z. B. Beling, Lehre vom Verbrechen 253, 398 (1906).

auch Vorsatzschuld bei ihm vorliegt („doloses Werkzeug")[20]), sondern der letztere als „mittelbarer Täter"[21]). Diese Momente sind teils objektiver Natur, besondere Qualifikation, z. B. Beamteneigenschaft, die vom Tatbestand gefordert beim Veranlassenden, Unterstützenden gegeben ist, beim Ausführenden fehlt, z. B. ein Beamter B stiftet einen Nichtbeamten A zur Ausführung eines echten Beamtendelikts an, etwa Falschbeurkundung, wie Fertigung eines falschen Pfändungsprotokolls, der Beamte erscheint als „mittelbarer Täter" des Amtsdelikts, der Ausführende A als „doloses qualifikationsloses Werkzeug" (ist wegen Beihilfe zu bestrafen). Teils sind es subjektive Rechtswidrigkeitsmomente. Es ist nämlich anzunehmen — auch vom Boden der („Rechtswidrigkeit" und „Schuld" trennenden) sog. „objektiven Rechtswidrigkeit" aus —, daß es subjektive Rechtswidrigkeitsvoraussetzungen gibt, Fälle, in denen eine bestimmte, vom Gesetz explicite oder implicite verlangte Absicht, Ansicht, Kenntnis usw. zur Charakterisierung der Tat als Antisozialität oder bestimmter Art von Antisozialität beigezogen werden muß[22]). So z. B. die Absicht, sich die fremde Sache zuzueignen, bei Diebstahl nach lex lata, die „betrügerische Absicht" im Falle § 265 StGB. Die objektive Teilnahmetheorie muß hier die Modifikation annehmen, daß auch derjenige, welcher die betreffende Absicht usw. selbst hat und objektiv nur untergeordnete Vor- oder Nebenhandlungen vornimmt, Täter sein kann, weil er eben an der Setzung der Momente der rechtswidrigen Handlung,

---

[20]) Bedenken gegen die Annahme eines „dolosen Werkzeugs" können aus dem Gedanken der „Unterbrechung des Kausalzusammenhangs" (wenn man ihn überhaupt annimmt) deshalb nicht abgeleitet werden (wie z. B. von Beling ZStW. 28, 594f. geschieht), weil, wie gesagt, diese ganze Betrachtung nicht am Kausalgesichtspunkt orientiert ist, derselbe hier also ausscheidet. Anders ist es natürlich, wenn man die Behandlung der Fälle Z. 1 mit fehlender „Unterbrechung des Kausalzusammenhangs" oder Fehlen psychisch vermittelter Kausalität oder ähnlichem motiviert.

[21]) Die Behandlung dieser Fälle ist bekanntlich sehr bestritten. Siehe besonders Flegenheimer a. a. O. besonders 46, der (mit anderen, s. besonders auch Frank, Komm. 105f.) die Figur des „dolosen Werkzeugs" überhaupt negiert. Dafür aber besonders das RG. 39, 37ff., RGRspr. 6, 416ff. (s. auch RG. 35, 318) im Fall des „absichtslosen", RG. 28, 109 im Fall des „qualifikationslosen" dolosen Werkzeugs. Für die Figur des dolosen Werkzeugs jetzt auch P. Wolf a. a. O. 46ff. Die folgenden Darlegungen sollen mit zur Rechtfertigung dieser Behandlungsweise dienen.

[22]) Siehe näher meine Abhandlung ZStW. 36, 31ff., besonders 32 A. 37 (1914) und berichtigend ArchRPhilos. 9, 281. Danach sind zwei Arten subjektiver Rechtswidrigkeitsvoraussetzungen zu unterscheiden: a) die das objektiv verlangte Verhalten überschießende Innentendenz, eine subjektive Verflüchtigung an sich objektiv zu verlangender Momente des rechtswidrigen, antisozialen Verhaltens, die als zweiter äußerer Akt oder als äußerer Erfolg über das objektiv Verlangte hinauslägen, z. B. betrügerische Absicht in § 265; sodann b) die nicht „hinausschießende", hinter dem objektiven Verhalten, das verschieden deutbar ist, als dessen nähere Determination stehende subjektive Absicht, Ansicht usw., z. B. die Zueignungsabsicht in § 242 StGB. (die hinter der — vorsätzlichen — Wegnahme fremder Sachen stehend dem Ganzen erst den Diebscharakter aufprägt, weil die Wegnahme dann als Auswirkung des Willens rechtswidriger Zueignung erscheint, zustimmend Olshausen, Komm. 27 zu § 242). Eine dritte Gruppe, c, von subjektiven Momenten der Verbrechensbeschreibungen, die, wie die zwei obengenannten, nicht einfach ein Korrespondieren des Subjektiven zum Objektiven (wie Vorsatz und Fahrlässigkeit) darstellen, sind die a. a. O. 32 Anm. 36 erwähnten, z. B. Vorteilsabsicht bei Hehlerei. Sie sind nicht Rechtswidrigkeitsvoraussetzungen (Entwurf 1927 § 350 verlangt z. B. diese Absicht nicht stets), gehören vielmehr zur Schuld im weiteren Sinne, zum Motivationsprozeß (besonders gemeines Motiv u. ä.). Daß ich a. a. O. bezüglich der beiden ersten Klassen die Einreihung in das Unrecht „einfach" durch ein negatives Ergebnis in der Schuldlehre (Nichteinbeziehbarkeit in diese) begründe, wie Mezger, Vom Sinn der strafrechtlichen Tatbestände (1926) 22 (s. auch 15) meint, muß ich ganz entschieden bestreiten. Die Begründung bei Mezger a. a. O., daß von diesen subjektiven Momenten der interesseverletzende Charakter der Handlung abhängt, stimmt vielmehr genau mit der von mir schon a. a. O. 31f. u. 32 A. 37 gegebenen überein. Dort ist gesagt: „Vielmehr handelt es sich hier regelmäßig [d. h. abgesehen von der

des sozialschädlichen Verhaltens doch beteiligt ist[23]). Dies wird wichtig für die Frage der Mittäterschaft, aber auch hier für die Frage der mittelbaren Täterschaft[24]). Danach erscheint, wenn B den A zur Inbrandsetzung einer versicherten Sache oder zur Wegnahme einer fremden Sache bestimmt und B, nicht A, die betrügerische Absicht im Sinne des § 265 StGB., die Absicht, sich die fremde Sache rechtswidrig zuzueignen, hat, B als mittelbarer Täter, der Ausführende A als „absichtsloses doloses Werkzeug" (ebenfalls wegen Beihilfe zu bestrafen). Der Grund dieser Behandlungsweise ist wiederum der Übergewichtsgedanke, der objektiv nur Veranlassende, Unterstützende hat hier einen Teil der Momente, von denen die spezifische Rechtswidrigkeit, Sozialschädlichkeit abhängt, bald objektive (Qualifikation), bald subjektive (Absicht usw.) in seiner Person gesetzt, und zwar gerade die entscheidenden, von deren Vorliegen der sozialschädliche Charakter des ganzen bzw. sein Charakter als bestimmte Sozialschädlichkeit abhängt, z. B. als Verletzung des Interesses des Staats am Funktionieren seines Beamtenapparats (bei Amtsdelikten), als Eigentumsverletzung (bei Diebstahl), während diese Momente in der Person des Ausführenden nicht gesetzt sind. Auch hier wird man aber außer dieser Übergewichtssituation, um den Betreffenden als Täter verantwortlich zu machen, auch deren Kenntnis — Kennenmüssen kommt hier nach Lage der in Frage stehenden Deliktsbeschreibungen nicht in Betracht — beim Veranlassenden, Unterstützenden verlangen, daß er weiß, daß der andere nicht Beamteneigenschaft, nicht die spezifische Absicht besitzt usw., während er selbst sie besitzt[25]).

---

obenerwähnten dritten Gruppe c] um sozusagen ins Subjektive verflüchtigte Momente des gesellschaftsschädlichen, interesseverletzenden Verhaltens", „können diese Momente . . . zur Schuld nicht gestellt werden, so kann man sie wohl nur mit der Interessenverletzung in Verbindung bringen. Dafür lassen sich außer diesem negativen auch positive Argumente beibringen. Eine genauere Betrachtung der betreffenden Einzelbestimmungen zeigt, daß sie (jedenfalls meist) [d. h. abgesehen wieder von der erwähnten dritten Gruppe] die Absicht als Bedingung des Gesellschaftsinteressen verletzenden Charakters auffassen." Und nun folgt eine längere eingehende Nachweisung des letzteren, daß hier in der Tat der interessenverletzende, gesellschaftsschädliche Charakter des Verhaltens vom Vorliegen dieser subjektiven Momente abhängt.

[23]) Siehe meinen Aufsatz a. a. O. 34 bei und in A. 41. Angeschlossen hat sich Mezger, Vom Sinn der strafrechtlichen Tatbestände 23f.

[24]) Siehe meinen Aufsatz a. a. O. A. 41. Angeschlossen hat sich Mezger a. a. O. 24 und A. 1 das. Nicht richtig ist, wenn Mezger bemerkt, falls das „Werkzeug" die Absicht des anderen kenne, werde in aller Regel Mittäterschaft vorliegen. Denn z. B. die Kenntnis der Absicht des anderen, sich (dem anderen) die Sache rechtswidrig zuzueignen, ist nicht der Besitz der Absicht, sich selbst die Sache rechtswidrig zuzueignen. Möglich ist allerdings, daß bei Kenntnis der Absicht des anderen folgeweise eine eigene entsprechende Absicht vorliegt, z. B. im Fall StGB. § 268 bei Kenntnis dessen, daß der andere sich einen Vermögensvorteil verschaffen will, die Absicht, ihm einen solchen zu verschaffen.

[25]) Wie ist es hier und im Falle 1 umgekehrt, wenn er irrtümlich diese Übergewichtssituation annimmt? In der Literatur ist diese Frage bekanntlich sehr strittig (siehe darüber Frank, Komm. 104 sub II, 2; Allfeld, Lehrbuch des Strafrechts 216 A. 8; Winter a. a. O. 31; Beling, Lehre vom Verbrechen 253f. und dort Zit.). (Vollendete) mittelbare Täterschaft ist jedenfalls hier zu verneinen, da die Übergewichtssituation fehlt. Es liegt versuchte mittelbare Täterschaft vor. Das Reichsgericht hat diese Frage in einem interessanten Falle, RG. 57, 274, behandelt oder wenigstens berührt. Die betreffenden Kinder (daß es gerade Kinder waren, bleibt bei der Entscheidung außer Spiel und soll auch hier außer Spiel bleiben) sollten nach dem Willen der Angeklagten die fremde Sache von vornherein für die Angeklagte wegnehmen, statt dessen eigneten sie sich dieselbe zunächst selbst an. Das Reichsgericht nimmt hier Exzeß an, Hinausgehen über das von Vorstellung und Willen des Täters allein umfaßte Mitwirken bei der Tat, dieser Exzeß sei der Angeklagten nicht zuzurechnen. Das Reichsgericht bejaht dann, m. E. unhaltbar, Täterschaft des Diebstahls bei der Angeklagten. Die Konsequenz bei Annahme von Exzeß wäre aber Bestrafung nur wegen Anstiftung zu Beihilfe zum Diebstahl. Damit wäre jedoch die Tatsache nicht berücksichtigt, daß die Angeklagte selbst „stehlen"

So gibt die Übergewichtstheorie eine Lösung dieser Fälle des qualifikations- und absichtslosen Werkzeugs vom Standpunkt der objektiven Teilnahmetheorie aus, und zwar eine einheitliche beider Fälle und mit den oben behandelten Fällen fehlender Schuld im weiteren Sinne im Grundgedanken verbundene. Verfehlt ist aber wohl der Versuch, vom Standpunkt der objektiven Teilnahmetheorie (über die subjektive siehe unten) die Fälle des absichts- und qualifikationslosen dolosen Werkzeugs mit denen der fehlenden Schuld unter ganz demselben Gesichtspunkt fehlenden Vorsatzes beim Ausführenden zu behandeln[26]). Der Vorsatz ist gegeben („doloses" Werkzeug), was fehlt, ist in den Fällen des absichts- und qualifikationslosen dolosen Werkzeugs eine entscheidende Rechtswidrigkeitsvoraussetzung.

Doppelübergewicht des Veranlassenden, Unterstützenden liegt vor, wenn das absichts- oder qualifikationslose Werkzeug, d. h. der ausführende zugleich der Schuld im weiteren Sinne entbehrt, wegen Unzurechnungsfähigkeit (z. B. Veranlassung eines geisteskranken Nichtbeamten zu Falsch-

---

wollte, die Sache sich rechtswidrig zueignen wollte. Es liegt vielmehr versuchte mittelbare Täterschaft vor (in Realkonkurrenz mit Unterschlagung bei nachherigem Erhalt der Sache), irrtümlich angenommene Übergewichtssituation, weil die Betreffende glaubte, nur sie habe Zueignungsabsicht, die Veranlaßten nicht. Sie glaubte subjektiv, mittelbare Täterin des Diebstahls zu sein, objektiv war sie Anstifterin zu Selbstbegehung desselben seitens der Angestifteten, objektiv liegt Anstiftung vor, subjektiv fehlt Anstiftungsvorsatz, sie wußte nicht, zu was, daß sie zur Selbstbegehung des Diebstahls anstiftete. Das ist ein Aliud gegenüber dem von ihr Vorgestellten und Gewollten, nicht ein Plus, Exzeß. Übrigens würde, wie gesagt, Annahme von Exzeß zu einem anderen Resultate führen. Es liegt aber neben versuchter mittelbarer Täterschaft noch (straflose) versuchte Anstiftung zur Beihilfe vor, die Kinder haben in Wahrheit nicht Beihilfe geleistet, sondern etwas ganz anderes getan (Selbstbegehung statt Unterstützung). Die Begründung des Reichsgerichts für seine Annahme der Täterschaft des Diebstahls ist m. E. nicht überzeugend: „Im übrigen bleibt aber ihre strafrechtliche Verantwortlichkeit — in den Grenzen der äußeren wie der inneren Tatseite — unberührt. Dies führt dazu, daß sie mit Bezug auf die von den Kindern begangenen Diebstähle die Stellung als Täterin behält [dazu: sie ist nicht Täterin, wenn die Kinder die Diebstähle selbst begehen, sie kann deshalb auch nicht diese Stellung ‚behalten', die sie nur in ihrer Einbildung gehabt hat], während die Kinder im Verhältnis zu ihr rechtlich nur als ihre Werkzeuge zu gelten haben" [wie soll jemand, der selbst voll Täter ist, „im Verhältnis" zu einem anderen nur Werkzeug sein?]. Siehe weiter noch den unten zu besprechenden Fall RG. 60, 370.

[26]) So v. Liszt-Schmidt, Lehrbuch des Strafrechts 319. Es handelt sich dabei um eine gewaltsame Umdeutung von Rechtswidrigkeitsmomenten in Vorsatzmomente. Beim „qualifikationslosen dolosen Werkzeug" soll der Vorsatz gefehlt haben, weil zwischen den Sonderverboten und einem Extraneus eine als Schuld und demnach als Vorsatz zu wertende Beziehung nicht bestehen könne. Diese Aufstellung ignoriert, daß die Sonderqualifikation etwas objektiv Gefordertes ist, das beim Ausführenden objektiv fehlt, beim Veranlassenden objektiv vorhanden ist. Sie ist nur verständlich vom Standpunkt der Normentheorie aus und enthält auch von dieser aus eine Überspitzung des Gedankens der Normadresse, die auch Bestrafung des Ausführenden wegen Beihilfe, überhaupt Teilnahme am Sonderdelikt ausschließen würde, da ja auch hier eine solche als Vorsatz zu wertende Beziehung zwischen Sonderverboten und Extraneus nicht bestände (v. Liszt-Schmidt S. 334 Z. 2 nimmt aber betreffs Teilnahme am Sonderdelikt das Gegenteil an). Beim „absichtslosen dolosen Werkzeug" soll ebenfalls (320) der Vorsatz fehlen, z. B. der Diebstahlsvorsatz bei dem, der nicht selbst Aneignungsabsicht hat. Aber die Zueignungsabsicht ist subjektives Rechtswidrigkeitsmoment, wie auch v. Liszt-Schmidt 320 bei und in A. 8 anerkennt — der aber meint, daß sie zwar als solche nicht zur Schuld gehöre, aber auf den Vorsatz „abfärbe" —, und steht als solches außerhalb des Vorsatzes, des Vorsatzes im „psychologischen", d. h. wertfreien, bloßes Beziehungsurteil enthaltenden Sinne, „färbt" auch nicht auf ihn „ab" — wie soll dies auch zugehen? —, Vorsatz im genannten Sinne ist beim Diebstahl genau wie immer die subjektive Spiegelung der objektiv geforderten Merkmale, hier Wissen und Wollen der Wegnahme einer fremden Sache. Selbst beim Vorsatz im Bewertungssinne (dolus malus) ist dies „Abfärben" der Aneignungsabsicht auf den Vorsatz (in diesem Sinne) nur Schein, ihr Besitz wird dem Betreffenden wie jedes andere Moment der Rechtswidrigkeit zum Vorwurf gemacht (nur daß es bei anderen Momenten derselben dazu der besonderen Voraussetzung des Gewußt- und Gewollthabens der Tat, so wie sie gelaufen ist, bedarf, während bei „Absicht" das Gewußt- und Gewollthaben von selbst gegeben ist).

beurkundung) oder Gutgläubigkeit (Unkenntnis der Absicht rechtswidriger Zueignung bei dem zur Wegnahme Veranlaßten): nicht doloses qualifikationsloses, absichtsloses Werkzeug (Straflosigkeit des letzteren).

Das oben Gesagte hat auch hier entsprechend für die Fälle zu gelten, in denen ein subjektives Moment (bestimmte Absicht usw.) Qualifikationsmoment ist, weil die Gesellschaftsschädlichkeit der Tat dadurch gesteigert wird (das sonach dem Rechtswidrigkeitskreis zuzuordnen ist) (in den Fällen, in denen eine bestimmte Qualifikation, z. B. als Beamter, strafschärfender Umstand ist, kommt hier wohl § 50 StGB. in Betracht). Der Ausführende, bei dem das betreffende Moment fehlt, ist zugleich vorsätzlicher Täter des vorsätzlichen einfachen Delikts und doloses Werkzeug (wenn er die Absicht des anderen kennt, sonst gutgläubiges) zum qualifizierten Delikt[27]), der Veranlassende, Unterstützende, bei dem diese Momente vorliegen, ist (vorsätzlicher) Täter des qualifizierten Delikts[28]).

Wir haben eben das Problem des absichtslosen, qualifikationslosen Werkzeugs betrachtet. Um den Kreis der hauptsächlichsten Fragen zu erschöpfen (vom Standpunkt der objektiven Teilnahmetheorie aus), ist hier auch noch eine Bemerkung über den umgekehrten Fall erforderlich: den des qualifikationslosen oder absichtslosen Hintermanns, und zugleich — was damit zusammenhängt — das Problem, wieweit mittelbare Täterschaft (Begehung durch ein „Werkzeug") überhaupt möglich ist. Wir haben bisher angenommen (a), daß bei Absichts- und Sonderdelikten Begehung durch den Intraneus, wenn wir den Besitzer von Absicht, Qualifikation so nennen wollen, als mittelbaren Täter möglich ist, mittels „Benutzung" eines ausführenden Extraneus. Schon dies ist nicht völlig und nach allen Richtungen unbestritten[29]). Noch mehr bestritten ist der vorhin erwähnte Fall (b): Begehung von Absichts-, Sonderdelikten durch den schuldhaft handelnden Extraneus mittels Benutzung eines ausführenden, der Schuld im weiteren Sinne entbehrenden Intraneus als Werkzeugs. Z. B. der Nichtbeamte B stiftet den geisteskranken Beamten A zu einem echten Beamtendelikt, etwa zu einer Rechtsbeugung an[30]), der zurechnungsfähige C den geisteskranken D, eine fremde bewegliche Sache wegzunehmen, in der Absicht,

---

[27]) Wenn doloses, dann ideal konkurrierende Beihilfe desselben zum qualifizierten Delikt. Kennen der Absicht ist natürlich etwas anderes als Haben derselben, s. schon oben A. 24.

[28]) So auch RG. 3, 99 betreffend § 268 StGB. (über die Zuteilung der hier erwähnten „Absicht" zu einer der drei oben Anm. 22 unterschiedenen Formen subjektiver Momente kann man freilich streiten). Der Angeklagte war hier gutgläubiges Werkzeug. So auch in dem von Beling ZStW. 28, 592 behandelten Fall: Primus hat in der Absicht, einen Mord zu begehen, den Secundus zu der Brandstiftung angestiftet, dieser letztere weiß nichts von der Absicht. Beling sagt hier: Nach der Theorie von der mittelbaren Täterschaft durch vorsätzlich handelndes Werkzeug wäre hier natürlich Primus der Täter, Secundus als Gehilfe strafbar. Das ist wohl nicht ganz zutreffend. Secundus begeht hier die einfache Brandstiftung als (unmittelbarer) Täter, betreffend die qualifizierte ist er nicht doloses, sondern gutgläubiges Werkzeug, also nicht Gehilfe. Primus begeht die qualifizierte Brandstiftung als mittelbarer Täter. Richtig betreffend diesen Fall Winter a. a. O. 20; P. Wolf a. a. O. 62.

[29]) Besonders ist hier strittig die Frage, ob Begehung durch ein absichtsloses, qualifikationsloses doloses Werkzeug möglich ist, siehe dagegen z. B. Frank, Komm. 105 und dort Zit., besonders Flegenheimer a. a. O. 46, weiter Gerland, Deutsches Reichsstrafrecht 95 A. 1.

[30]) Verneinend betreffs Sonderdelikte z. B. Frank, Komm. z. StGB. 106 und dort Zit., Beling, Lehre vom Verbrechen 239, M. E. Mayer, Lehrbuch des Strafrechts 377, Olshausen, Komm. A. 5 zu Teil I Abschn. 3, Nagler, Teilnahme am Sonderverbrechen 71ff. (1903), v. Liszt-Schmidt, Lehrbuch 321; bejahend Winter a. a. O. 38ff., Allfeld, Lehrbuch des Strafrechts 215 A. 6, Finger, Lehrbuch des Strafrechts I, 337.

sich selbst (dem D) dieselbe rechtswidrig zuzueignen[31][32]). Und ebenso bestritten andere Fälle, eine dritte Gruppe (c), Fälle von Delikten, die nicht Sonder- oder Absichtsdelikte darstellen, bei denen aber zum Teil behauptet wird, sie können nur „eigenhändig" vom Täter begangen werden[33]), z. B. Blutschande u. a. Sexualdelikte, mittelbare Täterschaft durch ein — ohne Schuld im weiteren Sinne handelndes — Werkzeug, z. B. durch Anstiftung des geisteskranken Bruders zum Inzest mit der Schwester, sei ausgeschlossen. Es bildet dieser vielbehandelte Fragenkreis im Grunde ein Thema für sich. Daher nur ein paar Bemerkungen. Die Meinung, nur der, in dessen Person die betreffende Qualifikation, Absicht gegeben ist, könne die betreffenden Delikte als Täter begehen (b), er müsse selbst die Ausführungshandlung vorgenommen haben (a), bei der dritten Gruppe (c): nur durch persönliche Vornahme der betreffenden Handlung könne man Täter werden[34]), ist nicht zutreffend. Sie wäre vom materiellen, teleologischen Standpunkt aus richtig, wenn die betreffende Art von Sozialschädlichkeit (Interessenverletzung) nur unter den genannten Voraussetzungen gegeben wäre. Das ist aber keineswegs der Fall: das Interesse des Staats am Funktionieren seines Beamtenapparats (das hier als geschütztes Rechtsgut erscheint), das Eigentum ist auch verletzt, wenn der veranlaßte Nichtbeamte, nicht Zueignungsabsicht Besitzende die Falschbeurkundung vorgenommen, die Sache weggenommen hat (a), wenn (b) ein gutgläubiger oder latent geisteskranker Beamter auf Veranlassung eines Nichtbeamten die Ausführungshandlung eines Amtsdelikts, z. B. eine Rechtsbeugung vorgenommen hat, die sexualhygienischen und Pietätsinteressen, die durch § 173 StGB. geschützt werden sollen, sind auch verletzt, wenn der Inzestakt durch den angestifteten geisteskranken Bruder vollzogen ist, das Eheverhältnis, auch wenn der gutgläubige Dritte zum Beischlaf mit einer Ehefrau veranlaßt wird usw. (c)[35]).

---

[31]) Bei Verneinung muß man hier Straflosigkeit annehmen. So z. B. Beling, Grundzüge des Strafrechts, 8. u. 9. Aufl., 96; P. Wolf a. a. O. 27.

[32]) Zu der Gruppe b gehören auch Fälle, wo von „Sonderdelikt" nur in einem sehr weiten Sinne gesprochen werden kann, z. B. die Qualität als männliche Person, von der zum Teil in Zusammenhang mit diesen Fragen die Rede ist (daß Notzucht durch eine Frau in mittelbarer Täterschaft möglich sei, verneint Binding, Lehrbuch des Strafrechts I, 200 A. 1; s. dagegen Allfeld, Lehrbuch 215 A. 6, Olshausen, Komm. 2b zu § 177 und dort Zit., Frank, Komm. S. 106, M. E. Mayer, Lehrbuch des Strafrechts 377 A. 3).

Bei Bejahung im Falle b prävaliert das Übergewicht im Punkt der Schuld im weiteren Sinne beim Veranlassenden, Unterstützenden (Extraneus) gegenüber dem Übergewicht des Ausführenden als Ausführenden und Intraneus (mit der betr. Absicht, Qualifikation Ausgestatteten).

[33]) So bes. Binding, Grundriß des Strafrechts 146. Vgl. jetzt auch RG. 62, 390.

[34]) Das Wesentliche ist hier (Gruppe c) die „Eigenhändigkeit" der Begehung, nicht (was dann eine Art Unterfall von b wäre) der Besitz bestimmter Qualitäten, die in der Person eines jeden Täters vorliegen müssen, z. B. will diese Ansicht auch nicht annehmen, daß der eine Bruder durch Anstiftung des anderen, geisteskranken Bruders zum Beischlaf mit der gemeinsamen Schwester Inzest begehen könne. Verneinend betreffs Möglichkeit mittelbarer Täterschaft bei Blutschande z. B. Frank, Komm. 106. Andere gehen noch weiter, so bes. Binding a. a. O. A. 2 (betreffend Ehebruch, Bigamie und alle Delikte, deren Wesen in Verübung unzüchtiger Handlungen mit anderen besteht, Selbstvornahme solcher sei nötig), Beling, Lehre vom Verbrechen 236ff. (betreffend Tätigkeitsdelikte). Eine klare Abgrenzung fehlt. Richtig betreffend Blutschande Allfeld, Lehrbuch 215 A. 6. Siehe zu der Frage neuestens Engelsing, Eigenhändige Delikte, Strafr. Abh. Heft 212 (1926), bes. 50f., P. Wolf a. a. O. 187ff. Für Möglichkeit der mittelbaren Täterschaft grundsätzlich bei allen Delikten bes. auch v. Bar, Gesetz und Schuld im Strafrecht II, 636ff., Allfeld, Lehrbuch des Strafrechts 215 A. 6, Winter a. a. O. 40.

[35]) Eine andere Behandlungsweise wird anzunehmen sein, wo objektive, im Tatbestand genannte Momente nur symptomatisch sind für das Innere, Subjektive, die Schuld, den Motivationsprozeß, hier müssen diese Momente beim Betreffenden selbst vorliegen, damit er Täter sein kann. So in Fällen, in denen ein objektives Verhalten, wie es im Tatbestand ge-

III.

Wir gehen nun über zur Betrachtung vom Standpunkt der subjektiven, vom Reichsgericht[36]) vertretenen Teilnahmetheorie. Diese ist an sich schon eine ausgesprochene Übergewichtstheorie. Dieses Übergewicht wird aber durchaus im Subjektiven, im Willen gesucht. Nach ihr ist Täter der, der die Tat als eigene gewollt, nicht als die eines anderen, als fremde (auf die Fassungsnuancen soll auch hier nicht eingegangen werden), mag er objektiv auch nicht die Ausführungshandlung vorgenommen haben, sondern in irgendeiner anderen Weise objektiv an der äußeren Deliktsrealisierung sich beteiligt haben[37]), Nichttäter der, die der Tat nicht als eigene gewollt hat, mag er auch die Ausführungshandlung objektiv vorgenommen haben. In diesem subjektiven Übergewicht wird dann ohne weiteres auch die Rechtfertigung der Annahme mittelbarer Täterschaft gesucht und gefunden, und zwar über die von der objektiven Teilnahmetheorie angenommenen Fälle hinaus auch da, wo (weiterer, dritter Fall des „dolosen Werkzeugs") der Ausführende A dolos handelt, aber die Tat nicht als eigene will, während der Veranlassende B dagegen sie als eigene will[38]). Daß es sich um ein Übergewicht auf der subjektiven Seite handelt, tritt hier besonders deutlich heraus[39]). Im übrigen werden von dieser Theorie dieselben Fälle wie oben bei der objektiven Theorie als Fälle mittelbarer Täterschaft bezeichnet[40]): Fälle der fehlenden Schuld im weiteren Sinne des objektiv Ausführenden, Fälle fehlender besonderer Absicht, besonderer Qualifikation bei ihm. All das aber wird gerechtfertigt durch den einfachen Hinweis auf die subjektive Theorie selbst mit ihrem Übergewichtsgedanken, in allen diesen Fällen sei

---

nannt wird, symptomatisch ist für gesteigerte Schuld, z. B. Einsteigen bei schwerem Diebstahl. Hier kommt nur persönliche Setzung, nicht solche durch ein Werkzeug in Betracht, eben weil es sich um ein Schuldsymptom handelt, Zeichen besonderer verbrecherischer Willensenergie im Motivationsprozeß. Diese objektiven, Subjektives, Schuld indizierenden Momente bilden eine interessante Parallele zu den subjektiven Rechtswidrigkeitsvoraussetzungen. Es gibt also objektive, dem Kreis der Schuld und subjektive, dem Kreis der Rechtswidrigkeit angehörige Momente! Wie hier im Resultat RG. 24, 87f. (betreffs Einsteigen des „Werkzeugs", mittelbare Täterschaft wird verneint in bezug auf das qualifizierte Delikt, weil das Gesetz hier „ein eigenes Handeln des Täters voraussetzt", das Wesentliche sei hier die „Betätigung besonderer Hartnäckigkeit des verbrecherischen Willens", wenn er nicht selbst einsteige, „betätigt er doch selbst nicht den intensiv-rechtswidrigen Willen, dessen Bezeigung das Gesetz verlangt"). Das Wesentliche ist verkannt bei Winter a. a. O. 34f. Dem Reichsgericht im Ergebnis zustimmend Beling, Lehre vom Verbrechen 238, aber mit anderer Begründung.

[36]) Siehe neuestens RG. 63, 102f.

[37]) Auch durch bloße Vorbereitungshandlungen. So RG. 63, 102f. und z. B. 35, 17; 53, 138; 56, 330; 57, 145; 58, 279.

[38]) So RG. 31, 82 (wenn der andere, Ausführende, „nicht mit dem Täterdolus gehandelt hat, sondern nur die Tat des anderen hat unterstützen wollen"); 39, 300; 40, 392; 41, 64f. (weil „ein Täterwille nur auf seiner Seite vorhanden ist, während auf seiten des anderen ein solcher Wille jedenfalls fehlte"); 42, 156; 44, 71; 48, 335f.; 52, 153; 53 S. 12, 46; 55, 283; 57, 274; 62, 390; RG. GoltdArch. 56, 92, dazu z. B. Olshausen, Komm. 5 vor Teil I Abschn. 3; Frank, Komm. S. 105.

[39]) Außerdem spricht das RG. (63, 102f.; und dort zitierte frühere E.) von „mittelbarer Täterschaft" auch bezüglich des Mittäters, soweit bzw. wenn er nicht selbst ausführt, sondern der andere Mittäter. Ein Übergewicht in subjektiver Beziehung besteht hier nicht, da zu Mittäterschaft nach RG. (siehe a. a. O. 102) nötig ist, daß jeder die Tat als eigene und zugleich als die des anderen, des Mittäters, zur Vollendung bringen will. Der Ausdruck „mittelbare Täterschaft" wird also hier in einem weiteren Sinne genommen, nicht in dem engeren hier zugrunde gelegten, daß der Ausführende bloßes Werkzeug, nicht Täter, der Nichtausführende Täter ist, sondern in dem, daß der Nichtausführende Täter ist, obgleich bzw. soweit er nicht ausführt. (Das Reichsgericht redet gleichwohl auch hier von „Werkzeug", „Sichbedienen", was im Grunde hier nicht ganz sachentsprechend ist.)

[40]) Wie die oben zu II zitierten Entscheidungen des Reichsgerichts lehren.

„mittelbarer Täter" eben der, der die Tat als eigene wolle, während der andere sie nur als fremde, als die eines anderen wolle. Man hat deshalb wohl gesagt, für die subjektive Theorie könne es eine Problematik der mittelbaren Täterschaft überhaupt nicht geben (v. Liszt-Schmidt, Lehrbuch des Strafrechts 316 A. 3). Das hat insofern eine gewisse Berechtigung, als hier nicht, wie bei der objektiven Theorie, eine Modifikation der Theorie sich als notwendig erweist. Es ist aber insofern nicht zutreffend, als die subjektive Theorie sich doch in anderer Richtung noch besonders bemühen muß, nämlich in der Richtung des Nachweises, daß in den, all den auch von ihr angenommenen Fällen der „mittelbaren Täterschaft" wirklich dieses subjektive Übergewichtsverhältnis vorliegt. So ist das Problem vom Standpunkt der subjektiven Teilnahmetheorie aus zu stellen und die Behandlung zu rechtfertigen. Und dieser Nachweis ist wohl nicht zu liefern, versagt er aber, so ist damit erwiesen, daß sich von diesem Ausgangspunkt des subjektiven Übergewichtsverhältnisses aus das Problem der mittelbaren Täterschaft nicht lösen läßt.

Schwierigkeiten macht von Anfang an das Schillernde, nicht scharf Faßbare des Begriffs „Wollen der Tat als eigener — als der eines anderen", ein Grund gegen die subjektive Theorie neben triftigen anderen Gründen: schwierige Feststellbarkeit im einzelnen, Möglichkeit, daß keiner als Täter erscheint[41]) u. ä., Einengung des Bereichs der Anstiftung (durch den oben geschilderten dritten Fall des dolosen Werkzeugs) im Widerspruch mit dem Sinn des § 48 StGB.[42]) usw. (daß damit nicht die reine objektive Theorie befürwortet wird, ist bereits oben bemerkt).

Aber auch davon abgesehen, liegt einmal dieses subjektive Übergewicht, wie wir es auch fassen und auffassen mögen, keineswegs in all den Fällen vor, wo die Schuld im weiteren Sinne beim Ausführenden fehlt, beim Veranlassenden, Unterstützenden dagegen vorliegt[43]). Es ist dabei vor allem zu betonen, daß die Willensfreiheit oder Willensunfreiheit, um die es sich bei Vorliegen oder Fehlen von Schuld im weiteren Sinne, speziell Vorsatzschuld, handelt, streng zu scheiden ist von der Frage des Wollens oder fehlenden Wollens der Tat als eigener[44]). Dort handelt es sich um die Willensbildung, hier um die inhaltliche Willensbetonung. Auch der unzurechnungsfähige Veranlaßte oder Unterstützte kann trotz Unzurechnungsfähigkeit sehr wohl die Tat als eigene gewollt haben[45]), so daß hier das genannte subjektive Über-

---

[41]) Wenn A die Tat nur als Tat des B gewollt hat und B nur als Tat des A.

[42]) Vgl. dazu Frank, Komm. I zu § 48 a. E. u. S. 105; Olshausen, Komm. 5 zu Teil I Abschn. 3.

[43]) Daß hier Schwierigkeiten entstehen können, erkennt auch RG. 18, 423f. an.

[44]) In den Entscheidungen des Reichsgerichts wird nicht in dieser Weise geschieden, sondern es wird einfach, beide Gesichtspunkte vermischend, davon geredet, der objektiv Ausführende könne „aus subjektiven Gründen" oder wegen Fehlens des „erforderlichen strafbaren Vorsatzes" oder des „Tätervorsatzes" nicht Täter sein, so RG. 1, 148 („Verschiedenheit der subjektiven Lage der beiden Personen"); 24, 87 („ohne den erforderlichen strafbaren Vorsatz handelnd"); 44, 71 („durch einen anderen, der aus subjektiven Gründen nicht als Täter verurteilt werden kann, ausführen läßt", Gegensatz: „Vorsatz des eigentlichen Täters"), besonders eklatant die Vermengung 41, 64 („ohne Tätervorsatz, beispielsweise als Gehilfe oder als gutgläubiges oder als willenloses Werkzeug, mitwirkt"), ähnlich RG. 53, 12, klarer RG. 57, 274 (wo „gutgläubig" und „bösgläubig, doch ohne eigenen Tätervorsatz handelnd", nebeneinandergestellt werden), ähnlich RG. 62, 390 (in vorsatzausschließendem Irrtum sich befindend neben: bösgläubig, aber ohne eigenen Tätervorsatz, nur mit Gehilfenvorsatz handelnd).

[45]) Für Kinder hat dies das Reichsgericht bejaht, s. RG. 6, 186 (es gebe Fälle, in denen „der verbrecherische, bewußte Wille des Kindes und sein bewußtes Handeln die wesentlichsten Elemente des Tatbestandes einer Straftat so vollständig erfüllen, die Mitwirkung des Strafmündigen sich so zweifellos nur in der Form akzessorischer Beistandleistung . . . vollziehen, daß die Annahme, das Kind sei nur Mittel in der Hand des Teilnehmers gewesen, als widersinnig schlechthin

gewicht nicht vorhanden ist[46]). Ebenso der im Irrtum befindliche Veranlaßte, Unterstützte: es hat nur bei seiner Willensbildung ein Irrtum eine Rolle gespielt, und er hat sich deshalb nicht alle Momente ihres wirklichen Verlaufs vorgestellt, aber die Tat kann er trotzdem als eigene gewollt haben, er kann ja unter Umständen nach Ansicht des Reichsgerichts selbst (RG. 1, 148f.) als fahrlässiger *Täter* bestraft werden. Bei dem unter dem Druck der Drohung, des bindenden Befehls Handelnden kann man allerdings sagen, er habe die Tat nur gewollt, wenn und weil sie der Drohende, Befehlende will. Aber dies bezieht sich nur auf den Prozeß der Willensbildung, nicht auf den Willensinhalt: er will, *wenn einmal* genötigt, die Tat als *eigene* (coactus voluit), eben um den sonst drohenden Folgen der Nichtbefolgung des Befehls, der Verwirklichung der Drohung usw. zu entgehen. Auch der Hypnotisierte will die Tat als eigene, nur in der Genesis dieses Wollens spielt der Einfluß fremden Willens seine Rolle. Im bisherigen ist immer vorausgesetzt worden, daß der *Veranlassende, Unterstützende* die Tat als *eigene* gewollt hat, die Situation war nur die, daß *auch* der *Veranlaßte, Unterstützte* sie als eigene gewollt hat, womit es an dem genannten subjektiven Übergewichtsverhältnis fehlt. Dieses Wollen der Tat als eigener kann man bei dem Veranlassenden, Unterstützenden wohl in der Mehrzahl der Fälle annehmen, wenn er den Mangel der Schuld (im weiteren Sinne) auf seiten des anderen gekannt hat, er hat dann bewußt den „unfreien" Willen des anderen in *seinen eigenen* Dienst genommen. Wie liegt aber der Fall, wenn er dies *nicht* wußte (nur wissen konnte), wenn er den Unzurechnungsfähigen für zurechnungsfähig, den Irrenden für informiert, den durch Drohung Genötigten für frei sich entschließend gehalten hat? Dann kann — *kann* mindestens — bei ihm das Wollen der Tat als *eigener fehlen*[47]), damit fehlt es an dem ge-

---

auszuschließen ist"), 337f. (Möglichkeit, eine vom Gesetz mit Strafe bedrohte Handlung zu wollen); 19, 193 („subjektives Vorhandensein einer Mißtat", i. c. *Mittäterschaft* bejahend). Dies muß aber auch vom Geisteskranken gelten, bei dem allerdings das Reichsgericht die Annahme einer „Handlung" im Sinne des Strafrechts verneinen will (RG. 6, 337 oben; 11 S. 58, 60; 21, 15; 35, 73; 40, 26), aber äußeres Verhalten liegt vor und auch Vorsatz im „psychologischen" Sinn kann bei ihm vorliegen (s. Begr. zu E. 27 S. 27 Sp. 2); siehe auch § 51 StGB. „zur Zeit der Begehung der *Handlung*". Das RG. (41, 64f.) nimmt, nach dem Gesagten ohne Grund, bei dem Gutgläubigen und „Willenlosen" *ohne weiteres* an, daß auf seiten desselben „ein solcher Wille (Täterwille) jedenfalls fehlt".

[46]) Mittelbare Täterschaft (im eigentlichen Sinne, s. oben A. 39) ist hier daher jedenfalls ausgeschlossen. Das Reichsgericht nimmt hier in Fällen, in denen der, welcher die Tat als *eigene* und als *die des anderen* wollend einen, wie ihm *nicht* bekannt, unzurechnungsfähigen Ausführenden — bei dem subjektiv dasselbe vorliegt — objektiv nur unterstützt, Alleintäterschaft des Unterstützenden (statt der sonst indizierten Mittäterschaft) an (RG. 63 S. 103, 104f.; RG. Goltd-Arch. 56, 77f.). Das trifft aber nur andere, nicht hierhergehörige Fälle, in denen sonst Mittäterschaft anzunehmen gewesen wäre, wenn der Ausführende nicht unzurechnungsfähig wäre (wo jeder die Tat als eigene und als die des anderen gewollt hat). Übrigens ist die Ansicht des Reichsgerichts auch hier nicht unbedenklich wegen der Verschiedenheit des Allein- und Mittätervorsatzes: im letzteren Fall will der Betreffende (nach RG. siehe oben A. 39) die Tat *als eigene und zugleich als die des anderen*, darin liegt etwas Kondizionales (*wenn* der andere sie *auch* als eigene will), das dem Alleintätervorsatz fehlt. Näher kann dies hier nicht ausgeführt werden. Über die Behandlung unserer Fälle siehe noch unten.

[47]) Siehe RG. 11, 60; 40, 25 („wenn er dagegen den Zustand des Geisteskranken nicht kennt, so ist es möglich, daß auch von Urheberschaft bei ihm nicht gesprochen werden darf, weil er weder die Haupttat selbst ausführt, noch mit dem Vorsatze handelt, sie als *seine* Tat zu begehen, sondern nur die Tat des anderen befördern will"), 42, 156. Siehe auch Begr. zu E. 27 S. 28 Sp. 2: „Es wird sich nicht in allen Fällen, in denen der Anstifter das von ihm beeinflußte zurechnungsunfähige Werkzeug für zurechnungsfähig hält, die Annahme rechtfertigen lassen, daß der Anstifter . . . mit Tätervorsatz gehandelt hat." Das Wollen der Tat als eigener kann nach der subjektiven Theorie hier freilich *trotzdem vorliegen*, wenn nämlich der Veranlassende annahm, der andere handle nur mit dem „animus socii", s. RG. 42, 156.

nannten subjektiven Übergewichtsverhältnis von der anderen Seite her. Dann wäre mittelbare Täterschaft nach dieser Theorie ausgeschlossen, weil er die Tat nur als fremde gewollt hat, Anstiftung und Beihilfen wäre wegen Akzessorientät straflos, also Strafbarkeit überhaupt zu verneinen[48]). Aber selbst wenn der Veranlassende, Unterstützende die „Willensunfreiheit", den Mangel an Schuld im weiteren Sinne, bei dem Veranlaßten, Unterstützten gekannt hat, wird nicht in allen Fällen, nicht notwendig bei ihm der Wille der Tat als eigener zu unterstellen sein. Es ist doch denkbar, daß er bei objektiver Unterstützung des, wie er wußte, Geisteskranken die Tat nur als fremde wollte, nur wenn sie der Geisteskranke wollte[49]). Soll er hier dann straflos bleiben, da er wegen Beihilfe zur Tat des Geisteskranken nicht bestraft werden kann, und mittelbare Täterschaft nicht vorliegt[50])?

Weiter ist aber von der subjektiven Teilnahmetheorie aus wohl nicht zu rechtfertigen die Annahme mittelbarer Täterschaft in dem Fall des qualifikationslosen „dolosen Werkzeugs". Das RG., 28, 110 (betreffend § 348 Abs. 2), sucht auch diesen Fall subjektiv zu wenden und damit aus der allgemeinen Theorie zu rechtfertigen: bei dem Extraneus „kann insbesondere von dem zum Tatbestand des § 348 Abs. 2 . . . erforderlichen Dolus nicht die Rede sein"[51]). Es ist der Gedanke: der die Ausführungshandlung vornehmende A will die Tat nicht als eigene, weil er nicht Beamter usw. ist, der Veranlassende, Unterstützende will sie als eigene, weil er Beamter usw. ist. Es ist aber sehr zu bezweifeln, daß ein objektiv ausführender Nichtbeamter nicht den zu einem echten Amtsdelikt „erforderlichen dolus" — gemeint ist Wollen der Tat als eigener, sonst wäre er kein „doloses" Werkzeug[52]) — gehabt haben kann. Das Wollen der Tat als eigener, z. B. einer Fälschung amtlicher Urkunden, kann, etwa bei Interesse an der Fälschung nur auf seiner Seite, durchaus gegeben sein, während andererseits der Beamte B die Tat eventuell nicht als eigene gewollt hat (z. B. bei Unterstützung durch Auslieferung der amtlichen Urkunde

[48]) Straflosigkeit nimmt hier in der Tat an RG. 11, 60; 52, 198; siehe auch 40, 25. Dagegen nimmt RG. 60, 370 bei dem Arzt, der eine Anweisung zum Bezug von Kokain in Apotheken zu Genußzwecken ausstellt und übergibt, unerlaubtes Inverkehrbringen von Kokain in mittelbarer Täterschaft an, wenn der Apotheker gutgläubig war und der Arzt ihn irrigerweise für bösgläubig hielt. Aber der Arzt will dann doch wohl die Tat nicht als eigene.

Die wohl richtige Lösung (bei Erkennbarkeit der Unzurechnungsfähigkeit, des guten Glaubens): fahrlässige mittelbare Täterschaft, ist nur zu gewinnen, wenn man nicht von dem Wollen der Tat als eigener als entscheidend ausgeht.

[49]) Siehe auch RG. 41, 25, wo ausgeführt wird: „Wohl aber ist es möglich (nur möglich!), daß der Unterstützende, der den Zustand des Geisteskranken kannte, ihn zwar als sein Werkzeug benutzen will, nicht aber mit dem Vorsatze handelt, das Delikt eines anderen zu unterstützen; dann wäre er aber nicht mit dem Dolus eines Gehilfen, sondern vielmehr mit dem eines Urhebers tätig gewesen." Dagegen nimmt RG. 11, 60 an, daß, wenn dem Unterstützenden die Unzurechnungsfähigkeit des Unterstützten bekannt war, ersterer notwendig die Tat als eigene gewollt hat, s. auch RG. 61, 267.

[50]) E. 1913 § 36 Abs. 3, E. 1919 § 29 Abs. 1 S. 2 strafte hier wegen Beihilfe; s. Denkschr. 45 unten (unter Zugrundelegung der subjektiven Theorie).

[51]) Siehe weiter parallel RG. 29, 421 betreffend Mittäterschaft Dritter an der Abtreibung, solche sei ausgeschlossen, weil Subjekt der Tat nach § 218 Abs. 1 StGB. (a. F.) eine Schwangere sei und ein Dritter „ihre Tat unmöglich als eigene wollen" könne, weil die Selbstbegehung bei ihm ausgeschlossen sei (siehe über letzteres sofort unten Anm. 53), RG. GoltdArch. 45, 431 betreffend Mittäterschaft von Nichtgewahrsamsinhabern an Unterschlagung, solche sei zu verneinen, weil der Betreffende den Vorsatz einer Unterschlagung nicht haben, die Tat nicht als eigene wollen könne.

[52]) Der Vorsatz, das Wissen und Wollen der Tat als so beschaffener, wie sie sich darstellt, liegt natürlich hier vor, s. RG. 28, 110 („mit dem Bewußtsein der Rechtswidrigkeit des durch seine Tätigkeit bewirkten Erfolges"), es wird auch hier (s. oben A. 44) nicht klar geschieden zwischen Vorsatz und Wollen der Tat als eigener, ebenso nicht in der A. 51 zitierten E. GoltdArch. 45, 431.

an den A, damit er sie in seines, des A, Interesse verfälsche). Zwar kann der Nichtbeamte usw. nicht den Willen der Selbstbegehung d. h. der Erfüllung der Tatbestandsmerkmale in eigener Person gehabt haben — aber dieser ist zu scheiden vom Wollen der Tat als eigener, er fehlt auch bei jedem mittelbaren Täter, der gerade nicht selbst „begehen" (in diesem Sinne) will und trotzdem die Tat als eigene will[53]). Außerdem ist aber zu betonen, daß beim qualifikationslosen dolosen Werkzeug das objektive Fehlen der Qualifikation doch das Entscheidende ist, wegen dessen der Ausführende als Täter ausscheidet, nicht die subjektive Seite. Beides: daß der Qualifikationslose die Tat als eigene gewollt haben kann, und daß trotzdem wegen objektiven Fehlens der Qualifikation seine Täterschaft[54]) ausgeschlossen ist, wird denn auch von neueren Entscheidungen des Reichsgerichts[55]) anerkannt[56]), damit aber der Grundgedanke der subjektiven Teilnahmetheorie in diesem Punkte aufgegeben[57]).

Das Reichsgericht operiert auch in dem Fall des „absichtslosen dolosen Werkzeugs" damit, daß bei diesem im Gegensatz zum Hintermann der „Tätervorsatz" fehle; so RG. 39, 39, wo von dem „vollständig eingeweihten, aber nicht mit Tätervorsatz handelnden Gehilfen" gesprochen wird, RG-Rspr. 6, 418, wo davon die Rede ist, daß der eine „mit dem zum Tatbestande erforderlichen Dolus die äußere Handlung durch einen anderen vornehmen läßt", der andere die Handlung „zwar auch bewußt rechtswidrig, aber ohne denjenigen Dolus ausführt, welcher für den betreffenden Straffall erheischt wird". Auch hier liegt zunächst (siehe Anm. 44) eine Vermengung der Frage der Vorsatzschuld (Schuld im weiteren Sinne) mit der Frage des Wollens der Tat als eigener vor, dann weiter noch eine Vermengung der, wie oben dargelegt, ein subjektives Rechtswidrigkeitsmoment darstellenden „Absicht" usw. mit beiden vorgenannten. Daß es sich hier um etwas ganz anderes handelt, als bei diesen beiden, schimmert leise durch in der ersten der zitierten Entscheidungen, wenn sie bezüglich des Hintermanns von dem spricht, „bei dem der Tätervorsatz und der gesamte innere Tatbestand [d. h. eben die Absicht, die also nicht zum ‚Tätervorsatz' gehört] gegeben sind". Deshalb ist die Anwendung des Grundgedankens der subjektiven Teilnahmetheorie: Täter, wer die Tat als eigene gewollt, wer nicht, nicht Täter, hier deplaziert. Es handelt sich hier einfach darum, ob bei dem Betreffenden das tatbestandsgeforderte

---

[53]) Eine eklatante Verwechslung von beiden RG. 29, 421: „Er kann ihre Tat unmöglich als seine eigene wollen, weil die Selbstbegehung bei ihm durch die Unmöglichkeit der Erfüllung eines wesentlichen Begriffsmerkmales des Deliktes ausgeschlossen ist."

[54]) Unmittelbare Täterschaft, speziell als Mittäter. Eine Frage für sich ist (s. schon oben darüber), ob ein Qualifikationsloser nicht mittelbarer Täter werden kann dadurch, daß er sich eines mit der Qualifikation Ausgestatteten als Werkzeugs zur Ausführung bedient.

[55]) Im Gegensatz zu den oben bei und in A. 51 zitierten. Im Gegensatz andererseits auch zu RG. Rspr. 8, 508, wo bei Nichtbevollmächtigten mit Rücksicht auch die subjektive Seite „nach Maßgabe ihres Vorsatzes", also offenbar, weil sie die Tat als eigene gewollt haben, die Möglichkeit von Täterschaft (Mittäterschaft) nicht negiert wird.

[56]) So besonders RG. 59, 81: „Daß ein Teilnehmer trotz seines Willens, die ganze Tat als gemeinschaftliche und dadurch zugleich als eigene zur Vollendung zu bringen, nur insoweit zum Mittäter wird, als das, was ... ausgeführt wird, einen zugleich seine Strafbarkeit als Täter begründenden Tatbestand verwirklicht", daher nicht, wenn er bei Unterschlagung nicht im Besitz oder Gewahrsam war, bei Untreue nicht, wenn er nicht Bevollmächtigter war; nur Beihilfe, nicht Mittäterschaft, vgl. auch RG. 53, 163; RG. GoltdArch. 59, 327f.

[57]) Die entweder dazu führt, daß man die Möglichkeit der Täterschaft verneint, weil der objektiv Qualifikationslose die Tat nicht als eigene gewollt haben kann (so die oben in und bei A. 51 zitierten Entscheidungen) oder sie — bei Annahme, daß der Qualifikationslose die Tat als eigene gewollt haben kann — bejaht, trotz objektiven Fehlens der Qualifikation, so die oben A. 55 zitierte E. (letzteres eine wohl ganz unhaltbare Konstruktion).

subjektive Rechtswidrigkeitsmoment gegeben ist oder nicht. Daß dies in der lex lata im § 242 StGB. als Absicht, sich rechtswidrig zuzueignen, gefaßt wird, ist, wie der Entwurf 1927 (§ 328) zeigt, nicht notwendig, es kann daher aus dem „Sichzueignen" nichts auf das Wollen der Tat als eigener als Kriterium der Täterschaft gefolgert werden, wird die lex ferenda Gesetz, so ist eben die Absicht, „sich oder einen Dritten durch Zueignung der Sache unrechtmäßig zu bereichern", tatbestandsgefordertes subjektives Rechtswidrigkeitsmoment! Übrigens wird man bei dem, der bewußt einen Geisteskranken bestimmt, daß er eine Sache wegnehme, um sie sich (dem Geisteskranken) zuzueignen (siehe dazu oben bei Anm. 31), doch oft (siehe oben) sagen können, er habe die Tat als eigene gewollt — trotz Fehlens der Absicht, sich die Sache zuzueignen, die Bereiche: „Wollen der Tat als eigener" und: „Absicht, sich zuzueignen" decken sich also nicht.

Nach dem Gesagten ist die subjektive Teilnahmetheorie nicht geeignet, die Behandlung der in Frage stehenden Fälle „mittelbarer Täterschaft" als solche zu rechtfertigen. Sie führt aber (wie übrigens auch sonst) weiter auch zu erheblichen Schwierigkeiten in hier einschlägigen Fällen, wo sich sagen läßt, daß beide die Tat als eigene gewollt haben (vom Fall der Mittäterschaft abgesehen, wo nach dieser Ansicht jeder die Tat als eigene und als die des anderen gewollt haben muß). Schon oben (bei Anm. 45) war ein derartiger Fall gestreift worden (wenn auch der veranlaßte Unzurechnungsfähige usw. die Tat als eigene gewollt hat). Weitere Fälle dieser Art sind die vom RG. 57, 274 und 60, 370 behandelten[58]).

IV.

Der Entwurf 1927 hat einen großen Teil der bisher als Fälle „mittelbarer Täterschaft" betrachteten Situationen durch anderweitige Bestimmungen zu decken versucht. So Fälle des absichtslosen dolosen Werkzeugs durch Erweiterung der einschlägigen Deliktsbeschreibungen, besonders beim Diebstahl usw., auch auf fremdnützige Absicht (siehe Begründung S. 29 Sp. 1). So die Fälle des qualifikationslosen dolosen Werkzeugs durch § 32 Abs. 1, wonach bei Sonderdelikten, wenn besondere Eigenschaften oder Verhältnisse die Strafbarkeit begründen, Anstifter und Gehilfen strafbar sind, wenn diese beim Anstifter und Gehilfen vorliegen (siehe Begründung a. a. O.). So in den anderen Fällen (siehe

---

[58]) Der erste Fall ist bereits oben A. 25 behandelt: Die Veranlasserin hat hier die Tat als eigene gewollt, die Wegnehmenden haben sie entgegen ihrer Vorstellung auch als eigene gewollt (s. a. a. O.: „daß die Kinder die Diebstähle als eigene Tat wollten, d. h. mit Tätervorsatz handelten"), das Reichsgericht nimmt an, das schließe mittelbare Täterschaft beim Veranlassenden nicht aus, denn er habe „weder den Willen noch die Vorstellung gehabt, daß die Kinder die Tat als eigene begingen", aber dieses bloße putare kann das nicht vorhandene subjektive Übergewicht doch nicht zu einem vorhandenen machen (über die sonstigen Bedenken gegen die Lösung des Reichsgerichts s. oben a. a. O., übrigens wird auch hier Zueignungsabsicht und Wollen der Tat als eigener vermengt). Der zweite Fall betrifft den Arzt, der Anweisungen zum Bezuge von Kokain zu Genußzwecken in Apotheken ausstellt und übergibt, das Reichsgericht entschied hier, daß, wenn beide, Arzt und Apotheker, bösgläubig sind, der eine von ihnen den anderen aber für gutgläubig hielt, beide als Nebentäter haften, „der Arzt als mittelbarer, der Apotheker als unmittelbarer Täter". Hierzu noch Frank, Komm. II 2 vor Teil I Abschn. 3 (S. 104): vom Standpunkt der subjektiven Theorie sei in solchen Fällen (nur putativer Unzurechnungsfähigkeit, Gutgläubigkeit des Veranlaßten) Täterschaft anzunehmen (dort Lit.). Es haben hier aber doch beide die Tat als eigene gewollt, ein subjektives Übergewicht fehlt in Wirklichkeit, das bloße putare kann es auch hier nicht zu einem vorhandenen machen, es kann daher der Arzt, der den anderen nur für gutgläubig hält, nicht mittelbarer Täter sein (auch wenn man Annahme von Gutgläubigkeit des Veranlaßten und Wollen der Tat als eigener als miteinander verbunden betrachtet). Es liegt vielmehr (auch hier, wie im ersten Beispiel) versuchte mittelbare Täterschaft vor.

Begründung S. 28 Sp. 2) durch die Bestimmung § 31, wonach die Strafbarkeit des Anstifters und Gehilfen unabhängig von der Strafbarkeit dessen ist, der die Tat ausführt (also z. B. auch bei Anstiftung, Unterstützung eines Geisteskranken, Bestrafung wegen Anstiftung, Beihilfe möglich ist), woraus in Verbindung mit dem eben erwähnten § 32 Abs. 1, der weiter auch bestimmt, daß es genügt, wenn die betreffenden besonderen Eigenschaften und Verhältnisse beim Täter vorliegen, folgt, daß auch die Anstiftung eines unzurechnungsfähigen Intraneus, z. B. eines latent geisteskranken Richters, durch einen Extraneus, und eines unzurechnungsfähigen Extraneus seitens eines Intraneus als Anstiftung (entsprechend betreffs Beihilfe) bestraft werden kann (siehe Begründung S. 30 Sp. 2). Die Figur der „mittelbaren Täterschaft" ist entsprechend in den Entwurf auch nicht aufgenommen worden, ihre Aufnahme wurde in der Kommission (des früheren Reichstags) vielfach beantragt, ist aber schließlich, nach manchen Wechselfällen, doch unterblieben. Es ist dies zu bedauern: ganz abgesehen davon, daß diese Regelung der Fragen des „dolosen Werkzeugs" keineswegs einwandfrei ist (bei fehlender Sonderqualität des Täters fehlt im Grunde ein Delikt, zu dem angestiftet, geholfen ist), wird durch die geplante Regelung eine bedenkliche Unsicherheit hervorgerufen, wo das Gebiet der „mittelbaren Täterschaft" beginnt, wo es endet. Denn daß die „mittelbare Täterschaft" auch nach der Regelung des Entwurfs nicht beseitigt ist, ist einmal in der Begründung zum Entwurf (S. 28 Sp. 2; siehe S. 27 Sp. 2) und dann seitens des Vorsitzenden der Strafrechtskommission (RT. IV. Wahlperiode 1928, 21. Ausschuß, 7. Sitzung v. 17. Okt. 1928, S. 3) ausdrücklich anerkannt worden. Ihre fernere Anwendung ist somit, wie bisher, „der Rechtsprechung überlassen". So wird auch in Zukunft das Reichsgericht sich hier vor eine schwierige Aufgabe gestellt sehen!

Abgeschlossen: März 1929.

I.

Namenregister zu den Bänden I—VI

C

D

I

J

K

L

Q

R

S

II.

Sachregister zu den Bänden I–VI

A

B

F

G

J

K

L

O

S

V

W

Z

Printed and bound by CPI Group (UK) Ltd, Croydon, CR0 4YY
05/10/2026
14975898-0002